NATIONAL INSTRUMENTS

회로 설계를 위한

Multisim 의 활용

공학박사 김 정 호 지음

光文閣
www.kwangmoonkag.co.kr

NATIONAL INSTRUMENTS

책 머리에 …

전기·전자 및 디지털 회로 등을 설계할 경우에는 회로 특성을 평가할 수 있는 정확한 방법이 필요하다. 이러한 회로들을 직접 제작하여 실험할 수도 있지만, 회로 구성 및 특성 해석에 많은 시간과 계측장비 및 경비가 필요하기 때문에 실제로 회로를 제작하기 전에 컴퓨터를 이용하여 계산하고, 측정·평가하는 과정을 거치는 것이 회로 설계 및 제작 시 필수적인 사항이 되었다.

National Instruments사가 개발한 Multisim은 회로 설계자에게 전기·전자 회로의 회로 도면을 쉽게 디자인할 수 있는 Schematic Capture 기능과 다양하고 복잡한 전자공학 실험 환경을 PC에 도식적으로 시뮬레이션할 수 있는 강력한 각종 환경들을 제공한다.

본 교재는 전기·전자·통신을 공부하는 학생들은 물론 취미로서 전자공학을 접하는 일반 독자들이 전기 회로, 전자 회로, 디지털 회로를 이해하고 실험하기에 앞서 시뮬레이션으로 그 동작을 손쉽게 이해하는데 도움이 되도록 구성하였다. 이를 위해 교재의 전반부에는 Multisim의 주요 기능 및 회로 시뮬레이션 기법들을 풍부한 그림 및 예제들을 통해 상세히 설명하여, 소프트웨어를 최대한 효율적으로 사용할 수 있도록 하였으며, 중반부에는 Multisim의 강점 중의 하나인 다양한 가상 계측기(Virtual Instruments)들에 대한 구체적인 사용법과 PSPICE에서 제공하는 각종 해석(Analysis)들을 각각의 예제를 들어 이해를 도왔다. 독자는 가상 계측기를 통하여 실제의 실험실에서 계측기를 이용한 것과 같은 실험 결과를 얻을 수 있고, 강력한 해석 기능을 사용하여 실제의 테스트 계측기에서 가능하지 않는 부분까지도 해석함으로써 회로를 보다 깊이 있게 이해하는데 도움이 될 것이다.

후반부는 Multisim을 사용하여 독자가 회로를 직접 시뮬레이션할 수 있도록 각종 회로를 이해하는데 필수적인 문제들을 전자 회로, 디지털 회로, 응용 회로로 나누어 선별 제시하고, 회로 해석을 위해서 먼저 회로의 이론적인 배경을 이해한다면 쉽고 정확하게 시뮬레이션을 할 수 있으므로, 회로들에 대한 각 정수값을 이론적으로 계산하여 이론값을 구하고, 각 회로를 시뮬레이션을 통하여 얻어지는 결과의 값과 비교할 수 있도록 하였다.

교재의 부록으로 Multisim11 소프트웨어(평가판)과 각종 예제 프로그램을 수록한 CD-ROM을 첨부하여, 독자들이 소프트웨어를 직접 사용하면서 각종 응용 회로들의 시뮬레이션을 수행할 수 있게 하였다.

부디 이 책의 내용이 독자들에게 각종 전자 회로를 이해하고 해석하는데 조금이나마 도움이 된다면 저자로서는 더할 나위 없는 기쁨이 될 것이다. 초판에서 미비했던 점을 지적해주신 독자 여러분들에게 깊이 감사드리며, 지적사항은 충실히 반영하려 애썼으나 아직도 미비한 점이 있으리라 생각된다. 독자들의 변함없는 충고와 조언을 바라며 앞으로도 지속적으로 보완하여 나갈 것을 약속드린다.

끝으로 개정 증보판을 허락해주신 도서출판 광문각의 박정태 사장님, 조화묵 상무님과 본서가 나오기까지 꼼꼼하게 수정 보완해 주신 편집부 직원 여러분께 감사드리며, 언제나 격려해주신 부모님, 묵묵히 내조해준 사랑하는 아내와 항상 바쁘다는 핑계로 소홀하였지만 건강하게 잘 커준 소민, 원준에게도 미안함과 고마움을 전한다.

2012년 2월

저자 김정호

CONTENTS

제1장

Multisim 시작하기

1-1 Multisim에 대하여

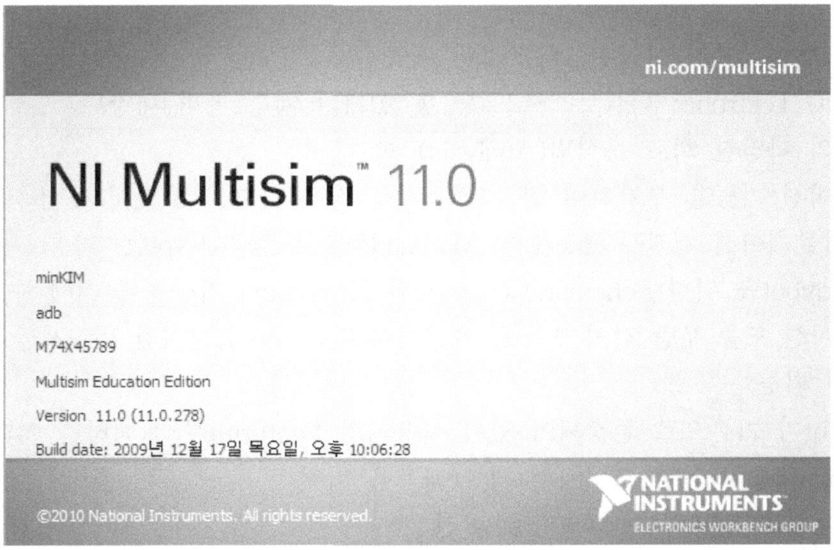

실제 회로를 제작하기 전에 컴퓨터를 이용하여 회로를 구성하고 동작 과정을 미리 예측할 수 있는 분석 시스템이 필요한데, 이러한 회로 설계 및 분석 모의 프로그램으로 오늘날 가장 잘 알려진 것은 1970년대 미국 캘리포니아대학 베컬리(Berkeley) 캠퍼스의 Pederson 교수가 만든 SPICE(Simulation program with integrated circuit Emphasis)이다. SPICE는 학문적 연구와 산업적 표준을 제공하였고 추가적인 알고리즘과 부품 모델의 개발로 HSPICE, PSPICE(PC기반 SPICE), XSPICE의 여러 버전으로 발전하였다.

Multisim은 NI(National Instruments)사의 Electronics Workbench Group에서 제공하는 SPICE의 다른 버전으로서 최신의 XSPICE와 SPICE3F5 엔진을 사용하는데, 특히 SPICE3F5 엔진은 디지털 및 아날로그 혼합 회로의 해석에 사용되며 RF 회로와 같은 높은 주파수에 대한 시뮬레이션도 가능하다.

Multisim은 편리한 사용자 인터페이스 환경을 탑재한 접근이 용이하고도 강력한 전자 회로 해석 툴이다.

1-2 Multisim의 특징

Multisim은 기존의 회로 설계 및 분석 툴에 비해 아래와 같은 특징을 갖는다.

- 실물을 모델화시킨 다양한 계측 장비 제공
  (Agilent, Tektronix 오실로스코프 등 총 20개의 계측 장비 내장)
- 24가지의 다양한 회로 분석법(Analysis) 제공
- 애니메이션 기능을 부가하여 회로의 동작을 직접 눈으로 보면서 분석 가능
- 회로 시뮬레이션 결과를 Excel 및 Mathcad등으로 출력(Export) 가능
- PCB Layout을 위한 Schematic Capture와 Simulation 기능을 동시에 수행
- 시뮬레이션 도중 부품 값의 변동을 반영하여(Real time) 실시간으로 시뮬레이션 결과를 확인 가능
- Footprint가 기본으로 설정되어 있어 사용자가 Footprint를 선택하는 어려움을 해소
- Breadboard를 사용한 모의실험 기능(교육용 버전)
- 3D 부품 라이브러리 지원(교육용 버전)
- PLC 시뮬레이션 수행 기능(교육용 버전)

1-3 설치에 필요한 시스템 요구 사양

- Windows XP/NT, Windows 7
- Pentium 4 Processor(600㎒ minimum)
- 500MB Hard Disk 여유 공간
- 256MB RAM
- 1024 × 768 해상도

1-4 Multisim 평가 버전 설치하기

Multisim의 공급처인 National Instruments(NI)의 사이트(http://www.ni.com/Multisim/)를 방문하여 간단한 정보로 회원 가입 후, 평가 버전(30일 Trial Version)을 무료 다운받아 프로그램을 설치할 수 있다.

평가 버전은 교육용 버전(For Educators), 전문가용 버전(For Professionals), 학생용 버전(For Students)으로 구분되며, 본서에서는 교육용 버전을 설치하기로 한다.

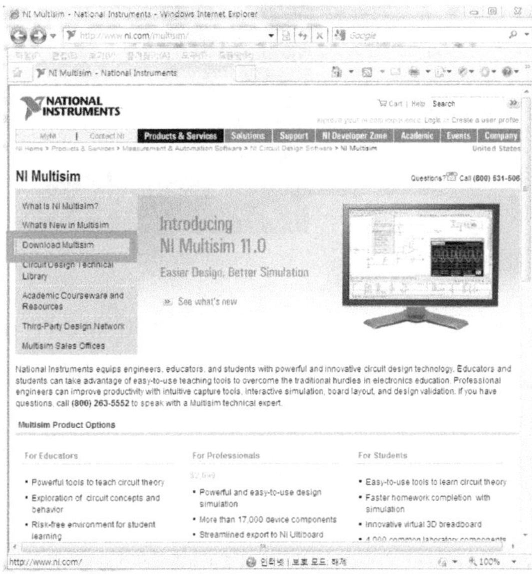

➡ 다운받은 Multisim의 교육용 버전의 다운로더 파일의 이름은 "NI_Circuit_Design_Suite _11_0_2_ Education_downloader"이다. 이 파일을 선택한 후 더블 클릭을 하면 아래 그림과 같이 다운로더가 활성화되어 Multisim 파일의 다운로드가 시작한다.

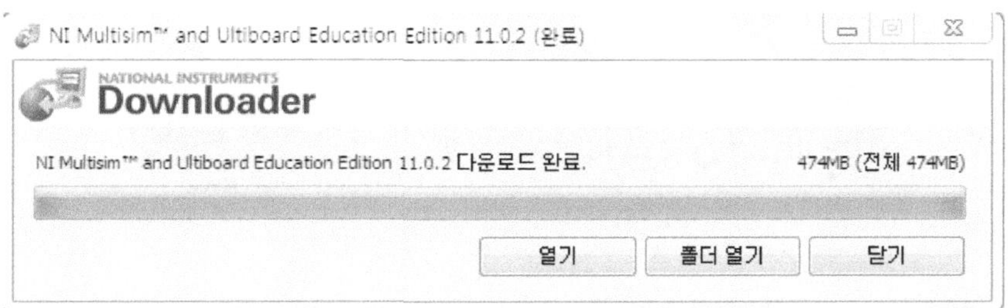

➡ 다운이 완료되었으면 "열기" 버튼을 클릭하여, "Self-Extractor"를 활성화시킨다.

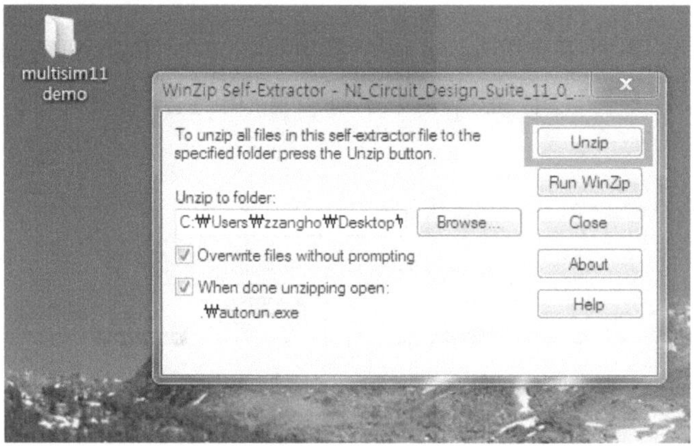

➡ 컴퓨터 임의의 공간에 "Multisim 11 demo"라는 폴더를 만들고 "Browser" 버튼으로 생성된 폴더를 지정한 뒤 "Unzip" 버튼을 눌러 압축을 해제한다.

➡ 파일의 압축이 풀리면 "Setup"을 더블 클릭하여 프로그램을 설치한다.

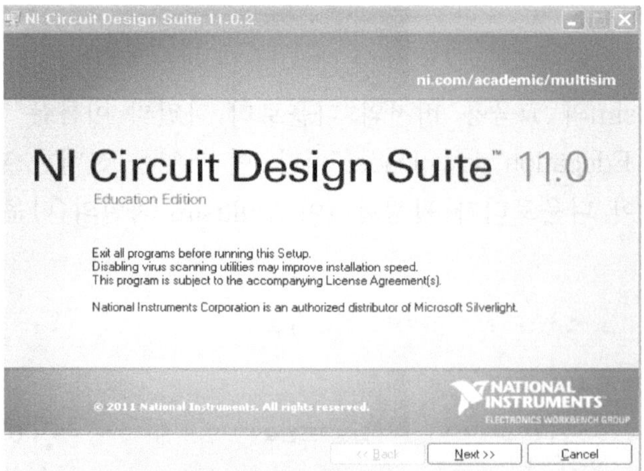

➡ 설치를 위한 초기 화면으로 "Next"를 클릭하여 설치를 시작한다.

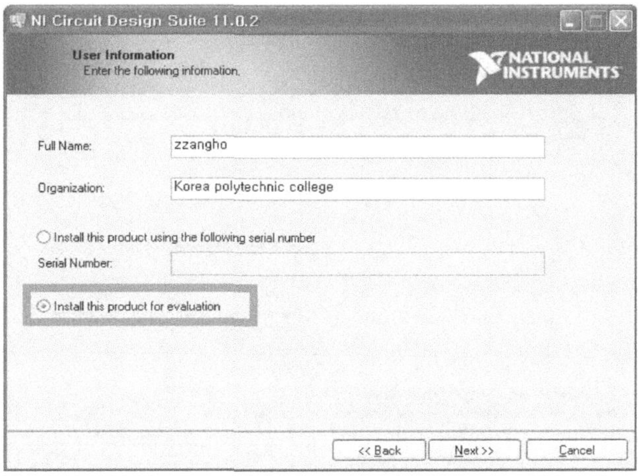

➡ 설치를 위한 간단한 개인 정보의 입력과 "평가판을 사용"을 체크한 후에 "Next"를 클릭한다.

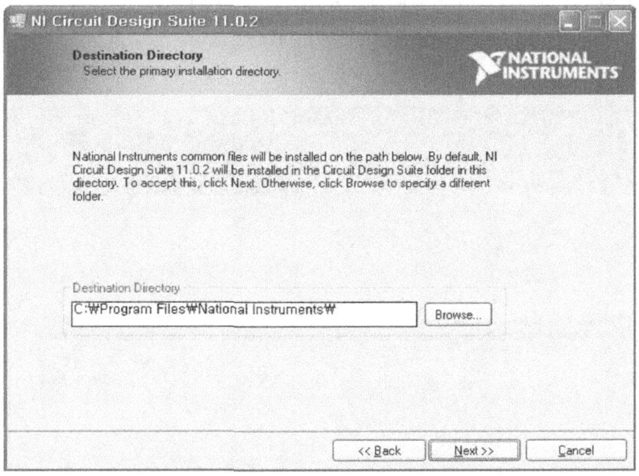

➡ Multisim 및 NI사에서 제공하는 소프트웨어의 공용 파일들이 저장되는 폴더 경로로 사용자가 임의로 변경할 수 있다

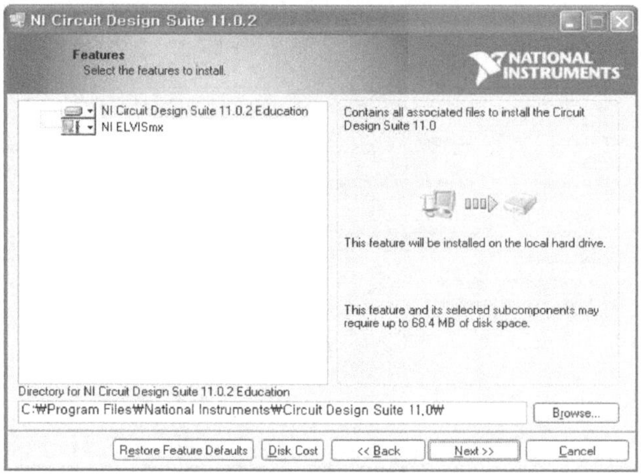

➡ 컴퓨터에 설치할 프로그램을 선택한다. NI Cirucit Design Suite 11.0.2 Education을 선택하면 Multisim 11.0과 PCB Layout 소프트웨어인 Ultiboard 11.0을 설치한다. NI ELVISmx는 Multisim과 연동해서 작동하는 장비에 관한 소프트웨어이다. 기본값은 두 가지 모두 설치로 되어 있으나 선택할 수 있다.

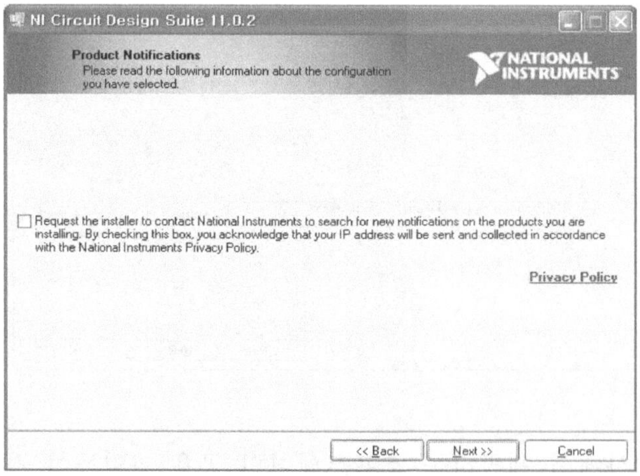

➡ 설치하는 소프트웨어의 새로운 제품 정보를 얻기 위해서 NI와 온라인 연결하겠는가를 선택한다. 연결을 원하면 "사각 box"를 클릭하고, 이때 사용자의 IP주소가 NI사에 보내진다.

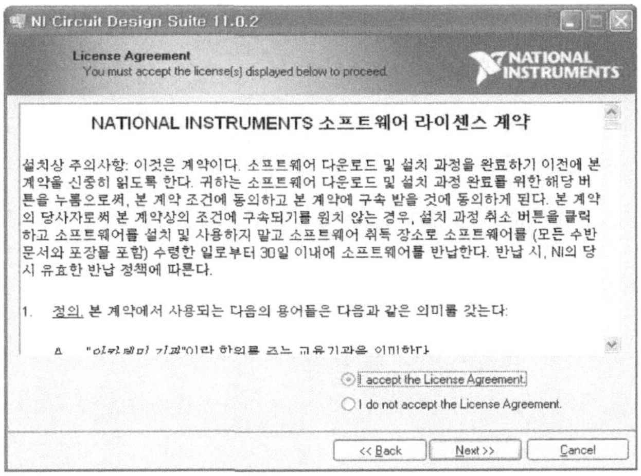

➡ "License Agreement" 창에서 "I accept the the License Agreement"를 체크하여, 라이센스(License)에 동의한다.

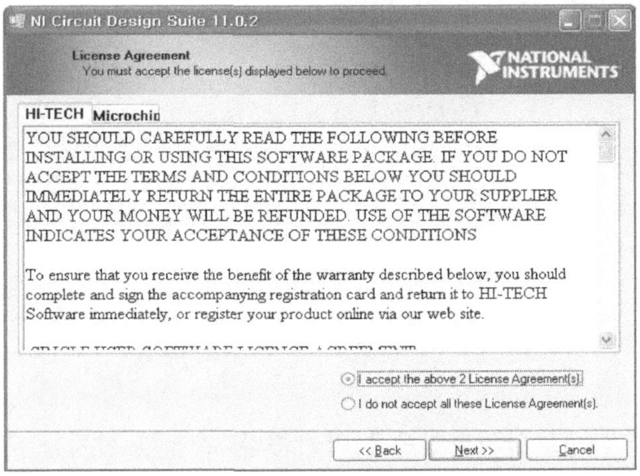

➡ Hi-Tech에서 제공하는 Multisim MCU(Micro Controller Unit)를 위한 8051 C Lite 컴파일러/ 8051 C Lite 컴파일러 및 Microchip사의 프로그램 개발을 위한 도구에 대한 라이센스에 관한 정보로 "I accept the above 2 License Agreement(s)"를 체크하여, 라이센스(License)에 동의한다.

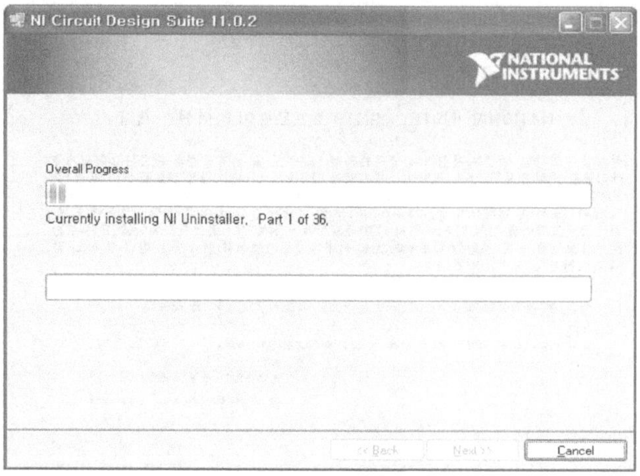

➡ 모든 라이센스에 동의하면 프로그램의 파일들이 컴퓨터에 설치된다.

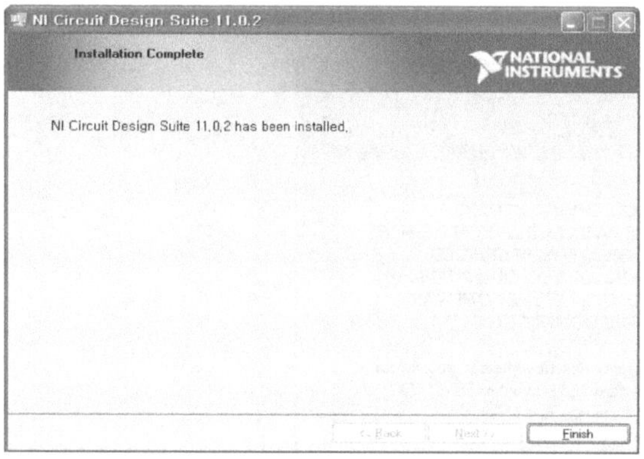

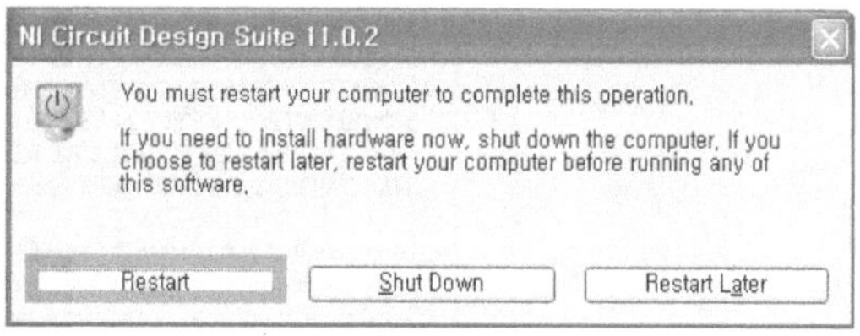

➡ 프로그램이 성공적으로 설치되었음을 알려준다. 완전한 설치를 위해서는 컴퓨터를 재시작할 필요가 있다.

1-5 프로그램 시작 및 인증

Windows에서 [시작] 메뉴를 클릭하고 [프로그램] ➡ [National Instruments] ➡ [Circuit Design Suite 11.0] ➡ [Multisim 11.0]을 클릭하면 30일 평가판임을 알리는 메시지가 나타나며, "평가판 시작" 버튼을 클릭하면 Multisim이 실행된다.

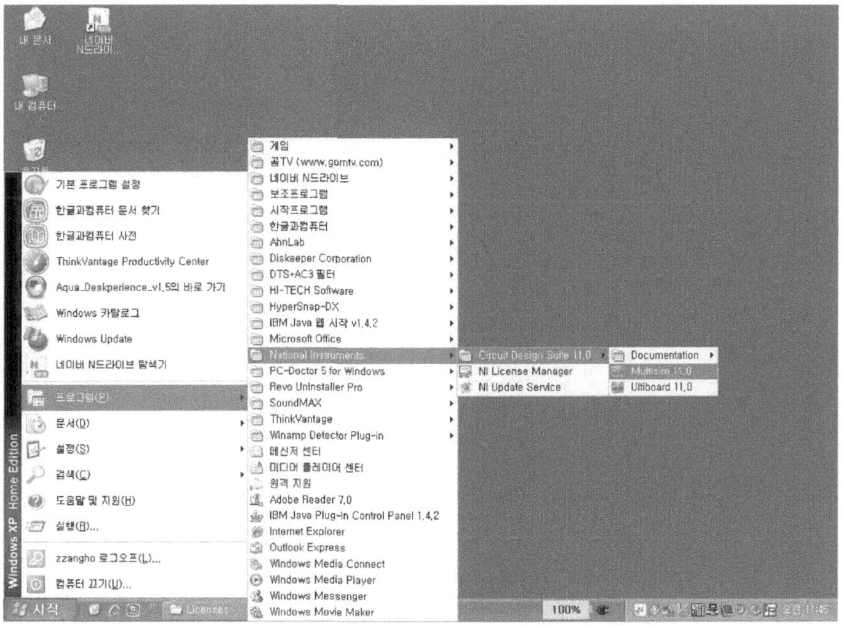

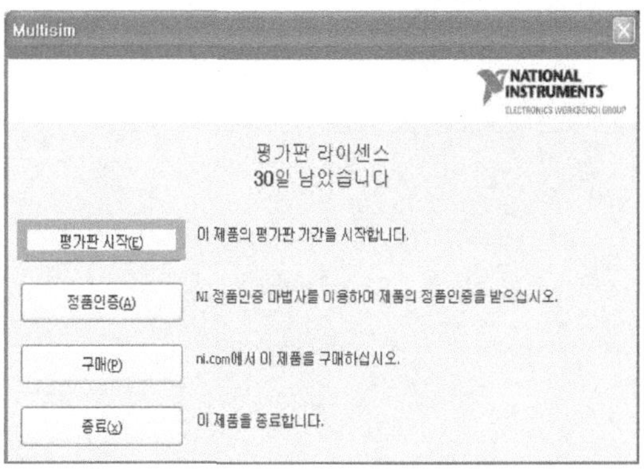

제2장

회로 디자인

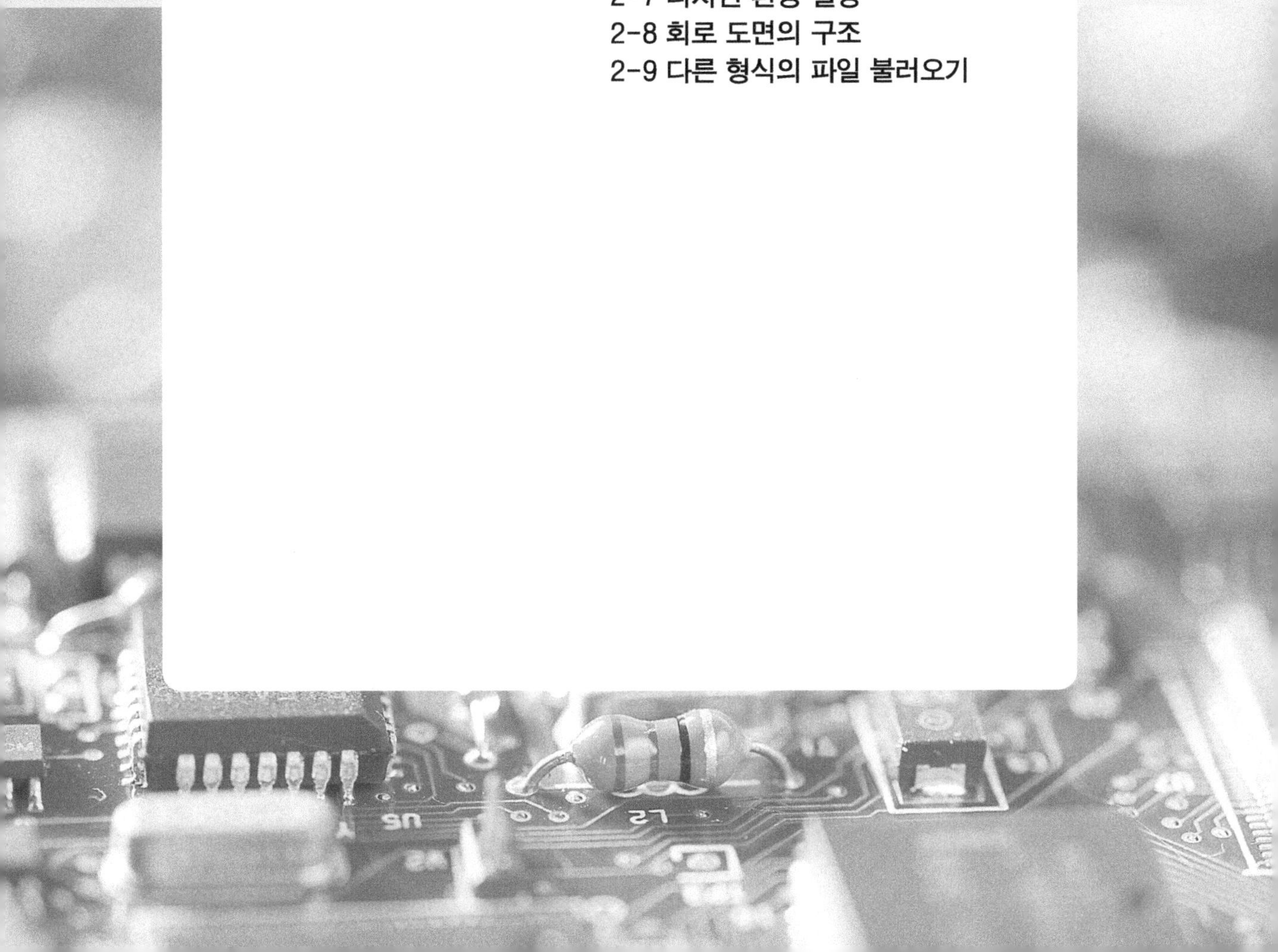

2-1 Multisim의 화면 구성

Mutisim의 화면 구성은 명령어 모임인 메뉴 bar, 각종 도구 버튼의 모임인 Toolbar, 회로의 도면 관리를 위한 디자인 Toolbox, 작업 영역 그리고 부품의 속성을 엑셀 모양으로 보여주는 스프레드시트 창으로 구성되어 있다. 프로그램의 세부 기능을 알기 위해서는 먼저 전체적인 인터페이스부터 눈에 익혀야 한다.

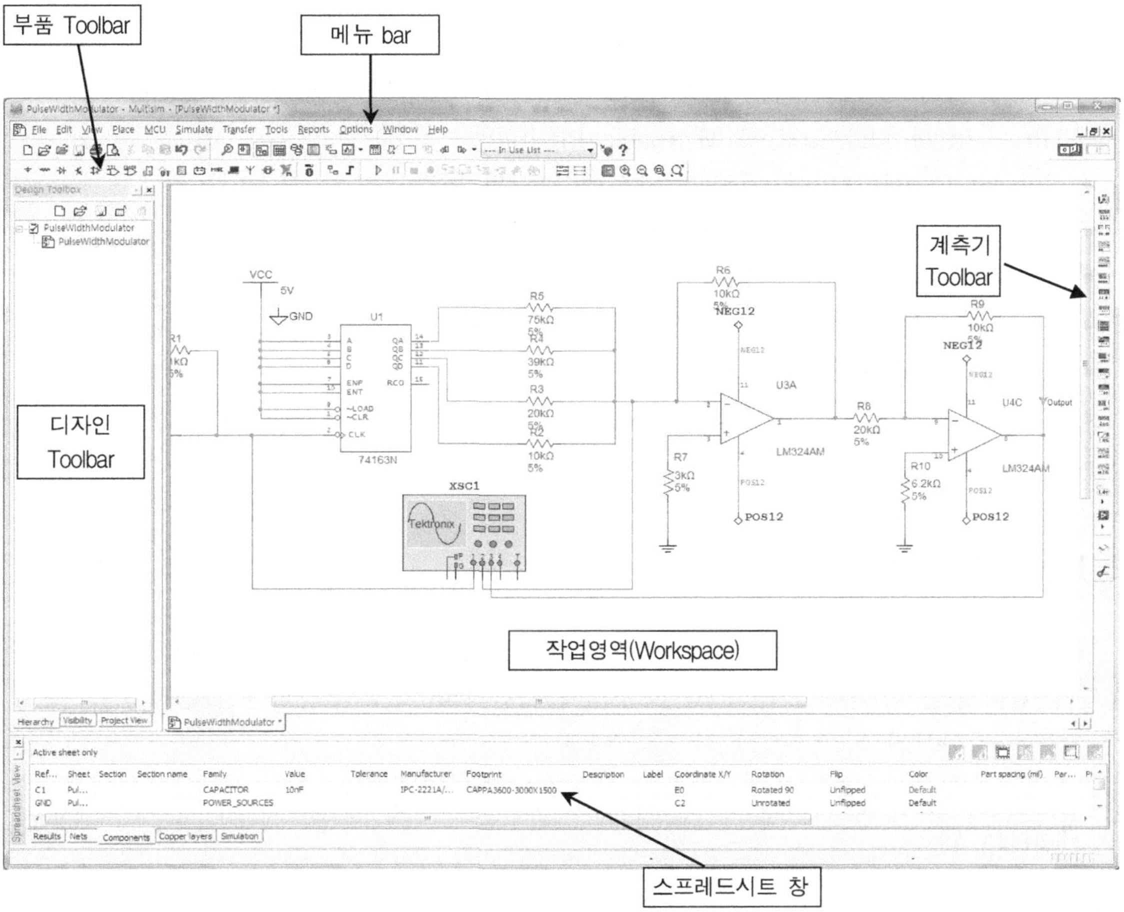

2-1-1 메뉴바(Menu bar)

메뉴바(menu bar)는 각종 명령을 수행하기 위한 메뉴를 나타내며, 각 메뉴를 클릭하면

서브 메뉴가 나타나 명령들을 선택할 수 있다.

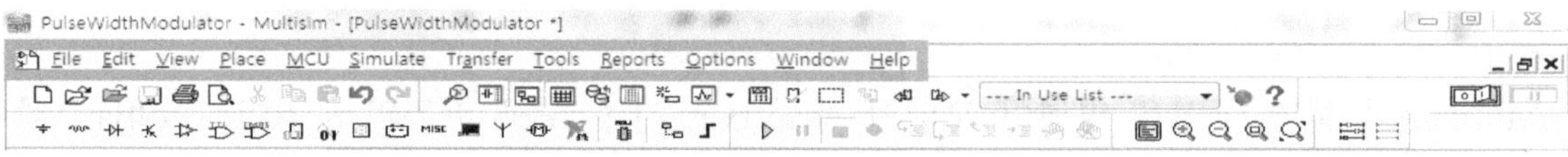

- File : 파일에 관련된 메뉴
- Edit : 회로도면의 편집에 관련된 메뉴
- View : 다양한 툴바들의 표시 여부에 관련된 메뉴
- Place : 부품 및 배선의 지정에 관련된 메뉴
- MCU : SPICE 기반 회로용 마이크로컨트롤러 시뮬레이션에 관련된 메뉴 (Intel/Atmel 8051/8052 및 Microchip PIC16F84a 지원)
- Simulate : 시뮬레이션, 계측기, 해석에 관련된 메뉴
- Transfer : PCB 소프트웨어로 데이터 출력에 관한 메뉴
- Tools : 부품의 생성 및 ERC 체크에 관련된 메뉴
- Reports : BOM 등 각종 보고서에 관련된 메뉴
- Options : Multisim의 설정에 관련된 메뉴
- Window : 여러 개의 창들의 배치에 관련된 메뉴
- Help : 도움말

2-1-2 디자인 Toolbox

디자인 Toolbox(도구상자) 창은 윈도우 탐색기처럼 디자인 파일을 구성하고 있는 회도 도면을 관리하는 창이다. 도구상자는 모두 4개의 탭(Tab)으로 구성되어 있는데, 각각에 대한 기능을 알아보자.

Hierachy 탭

Hierachy 탭에서는 현재 작업하고 있는 회로 도면들을 관리할 수 있다.

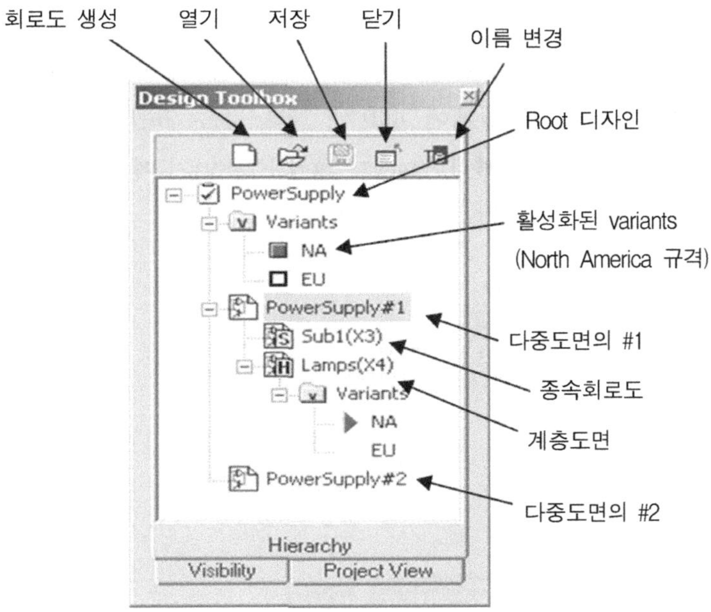

Visibility 탭

Visibility 탭에는 회로 디자인 시에 부품의 참조번호(RefDes), 라벨(Label) 및 값(Value), 배선의 노드 이름(Net Name) 등을 보이게 하거나 숨기게 하는 On/Off 기능을 제공한다.

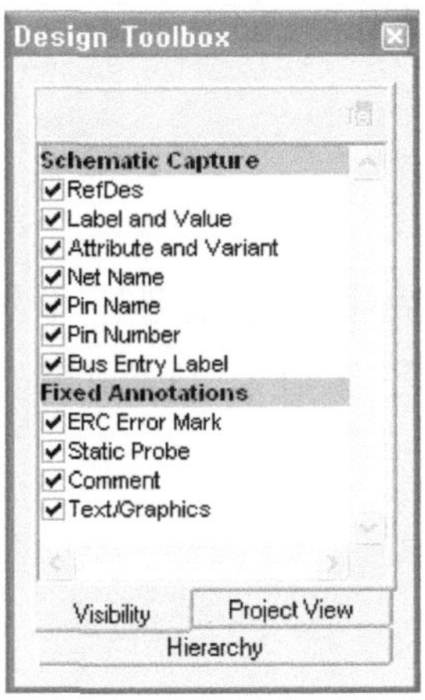

Project View 탭

프로젝트 관리기 창으로, 다중도면(Multi-Page), 계층구조 도면(Hierarchical Block) 등의 도면 작성 시, 여러 개의 도면들과 설계에 필요한 자료 등을 일괄적으로 관리할 수 있다.

프로젝트 관리를 위해서는 [File] ➡ [Projects and Packing] ➡ [New Project]를 선택하여 새로운 프로젝트를 생성해야 한다.

프로젝트 보기 창에는 설계에 관련된 모든 자료를 모은 [설계 파일(SchematicFile)] 폴더, PCB Layout을 위한 도면의 Netlist 파일을 첨부하는 [PCB] 폴더, 회로를 설계하는 있어 필요한 데이터시트(Datasheet) 및 관련 문서 자료를 첨부하는 [Documents] 폴더, 그리고 부품목록(BOM : Bill Of Material) 등의 문서를 첨부하는 [Reports] 폴더로 구성되어 있다. 파일을 첨부하는 방법은 각각의 폴더 위에 마우스 오른쪽 버튼을 클릭하여 "Add file… "을 이용하여 원하는 파일을 선택하면 등록이 된다.

2-1-3 툴바(Toolbars)

툴바는 자주 사용하는 명령들을 보다 쉽게 실행할 수 있도록 만들어진 도구 버튼의 모음으로서, Multisim에서는 아래와 같은 툴바를 제공한다.

- Standard Toolbar
- Main Toolbar
- Simulation Toolbar
- View Toolbar

- Component Toolbar
- Virtual Toolbar
- Graphic Annotation Toolbar
- Instruments Toolbar

주의

만약 위의 툴바 중 화면에 나타나지 않는 것이 있다면, 메뉴바의 [View] ➡ [toolbars]에서 toolbar name을 선택하여 특정 툴바를 활성화해 준다.

1. Standard Toolbar

Standard Toolbar에는 일반적인 기능을 수행하는 버튼으로 구성되어 있다. 제공되는 기능은 아래와 같다.

버튼	설 명
	New : 새로운 회로도면 만들기
	Open File : 저장된 회로도면 열기
	Open Sample File : 예제 파일 열기
	Save File : 활성화된 회로도면 저장하기
	Print Circuit : 회로도면 인쇄하기
	Print Preview : 인쇄 미리 보기
	Cut : 선택 객체 잘라내기(클립보드상에 저장)
	Copy : 선택 객체 복사하기
	Paste : 복사/ 잘라내기 한 객체 붙여 넣기
	Undo(Ctrl+Z) : Cut, Delete 된 부분을 복원
	Redo(Ctrl+Y) : Undo 실행한 것을 다시 복원

2. Main Toolbar

Main Toolbar에서 제공되는 기능은 아래와 같다

버튼	설 명
	Toggle Design : 디자인 도구상자 On/Off 전환
	Toggle Spreadsheet View : 스프레드시트 On/Off 전환
	Database Manager : 라이브러리 관리 창 실행
	Create Component : 라이브러리 마법사 창 실행
	Grapher / Analyses : 결과 파형 그래프 보기 및 분석 결과 보기
	Postprocessor : Postprocessor 대화상자 표시
	Electrical Rules Checking : ERC 체크
	Capture Scrren Area : 작업 영역 화면 캡처
	Show Breadboard : Breadboard 모드로 전환
	Go to Parent Sheet : 계층도면상에서 최상위 레벨로 이동
	Backannotate from Ultiboard : Ultiboard로부터 변경된 Netlist를 Update
	Forward annotate : Multisim에서 변경된 Netlist를 Ultiboard로 Update
	In Use List : 작업 영역의 부품 목록 리스트들을 제공하며, 해당 부품을 선택하여 배치도 가능
?	Help : 도움말

3. Simulation Toolbar

시뮬레이션 도중에 사용되는 버튼으로 구성되어 있다.

버튼	설 명
	Run/resume simulation : 회로시뮬레이션 시작, 재시작

	Pause simulation : 시뮬레이션을 일시 정지
	Stop simulation : 시뮬레이션 정지
	Pause at Next MCU Instruction Boundary : MCU 명령의 단계별 실행
	Step Into : 명령 라인 실행 후 함수 호출 시 함수 내부 진입
	Step Over : 명령 라인 실행 후 함수 호출 시 함수 내부로 진입하지 않음
	Step Out : 명령 라인을 포함하는 함수를 벗어남
	Run to Cursor : 현재 커서까지 실행
	Toggle Breakpoint : Breakpoint의 설정
	Remove All Breakpoints : 설정된 Breakpoint의 제거

4. Component Toolbar

각종 부품의 배치를 위해 사용되며, 각 버튼을 선택 시 해당 부품의 라이브러리 검색기(Browser)가 활성화된다.

버튼	설 명
	Place Source : 전원(Power) 라이브러리 그룹
	Place Basic : 기본(R, L, C 등) 라이브러리 그룹
	Place Diode : 다이오드 라이브러리 그룹
	Place Transistor : 트랜지스터 라이브러리 그룹
	Place Analog : 아날로그 라이브러리 그룹
	Place TTL : TTL 라이브러리 그룹
	Place CMOS : CMOS 라이브러리 그룹
	Place Miscellaneous Digital : 기타 디지털 라이브러리 그룹

	Place Mixed : 혼합된 라이브러리 그룹
	Place Power Components : 전원 라이브러리 그룹
	Place Indicator : 표시기 라이브러리 그룹
	Place Miscellaneous : 기타 라이브러리 그룹
	Place Advanced peripherals : 고급 주변 장치 그룹
	Place RF : RF 라이브러리 그룹
	Place Electromechanical : 전자 기구 장치 라이브러리 그룹
	Place MultiMCU : MCU 라이브러리 그룹
	Place Hierarchical Block : 계층도면 선택 배치
	Place Bus : 버스선 선택

5. Virtual Toolbar

이상적인 특성을 갖는 가상 부품들의 배치를 위해 사용된다.

버튼	설 명
	Show Power Source Family : 전원 라이브러리 모음
	Show Signal Source Family : 신호 전원 라이브러리 모음
	Show Basic Family : 기본 라이브러리 모음
	Show Diodes Family : 다이오드 라이브러리 모음
	Show Transistors Family : 트랜지스터 라이브러리 모음
	Show Analog Family : 아날로그 라이브러리 모음

M	Show Miscellaneous Family : 혼합 라이브러리 모음
	Show Measurement Family : 측정기 및 램프 등을 모음
	Show Rated Virtual Family : Rated Virtual 라이브러리 모음
3D	Show 3D Components Family : 각종 3D 라이브러리 모음

6. Graphic Annotation Toolbar

각종 도형이나 텍스트를 위한 도구의 모음이 제공된다.

버튼	설 명
	Picture : 비트맵(*.bmp) 이미지 삽입
	Ploygon : 다각형 그리기
	Arc : 호 그리기
	Ellipse : 타원 그리기
	Rectangle : 사각형 그리기
	Multiline : 다중 선 그리기
	Line : 선 그리기
A	Place Text : 텍스트 입력
	Place Comment : 작업 영역에 코멘트 달기

7. Instruments Toolbar

회로 모의실험에서 각종 측정을 위한 모의 계측기들을 모아두었다.

버튼	설 명
	Multimeter(멀티미터) : 전압, 전류, 저항, 데시벨(db) 측정

	Function Generator(함수 발생기) : 정현파, 삼각파, 펄스파를 발생
	Wattmeter(전력계) : 전압계와 전류계의 조합으로 전력을 측정
	Oscilloscope(오실로스코프) : 시간 영역에서의 파형 측정(2 채널)
	4-channel Oscilloscope : 시간 영역에서의 파형 측정(4 채널)
	Bode Plotter(보드선도계) : 주파수 영역에서의 주파수대 크기, 위상을 측정
	Frequency Counter(주파수계) : 주파수, 펄스 간격, 펄스폭, 상승/하강 시간 측정
	Word Generator(워드발생기) : 2진수, 10진수, 16진수, 아스키 입력
	Logic Analyzer(논리 분석기) : 디지털 논리 파형 측정
	Logic Converter(논리변환기) : 디지털 진리진표/논리식 측정, 등가 회로 변환
	IV-Analysis(IV-분석기) : 전류-전압 특성 측정
	Distortion Analyzer(왜율계) : 신호의 왜곡 현상 측정
	Spectrum Analyzer(신호분석기) : RF 시스템에서 주파수대 진폭 등의 크기 측정
	Network Analyzer(네트웍분석기) : 스미스 차트, S/H/Y/Z 파라미터, 임피던스 측정
	Agilent Function Generator : Agilent사의 함수 발생기
	Agilent Multimeter : Agilent사의 멀티미터
	Agilent Oscilloscope : Agilent사의 오실로스코프
	Tektronix Oscilloscope : Tektronix사의 오실로스코프
	Current Probe : Tektronix사의 오실로스코프와 함께 사용하는 전류 프로브
	Labview Instruments: Microphone, Speaker, Signal Analyzer, Signal Generator 등의 계측기 지원
	Measurement Probe : 노드에 걸리는 전압, 전류 등을 실시간 측정

2-1-4 스프레드시트(Spreadsheet)

스프레드시트는 도면에 사용된 부품들의 참조 번호, 속성(attribute) 등의 정보를 Excel

모양의 시트 형식으로 보여준다. 스프레드시트를 이용하여 부품의 교체, 부품값 변경 등을 설정할 수 있다.

또한, Multisim에서 작성한 회로를 PCB Layout을 위해서는 Footprint(PCB Package 선택)를 설정해야 하는데, 스프레드시트에서 간단하게 Footprint를 설정할 수 있다.

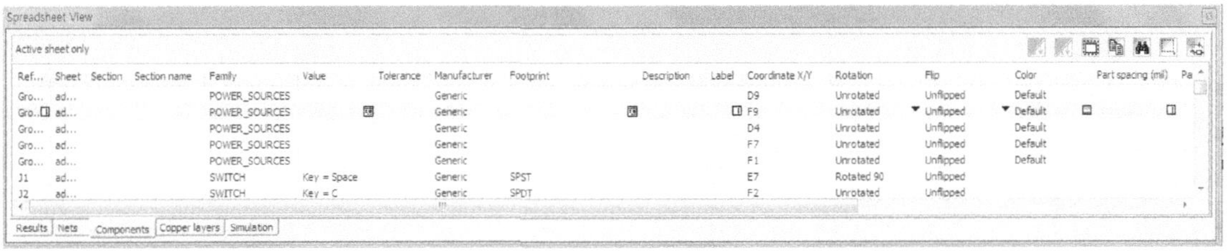

스프레드시트에서는 아래와 같이 4가지의 탭이 제공된다.

- Results : Electrical Rules Check(ERC) 결과를 보여줌
- Nets : Schematic 상의 네트 목록 및 네트 하이라이트, 네트 이름 변경 기능
- Components : 부품들의 리스트 및 Footprint 설정 및 변경
- Copper Layers : PCB 설계 시 동박면 레이어 정보를 설정
- Simulation : 모의실험 결과에 따른 에러나 경고 메시지 표시

2-2 새로운 디자인 파일 만들기

새로운 디자인 파일을 만들기 위해서는 [File] ➡ [New] ➡ [Design]을 클릭하거나(단축키 Ctrl-N), Standard 툴바의 New(🗋)를 선택하여 새로운 도면을 열고 회로를 디자인하면 된다.

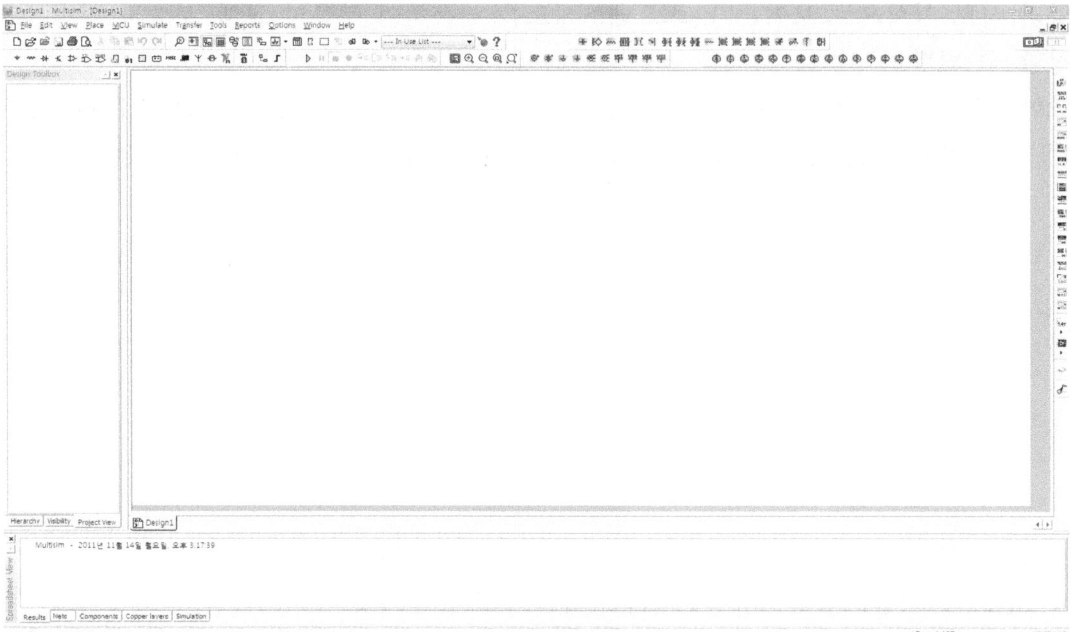

2-3 툴바 설정

Multisim을 실행했을 때 각자의 프로그램 환경에 따라 툴바(Toolbar)가 다를 수 있다. 툴바에 대한 설정은 화면 상단의 메뉴바에서 [View] ➡ [Toolbars]를 선택하고 원하는 툴바를 선택할 수 있다.

적어도 다음의 그림에 보이는 기본 툴바는 설정하고 작업하기를 권한다.

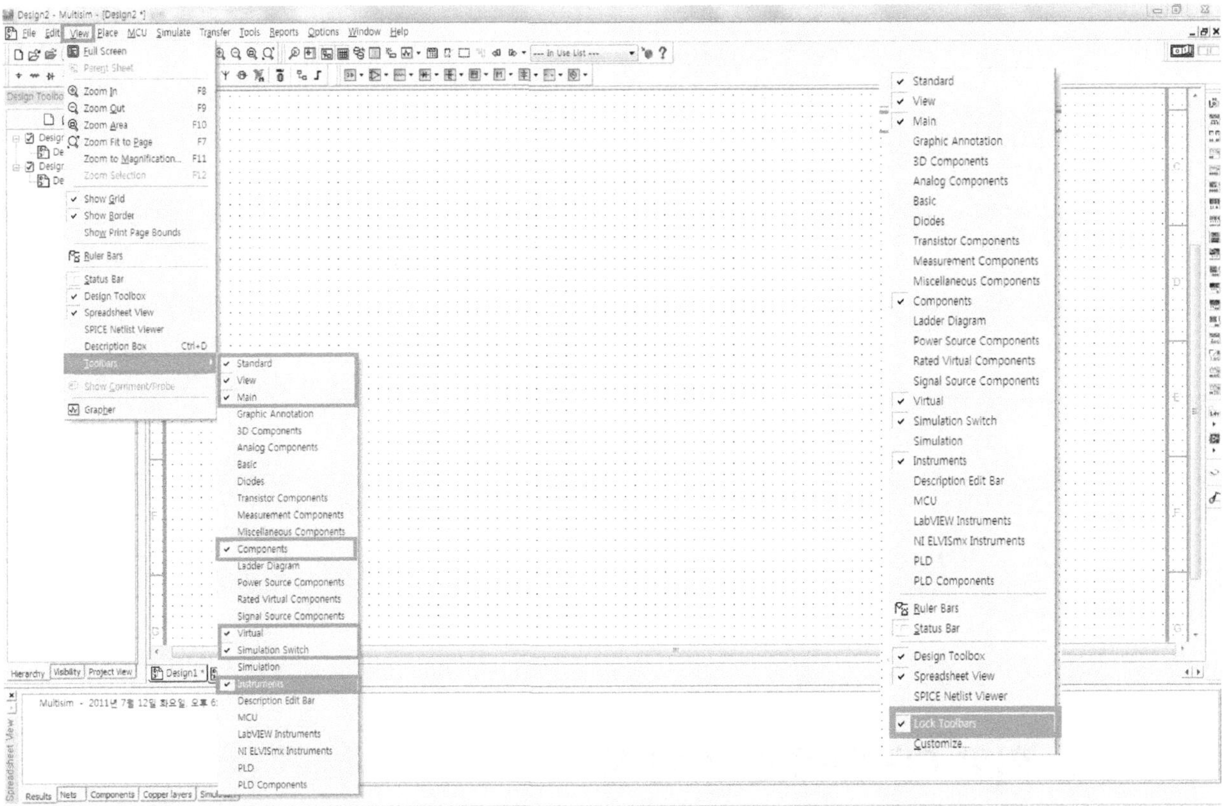

2-3-1 작업도면 설정하기

작업도면의 설정을 위하여 메뉴바의 [Options] ➡ [Sheet preferences]를 클릭하고 "Workspace" 탭을 선택한다.

그림과 같이 페이지 사이즈는 A4 가로 방향(Landscape)으로 하고, 그리드(grid)를 보이게 하기 위해서 "Show grid"를 선택한다.

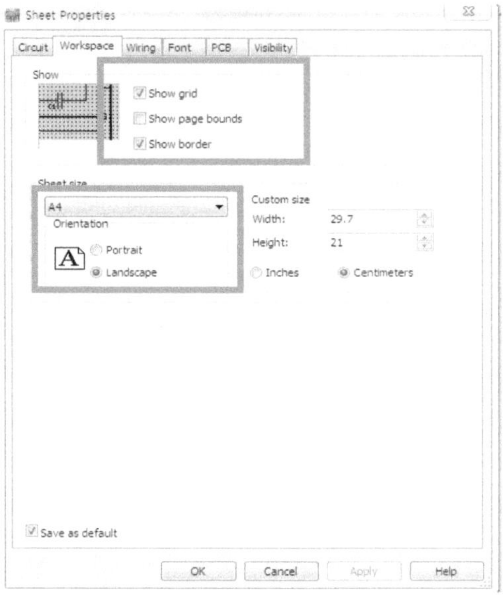

2-4 회로 디자인(맛보기 예제)

Simulation할 전자 회로를 EDA(Electronic Design Automation) Tool을 사용하여 디자인하는 것을 Schematic Capture라고 한다.

아래의 맛보기 예제를 통해서 개략적인 회로의 디자인 및 시뮬레이션을 수행하여 보자.

【맛보기 예제】

아래의 회로를 디자인하시오.

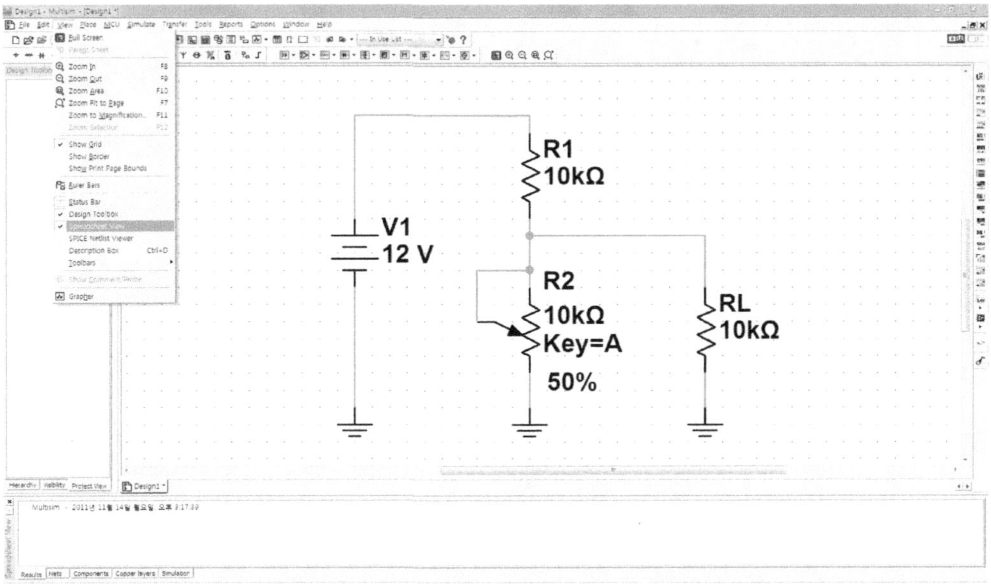

작업 화면을 넓게 사용하기 위해서 화면 하단의 Spreadsheet view를 일시적으로 끌 수가 있다. 보기(View) 메뉴에서 Spreadsheet view 항목을 선택 해지하면 이 항목은 사라진다.

1. 전압원(배터리) 추가

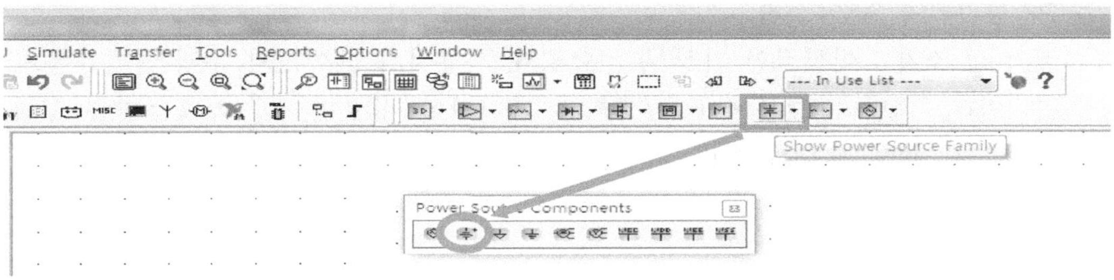

① [Virtual Toolbar]의 [Power Source Family]를 클릭한다.
② [Power Source components]창이 나타난다.
③ [DC Power Source] 아이콘을 클릭한 후 워크시트로 가져온다.
④ 직류 전압원의 값을 변화시키기 위해서 워크시트의 배터리를 더블 클릭하면 전압원 대화상자가 나타난다. 이곳에서 값을 변화시킬 수 있다.

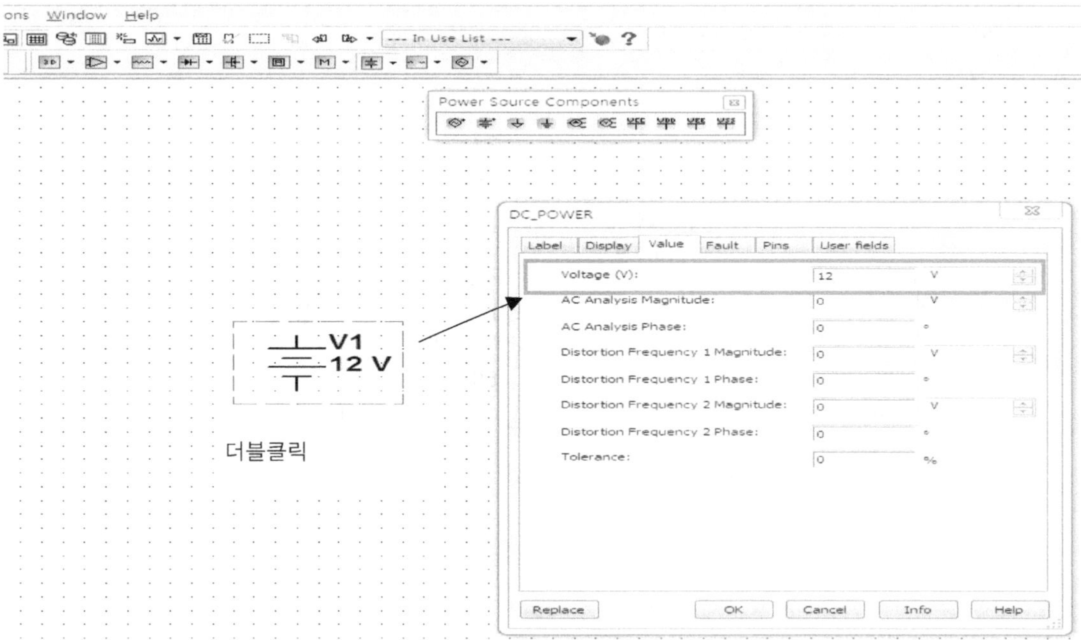

2. 저항과 가변저항 추가

① Multisim의 부품

- Real 소자 : 실제로 사용되고 있는 부품으로, 해당 데이터 시트의 파라미터 값이 이미 정의되어 있는 소자
- Virtual 소자 : 이상적인 가상 부품으로서, 사용자가 데이터의 수정을 자유롭게 할 수 있다. 패밀리 그룹에서 녹색으로 표시되어 있으며, 이 부품들만을 Virtual toolbar에 별도로 모아 있다.

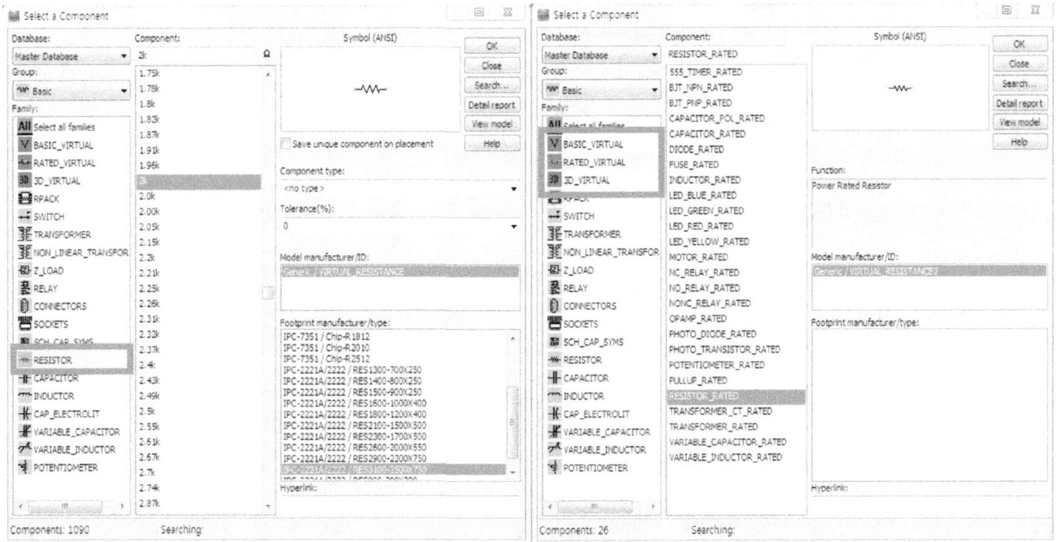

② 각 부품은 참조 번호(Reference Number), 심볼(Symbol), 부품값(Value)으로 구분되며, 참조 번호는 회로에 여러 개의 같은 부품이 사용될 경우 가져온 순서대로 일련번호를 자동으로 부여한다.

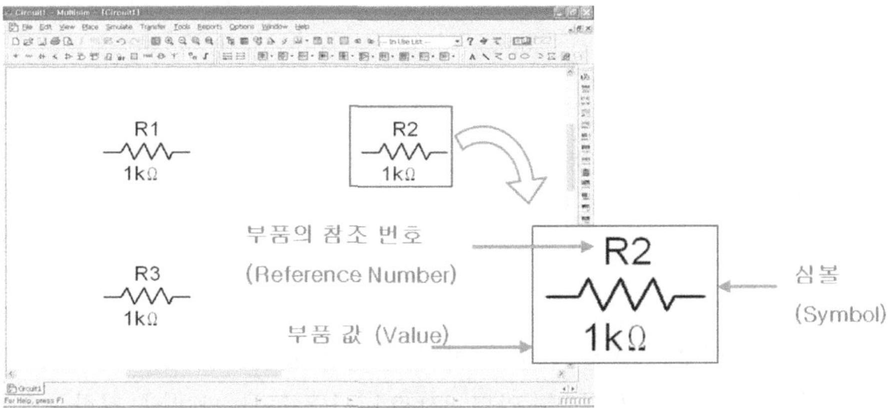

③ [Virtual Toolbar]의 [Basic components Family]를 클릭한다.

④ [Basic components]창이 나타난다.

⑤ [Resistor]와 [Potentiometer]를 클릭한 후 워크시트로 가져온다.

⑥ 워크시트로 가져온 부품은 [Ctrl-R]키를 누를 때마다 회전한다.

⑦ Virtual 부품인 경우, 참조 번호나 부품을 더블 클릭하면 부품의 속성 값을 변경하는 창이 나타난다.

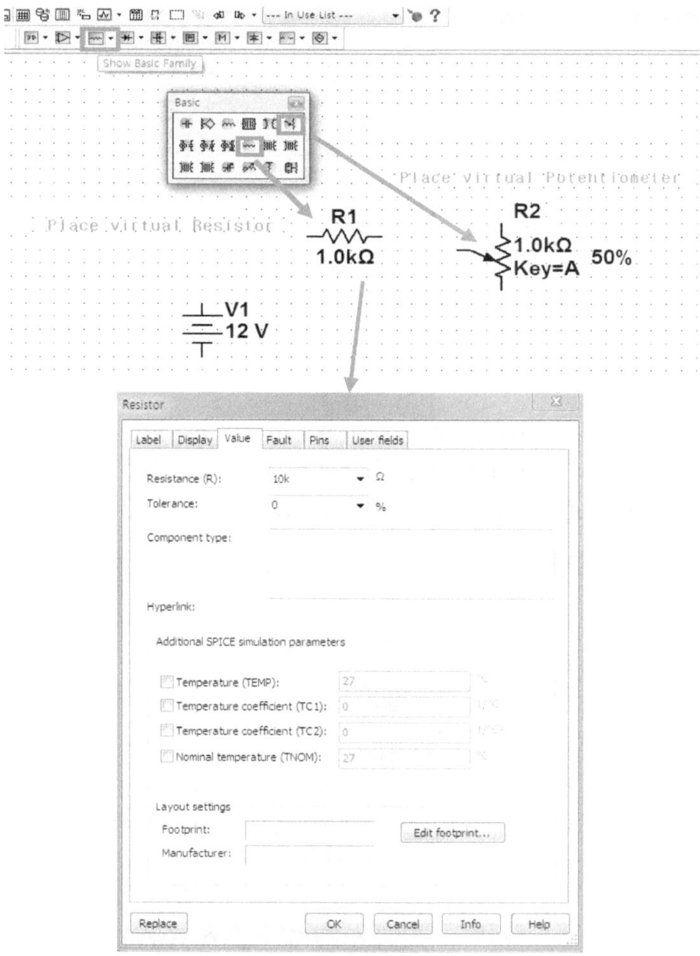

⑧ Potentiometer는 키보드 A를 누를 때마다 중간단자(middle leg)와 아랫단자(bottom leg) 사이의 저항을 증가시킬 수 있다. Shift-A를 누를 때마다 저항값은 감소한다.

⑨ 워크시트상의 Potentiometer를 더블 클릭하면 Potentiometer 속성 대화상자가 나타나는데 이것에서 Potentiometer의 총저항값, 증감치, 그리고 키보드 키의 할당값 등을 바꿀 수 있다.

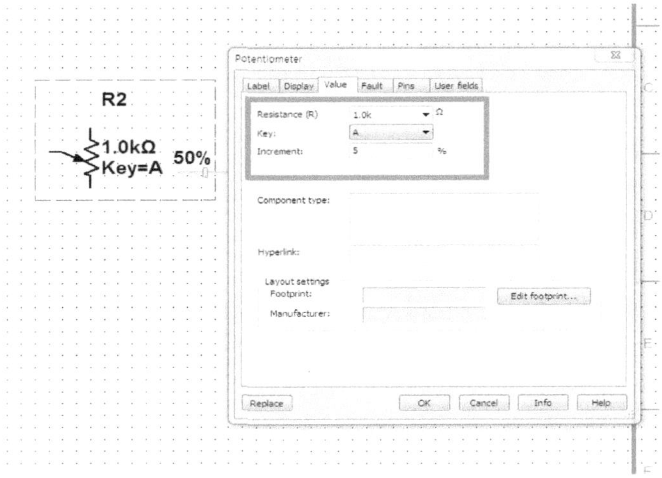

⑩ 전류의 양을 조절하기 위해 사용(가감 저항기 : Rheostats)하기 위해서는 위쪽 단자(upperleg)를 아래와 같이 중간단자에 연결한다.

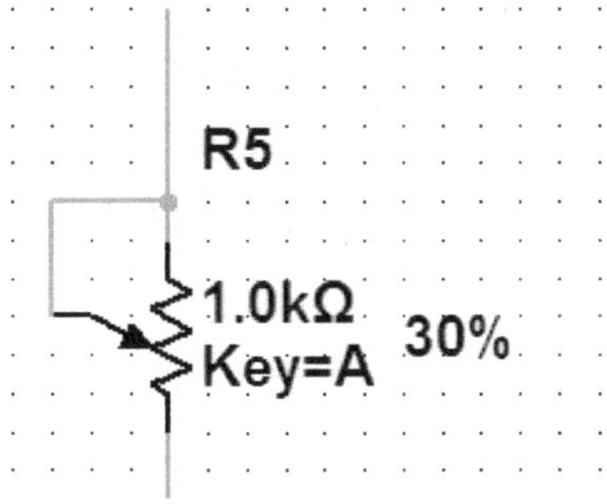

3. 그라운드 연결

그라운드 없는 회로는 시뮬레이션을 할 수 없는데, 이는 SPICE가 회로해석 시 "Nodal Analysis(절점 해석)"을 사용하므로 기준 절점(Reference node)이 필요하고 이때 기준 절점으로 그라운드를 사용하기 때문이다.

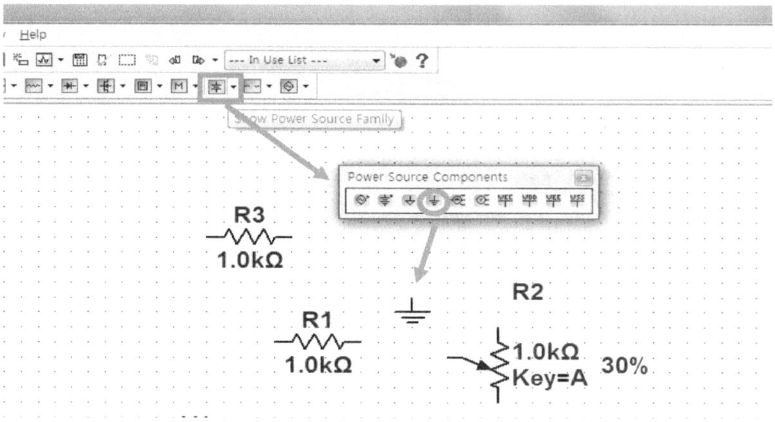

4. 부품 이동 · 복사하기(Move/Copy)

① 이동 : 부품을 선택하여 마우스로 클릭한 상태에서 원하는 위치로 이동하여 배치한다. 여러 개의 부품들을 동신에 이동하고자 할 때에는 영역을 설정한 후에 하나의 부품을 마우스로 선택하여 원하는 위치로 이동한다.

② 복사 : 부품을 선택한 후 오른쪽 마우스를 눌러 나타나는 팝업 메뉴에서 Copy를 선택한다. 오른쪽 마우스를 눌러 나타나는 팝업 메뉴에서 Paste를 선택하면, 복사된 부품의 이미지가 마우스를 따라다니는데, 이때 적당한 곳에 배치하면 된다.

주의

윈도우의 컨트롤 키인 cut (Ctrl-X), copy (Ctrl-C) and paste (Ctrl-V)를 사용해서도 부품의 이동 및 복사가 가능하다.

5. 부품의 회전

부품의 방향이 맞지 않을 경우 부품을 회전시켜야 한다. 부품을 배치하기 전에는 [Ctrl+R]을 클릭하면 시계 방향으로 90°씩 회전을 한다. 이미 배치된 부품을 회전할 경우에는 부품을 선택한 후 마우스의 오른쪽 버튼을 클릭하여, 나타난 메뉴에서 [90Clockwise]/[90CounterCW]를 선택하여 클릭한다.

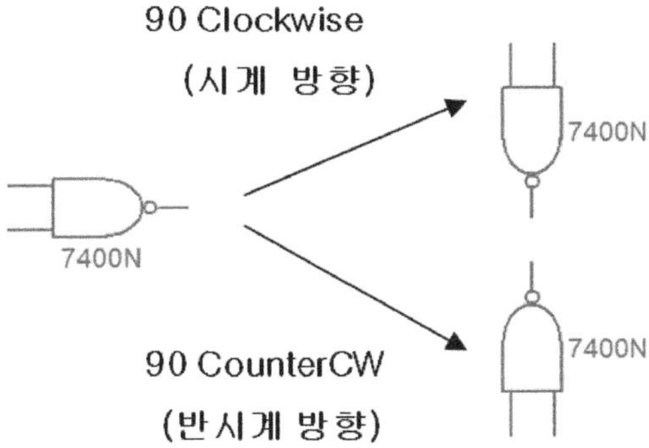

5. 부품의 좌우 대칭(Flip)

부품을 선택한 후 마우스 오른쪽 버튼을 클릭하여 [Flip Horizontal], [Flip Vertical] 메뉴를 이용한다.

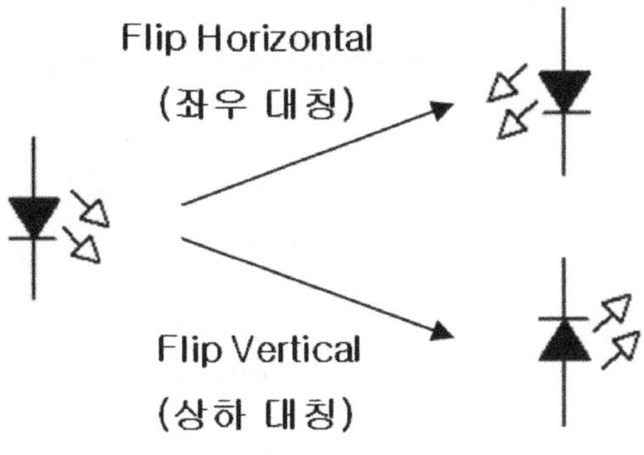

6. 선 연결하기(Wire)

회로 도면에 필요한 부품을 모두 배치한 뒤에는 선으로 연결하여 회로를 완성한다. 작업 영역에서 배치된 부품의 PIN에 마우스를 가져가면 마우스의 모양이 점으로 변경된다. 이때 마우스의 왼쪽 버튼을 클릭하고 연결하고자 하는 부품의 PIN으로 마우스를 가져가서 다시 한 번 마우스 왼쪽 버튼을 클릭하면 된다.

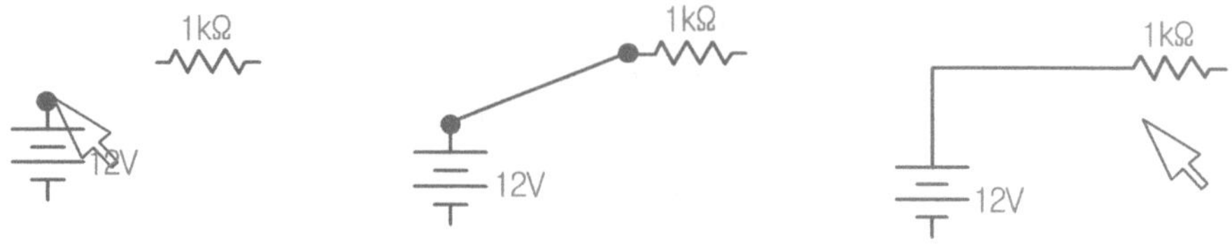

마우스 왼쪽 버튼 클릭 　 연결 하고자 하는 PIN으로 이동 　 왼쪽 버튼을 다시 클릭

- 선 삭제 : 삭제할 선위를 왼쪽 마우스 버튼을 클릭하여 선택한 다음 Del 키를 누르거나 삭제할 선 위에서 마우스 오른쪽 버튼을 클릭한 다음 [delete]를 사용하여 삭제할 수 있다.

- 자동 배선(Autowire)
부품의 핀이 배선에 닿기만 하면 자동으로 결선이 이루어지고, 부품을 배선 사이에 배치하고자 할 때는 부품을 배선 사이로 끌어오기만 하면 된다.
[Option] ➡ [Global Preferences] ➡ [General tab] ➡ [Autowire box]

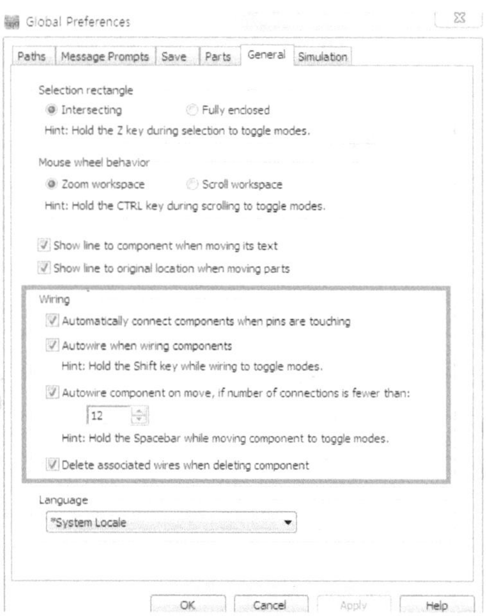

① Automatically connect components when pins are touching 부품 핀이 배선에 닿기만 하면 자동 결선

② Autowire when wiring components 부품 사이의 배선 시 최적의 경로로 자동 배선

③ Autowire component on move 부품 이동 시 최적의 경로로 자동 재배선

④ Delete associated wires when deleting component 삭제 시 연결된 배선도 함께 삭제 가능

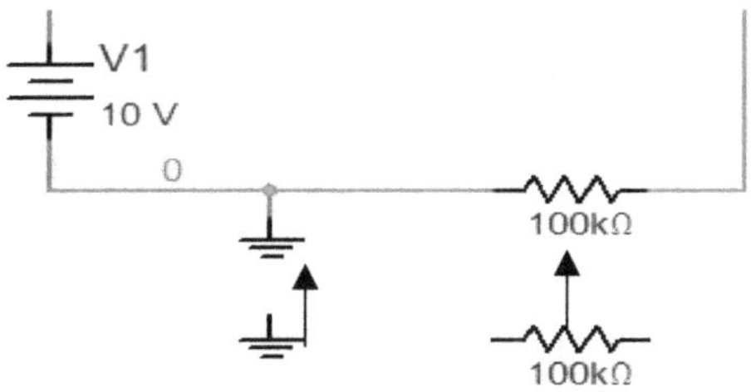

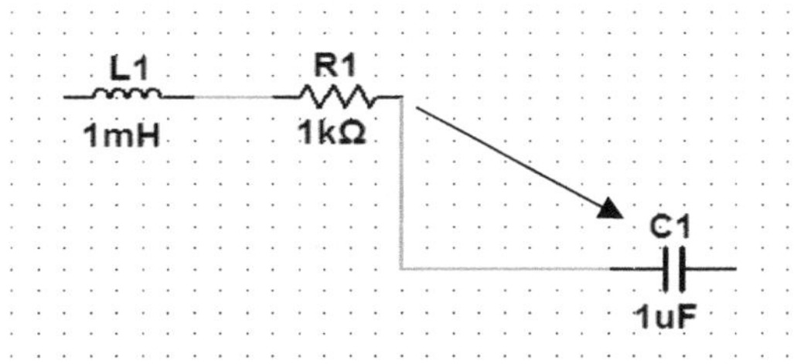

7. 절점(node) 생성(Wire)

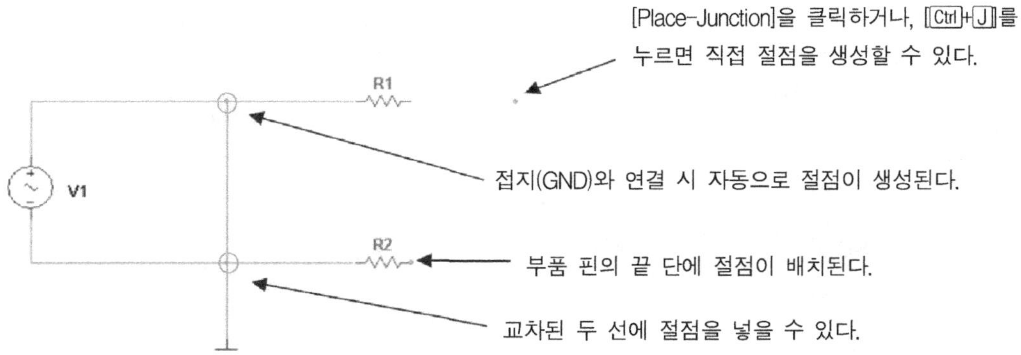

8. 대각선 그리기

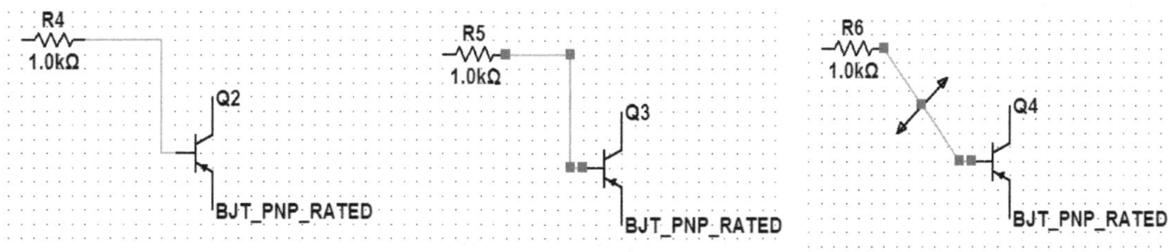

주의

부품을 Move 하면 원래 상태로 돌아온다.

9. 배선의 이름 할당 및 색깔 바꾸기

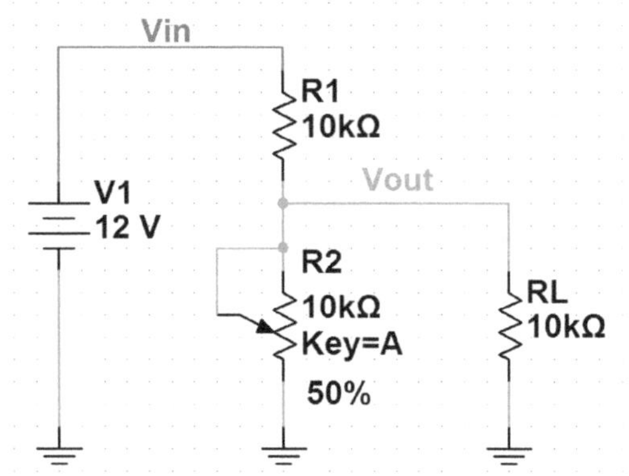

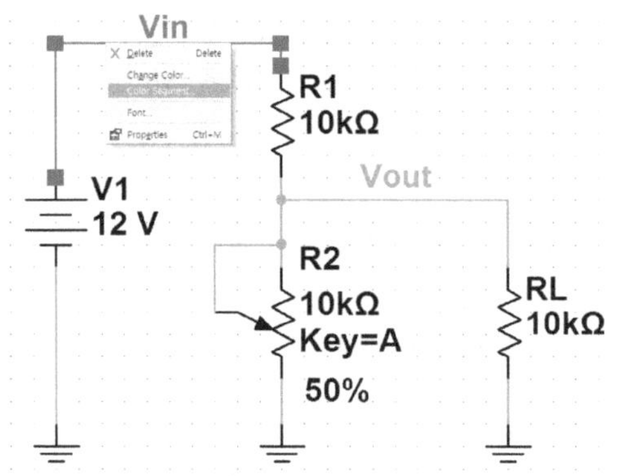

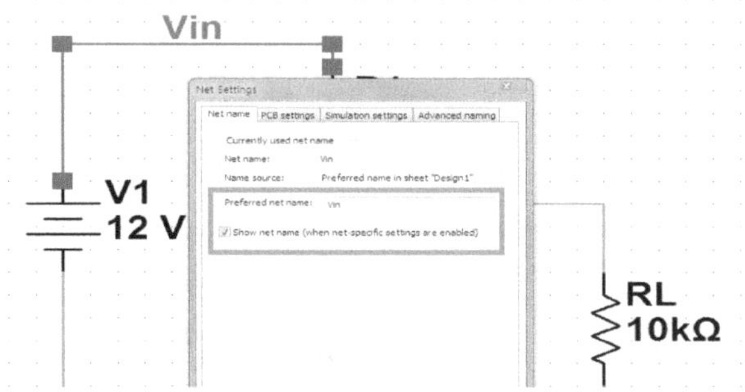

① 색상의 변경을 원하는 배선의 부분을 선택하고 마우스 오른쪽 버튼을 누르면 배선에는 드래그 포인터(drag points)가 나타나고 동시에 배선의 속성에 관련된 메뉴가 열린다.

② 선택한 배선의 드래그 포인터의 처음과 끝까지를 Segment라고 하는데,
- Color Segment : 선택된 배선의 Segment 부분의 색상을 변경한다.
- Change Color : 선택된 배선과 직접 연결된 배선부의 색상을 전부 변경한다.

③ 속성(Properties)을 선택하여 배선의 이름(net name)을 지정할 수 있다.

10. Simulation 실행

① 메뉴바의 [Simulate] ➡ [Analyses] ➡ [DC Operating Point..]를 선택한다.

【참고】 DC Operating Point analysis (직류 동작점 해석)

비선형 시스템을 bias 전압을 인가하여 선형으로 근사화하여 해석 하는 방법으로 바이어스 전압에 의해 회로내의 동작점을 나타내는 각 node의 전압과 각 branch의 전류를 구하고 그 동작점에서 미분에 기초한 선형 소신호 등가 모델을 구하여 내는 작업을 DC operating point analysis라 한다.

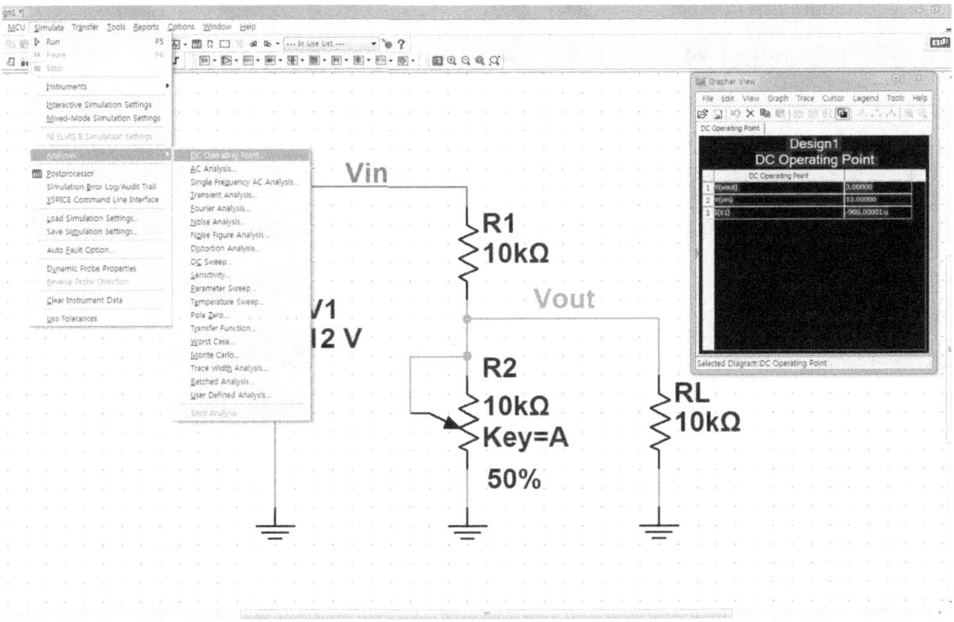

② 입력 전압 V(vin)과 출력 전압 V(vout)을 전류 I(V1) 선택하고, 전원에 의한 입력 전류I(V1)을 선택한다.

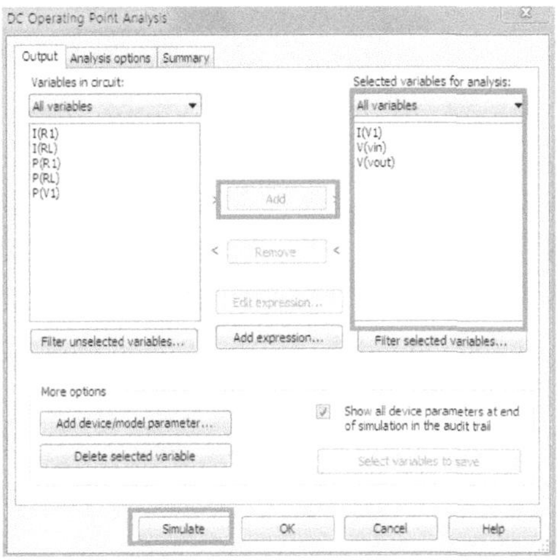

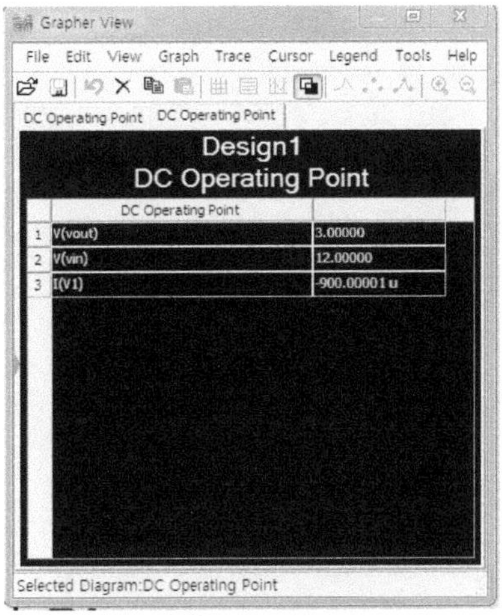

③ Spice가 전류의 방향을 전원의 양으로 흘러들어가는 것을 기준으로 하기 때문에 전류의 결과에 (-)가 표시된다.

④ "a" 또는 "Shift + A" 키를 사용하여 가변저항의 값을 변화시킨 후 다시 해석할 수 있다.

⑤ 메뉴바의 [Simulate] ➡ [Analyses] ➡ [DC Sweep]을 선택한다.

【참고】

DC Sweep 은 DC의 값을 시작점과 끝점, 그리고 스텝을 주고 변화 시키면서 각 소자에 걸리는 전압의 변화를 관찰하는 해석법

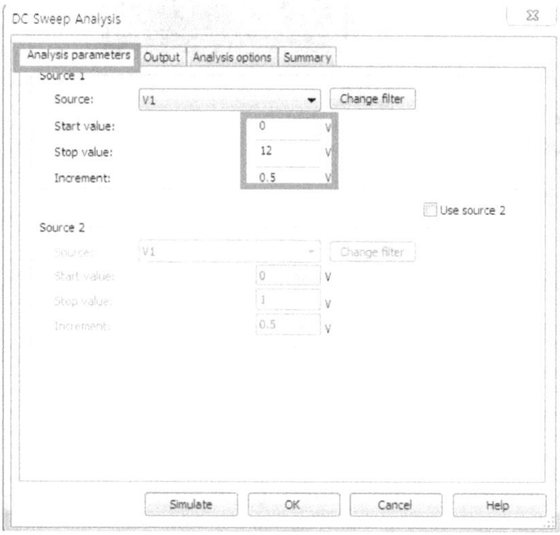

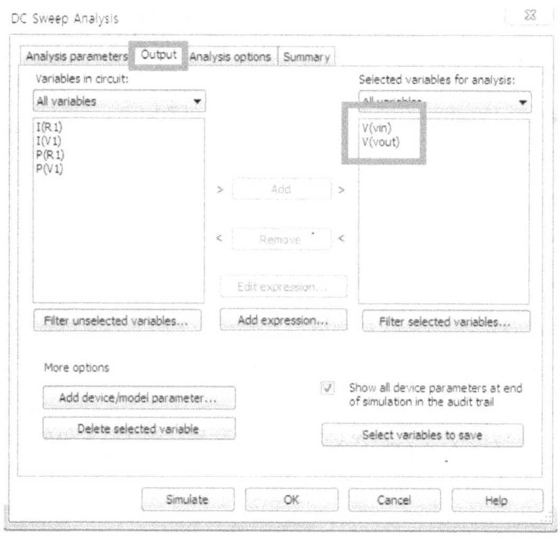

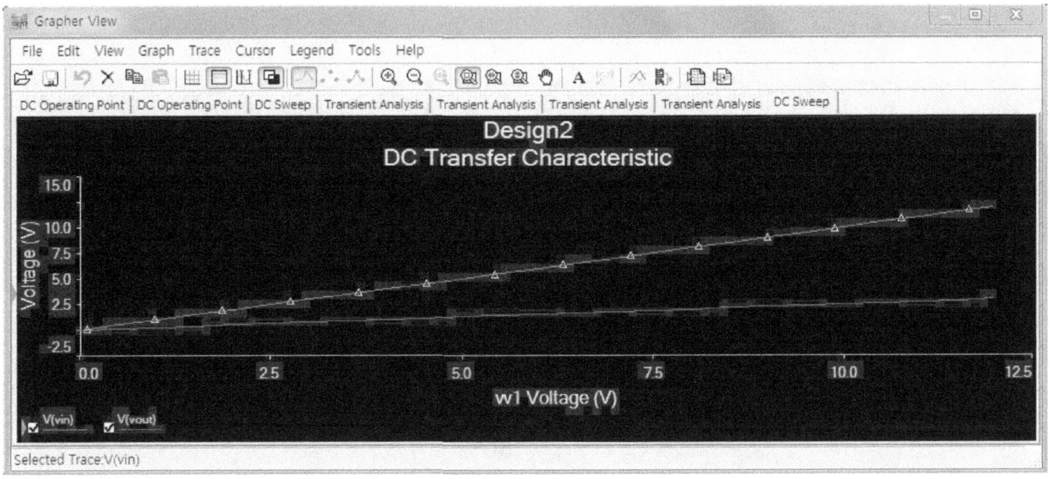

⑥ 메뉴바의 [Simulate] ➡ [Analyses] ➡ [Transient Analysis]을 선택한다.

【참고】

Transient Analysis는 시간 의존성 부하의 출력을 해석하는 것을 말한다. 커패시터나 인덕터와 같은 에너지 저장 소자를 포함하는 회로는 시간에 따라서 전압이나 전류가 변하는 동적 특성을 가지므로, 시간에 따른 부하의 값을 그래프로 나타내었을 때 부하의 값이 변하는 구간을 하나의 단계로 보는 다단계 해석의 한 종류이다.

과도 해석을 위해 회로를 수정한다.
(Virtual 툴바에서 Clock Voltage Source와 커패시터를 추가한다.)

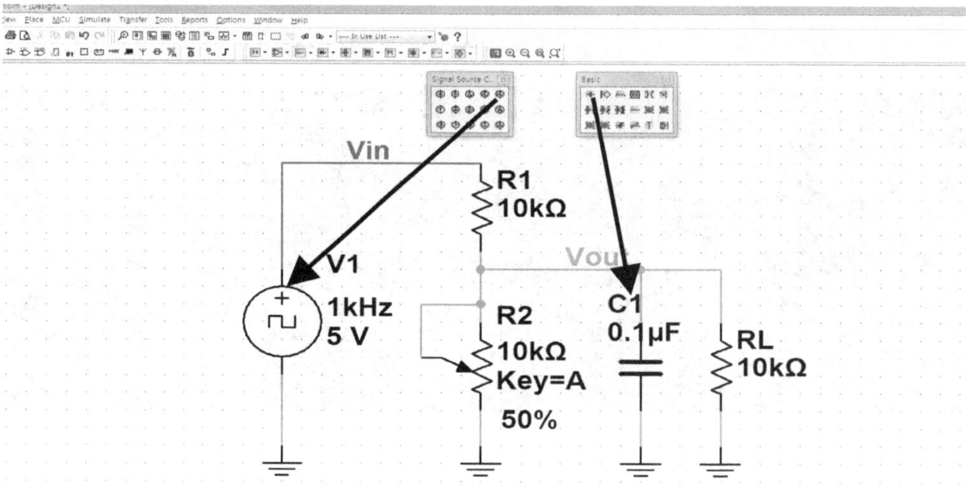
Vin
R1
10kΩ
V1
1kHz
5 V
Vou
R2
10kΩ
Key=A
50%
C1
0.1μF
RL
10kΩ

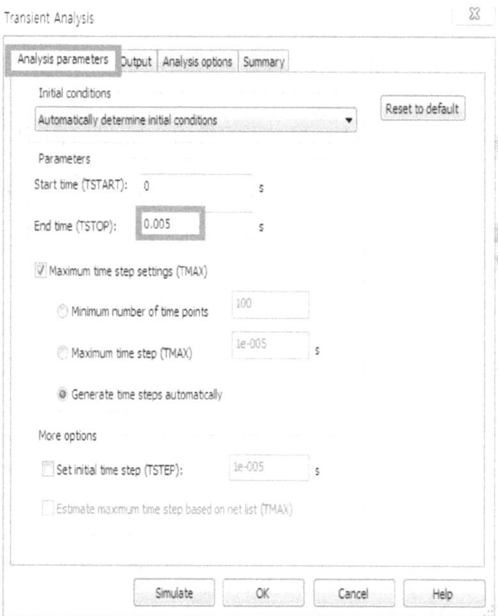
Transient Analysis
Analysis parameters
Output
Analysis options
Summary
Initial conditions
Automatically determine initial conditions
Reset to default
Parameters
Start time (TSTART): 0 s
End time (TSTOP): 0.005 s
Maximum time step settings (TMAX)
Minimum number of time points 100
Maximum time step (TMAX) 1e-005 s
Generate time steps automatically
More options
Set initial time step (TSTEP): 1e-005 s
Estimate maximum time step based on net list (TMAX)
Simulate
OK
Cancel
Help

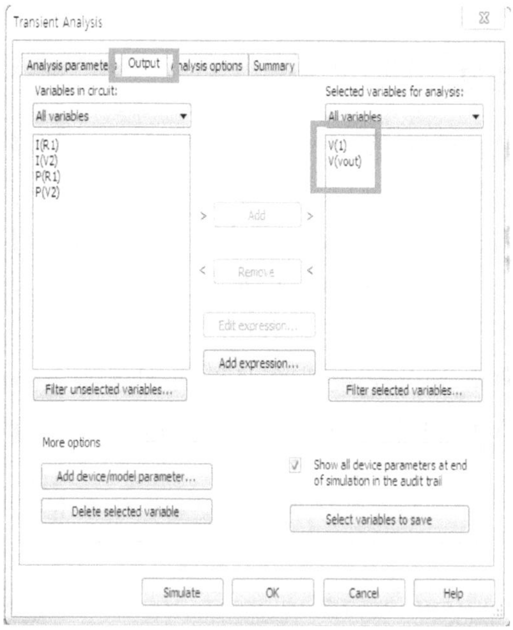
Transient Analysis
Output
Summary
Variables in circuit:
All variables
I(R1)
I(V2)
P(R1)
P(V2)
Selected variables for analysis:
All variables
V(1)
V(vout)
Add
Remove
Edit expression...
Add expression...
Filter unselected variables...
Filter selected variables...
More options
Add device/model parameter...
Delete selected variable
Show all device parameters at end of simulation in the audit trail
Select variables to save
Simulate
OK
Cancel
Help

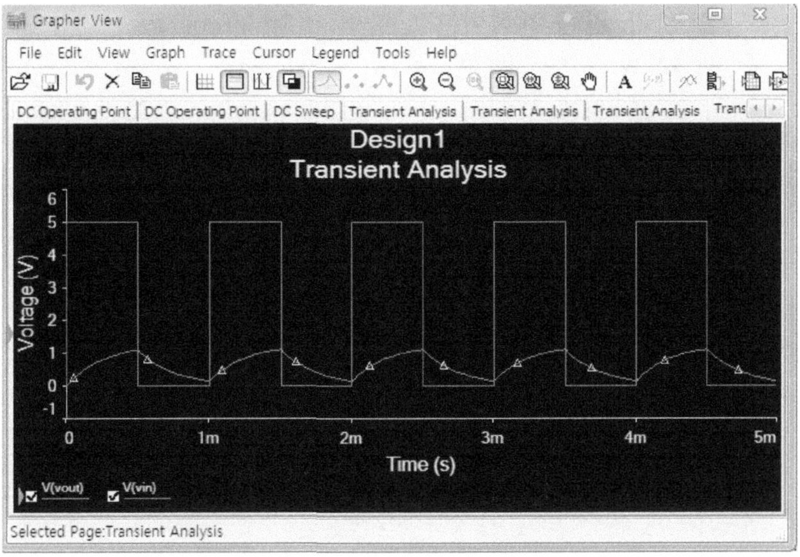

⑦ 메뉴바의 [Simulate] ➡ [Analyses] ➡ [AC Analysis]을 선택한다.
전원 소스를 clock Voltage Source ➡ AC Voltage Source 로 수정한다.

【참고】

AC Analysis는 입력 주파수를 변화시켜 가면서 선형 회로 시스템의 출력 주파수 응답을 계산할 때 사용되는 해석이다.

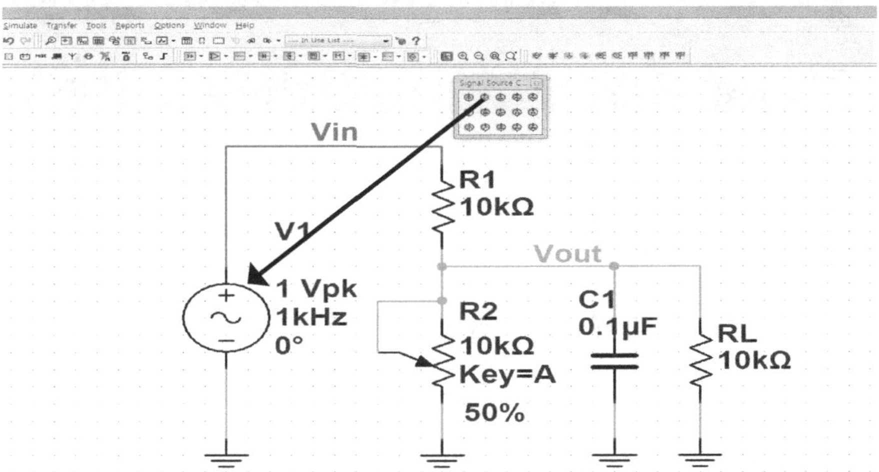

출력 주파수 응답을 보기 위한 해석이므로 출력 전압 V(out)을 선택한다.

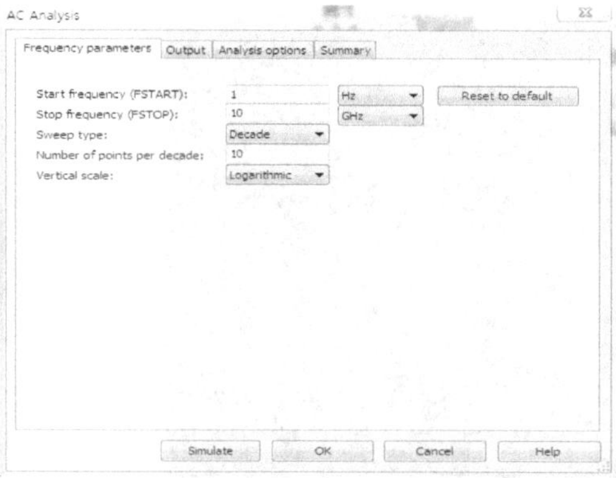

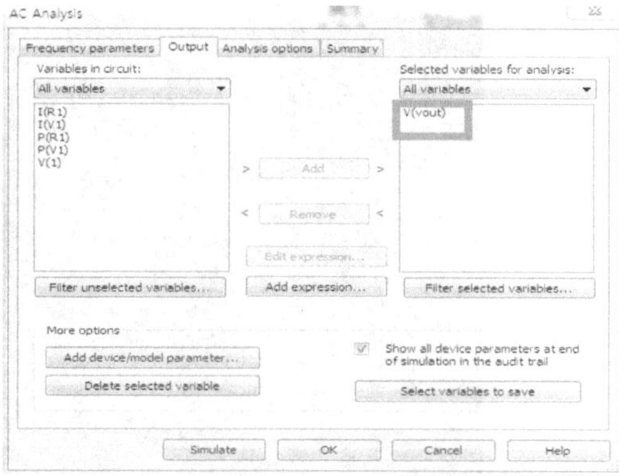

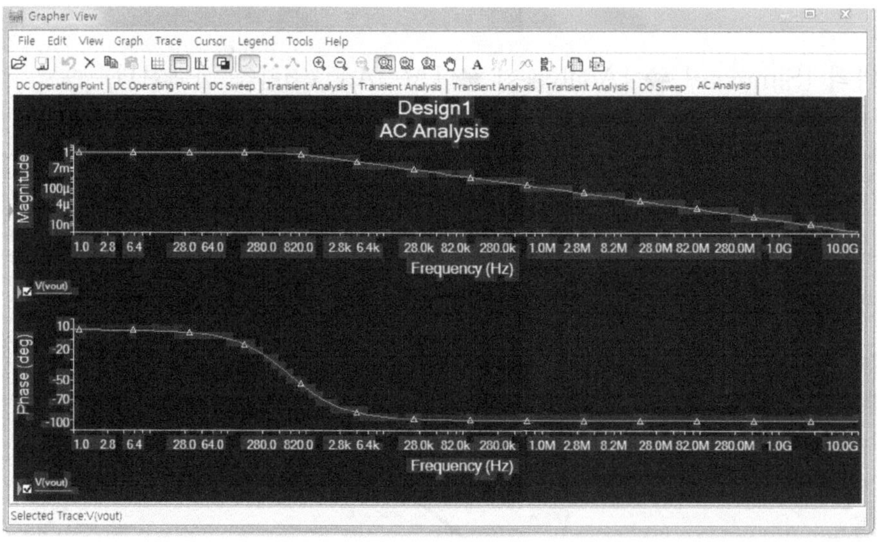

11. 가상 계측기를 사용한 시뮬레이션

가상 계측기를 사용하는 시뮬레이션은 직관적이며 실험실에서 하는 실험과 매우 유사한 처리 과정, 그리고 결과값도 유사하지만 앞서 행한 해석(Analysis) 방법보다 처리 속도가 더 필요하다.

① 회로를 직류 전압원으로 바꾸고, 커패시터도 제거한다.

② 우측에 Instruments 툴바에서 Agilent Multimeter를 선택하여 가져온다.
③ 가져온 Multimeter를 더블 클릭하면 계측기의 패널이 열린다.
④ 아래와 같이 계측기를 연결한다.

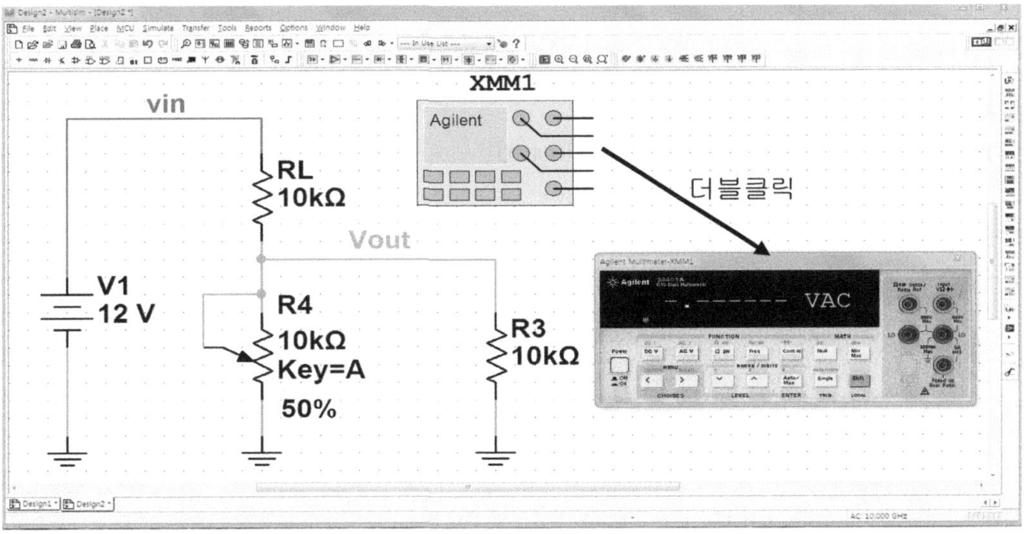

⑤ 계측기의 파워 버튼을 클릭한 후 측정하기 위한 [DC V] 버튼을 클릭한다.
⑥ 가변 저항값을 바꾸면 그 결과가 바로 계측기에 나타난다.

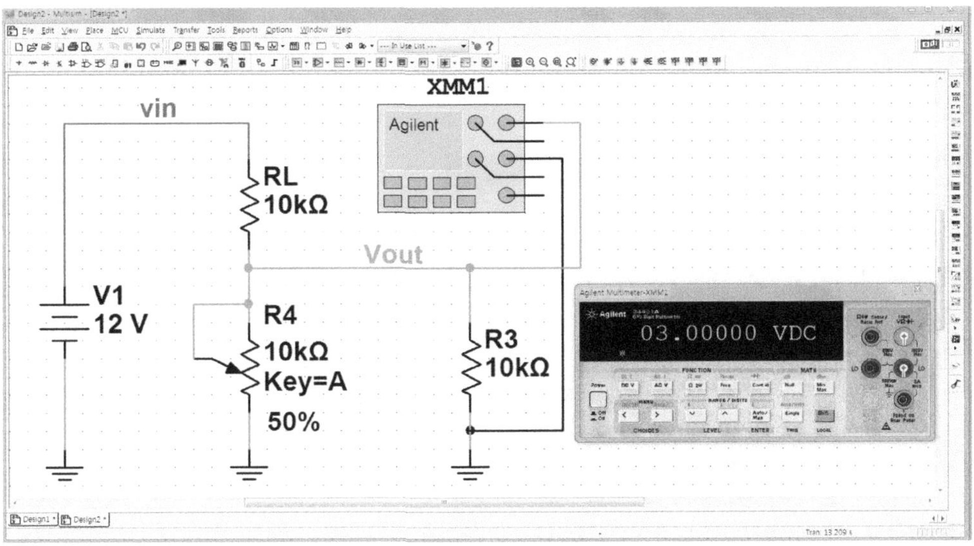

12. 브레드보드 사용

① 시뮬레이터 버튼을 off 시키고 계측기를 클릭한 후 [delete] 버튼을 눌러 계측기를 제거한다.

② 화면 상단의 툴바에서 [show breadboard] 아이콘을 클릭한다.

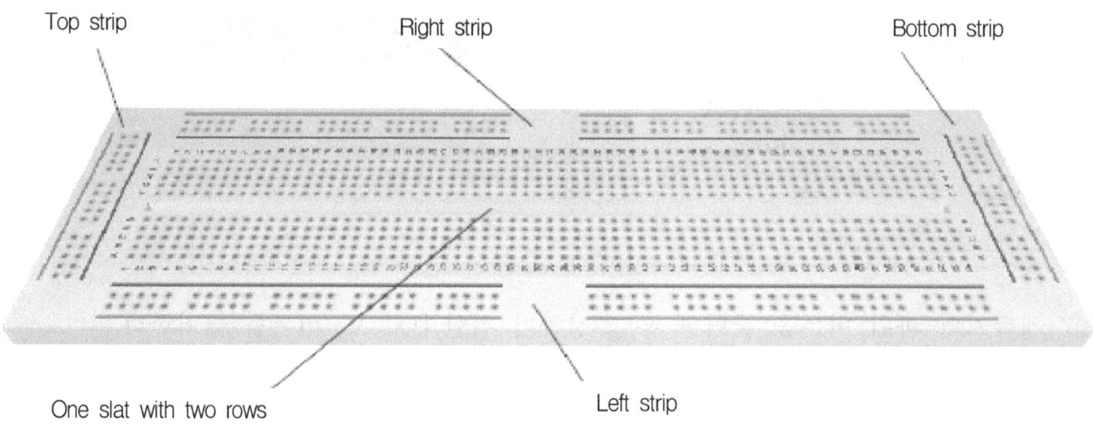

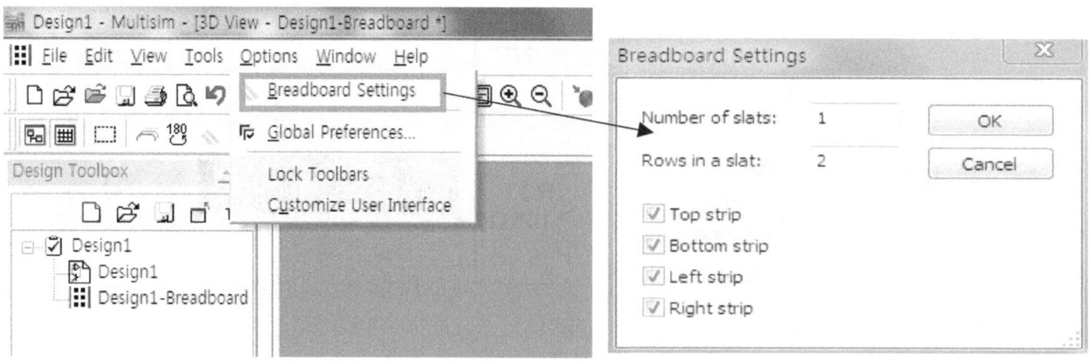

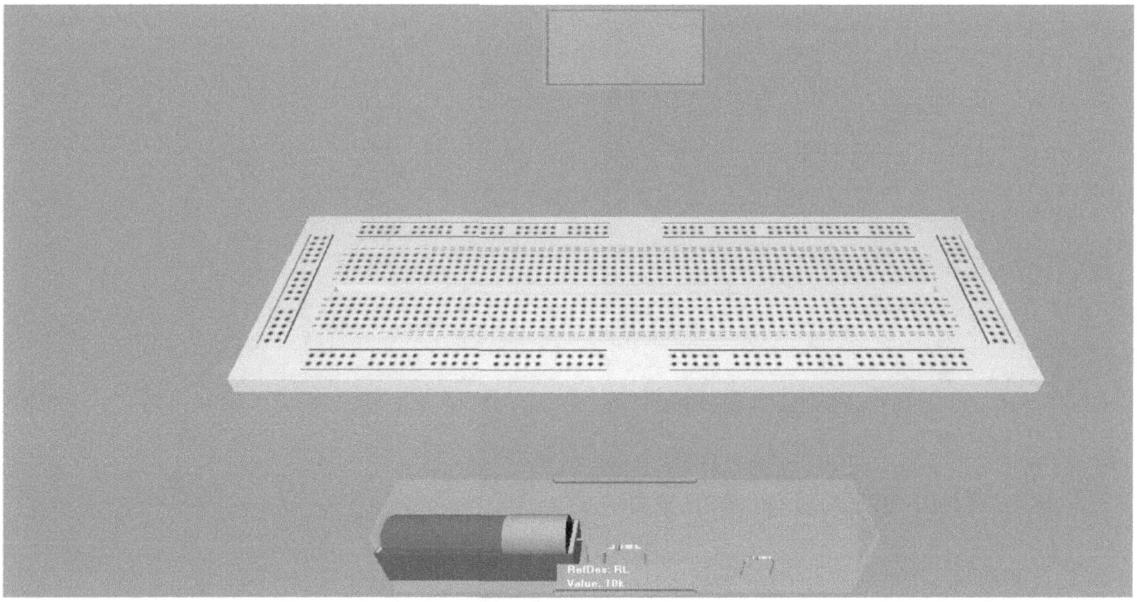

③ 마우스 커서를 점퍼핀의 시작점에 위치하면 점퍼핀이 생성되고 목적지가 녹색으로 나타나고 그곳까지 마우스를 드래그한다. 점퍼의 색깔을 마음대로 바꿀 수 있다.

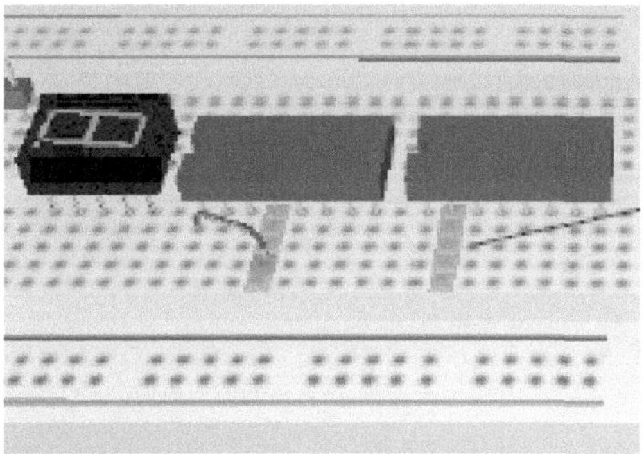

④ 브레드보드에서 회로가 연결되면 회로도가 녹색으로 변한다. 부품의 회전은 [Ctrl-R] 키 이용

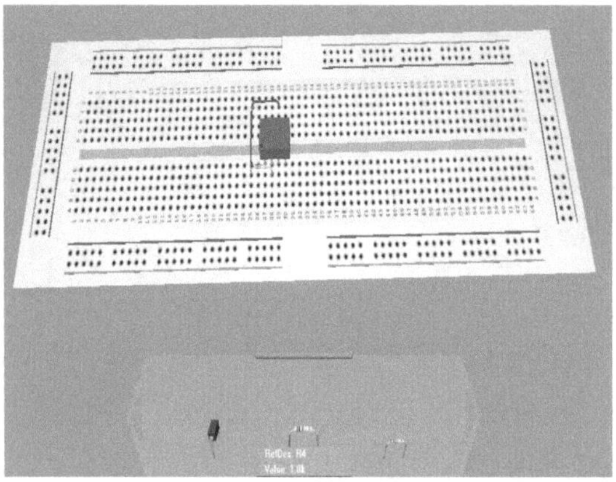

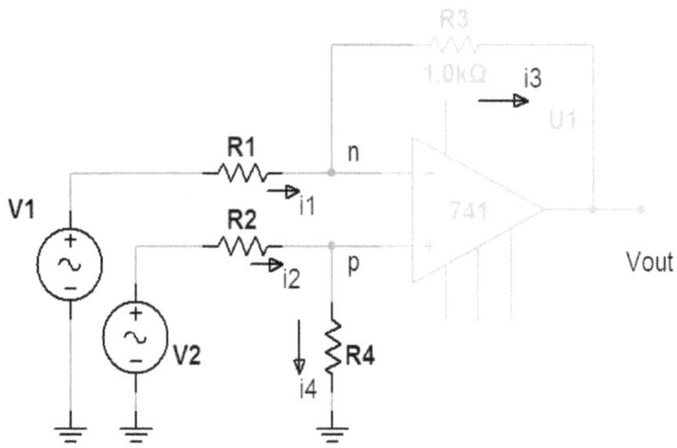

⑤ 회로 결선이 완성되었을 때의 모습

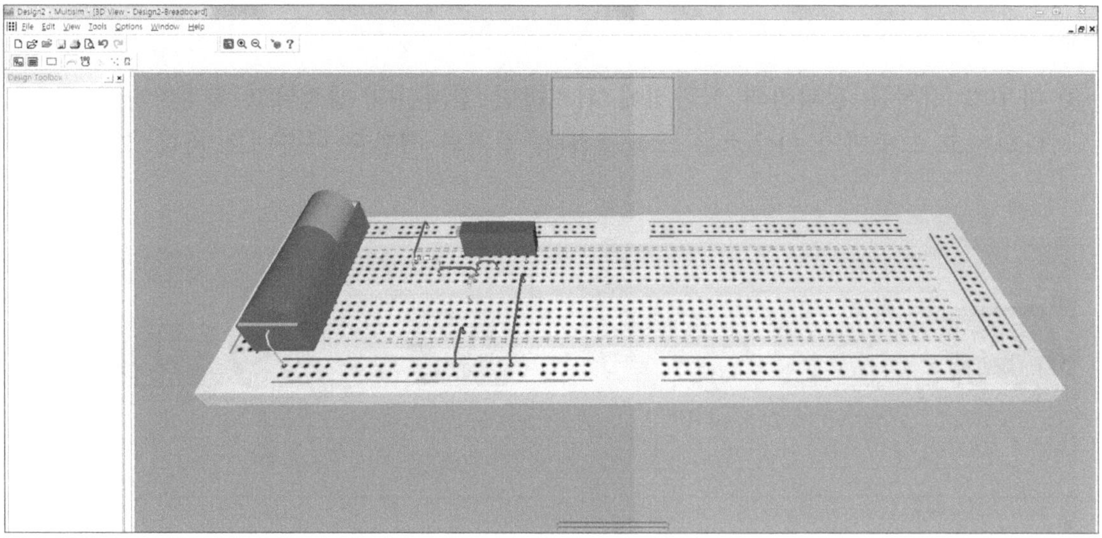

⑥ 회로의 결선이 완전히 되었는지를 체크 (DRC and Connectivity Check)

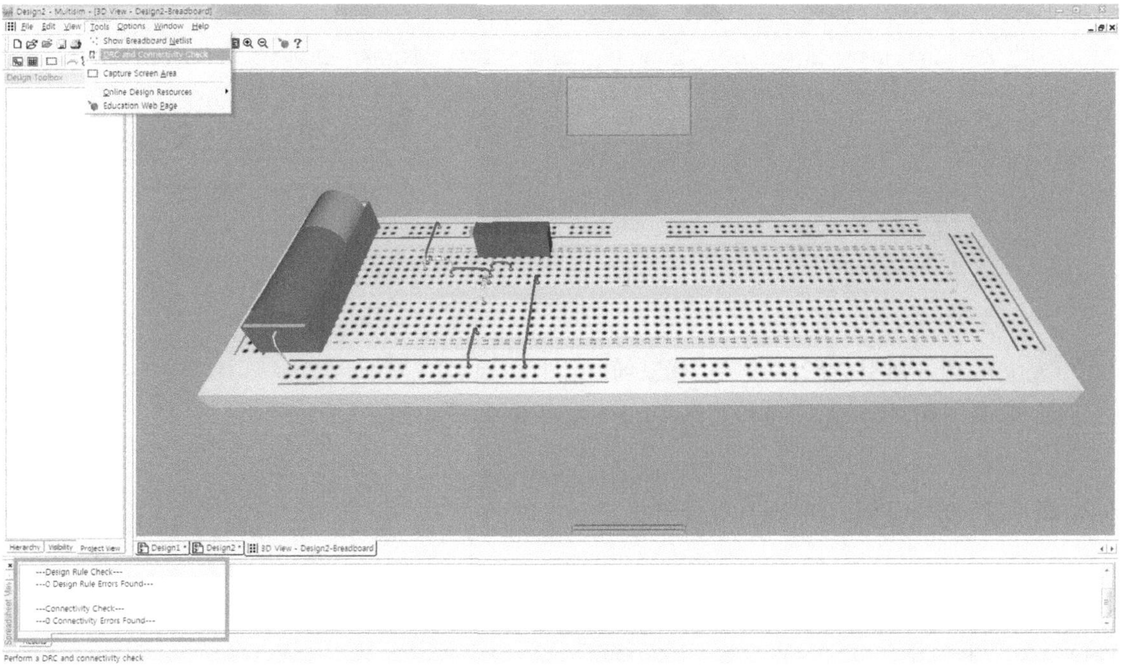

2-5 회로 디자인 연습

회로도면을 작성하는 전체적인 순서를 확인하고 시뮬레이션을 하기 위한 간단한 도면을 작성하여 보자.

2-5-1 시작하기

① 새로운 회로를 디자인하기 위해서 [File] ➡ [New] ➡ [Design]을 클릭하여 새로운 작업도면을 만든 후 [File] ➡ [Save]를 선택하여 디자인 이름을 지정한다.

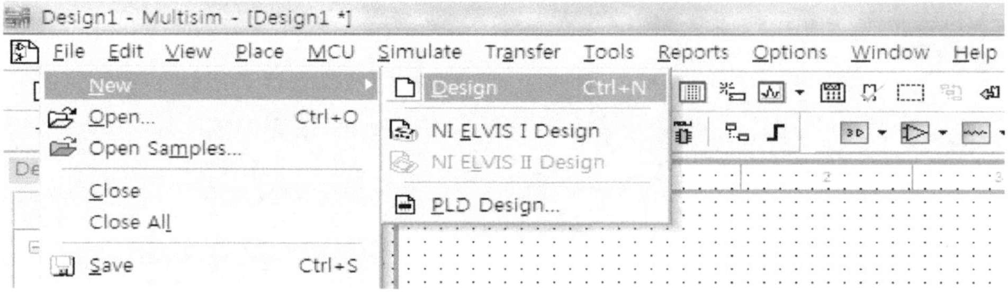

② Option 메뉴에서 작업도면을 용도에 맞게 설정한다.
페이지 사이즈는 A4, 그리드(grid)는 표시하기로 한다.

③ 회로도 제목(Title Block) 만들기

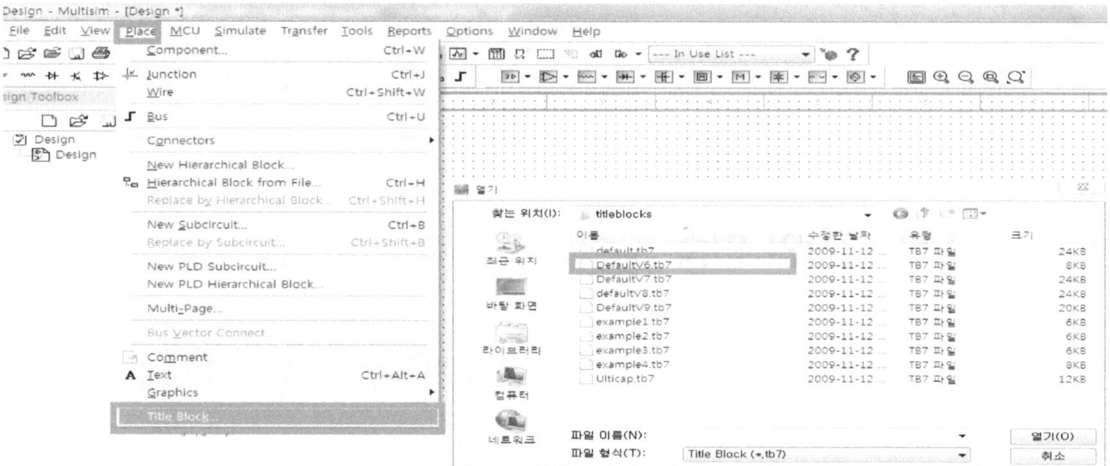

작성한 Title-block의 각 필드에 데이터를 입력하는 방법은 Title-block을 더블 클릭하면 나타나는 Title Block 필드 입력 박스에 각각의 필드의 내용을 삽입할 수 있다.

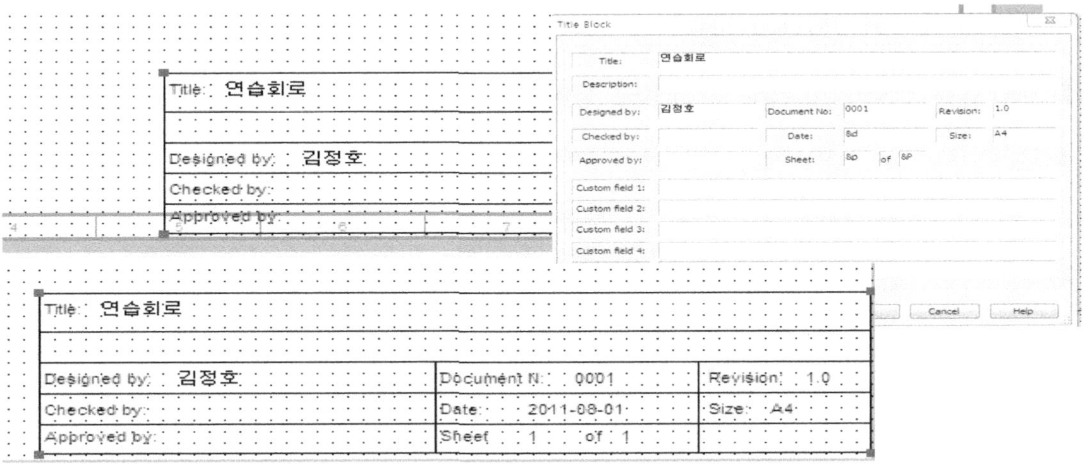

2-5-2 회로도면 작성하기

작업 영역에 다음과 같은 회로도를 그려보자.

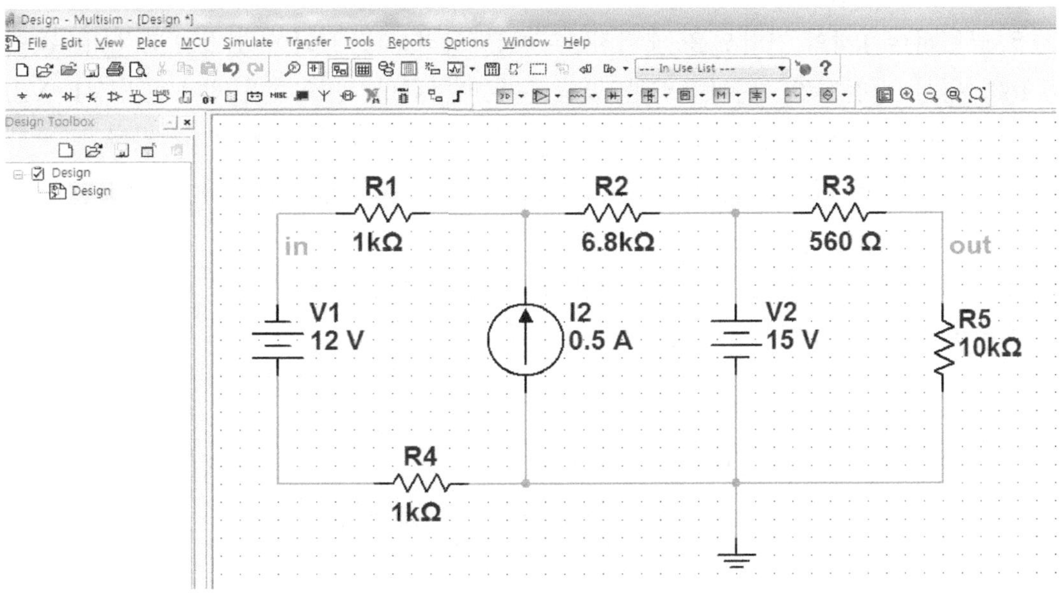

1) 전압원 및 접지 배치하기

① 전압원을 선택하기 위하여 Virtual 툴바 아이콘을 클릭한다.

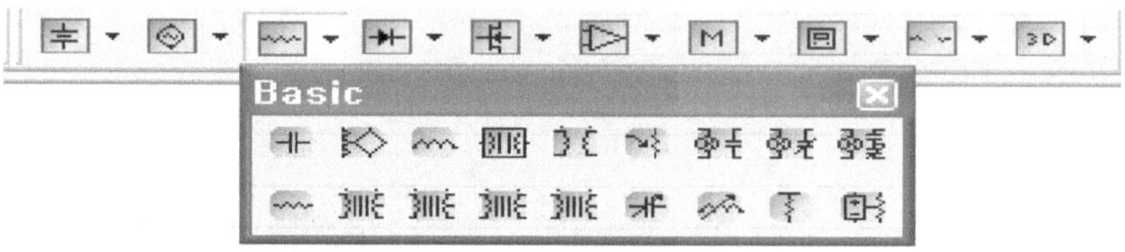

② 전압원(DC Power) 부품을 선택하여 회로도면 위의 원하는 위치에 마우스 왼쪽 버튼을 클릭하여 1개의 전압원을 배치한 후 다른 하나는 반전되어 있으므로 Ctrl+R 키로 180° 위상 반전시킨 후 마우스를 클릭하여 배치한다. 필요하면 참조번호(V1, V2)는 부품을 더블 클릭해서 활성화되는 속성창의 "Label 탭"에서 바꿀 수 있다.

③ 전류원(DC Current)을 선택하기 위하여 신호원 그룹( )을 클릭하고, 전류원을 선택하여 배치한다.

④ 접지(Ground) 부품을 선택하여 회로도면 위의 원하는 위치에 마우스 왼쪽 버튼을 클릭하여 배치한다.

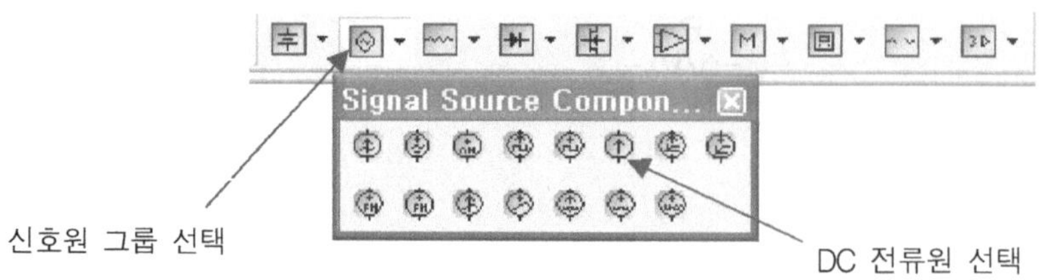

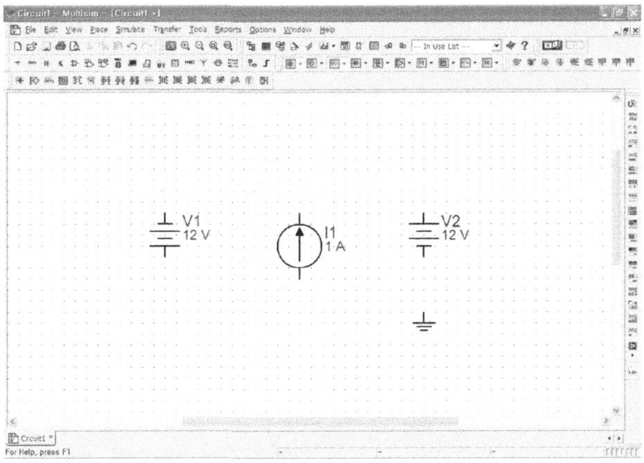

2) 저항 배치하기

① Virtual 부품 툴바의  아이콘을 클릭한다.

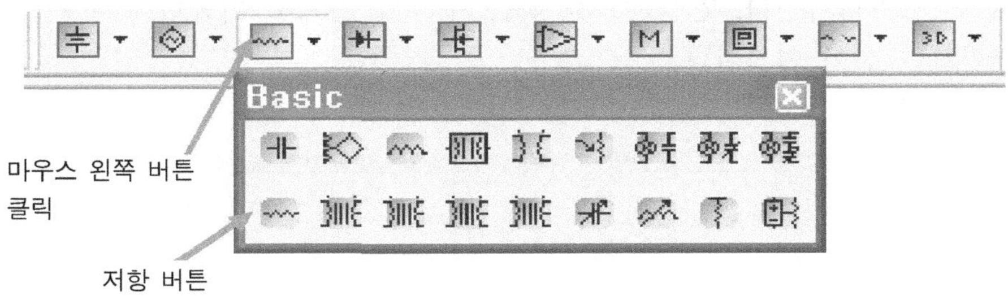

② 저항 부품을 선택하여 회로도면 위의 원하는 위치에 Ctrl-R로 회전시킨 후 마우스 왼쪽 버튼을 클릭하여 5개를 각각 배치한다.

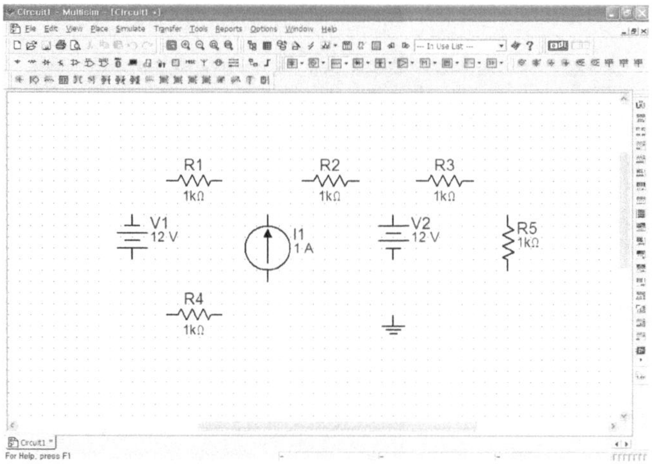

3) 선(Wire) 연결하기

① 이제는 배치된 부품들을 선(Wire)으로 연결하여 보자. 선 연결은 [Place] ➡ [Wire]를 선택하거나, 마우스를 연결하고자 하는 부품의 핀에 가져가면 검은 점으로 마우스 모양이 변경된다. 그때 마우스 왼쪽 버튼을 한 번 클릭하고 마우스를 움직이면 마우스에 선이 따라다닌다. 연결하고자 하는 부품의 핀으로 이동하여 마우스 왼쪽 버튼을 클릭하면 선이 연결된다.

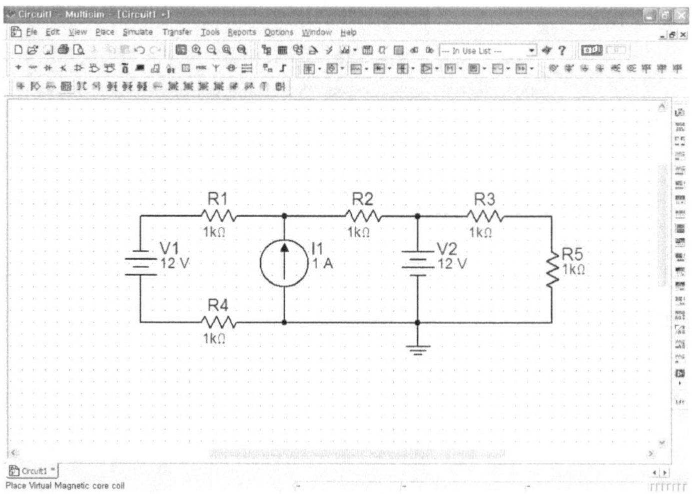

② 선을 지울 필요가 있을 때에는 선을 선택하고 Del 키를 누른다.
③ 절점(Junction)은 3개 이상의 선을 연결하면 자동으로 생성된다.

4) 부품값 변경하기

① 전압원을 마우스로 더블 클릭하면 [Power Source] 속성 창이 활성화된다. 창의 "Value 탭"을 선택하고 [Voltage (V)] 입력 창에 "15"를 기입한다. 단위(units)는 옆의 단위 선택 버튼을 이용하면 된다.

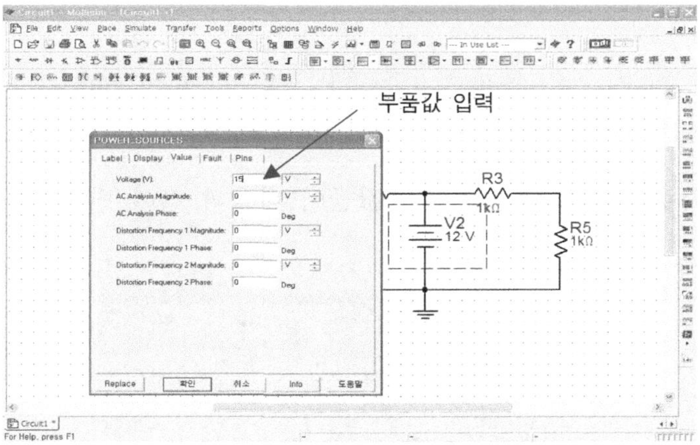

② 저항과 직류원의 값들도 각각 해당 부품을 마우스로 더블 클릭하여 활성화되는 속성 창의 "Value 탭"에 값들을 변경할 수 있다.
③ 만약 부품 참조 번호나 라벨(Label)을 변경하고자 할 때는 Label 탭에서 변경이 가능하다.

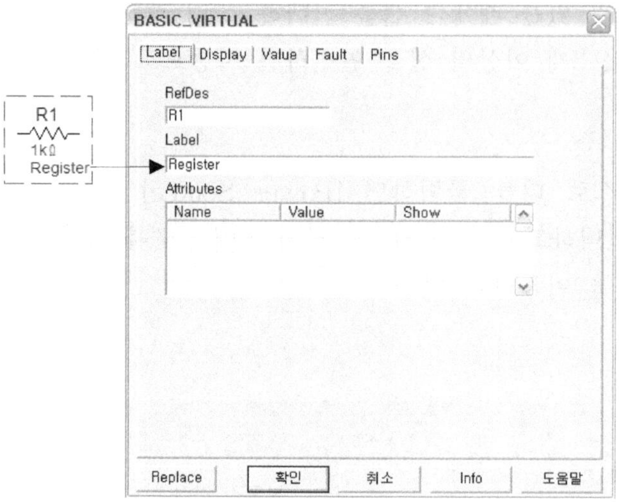

④ 지금까지의 과정을 통해 부품의 부품값들이 다음과 같이 변경된다.

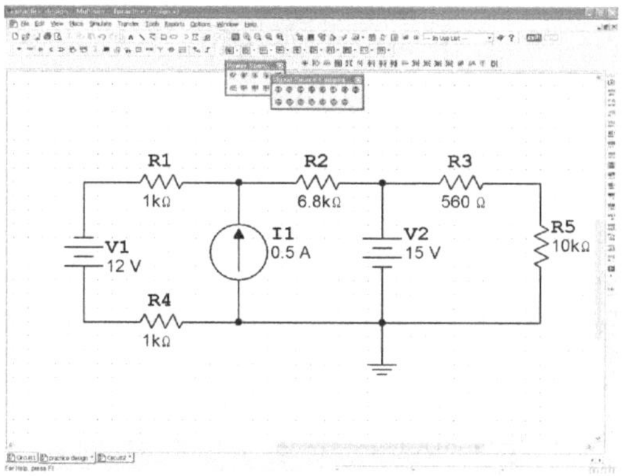

5) 연결선(Net) 이름 변경하기

① Net의 이름의 표시 여부는 [Options] ➡ [Sheet properties] ➡ [Circuit 탭]의 "Net Names"에서 설정한다. 현재는 작업도면에서 사용자가 정의한 네트의 이름만 표시하는 "Use Net-specific Setting"으로 설정되어 있다고 가정하고 설명한다.

Net 이름 표시 설정

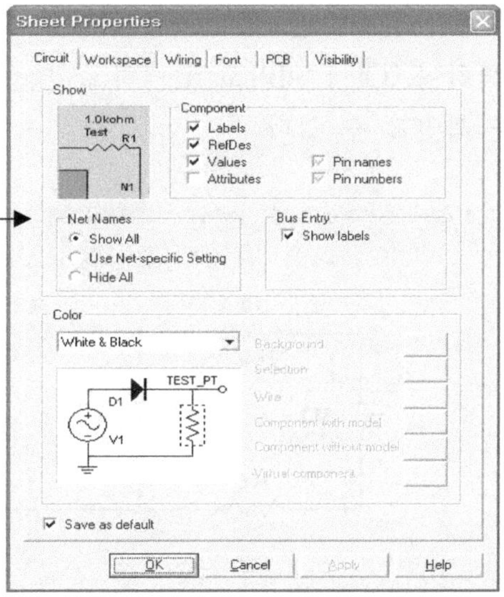

Show All:
자동 생성된 값 모두 표시
Use Net-specific Setting:
작업도면에서 사용자가 설정한 값만 표시
Hide All:
모두 표시하지 않기

② V1과 R1 사이에 연결 선(Net)을 마우스로 더블 클릭하면, [Net] 속성 창이 나타난다.

③ Net 속성창의 "Net name" 입력란에 "in"이라고 수정하고 OK 버튼을 클릭한다.

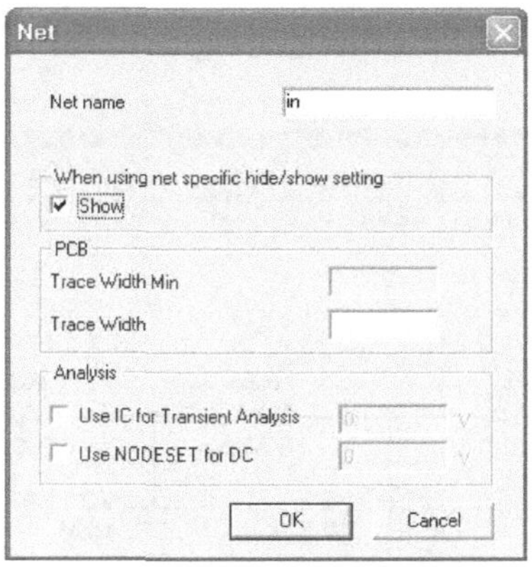

④ R3와 R5의 Net 이름도 같은 방법으로 "OUT"이라고 입력한다. 여기서는 스프레드시트를 이용한 네트 이름을 변경 방법을 알아보자.

⑤ 메인 메뉴에서 [View] ➡ [Spreadsheet view]를 실행한다. 스프레드시트 창에서

[Nets] 탭을 클릭하면 네트 이름들이 보이는데, 여기서 네트 "4"의 'Net Name'의 셀을 클릭하여 "OUT"이라고 입력하고 Enter↵를 클릭한다. 회로상에서 네트 이름이 변경됨을 확인할 수 있다.

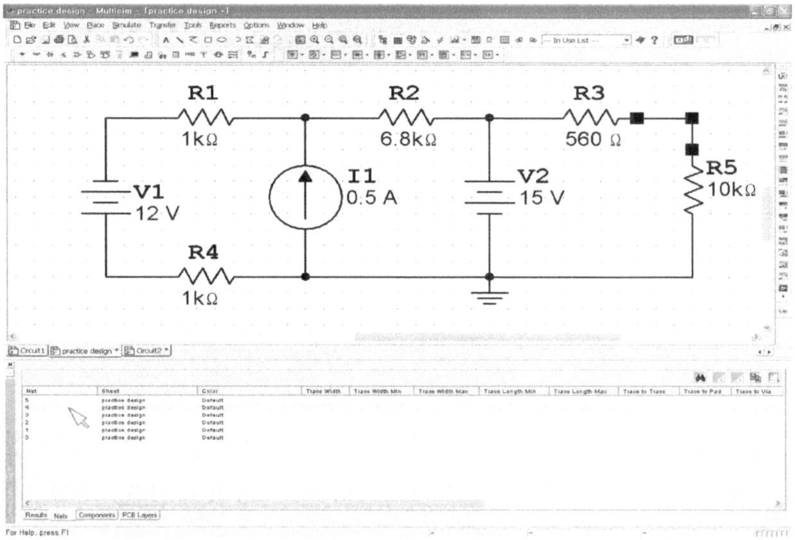

⑥ 완성된 회로이다.

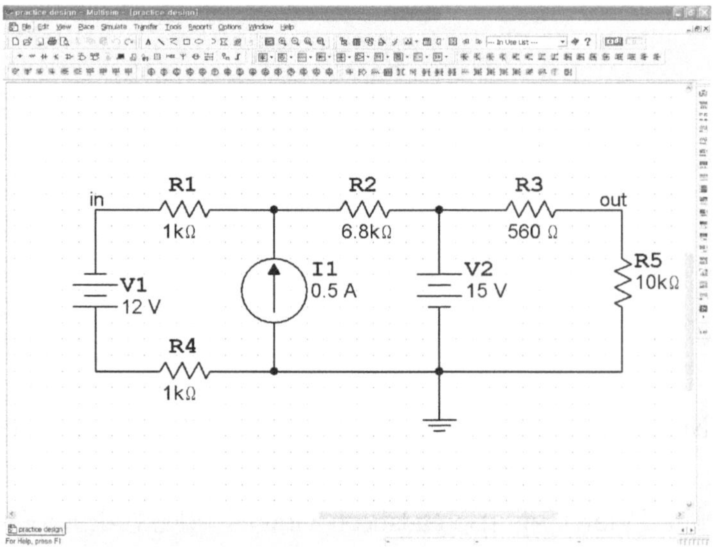

2-6 버스(Bus)

Address 선이나 Data 선 등은 보통 시스템 bit 수에 따라서 8개 혹은 그 이상의 선으로 구성되어 항상 같이 표시되므로 회로도면을 복잡하게 만드는 요인이 된다. 따라서 다수의 선을 묶어 하나의 굵은 선으로 표시하는데 이것을 버스(Bus) 선이라 한다.

개별적인 address 및 data 선들은 Bus 선에 직접 연결할 수 없게 되어 있으며 반드시 버스 입구(Bus entry)를 사용하여 버스 선에 연결하여야 한다.

버스에 배선을 연결하는 방법은 ① 직접연결법 ② Bus Vector Connect 사용법이 있다.

① 직접 연결법

버스 그리는 방법은 메뉴의 [Place] ➡ [Bus]를 선택하면 나타나는 포인트를 원하는 곳으로 이동한 후 마우스 왼쪽 버튼을 클릭하여 포인트 사이를 연결하며, 마우스 오른쪽 버튼을 눌러 종료한다.

부품의 핀에서 배선을 버스선에 연결하는 방법은 마우스를 핀에 클릭하여 버스 라인으로 가져가면 자동으로 Bus Entry가 45° 각도로 생성되고 이때 마우스 왼쪽 버튼을 클릭하여 결선한다.

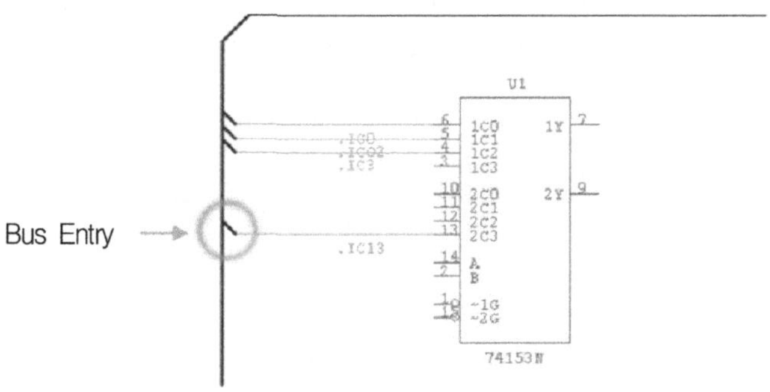

② Bus Vector Connect 사용법

다수의 부품 핀을 버스에 연결하고자 할 경우에는 수동으로 많은 핀들을 일일이 연결하기가 어려우므로 다수의 핀을 자동으로 버스에 연결하는 방법이 필요하다. 이것을 Bus Vector Connect 방법이라고 한다. 여기서는 Bus Vector Connect 방법을 이용하여 다수의 핀을 자동으로 버스에 연결하는 방법을 “10진 카운터 회로를 예를 들어 알아보자.

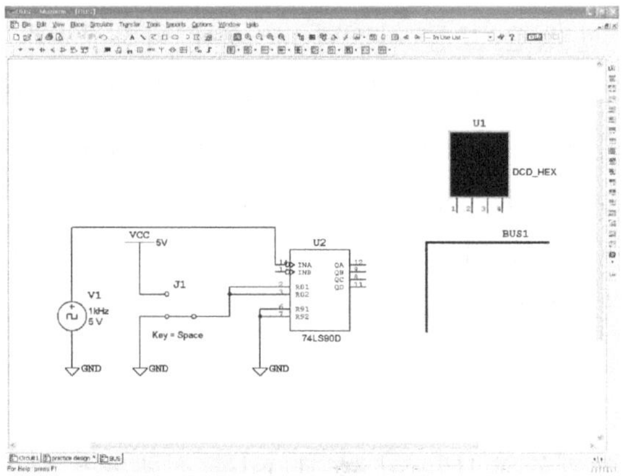

① 그림과 같이 부품들을 배치하고 선을 연결한다. (“디지털 GND”를 사용하였고, 스위치는 "Basic" 그룹의 “SWITCH ➡ SPDT(Single Pole Double Throw)를 사용하였다.

② [Place] ➡ [Bus]를 선택하여 그림과 같이 버스를 그린다.

③ 버스에 연결하고자 하는 부품 7490N을 마우스 오른쪽 버튼으로 클릭한다. [Place] ➡ [Bus Vector Connect]를 선택하여 활성화되는 다이얼로그 박스에서, 버스 선에 연결하고자 하는 핀이 7490N의 오른쪽에 배치되어 있으므로, 아래의 그림에서 'Component' 박스의 ‘Pins’에서 "Right"를 선택하면 QA~QD까지 핀들의 리스트가 나타난다.

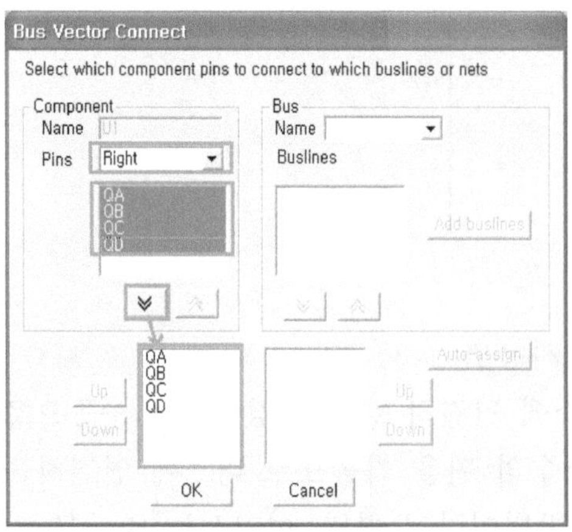

④ QA에서 QD까지의 핀들을 Ctrl 키와 마우스를 동시에 사용해서 모두 선택하고 ≫ 버튼을 클릭한다.

⑤ 우측의 Bus 상자에서 'Name'은 "BUS1"을 선택한다. 활성화된 'Auto-assign' 버튼을 클릭하면 자동으로 "Buslines"의 핀들 이름이 부여된다. OK 버튼을 클릭한다.

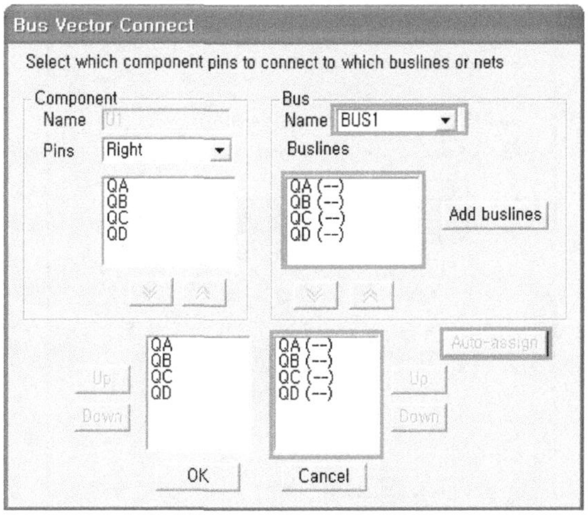

⑥ 마우스에 버스 모양의 선이 따라다니는데, 연결할 버스를 클릭하면 아래의 그림과 같이 버스에 선이 연결된다.

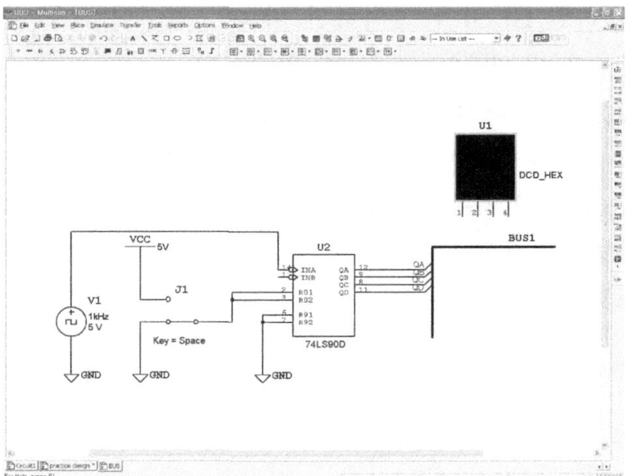

⑦ 이제는 DCD_HEX 부품을 버스에 연결하여 보자. 마우스로 DCD_HEX를 선택하고 [Place] ➡ [Bus Vector Connect] 클릭한다.

⑧ 아래의 그림과 같이 좌측의 핀들을 모두 선택하여 ≫ 버튼을 클릭, 아래쪽 상자로 보낸다. 그리고 Up, Down 버튼을 이용하여 핀들의 번호를 그림과 같이 정렬한다.

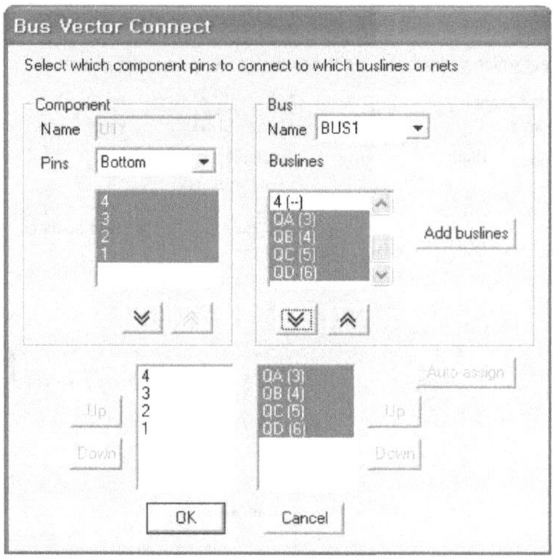

⑨ 위의 그림에서 우측의 Bus 상자에서 'BUS1'을 선택하면 기존에 연결된 Buslines 리스트가 있다. 마우스로 모든 버스 라인들을 선택하여 ≫ 버튼을 클릭하여 아래로 보낸다.

⑩ OK 버튼을 클릭하면 BUS1을 클릭하면 버스의 연결이 모두 끝난다.

⑪ 7490N의 1번 핀을 12번 핀(QA)로 선을 연결한다.

⑫ J1 스위치는 키보드의 "SPACE bar"를 클릭하여 ON(GND 연결)하고 [Simulate] ➡ [Run]을 클릭하여 10진 카운팅이 되는지 시뮬레이션하여 본다.

⑬ 시뮬레이션 도중, J1 스위치를 OFF(VCC 연결)하면 0으로 초기화가 되며, 다시 스위치를 ON하면 재카운트가 된다.

⑭ 완성된 회로는 다음과 같다.

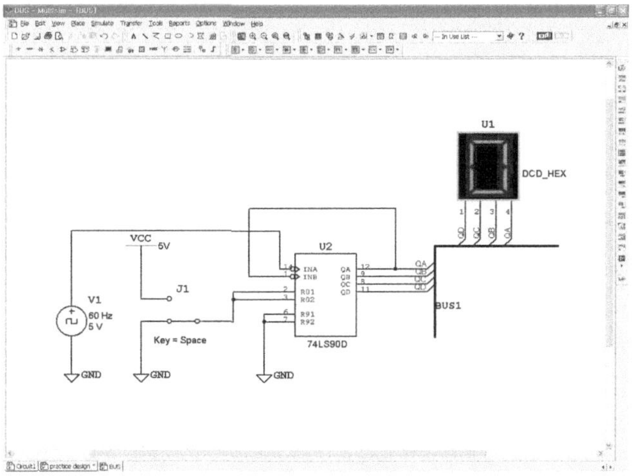

2-7 디자인 환경 설정

Multisim으로 회로를 디자인할 때, 먼저 기본적인 환경을 설정하면 보다 효과적으로 회로를 디자인할 수 있다. 먼저 Global Preferences로 시스템 전체적인 설정을 해보자.

2-7-1. Global Preferences

[Options] ➡ [Global Preferences]

1) path Tab

설계한 회로를 저장할 폴더 경로와 사용자가 작업 환경을 설정한 파일을 저장할 경로, 그리고 데이터베이스 경로 등을 지정한다.

2) Message Prompts Tab

선택한 항목에 대한 메시지나 입력 사항을 화면에 표시한다.

3) Save Tab

Save 탭에서는 작성하고 있는 회로를 자동으로 백업 저장하는 시간 간격 등을 지정하여 사용할 수 있다.

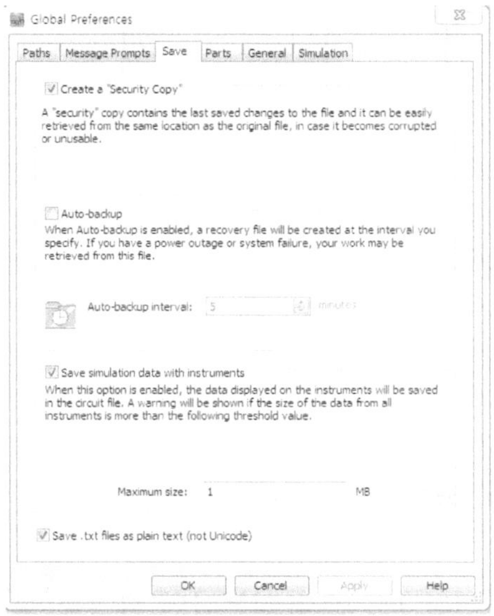

① Create a Security Copy : 안전 복사(Security Copy)는 마지막에 저장된 변경 내용을 파일에 저장해서, 불의의 사고로 정상적으로 프로그램을 종료하지 못했을 경우 쉽게 파일을 복구시킬 수 있도록 해주는 기능

② Auto-backup : 자동 저장 시간 간격을 직접 설정하여, 일정 시간이 지나면 무조건 저장하여 불의의 사고 시 복구할 수 있는 기능

③ Save simulation data with instruments : 이 기능이 설정될 경우, 계측기로 측정했던 데이터가 회로 파일에 저장된다. 이때 사용자가 파일의 크기를 설정하면, 저장된 파일의 크기가 설정된 사이즈를 초과할 경우 경고를 보낸다.

4) Parts Tab

부품에 관련된 일련의 작업 환경을 설정할 수 있는 창이다.

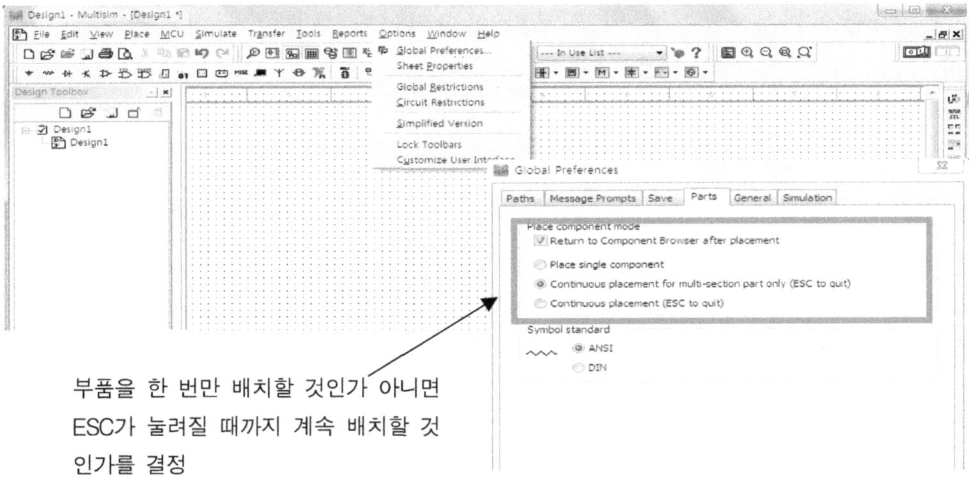

① Return to Component Browser after Placement
부품 배치 후에 부품 검색 창으로 다시 돌아갈 것인지를 설정

5) General Tab

마우스로 부품을 선택하기 위한 모드와 휠 마우스 기능 선택, 자동 배선 등을 설정하는 창

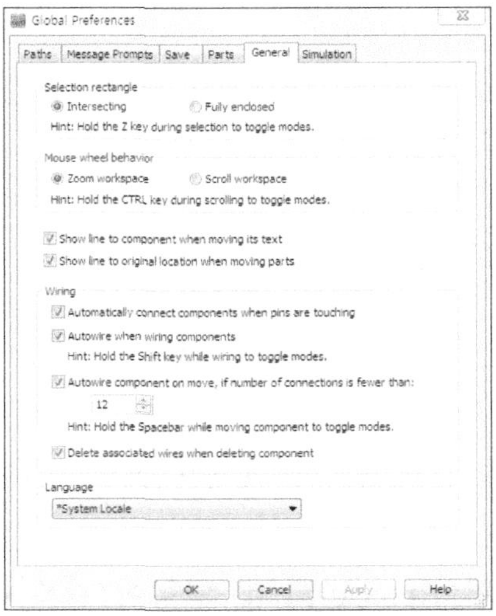

① Intersecting : 마우스로 부품의 일부만 포함되어도 부품이 선택되는 기능

② Fully enclosed : 부품의 심볼 전체와 라벨, 참조번호 등이 모두 포함되어야 부품이 선택되는 기능

③ Mouse wheel behavior :
휠 마우스의 휠을 이용하여 화면의 확대 및 축소의 기능을 사용할지 화면의 스크롤바를 아래위로 이동할 수 있는 기능으로 사용하는 모드
(휠을 움직일 때 [Ctrl] 키를 함께 사용하면 양 모드를 토글할 수 있다.)

④ Wiring : 자동 배선을 사용하기 위한 자동화 범위 설정

5) Simulation Tab

PCB를 위한 Netlist 파일에 에러가 발생했을 때 발생되는 명령을 세팅하거나 그래프 등의 백그라운드 컬러, 양의 위상편이 방향 등을 설정할 수 있다.

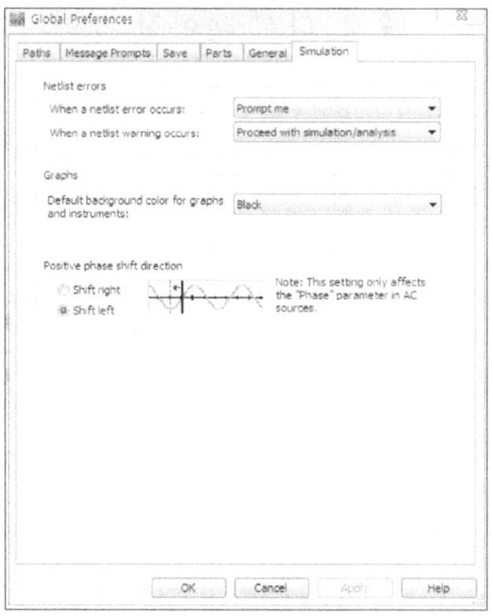

① Natlist errors :
PCB를 위한 Netlist 파일에 에러가 발생했을 때 발생되는 명령을 세팅

② Positive phase shift direction :
AC 전원에서 양의 위상편이(phase Shift) 방향이 왼쪽 이동인지 오른쪽 이동인지 설정. 일반적으로 왼쪽이 양의 방향이다.

2-7-2. Sheet Preferences

[Options] ➡ [Sheet Properties]

설계 도면을 위한 작업 환경을 설정할 수 있다. 즉 사용자가 원하는 색상, 그리드(gird) 표시, 폰트 크기, 용지 크기 등을 설정할 수 있으며 파일과 함께 저장되어 다른 컴퓨터에서에서도 같은 환경으로 사용 가능하다.

1) Circuit Tab

회로 도면에 사용하는 또는 사용된 부품들의 참조 번호, 노드 번호 등을 보이거나 숨기게 설정하는 "Show" 박스 부분과 작업 용지의 배경색 및 부품, 선의 색상 등을 설정하는 "Color" 박스 부분으로 구분되어 있다.

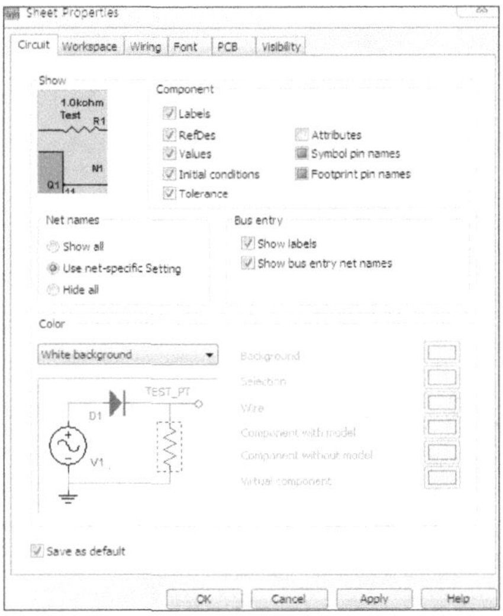

① Show 관련된 것은 원하는 부품을 선택한 뒤 더블 클릭하여 [Properties] 속의 [Display]탭에서 선택 지정할 수 있다.

② Set as default : 이 박스에 체크하면, 사용자가 설정한 내용이 다음 번 새로운 도면에도 그대로 적용된다. 체크하지 않으면 현재의 도면에만 설정한 내용이 적용된다.

2) Workspace Tab

작업 영역 탭에서는 기본적인 그리드(grid), 도면의 경계선 등의 표시 옵션을 설정하는 "Show" 박스 부분과 용지의 크기를 설정하는 "Sheetsize" 박스로 나누어져 있다.

3) Wiring Tab

배선 및 버스 선의 굵기 설정

4) Font Tab

도면을 설계할 때 사용되는 텍스트들(부품의 참조 번호, 라벨, 핀 이름 등)의 폰트 모양, 크기 등을 설정한다.

도면에 사용한 텍스트의 속성을 변경하고자 할 경우에는 마우스로 텍스트를 선택하고 마우스 오른쪽 버튼을 클릭하여 "Font"를 선택하면 위의 "폰트 설정 창"이 나타난다.

5) PCB Tab

PCB Layout을 위한 기본 환경 등을 설정하는 창이다

6) Visibility Tab

사용자가 정의한 주석을 추가할 수 있다.

이곳에서 추가된 주석은 [Design Toolbox]의 [Visibility]에 추가되어 도면상의 부품 번호, 라벨, 부품값, 배선 이름 등을 보이거나 숨기는 기능을 한다.

2-7-3. 기타 환경 설정

[Options] ➡ [global restrictions]
[Options] ➡ [circuit restrictions]
[Options] ➡ [Simplified version]

학생들에게 Multisim의 기능 및 회로에 대해 교육하기 위해 회로의 특정 부분이나 특정 메뉴를 숨기고, 또한 특정 계측기와 해석(analyses)만을 사용하게 할 수 있게 하는 기능

2-8 회로 도면의 구조

간단한 회로는 한 장의 도면으로 표시할 수 있으나 회로도가 점점 복잡해짐에 따라 한 장의 도면으로 표시할 수 없는 경우가 발생한다. 이러한 경우 회로도를 기능별로 여러 부분으로 나누어 그릴 수 있으며, 이러한 도면을 평면구조 도면(Flat Multi-sheet Design)이라 한다. 이외에도 회로의 중요 부분을 블록 다이어그램으로 표시하고 각 블록에 대한 상세 도면을 작성하는 방법이 있으며, 이러한 도면을 계층 도면(Hierarchical Design)이라 한다.

2-8-1. 평면구조 도면(Multi-Page)

한 장의 도면에 모든 회로를 표시할 수 없는 경우에는 여러 장의 도면으로 나누어 그릴

수 있다. 이때 각 회로도면은 전체 회로의 일부분으로서 상위, 하위 개념이 없어 모두 동일한 레벨에 속한다. 이러한 도면을 평면설계 도면 또는 평면구조 도면이라 부르며 간단히 평면도면이라고 부른다. 평면 설계에서 여러 장의 도면으로 나누어 작성하는 경우 [Place] ➡ [Multi-Page]를 이용하며, 각 도면을 연결하기 위해서는 페이지 간 커넥터(Off page Connector)를 이용하여 다른 장의 회로도면의 입력 및 출력과 연결된다. 이것은 [Place] ➡ [Connectors] ➡ [Off-page Connector]를 사용한다.

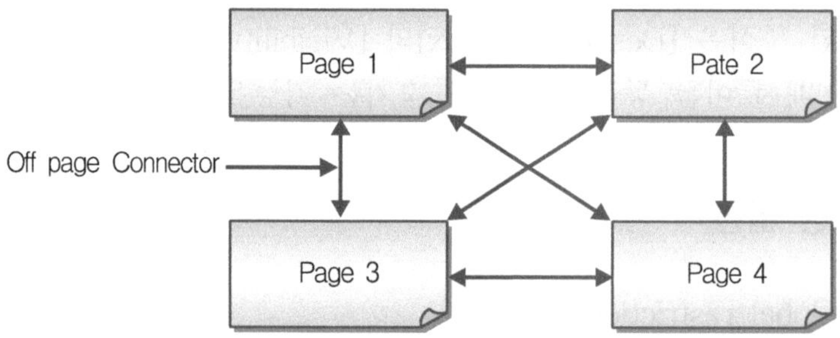

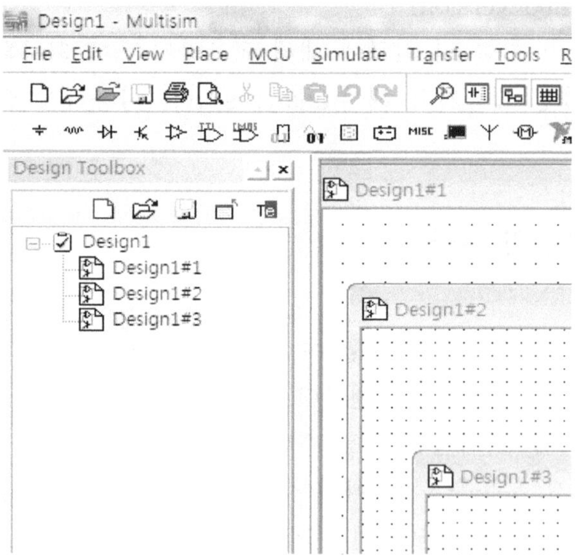

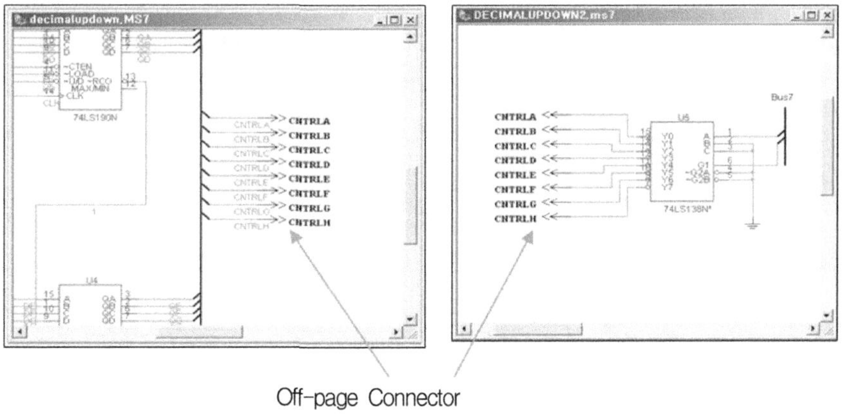

참고

① On-page Connector

On-page Connector는 같은 디자인 시트 내에서 2개의 서로 다른 배선을 가상 연결 해준다.

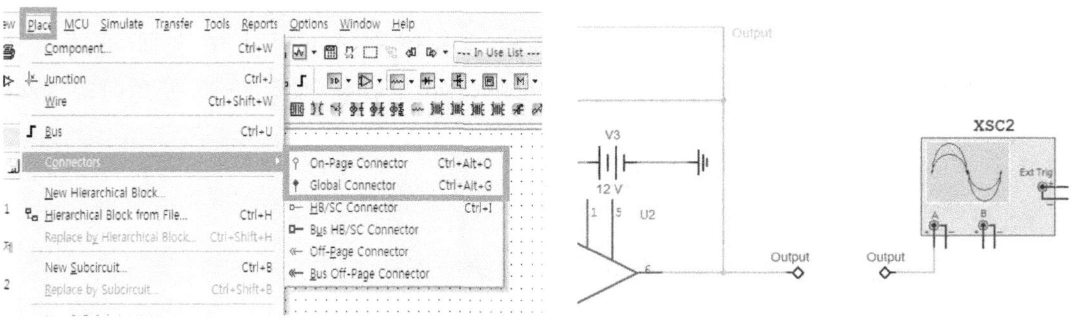

② Global connector

Global connector도 2개의 서로 다른 배선을 가상 연결해 주는 것은 같지만, On-page Connector와는 다르게 같은 페이지는 물론 계층 블록 속의 페이지도 연결해 준다.

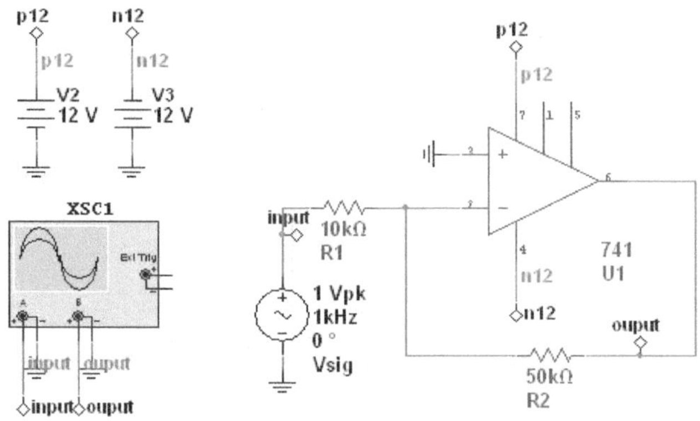

2-8-2. 계층 구조 도면(Hierarchical Design)

평면구조 도면은 복잡하고 큰 회로를 쉽게 처리할 수 있는 장점은 있으나, 전체적인 회로를 한번에 쉽게 파악하기 어렵고 회로가 복잡해질수록 각 회로도면 간의 연관관계를 파악하기 어려운 점이 있다. 이에 반하여 전체의 회로를 우선 중용 부분별로 블록 다이어그램(Block diagram)으로 표시하여 전체적인 회로의 흐름을 쉽게 파악할 수 있게 하고 각 블록에 대하여 별도로 자세한 회로를 디자인하는 형태의 도면을 계층 구조 도면이라 한다.

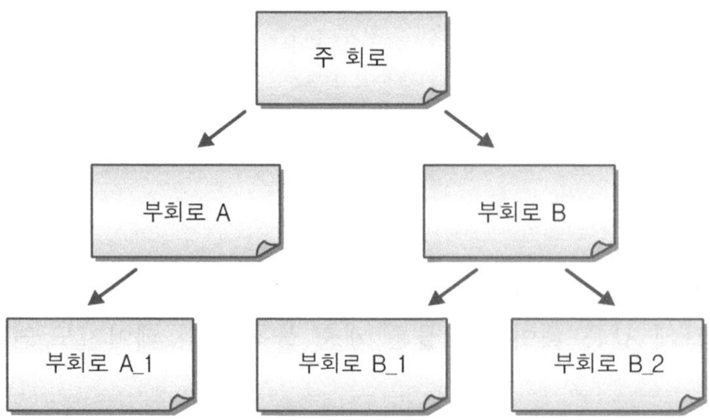

1) Subcircuit

Subcircuit는 복잡한 회로의 일부분을 블록화하여, 화면을 간결하게 정리하고 전체 회로를 쉽게 파악할 수 있게 하기 위하여 사용한다.

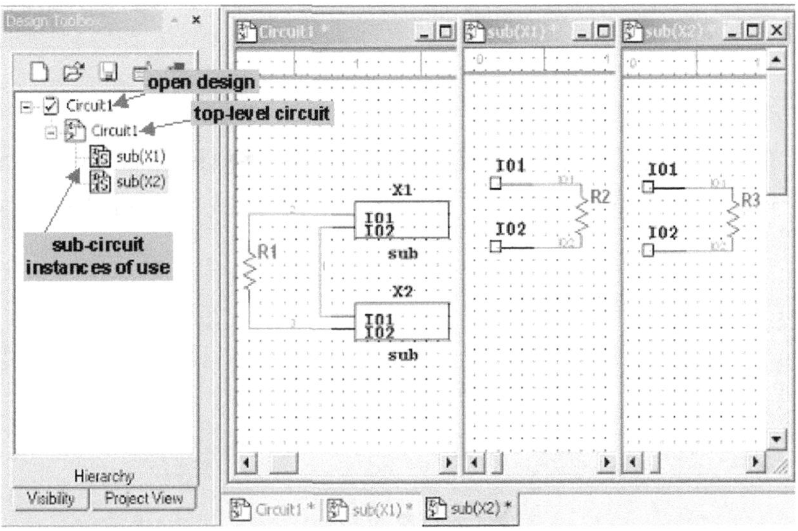

- Subcircuit 작성법

  메인 메뉴의 [Place]에는 2가지의 Subcircuit 메뉴가 있는데, [Place] ➡ [New Subcircuit]와 [Place] ➡ [Replace by Subcircuit]이다. 둘 모두 Subcircuit 회로를 작성하고자 할 때 이용하지만, "New Subcircuit" 메뉴를 이용하고자 할 때에는 새로운 회로를 그려서 그 회로를 선택, 복사하여 [Place] ➡ [New Subcircuit] 기능을 이용하여 블록으로 생성시킨다. 반면에 'Replace by Subcircuit'은 작업 화면에서 선택영역을 바로 Subcircuit 블록으로 교체시킨다.

  다음에 "Replace by Subcircuit"를 이용하여 Subcircuit를 만들어 보자. 먼저 그림과 같은 회로를 구성하고 Subcircuit을 만들고자 하는 부분을 마우스로 영역을 설정한다. 영역을 설정할 때는 계측기는 포함시키지 않는다.

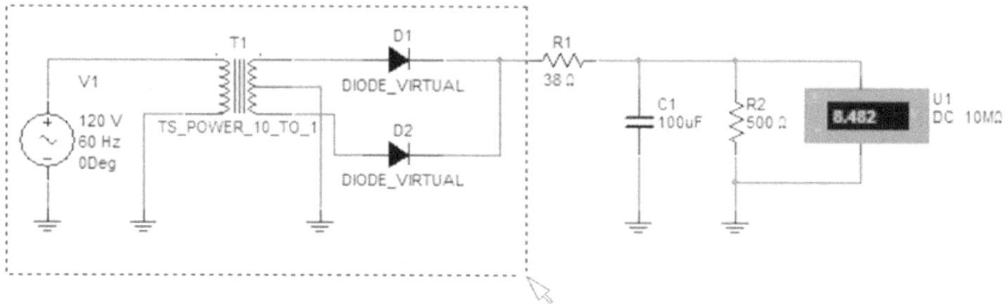

위의 그림과 같이 블럭을 설정한 뒤 메인 메뉴의 [Place] ➡ [Replace by Subcircuit]을 선택하거나 단축키 [Ctrl+Shift+B] 키를 누르면 Subcircuit 이름을 삽입하라는 창이 나타난다.

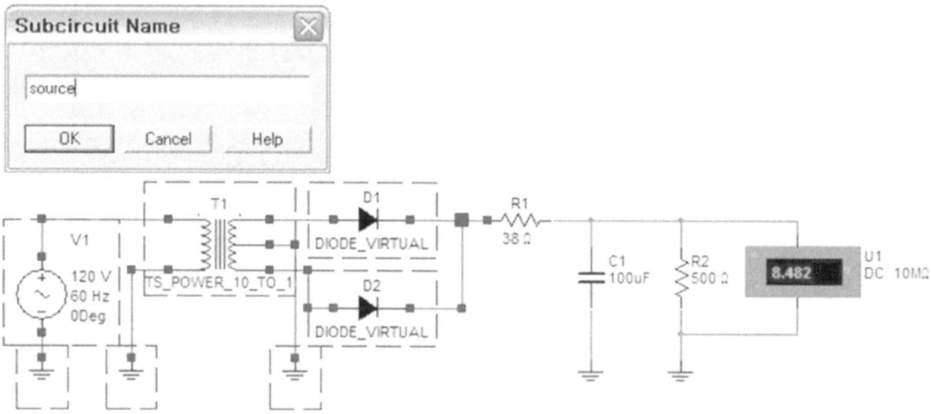

Subcircuit 이름을 기입하고 나면, Subcircuit 이름을 가진 블록이 마우스를 따라다닌다. 이 블록을 적당한 위치에 클릭하면 아래 그림과 같이 자동으로 결선 된다.

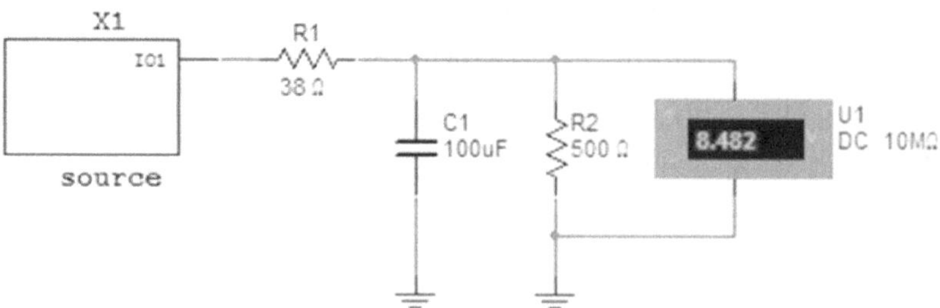

X1 블록을 더블 클릭하여 **Edit HB/SC** 버튼을 클릭하면 다음 그림과 같이 블록 내부 회로를 확인할 수 있다

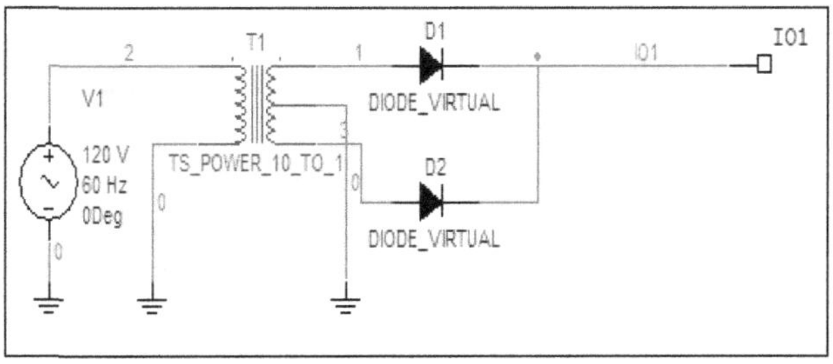

Subcircuit Block은 부품 자체로만 저장이 불가능하여 다른 회로에서 불러와 사용할 수 없다. 다른 회로에서 Subcircuit Block을 사용하기 위해서는 그 부품을 사용한 회로를 불러와 그 블록을 클립보드로 복사 후 사용자가 원하는 회로를 불러온 후 붙이기를 한다.

2) Hierarchical Block

일반적으로 계층적인 구조의 회로도 작성 시에는 Hierarchical Block을 이용하여 작성하는 것이 보다 편리하다. 그 이유는 Subcircuit 방식이 그려진 회로도의 일부를 간소한 회로로만 사용을 할 수 있고, 저장하여 부품 형태로는 사용을 하지 못하는 반면, Hierarchical Block은 부품으로 저장하여 필요 시 언제든지 불러와 사용이 가능하기 때문이다.

계층적 회로는 프로젝트 바를 이용하여 수정 및 관리, 그리고 BOM 등을 작성하여 관리를 할 수 있다.

- Hierarchical Block 작성법

  Hierarchical Block에 들어갈 회로를 작성하여, 이를 부품과 같이 저장한 후 언제든지 이를 불러와 사용할 수 있다. 또한, 작성 중인 작업 화면에서 선택 영역을 바로 Hierarchical Block 블록으로 교체시킬 수 있다.

  Subcircuit 회로도를 작성했던 회로를 다시 이용하여, 이번에는 Hierarchical Block을 만들어 보자.

아래의 회로를 완성하라.

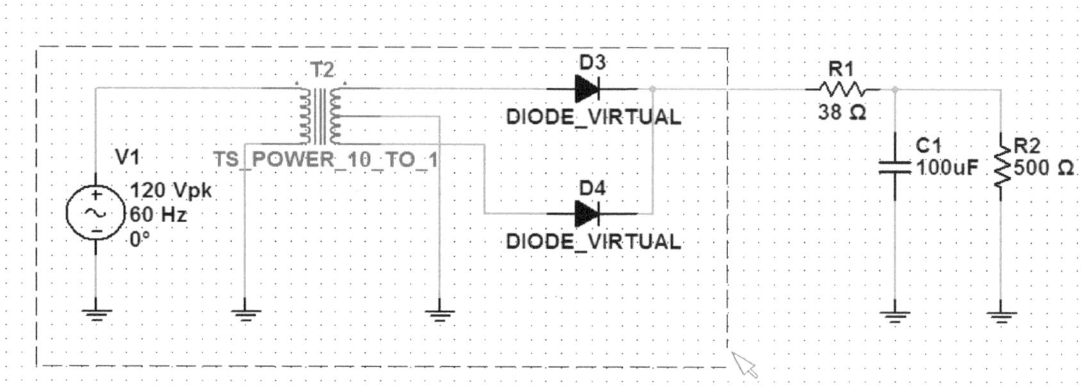

회로를 완성한 뒤 그림과 같이 블럭을 설정한 뒤 메인 메뉴의 [Place] ➡ [Replace by Hierarchical Block]을 선택하면, Hierarchical Block Properties 창이 활성화된다.

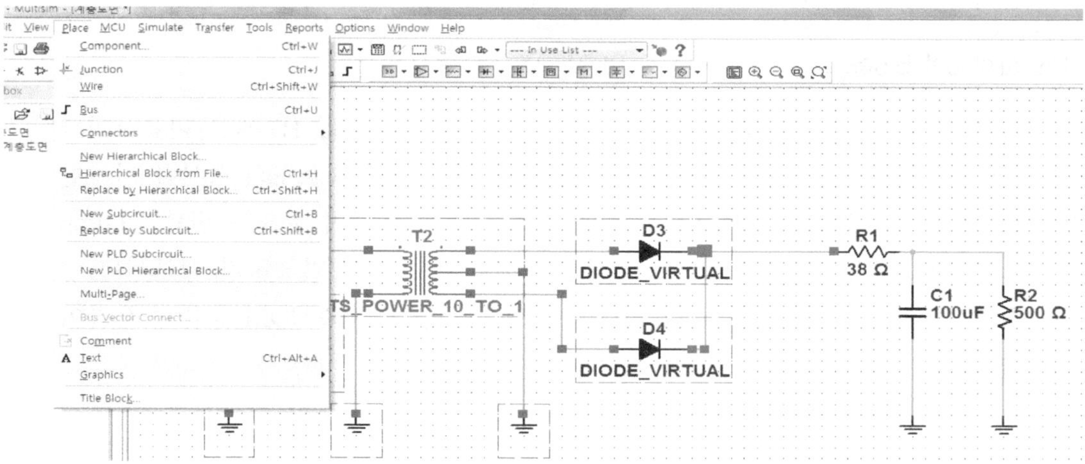

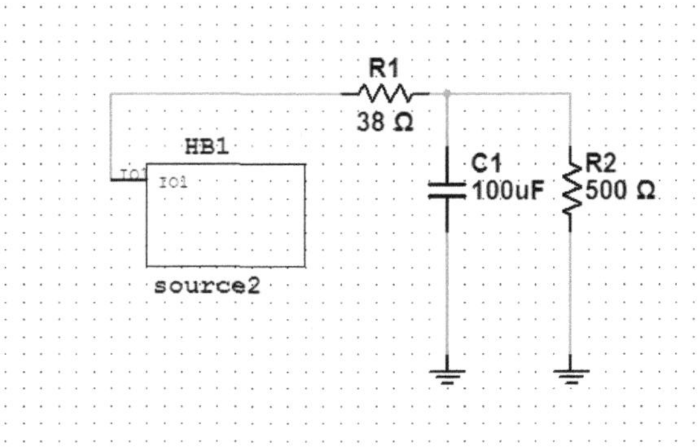

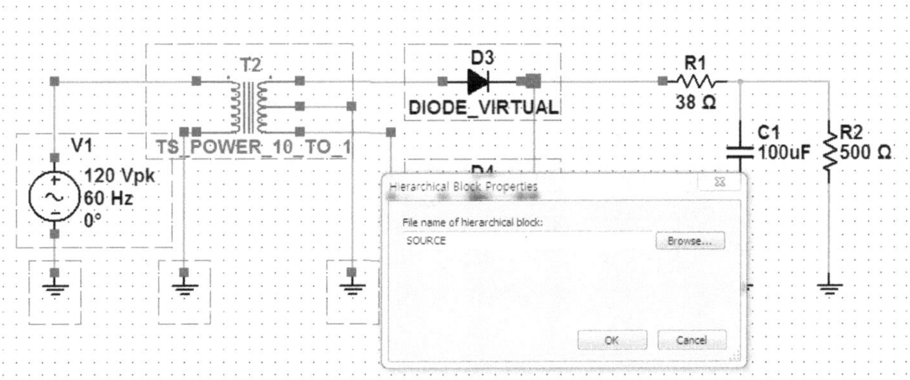

HB1 블록을 더블 클릭하여 [Edit HB/SC] 버튼을 클릭하면 다음 그림과 같이 블록 내부 회로를 확인할 수 있다.

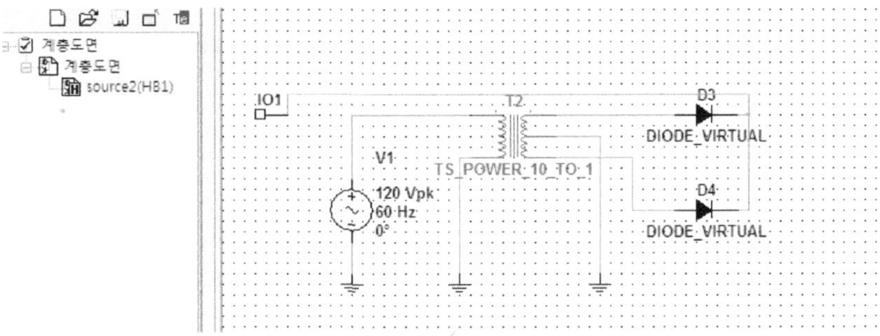

Hierarchical 블록은 Subcircuit 블록과는 다르게 저장하여 언제든지 불러와 회로 구성에 사용할 수 있는 것이다.

위의 회로(source_HB)를 저장한 후에 메인 메뉴에서 [Place] ➡ [Hierarchical Block From File..]을 클릭하면 언제든지 저장된 블록을 불러와서 사용할 수 있다.

[예제] 계층 구조(Hierarchical Block) 회로 설계

아래의 회로를 완성하고 블록화된 반감산기(Half Subtractor) 회로 부분을 계층 구조의 형태로 설계하여 보자.

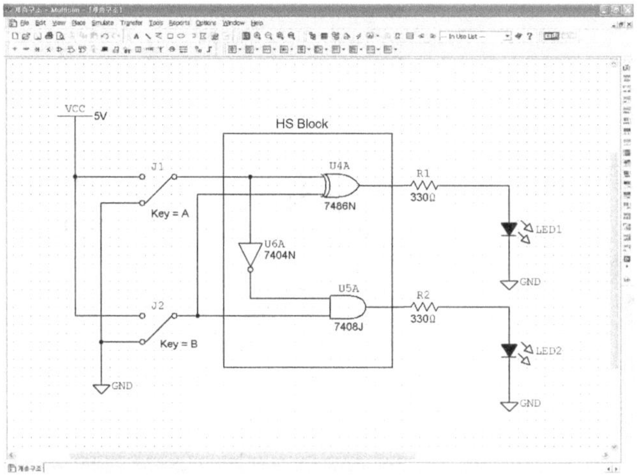

① 아래의 그림과 같이 HS 블록(위의 그림에서 사각형 테두리 안의 회로)만 제외하고 나머지 부품을 배치하여 회로를 작성한다.

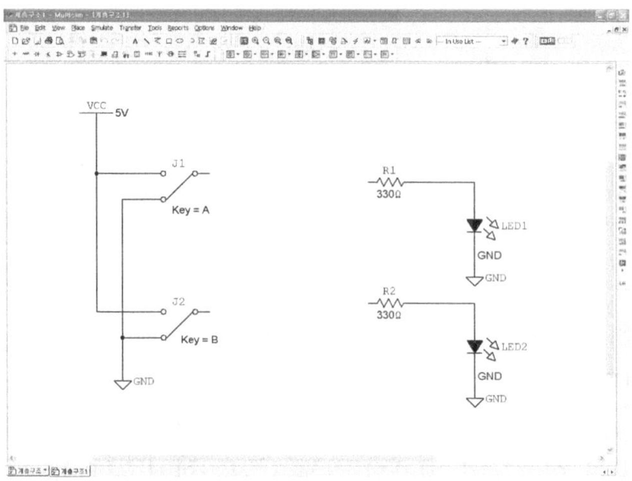

② 회로를 "반감산기(HS_BLOCK)"이라는 이름으로 저장한다.

③ 메뉴에서 [Place] ➡ [New Hierarchical Block]을 클릭하여 속성 창에서 블록 이름은 HS', 입력 핀수는 "2", 출력 핀수는 "2"로 입력하고 **OK** 버튼을 클릭한다. 마우스에 사각형 블록이 하나 따라다닌다. 적당한 위치에 블록을 배치한다.

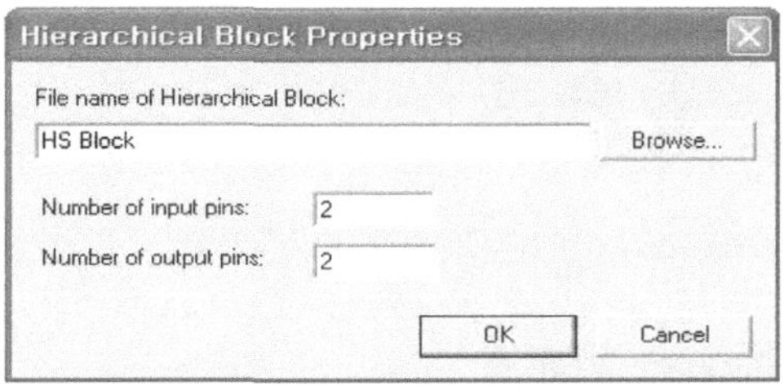

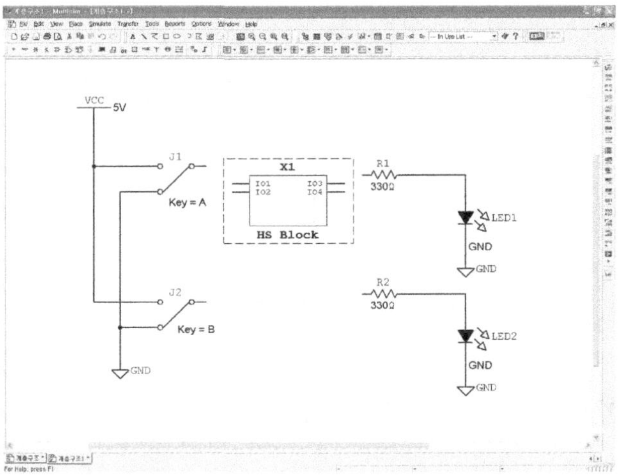

⑤ 커넥터 핀들을 도면 중앙으로 이동시키고, 'IO1' 핀을 더블 클릭하여 참조 번호(Reference ID)를 "X"로 변경한다. 같은 방법으로 'IO2~4'까지 아래와 같이 참조 번호를 변경한다.

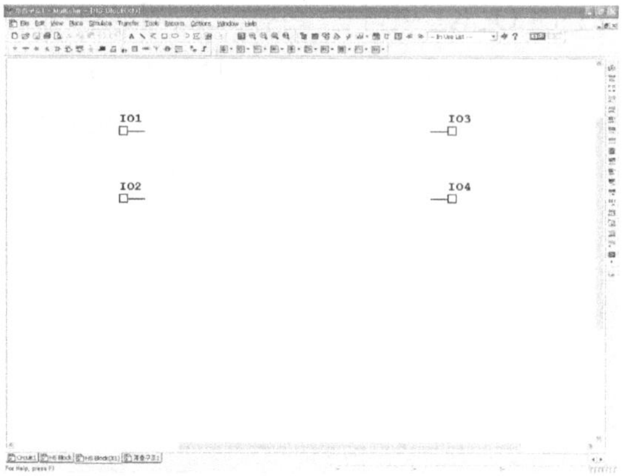

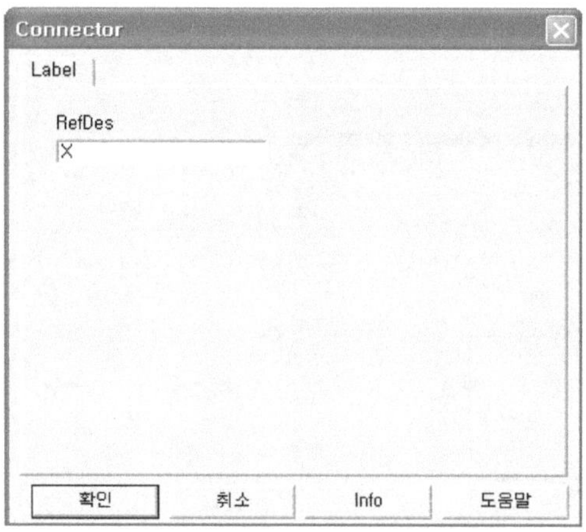

커넥터 핀	새로운 참조번호
IO1	X
IO2	Y
IO3	D
IO4	B

⑥ 아래의 그림과 같이 해당 부품들을 배치하여 선을 연결한다.

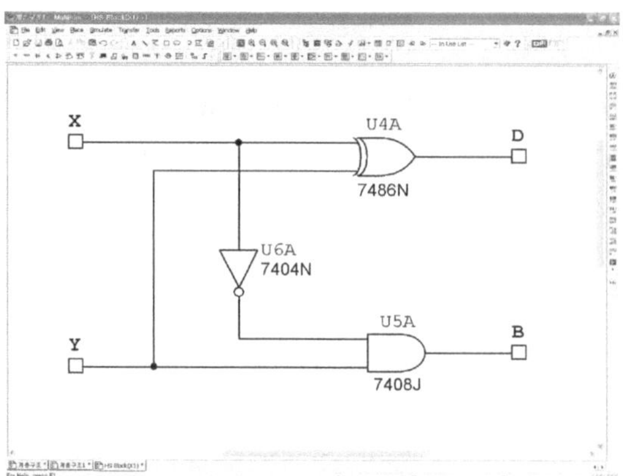

⑦ 저장을 하고, 반감산기(HS_Block) 회로로 되돌아오면 HS Block의 핀 이름들이 업데이트되어 있는 것을 확인한다.

⑧ J1, J2 스위치는 각각 더블 클릭하여 Value 탭에서 'Key for Switch=A', 'Key for Switch=B'로 설정한다.

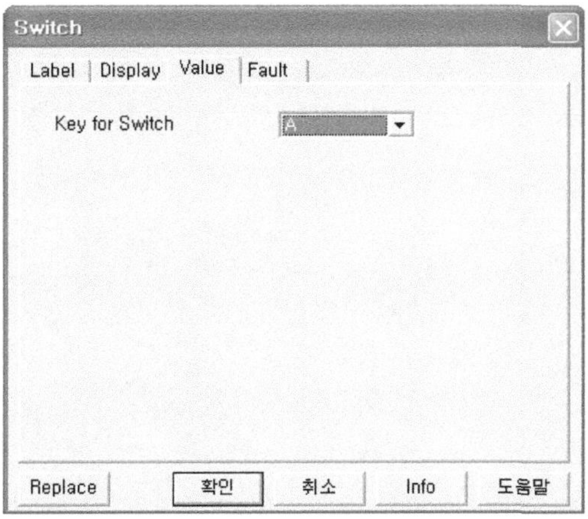

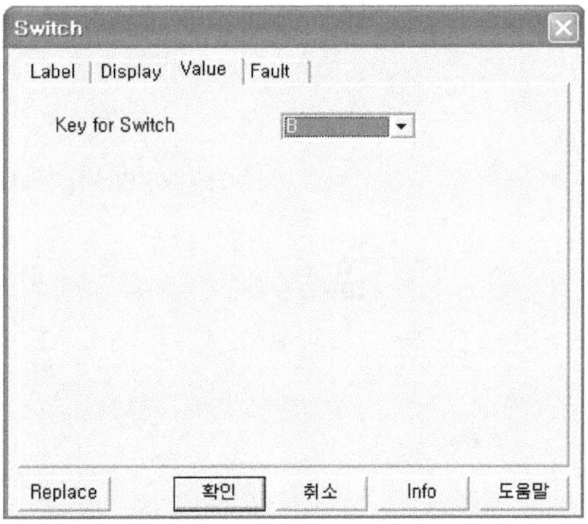

⑨ "HS lock"에 선을 연결하여 회로 설계를 마친다.

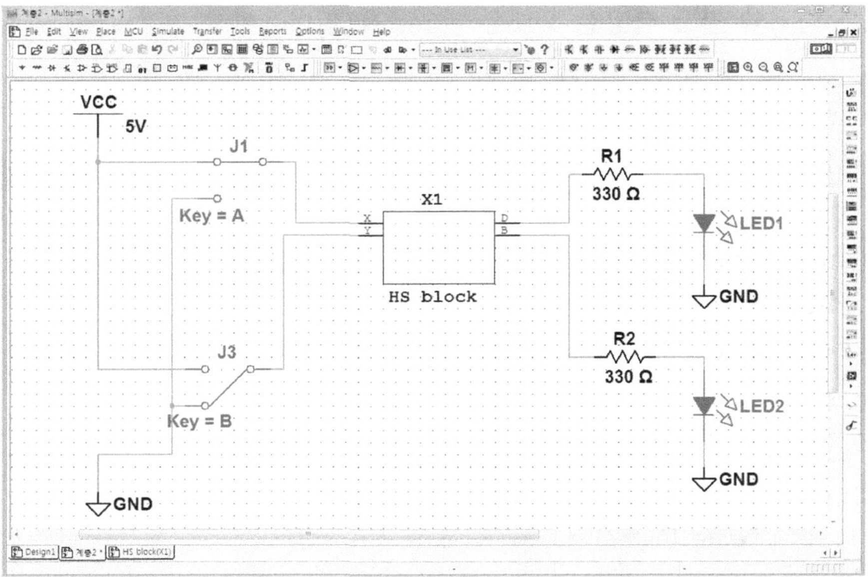

⑩ 언제든지 [Place] ➡ [Hierarchical Block From File..] 명령을 통해 저장된 블록을 다시 불러올 수 있다.

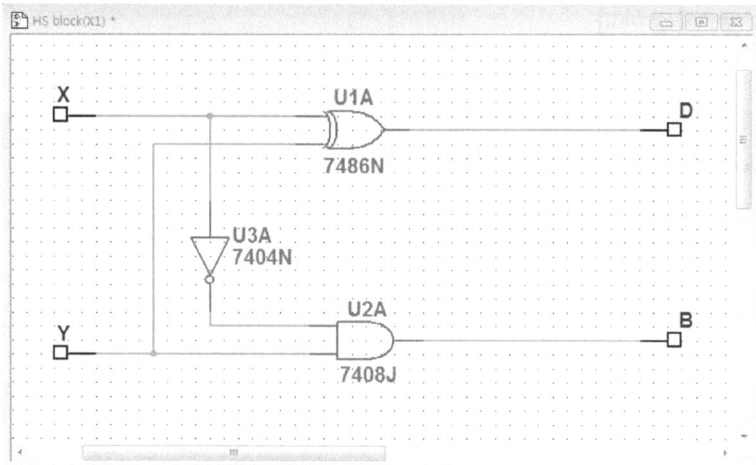

2-9 다른 형식의 파일 불러오기

Multisim은 아래와 같은 다양한 포맷을 파일들을 읽어들여서 편집할 수 있다.

- Multisim 10 Files--*.ms10. Opens Multisim 10.0, Multisim 10.x.x,
- Older Multisim Files--*.ms9, *.ms8, *.ms7, *.msm
- Electronics Workbench 5 Files--*.ewb
- Multisim 10 Project Files--*.mp10
- Older Project Files--*.mp9, *.mp8, *.mp7
- EWB Database Update Files--*.prz
- SPICE Netlist Files--*.cir
- Orcad Files--*.dsn
- Ulticap Files--*.utsch
- EDA Parts Update Files--*.edp, *.mxm, *.msml

특히 Cadence사의 SPICE Netlist 파일(*.cir)뿐만 아니라, 회로 디자인 툴(tool)로 많이 알려진 Orcad schematic 파일(*.dsn)을 별도의 변환 과정 없이 직접 읽어들일 수 있다. Multisim에서 Orcad schematic 파일을 읽어들이는 과정을 살펴보자.

① Multisim을 실행하여 [File] ➡ [Open]을 클릭한다.

② 위 그림의 파일 형식에서 [Orcad files (*.dsn)]를 선택한다.

③ Orcad Capture에서 제공하는 예제(sample) 파일 중 하나인 "BCD.dsn"을 Multisim에서 읽어들여 보자. 파일 이름에서 "BCD.dsn"을 선택한 후 [열기]를 클릭한다.

④ Footprint가 있는 파일을 선택하라는 창에서는, Orcad Capture에서 작성한 footprint 파일이 저장된 폴더에서 선택을 한다.

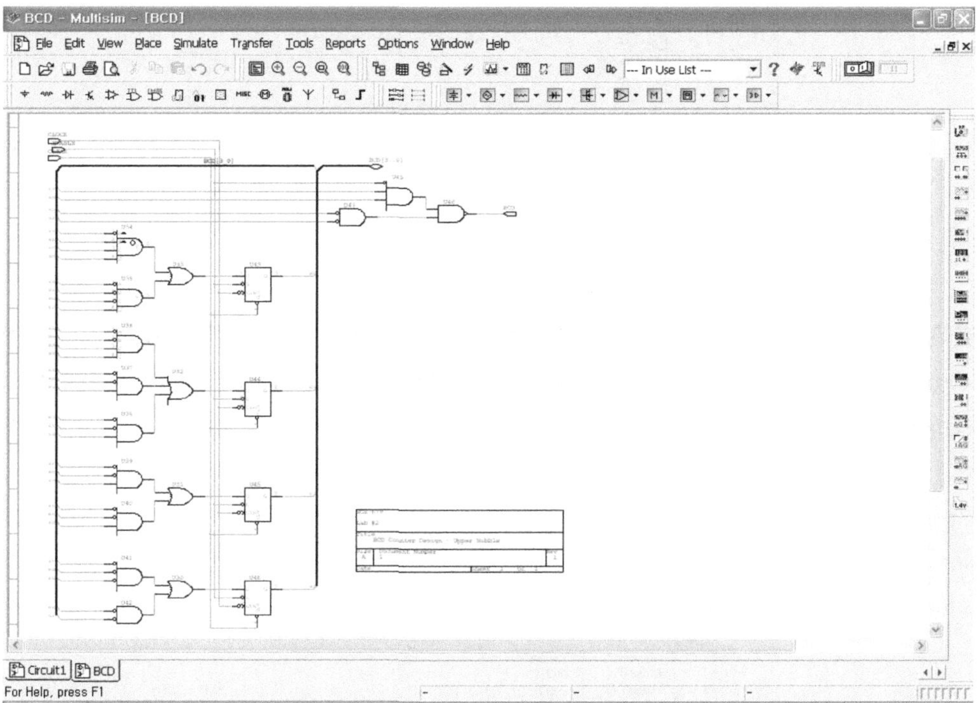

⑥ 변환 과정이 모두 끝나면 *.dsn 파일이 있는 폴더에 자동으로 새로운 폴더를 생성하여 Multisim (*.msxx) 파일로 저장되어 언제든지 열어 볼 수 있다.

⑦ Orcad Capture(*.dsn) 파일에 사용된 라이브러리들 또한 Multisim에 저장된다. 즉 Orcad에서 사용된 라이브러리들도 Multisim에서 사용할 수 있다. 이때 Orcad의 라이

브러리는 "UserDatabase" 라이브러리에 저장된다.

⑧ 메뉴의 [Tools] ➡ [Database] ➡ [Database Manager]를 클릭하여, Database Name을 "UserDatabase"를 선택하면 Family 창에 "Orcad"를 볼 수 있다.

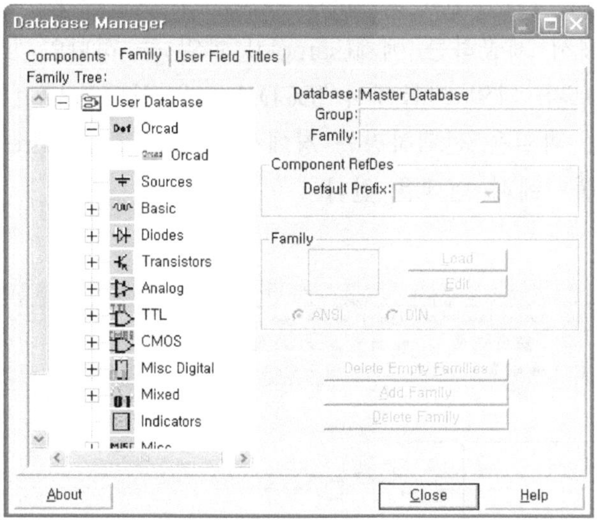

⑨ 변환한 Orcad 라이브러리는 [Place] ➡ [Component]을 실행하여 'User Database'의 'Orcad'를 창에서 orcad를 클릭하여 아래와 같이 "Component" 탭에서 원하는 라이브러리를 선택하여 사용할 수 있다.

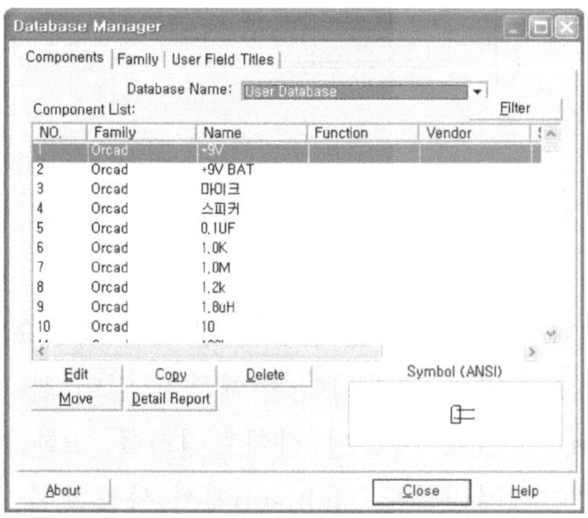

제3장

부품(Components)

3-1 부품 데이터베이스의 구조

Multisim 데이터베이스는 부품에 관한 필요한 모든 정보가 들어 있다.

① 회로도 작성을 위한 부품의 심볼에 관한 정보

② 시뮬레이션을 위한 부품 모델에 관한 정보

③ PCB Layout에 사용되는 부품 Footprints에 관한 정보

- 부품 심볼 및 Footprint

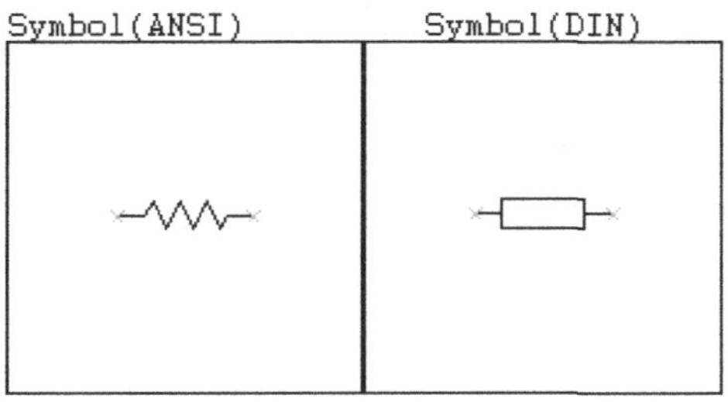

부품 심볼

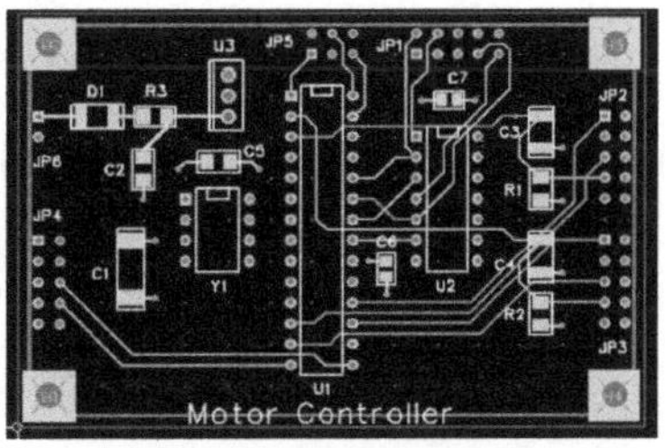

Footprint

【참고】

- DIN (Deutsches Institute fuer Normung : 독일규격협회)
- ANSI(American National Standards Institute : 미국표준협회)
- Footprint : 부품의 외형 정보를 가진 PCB용 심볼로 각 부품들의 크기, 핀의 모양, 핀의 개수 등을 1:1로 제작

3-2 부품 가져오기

메뉴바에서 [Place] ➡ [Component]를 클릭하면, "Select a Component" 창이 활성화된다.

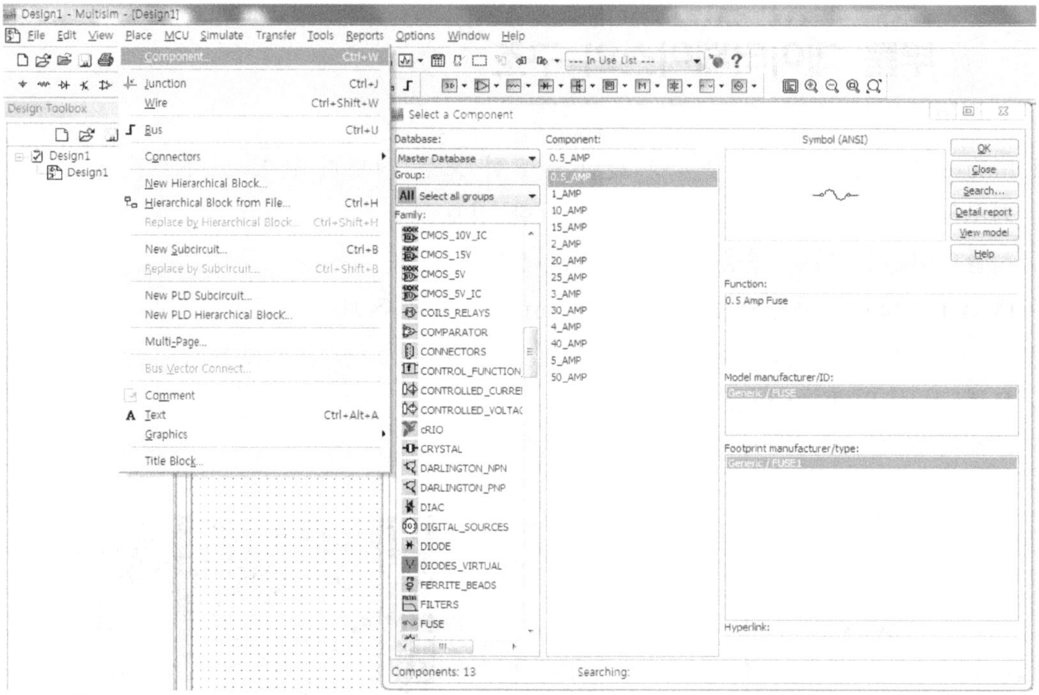

① 데이터 베이스 : 크게 3개의 범주로 이루어져 있다.

- Master Database : Multisim에서 제공하는 부품 정보로, 읽기 전용으로 부품을 편집할 수 없다.
- Corporate Database : 조직이나 개인들 간의 부품 정보로 공유를 위한 부품이 들어있다.
- User Database : 개인적으로 만들어진 부품에 관한 정보로 편집이 자유롭다.

주의

User Database와 Corporate Database는 Multisim을 처음 사용할 때 비어 있으며, User Database에 사용자가 부품 편집기를 사용하여 만든 부품이나, 자주 사용되는 부품을 저장하여 사용할 수 있다.
사용자가 부품을 편집하고자 할 때는 User Database와 Corporate Database에 저장된 부품만 가능하며, Master Database의 부품은 임의로 편집할 수 없다.

② 각각의 부품 데이터베이스는 그룹(group)으로 나뉘어 있고, 그룹 속에는 유사 부품 군인 패밀리(Family)가 있고 그 속에 부품이 있다.
예) 74LS00
Master Database ➡ TTL Group ➡ 74LS Family ➡ 74LS00

③ 다중 부품 패키지 배치(Multi-section Components)
TTL 7400N과 같은 부품은 1개의 물리적 패키지(Package) 안에 4개의 게이트(gate)가 들어 있는데, 이와 같은 부품을 다중 부품 패키지라고 하고, 이러한 부품의 경우는 한 패키지 안에 들어 있는 부품의 개수와 각 개별 부품을 A, B, C, D 등으로 표시하여 패키지 내의 특정한 부품을 선택할 수 있도록 해준다.

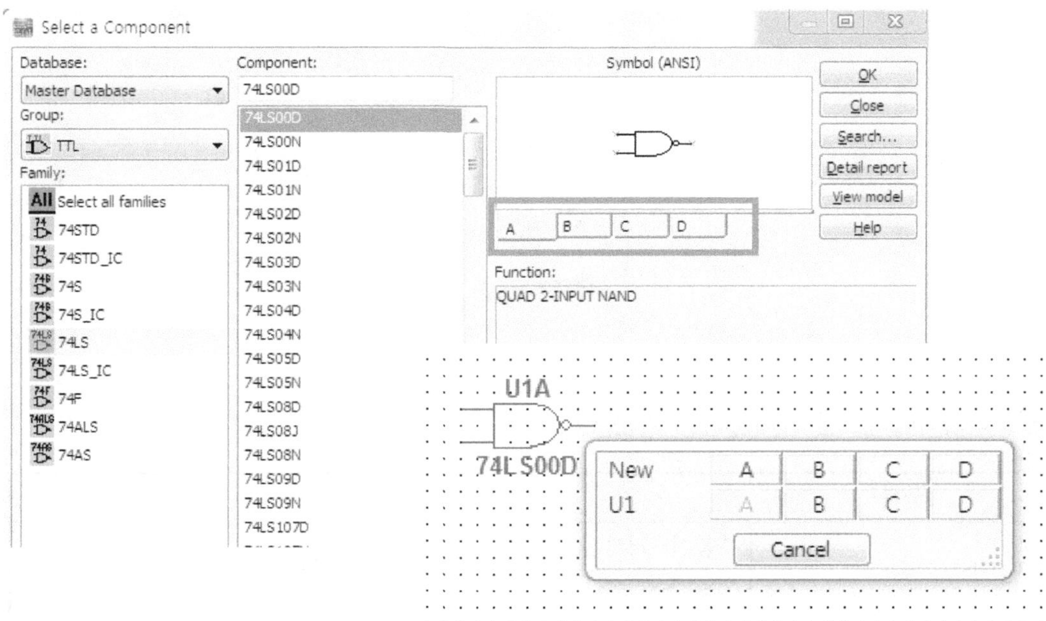

3-3 부품의 검색(Searching)

[Place] ➡ [Component] ➡ [search]

Multisim은 강력한 부품 검색 엔진을 가지고 있으므로, 사용자가 찾고자 하는 부품의 약간의 정보만 알고 있으면, 쉽고 빠르게 부품을 찾을 수 있다.

Search Component 창이 활성화되면, 1개 이상의 검색 조건을 써넣어야 하며, wildcard 문자(*, ?)를 사용할 수 있다. 예를 들어 Component에 "741*"라고 검색 조건을 쓰면 아래 그림과 같이 부품 데이터베이스에서 741로 시작되는 모든 부품을 다 검색하여 준다. (사용 예 : *741*, *741, 741*, *74?1)

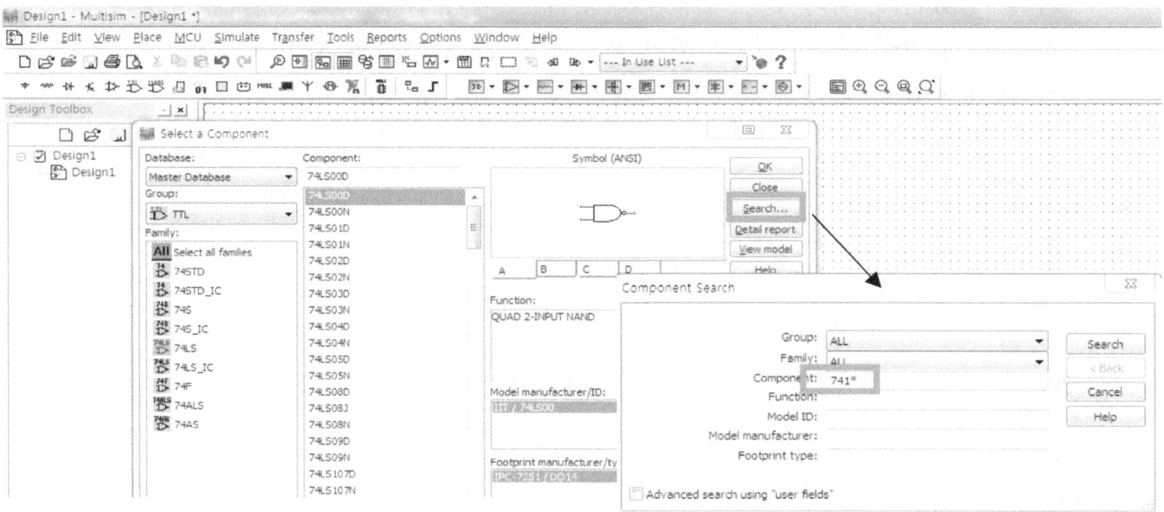

【부품】 데이터베이스에서 제공하는 기본 정보

구분	설명	예
Database	부품이 저장된 Multisim 데이터베이스의 이름	User
Group	부품이 속해 있는 그룹의 이름	TTL
Family	유사 부품군의 이름	74S
Component	개별 부품의 이름	74S00D
Symbol	회로 디자인 동안에 부품의 표시를 위해 사용된 심볼	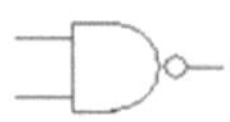
Function	부품의 기능	QUAD 2-INPUT NAND

Model Manuf. /ID	부품 제조사와 부품의 형명	Texas Instruments/ 74S00
Footprint Manuf. Type	PCB_Layout에 사용할 부품을 위한 Footprint와 패키지 타입	DO14

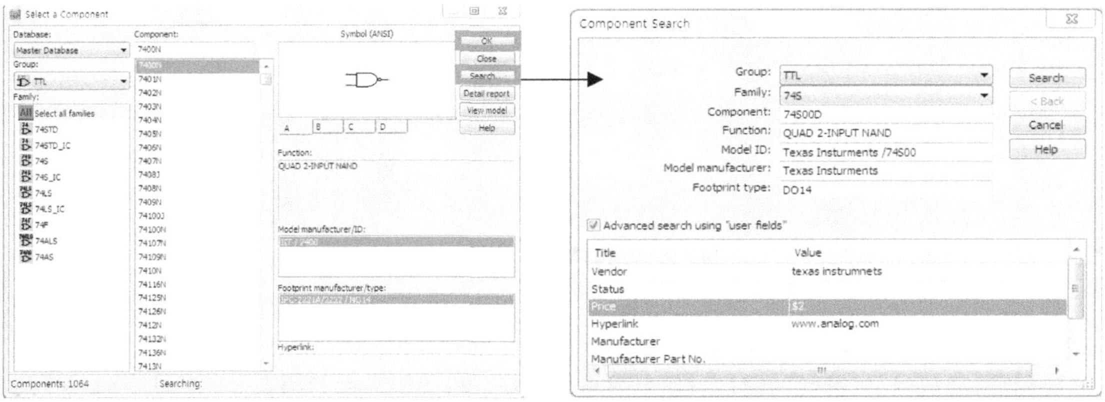

3-4 부품의 선택(Selecting)

특정 부품을 선택하기 위해서는 부품을 포함하는 부위를 마우스로 드래그하는데, 이때 사각형 드래그 박스 속에 부품의 일부만 포함되어도 부품이 선택될지, 부품의 전체가 박스 속에 들어가야 선택할 것인지를 옵션을 통해 선택할 수 있다.

[Option] ➡ [Global Preferences] ➡ [General tab] ➡ [Selection rectangle]

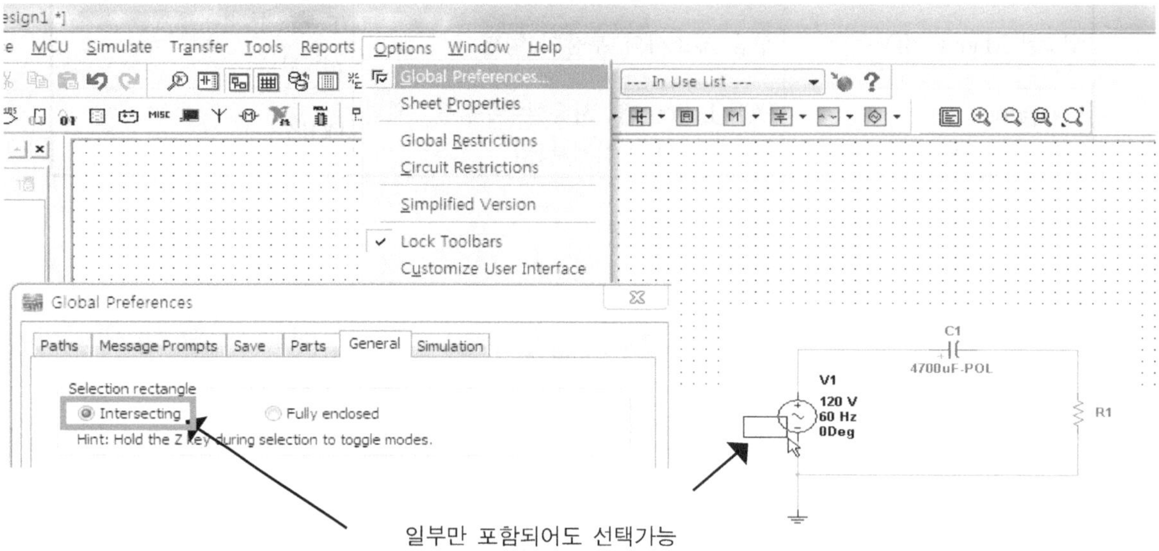

부품이 선택되면 외각에 점선으로 둘러싸인 외부 박스가 생기는데, 이는 부품이 선택되었음을 의미한다.

3-5 부품의 허용 오차 설정

Simulation에 사용될 부품 중 부품의 허용 오차를 설정할 수 있다.

메뉴에서 [Simulate] ➡ [Use Tolerances]를 선택하면 simulation 동안, 부품 설정 창에서 사용자가 설정한 오차를 적용할 수 있다.

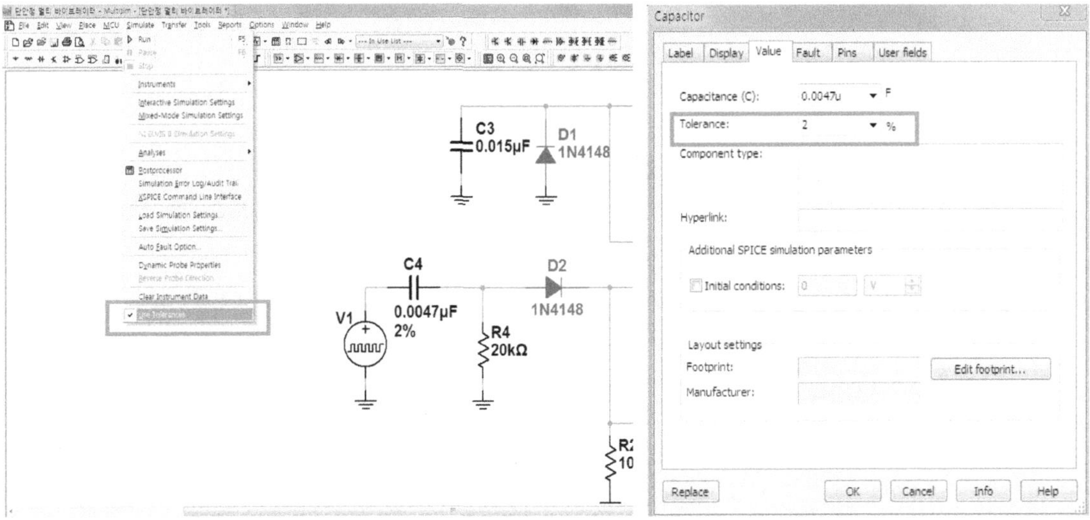

3-6 부품 데이터베이스 관리

Database Manager 대화 상자를 통해 사용자는 User Database와 Corporate Database에 부품을 추가시키거나 제거시킬 수 있다.

메인 툴바에서 Database Manager button ( )을 누르거나, [Tools] ➡ [Database] ➡ [Database Manager]를 선택하면 Database Manager 대화 상자가 나타난다.

Database Name에서 원하는 데이터베이스를 선택한 후 오른쪽에 [Filter] 버튼을 누르면 원하는 부품의 군을 필터링하여 쉽게 찾을 수 있다.

Multisim 11 버전에는 약 17,500여 개의 부품이 내장되어 있다.

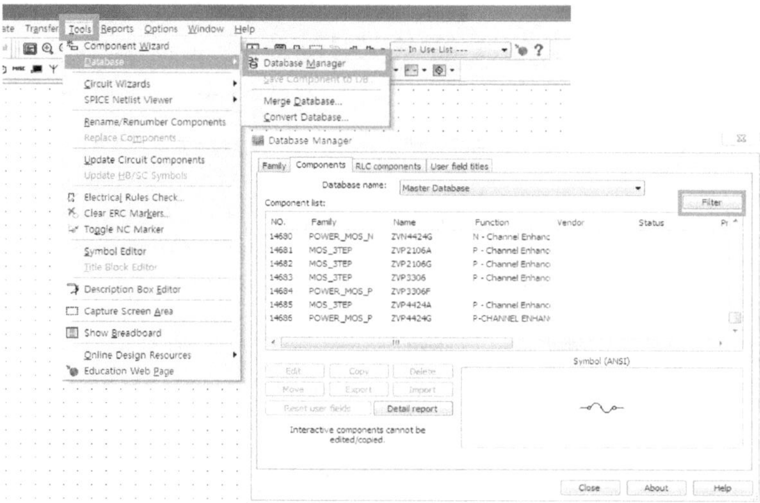

1) 부품 패밀리(Family)의 추가 및 삭제

Database Manager에서 Family 탭을 선택한 후 Database Family Tree 영역에서 User Database나 Corporate Database를 선택한다. 여기서는 User Database를 선택하기로 한다. 오른쪽에 **Add Family** 버튼을 클릭하면, "New Family Name" 대화 상자가 활성화된다.

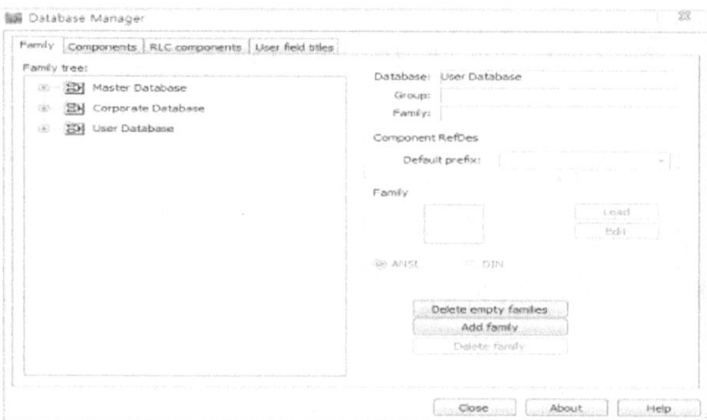

새로 추가할 패밀리(Family) 이름을 쓰고 **OK** 버튼을 누르면 선택한 Analog 그룹 밑에 "Sample"이라는 패밀리가 생긴다.

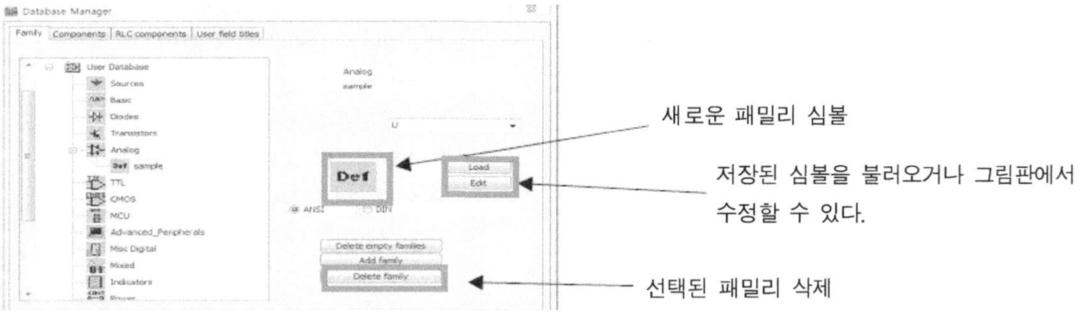

새로 추가된 Sample 패밀리의 툴바 버튼 추가/편집은 오른쪽에 [Load/Edit]에서 할 수 있다. Delete Family 버튼을 누르면 선택된 Family를 삭제할 수 있으며, Delete Empty Family 버튼은 그룹 내의 모든 패밀리를 삭제할 때 사용한다.

주의

[Shift]와 [Ctrl] 키와 함께 마우스 왼쪽 버튼을 사용하면 여러 개의 패밀리를 동시에 선택해서 지울 수 있다.

2) 부품의 복사 / 이동

기존의 부품을 복사해서 원하는 패밀리에 추가할 수 있다. 단 복사할 곳은 User Database나 Corporate Database로만 가능하다.

Move 기능은 User Database나 Corporate Database에서 부품을 이동시킬 수 있다.

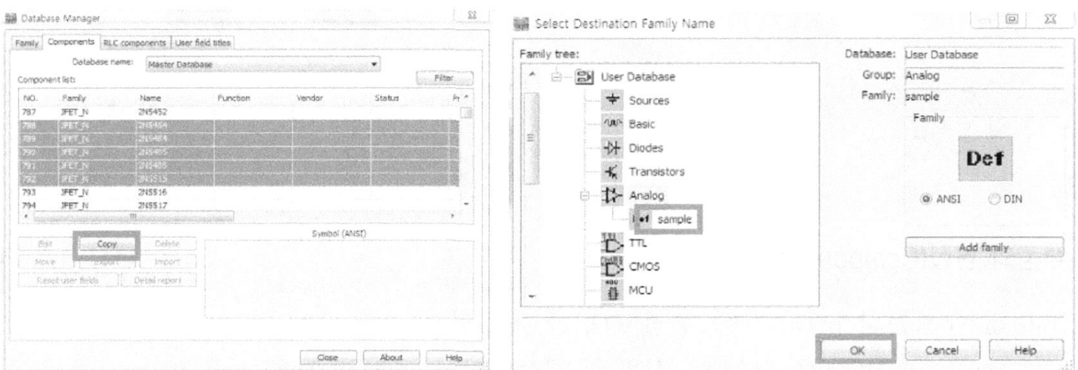

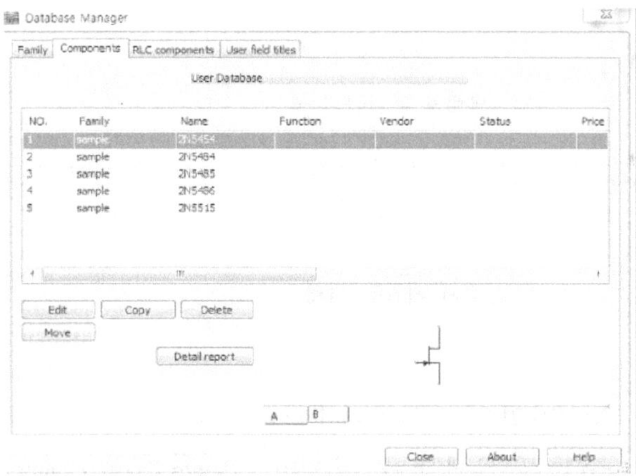

데이터 베이스 간의 부품 이동

1. 부품을 선택한다. Ctrl, Shift 키
2. 복사할 곳은 User나 Corporate
3. 복사할 이름이 없으면 먼저 만든다. 패밀리 이름이 없으면 먼저 만든다.
4. 가상 부품이나 대화형 부품은 복사할 수 없다.

3) 데이터베이스로부터의 부품 업데이트

사용자가 구(old)버전의 Multisim으로 작업한 회로가 작업도면에 열려 있을 때, 현재 사용하는 버전의 데이터베이스에 맞는 부품으로 [Tools] ➡ [Update Circuit Components]를 실행하여 업데이트할 수 있다.

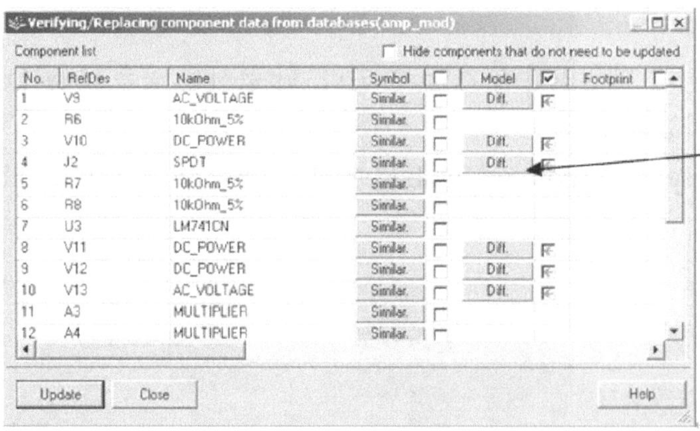

구 버전의 부품과 이를 보여주기 위한 버튼

4) 부품의 편집(Component Editing)

Multisim에서는 2가지의 부품 편집 방법을 제공한다.

- Component Wizard : 새로운 부품을 생성하거나 편집할 경우 사용

- Component Properties 대화 상자 : 기존의 부품을 편집할 경우 사용

주의

1. Master Database 부품은 편집하여 저장할 수 없으므로, 변경된 정보는 User Database나 Corporate Database로 저장해야 한다.
2. 새로운 부품을 생성 시 유사한 부품을 이용해서 수정하는 것이 빠르다.

3-7 Component Wizard로 부품 추가

새로운 부품(model)을 생성하는 과정을 2가지의 예제를 통해서 설명하기로 한다.

[예제 1] BCW30범용 PNP 트랜지스터 모델 만들기

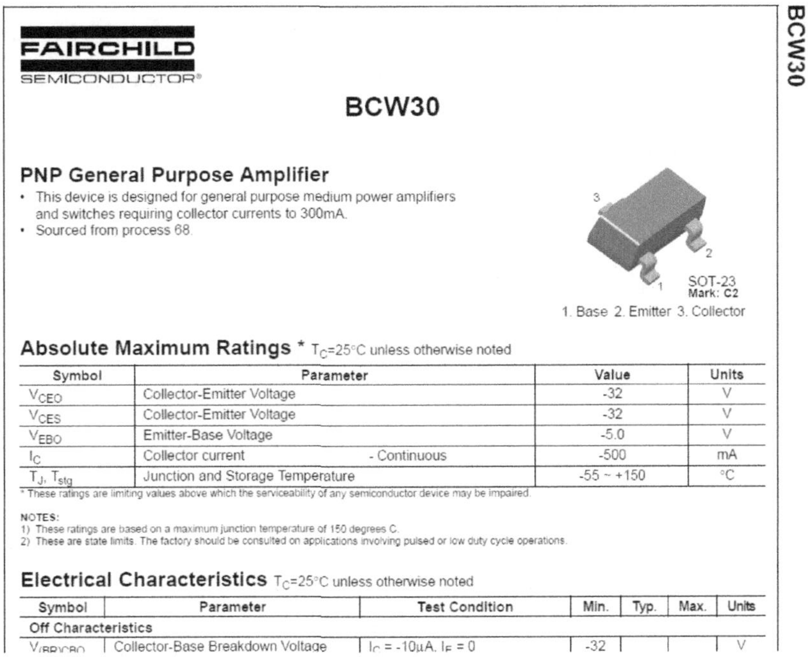

FAIRCHILD SEMICONDUCTOR®

BCW30

BCW30

PNP General Purpose Amplifier

- This device is designed for general purpose medium power amplifiers and switches requiring collector currents to 300mA.
- Sourced from process 68.

SOT-23
Mark: C2

1. Base 2. Emitter 3. Collector

Absolute Maximum Ratings * T_C=25°C unless otherwise noted

Symbol	Parameter	Value	Units
V_{CEO}	Collector-Emitter Voltage	-32	V
V_{CES}	Collector-Emitter Voltage	-32	V
V_{EBO}	Emitter-Base Voltage	-5.0	V
I_C	Collector current - Continuous	-500	mA
T_J, T_{stg}	Junction and Storage Temperature	-55 ~ +150	°C

* These ratings are limiting values above which the serviceability of any semiconductor device may be impaired.

NOTES:
1) These ratings are based on a maximum junction temperature of 150 degrees C.
2) These are state limits. The factory should be consulted on applications involving pulsed or low duty cycle operations.

Electrical Characteristics T_C=25°C unless otherwise noted

Symbol	Parameter	Test Condition	Min.	Typ.	Max.	Units
Off Characteristics						
$V_{(BR)CBO}$	Collector-Base Breakdown Voltage	I_C = -10μA, I_E = 0	-32			V

메인 툴바에서 Create Component button ( )을 누르거나, [Tools] ➡ [Component Wizard]를 선택하면 "Component Wizard" 대화 상자가 나타난다.

1) 1단계 : 부품에 대한 정보를 입력한다.

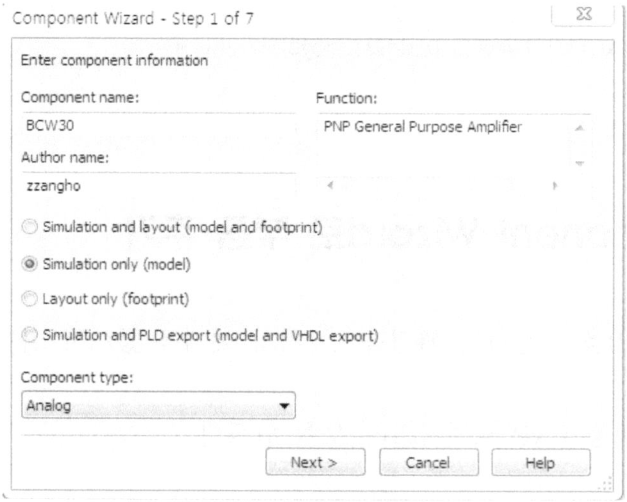

① 부품의 이름, 제작자, 형식 및 부품을 판별하기 위한 간단한 내용을 Function에 적는다.
② 이 부품을 Simulation에 사용하기 위해 Simulation only(model)을 체크한다.

2) 2단계 : 부품 패키지 정보 입력(핀수, 게이트 수)

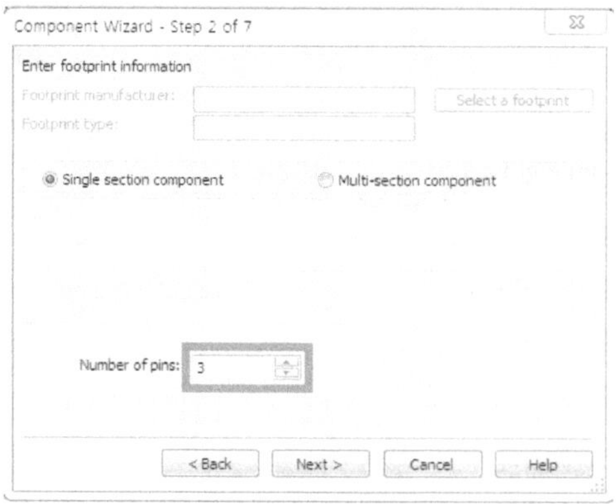

① Multi-section component : 1개의 칩 속에 여러 개의 게이트가 들어 있는 부품

② 1단계에서 simulation only 선택으로 footprint 입력 비활성화

3) 3단계 : 부품의 심볼 만들기

① Edit : Symbol Editor를 사용하여 유저가 직접 만들기
② copy from DB : 기존의 Multisim 심볼을 복사해서 사용
③ copy to.. : 멀티 섹션 컴포넌트의 경우 게이트 복사해서 사용

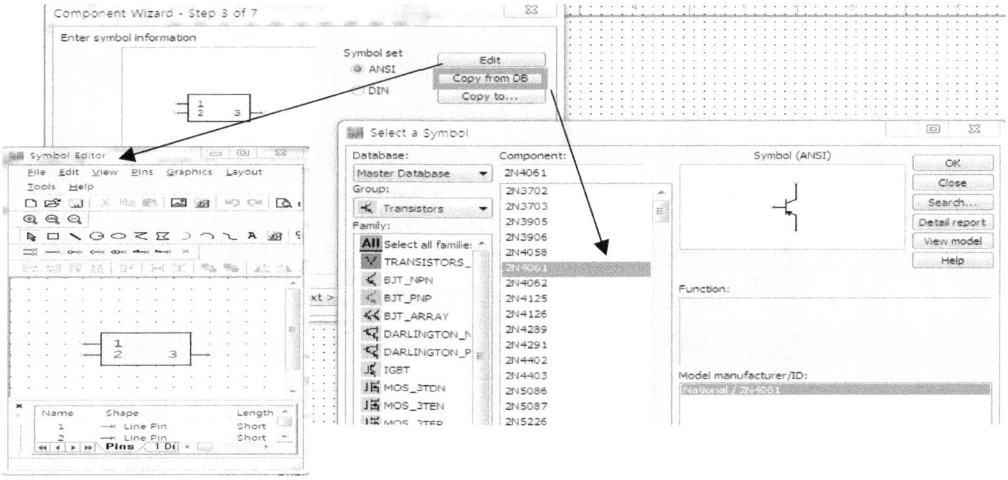

4) 4단계 : 각 핀들의 속성을 지정한다.

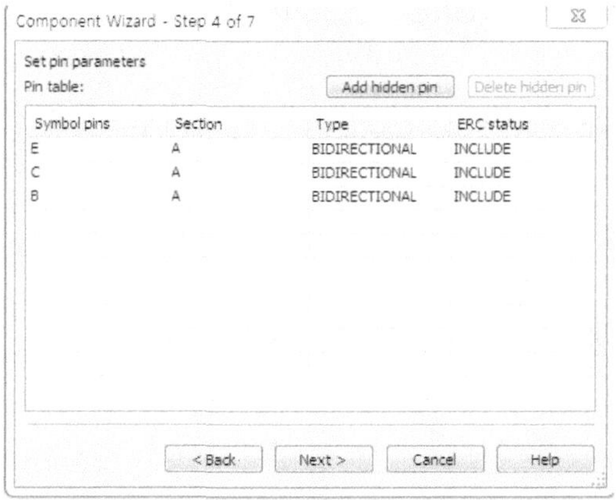

① Bidirectional 속성 : 전류가 설정한 핀을 중심으로 양방향 특성을 가질 때 선택
② Passive 속성 : 전류의 방향 특성을 고려하지 않고 그냥 전기적인 핀만 표시

5) 5단계

시뮬레이션용(SPICE Model) 파라미터를 입력하는 단계로서, 인터넷 등에서 관련 자료를 다운로드받아 사용하면 된다.

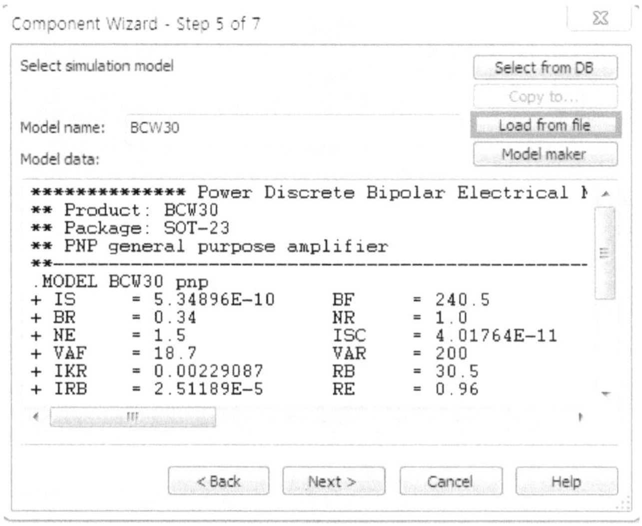

【참고】

① SPICE MODEL의 확장자는 CIR, SPI, LIB 등이 있으며 이는 모두 TXT 파일이다.
② SPICE Model 구하기
http://www.emwonder.com/spicemodels/에서 각 부품 제조사들의 spice model을 구할 수 있다.

6) 6단계

심볼 핀과 SPICE용 모델 핀을 매칭시키는 과정

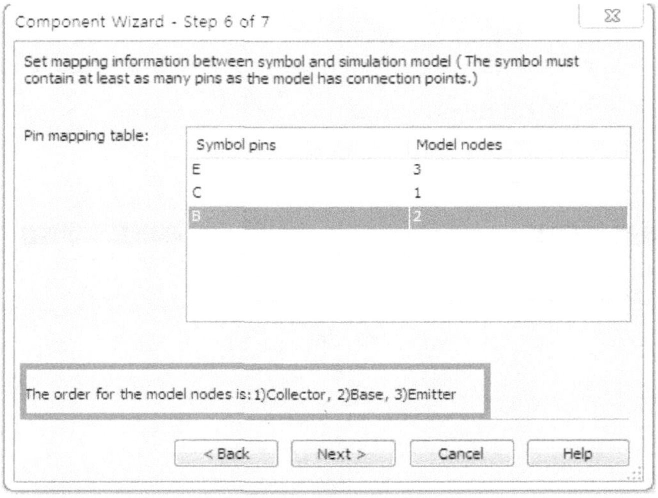

7) 7단계 : 제작한 BCW30의 모델을 Database에 저장을 한다. 여기서는 User Database ➡ Transistors를 선택하여 Add Family 버튼을 클릭하여 Fairchild 패밀리를 만들어 저장을 완료한다.

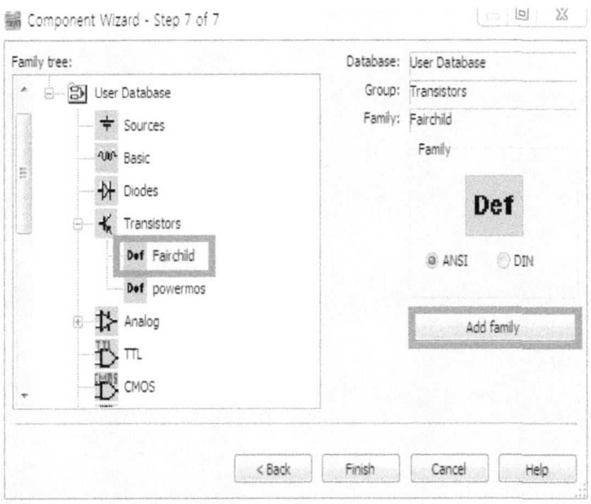

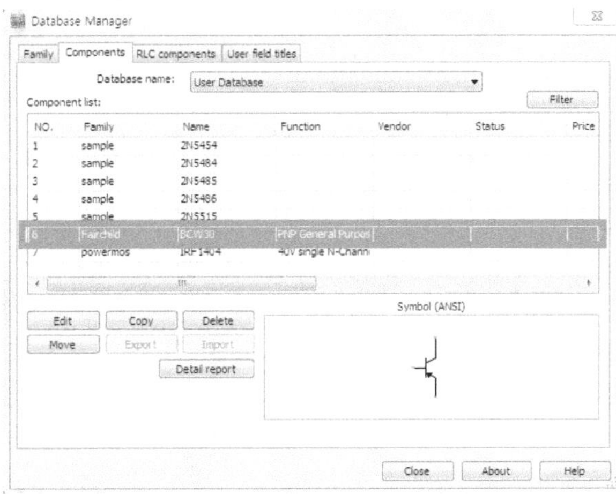

8) 8단계 : 부품 검증

만들어진 부품이 실제로 시뮬레이션이 되는지 검증한다.

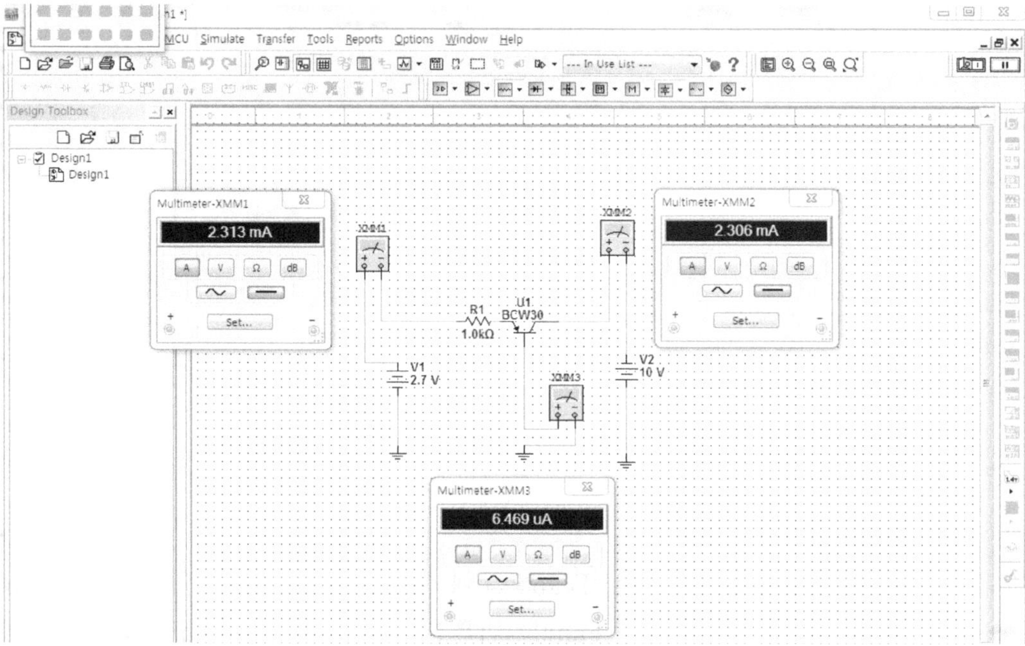

【예제 2】 Power MOSFET IRF1404의 모델을 만들어 보자.

1) 1단계

부품 이름, 제작자, 기능, 용도 등을 기록

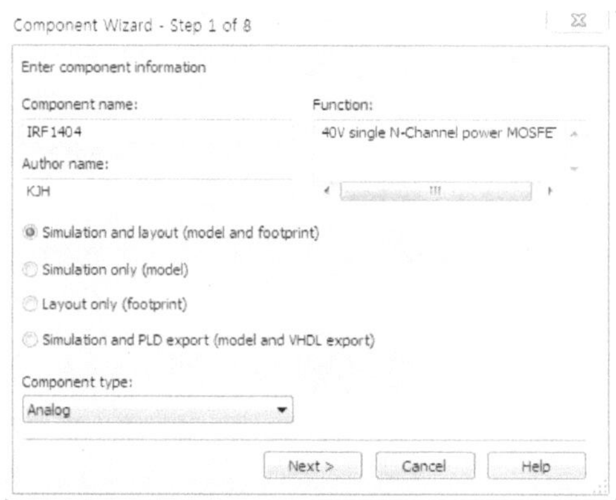

- 이 부품을 Simulation이나 PCB_Layout에 모두 사용하기 위해 "model and footprint"를 체크한다.

2) 2단계

PCB Layout을 위한 Footprint와 부품 패키지 정보 입력

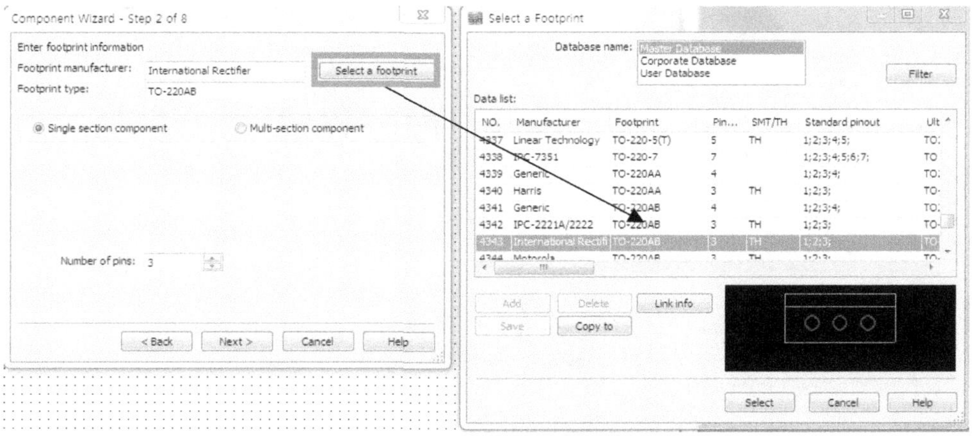

- Multi-section component : 1개의 칩 속에 여러 개의 게이트가 들어 있는 부품

3) 3단계

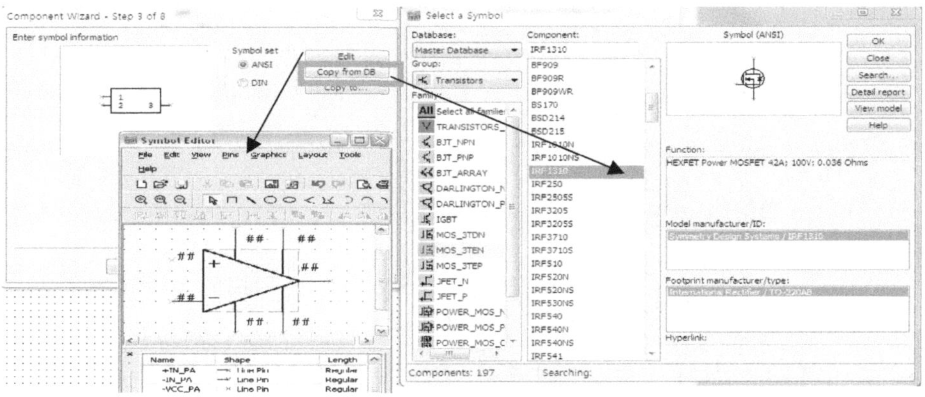

- copy from DB : 기존 심볼을 복사해서 사용

4) 4단계

각 핀들의 속성을 지정한다.

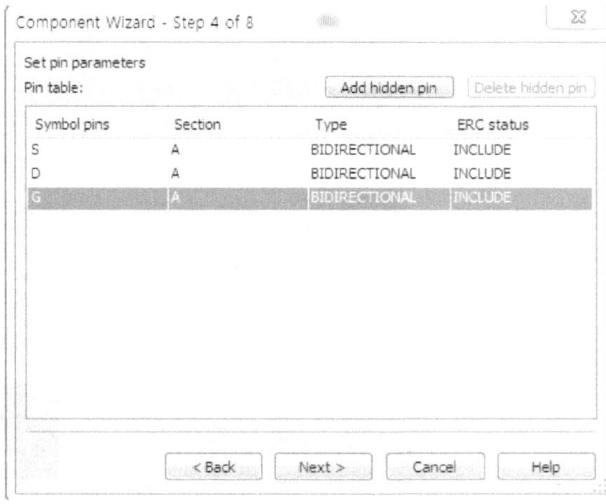

5) 5단계

심볼 핀과 Footprint 핀을 매칭시킨다.

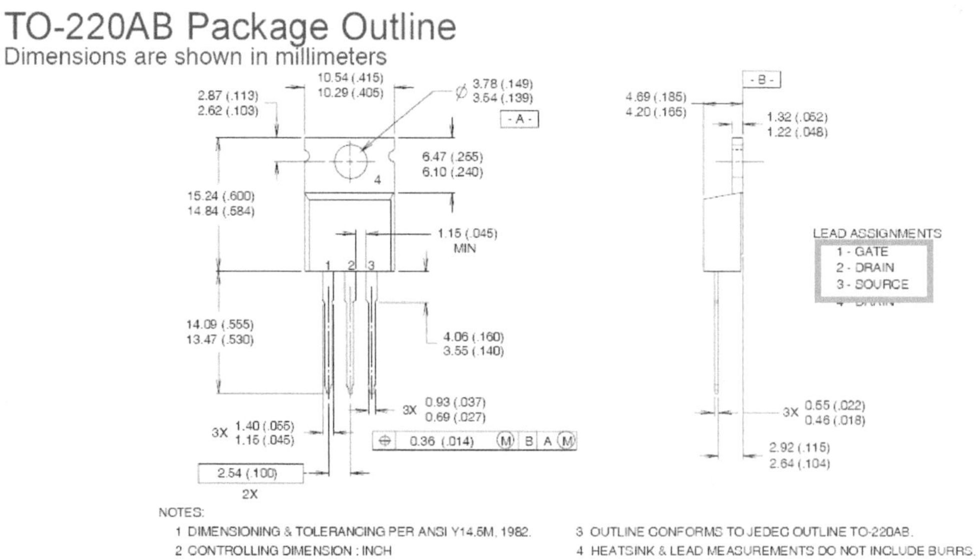

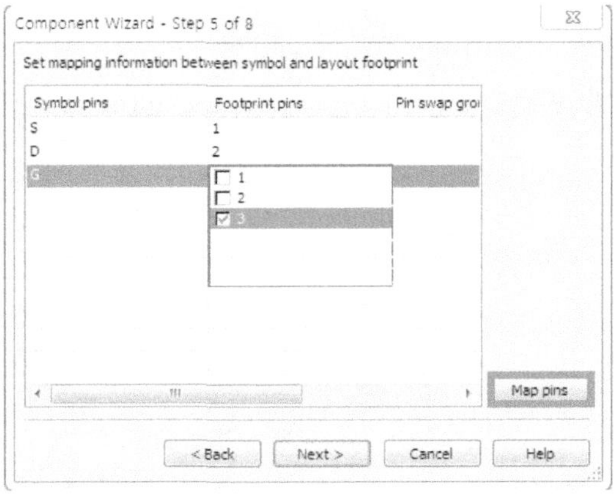

6) 6단계

시뮬레이션용(SPICE Model) 파라미터를 입력하는 단계로서, 인터넷 등에서 관련 자료를 다운로드받아 사용하면 된다.

SPICE Model 구하기

http://www.irf.com/product-info/models/spice/에서 IRF사 제품의 SPICE File 소스를 다운로드받을 수 있다.(*.cir, *.spi)

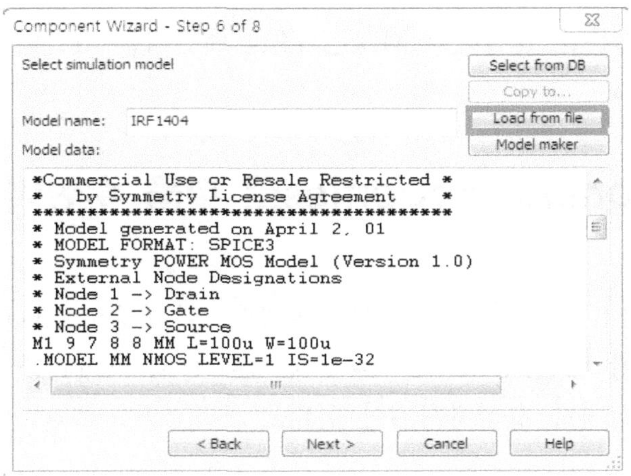

7) 7단계

심볼 핀과 SPICE용 모델 핀을 매칭시키는 과정으로 SPICE 파일 소스를 메모장에서 열어 모델 노드를 참조한다.

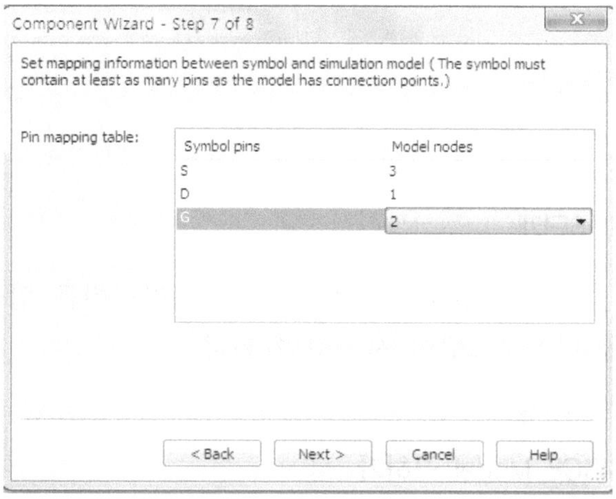

8) 8단계

IRF1404 부품을 Database에 저장한다. 여기서는 [User Database] ➡ [Transistors]를 선택하여 Add Family 버튼을 클릭하여 MOS_3TEN 패밀리를 만들어 저장을 완료한다

3-8 Component Properties로 부품 수정하기

1) 기존의 부품을 편집하기 위해서는 메인 툴바에서 Database Manager button ( )을 누르거나, [Tools] ➡ [Database] ➡ [Database Manager]를 선택하여 "Database Manager" 대화 상자를 활성화시켜야 한다.

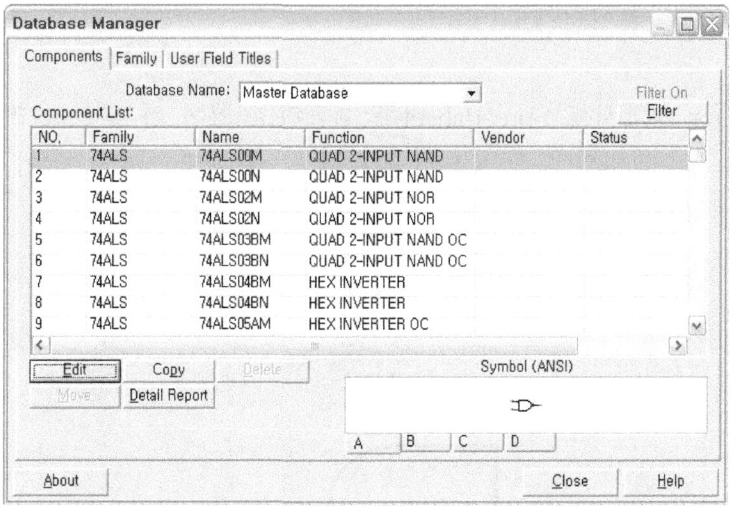

2) Component tab을 선택하면, 나타나는 Component List에서 편집을 원하는 부품을 선택한다.

3) **Edit** 를 클릭하면 그림과 같은 Component Properties 대화 상자가 나타난다.

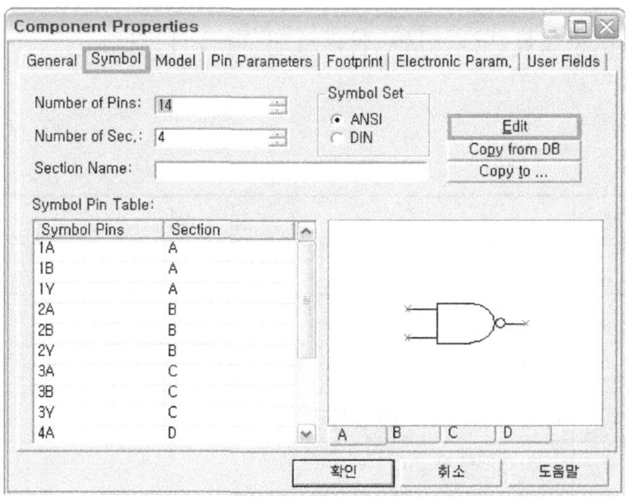

4) 여러 개의 탭이 나오는데, 수정을 원하는 곳에 관련된 탭을 선택하여 편집한다. 여기서는 Symbol을 편집하기 위해서 "Symbol" 탭을 선택한 후 나타난 Symbol을 편집하

기 위해서 Edit를 클릭한다.

5) Symbol Editor 창에서도 Spreadsheet를 제공하고 있어 빠른 편집 및 수정이 가능하다. 또한, 메모리 타입의 부품을 만들 경우에는 핀 배열 기능이 있어 다수의 핀을 그리는 경우 유용하다.

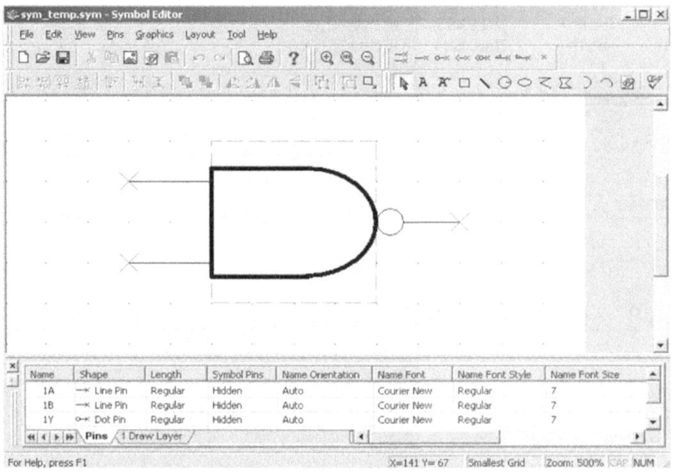

6) Symbol Editor의 중요한 명령어를 살펴보면 다음과 같다.

① File Menu

메뉴	설 명
New	새로운 심볼을 만드는 도면
Open	저장된 심볼을 불러오기
Save	저장하기
Save As	다른 이름으로 저장하기
Print Setup	프린트 설정
Print Preview	인쇄 미리 보기
Print	인쇄하기
Exit	Symbol Editor 종료하기

② Edit Menu

메뉴	설 명
Undo	이전 작업으로 되돌아감
Redo	마지막 작업으로 되돌아감
Cut	잘라내기
Copy	복사하기
Paste	붙여 넣기
Delete	삭제하기
Copy As Picture	작업 영역을 Metafile로 클립보드로 복사
Copy As Bitmap	작업 영역을 Bitmap으로 클립보드로 복사
Select All	작업 영역의 모든 객체를 선택
Flip Horizontal	선택한 객체를 수평으로 미러
Flip Vertical	선택한 객체를 수직으로 미러
Rotate 90 Clockwise	선택한 객체를 시계 방향으로 90도 회전
Rotate 90Counter CW	선택한 객체를 반시계 방향으로 90도 회전
Snap To Grid	스냅 간격을 그리드 간격으로 변경
Group	여러 객체를 하나의 그룹으로 설정
UnGroup	그룹을 해제
Bring To Front	선택한 객체를 맨 앞으로 보내기
Send To Back	선택한 객체를 맨 뒤로 보내기
Resize Boundary Box	외곽선의 크기를 재설정

③ View Menu

메뉴	설 명
Toolbars	여러 가지 툴바들의 On/off 기능
Spreadsheet	Spreadsheet On/off 기능

Status Bar	상태 바 보이기
Show Pin Grid	핀 그리드 보이기
Show Draw Grid	그리드 보이기
Draw Grid Size	그리드 크기 설정
Zoom In	확대하기
Zoom Out	축소하기
Zoom 100%	100% 확대하기
Center By Mouse	마우스가 위치한 곳을 스크린의 중앙으로 이동
Redraw	다시 그리기

④ Pins Menu

메뉴	설 명
Select	Pin 메뉴에서 빠져나와 작업 기능을 수행
Line Pin	라인 핀 작업
Dot Pin	Dot 핀 작업
Clock Pin	Clock 핀 작업
Dot Clock Pin	Dot Clock 핀 작업
Input Wedge Pin	Input Wedge 핀 작업
Output Wedge Pin	Output Wedge핀 작업
Zero-Length Pin	Zero-Length핀 작업
Place Pin Array	핀 배열 작업
Default Pin Options	핀 설정

⑤ Graphics Menu

메뉴	설 명
Text	타이틀 블록에 텍스트 삽입
Line	선 그리기
Multiline	다중 선 그리기

Half Ellipse Arc	반 호 그리기
Segment Arc	세그먼트 단위의 호 그리기
Rectangle	사각형 그리기
Circle	원 그리기
Ellipse	타원 그리기
Polygon	다각형 그리기
Bitmap	*.bmp 이미지 삽입

⑥ Tool Menu

메뉴	설 명
Check Symbol	중복된 핀 이름의 체크 등의 에러 유무 확인
Customize	툴바 및 단축키 등의 사용자 설정

7) 심볼을 만드는 과정에서 핀의 속성을 정의하는 것이 중요하다.

심볼 에디터의 메뉴에서 [Pins] ➡ [Default Pin Options]을 클릭하면 아래와 같은 "Option"창이 활성화된다. 핀을 배치하기 전에 핀 옵션을 선택하여 핀의 이름 등을 설정할 수 있다.

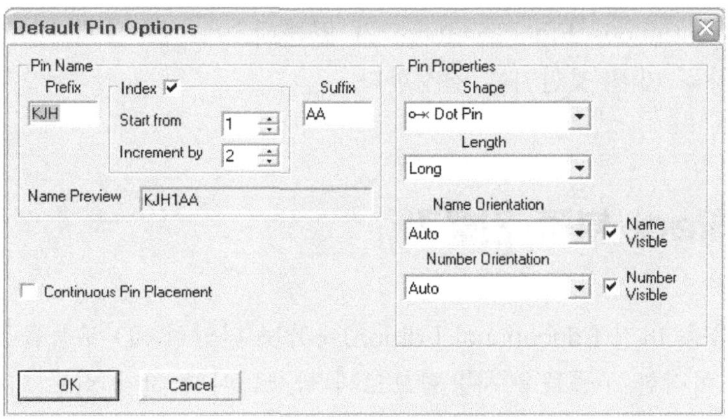

8) 심볼 에디터에 아래 그림과 같은 심볼을 생성하여 보자. 먼저 부품의 몸체(body)를 그리고, 핀을 그리기 위해서 메뉴의 Pins을 클릭하면, 여러 형태의 핀이 나오는데, 이중에서 원하는 모양을 선택하여 몸체의 적당한 곳에 배치시킨다.

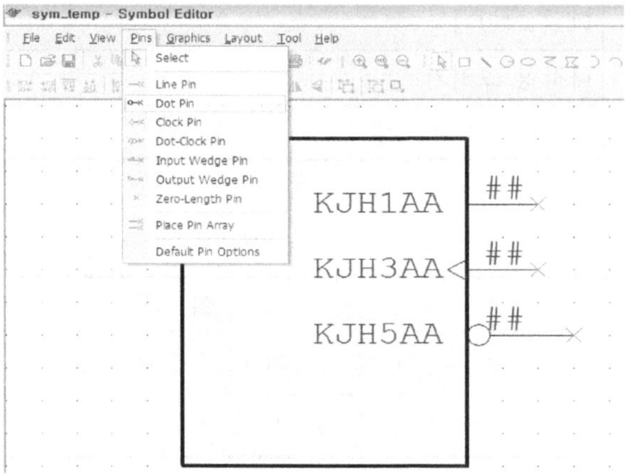

⑨ 핀 이름 구성

위의 예에서 핀의 이름은 KJH1AA, KJH3AA, KJH5AA … 이다.

- Prefix field(접두사) : KJH
- Suffix field(접미사) : AA
- Start from field : 핀의 시작 번호
- Increment by field : 핀 번호 사이의 간격(Step)으로 여기에서는 2이다.

옵션으로, "Continuous Pin Placement"가 있는데, 이것은 이번 설정이 다음 번 핀에도 계속 영향을 미칠 것인지를 결정한다.

3-9 3D Real 부품 만들기

Multisim의 교육용 버전(Educational Edition)에서는 다양한 3D 부품들을 이용한 시뮬레이션이 가능하다. 이러한 부품들을 사용함으로써 학생들이나 전자 회로 입문자들에게 회로에 대한 이해를 도울 수 있다.

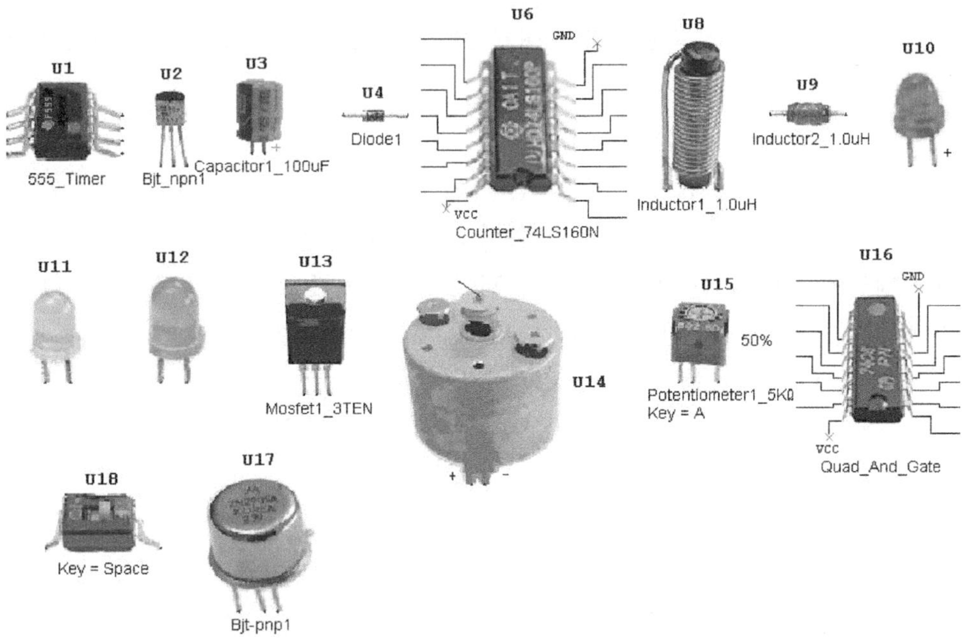
U1
555_Timer
U2
Bjt_npn1
U3
Capacitor1_100uF
U4
Diode1
U6
GND
VCC
Counter_74LS160N
U8
Inductor1_1.0uH
U9
Inductor2_1.0uH
U10
U11
U12
U13
Mosfet1_3TEN
U14
U15
50%
Potentiometer1_5KΩ
Key = A
U16
GND
VCC
Quad_And_Gate
U17
Bjt-pnp1
U18
Key = Space

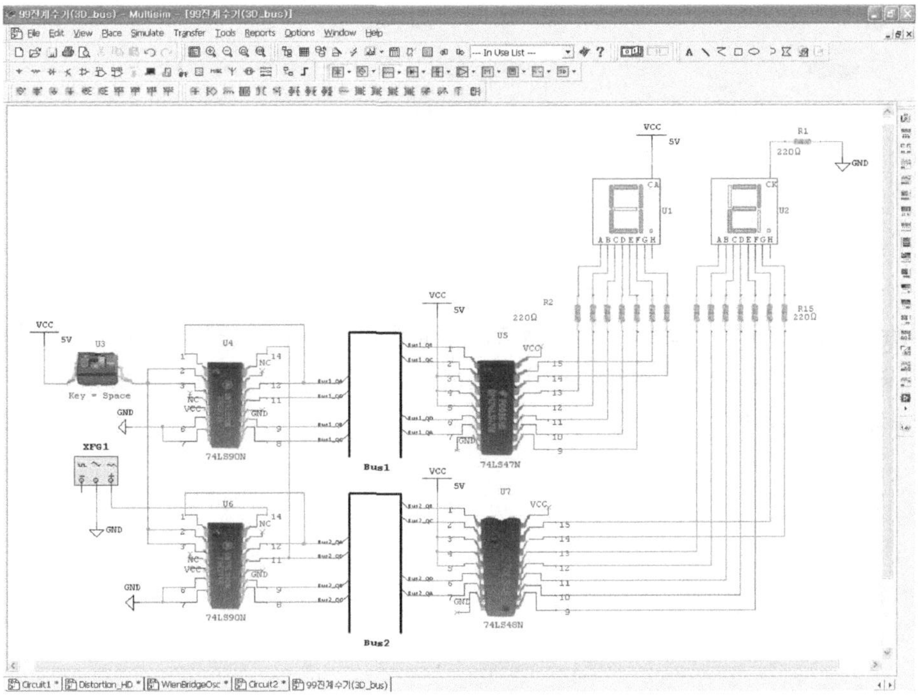
99진계수기(3D_bus) - Multisim - [99진계수기(3D_bus)]
VCC
5V
Key = Space
74LS90N
Bus1
Bus2
74LS47N
74LS48N
XFG1
GND

[예제] 74LS47 IC의 3D Real 부품을 만들어서 라이브러리에 추가시키는 과정을 알아보자.

[Step 1]

74LS47 부품을 준비하여 디지털카메라로 사진을 찍은 후 이미지 편집 프로그램(포토샵 등)에서 불러와 적당한 크기로 이미지를 줄이고 *.bmp 파일로 저장한다.

Multisim 메뉴에서 [Tools] ➡ [Database Management]를 실행하여 'Master Databse'를 선택하고 필터를 사용하여 "TTL" 그룹 내의 "74LS" 패밀리를 선택하여 '74LS47N'를 선택하고 하단의 [Copy] 버튼을 클릭한다.

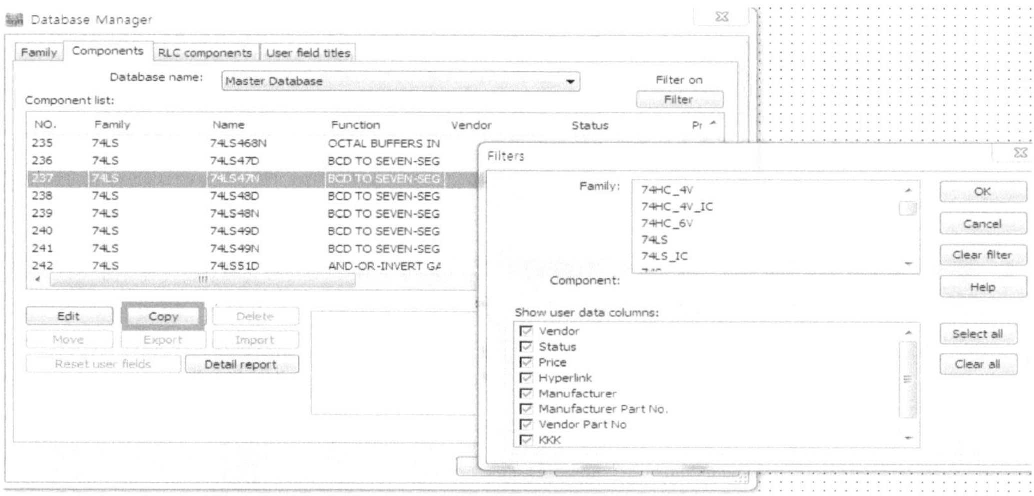

"User Databsase" 내의 "Basic"을 선택하고 [Add Family] 버튼을 클릭하여 "3dparts" 디렉토리를 생성한다. 생성된 "3dparts" 디렉토리를 마우스로 선택하고 OK 버튼을 클릭하여 복사 과정을 마친다.

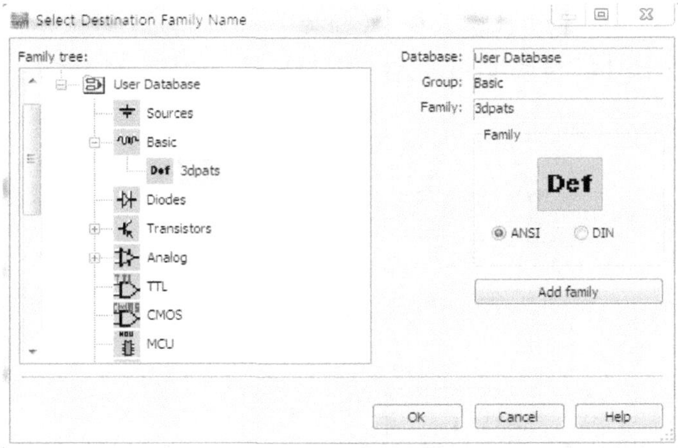

[Step 2]

Database Management 창의 'Component' 탭에서 74LS47N을 저장한 디렉토리, 즉 'User' 데이터베이스의 'Basic 3dparts' 그룹에 저장된 "74LS47N"을 선택하고 하단의 [Edit] 버튼을 클릭하면 "Component Properties"창이 활성화된다.

Symbol 탭을 선택하고 우측의 [Edit] 버튼을 클릭하면 "라이브러리 수정 모드(Symbol Editor)"로 전환된다.

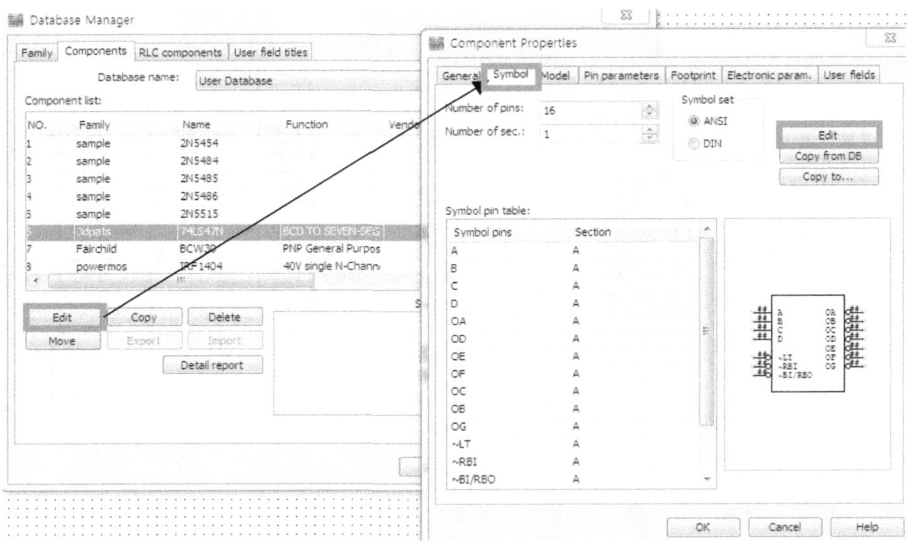

Symbol Editor창의 메뉴에서 [Edit] ➡ [Resize Boundary Box]를 클릭하여 부품의 경계 영역을 가로 grid 눈금 14, 세로 grid 눈금 16 정도의 크기로 설정한다.

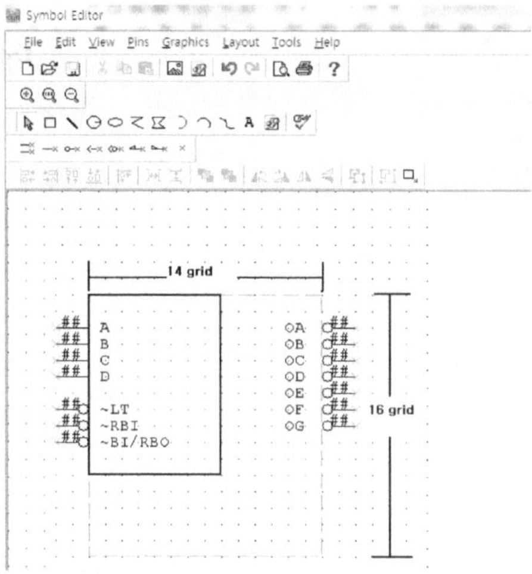

사각 실선을 마우스로 선택하여 삭제한다.

[Step 3]

메뉴에서 준비된 이미지를 불러들인다. [Graphics] ➡ [Bitmap]을 클릭하여 74LS47 이미지를 가져와 아래의 그림과 같이 배치한다.

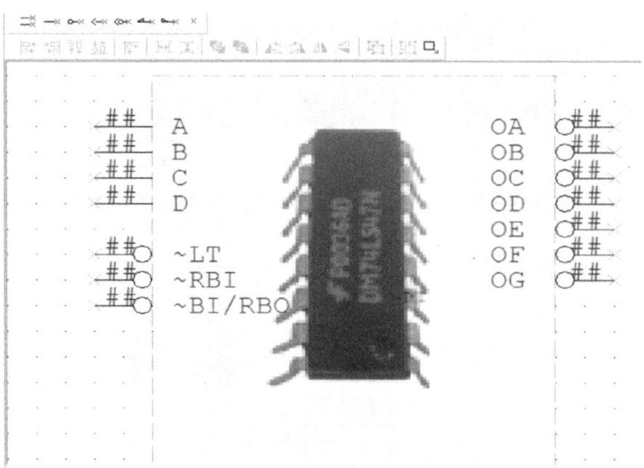

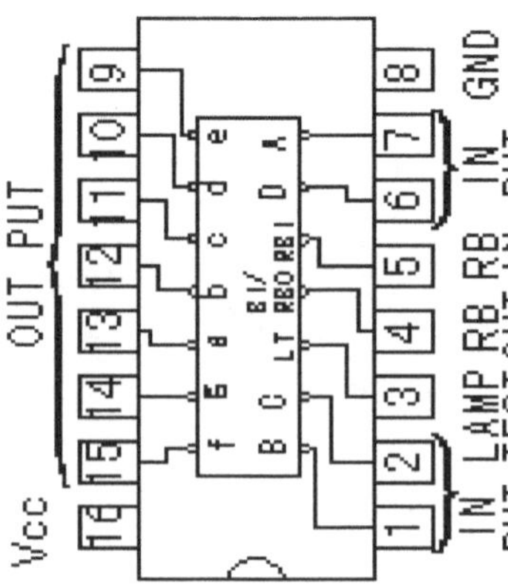

위의 74LS47 IC 핀 배치도를 이용하여 아래 그림과 같이 핀 배치를 마우스로 드래그하여 재배치한다.

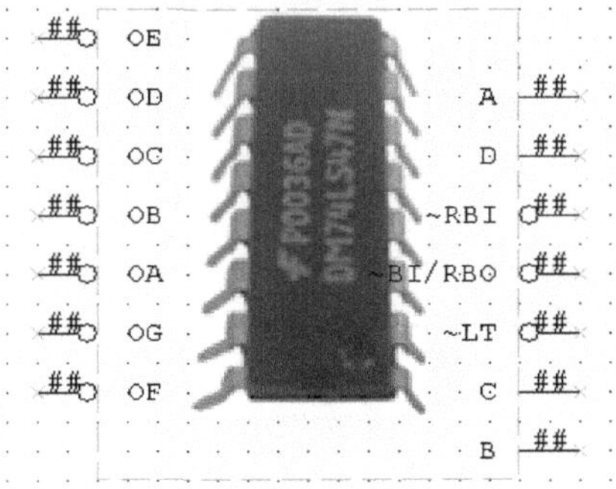

아래의 스프레드시트의 "Pins" 탭에서 Shift 키를 사용 'Name'란의 모든 핀 이름들을 선택하고 'Symbol pins'셀 중 하나를 클릭하여 "Hidden"으로 변경하면 모든 핀의 심볼 핀들의 이름이 보이지 않게 된다.

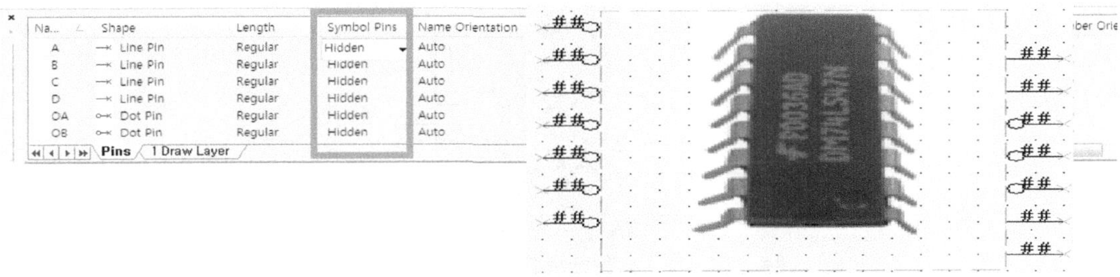

[Step 4]

핀의 모양을 변경해 보자. 스프레드시트 창의 모든 핀들을 선택하고 'Pins' 탭의 'Shape' 셀 중 하나를 클릭하여 "Zero-Length Pin"을 선택한다.

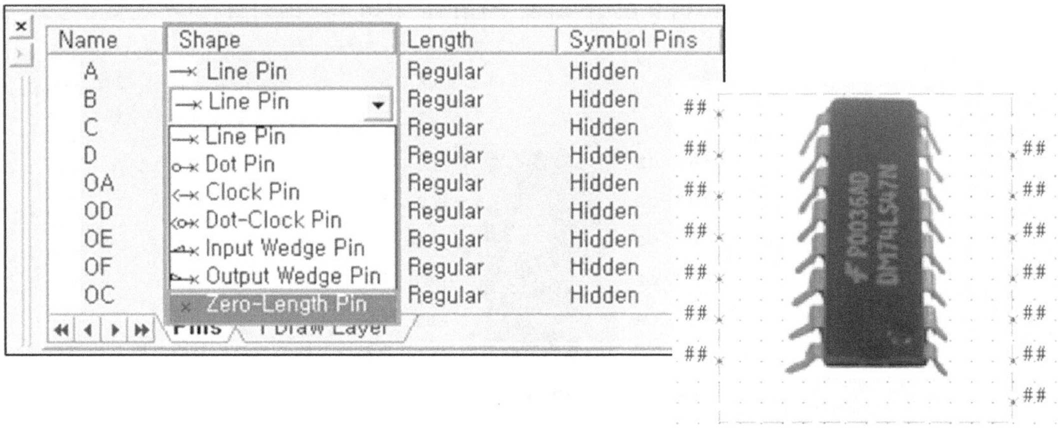

핀 새로 그리기

[Graphics] ➡ [Multiline]을 선택하여 아래의 그림과 같이 선을 그린다.

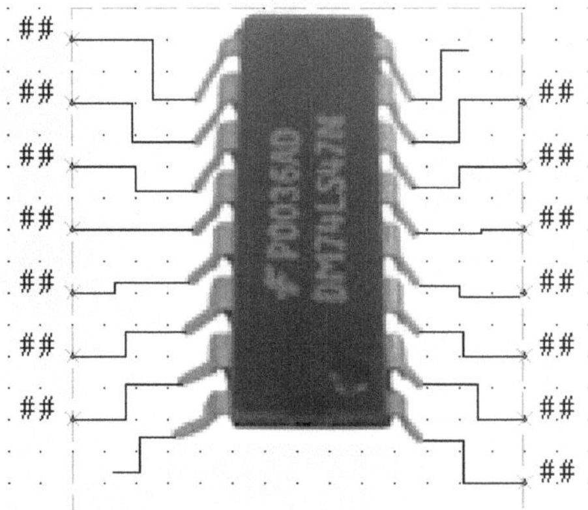

[Graphics] ➡ [Text]를 선택하여 "VCC"와 "GND"를 표기한다.

[Graphics] ➡ [Line]을 선택하여 VCC 및 GND 핀을 "x"로 그린다.

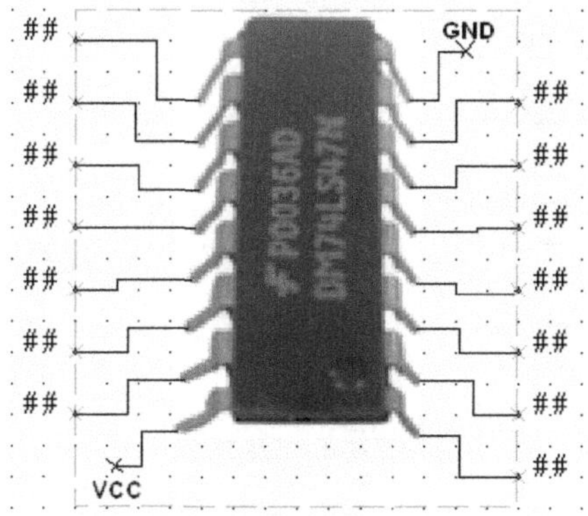

선의 색상을 변경하고 크기도 변경해 보자.

스프레드시트 창의 "1 Draw Layer" 탭에서 Multiline만 전부 선택하고 'Pen Color' 셀 중 하나를 선택하여 파란색을 선택한다.

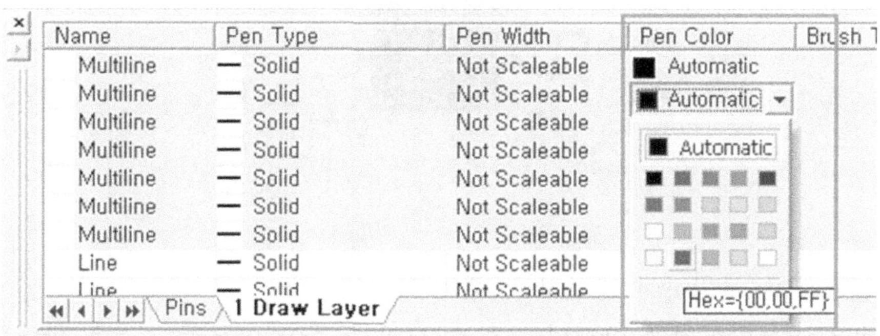

이번에는 Line만 전부 선택하여 빨간색을 선택한다.

Multiline과 Line을 전부 선택하고 'Pen Width'의 셀 중에서 하나를 클릭하여 "Two Pixels"을 선택하면 아래의 그림과 같이 색상과 선의 크기가 적용된다.

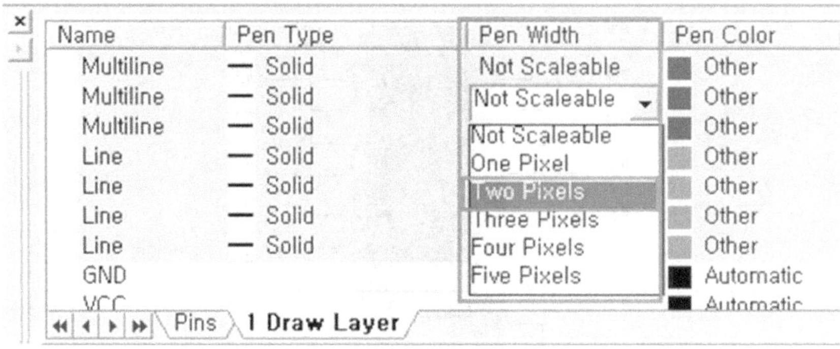

[File] ➡ [Save]를 클릭하여 저장하고 창을 빠져나간다.

Component Properties 창에 아래의 그림과 같이 부품이 변경되는 것을 확인할 수 있다. 확인 버튼을 클릭한다.

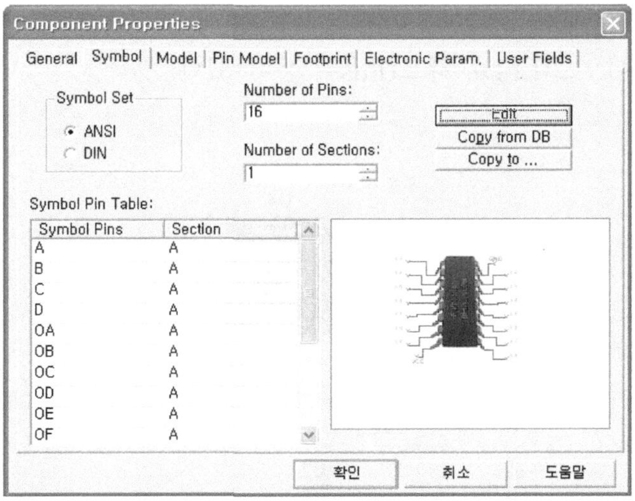

아래의 창에서 OK 버튼을 클릭한다.

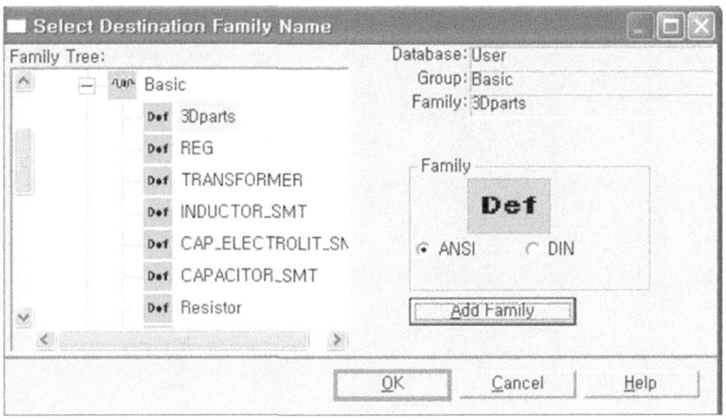

이제 회로 설계 시 부품을 선택하여 사용할 수 있다.

3-10 기타 애니메이션이 가능한 부품들

아래의 회로는 디스플레이, 프로브, 부저 등 애니메이션이 가능한 부품들로 구성되어 있다. 이외에도 발광다이오드(LED), 퓨즈(Fuse) 등이 있다.

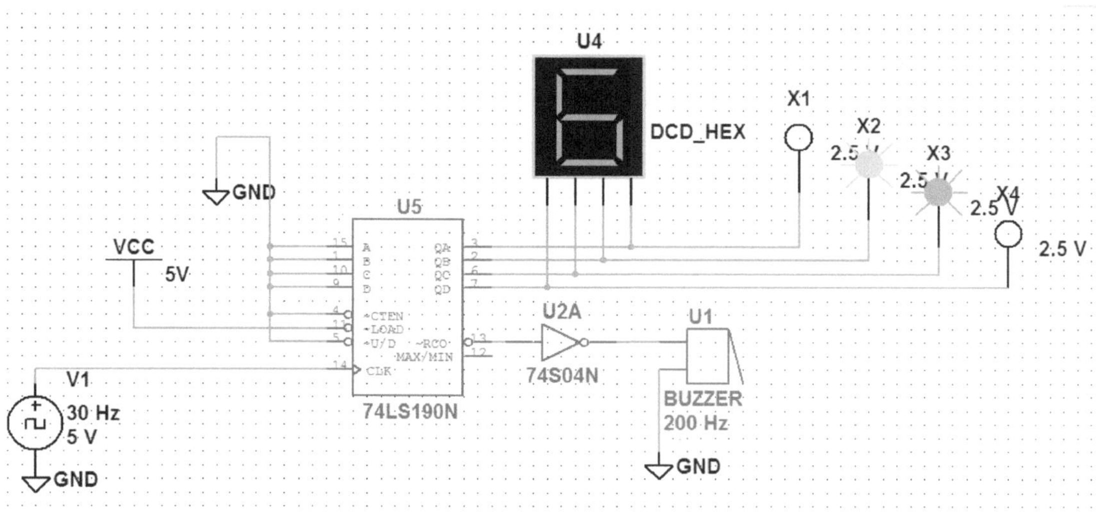

제4장

시뮬레이션(Simulation)

4-1 시뮬레이션(Simulation)
4-2 회로 시뮬레이션
4-3 회로 마법사(Circuit Wizard)

4-1 시뮬레이션(Simulation)

시뮬레이션은 회로의 동작을 흉내 내는 수학적인 방법으로, 물리적으로 회로를 꾸미거나 실제적인 테스트 장비를 사용하지 않더라도 회로의 많은 부분을 실제와 같이 모의실험할 수 있다. Multisim은 사용자에게 직관적이고, 사용하기 쉬운 시뮬레이션 방법을 제공한다. Multisim은 디지털 및 혼합 회로의 시뮬레이션을 위하여 SPICE3F5 와 XSPICE를 사용하는데, 특히 SPICE3F5는 SPICE(Simulation Program with Integrated Circuit Emphasis)의 최근 버전이다. 또한, Multisim은 최적화된 SPICE 엔진을 사용하여 RF 회로와 같은 높은 주파수에 대한 시뮬레이션도 가능하다.

시뮬레이션 결과를 보기 위해서는 사용자는 가상 계측기를 이용하거나 회로 해석기를 실행하여야 한다.

주의

모든 시뮬레이션은 주어진 전압에 대한 기준 배선이 필요하다. SPICE에서 이것은 0배선을 의미한다. 따라서 회로의 어디엔가에는 반드시 0이라고 명시된 배선이 정의되어야 하는데, 0배선은 수동으로 만들거나, 회로 속에 접지(ground)가 연결되면 자동으로 생성된다. 접지가 없는 회로는 시뮬레이션을 할 수 없는데, 이는 SPICE가 회로 해석 시 "Nodal Analysis(절점해석)"을 사용하므로 기준절점(Reference node)이 필요하고 이때 기준절점으로 그라운드를 사용하기 때문이다.

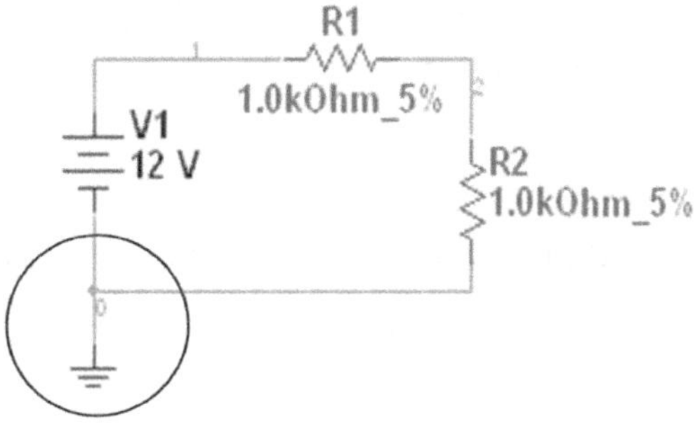

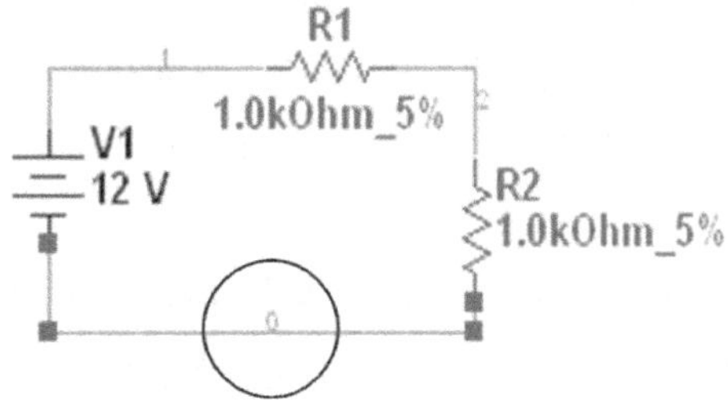

4-2 회로 시뮬레이션

회로를 시뮬레이션하기 위해서는 상단의 메뉴의 [Simulate] ➡ [Run]을 클릭하거나 단축키인 [F5]를 클릭하면 된다. 또 다른 방법은 화면 우측 상단에 시뮬레이션 스위치를 On 하여 시뮬레이션을 할 수 있다.

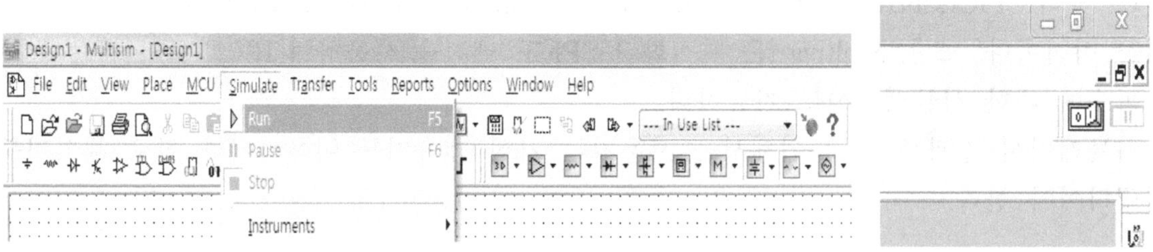

1) 시뮬레이션을 할 회로가 계층 도면 구조(hierarchical blocks)이거나, Subcircuit 또는 다중 도면(multi-pages)일 경우, 현재 시트가 아닌 전체의 회로에 대해서 시뮬레이션을 수행한다.
2) 시뮬레이션을 하는 동안 어떤 문제가 발생하면, 에러 메시지가 출력되는데, 보다 자세한 에러의 내용을 확인하기 위해서 [Simulate] ➡ [[Simulation Error Log]/[Audit Trail]]를 선택한다.
3) 시뮬레이션을 잠시 중단하기 위해서는 메뉴의 [Simulate] ➡ [Pause]를 선택하며, 다시 시뮬레이션을 시작하기 위해서 [Simulate] ➡ [Pause]를 다시 선택한다.
4) 시뮬레이션을 종료하기 위해서는 [Simulate] ➡ [Stop]을 다시 누르거나, 우측 상단의 시뮬레이션 스위치를 off 한다.

시뮬레이션이 진행 중임을 나타내기 위해서 시뮬레이션 동안 그림과 같은 지시계가 작동한다. 이것은 특히 IV Analyzer와 같은 계측기가 정상 상태에 도달하기까지의 상태를 체크할 수도 있어 매우 유용하다.

5) 시뮬레이션 속도

시뮬레이션 속도에 많은 파라미터가 영향을 미치지만, 특히 속도에 중요한 영향을 미치는 것은 Interactive Simulation Settings의 대화 상자의 "TMAX"에 대한 설정이다. 메인 메뉴의 **Simulate** ➡ **Interactive Simulation Settings** 을 클릭하면, 그림과 같은 대화 상자가 활성화되는데, 첫 번째 탭에 있는 "TMAX"에 대한 설정을 알아보자.

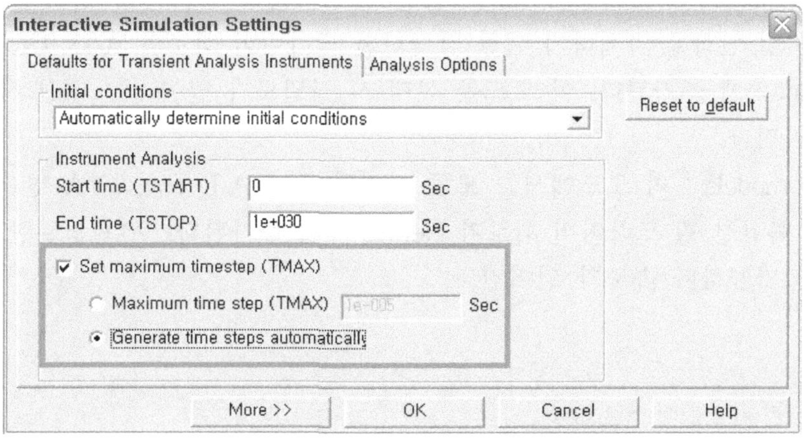

"TMAX"는 시뮬레이션을 위한 최대 시간 간격으로, 이 간격이 작을수록 보다 정밀한 시뮬레이션 결과를 산출할 수 있지만 전체적인 결과에는 많은 시간이 요구된다.

만약, 자동으로 설정해 놓으면, 시간 간격은 회로도에 있는 AC 전원의 가장 높은 주파수에 일치되거나, 계측기의 가장 작은 분해능에 맞추어 결정된다.

6) 디지털 시뮬레이션 (Digital Simulation)

디지털 부품들은 아날로그 부품과는 다르게 모델화되어 있다. 디지털 부품들이 아날로그 부품과 연결되어 있을 때, A/D 또는 D/A 변환기를 위한 특별한 XSPICE 모델이 연결에 사용된다.

디지털 부품을 가진 회로를 시뮬레이션할 때, 사용자는 시뮬레이션 속도나 정밀도를 결정하기 위한 옵션을 설정할 수 있다

메인 메뉴의 [Simulate] ➡ [Mixed-Mode Simulation Settings]을 클릭하면, 그림과 같은 대화 상자가 활성화되는데, 이곳에서 디지털 시뮬레이션의 속도 및 정밀도를 설정할 수 있다.

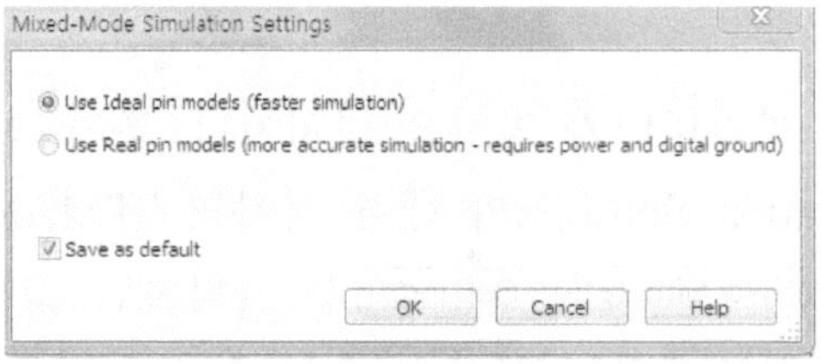

- Ideal pin models : 이 모드에서는 디지털 핀과 아날로그 노드가 연결될 때만, 갑작스러운 디지털 변화를 억제하기 위한 간략화된 드라이버 회로와 A/D 또는 D/A 변환기가 Netlist 속에 추가된다. 이 모드를 선택 시 정밀도가 떨어지는 대신 시뮬레이션 속도는 빨라진다.
- Real pin models : 이 모드에서는 모든 디지털 핀에 A/D 또는 D/A 변환기가 부착되고, 보다 복잡한 핀 드라이버 회로가 Netlist 속에 추가된다. 보다 정밀한 디지털 시뮬레이션이 가능하나 속도가 떨어진다.

주의

시뮬레이션 에러가 발생할 때 해결 방법

시뮬레이션에 필요한 대부분의 세팅 값들은 대다수의 회로를 해석하기에 적합하지만 특정 회로에 따라서는 이러한 세팅 값을 바꾸어 주어야 할 경우가 있다. 시뮬레이션을 실행하다 보면 설계된 회로에 따라 'Time step to small' 등의 메시지가 나타나며 에러가 발생할 경우가 종종 있다. 에러가 발생할 때 해결할 수 있는 방법을 아래와 같은 3단계로 나누어 설명한다.

1) 1단계

① 계측기 사용 시 : Multisim 메뉴에서 [Simulate] ➡ [Interactive Simulation Settings]을 클릭하고 "Defaults for Transient Analysis Instruments" 탭을 선택한다.

- "Initial conditions"의 pull down 버튼을 클릭하여 "Set to zero" 선택
- "Maximum time step (TMAX)"을 선택하고 time step을 "1e-3 sec"로 설정
- **OK** 버튼을 클릭하고 시뮬레이션을 실행

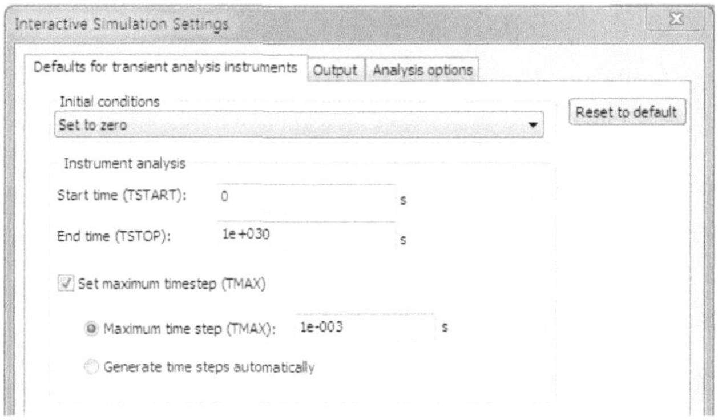

② Transient Analysis를 사용 시 : [Simulate] ➡ [Analyses] ➡ [Transient Analysis]에서 Analysis parameters" 탭을 선택한 후 위의 단계를 수행한다.

2) 2단계

1단계에서 설정한 상태에서도 에러가 발생 시는 메뉴에서 [Simulate] ➡ [Interactive Simulation Settings]을 클릭하고 "Analysis Options" 탭을 선택한다.

- SPICE Options 항목에서 "Use Custom Settings"을 체크, Customize 버튼을 클릭하여 활성화되는 "Custom Analysis Options" 창에서 "Global" 탭을 선택한 후 아래의 순서대로 설정한다.

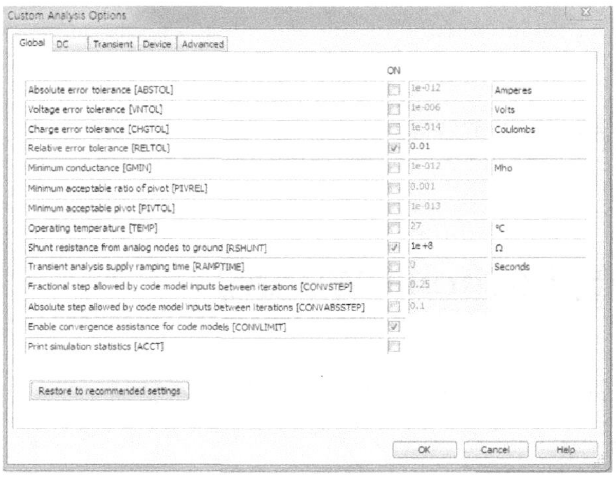

① "Relative error tolerance[RELTOL]" 항목의 ON 체크 박스에 체크하고 0.01로 설정

](보다 정밀 도를 요구 시 0.0001로 설정)

② "Shunt resistance from analog nodes to ground[RSHUNT]" 항목의 ON 체크 박스에 체크를 하고 1e+8로 설정

OK 를 클릭하고 시뮬레이션 실행

3) 3단계

1), 2) 단계에서 설정한 상태에서 에러가 발생 시 메뉴에서 [Simulate] ➡ [Interactive Simulation Settings]을 클릭하고 "Analysis Options" 탭을 선택한다.

- SPICE Options 항목에서 "Use Custom Settings"을 체크, Customize 버튼을 클릭하면 "Custom Analysis Options" 창에서 "Transient" 탭을 선택한 후 아래의 순서대로 설정한다.

① "Integration method[METHOD]" 항목의 ON 체크 박스에 체크를 하고 pull-down 메뉴에서 "gear"를 선택한다.

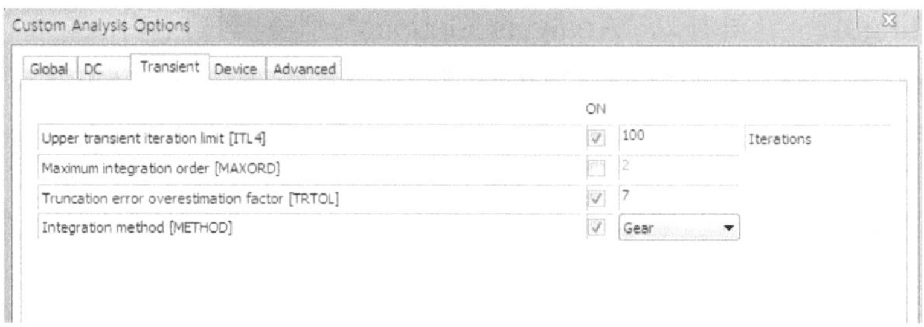

- OK 를 클릭하고 시뮬레이션 실행

4-3 회로 마법사(Circuit Wizard)

회로 마법사는 시뮬레이션을 위한 특정 회로들을 설계할 수 있는 방법과 등가회로를 자동으로 생성하여 준다.

Multisim에서는 그림과 같은 4개의 회로 마법사를 제공한다.

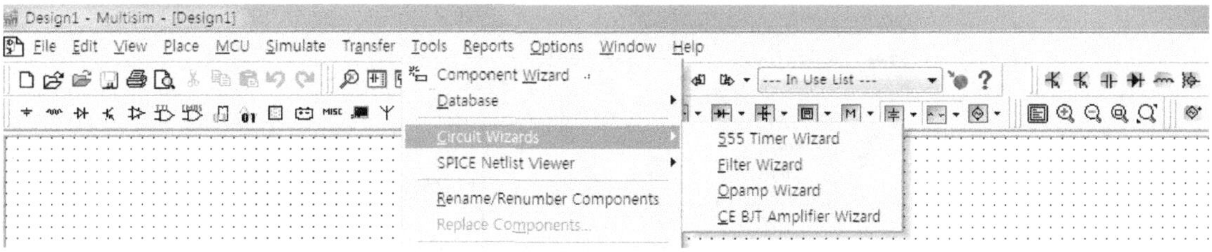

1) 555 Timer Wizard

555 Timer 회로를 설계하기 위한 마법사를 제공한다. [Tools] ➡ [CircuitWizards] ➡ [555TimerWizard]를 클릭하면 555 Timer 설계 마법사를 시작하게 된다.

555 Timer Wizard에는 아래와 같이 2가지의 유형을 선택할 수 있다.

- Astable Operation : 입력 신호가 없이 단독으로 실행이 가능한 비안정 회로로, 회로에 전원이 연속적으로 공급되는 한 출력값은 HIGH 상태와 LOW 상태 사이를 계속적으로 진동하게 된다. 각 출력 상태가 유지되는 시간 길이는 회로 내의 특정한 소자들의 값에 따라 결정되는 타이밍 구간에 의해 결정된다.

- Monostable Operation : 입력 트리거 펄스에 따른 출력 펄스를 만드는 있는 단안정 회로로, 회로의 정상 상태를 LOW라고 하면, 이 회로의 출력은 적합한 트리거 펄스가 회로의 입력 단에 주어지기 전까지는 무기한으로 LOW 상태를 유지한다. 트리거 펄스가 입력단에 주어지면, 회로의 출력은 HIGH로 바뀐다. 회로에 사용된 특정 소자값에 따라서 그 유지되는 시간 간격이 결정되고, 그 시간 간격 동안, 출력 상태는 HIGH를 유지한다. 이 시간 간격 이후에는 회로의 출력은 정상 LOW 상태로 복귀한다.

① Astable Operation Type

메인 메뉴에서 [Tools] ➡ [555 Timer Wizard]를 클릭하여 555 Timer Wizard를 실행한다. 아래의 그림에서 'Type'을 'Astable Operation'을 선택한다.

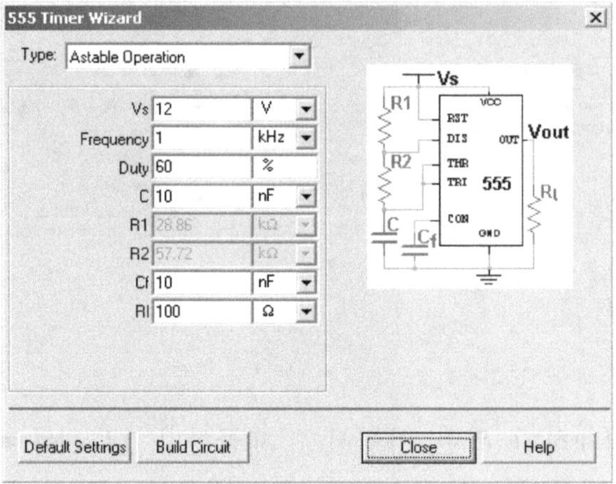

- Vs : 전압원 입력
- Frequency : 주파수 입력
- Duty : Duty Cycle 입력. 50% 이상~100% 미만 값
- C : 커패시터 값 입력
- Cf : Cf 커패시터 값을 입력. 일반적으로 10 nF로 사용
- Rl : 부하 저항값 입력

R1과 R2는 위의 변수 값을 입력하면 아래와 같은 수식에 의해 자동으로 계산된다.
R2 = (1-d) / (0.693 * f * c)
만약, d(Duty Cycle) = 0.5 이면 R1 = R2 / 80이며, 그렇지 않으면,
R1 = (2 * d-1) * R2 / (1-d) 이 된다.

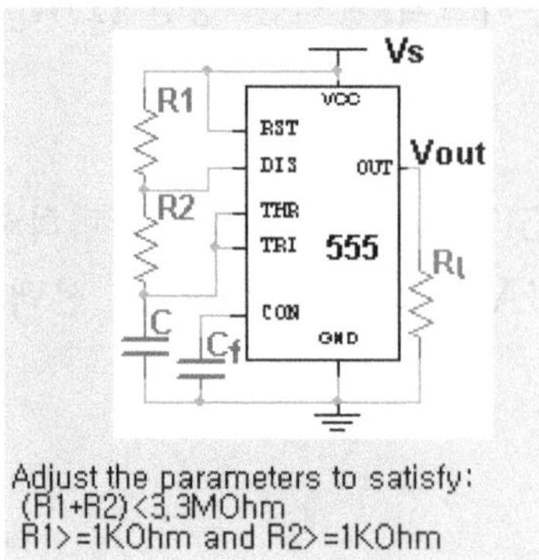

555 Timer Wizard는 각 부품의 값들이 적당치 않을 경우에는 에러 메시지를 나타낸다. 가령 (R1+R2)>3.3MΩ 이거나 R1<1kΩ 또는 R2<1kΩ 경우 그림과 같은 경고 메시지가 나타난다.

위의 조건을 모두 만족하면 [Build Circuit] 버튼을 클릭하여 아래의 그림과 같은 등가회로를 그릴 수 있다.

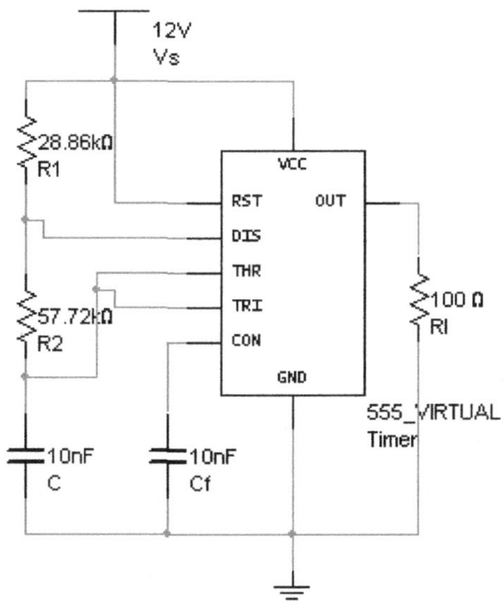

② MonostableOperationType

메인 메뉴에서 [Tools] ➡ [Circuit Wizards] ➡ [555 Timer Wizard]를 클릭하여 555 Timer Wizard를 실행한다. 'Type'을 'Monostable Operation'을 선택한다.

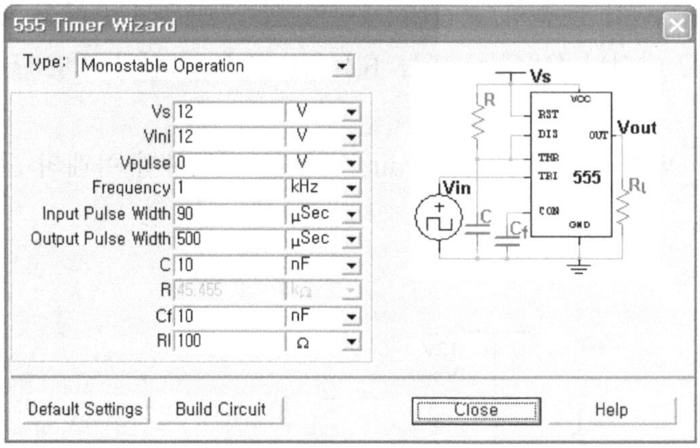

- Vs : 전압원 입력
- Vini : Vs의 전원 값과 동일
- Vpulse : 입력 펄스 전압을 입력하는데, Vs/3보다 작아야 한다.
- Frequency : 주파수 입력
- Output Pulse Width : 출력 펄스 폭 입력
- Pulse Width : 입력 펄스 폭을 입력하는데, Output Pulse Width/5보다 작아야 한다.
- C : 커패시터 값 입력
- Cf : Cf 커패시터 값을 입력하는 일반적으로 1nF로 사용
- Rl : 부하 저항값 입력

R은 위의 변숫값을 입력하면 아래와 같은 수식에 의해 자동으로 계산된다.
R = OPW / (1.1 * C),여기서 OPW는 Output Pulse Width

위의 조건을 모두 만족하면 [Build Circuit] 버튼을 클릭하여 아래의 그림과 같은 등가회로를 그릴 수 있다.

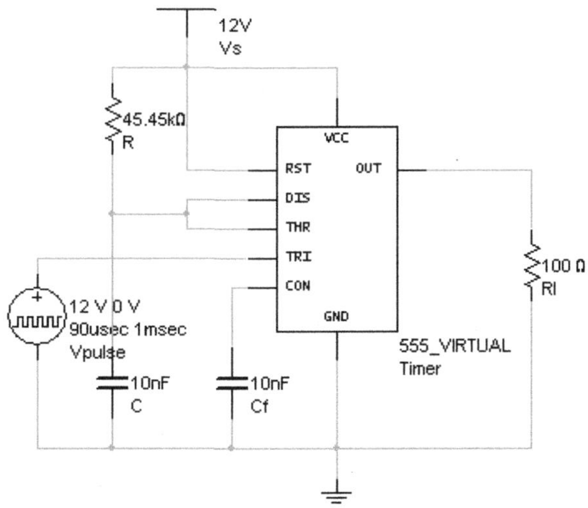

2) Filter Wizard

간단하게 필터 회로를 위한 부품의 값만 입력하면, 자동으로 필터 등가회로를 작성할 수 있다. 설계된 회로는 SPICE 시뮬레이션에 의해 바로 검증할 수 있다. 필터 설계를 위해 [Tools] ➡ [Circuit Wizards] ➡ [Filter Wizard]를 클릭한다.

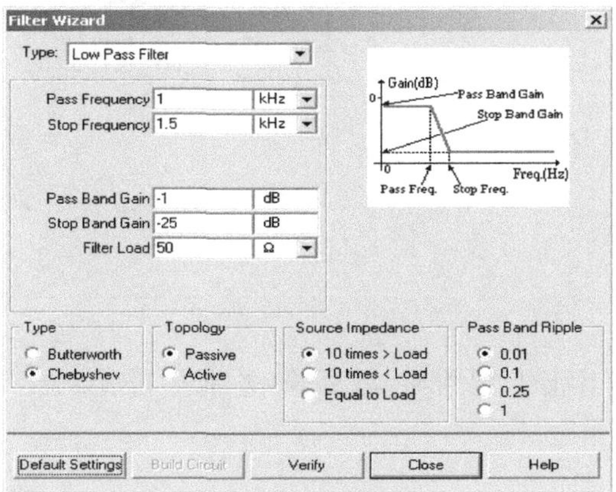

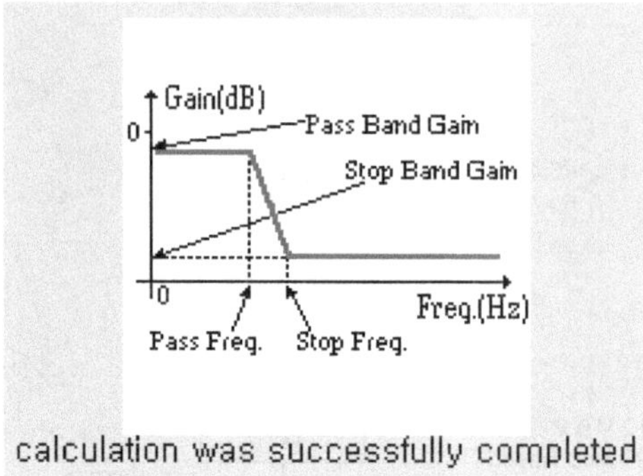

설계할 수 있는 필터의 유형은 "Low Pass", "High Pass", "Band Pass", "Band Reject Filter"이다. 필터 회로의 유형을 선택하여 위 그림의 우측에 보이는 그래프를 보면서 해당 값들을 입력하고 [Verify] 버튼을 클릭하여 우측의 그림과 같이 회로 설계의 성공 여부를 체크할 수 있다. 마지막으로 [Build Circuit] 버튼을 클릭하면 도면에 아래의 그림과 같은 필터 등가 회로를 그릴 수 있다. 설계된 Low Pass Filter 등가 회로를 그림에 나타내었다.

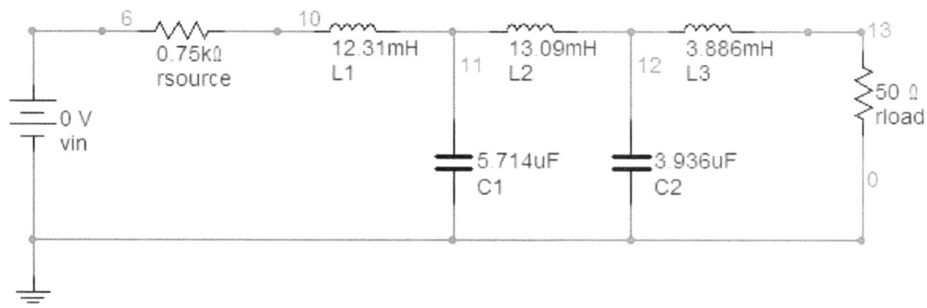

3) Opamp Wizard

Opamp Wizard에는 총 6가지 형식의 회로를 설계할 수 있는 기능을 제공한다.

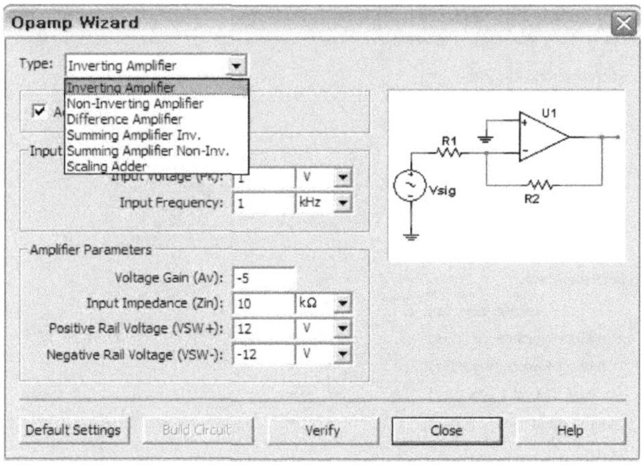

① Inverting Amplifier

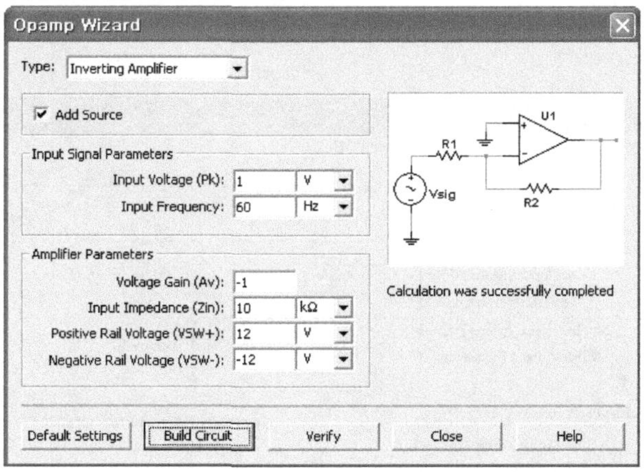

주의

Add Source : 회로에 전압원을 포함시킬지 선택 기능

② Non-Inverter Amplifier

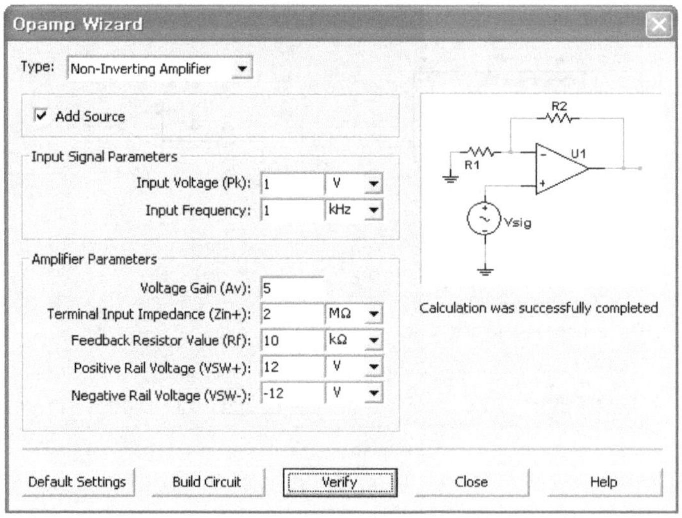

③ Difference Amplifier

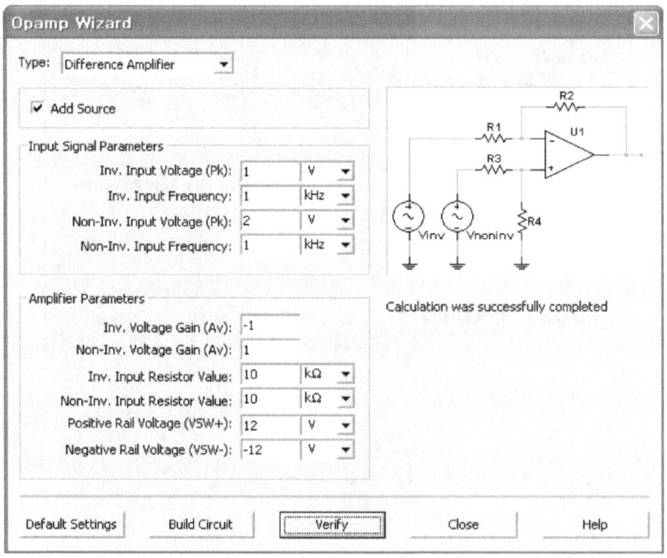

④ inverting summing amplifier

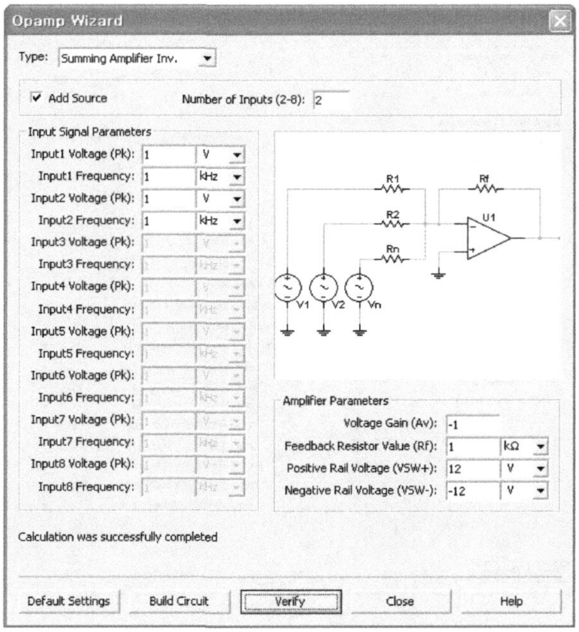

⑤ non-inverting summing amplifier

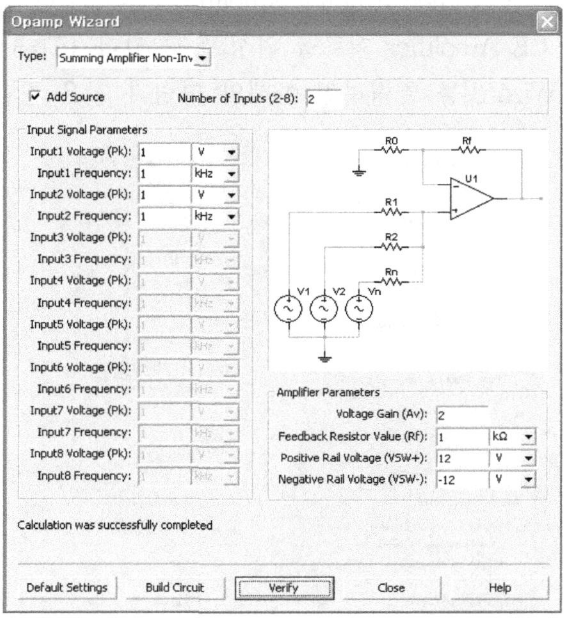

⑥ Scaling Adder

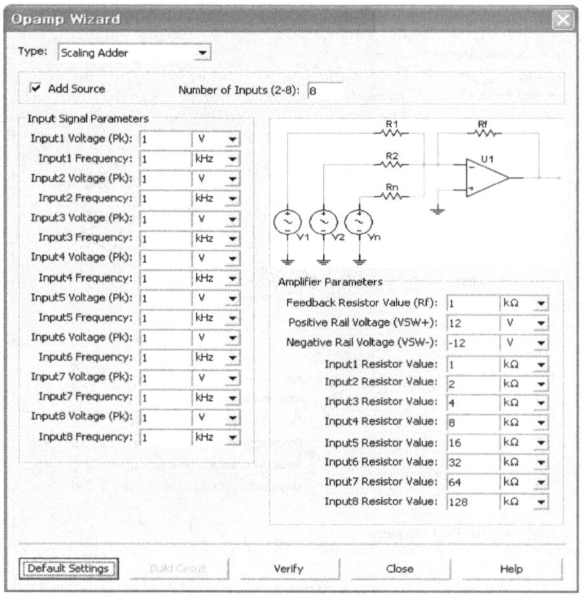

4) Common Emitter BJT Amplifier Wizard

공통 에미터 증폭기 회로(Common Emitter Amplifier Circuit) 마법사는 원하는 부품의 수치만 입력하면 자동으로 CE Amplifier 회로를 완성할 수 있다. [Tools] ➡ [Circuit Wizards] ➡ [CE BJT Amplifier Wizard]를 클릭하면 아래의 그림과 같은 창을 볼 수 있다.

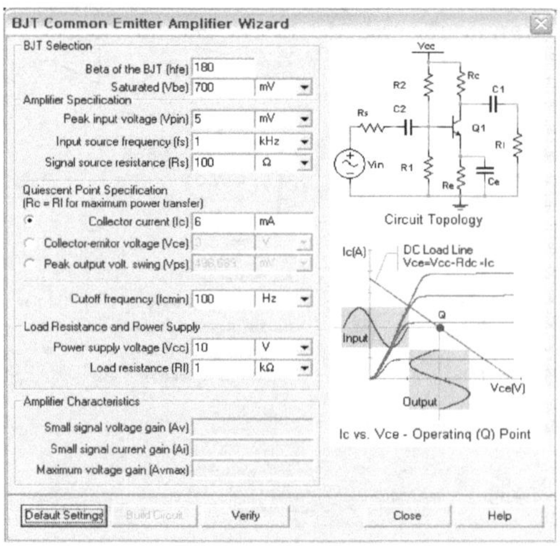

설계를 위한 각종 파라미터를 넣은 후 [Verify] 버튼을 클릭하면 좌측 하단에 있는 'Amplifier Characteristics' 박스의 이득이 자동으로 계산되며, 그 수치를 확인할 수 있다. [Build Circuit] 버튼을 클릭하면 아래의 그림과 같은 등가 회로가 만들어진다.

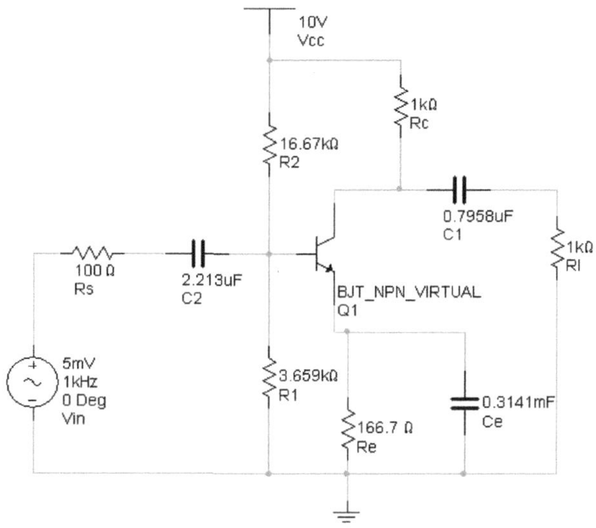

제5장

계측기(Instruments)

이 장에서는

이러한 가상 계측기들은 실제의 계측기와 같은 방법으로 세팅하고, 측정하며 그 값을 읽을 수 있다. Multisim에서는 표준 가상 계측기를 제공하며, LabVIEW를 사용하여 사용자 전용 계측기를 만들 수 있다.

모든 계측기는 Multisim 초기 실행 화면의 우측에 아이콘으로 구성되어 있다.

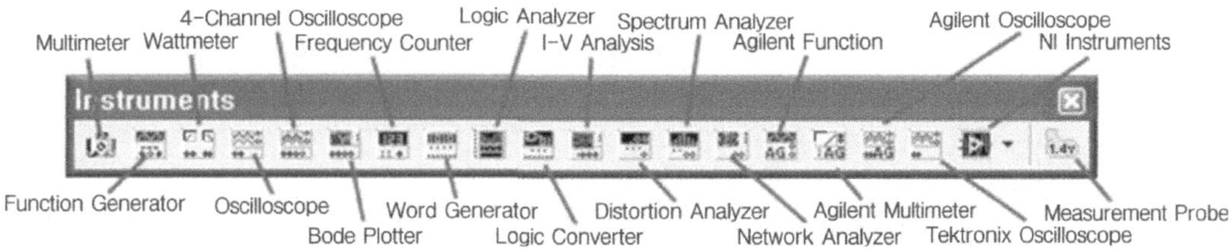

- 원하는 계측기를 마우스로 선택하여 회로의 측정을 원하는 곳에 위치시킨다. 배치 시킨 계측기 아이콘을 더블 클릭하면 가상 계측기의 형상(face)이 나타나며, 이때 실제 계측기와 같이 세팅을 변화시킬 수 있다.

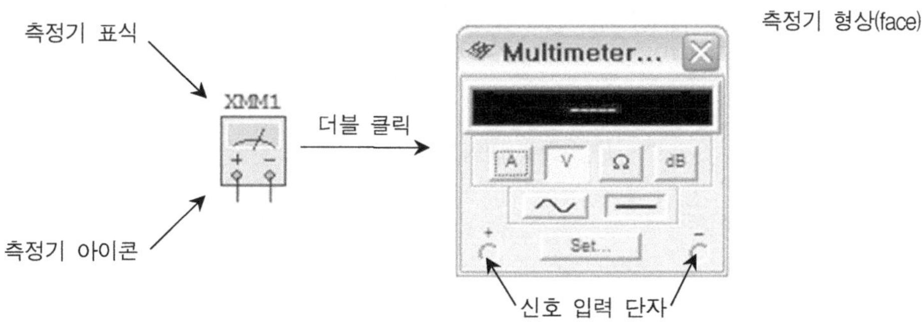

- 회로가 저장될 때 계측기에 표시된 데이터도 같이 저장될 수 있다. ([Options] ➡ [Global preferences] ➡ [Save Tab] ➡ Save simulation data with instruments에서
- 회로에서 사용된 계측기의 파형 측정 형상을 프린팅할 수도 있다.
  ([File] ➡ [Print Options] ➡ [Print Instruments]에서 프린팅할 계측기 선택)

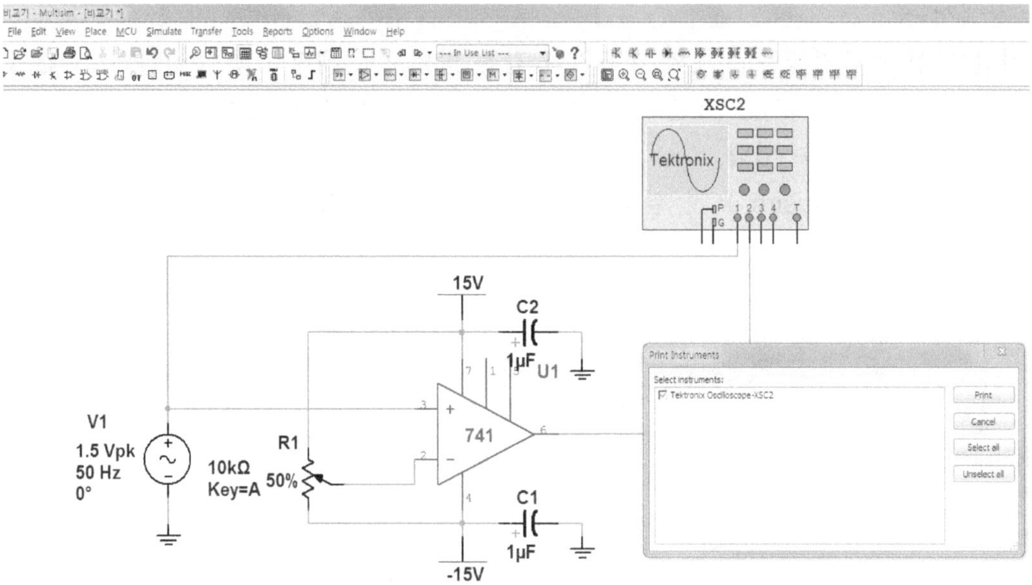

- 대화형 시뮬레이션 세팅

Multisim은 기본적으로 oscilloscope, spectrum analyzer, logic analyzer 등과 같은 과도해석 측정용 계측기를 위한 세팅이 되어 있다. 이러한 세팅은 사용자가 [Simulate] ➡ [Interactive Simulation Settings]에서 바꿀 수 있다.

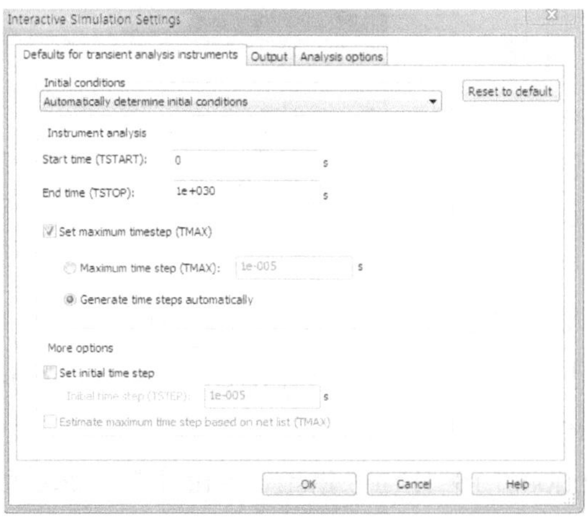

5-1 멀티미터(Multimeter)

멀티미터는 회로 내의 두 절점(nodes) 사이의 AC/DC 전압, 전류 및 저항과 데시벨(dB)을 측정할 때 사용 할 수 있다. 측정 레인지는 자동으로 설정되게 되어 있으므로 특별하게 설정할 필요가 없다. 내부 저항과 전류는 이상적인 값으로 설정되어 있으며, 내부 세팅을 조절함으로써 바꿀 수 있다.

1) 멀티미터 기능

멀티미터는 4가지의 측정 기능을 가지고 있다.

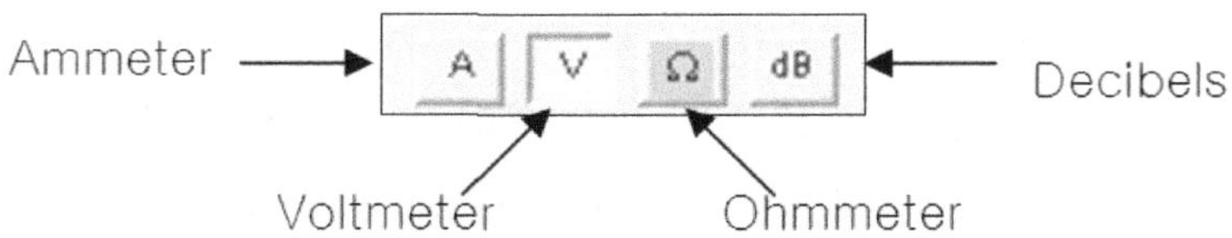

버튼을 클릭하고 시뮬레이션 스위치를 On(단축키 : F5)하여 전류를 측정한다.

- 전압계(Voltmeter)

전압계는 그림과 같이 소자와 병렬로 연결하고, 측정 옵션 중 [V] 버튼을 클릭하여 시뮬레이션 스위치를 On하여 전압을 측정한다.

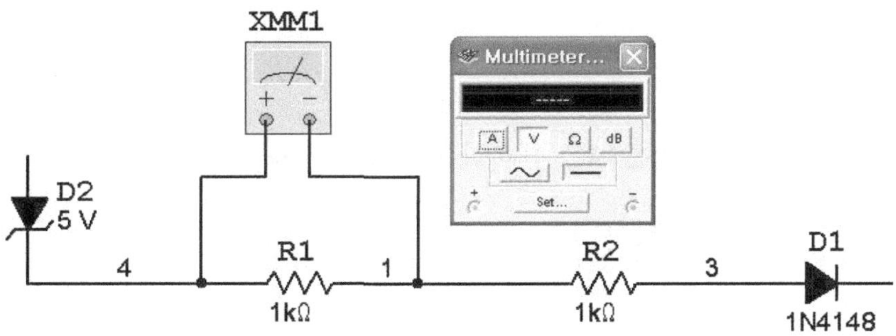

- 저항계(Ohmmeter)

저항계는 그림과 같이 소자와 병렬로 연결하고, 측정 옵션 중 Ω 버튼을 클릭하여 시뮬레이션 스위치를 On하여 저항을 측정한다.

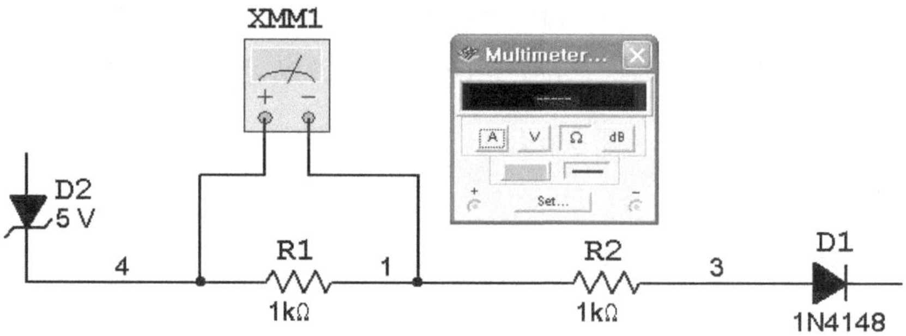

- dB 측정기(Decibels)

두 노드 사이의 데시벨 전압 손실을 측정하기 위해서 소자와 병렬로 연결하고, 측정 옵션 중 dB 버튼을 클릭하여 시뮬레이션 스위치를 On하여 데시벨을 측정한다.

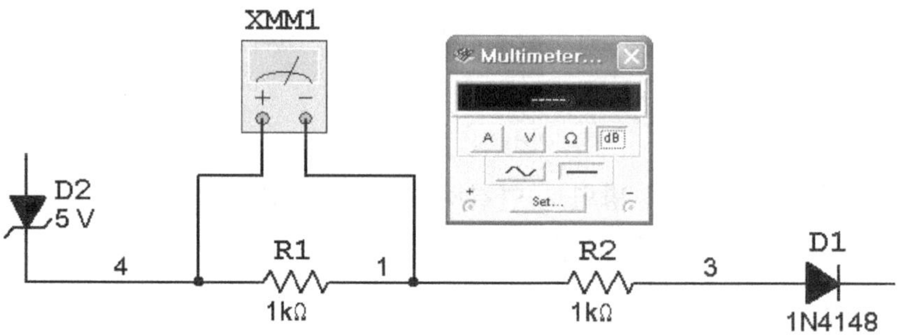

2) 신호(Signal) 모드

- Sine-wave button(∼)은 AC 신호의 root-mean-square (RMS)전압과 전류를 측정한다.
- DC button(—)은 DC 신호의 전압과 전류를 측정한다.

3) 내부 세팅

이상적인 멀티미터는 측정 중에 회로에 어떠한 영향도 주어서는 안 된다. Multisim에서 제공하는 멀티미터는 거의 이상적인 수치에 가깝게 세팅되어 있다. 특별한 경우를 제외하고는 이 세팅 값을 바꿀 필요가 없다.

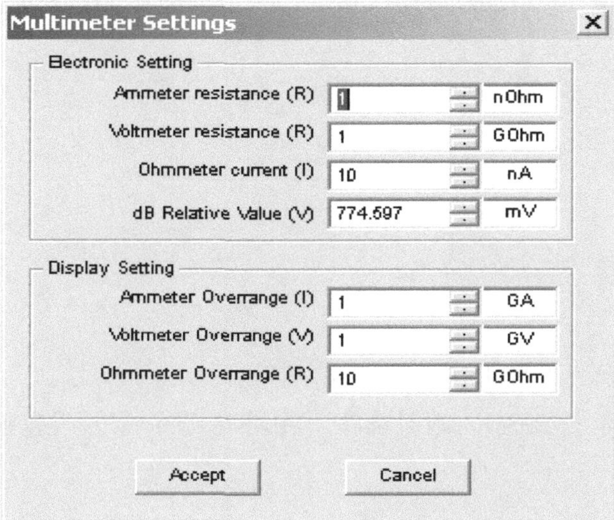

5-2 함수발생기(Function Generator)

함수발생기(Function generator)는 회로에 사인파, 삼각파, 구형파 등을 공급하는 전압원이다. 발생되는 파형은 주파수, 진폭, 듀티 사이클(duty cycle)과 DC 옵셋 값을 조정함으로써 변화시킬 수 있다. 함수발생기는 파형을 공급하기 위한 3개의 단자를 갖고 있는데, Common 단자는 신호 파형의 기준 레벨을 제공한다.

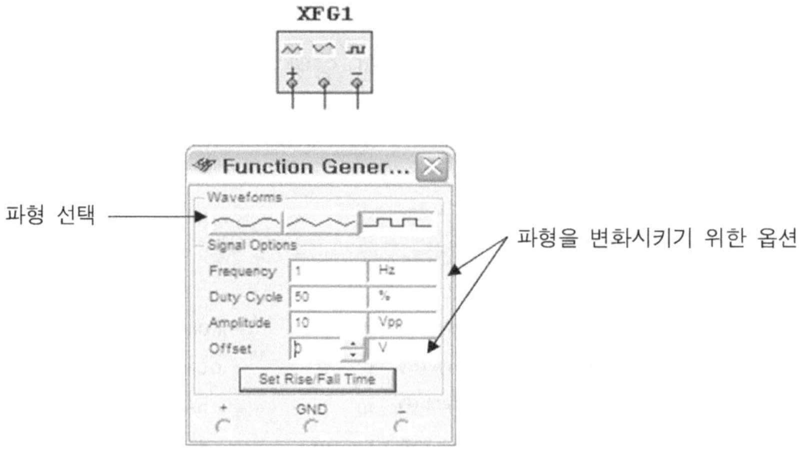

1) Signal Options

- Frequency (1Hz – 999MHz) : 주파수 세팅
- Duty Cycle (1% – 99%) : 삼각파와 구형파의 경우에만 적용된다.

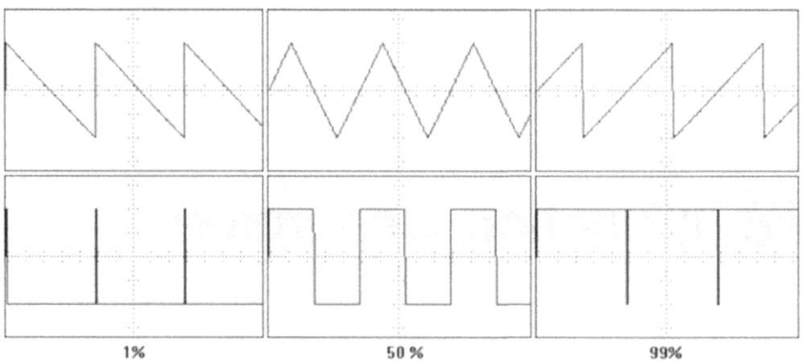

- Amplitude (1mV – 999kV) : 신호 진폭
- Offset (-999kV and 999kV) : DC 옵셋 전압
- Set Rise/Fall Time : 펄스 상승/하강 시간 설정. 구형파(펄스파)에만 적용됨

5-3 전력계(Wattmeter)

부하에 걸리는 전압과 전류 크기의 곱을 통해 평균 전력을 측정하는 계측 장비로, 전압계(Voltmeter)와 전류계(Ammeter)의 조합으로 구성되어 있다.

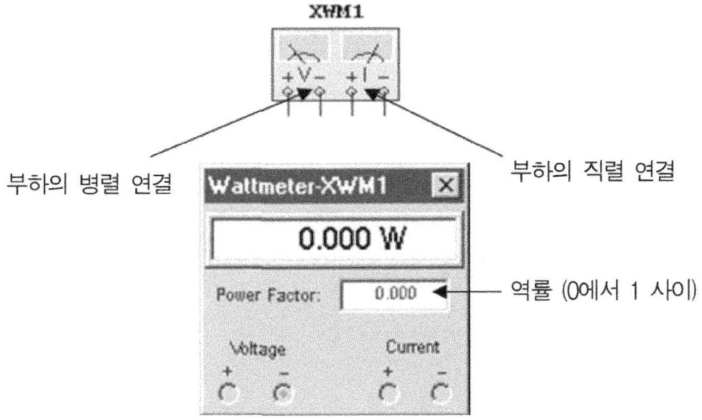

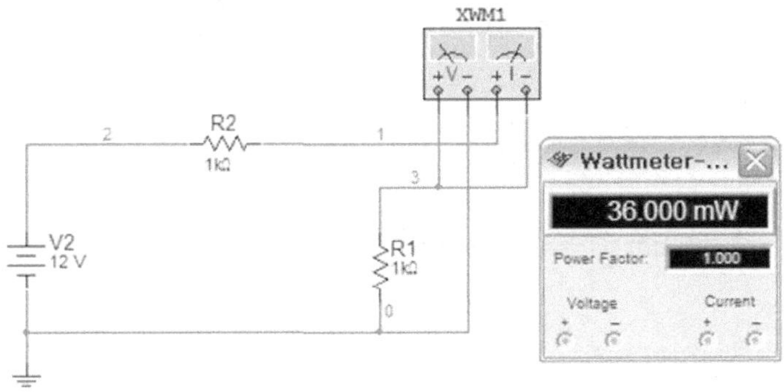

5-4 2-채널 오실로스코프(2-Channel Oscilloscope)

2-채널 오실로스코프는 2개의 채널을 이용하여 시간에 따른 신호의 파형을 실시간으로 관찰할 수 있다.

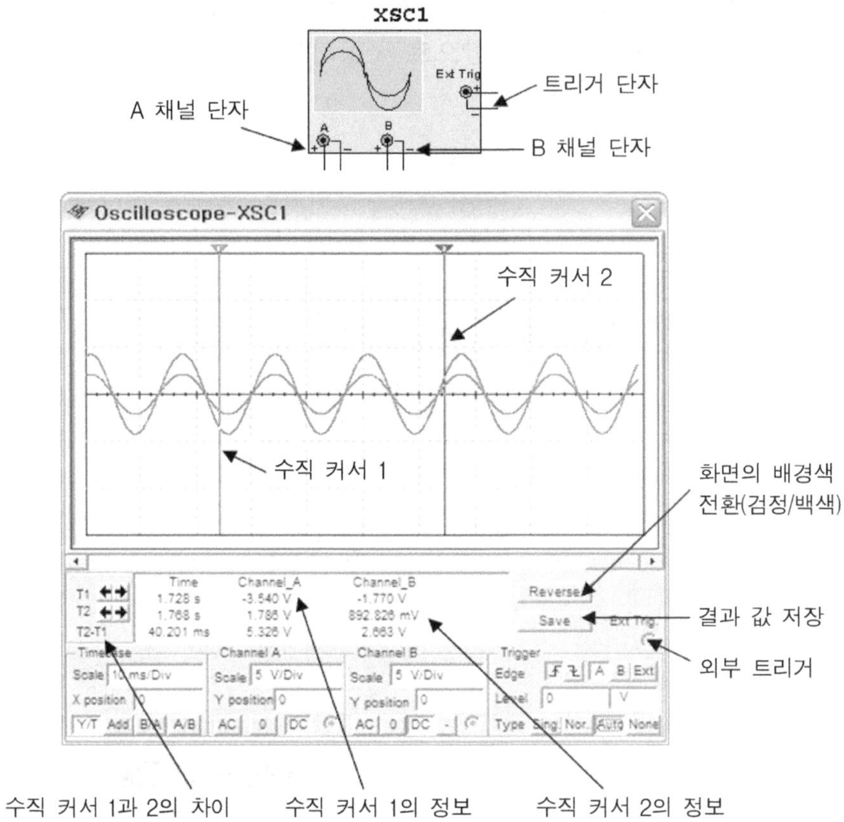

1) Timebase 설정

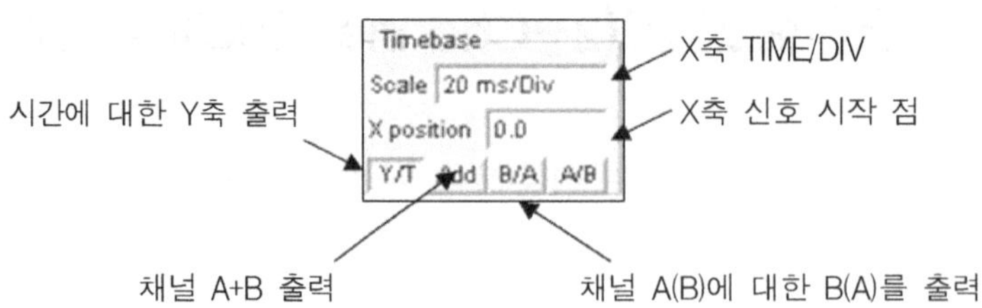

2) 채널 설정

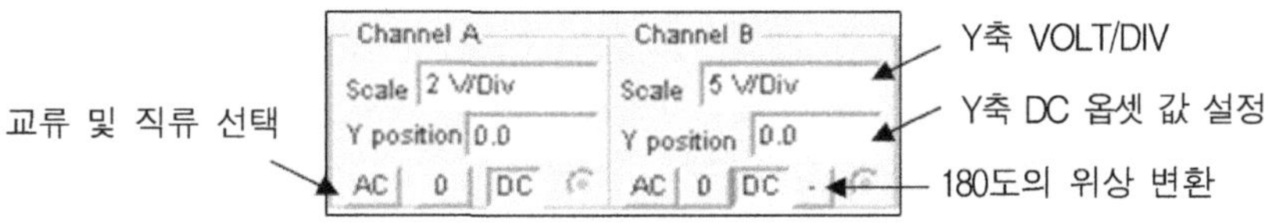

3) 트리거(Trigger) 설정

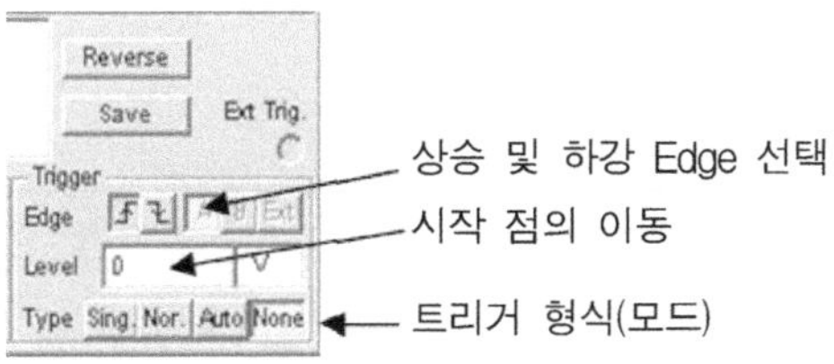

- 트리거를 가함으로써 파형과 동기가 맞추어져 화면에 파형이 정지해 있는 것처럼 보일 수 있다. 상승 트리거로 설정을 하면 트리거가 파형의 상승 시에 맞추어져서 화면에 파형이 표시되며, 하강 트리거로 설정하면 트리거가 파형의 하강 시에 맞추어져 화면에 표시된다. 또한, 외부 트리거 단자로부터 외부 트리거 신호를 이용해서 동기를 맞출 수도 있다.
- 트리거 Level은 입력에 가해진 파형의 어느 부분에서 소인을 개시시키는가를 정할 때 사용한다.
- 트리거 형식(모드)
  - Auto : 자동 트리거로 보통 사용
  - Nor. : 트리거 신호가 있는 때만 소인
  - Sing. : 단 한 번만 소인하는 것으로 과도 현상이나 반복이 일정하지 않는 신호 관측시 사용
- 계측기들의 출력 파형은 별도로 메인 메뉴의 [View] ➡ [Grapher]나 단축키 "Ctrl+G"를 클릭하여 활성화 되는 "Grapher view"에서 보다 자세하게 볼 수 있다. 활성창에서 마우스로 확대하고자 하는 영역을 클릭하면 확대된 그래프를 볼 수 있으며, 자세한 수치를 확인할 수 있다.

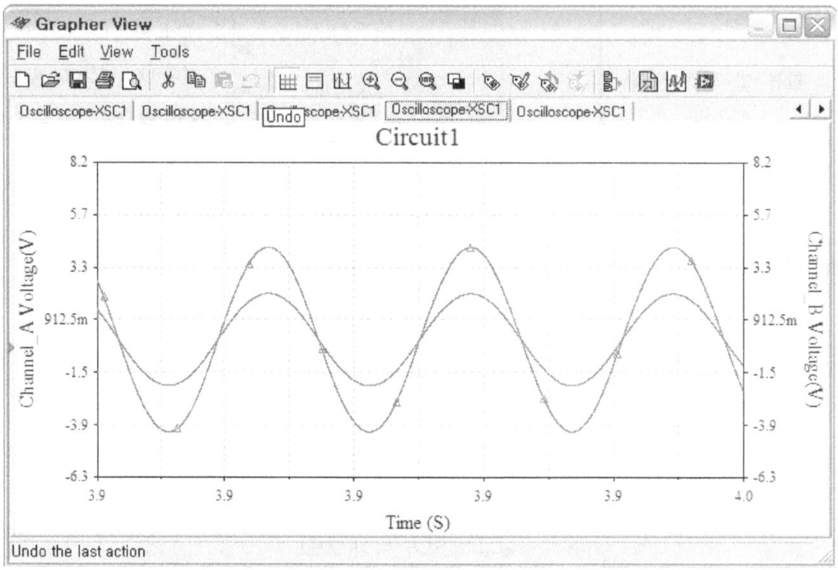

[예제] 오실로스코프를 사용하여 V_{peak}, V_{pp}, 주파수, V_{rms}, 그리고 주기 등을 측정하는 방법을 이해한다.

① 그림과 같이 함수발생기와 2-채널 오실로스코프를 가져와 결선한다. 회로도가 접지되어 있을 경우에는 오실로스코프의 접지 단자는 접지 않아도 된다.

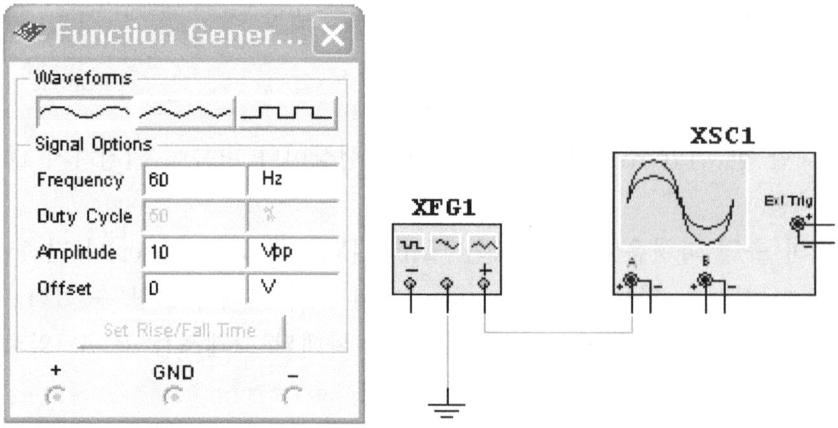

함수발생기를 더블 클릭하여 위의 그림과 같이 주파수(Frequency)=60Hz, Amplitude=10 Vpp로 입력한다. 2-채널 오실로스코프를 더블 클릭하여 메뉴에서 시뮬레이션 버튼([Simulate] ➡ [Run])을 클릭하여 시뮬레이션을 수행하면 아래와 같이 오실로스코프에서 파형이 나타난다.

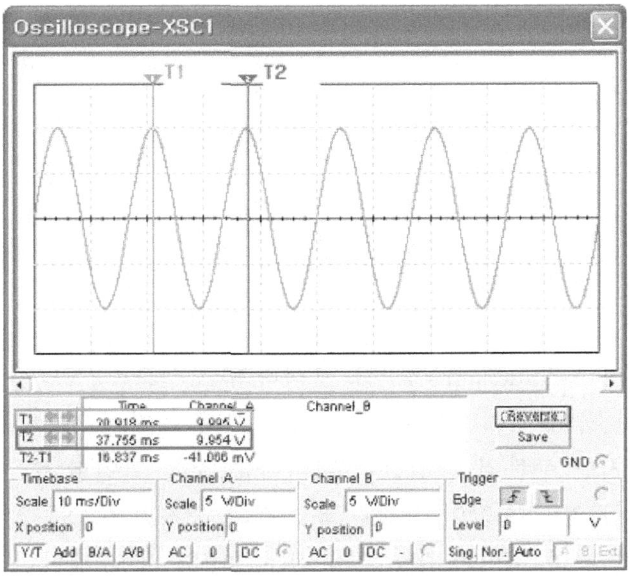

오실로스코프 창에서 좌우측에 있는 T1, T2 커서를 마우스로 클릭하여 한 주기의 파형으로 옮긴다. 그러면 오실로스코프의 아래 창에 T1, T2 커서가 위치한 부분의 측정값이 나타난다. Vpeak=Channel_A의 T1 값, 즉 대략 10 V가 되는 것을 알 수 있다. Vpeak to peak 값은 Vpeak*2=20 V가 된다. 여기서 "T2-T1"이 주기(T) 값이다. 주파수는 1/T를 하면 알 수 있다.

② 더 정확히 계산을 하기 위해 메뉴에서 [View] ➡ [Grapher]를 선택하면 그래프 창에서 오실로스코프의 파형이 아래와 같이 나타난다.

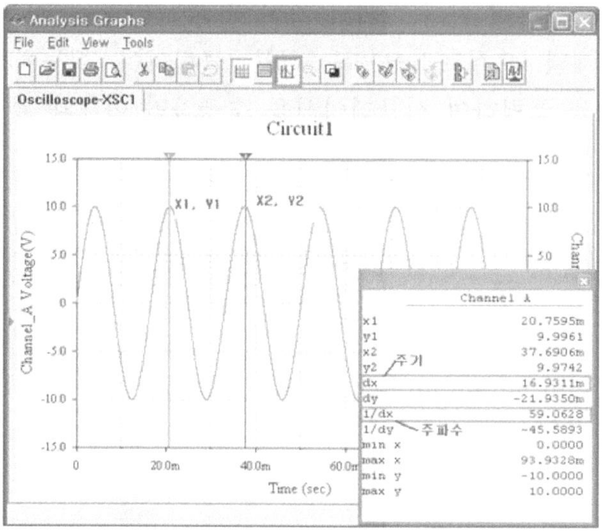

단축 아이콘에서 'Show/hide cursors'를 클릭하여 오실로스코프와 같은 좌우측에 있는 커서를 측정할 범위로 움직여(여기서는 한 주기의 사이클 지정) 커서를 배치해 두었다. 작은 창에서 커서가 위치한 부분의 측정값이 나타나는 것을 확인할 수 있다. 빨간색 커서가 위치한 부분이 (X1, Y1)의 측정값이고 파란색 커서의 측정값은 (X2, Y2)의 측정값이다. 여기서 X1과 X2의 시간 값의 차이가 "dx"이며 한 주기(T) 값에 해당한다. 주파수(f)는 1/주기(T)가 되어 "1/dx"를 확인하면 주파수를 알 수 있다.

5-5 4-채널 오실로스코프(4-Channel Oscilloscpe)

각각의 채널 설정은 원형의 스위치를 A, B, C, D의 위치에서 클릭하면 된다. 4-채널 오실로스코프의 경우에는 4개의 입력 채널이 있기 때문에 X-Y 축의 변수 선택은 그림과 같이 많은 경우의 수가 있다.

오실로스코프 상의 "A/B" 또는 "A+B" 버튼 위에서 마우스의 오른쪽 버튼을 클릭하면 그림과 같이 각 채널의 산술연산이 가능하다.

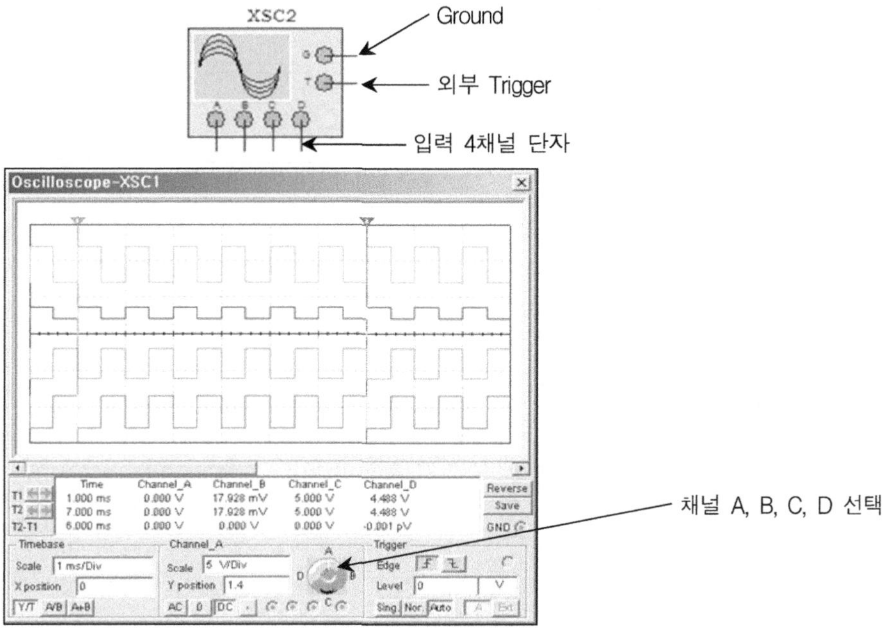

아래 그림은 4-채널 오실로스코프의 활용 예이다.

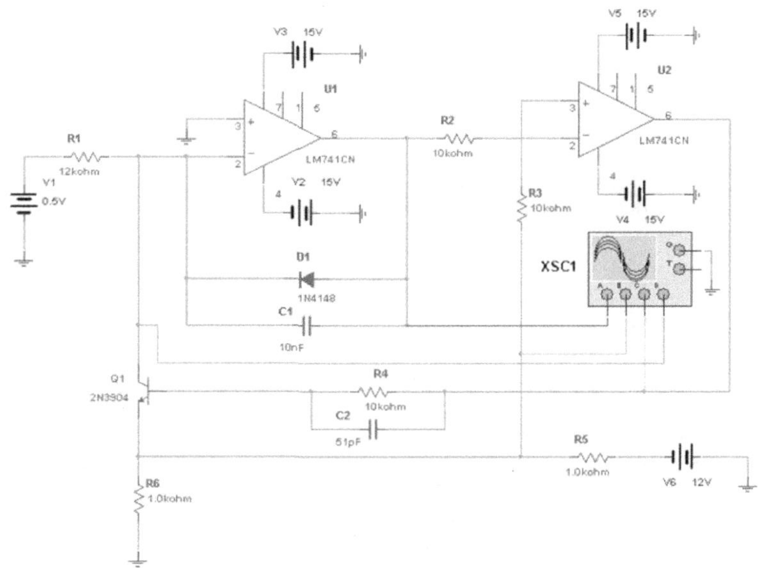

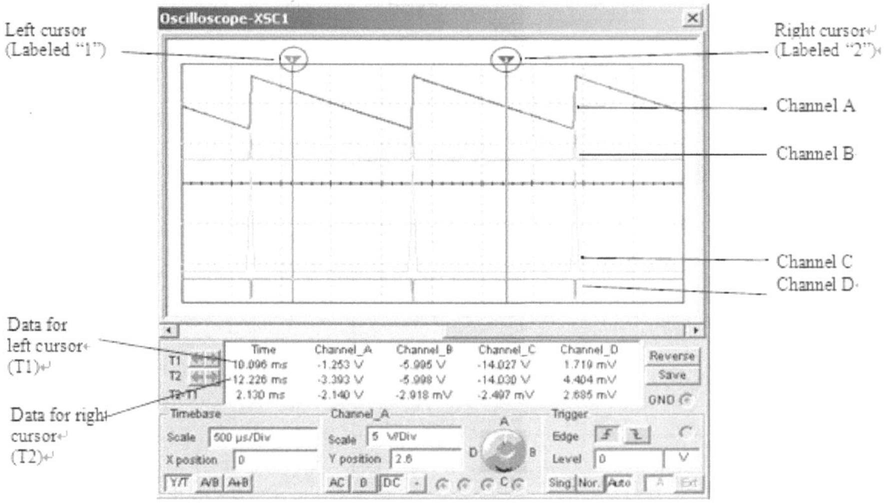

5-6 보드 선도계(Bode Plotter)

보드 선도계는 회로에 대한 주파수의 응답 특성을 그래프로 표시해 주는 계측 장비로 필터 회로의 설계나 회로의 주파수에 대한 동작 특성 등을 파악하고자 할 때 사용한다.

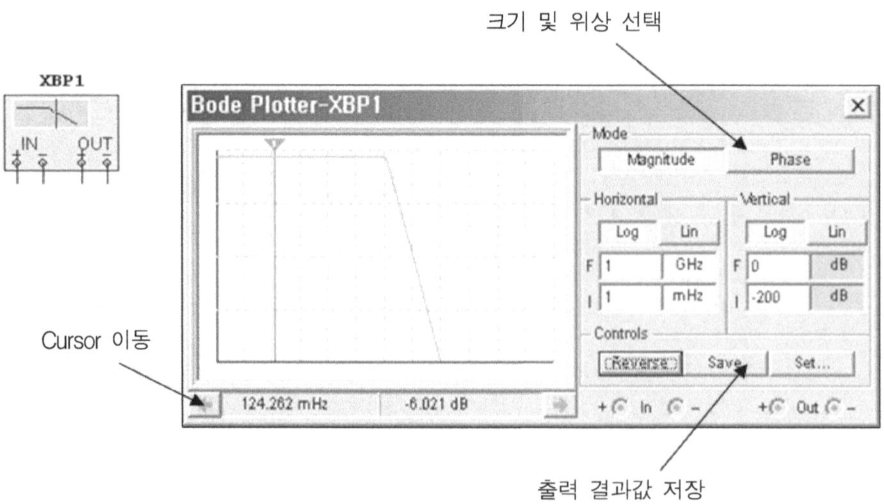

1) 수직 및 수평 축 설정

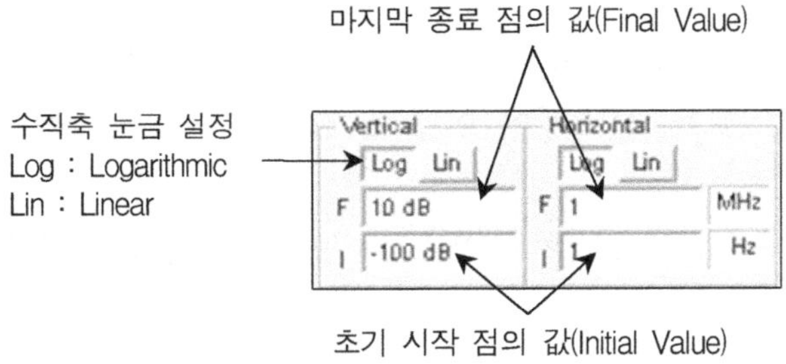

- 수직 축 눈금의 범위

When Measuring...	Using the Base...	Minimum Initial Value is...	Maximum Final Value is...
Magnitude (gain)	Logarithmic	-200 dB	200 dB
Magnitude (gain)	Linear	0	10e+09
Phase	Linear	-720°	720°

[예제] 보드 선도계를 이용한 저역 통과 필터(LPF) 해석

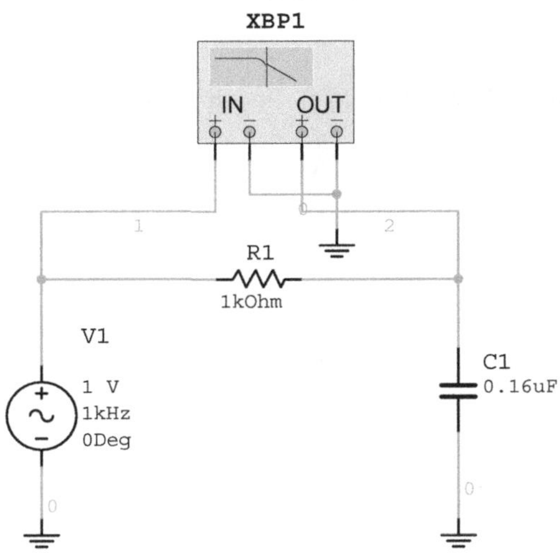

① 우측 계측기 툴바의 상단에서 6번에 위치한 Bode Plotter를 선택하거나, 메뉴에서 [Simulate] ➡ [Instruments] ➡ [BodePlotter]를 선택한다.

② 부품 툴바에서 'AC_Voltage' 부품과 커패시터, 그리고 저항을 가져와 배치한다. 회로 내의 AC 전압원은 보드 선도계에 아무런 영향을 끼치지 않지만, 회로 내에 반드시 있어야 한다.

③ 'AC_Voltage' 부품을 마우스 왼쪽 버튼을 두 번 클릭하여 아래와 같이 소자값을 입력한다.

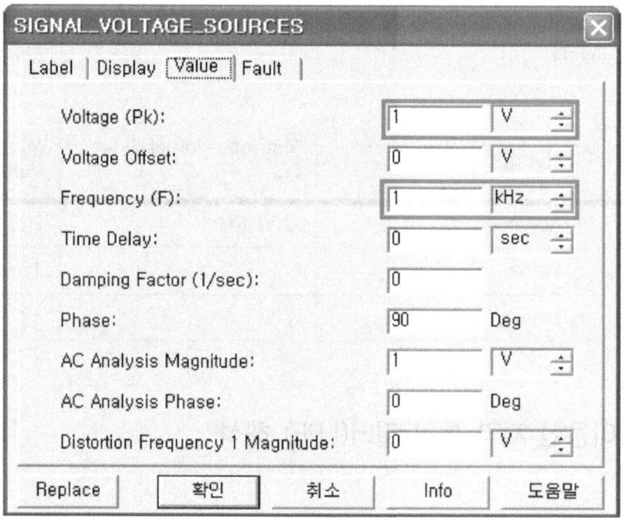

④ 저항과 커패시터를 마우스 왼쪽 버튼을 두 번 클릭하여 각각 '1kΩ', '0.16uF'를 입력한다.

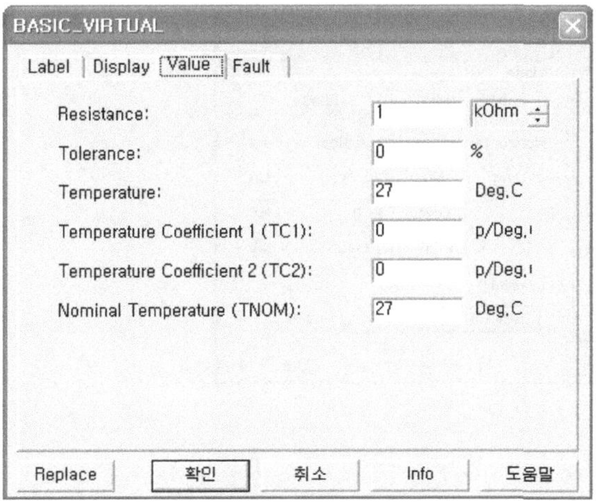

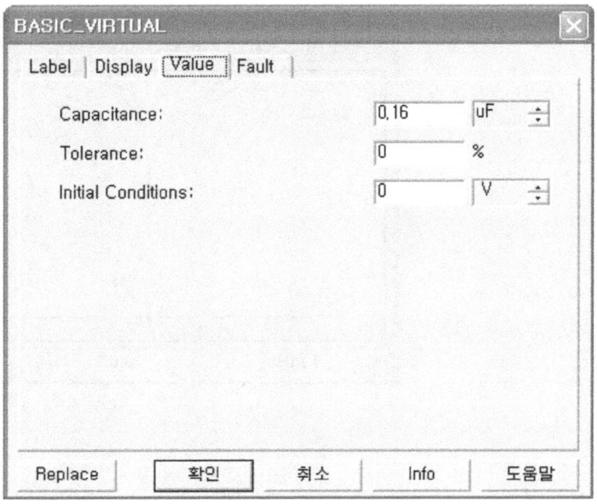

⑤ 보드 선도계를 선택하고 마우스 왼쪽 버튼을 두 번 클릭하여 아래와 같이 조건을 설정한다.

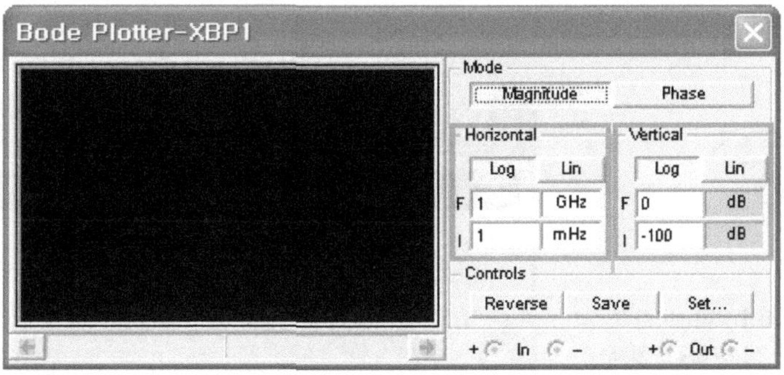

⑥ 메뉴에서 [Simulate] ➡ [Run]을 클릭하거나, 우측 상단의 "시뮬레이션 스위치"를 클릭하여 보드 플로터에서 결과를 관찰한다.(Reverse 모드로 화면 반전)

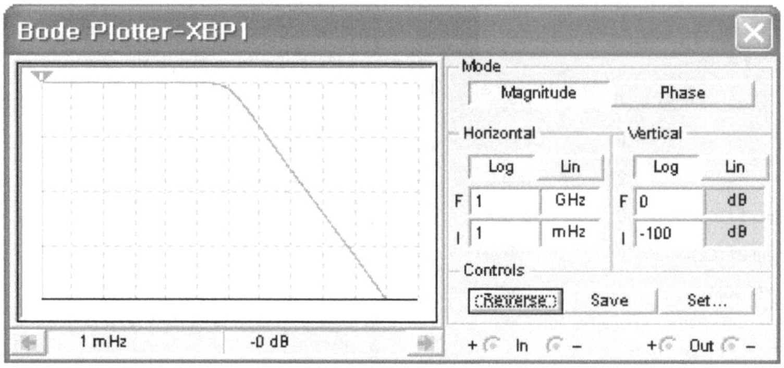

5-7 주파수계(Frequency Counter)

주파수계는 신호의 주파수 및 펄스 간격, 주기, 상승/하강 시간 등을 측정하는 계측 장비이다.

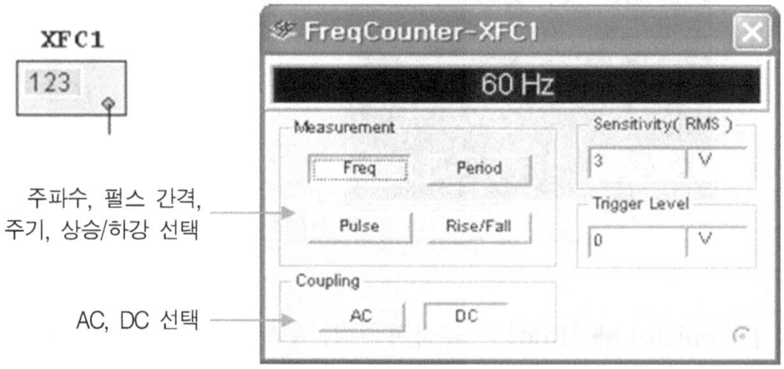

1) 측정

- Frequency : 신호의 주파수 측정

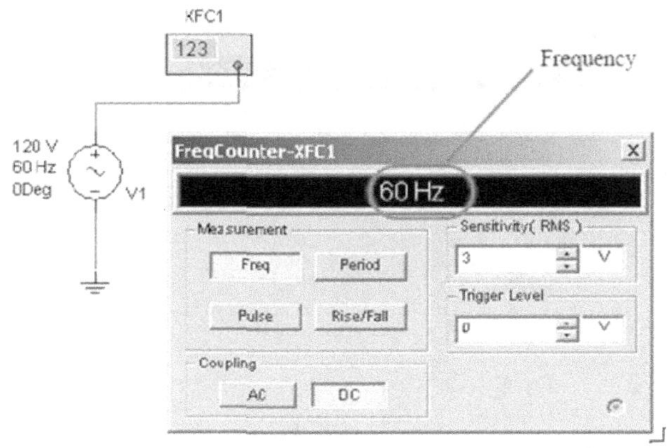

- Pulse : 신호의 양(+)의 지속 시간 및 음(−)의 지속 시간 측정

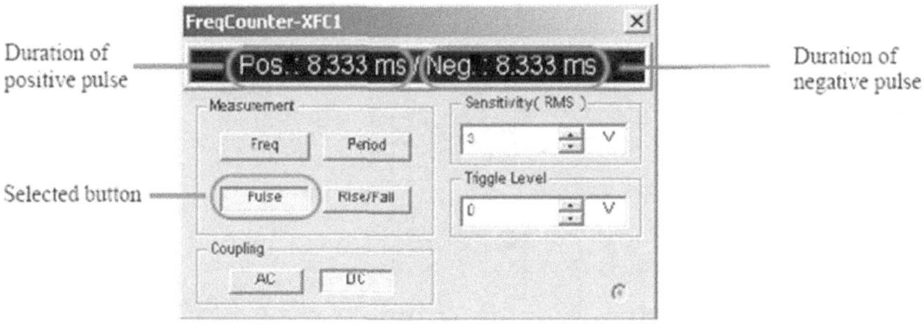

- Period : 신호의 주기 측정

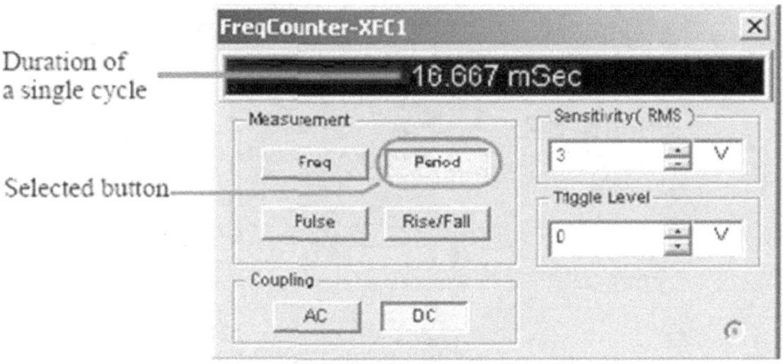

- Rise/Fall : 신호의 상승과 하강 시간 측정

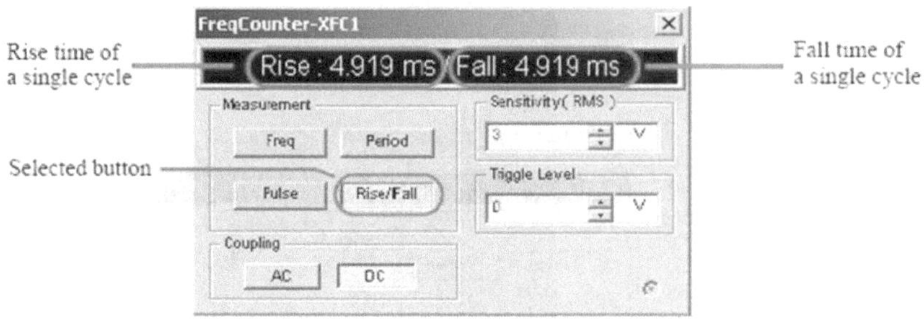

5-8 워드 발생기(Word Generator)

워드 발생기는 디지털 회로에 펄스를 공급하기 위한 디지털 32 bit words 또는 bit의 패턴 발생기이다.

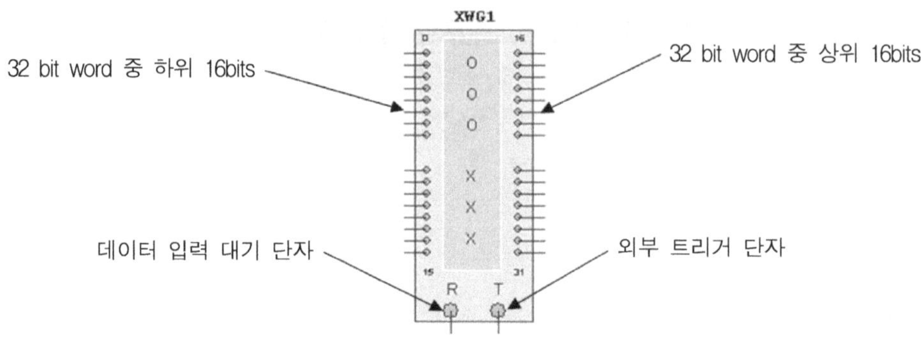

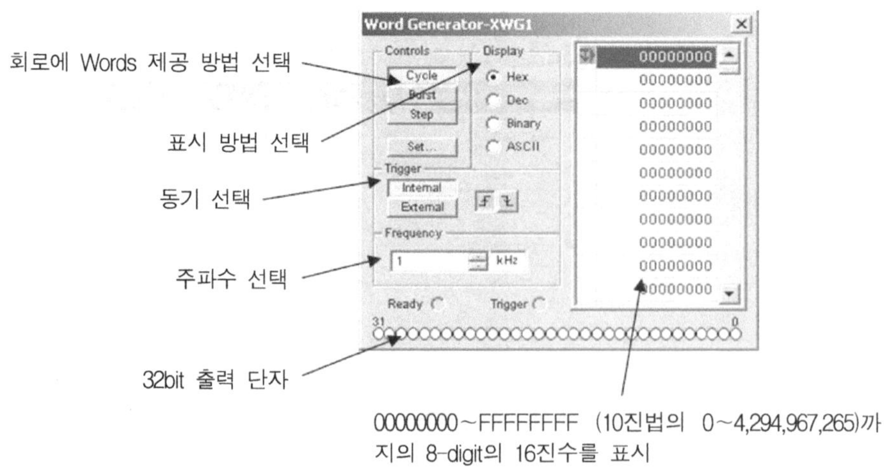

• Display 설정

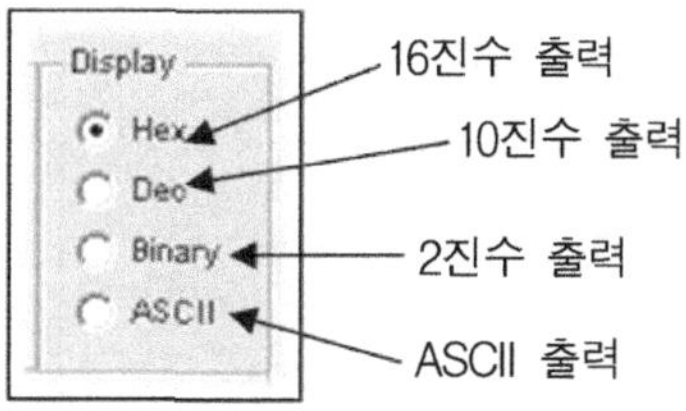

• 제어 설정

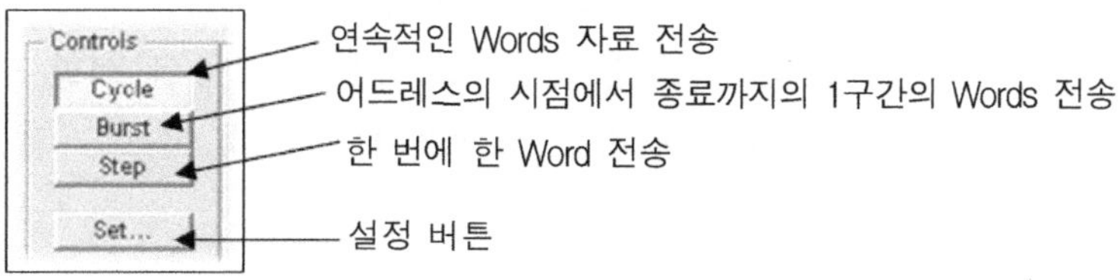

Word 자료 전송 시 "Cycle"은 사용자가 정지를 하거나 모의 실험을 중단하지 않는 한 지속적으로 회로에 Word가 전송된다. "Step"으로 설정되면 사용자가 마우스로 "Step"을 선택할 때마다 하나의 Word가 전송된다. "Burst"는 사용자가 마우스로 "Burst"를 선택할 때마다 순차적으로 시작 주소에서 종료 주소까지의 1구간의 Words를 회로로 전송한다.

• 설정

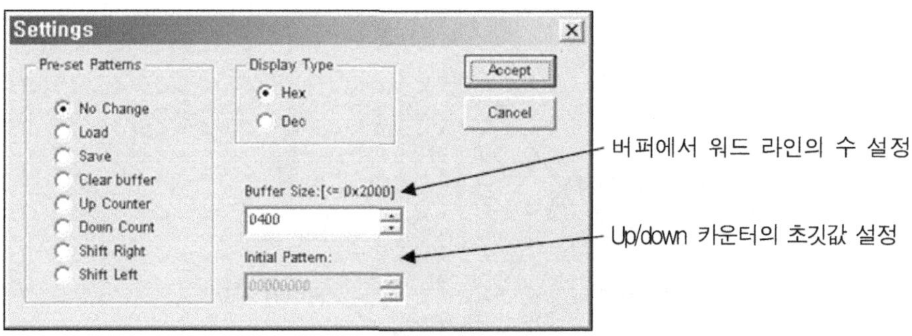

설정 대화 상자에서는 현재의 패턴(pattern)을 파일의 형태로 저장하거나(Save), 저장된 패턴을 불러오거나(Load), 현재 설정된 내용을 지우는 기능 등의 여러 가지 기능을 설정하는 곳이다.

• 트리거

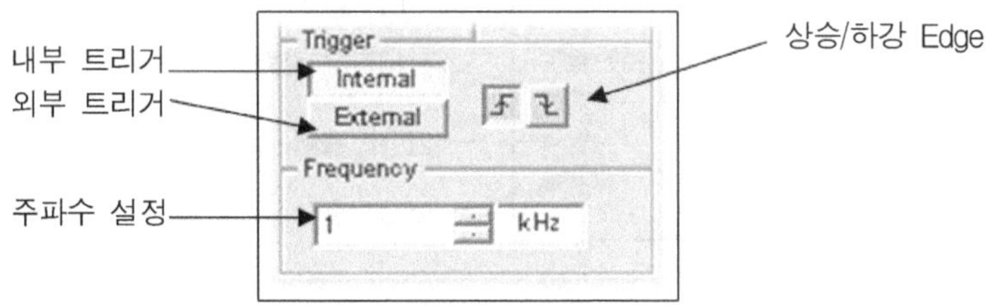

워드발생기에는 주파수 발진기를 가지고 있다. 내장되어 있는 발진기를 사용하거나 외부에서 신호를 입력 받아 사용할 수 있다. 또한, 상승 및 하강 시기를 선택할 수도 있다. 또한, 트리거를 선택한 주파수를 바로 아래의 단자로 출력을 해주는데 이 트리거를 다른 기기와 맞물려 사용할 수 있다.

5-9 로직 분석기(Logic Analyzer)

로직 분석기는 엔지니어가 설계한 마이크로프로세서나 로직 회로에서 원하는 결과가 나오는지 분석하는 계측기로, 디지털 16bit 데이터를 입력받아 파형을 출력하며, 논리 신호의 상태나 Timing 분석 등을 수행한다.

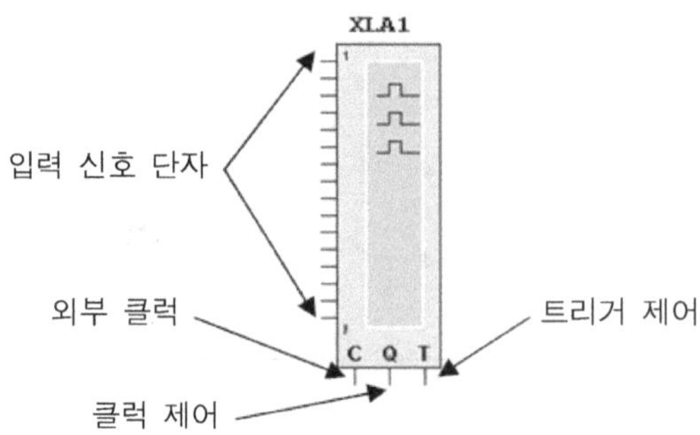

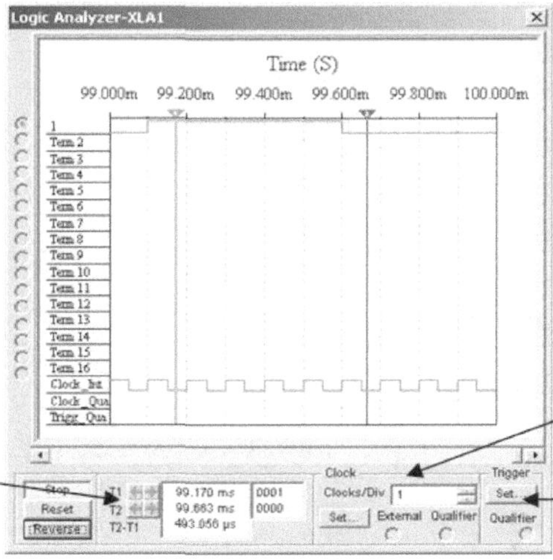

• Stop & Reset

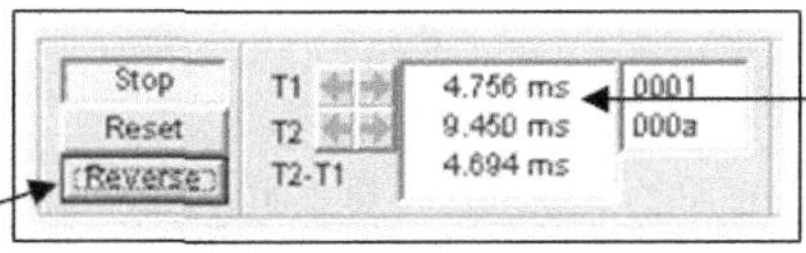

"Stop"과 "Reset 버튼은 각각 정지와 화면을 깨끗이 지우는 기능이다. T1, T2, T2-T1은 Trace의 현재 시간의 위치를 나타내며 그 바로 옆에는 T1과 T2의 16진수 값이 표시된다.

• Clock 및 Trigger 설정

"Clock/Div"는 그리드 1칸의 크기를 설정하는 항목이다. Clock과 Trigger에 각각 "Set" 버튼이 있는데, 이 버튼을 누르면 각각의 모드에 대해서 자세한 설정을 하는 다이얼로그 박스가 나타난다.

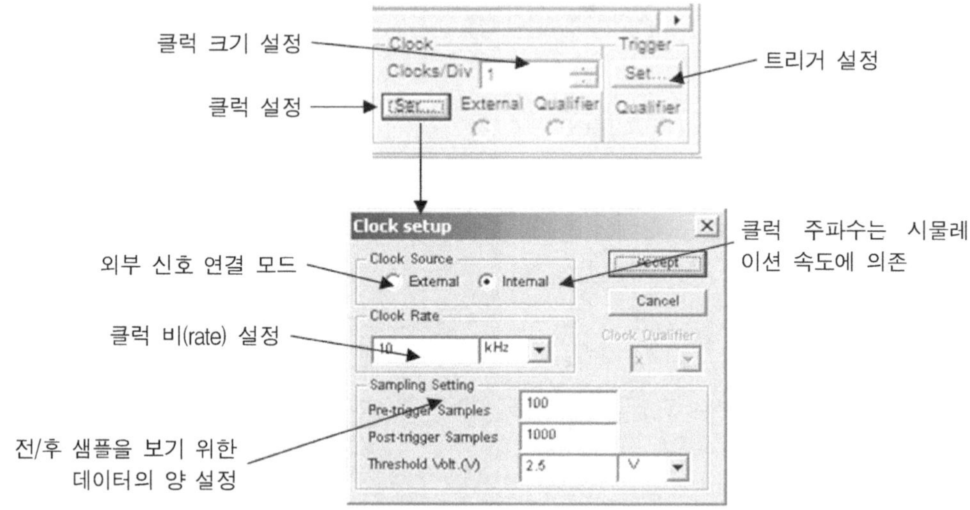

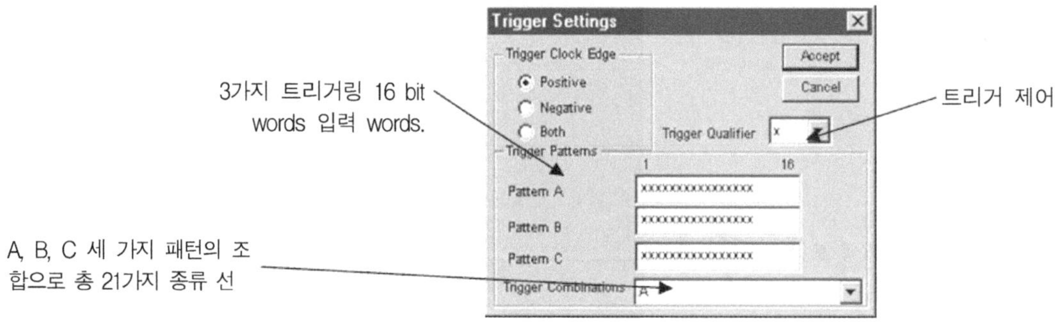

- 이용 가능한 Trigger 조합(Combinations)

A	B	C
A or B	A or C	B or C
A OR B OR C	A AND B	A AND C
B AND C	A AND B AND C	NOT B
A NOT C	B NOT C	A THEN B
A THEN C	B THEN C	(A OR B) THEN C
A THEN (B OR C)	A THEN B THEN C	A THEN (B WITHOUT C)

[예제] 로직 분석기(Logic Analyzer) 실행하기

아래의 회로는 0~15까지 카운터하는 회로로, 로직 분석기의 출력 파형 결과가 7-segment에서 카운터가 되는걸 눈으로 확인할 수 있다.

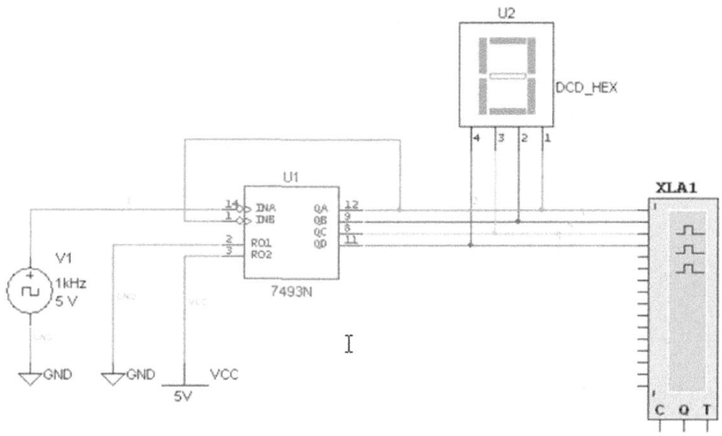

① 부품 툴바에서 'Clock Voltage' 부품을 선택한다.

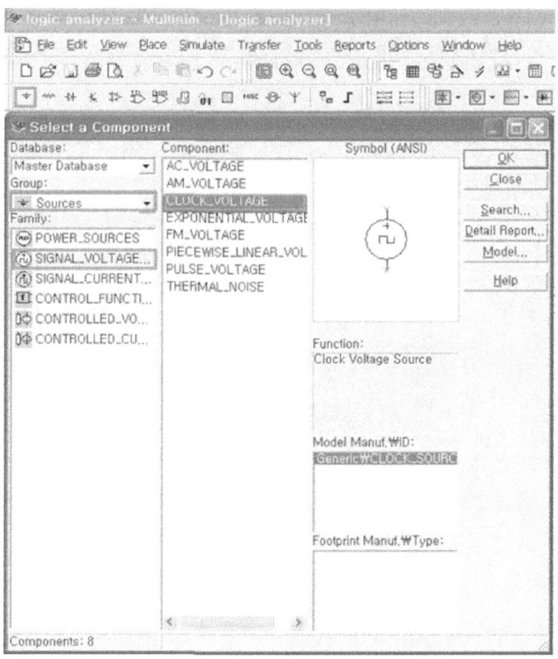

② 디지털 부품인 'VCC' 하나와, 'GND' 2개를 작업 영역에 배치한다.

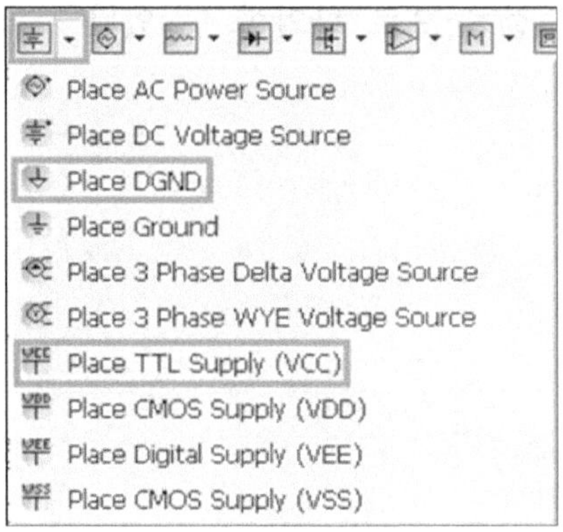

③ '7493N' 부품을 선택한다.

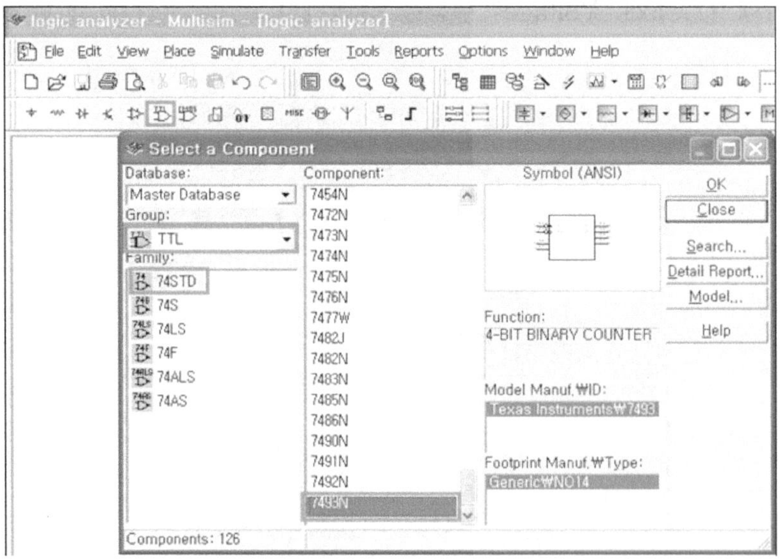

• '7493N' 부품은 'RO1'이나 'RO2' 중에서 하나가 입력이 '0'이어야 카운터가 된다.

RESET INPUTS		OUTPUT			
RO1	RO2	Qd	Qc	Qb	Qa
1	1	0	0	0	0
0	X	Count			
X	0	Count			

④ 'DCD_HEX' 부품을 선택한다.

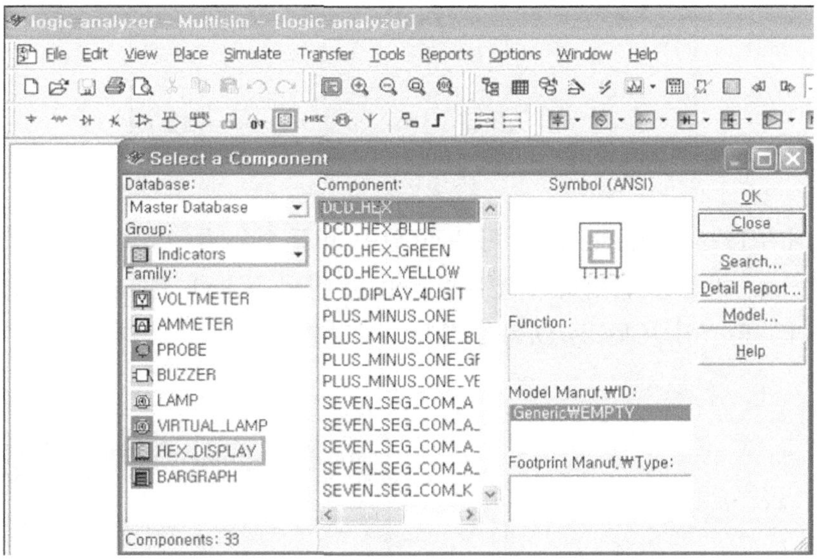

⑤ 우측 계측기 툴 바의 상단에서 9번에 위치한 로직 분석기(Logic Analyzer)를 선택하거나, 메뉴에서 [Simulate] ➡ [Instruments] ➡ [LogicAnalyzer]를 선택하여 배치한 후 선을 연결한다.

⑥ 'Clock Voltage' 부품을 마우스 왼쪽 버튼을 두 번 클릭하여 소자값을 아래와 같이 입력한다.

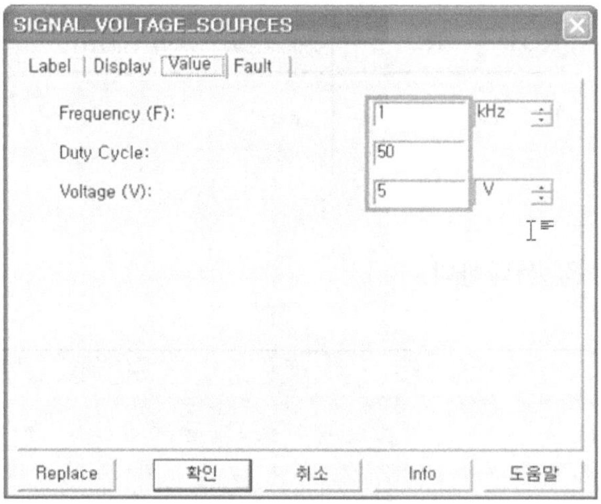

⑦ 로직 분석기(Logic Analyzer)를 마우스 왼쪽 버튼으로 두 번 클릭하여 "Clock" 박스에 있는 Set.. 버튼을 클릭하여 [Clock setup] 창의 'Clock Rate'를 "1kHz"로 변경한다. "Clock" 박스의 [Clocks/Div]은 "1"로 설정한다.

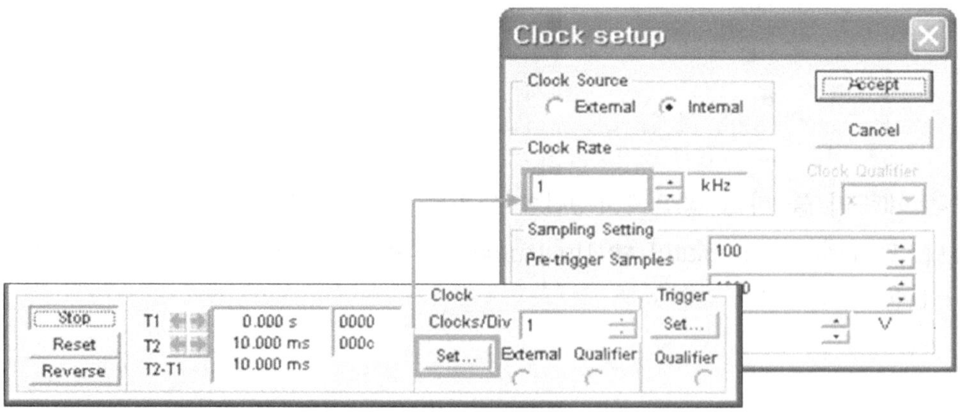

⑧ 7-segment의 1, 2, 3, 4번 핀에 연결된 선의 색상을 변경하여 보자. 1번 핀에 연결된 선 위에 마우스를 올려 놓고, 오른쪽 버튼을 클릭하면 나타나는 메뉴에서 'Wirecolor'를 선택, 'Colors' 창에서 원하는 색상을 선택한다. 나머지도 이러한 방법을 이용하여 색상을 변경한다.

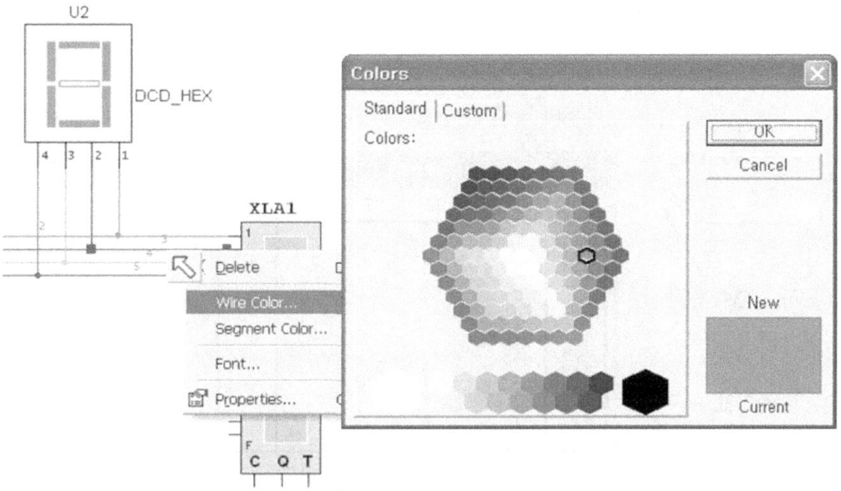

⑨ 메뉴에서 [Simulate] ➡ [Run]을 클릭하거나, 우측 상단의 "시뮬레이션 스위치"를 클릭하여, 7-segment가 카운터 되는 걸 확인하며, 로직 분석기의 결과를 관찰한다.

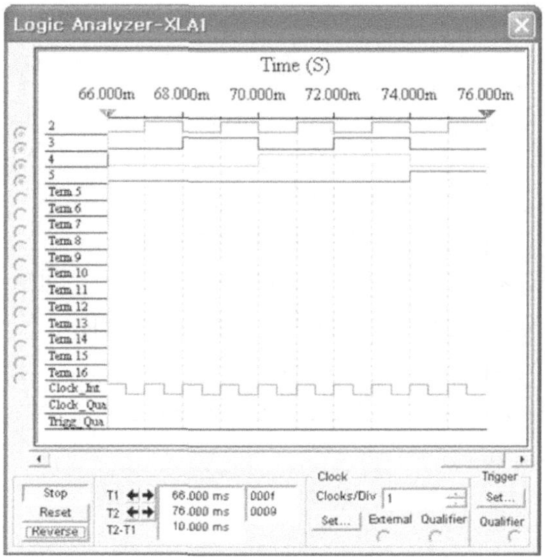

5-10 로직 변환기(Logic Converter)

로직 변환기는 디지털 입력을 진리표 및 수식으로 표현하거나 반대로, 진리표 및 수식을 논리 회로로 변환해 주는 기능을 제공한다.

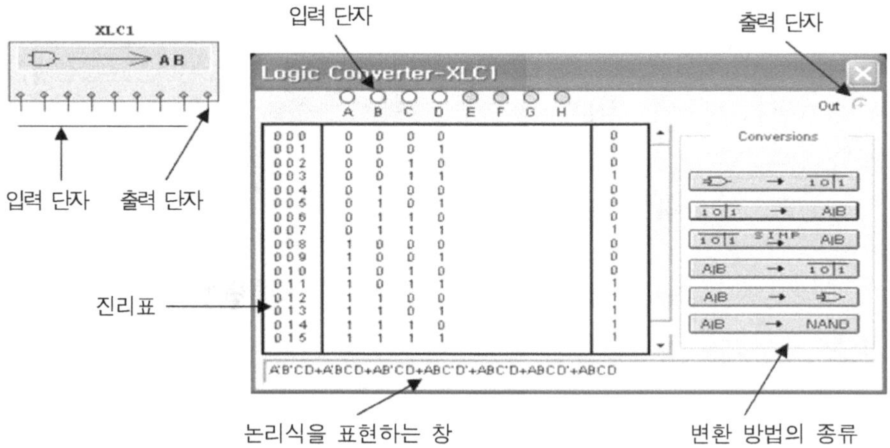

• Conversions (각종 변환)

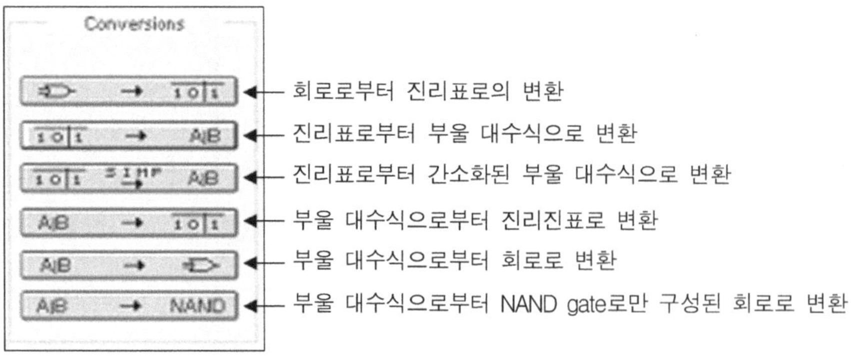

[예제] 로직 변환기(Logic Converter) 사용법을 알아보자.

그림과 같은 논리 회로를 로직 변환기에 연결한다. 출력은 하나만 연결이 되어야 한다. 회로를 모두 작성한 후에는 로직 변환기를 더블 클릭하여, [Conversions]의 버튼들을 위에서부터 하나씩 클릭하여 결과를 해석한다.

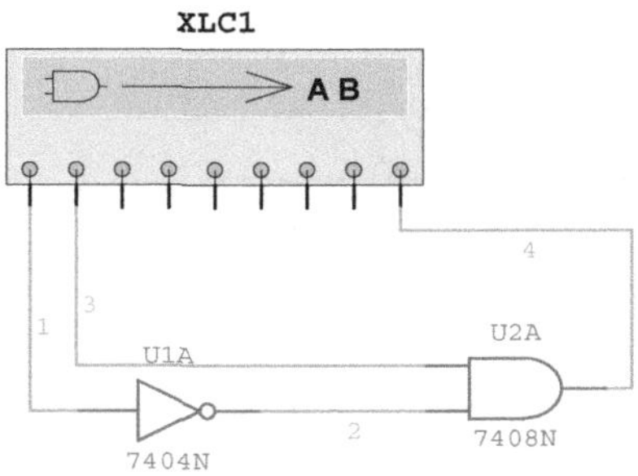

① 우측 계측기 툴바의 상단에서 10번째에 위치한 로직 변환기(Logic Converter)를 선택하거나, 메뉴에서 [Simulate] ➡ [Instruments] ➡ [Logic Converter]를 선택한다.

② 좌측 부품 툴바의 TTL 아이콘을 클릭하여 "7404N"과 "7408N"을 클릭, 각각 'Section A'를 선택하여 작업 작업 영역에 배치한다.

③ 로직 변환기에 선을 연결한다.

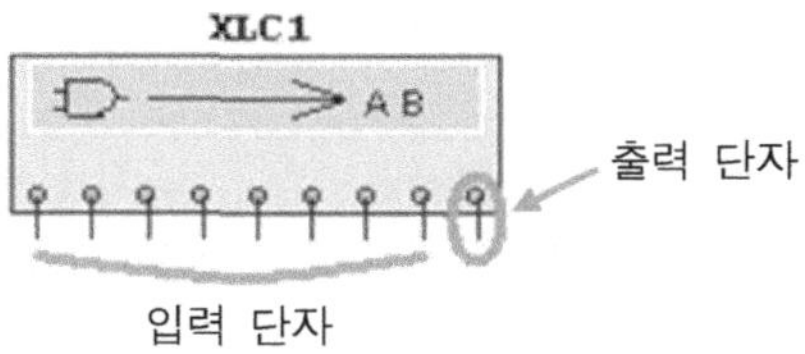

④ 로직 변환기를 마우스 왼쪽 버튼을 두 번 클릭하여 로직 변환기를 확대한다.

⑤  아이콘을 클릭하여, 진리표로 변환한다.

⑥  아이콘을 클릭하여, 부울 대수식으로 변환한다.

⑦  아이콘을 클릭하여 간소화된 불울 대수식으로 변환한다. 위의 예제는 더 이상 부울 대수식이 간소화되지 않아서 변화가 없는 것이다.

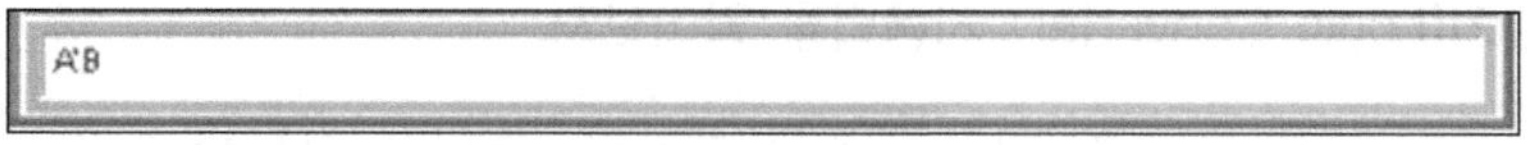

⑧ 이제는 부울 대수 표현식이 나타나는 상자에 직접 [AB′+BC]라고 입력해 보자.

⑨ A|B → 1 0|1 아이콘을 클릭하여 입력한 부울 대수 표현식의 진리표를 확인한다.

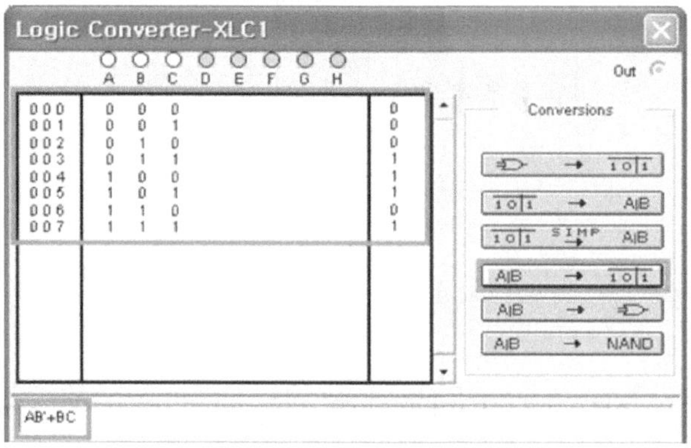

⑩ A|B → 아이콘을 클릭하면 부울 대수로 표현된 논리식을 바탕으로 게이트로 구성된 등가회로를 자동으로 만들어 준다.

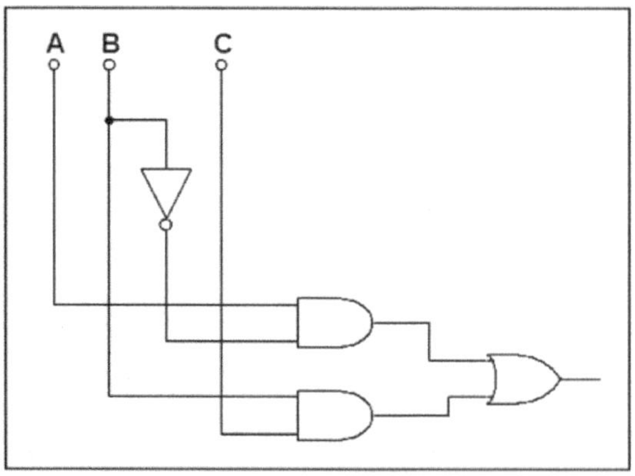

⑪ [A|B → NAND] 아이콘을 클릭하면 ⑩과 비슷한 방식의 등가회로를 자동으로 생성을 하지만, 단지 NAND 게이트로만 구성된 등가회로를 만들어준다.

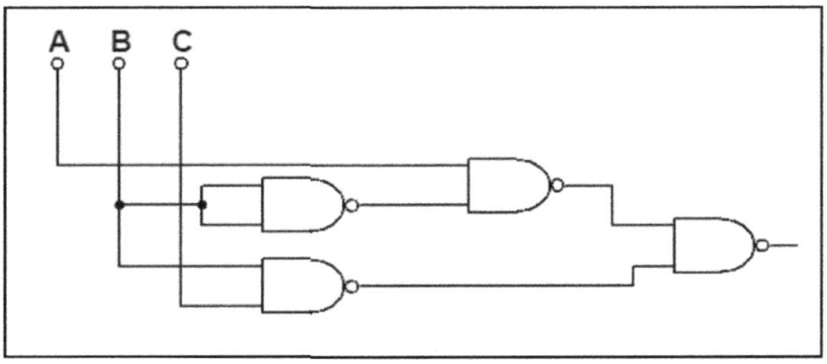

5-11 IV 분석기(IV Analysis)

IV 분석기는 Diode, NPN BJT, PNP BJT, PMOS, NMOS 등의 전류-전압 특성을 측정하는 계측 장비이다.

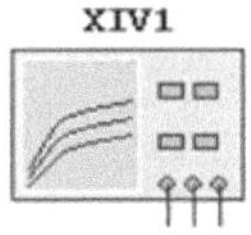

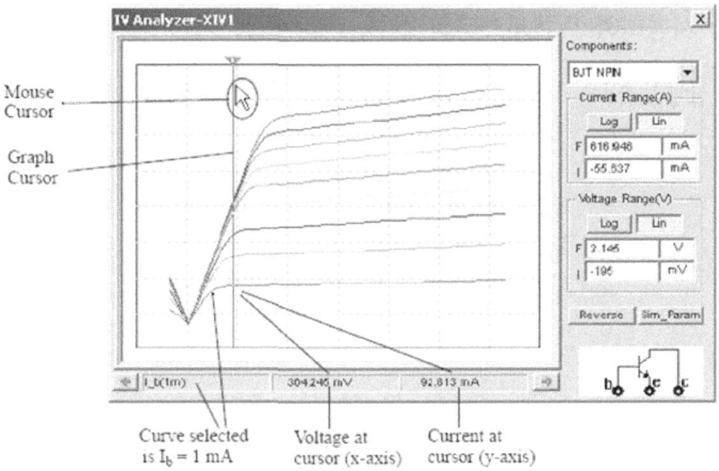

• IV-분석기로 측정할 수 있는 기본 5가지 소자의 측정 예

그림과 같이 결선한 후에 시뮬레이션을 실행하면, IV-Analysis 계측기 화면에 전류-전압 특성 곡선을 볼 수 있다.

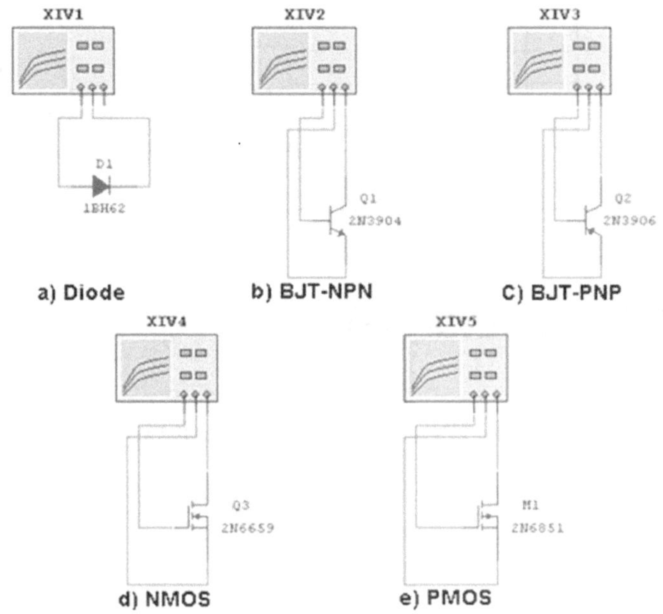

[예제] IV 분석기를 사용하여 트랜지스터의 전류-전압 특성 곡선 측정

① 아래와 같은 BJT_NPN 부품의 전류-전압 특성을 측정해 보자.

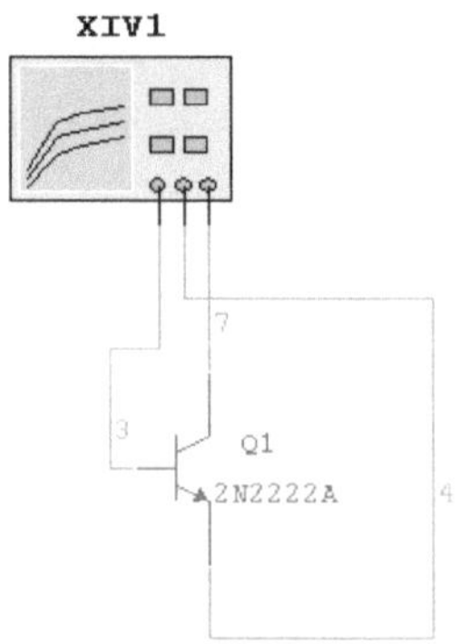

② 좌측 부품 툴바에서 아래의 그림과 같이 '2N2222A' 트랜지스터를 선택하여 작업 영역에 배치한다.

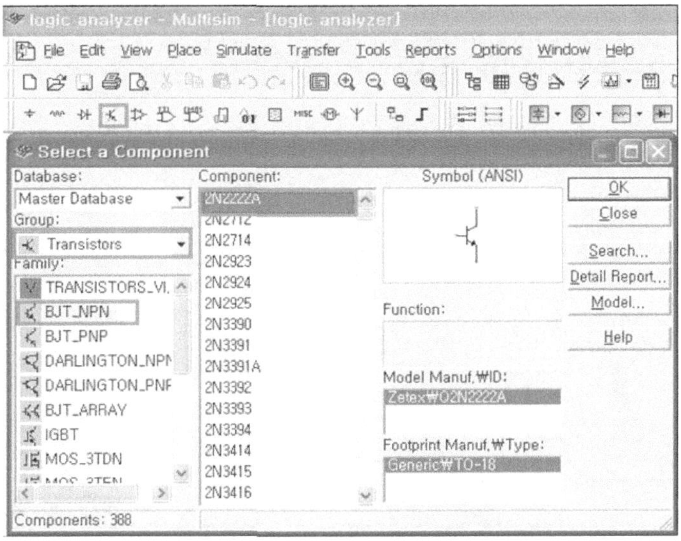

③ 우측 계측기 툴바의 상단에서 11번에 위치한 'I-VAnalyzer'를 선택하거나, 메뉴에서 [Simulate] ➡ [Instruments] ➡ [I-V Analyzer]를 선택한다.

④ I-V Analyzer를 마우스 왼쪽 버튼을 두 번 클릭하여 확대한다. 'Components'에서 "BJT_NPN"을 선택하고 우측 하단에 트랜지스터 핀의 선 연결 정보를 바탕으로 작업 영역에서 선을 연결한다.

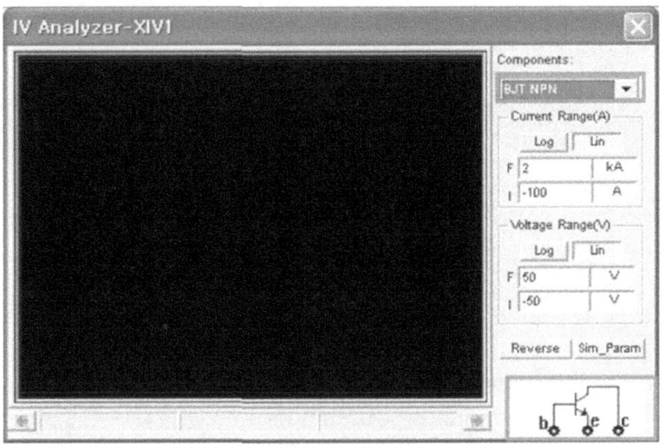

⑤ 메뉴에서 [Simulate] ➡ [Run]을 클릭하거나, 우측 상단의 “시뮬레이션 스위치”를 클릭하여 I-V Analyzer 결과를 관찰한다.

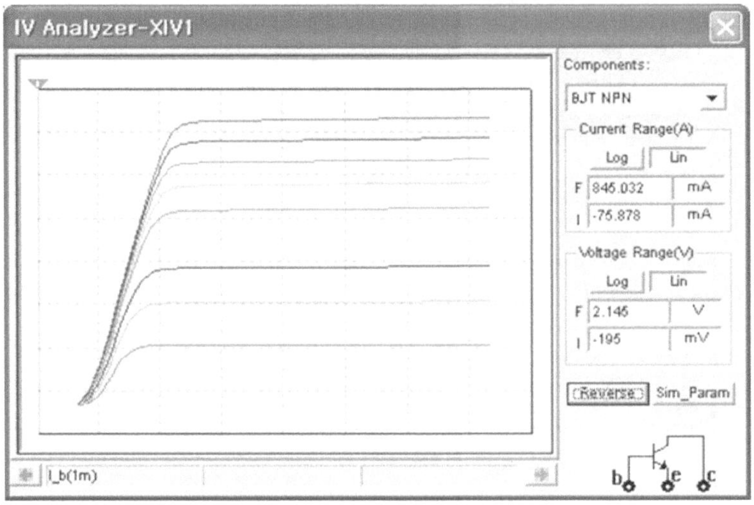

5-12 왜곡 분석기(Distortion Analyzer)

왜곡 분석기는 오디오 신호 대역인 20Hz~100kHz대역 신호에 대한 왜곡 현상을 측정하는 장비이다.

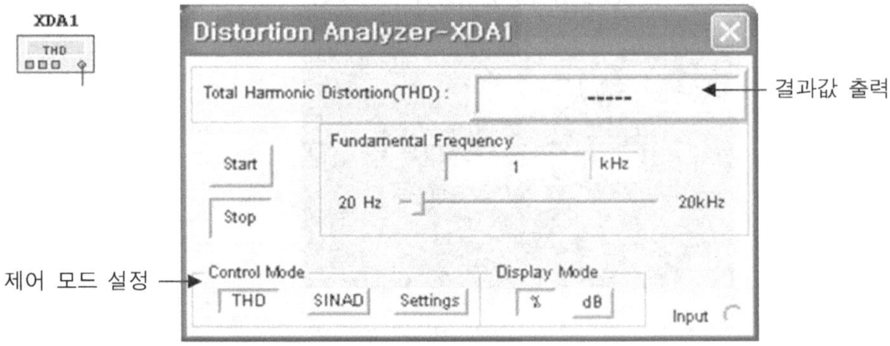

왜곡 현상을 측정하는 방식에는 THD(Total Harmonic Distortion) 방식과 SINAD(Signal plus Noise and Distortion) 방식 2가지가 있다. THD 방식은 테스트하고자 하는 신호의 고조파(harmonics) 성분을 측정하여 왜곡을 측정하는 방법으로, 신호의 고조파 성분을 기본파 성분으로 나눈 값으로 왜곡을 측정한다. 고조파를 측정하기 위해 매우 정확한 노치필터(notch filter : 특정 주파수 주위의 아주 좁은 주파수 대역의 성분만을 제거시키기 위하여 설계된 필터)가 요구되므로 "fundamental frequency"를 정확히 입력해야 측정하려는 주파수에 대한 정밀도를 높일 수 있다. SINAD 방식은 "(신호+잡음과 왜곡)/(잡음과 왜곡)"의 비로 왜곡의 정도를 측정한다.

각 방식의 내부 설정은 선택한 제어 모드에서, "Settings"을 클릭하면 활성화되는 대화창에서 할 수 있다.

5-13 신호 분석기(Spectrum Analyzer)

RF 시스템에서 신호의 주파수대 진폭의 크기 및 신호의 전력과 주파수 성분을 측정하는 장비이다.

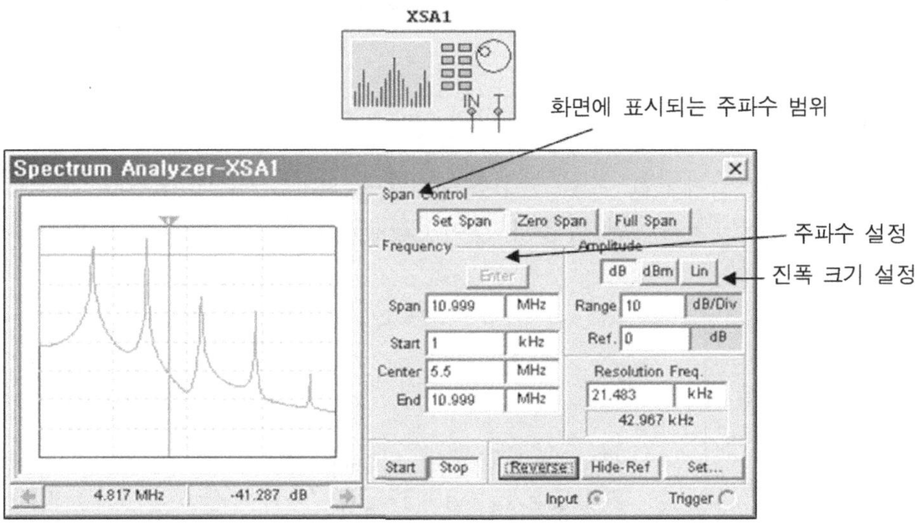

• **신호 분석기에서 지정해 주어야 할 변수는 다음과 같다.**

① Frequency range
② Frequency Span
③ Reference level
④ Measurement range

- Span Control : **화면에 표시되는 주파수 범위 조정**

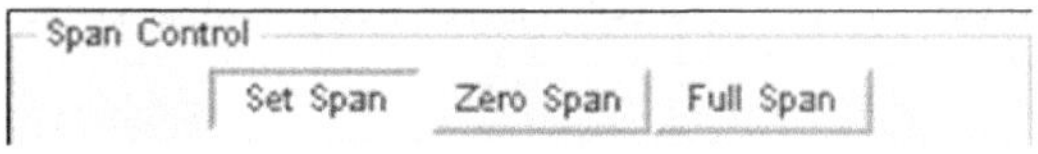

"Set Span"은 그림과 같이 사용자가 화면에 표시되는 주파수의 범위를 지정하여 줄 수 있으며, "Set Span"을 선택하고 Center 주파수를 입력한 후 "Enter" 버튼을 클릭하면 다음과 같이 start 주파수와 end 주파수가 자동으로 계산된다.

f-start (최소값 1kHz) = (f_center f_span/2)
f-end (최대값 4GHz) = (f_center f_span/2)

"Zero Span"은 Center 주파수의 값만 보여준다.
"Full Span"은 주파수의 전 범위(1㎑~4㎓)를 보여준다.

- Frequency **설정**

사용자는 start와 end 주파수를 직접 설정할 수 있다. start 주파수와 end 주파수를 입력하고 나서 "enter" 버튼을 클릭하면 다음과 같이 Center 주파수와 주파수 범위가 자동으로 계산된다.

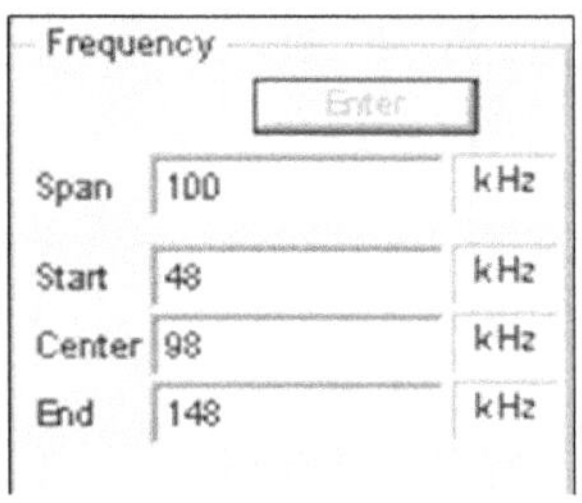

f_center = (f_start + f_end) /2
f_span = (f_end - f_start)

• Amplitude 설정 : 주파수에 대한 신호의 크기를 표시하는 설정

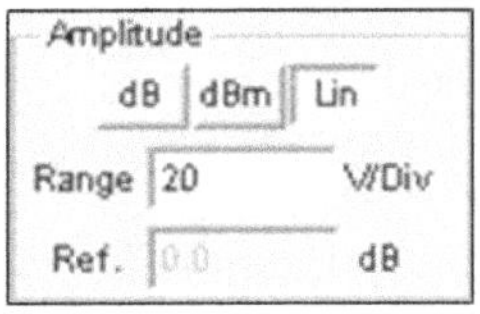

dB : 20*log10 (V)
dBm : 10*log10 (V/0.775)(Zero dB_m은 600Ω 저항 양단전압이 0.775V일 때 1mW이다.)
Lin : 선형(Linear)로 표시한다.

[예제] 신호 분석기를 이용한 RF 회로의 측정 예

① 아래와 같은 회로를 구성한다.

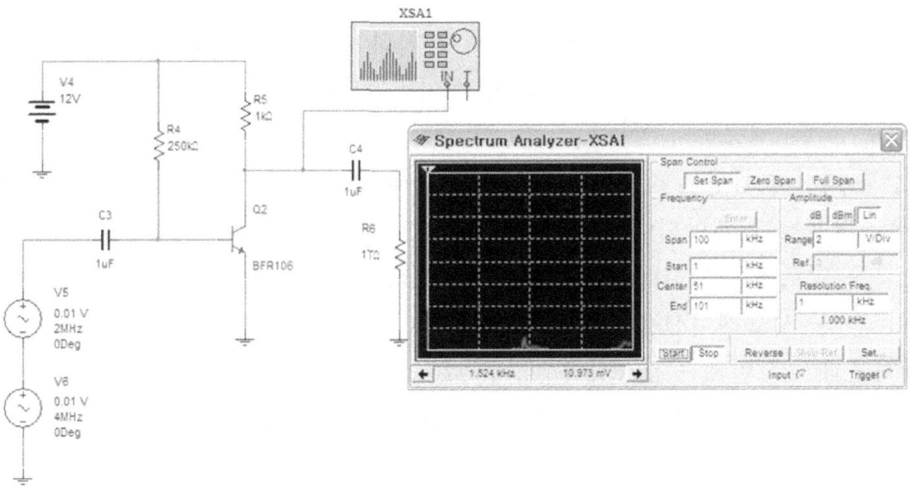

② 신호 분석기를 더블 클릭하여 열고 frequency 레벨을 다음과 같이 설정한다.

Start : 1kHz

end : 11MHz

"Enter"를 클릭하면 자동으로 다음과 같이 f_span, f_center가 계산된다.

f_span : 11MHz - 1kHz = 10.999kHz
f_center : (11MHz + 1kHz)/2 = 5.5005MHz

③ Amplitude는 dBm으로 하고, 범위와 기준을 다음과 같이 설정한다.

Range : 2dB/division
reference : 4dB

④ 시뮬레이션한 후 파형을 관찰한다.

5-14 네트워크 분석기(Network Analyzer)

네트워크 분석기는 회로의 S-parameter를 측정하는데 사용하는 계측기로, 일반적으로 고주파 동작을 목적으로 하는 회로의 특성을 분석하는데 사용된다. 네트워크 분석기는 또한 H, Y, Z parameter 등도 계산하여 주며, 스미스 차트(smith chart) 등을 이용한 임피던스 매칭 방법 등을 제공한다.

회로는 2 포트 4 단자망으로 구성되어야 하며, 네트워크 분석기를 적절히 사용하기 위해서 입력과 출력포트는 개방되어 있어야 한다. 네트워크 분석기가 작동하는 동안 보조회로(Subcircuit)를 회로에 삽입하여 시뮬레이션을 완료하므로 먼저 회로에 삽입된 보조회로는 제거되어야 한다. 시뮬레이션을 시작했을 때 네트워크 분석기는 자동으로 두 개의 AC 분석을 수행하는데, 첫 번째는 forward parameter인 S11과 S21을 계산하기 위하여 입력 단자에서 AC 분석이 실행되고, 두 번째는 reverse parameter인 S22와 S21을 계산하기 위해서 출력 단자에서 AC 분석이 실행된다. S-parameter가 결정되면 여러 가지 형태로 데이터를 볼 수 있고 이 데이터들을 기반으로 한 더 많은 분석을 수행할 수 있다.

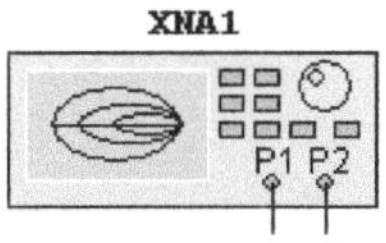

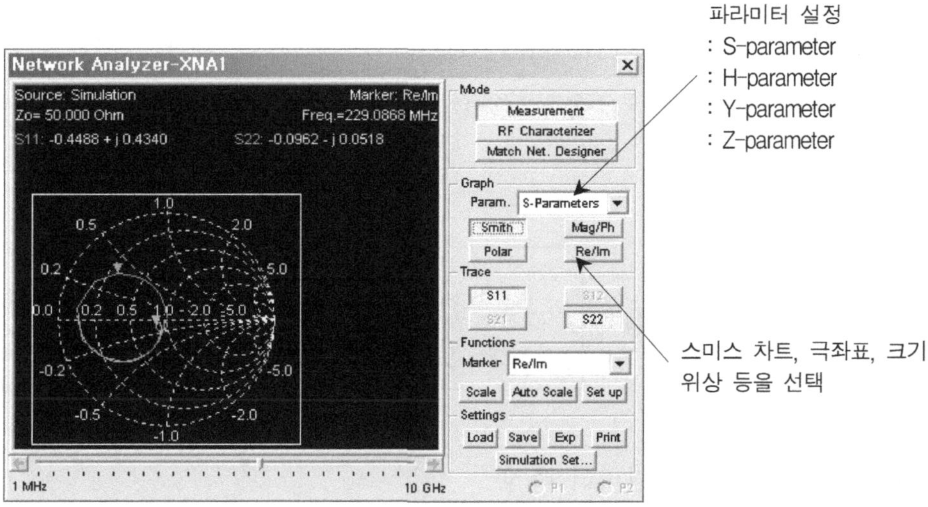

• Functions

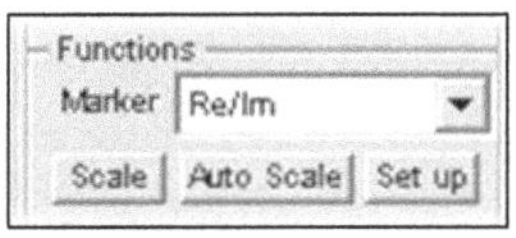

Functions에서는 실수/허수(Re/Im), 크기/위상(Mag/ph(deg)), 데시벨/위상(dB mag/ph(deg)) 3가지 형태의 데이터를 측정할 수 있다.

• Trace Controls

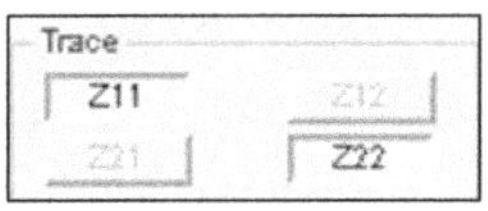

S, H, Y, Z 의 파라미터 선택에 각 요소(element)를 선택할 수 있다.

• Format Controls

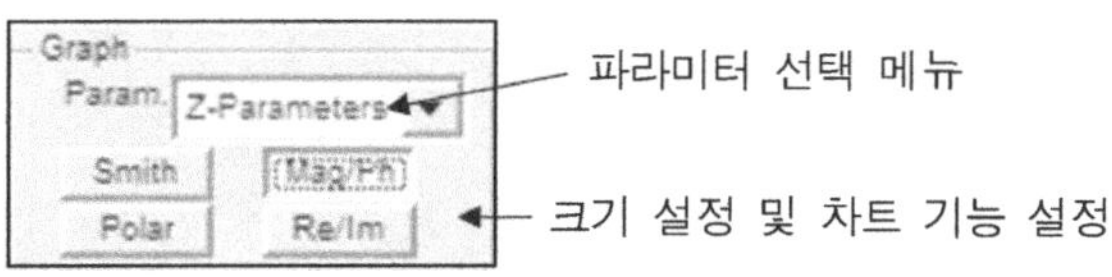

각종 파라미터를 선택할 수 있으며 Stability factor K와 |△|를 선택할 수 있다.

• Data controls

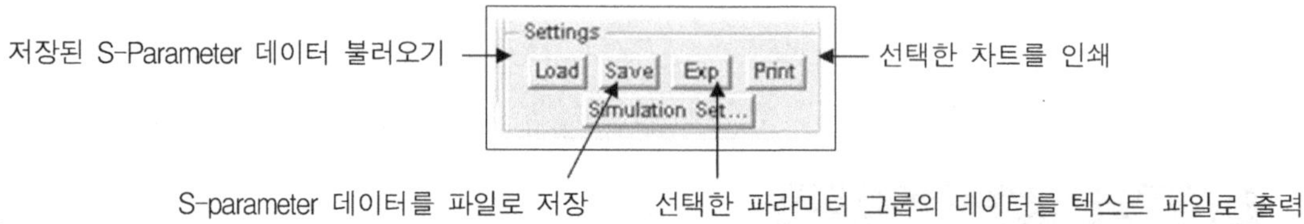

• Mode controls

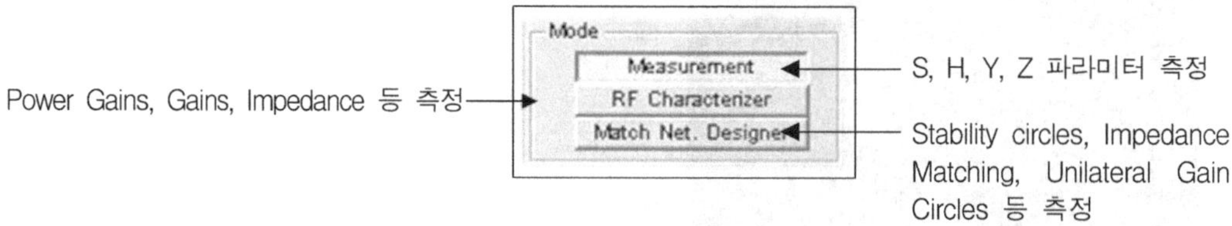

- Measurement: S, H, Y, Z 파라미터 측정
- RF Characterizer: Power Gains, Gains, Impedance 등 측정
- Matching Network Designer: Stability circles, Impedance Matching, Unilateral Gain Circles 등 측정

[예제] 네트워크 분석기를 이용한 RF 회로 해석

1. 아래의 회로를 작성한다.

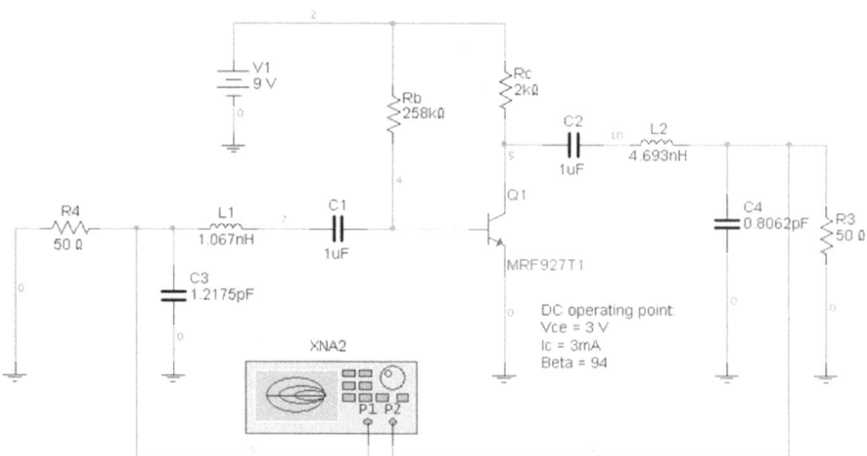

① Network Analyzer 계측기를 더블 클릭한다.
② [Simulate] ➡ [Run]을 선택한다.
③ Functions 상자의 Marker 창을 "Mag/Ph"로 선택한다.
④ Graph 상자의 Para 창을 "S-parameter"를 선택하고, [Mag/Ph] 버튼을 클릭한다.
⑤ [Auto scale] 버튼을 클릭한다.
⑥ 좌측 하단의 주파수 Marker의 스크롤 바를 이동한다.
⑦ 주파수 변화를 따른 S-parameter 측정값이 모니터 상에 나타난다.

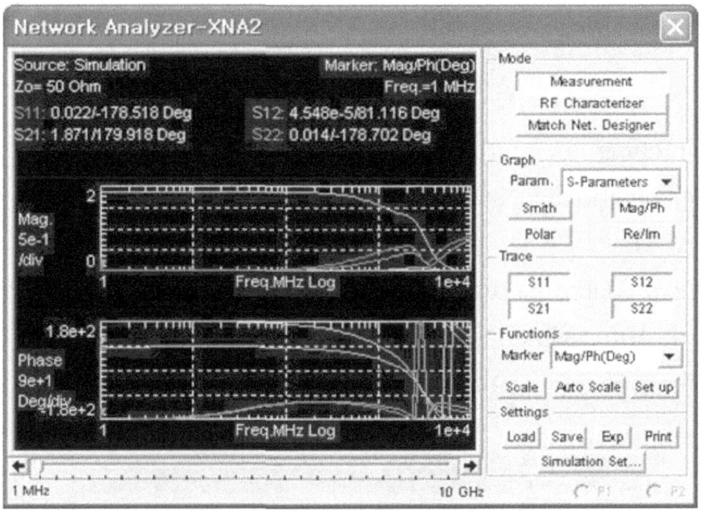

2. Match Net Designer Mode
1) 계측기 우측 상단의 [Match Net. Designer] 버튼을 클릭한다.
2) "Stability Circles" 탭을 클릭한다.
3) 스크린 좌측 하단의 주파수 창에서 주파수를 변경한다.
4) Delta(Mag/Ph), K, Stability 값을 확인한다. K>1이고 s11과 s22 <1을 경우, Network 은 무조건 안정(unconditionally stable)이 된다.

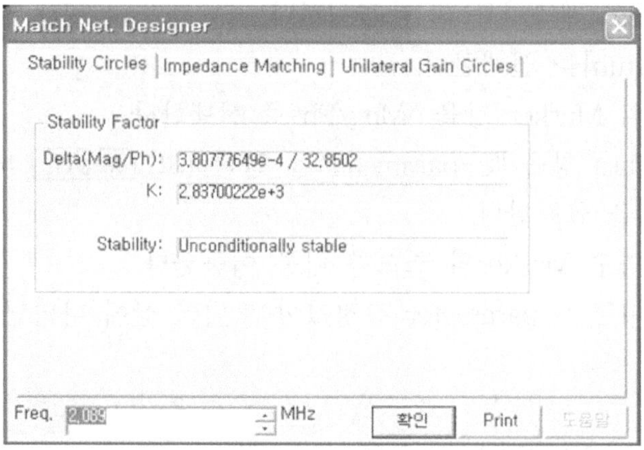

3. Impedance Matching

① Network는 unconditionally stable이라는 상태에서 자동으로 Network의 입력과 출력을 매칭시켜 준다.

② Lumped Element Match Network 상자의 입력 및 출력의 Enable 박스에 체크를 한다.

③ Calculate 창의 Auto. Match에 체크한다. 하단의 주파수 조정 창에서 주파수를 변경하면 자동으로 임피던스 값이 자동으로 변경되는 것을 확인할 수 있다.

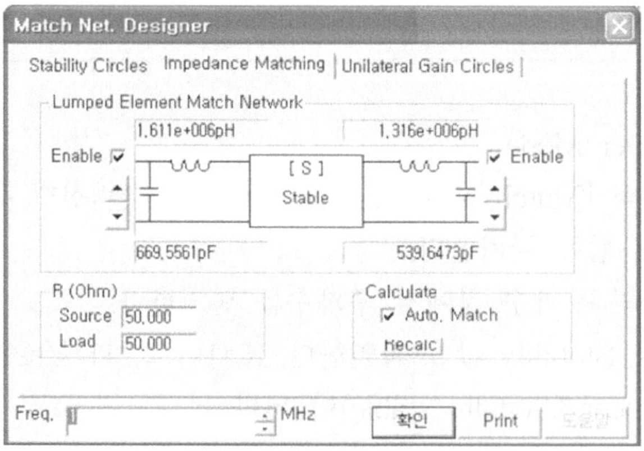

4. "Unilateral Gain Circles" 탭을 클릭한다.

① Unilateral이란 bounce가 없는 경우이며, 트랜지스터와 같이 입력단이 출력단의 신호에 영향을 받지 않는 경우를 말한다.

② 하단의 주파수 조정 창에서 원하는 주파수를 설정하면 해당 주파수에 대한 결과를 볼 수 있다.

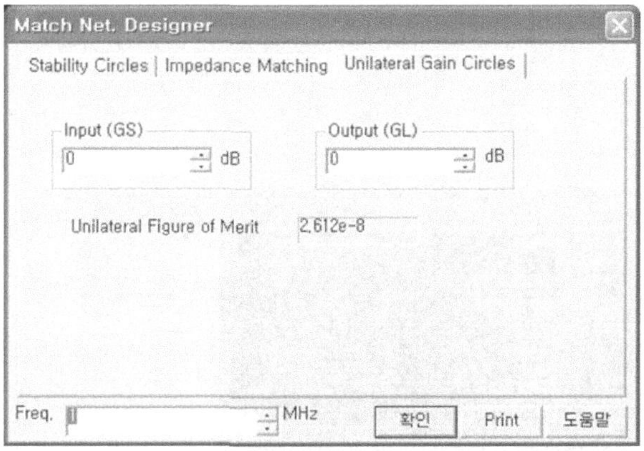

5. RF Characterizer Mode

① RF Characterizer 해석은 RF 회로를 설계할 때 회로의 Power Gain(PG), Voltage Gain과 Input/Output Impedance를 알아보기 위해서 사용하며, RF 회로에서 증폭기 입력단의 소스 신호가 수신기에 쓰일 때 그 전력(Power)은 아주 작기 때문에 RF 회로 설계에서 입력 및 출력 신호의 전압과 전류의 크기를 알아야 할 경우에 사용한다.

② **RF Charaterizer** 버튼을 클릭한다.

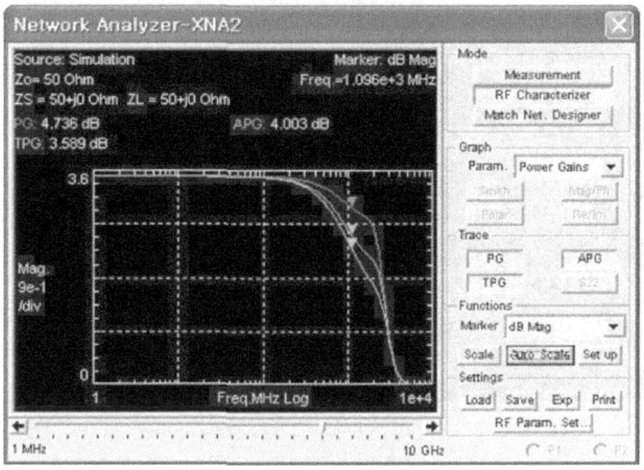

③ Trace 상자에서 PG, APG(Available Power Gain) 그리고 TPG(Transducer Power Gain) 중에서 원하는 변수를 선택하면 주파수 변동에 따른 곡선이 나타난다. 또한, 스크린의 상단에 주파수 변동에 따른 수치 값이 표시된다.

④ Graph 상자의 Param 창에서 "Gains"를 선택하면 주파수 변동에 따른 곡선과 수치 값이 나타난다.

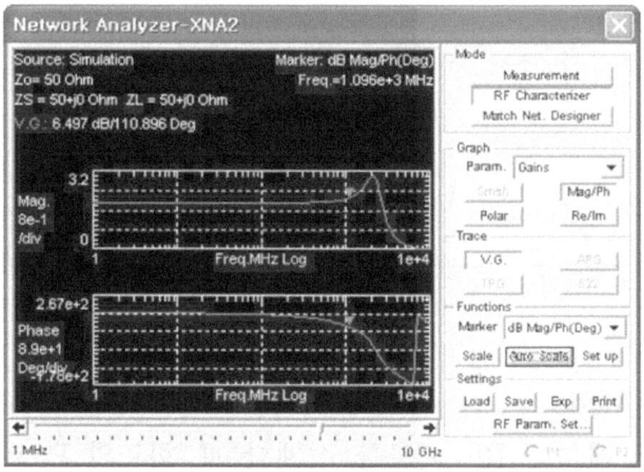

⑤ Param 창에서 "Impedance"를 선택하면 입력 임피던스와 출력 임피던스가 주파수 변동에 따른 곡선과 수치 값이 나타난다.

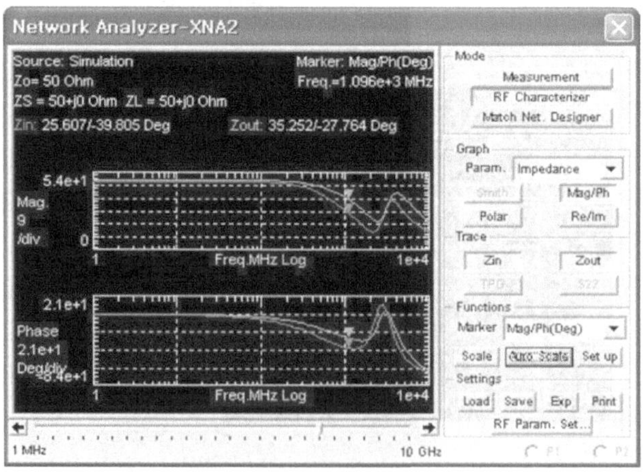

5-15 Agilent 함수 발생기(Function Generator)

Agilent 사의 함수 발생기로 33120A 모델이다. AM, FM, FSK, Burst, Sweep 등의 신호를 발생할 수 있다.

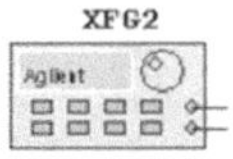

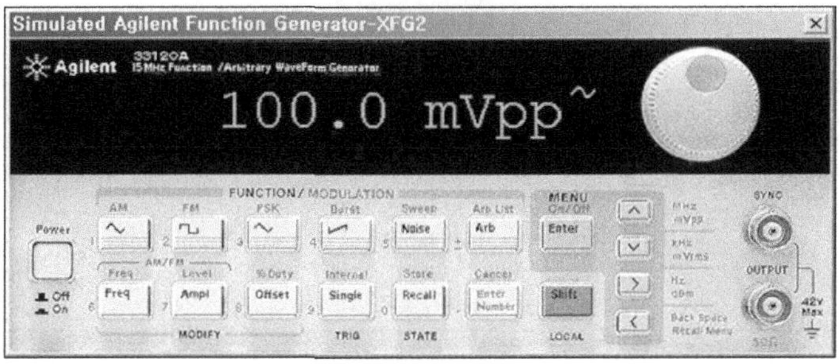

- Function Generator 사양

Standard Waveforms:	Sine, Square, Triangle, Ramp, Noise, DC volts
System Arbitrary Waveforms:	Sinc, Negative Ramp, Exponential Rise, Exponential Fall, Cardiac
User Defined Arbitrary Waveforms:	Any type of waveform with 8 - 256 points
Modulations:	NON, AM, FM, Burst, FSK, Sweep
Memory Sections:	Four memory sections named #0 - #3. #0 is the system default
Trigger Modes:	Auto/Single for Burst and Sweep modulation only
Display Digital:	4 - 8
Display Voltage:	Three modes: Vpp, Vrams and dBm
Edit Digital Value:	Change the displayed value with cursor buttons or number keys, or use the knob, or use the ENTER NUMBER key to key in the number directly

5-16 Agilent Multimeter

Agilent사의 멀티미터 34401A 모델로 전류, 전압, 주파수 등을 측정하는 장비이다.

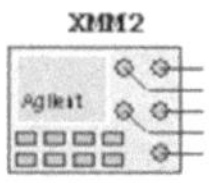

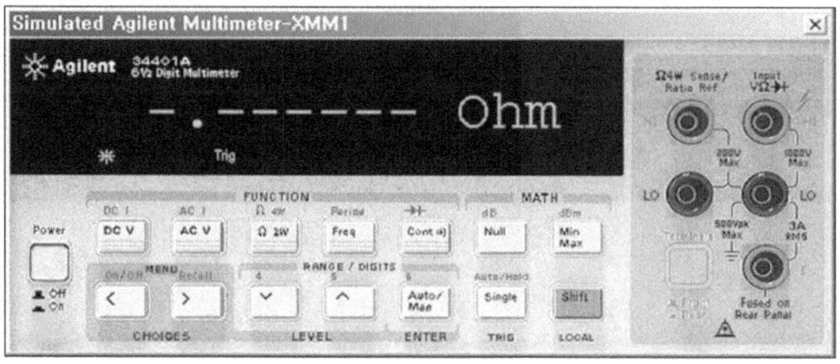

• Agilent 멀티미터 사양

Measure Modes:	Voltage DC/AC Current DC/AC Resistor in two wires Frequency of input signal's voltage wave Period of input signal's voltage wave Continuity test Diode test Ratio test
Functions:	Null (relative measurement) Min-Max (store minimum and maximum readings) dB (display on voltage value) dBm (display on voltage value) Limit Test (test readings with a lower threshold value and a high threshold value)
Trigger Modes:	Auto/Manual

[예제] Agilent 멀티미터를 이용한 전압, 저항, 주파수, 주기 측정

1. 아래의 그림과 같이 회로를 작성한다.
2. [Simulate] ➡ [Instruments] ➡ [Agilent Multimeter] 계측기를 가져온다.

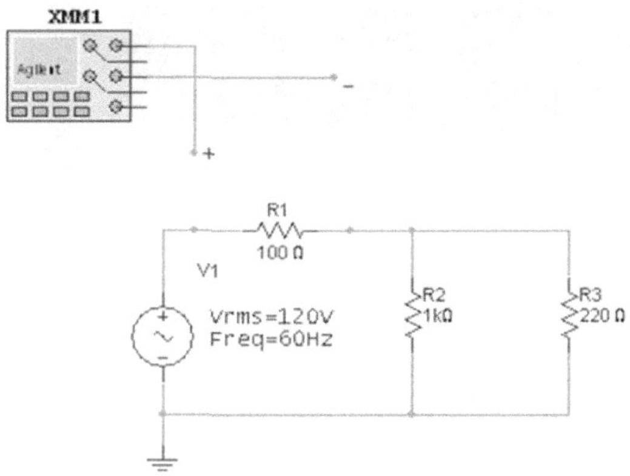

3. 아래의 지시 사항에 따라 측정한다.

① Agilent 멀티미터의 "+"를 R1의 좌측 노드(node)에 연결, "-" 단자를 R1 우측 노드에 연결한다.

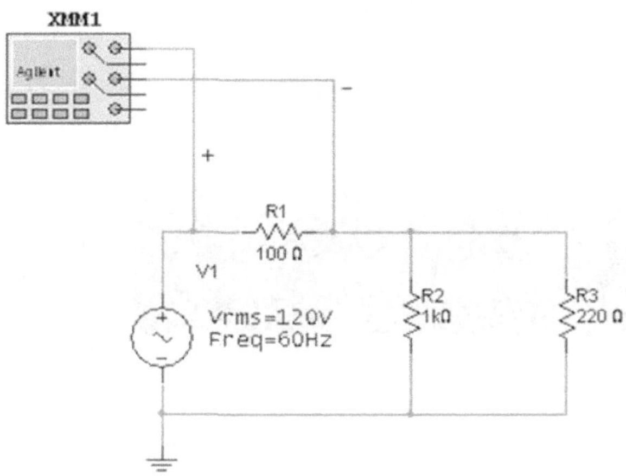

② 멀티미터를 더블 클릭하여 전원(Power)를 클릭한다. AC V 버튼을 클릭한다.

③ 시뮬레이션 실행 버튼(단축키 : F5)을 클릭하거나 메뉴에서 [Simulate] ➡ [Run]을 클릭하여 저항 R1에서의 전압강하 VR1을 측정한다.

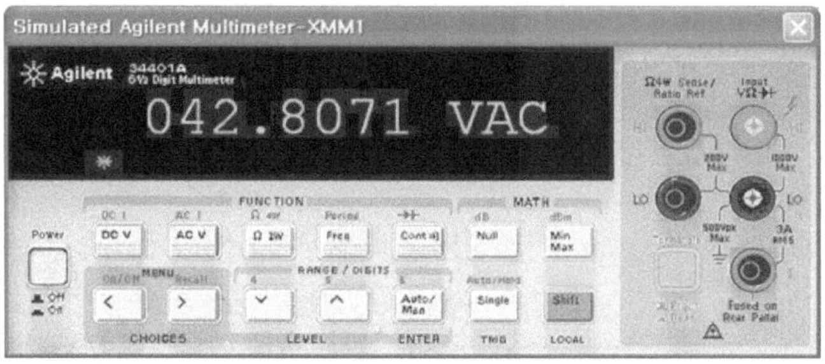

④ 위의 방식으로, 저항 R2 및 R3 양단의 전압강하 VR2 및 VR3를 측정한다.

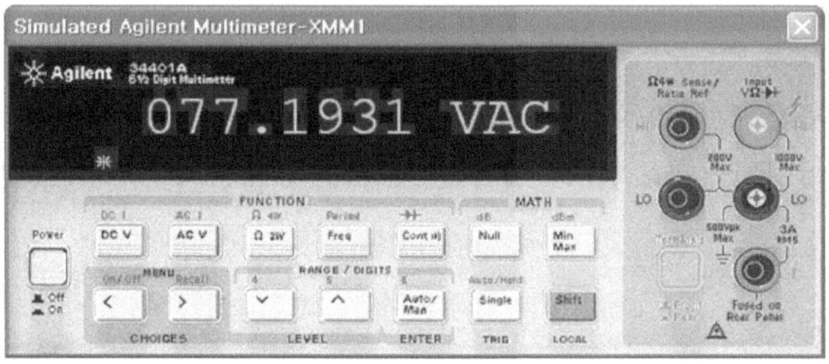

⑤ Freq 버튼을 클릭하여 주파수를 확인한다.

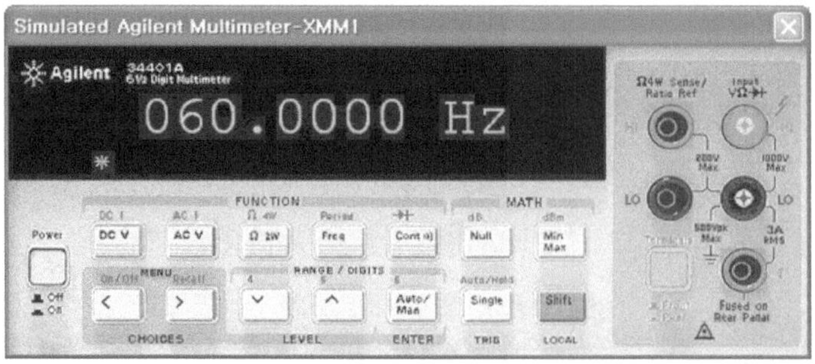

⑥ Shift + Freq 버튼을 클릭하여 주기(Period)를 측정한다.

⑦ AC 전원 V1을 삭제하고 아래의 그림과 같이 멀티미터를 연결한다.

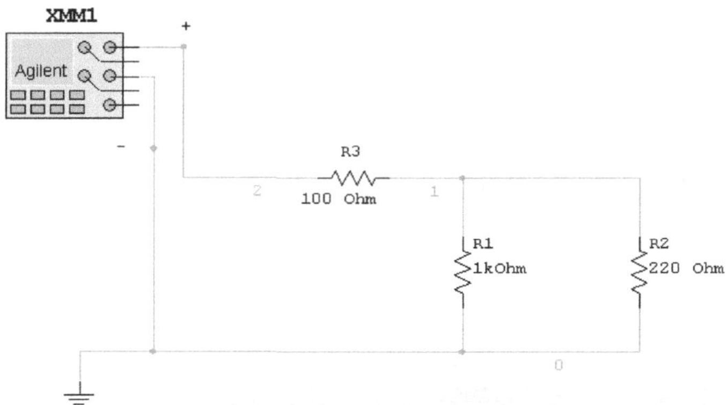

⑧ 멀티미터를 더블 클릭하여 시뮬레이션을 실행한다. Ω 2W 버튼을 클릭하여 총 저항값을 측정한다.

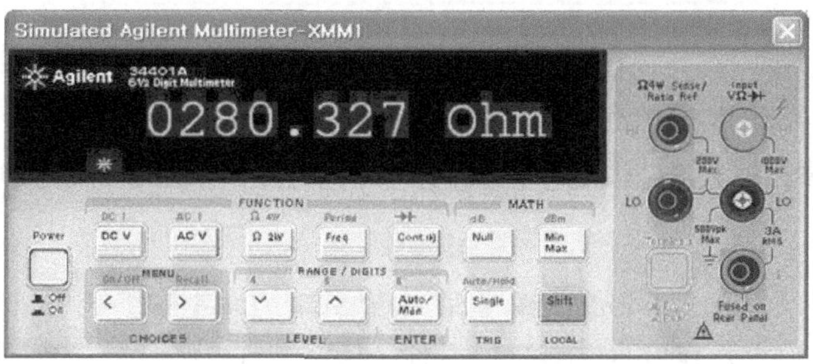

⑨ 이제는 전류를 측정해 보자. 아래의 그림과 같이 AC 전원을 연결한다.

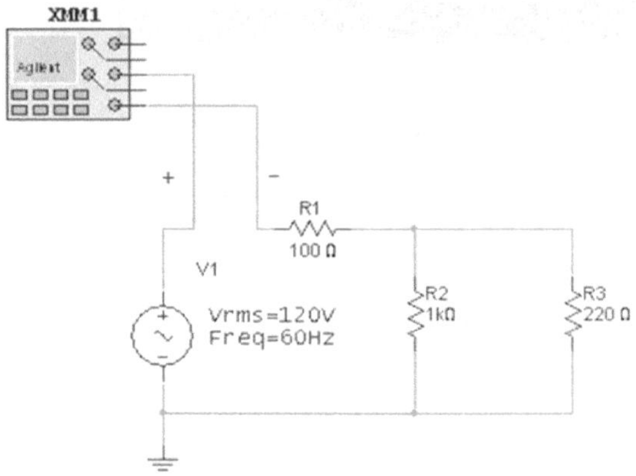

⑩ Agilent 멀티미터를 더블 클릭하여  버튼을 클릭하여 전원을 넣는다. 전류를 측정하기 위해  + 버튼을 클릭하고 시뮬레이션을 실행하여 전류를 측정한다.

5-17 Agilent Oscilloscope

Agilent사의 오실로스코프 54622D 모델로 아날로그 및 디지털 혼합 모드의 측정이 가능하다. 즉 2개의 아날로그 채널과 16개의 로직 채널을 지원한다.

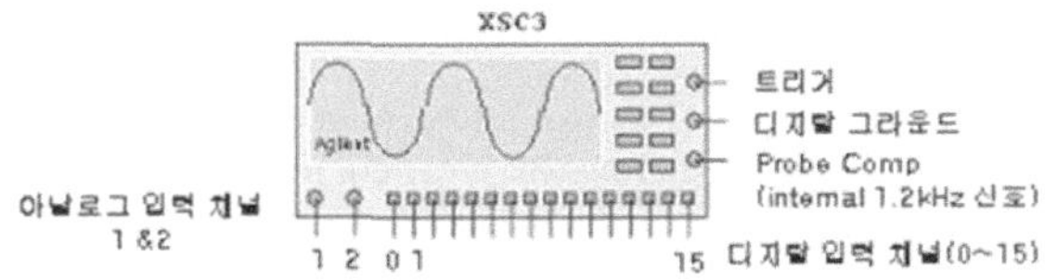

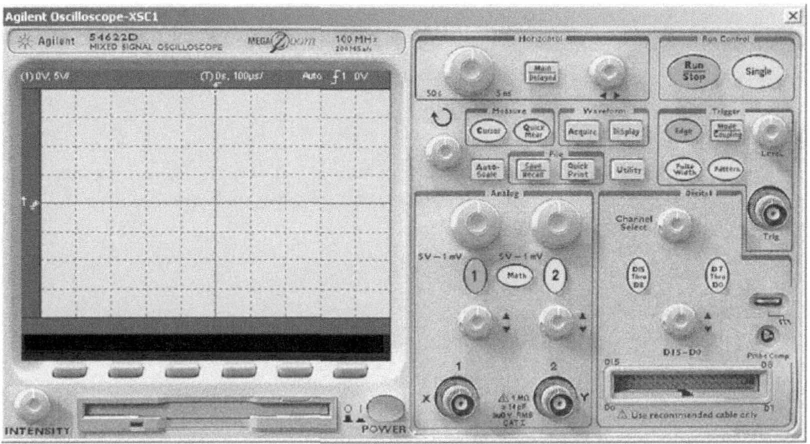

- Agilent Oscilloscope 사양

Running Mode:	Auto, Single, Stop
Trigger Mode:	Auto, normal, auto-level
Trigger Type:	Edge trigger, pulse trigger, pattern trigger
Trigger Source:	Analog signals, digital signals, external trigger signal
Display Mode:	Main, delay, roll, XY
Signal Channels:	2 analog channels, 1 math channel, 16 digital channels, 1 probe signal for testing purposes
Cursors:	4 cursors

Math Channel:	FFT, multiply, subtract, differentiate, integrate
Measurements:	Cursor information, sampling information, frequency, period, peak-peak, maximum, minimum, rise time, fall time, duty cycle, RMS, width, average, X at max
Display Controls:	Vector/point on traces, trace width, background color, board color, grid color, cursor color
Auto-scale/Undo:	Yes
Print Traces:	Yes
File:	Save data into a DAT format file; can be converted and displayed on the system graph window

[예제] Agilent 오실로스코프 사용법

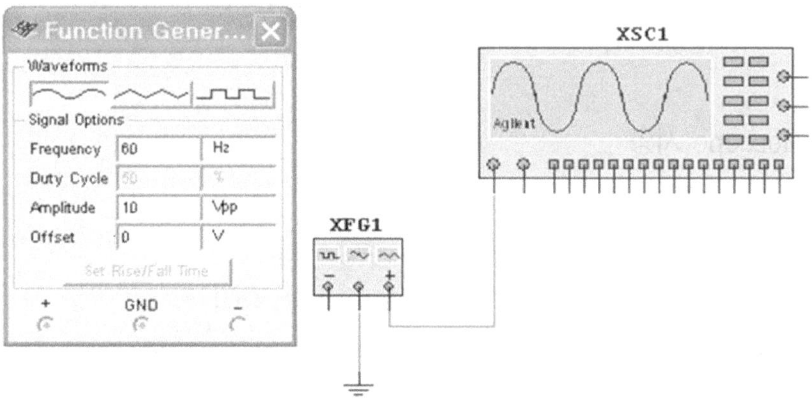

1. 위의 그림과 같이 Function Generator에 Agilent Oscilloscope를 가져와 배치하고 더블 클릭 실물과 같이 확대한 후 전원(Power 버튼) 버튼을 클릭한다.

2. [Simulate] ➡ [Run]을 클릭하여 시뮬레이션을 실행한다.

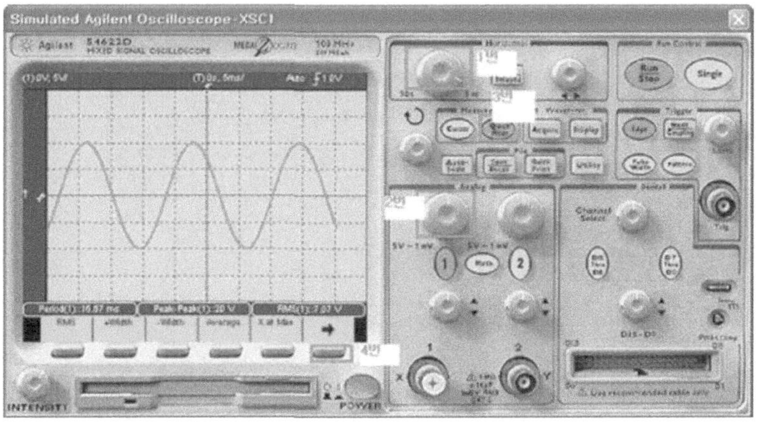

3. 위의 Agilent Oscilloscope 파형에서
   - 1번 버튼 : X축(Time) 크기 설정 버튼
   - 2번 버튼 : Y축 크기 설정 버튼
   - 3번 버튼 : 측정 메뉴
   - 4번 버튼 : 측정 변수 메뉴 버튼

4. 여기서 1번, 2번 버튼을 이용하여 오실로스코프의 파형을 적절히 조정한다. 3번 버튼을 클릭하면, 오실로스코프의 창 아래에 측정할 변수들의 목록이 나타난다. 여기서 측정을 원하는 변수(Peak to Peak, RMS, Frequency, Period 등) 버튼을 클릭하면 정확한 수치를 확인할 수 있다.

[예제] Agilent 함수 발생기와 오실로스코프 사용법

Agilent 함수 발생기와 Agilent 오실로스코프를 사용하여 전압, 주파수, 그리고 주기 등을 측정하는 방법을 이해한다.

1. 아래의 그림과 같이 [Simulate] ➡ [Instruments] ➡ [Agilent Function Generator]와 [Agilent Oscilloscope]를 가져와 적당한 위치에 배치한다.

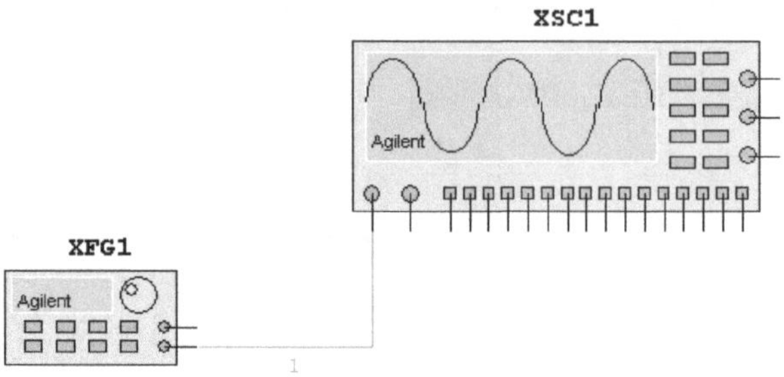

2. Agilent 함수 발생기를 더블 클릭하여 전원(Power) 버튼을 클릭한다.

3. Agilent 함수 발생기에 아래와 같은 신호를 설정하기로 한다.
   Sinewave, 주파수 : 100Hz, 진폭 : 250mVpp, offset 전압: +50mV

4. 먼저, [AM] 버튼을 클릭하고 원형 버튼을 움직여 200mVpp 값으로 설정한 다음, [>] 버튼을 클릭하여 두 번째 자리에 커서가 점등하도록 하고 원형 버튼을 클릭하여 250 mVpp로 설정한다.

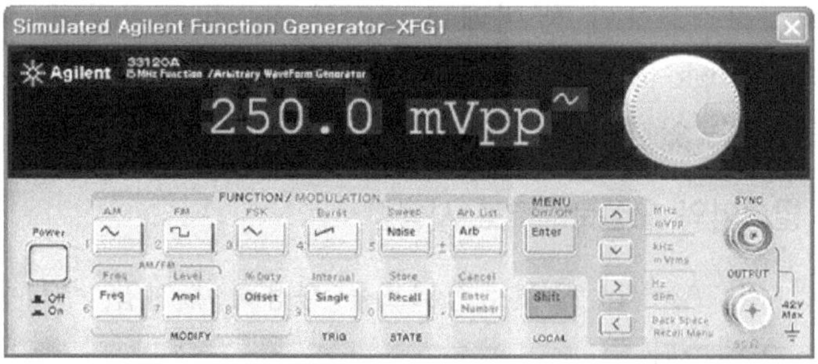

5. [Freq] 버튼을 클릭하여 100Hz로 설정한다.

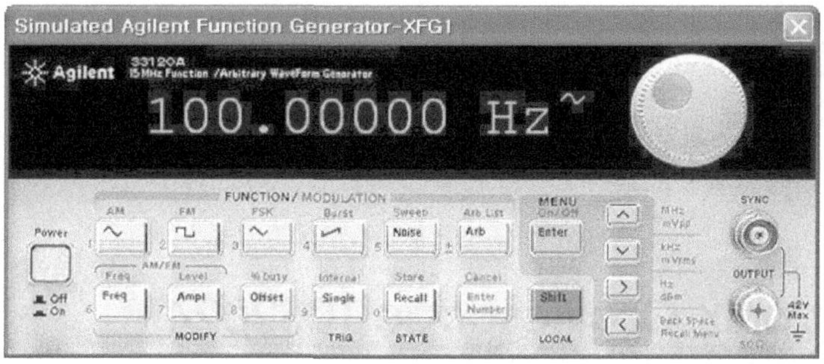

6.  버튼을 클릭하여  버튼을 한 번 클릭하여 +50mV로 설정한다.

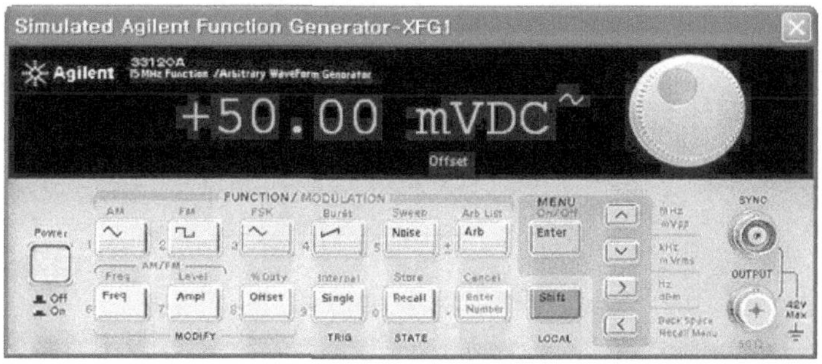

7. Agilent 오실로스코프를 더블 클릭하여 전원(Power) 버튼을 클릭한다.
8. 시뮬레이션(F5)을 실행하여 오실로스코프를 적절히 조정하여 파형을 관찰한다.

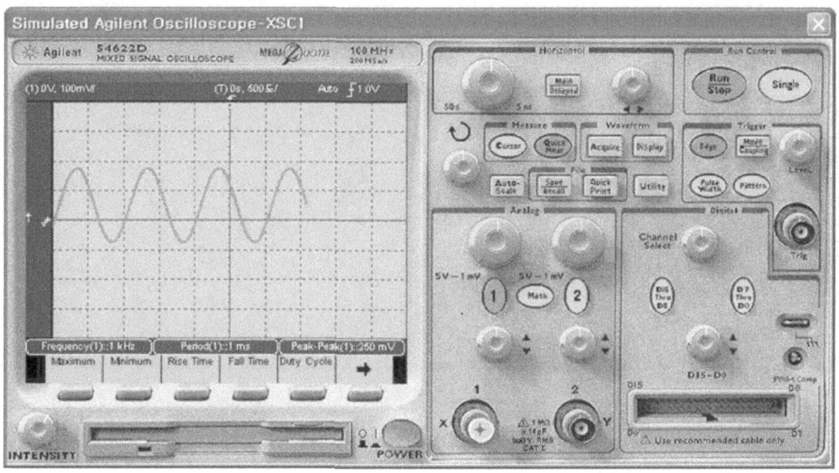

주의

Agilent 계측기에 대한 자세한 매뉴얼은 Agilent사의 web이나 http://www.electronicswoekbench.com에서 다운로드 받을 수 있다.

5-18 Tektronix Oscilloscope(TDS2024)

Tektronix 오실로스코프는 Tektronix사에서 제공하는 TDS2024 실모델로 200MHz 대의 4채널 오실로스코프이다.

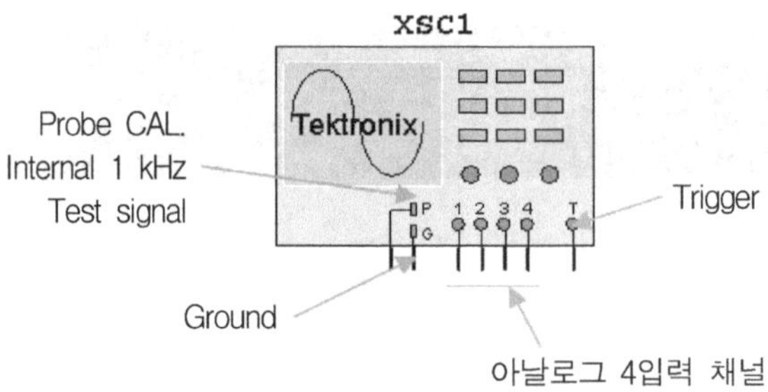

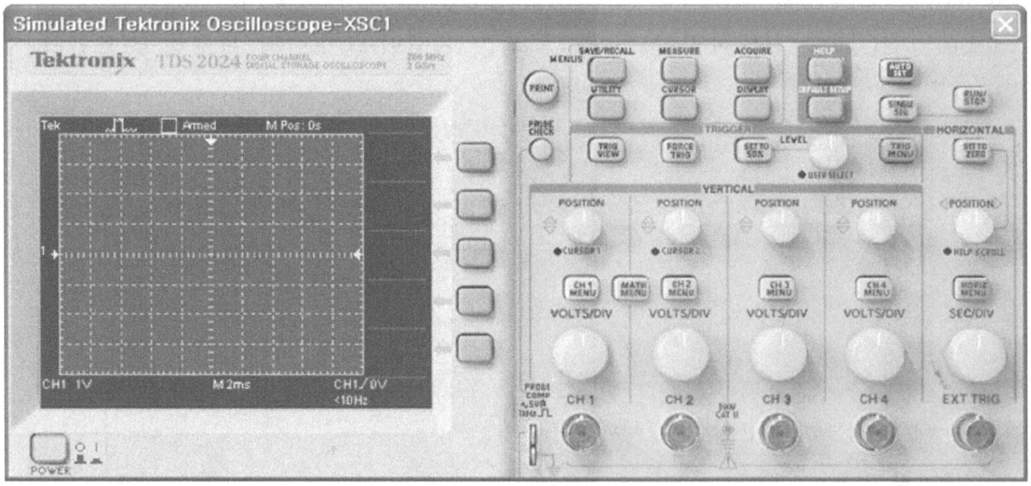

- Tektronix 오실로스코프 사양

Most of the features that are documented in the Tektronix TDS 2024's User Guide are available in its simulated version. These include:

Running Mode: Auto; Single; Stop.
Trigger Mode: Auto; Normal.
Trigger Type: Edge Trigger; Pulse Trigger.
Trigger Source: Analog signals; Extent trigger signal.
Display Mode: Main; Window; XY, FFT, Trig View.
Signal Channels: 4 analog channels; 1 math channel; one probe signal in 1kHz for testing purposes.
Cursors: 4 cursors. Math
channel: FFT; +; -.
Measurements: Cursor information; Frequency; Period; Peak-Peak; Maximum; Minimum; Rise time; Fall time; RMS; Mean.
Display controls: Vector/Point on traces; Contrast color control.

5-19 측정 프로브(Measurement Probe)

시뮬레이션 실행 동안 노드(node)에 걸리는 전압 및 피크(peak) 전압, 그리고 주파수 등을 정확한 수치로 바로 측정할 수 있다. 계측기들을 이용하여 각각의 노드에 걸리는 전압 값들을 측정을 할 수 있지만, 'Measurement Probe'를 사용하면 실시간으로 전압 및 전류 값들을 살펴볼 수 있다.

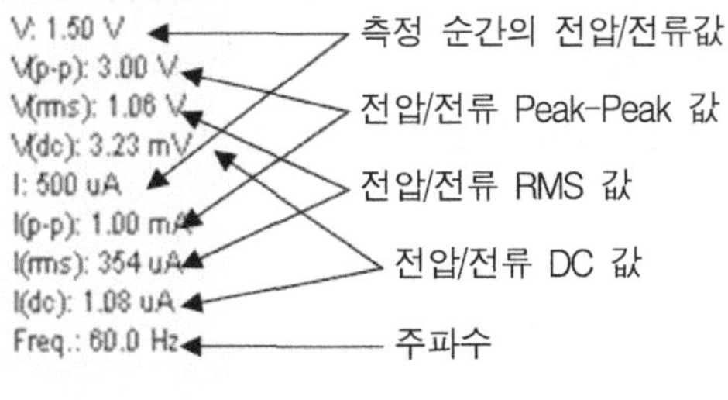

[예제] Measurement Probe 사용법

측정 프로브를 사용하여 시뮬레이션 실행 동안 노드에 걸리는 전압 및 피크 전압, 그리고 주파수 등을 측정하여 본다.

아래의 그림과 같이 [Simulate] ➡ [Instruments] ➡ [Measurement Probe]를 가져와 측정하고자 하는 위치에 배치한다.

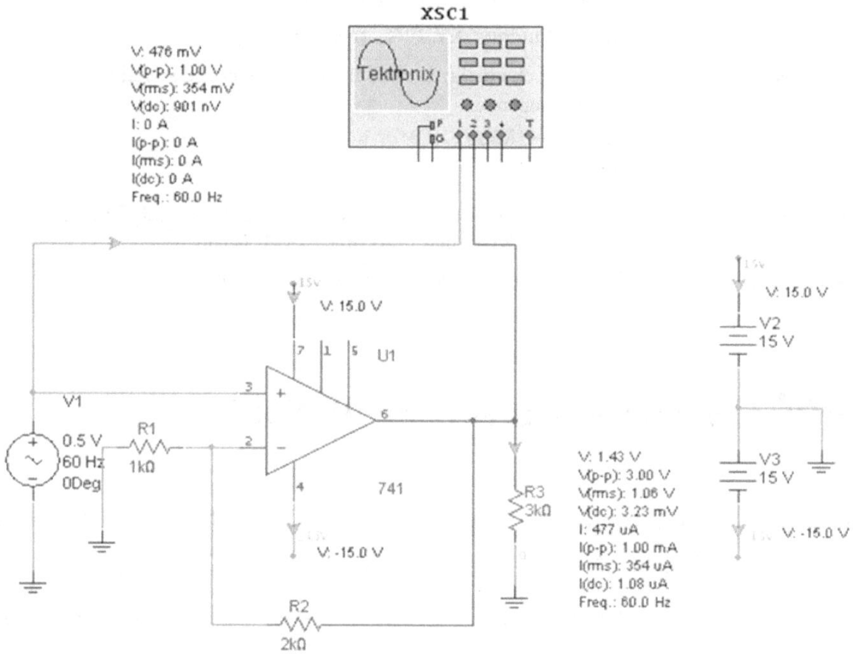

측정 프로브 위에서 마우스 오른쪽 버튼을 클릭하여 "Show Comment /Probe" 메뉴를 이용하여 숨기거나 보이게 할 수 있으며, 측정 프로브를 표시해 주는 녹색 화살표 위에 마우스를 올리면, 숨겨져 있는 측정 프로브가 보이게 된다.

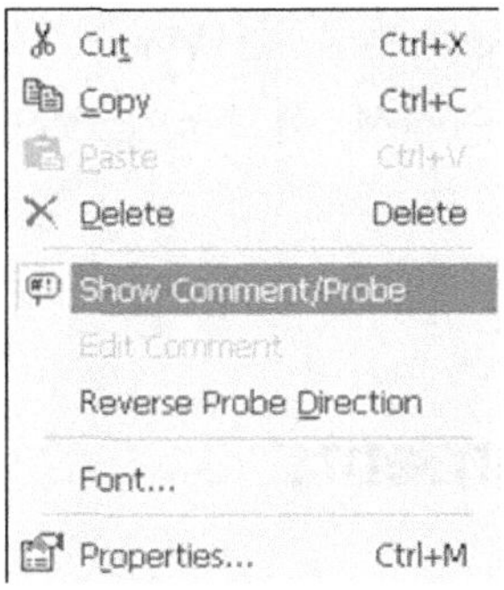

측정 프로브는 사용자가 원하는 값만 Display 할 수 있게끔 설정이 가능하다. 위의 예제에서 Op-amp나 DC 전원에 전압값만 나타나게 설정할 수 있는 방법은 아래와 같다. 먼저 측정 프로브를 마우스로 더블 클릭하면 아래의 그림과 같이 속성 창이 나타난다.

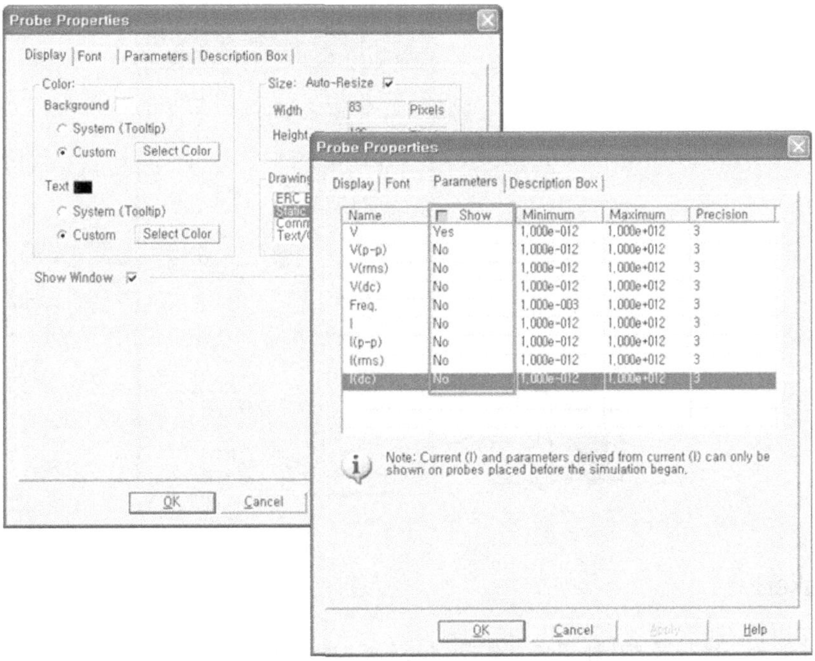

측정 프로브 속성 창의 Parameters 탭을 선택하고 'Show' 컬럼(column)을 마우스로 2번 클릭, 모두 'No'로 변경된다. 여기서 회로도에 보여질 이름들만 마우스로 클릭하여 'Yes'로 설정한다.

5-20 LabVIEW Instruments

Multisim은 National Instrument사의 LabVIEW의 계측기를 일부를 지원하고 있다.

• **마이크(Microphone)**

컴퓨터 사운드 장치로부터 오디오를 기록하여 signal source와 같은 음성 데이터를 출력하는 계측기로 활용한다.

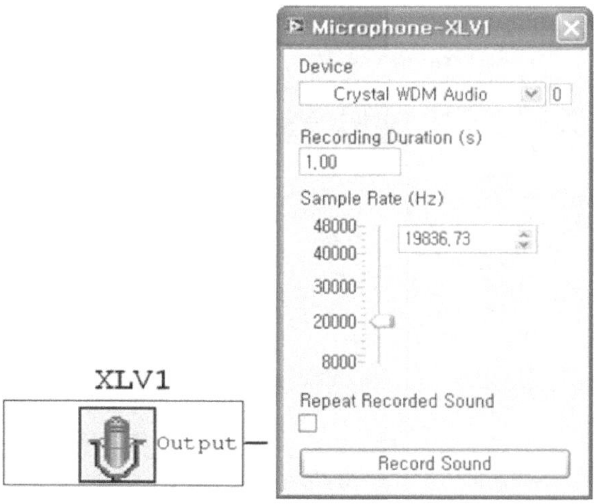

• **스피커(Speaker)**

컴퓨터의 사운드 장치를 이용하여 입력 신호를 재생한다.

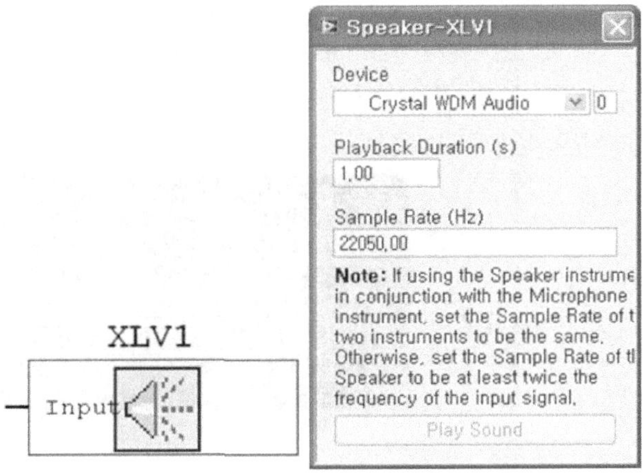

아래의 그림은 마이크와 스피커 계측기를 이용한 예제 회로이다.

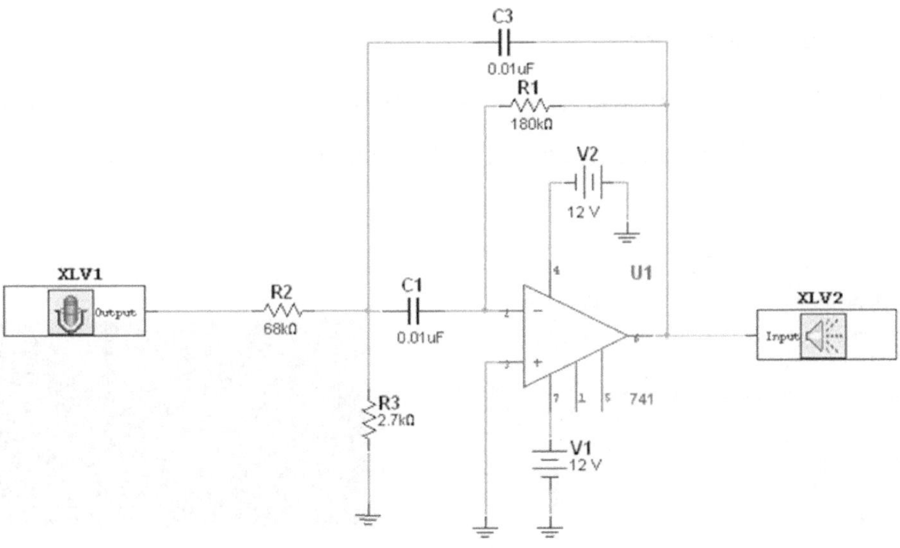

• 신호 분석기(Signal Analyzer)

아래의 그림과 같이 입력 신호의 time-domain data, auto power spectrum, 그리고 running average 등으로 표시한다.

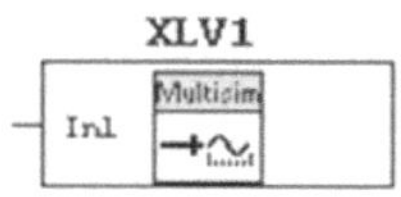

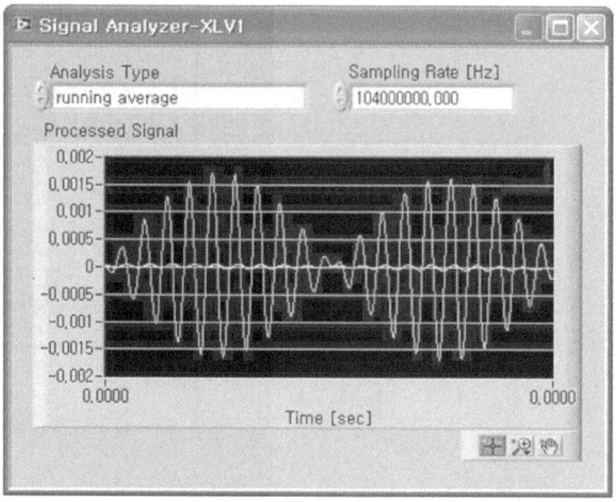

• 신호 발생기(Signal Generator)

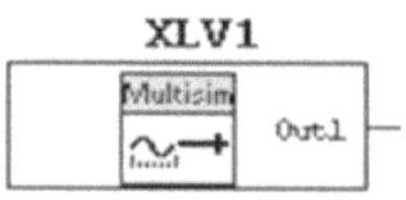

함수 발생기와 같이 사인파(sine wave), 삼각파(triangle wave), 구형파(square wave) 및 톱니파(sawtooth wave)를 발생시킨다.

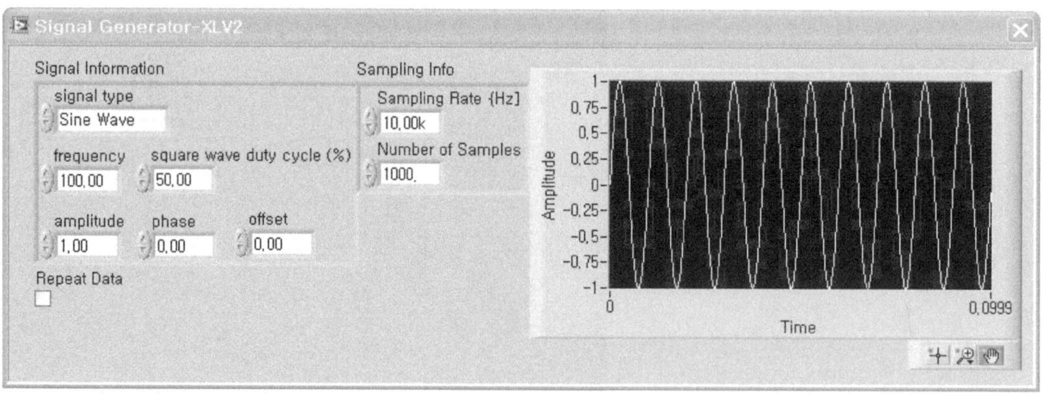

5-21 전류 프로브(Current Probe)

전류 프로브는 전선 주위에 발생하는 자력을 이용해 전류를 측정하는 계측기로 출력단자는 오실로스코프와 연결되어 있고, 전류는 전압/전류의 비에 의해 결정된다.

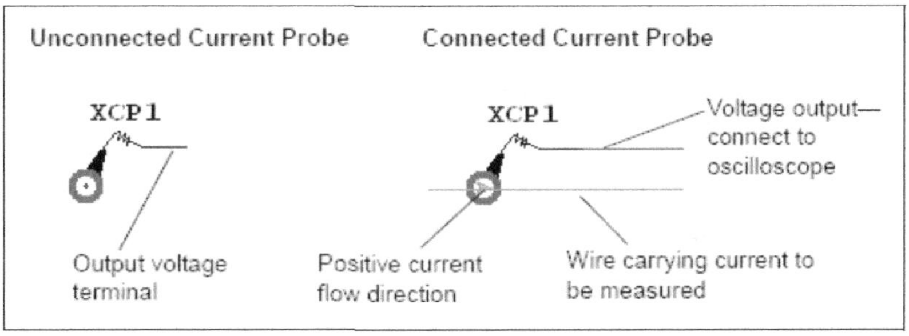

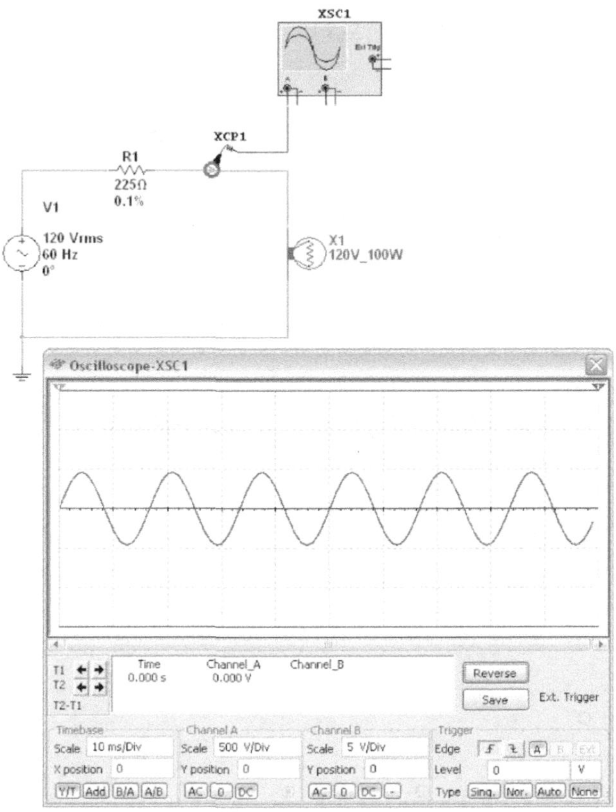

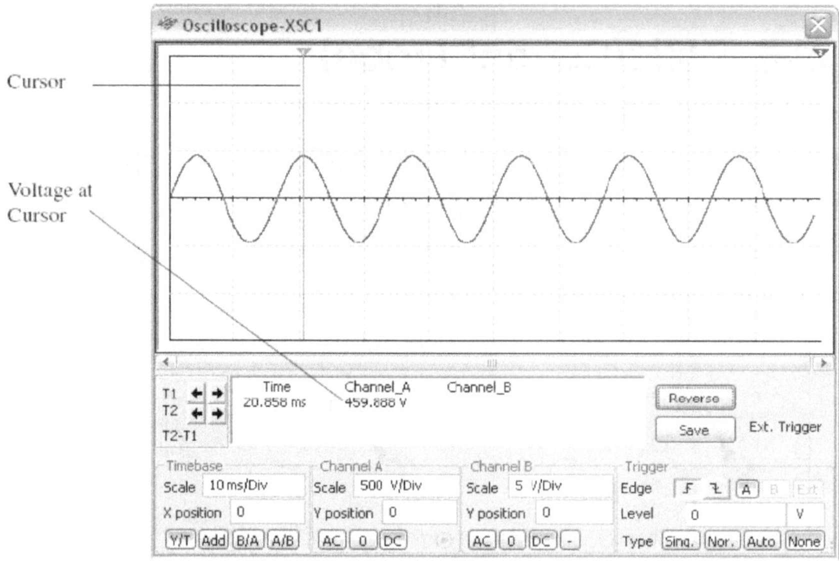

전류의 값은 전압/전류의 설정비로 읽는다.

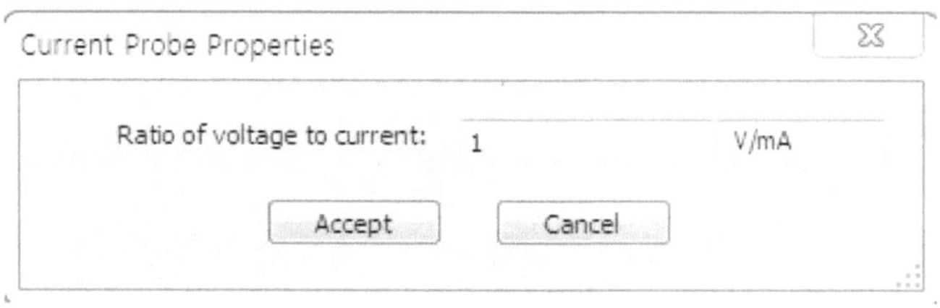

따라서 위의 예에서는 1V/mA의 설정으로부터 459.908mA 가 측정되었다.

제6장

해석(Analysis)

Multisim에서는 회로를 해석 하는 데 있어 계측기(오실로스코프, 로직 분석기 등)들을 이용한 측정과 강력한 해석(Analysis) 기능을 제공함으로써, 회로를 보다 깊이 있게 이해하고 계측기로는 해석이 어려운 부분까지도 이해를 돕고 있다.

이 장에서는 Multisim에서 제공하는 다양한 해석법들을 각각의 예제를 통해 사용하는 방법을 익히도록 한다.

6-1 직류 동작점 해석(DC Operating Point)

직류 동작점 해석은 회로의 DC 동작 점(Q 점)을 결정하는 것이다.

① 해석 시 가정 : 직류 동작점 해석은 AC 전원의 경우에는 Short(출력이 Zero인 것으로 간주), 커패시터 C의 경우에는 open, 인덕터 L의 경우에는 Short, 그리고 디지털 부품은 큰 저항으로 접지된 것으로 간주하여 계산된다.

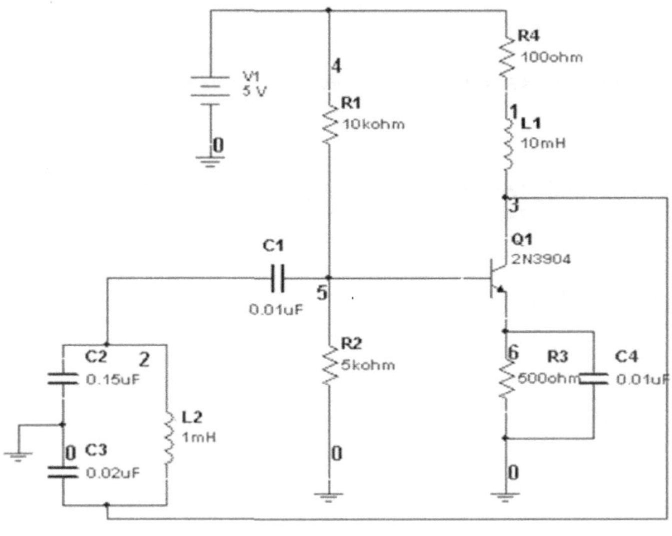

② Multisim에서는 별도의 Probe를 사용하지 않고 회로의 노드(node) 번호를 이용한다. 이를 위해서는 노드 번호를 회로도 상에서 표시해야 하는데, 메인 메뉴의 [Option] ➡

[Sheet Properties]에서 "Circuit" 탭의 "Net Names" 상자의 "Show All"이나 "Use Net-specific Setting"을 체크하면 아래 그림과 같이 schematic 상에 각 노드 번호를 보여준다.

③ 앞의 회로는 콜피츠 발진기 회로이다. 직류 동작점 분석을 시작하면 Multisim은 다음과 같이 회로를 줄인다.

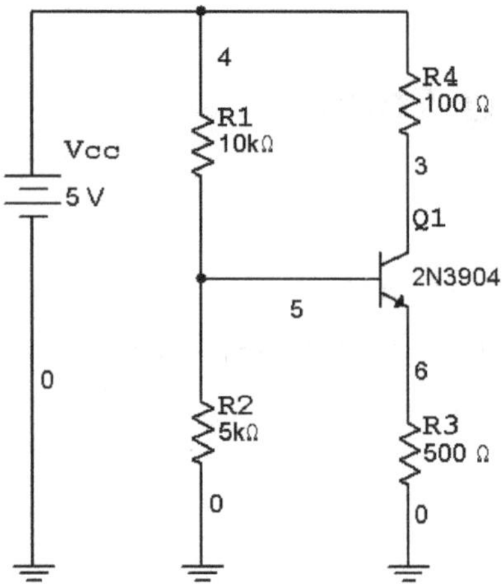

노드 3에서 출력 전압 계산

$V_{BASE} = V_1 \times \frac{R_2}{(R_1 + R_2)} = 1.67\,V$ (Q1의 베이스 전압)

$V_e \approx 1.67 - 0.7 = 0.97\,V$ (Q1의 에미터 전압)

$I_e = \frac{V_e}{R_3} = 1.9\,\text{mA}$ (Q1의 에미터 전류)

$I_e \cong I_c$

$V_{OUT} = V_{cc} - I_c \times R_4 = 4.81\,V$

④ 메인 메뉴의 [Simulate] ➡ [Analyses] ➡ [DC Operating Point]를 선택한다.

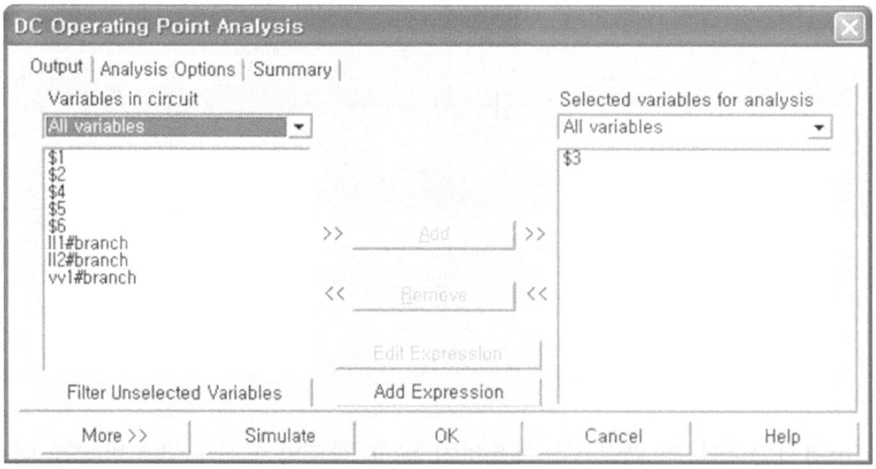

⑤ 위의 창의 왼쪽에 "Variable in circuit" 창의 측정하고자 하는 변수를 선택하여, 중앙의 Add 버튼을 클릭하여 우측의 변수(출력 노드)란으로 보내, 해당 노드의 직류 동작점을 출력한다.

주의

회로를 작성하신 분들은 위 회로의 노드 번호가 틀리다. 따라서 해당 노드 번호를 선택하여 시뮬레이션을 실행해야 한다.

⑥ 출력 변수를 모두 선택을 완료했으면, Simulate 버튼을 클릭하면 다음과 같이 각 노드의 직류 동작점 결과가 출력된다.

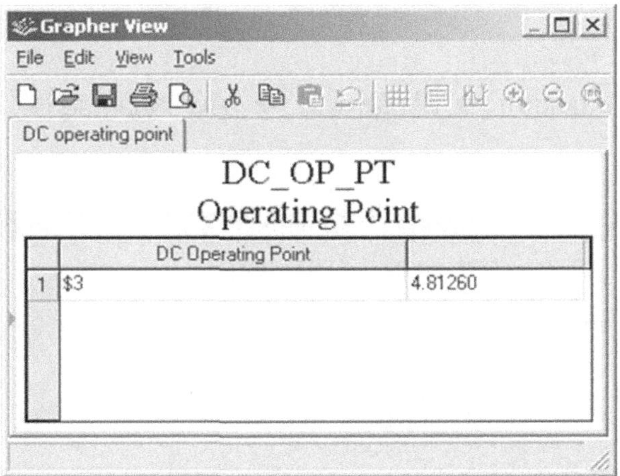

6-2 교류 해석(AC Analysis)

교류 해석은 입력 주파수를 변화시켜 가면서 선형 회로의 주파수 응답을 계산할 때 사용한다. DC 동작점이 먼저 계산되고 나서 교류 해석이 수행된다.

① 해석 시 가정 : AC 해석에서는 DC 전원은 "short", AC 전원과 커패시터, 인덕터는 AC 모델로 간주된다. 그리고 모든 입력의 교류 전원은 사인파로 간주한 후 해석한다.

② 아래의 5V DC Power Supply 회로를 이용하여 교류 해석을 수행하여 보자.

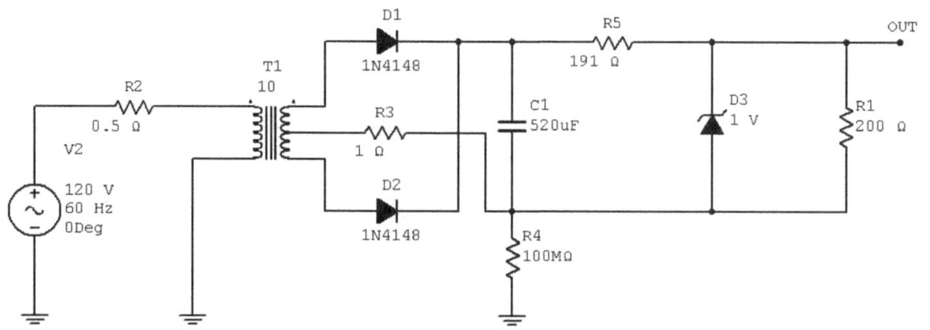

③ 메인 메뉴에서 [Simulate] ➡ [Analyses] ➡ [AC Analysis]를 선택한다.

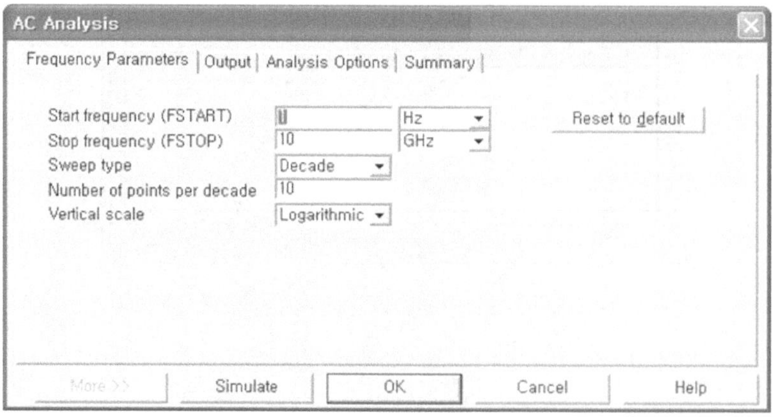

④ 교류 해석(AC Analysis) 대화 창의 구성은 다음과 같다.

AC Analysis 대화 상자			
항목	초깃값	단위	항목 해설
Start frequency(FSTART)	1	Hz	Sweep 시작 주파수
Stop frequency(FSTOP)	10	GHz	Sweep 종료 주파수
Sweep type	Decade		Decade/Linear/Octave
Number of points per decade	10		선형 그래프 해석을 위한 시작과 끝 점의 수
Vertical scale	Logarithmic		Linear/Logarithmic/Decimal/Octave
Output Node	$out		출력을 위한 노드 선택

⑤ 해석을 위한 출력 노드는 "$out"을 선택한다.

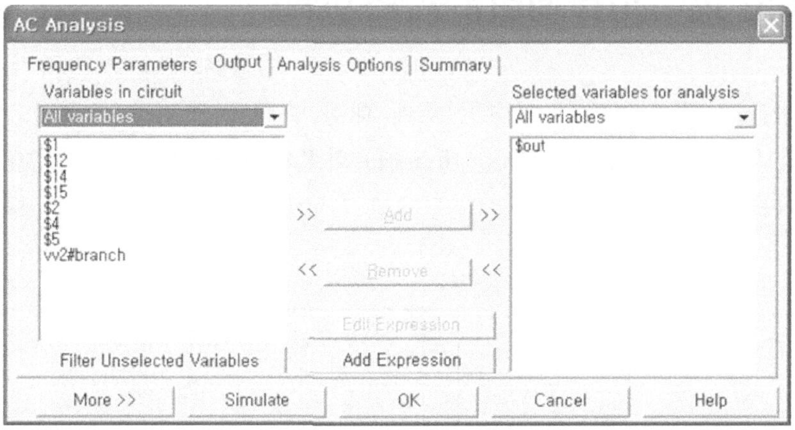

Simulate 버튼을 클릭하면 아래와 같이 2개의 그래프가 나타난다. 하나는 "이득-주파수" 그래프이며, 다른 하나는 "위상-주파수" 그래프이다. 교류 해석 방식은 Multisim에서 제공하는 보드 "선도계(Bode Plotter)" 계측기와 유사한 해석 방식이다.

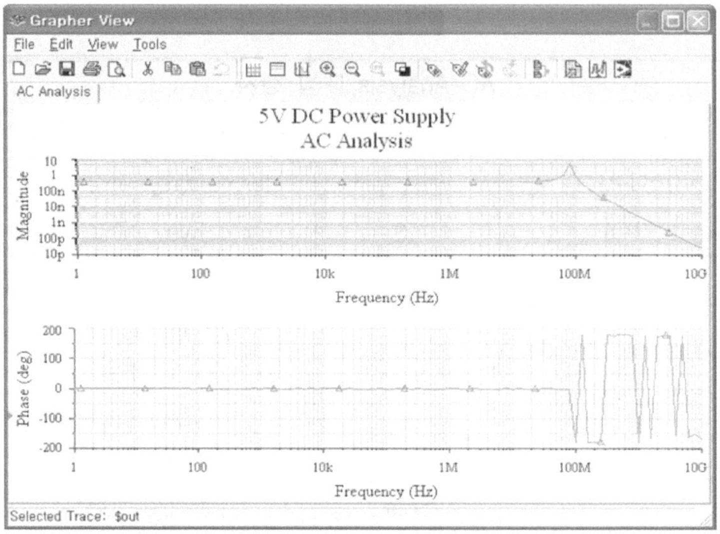

6-3 과도 해석(Transient Analysis)

① 과도 해석은 시간 영역에서 입력 신호에 대한 출력을 결정하는 해석을 말한다.

② 아래의 회로는 주파수 분할기(freq. divider) 회로이다. 입력 신호에 대한 "out" 노드의 출력 결과를 알아보자.

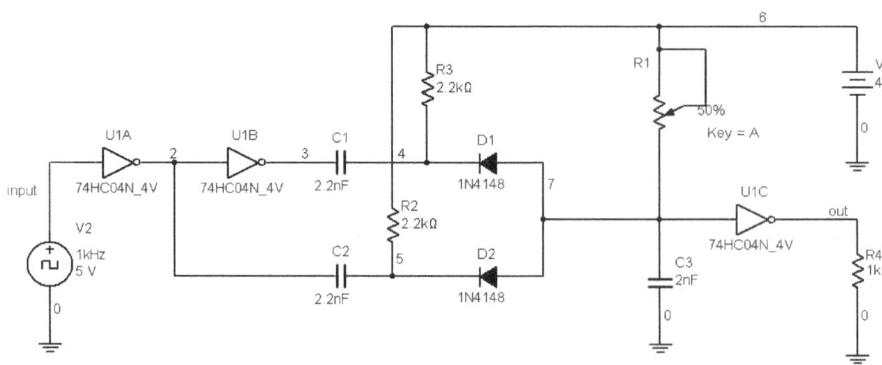

③ 메인 메뉴의 [Simulate] ➡ [Analyses] ➡ [Transient Analysis]를 선택한다.

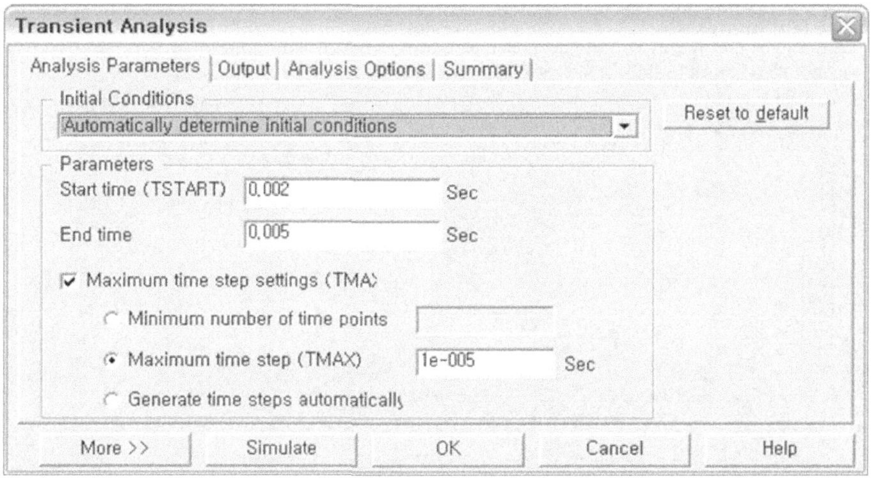

④ 과도 해석(Transient Analysis) 대화 창의 구성은 다음과 같다.

Transient Analysis 대화 상자				
항목		초깃값	단위	항목 해설
Initial Condition	Set to Zero	Disabled		Zero 초기 조건으로 실행
	User-defined	Disabled		사용자 정의 조건으로 실행
	Calculate DC Operating Point	Disabled		DC Operating Point 해석 실행
	Automatically determine initial conditions	Enabled		프로그램에서 최적화되어 있는 자동 조건으로 실행
Start time(TSTART)		0.002	sec	해석 시작 시간
End time		0.005	sec	해석 종료 시간
Maximum time step settings (TMAX)	Minimum number of time points	Disabled		해석 시작과 종료 시간을 포인트로 나누어 해석 실행
	Maximum time step(TMAX)	1e-5	sec	해석 시간 간격 설정 (시뮬레이션 시간이 좌우됨)
	Generate time steps automatically	Disabled	sec	프로그램에서 최적화되어 있는 자동 조건으로 실행

⑤ 출력 노드는 아래의 그림과 같이 $input, $out 노드를 선택한다.

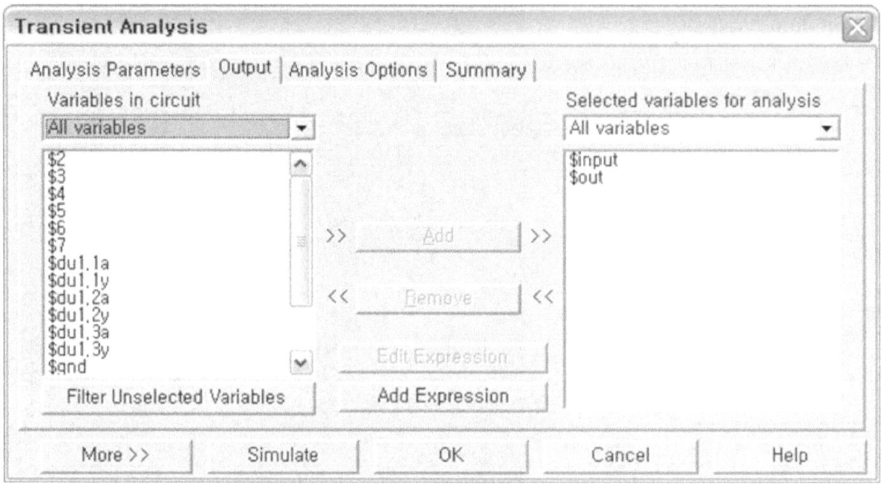

⑥ **Simulate** 버튼을 클릭하면 아래 그림과 같이 입력 및 입력 파형의 50% 듀티 사이클 (duty cycle)을 가진 출력이 나타난다.

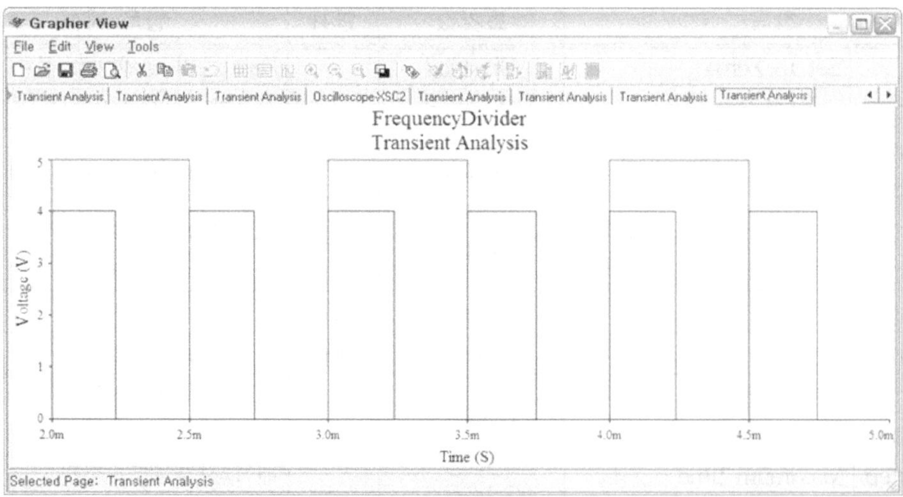

6-4 퓨리에 해석(Fourier Analysis)

① 퓨리에 해석은 복잡한 주기 파형을 해석하는 방법으로, 어떠한 비정현의 주기 함수도 sin파나 cos파와 DC 전압으로 분해하여 준다.

② 퓨리에 급수에 대한 수학적인 정의는 주기함수 f(t)에 대해 다음과 같이 주어진다.

$$f(t) = A_0 + A_1\sin\omega t + A_2\sin 2\omega t + \cdots + B_1\cos\omega t + B_2\cos 2\omega t + \cdots$$

(A_0는 직류성분 A, B는 계수)

③ 아래 회로에서 주파수 스펙트럼을 보기 위해서 퓨리에 해석을 사용하여 보자.

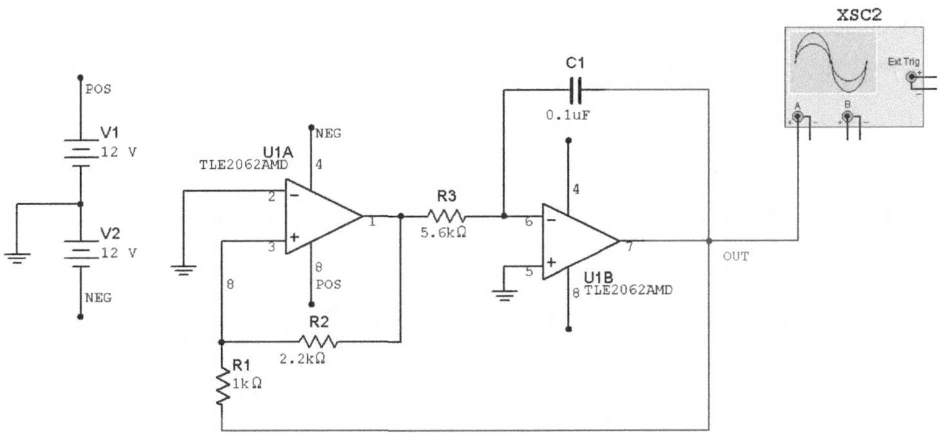

④ 메인 메뉴의 [Simulate] ➡ [Analyses] ➡ [Fourier Analysis]를 클릭한 후 파라미터 설정 창에서 기본 설정을 한다.

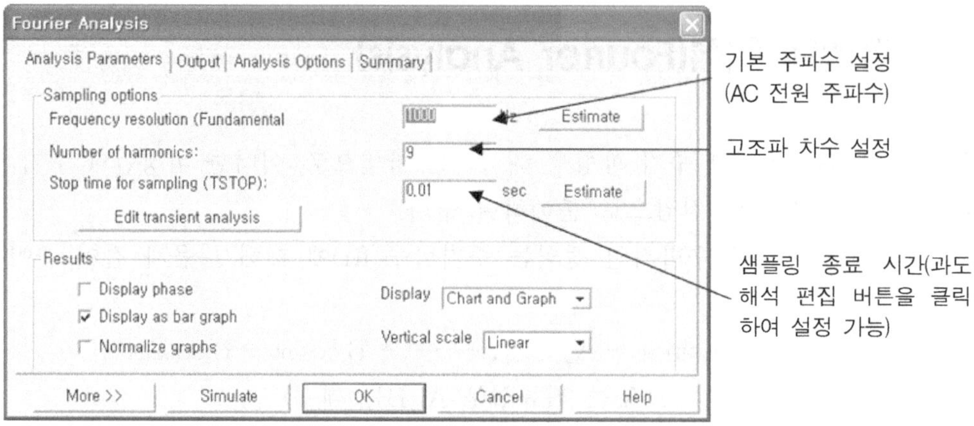

기본 주파수는 1000 Hz로 하고, 바 그래프 형식으로 출력 결과를 보고자 한다. 여기서는 바 그래프를 선택했지만, 일반적인 퓨리에 해석 그래프를 보고자 한다면, "Result"에서 "Normalize Graphs"만 선택을 하면 된다. 또한, "Display"에서는 출력 결과에 차트 형식과 그래프를 함께 볼 수도 있으며, 차트만 또는 그래프만 독립적으로 보도록 사용자가 선택할 수 있다.

⑤ 출력 노드는 "Output" 탭에서 $out 노드를 선택하고 **Simulate** 버튼을 클릭한다.

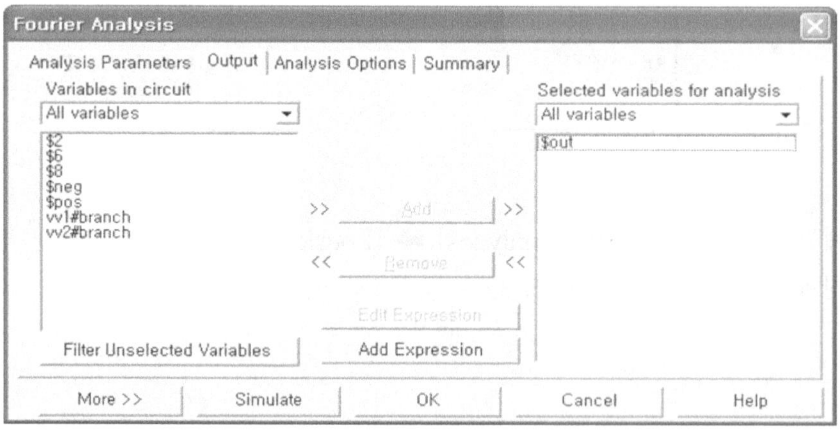

⑥ 퓨리에 해석 결과 출력

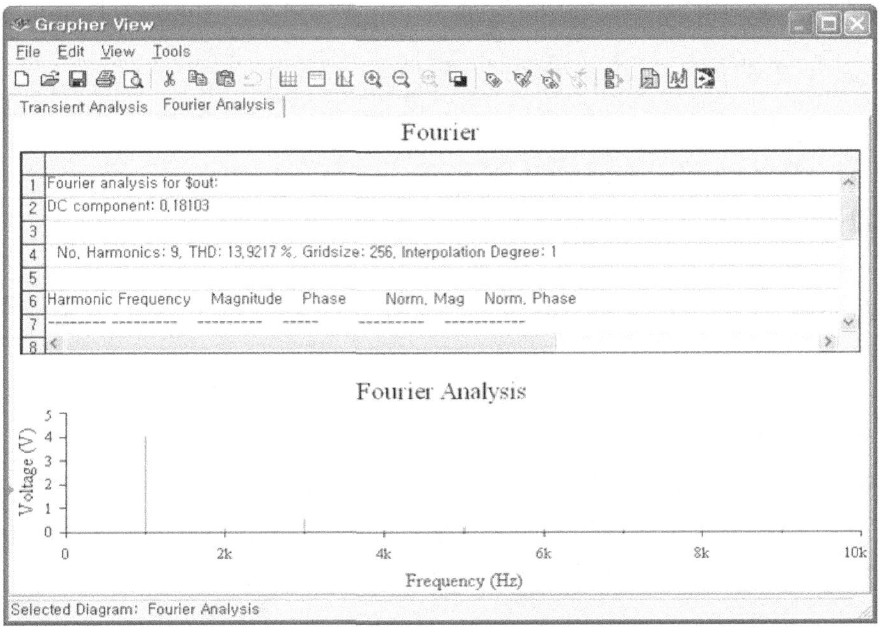

6-5 잡음 해석(Noise Analysis)

① 회로 내에서 사용하는 저항과 반도체 소자들은 아날로그 및 디지털 회로에 영향을 주는 노이즈를 발생한다. 잡음 해석은 잡음 전력의 크기를 검사하는 것으로써, 이러한 노이즈에 대해 해석하려면 교류 해석과 병행해야 한다. 즉 교류 해석의 각 주파수에 대하여 회로 내의 각 소자에서 발생하는 노이즈 양을 계산하고 출력 노드에 미치는 영향을 분석하고 입력 전원과 출력 전압 사이의 이득을 계산한다. 이러한 계산을 토대로 하여 특정 전원에서의 등가 입력 노이즈 양을 계산한다.

② Multisim에서는 다음과 같은 3가지 잡음이 계산된다.

- Thermal noise(열 잡음)

모든 도전체(저항체)는 전자의 불규칙한 운동에 의하여 열 잡음이 항상 발생하며, 주파수 대역과 관계없이 모든 주파수 대역에서 동일하게 나타나는 백색 잡음이다.

Johnson 공식에 의한 잡음에 의해서 발생하는 전력은 다음과 같다.

$P = K \times T \times BW$

여기서 k=Boltzman's constant(1.38 x 10^{-23}) J/K)

T=Kelvin 저항 온도(T=273+℃)

BW=주파수 대역폭

직렬 저항을 가진 실효 전압원에 의한 열 잡음 전압은 다음 식으로 표시할 수 있다.

$V^2 = 4KTR \times BW[V^2]$

- Shot noise (산탄 잡음)

반도체 접합부를 전류가 통과할 때 또는 열전자 방출의 랜덤한 거동 등에 있어서 생기는 잡음으로 저항의 열 잡음과 마찬가지로 넓은 대역폭을 가진 백색 잡음이다.

다이오드의 shot noise 공식은 다음과 같다.

$i = \sqrt{(2q \times Idc \times BS)}$

여기서, i=shot noise(RMS 전류)

q=전하량(1.602 x 10^(-19) [C]

Idc=DC 전류[A]

BW=대역폭[Hz]

- Flicker Noise(깜빡이 잡음)

Flicker Noise, 흔히 1/f noise라고 불리는 이것은 능동 소자(active device)가 안고 있는 고유의 잡음으로서, 주파수에 반비례하기 때문에 1/f 라는 이름이 붙어다닌다. Flicker Noise는 능동 소자의 내부에서 발생하는 잡음을 주파수축으로 표시했을 때, 저주파 쪽에서 갑자기 크게 증가하는 형상으로 보인다. 주파수에 반비례하고 온도와 직류 전류에 정비례하며 그 공식은 다음과 같다.

$V^2 = K \times Idc / f$

여기서, k = Boltzman's constant(1.38 × 10^{-23} J/K)

Idc = DC 전류[A]

f = 신호 주파수[Hz]

③ 잡음 해석(Noise Analysis) 대화 창의 구성은 다음과 같다.

Noise Analysis 대화 상자		
항목	초깃값	항목 해설
Input noise reference source	임의의 전원	AC 전압원
output node	절점 번호	모든 잡음이 합해질 절점
reference node	0 (Gnd)	참조 전압
start freq.	1 Hz	시작 주파수
stop freq.	10 GHz	종료 주파수
sweep type	decade	decade/linear/octave
Number of points	10	시작과 끝 주파수 내의 포인트 수
Vertical scale	Log	logarithmic/linear/decimal/octave
Set points per summary	Disabled	Disabled/Enable
Points per summary component	수치	points per summary가 enable일 때 합산될 곳

④ 아래는 인버팅 앰프(Inverting Amplifier) 회로로 저항에 의한 잡음 전압을 계산하고, 잡음 스펙트럼 그래프를 분석하여 보자.

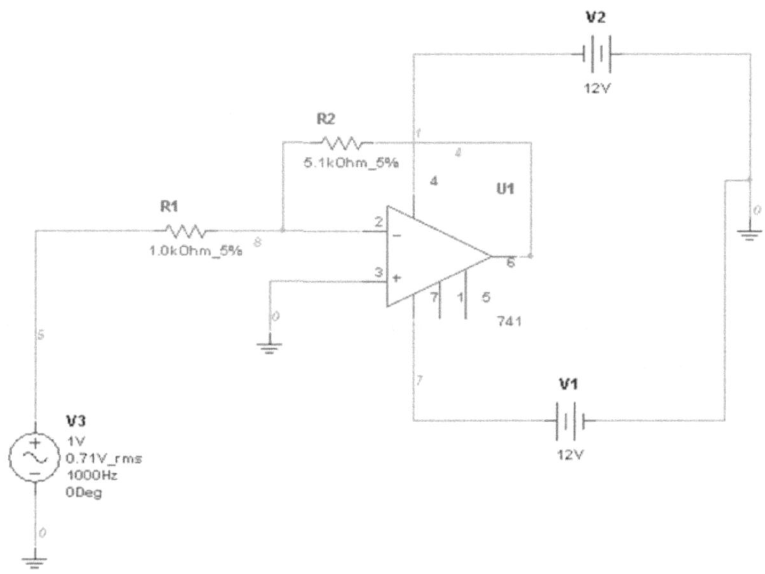

⑤ 메인 메뉴의 [Simulate] ➡ [Analyses] ➡ [Noise Analysis]를 클릭하여, 활성화되는 세팅 창에서 각종 파라미터를 설정한다.

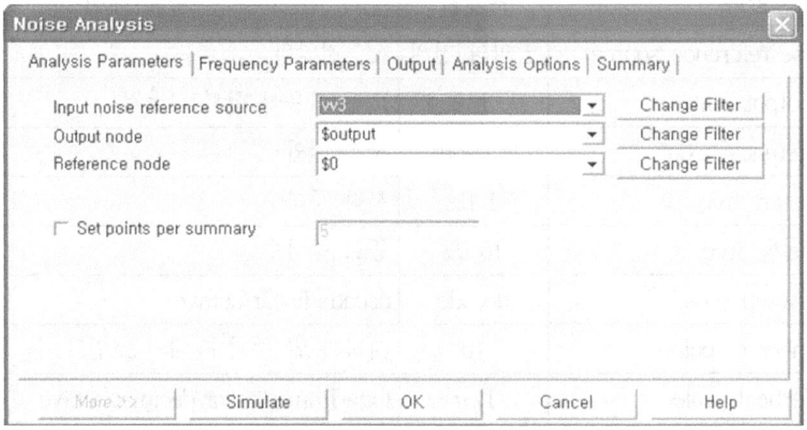

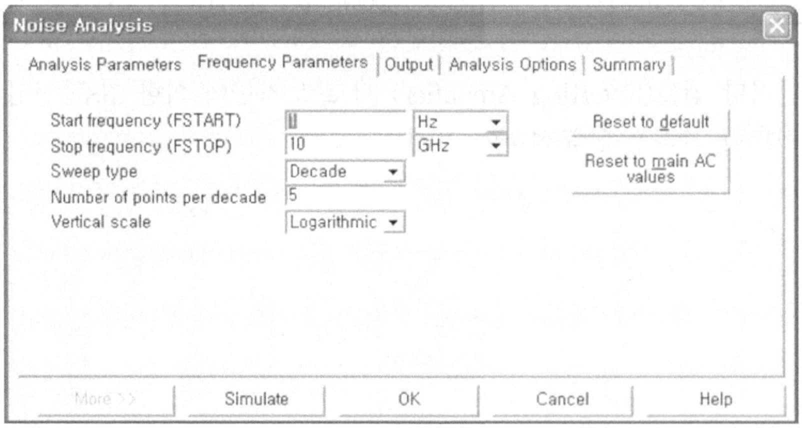

⑥ 출력 변수는 "Output" 탭의 "Variables in circuit"에서 "inoise_total_rr1"과 "inoise_total_rr2"를 선택하고 **Simulate** 를 클릭한다.

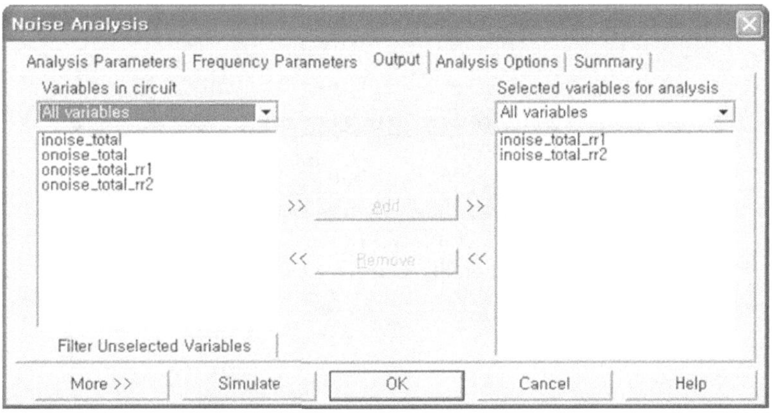

⑦ 계산치에 의한 잡음 해석 (25℃)

R1=1KΩ 일 때, (열 잡음 전압)^2 = $4KRTBW=(1.38\times10^{-23})4(1000)(295K)(109Hz)=162nV^2$

R2=5KΩ 일 때, (열 잡음 전압)^2 = $4KRTBW=(1.38*10^{-23})4(5000)(295K)(109Hz)=814nV^2$

⑧ 잡음 해석 결과

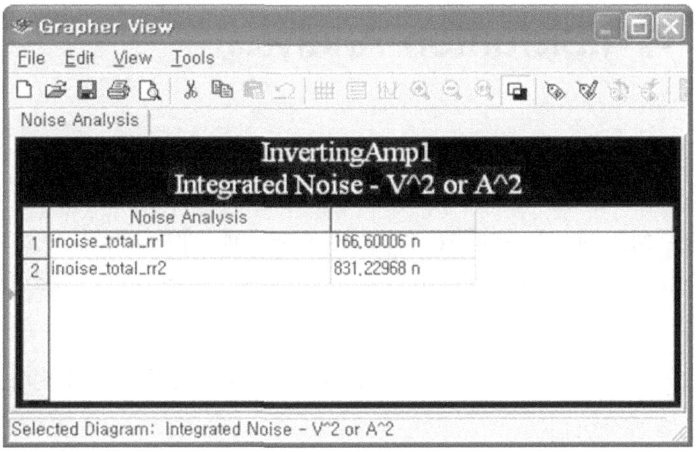

⑨ 잡음 스펙트럼을 보기 위해 Noise Analysis의 세팅 창에서 다음과 같이 세팅하자.

- "Analysis Parameters" 탭에서, "Set points per summary"를 체크하고 "5"를 키인 한다.
- "Output" 탭을 선택하고 시뮬레이션 동안 플롯을 위한 변수를 설정한다. "onoise_rr1 & onnoise_rr2"

- Simulate 를 클릭한다. 출력은 다음과 같다.

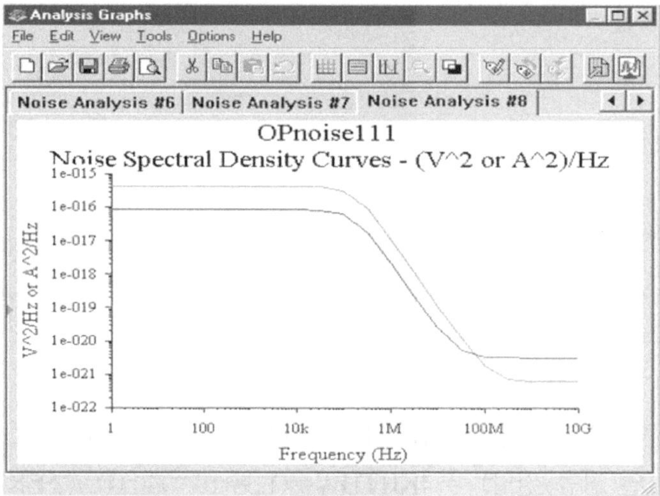

6-6 왜곡 해석(Distortion Analysis)

① 왜곡 해석은 신호의 왜곡을 분석한다. Multisim은 신호의 고조파 왜곡(Harmonic Distortion)과 상호 변조 왜곡(Intermodulation Distortion)을 분석 출력한다.
고조파 왜곡은 회로에 하나의 AC 전원이 있을 때 제2, 제3 고조파와 같은 기본파를 제외한 고조파에 의해 발생되는 왜곡을 의미하며, 상호 변조 왜곡 두 개 이상의 AC 전원으로 여러 개의 주파수가 입력되어 이들 주파수끼리 서로 가감 작용을 일으켜 입력 주파수 성분과는 전혀 관계없는 주파수 성분을 만들어 시스템의 출력에 왜곡이 나타나게 되는 현상이다.

② Distortion Analysis 대화 창의 구성은 다음과 같다.

Distortion Analysis 대화 상자		
항목	초깃값	항목 해설
Start Freq.	1㎐	시작 주파수
Stop Freq.	10㎓	종료 주파수
sweep type	Decade	Decade/linear/octave
Number of points	100	시작과 종료 사이의 점수
Vertical scale	Log	Logarithmic/linear/decibel/octave
F2/F1 ratio	uncheck	두 개의 전원인 경우 Enable - F2/F1 ratio을 uncheck하면 고조파 왜곡을 해석한다. - F2/F1 ratio가 check할 경우 상호 변조 왜곡을 해석한다.
Nodes for analysis		해석할 절점을 선택

③ 아래의 회로는 B급 Push-Pull Amplifier로서 이 회로의 고조파 왜곡을 보기 위해 왜곡 해석을 하여 보자.

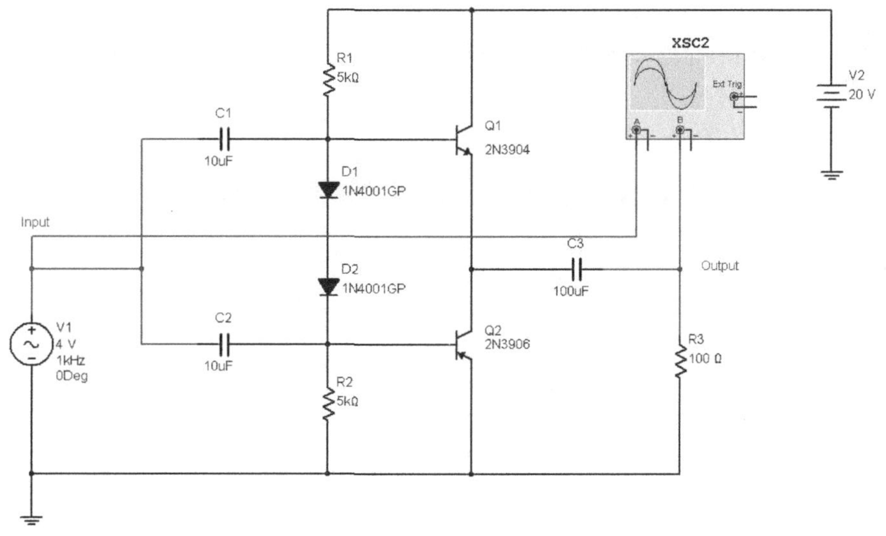

④ 전압원(Source)을 더블 클릭하여 입력 진폭의 크기와 "Distortion Frequency I Hagnitude"를 모두 4V로 입력하고 위상은 "0"으로 놓아둔다.

⑤ 메인 메뉴의 [Simulate] ➡ [Analyses] ➡ [Distortion Analysis]를 클릭한다.

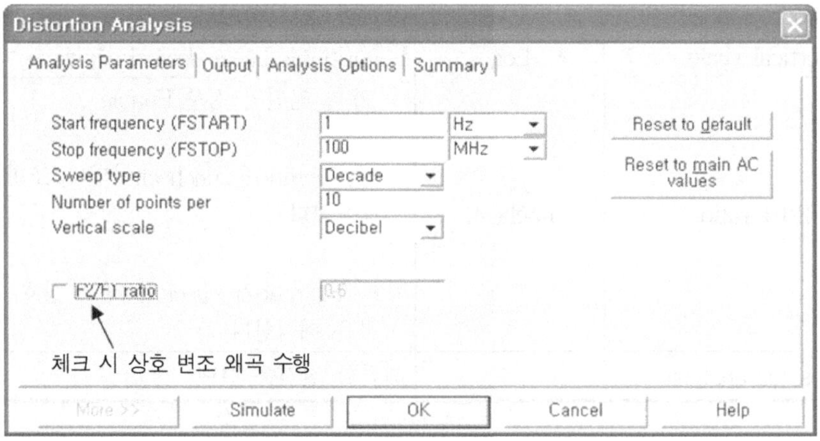

⑥ 위의 대화 상자에서 보인 것과 같이 각 파라미터들을 세팅한다. "F2/F1 ratio"를 체크하면 상호 변조 왜곡을 수행하고, 그렇지 않으면 고조파 왜곡을 수행한다. 먼저 고조파 왜곡을 수행하기 위해 체크를 하지 말자.

⑦ 출력 노드는 $output을 선택하고 **Simulate** 버튼을 클릭하면 고조파 왜곡 분석을 수행한다.

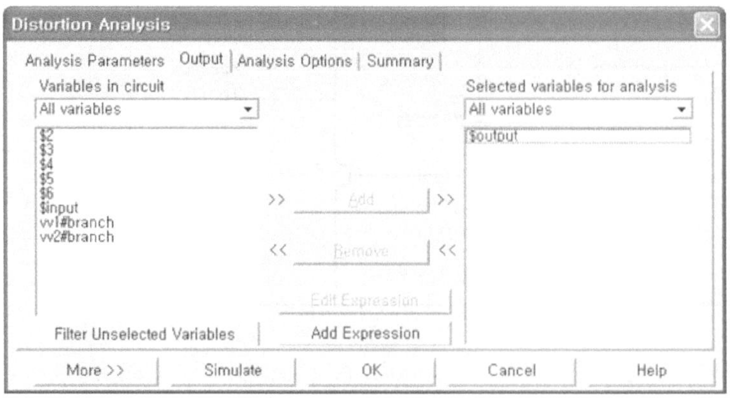

⑧ 2차 고조파 왜곡 분석 결과를 나타내는 주파수에 대한 크기와 위상 그래프

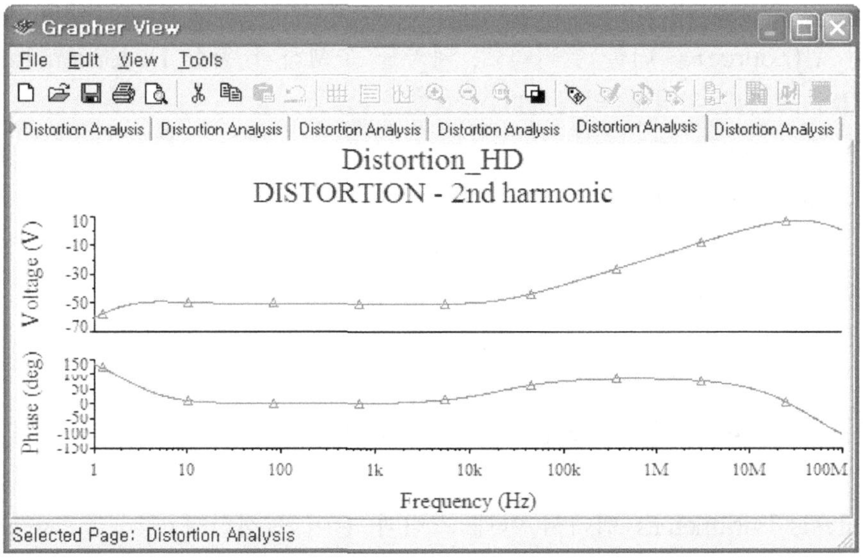

⑨ 3차 고조파 왜곡 분석 결과를 나타내는 주파수에 대한 크기와 위상 그래프

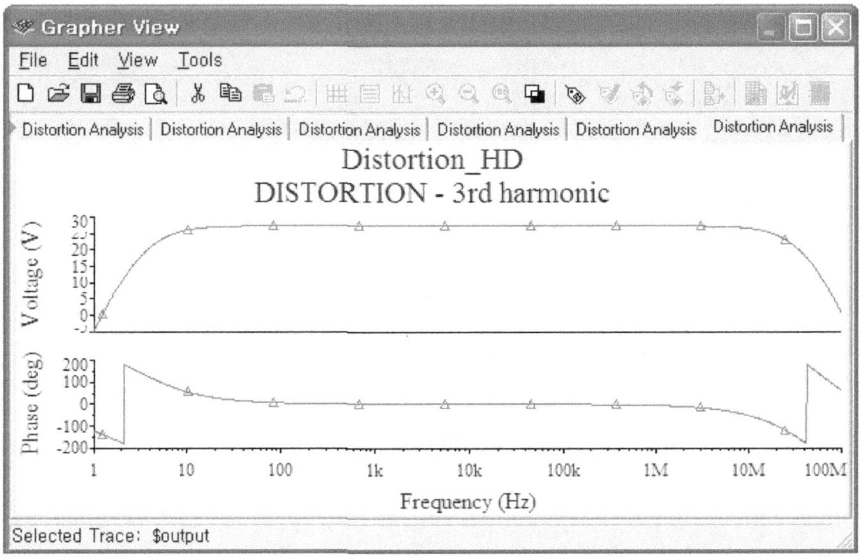

이번에는 상호 변조 왜곡(IM Distortion)을 수행해 보자.

① 예제는 고조파 왜곡에서 사용했던 B급 Push-Pull Amplifier를 그대로 사용한다.

② 전압 원(Source)을 더블 클릭하여, 왜곡을 수행하기 위한 Distortion Frequency 1과 2의 크기와 위상을 입력한다.

- Voltage(pk) : 4V
- Choose Distortion Frequency 1Magnitude : 4V
- Distortion Frequency 1 Phase : 0Deg
- Choose Distortion Frequency 2Magnitude : 4V
- Distortion Frequency 1Phase : 0 Deg

③ 메인 메뉴의 [Simulate] ➡ [Analyses] ➡ [Distortion Analysis]를 클릭한다.

④ Analysis Parameters 탭에서 아래 그림과 같이 설정한다.

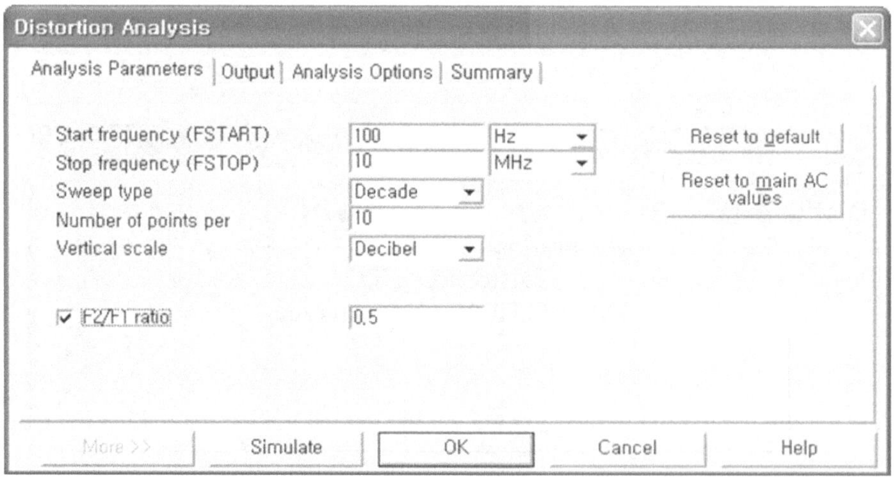

⑤ 출력 노드는 $output을 선택하고 [Simulate] 버튼을 클릭하여 해석한다.

⑥ 상호 변조 왜곡(IM Distortion)을 수행한 결과는 다음과 같다.

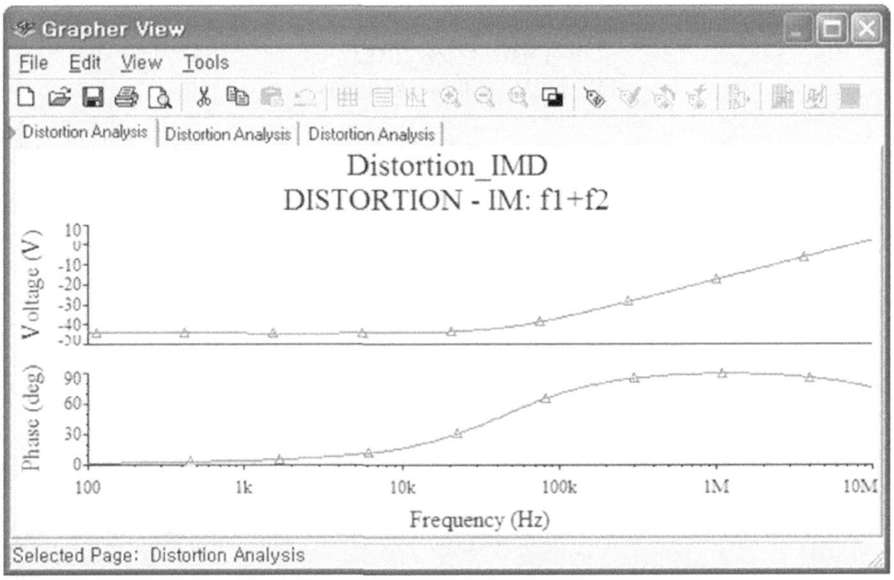

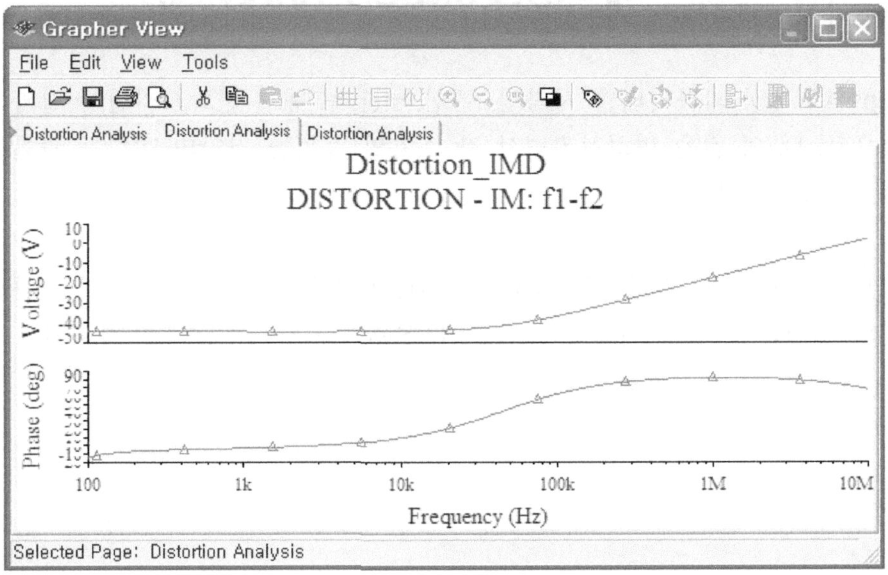

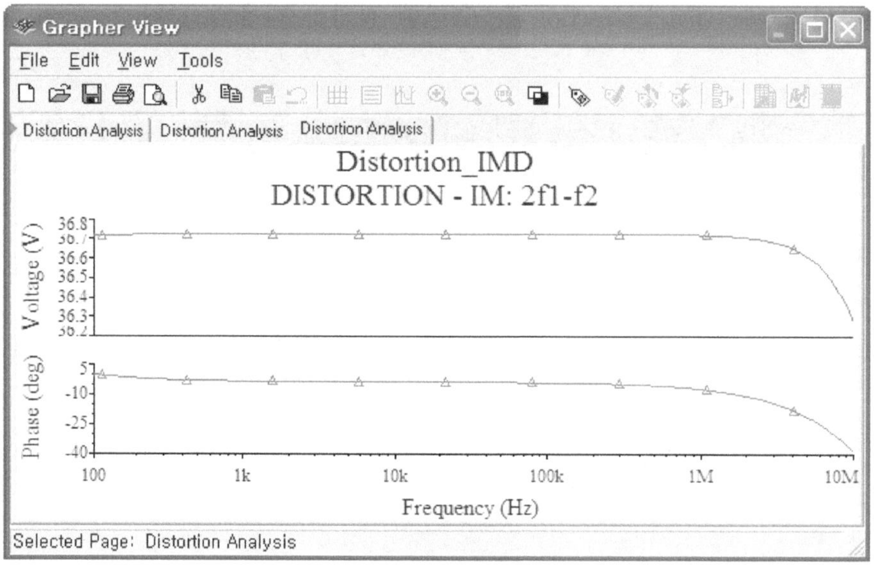

6-7 직류 스위프 해석(DC Sweep Analysis)

① Sweep이란 특정 파라미터를 시작점, 끝점, step을 두고 변화시키면서 결과는 관찰하는 것으로, DC의 값을 변화시키면서 각 소자의 걸리는 전압의 변화를 관찰하는 과정을 DC Sweep이라고 한다.

② 다음의 회로에서 DC 전압 V2를 0V에서 20V까지 0.5V 단위로 변화시켜 가면서 노드 3에서의 결과가 어떻게 변화하는지를 DC Sweep 해석을 통해 알아보기로 한다.

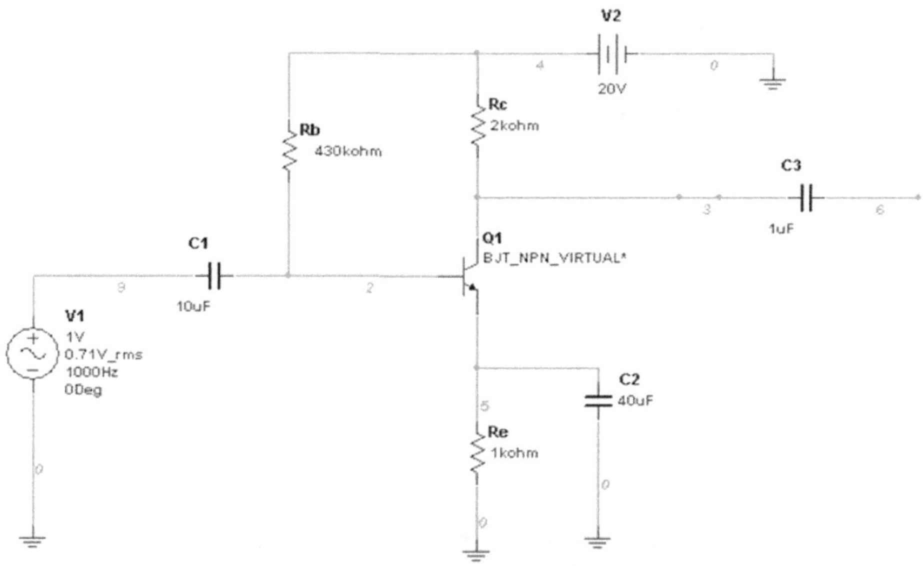

③ [Simulate] ➡ [Analyses] ➡ [DC Sweep]에서 "Analysis Parameters" 탭을 선택한다.

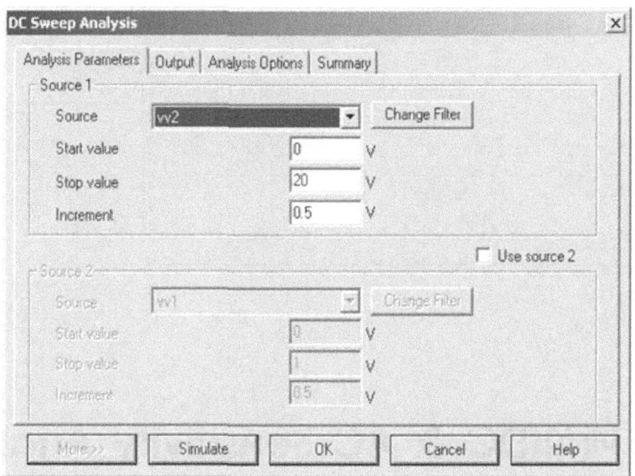

④ 출력 노드는 $3를 선택하고 [Simulate] 버튼을 클릭하면 직류 스위프 해석을 수행한다.

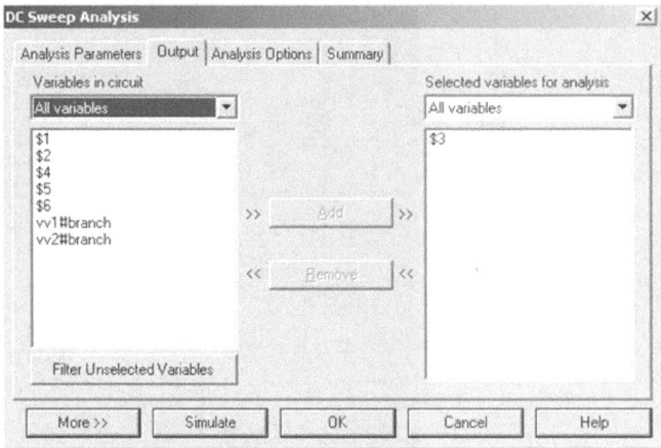

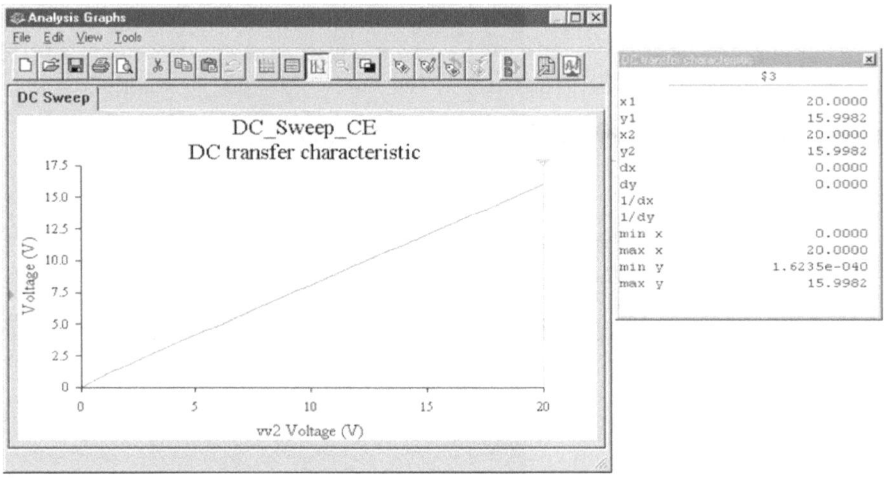

6-8 민감도 해석(DC & AC Sensitivity Analysis)

① 민감도 해석은 얼마나 많은 소자들이 출력 신호에 영향을 주는지 분석하는 것으로, 트랜지스터 증폭 회로와 같은 능동 소자가 포함된 복잡한 회로에 일반적으로 사용되지만, 여기서는 직류와 교류 민감도 해석 방법 위주로 간단한 회로를 이용하여 살펴보기로 한다.

② 아래의 회로의 노드 2에서 저항 R2의 회로에 대한 AC 민감도를 분석해 보자.

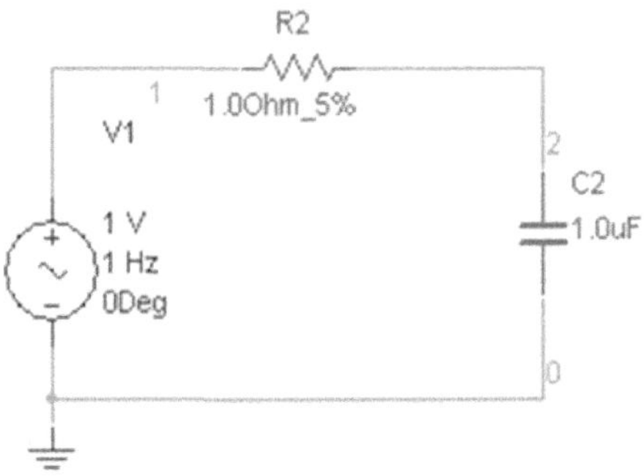

③ 민감도 해석을 위해서 [Simulate] ➡ [Analyses] ➡ [Sensitivity]를 선택한다.
④ 활성화되는 창에서 "Analysis Parameters" 탭을 선택하고 아래와 같이 세팅한다.

- Set Output nodes/currents : Voltage.
- Set Output node : $2 and Output reference : $0.
- Set Output scaling : Absolute.
- Set Analysis type : AC Sensitivity.

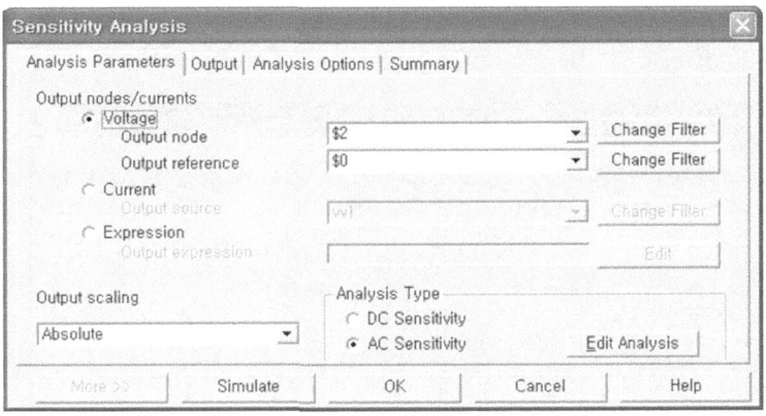

⑤ **Edit Analysis** 를 클릭하여 AC Analysis를 위한 파라미터를 세팅한다.

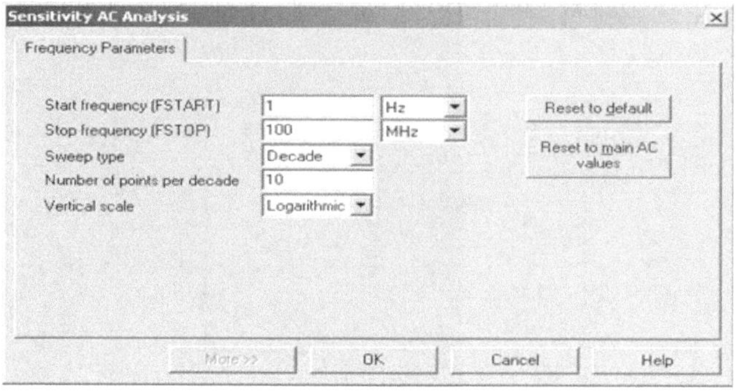

⑥ 저항 R2의 회로에 대한 민감도를 해석해야 하므로 "rr2"를 선택한 후 **Simulate** 버튼을 클릭하면 민감도 분석을 수행한다.

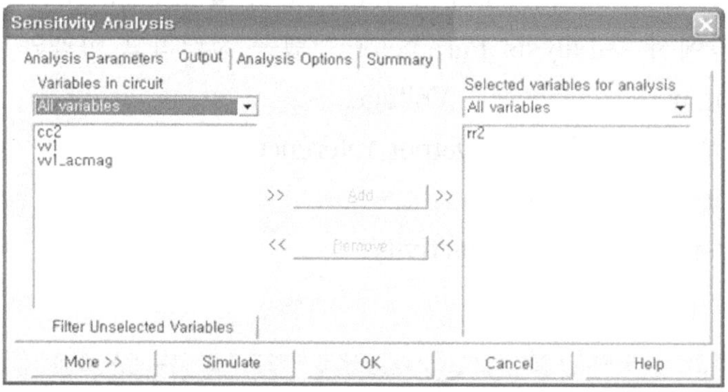

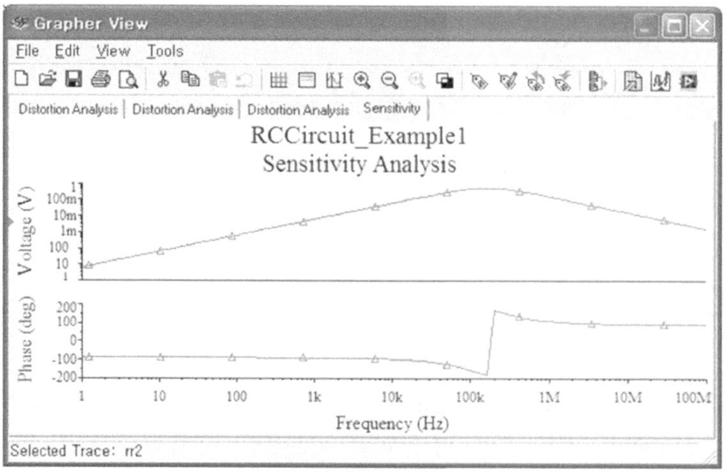

6-9 매개 변수 스위프 해석(Parameter Sweep Analysis)

① 회로 내의 부품값을 변경하면서 회로 특성이 어떻게 변화하는가를 살펴보는 해석이 Parameter Sweep이다.

② 아래의 회로는 콜피츠 발진기(Colpitts oscillator)이다. 이 회로의 출력은 구형파를 출력한다. 이 회로에서 L1의 값을 변화시키면서 출력의 변화를 살펴보기로 한다.

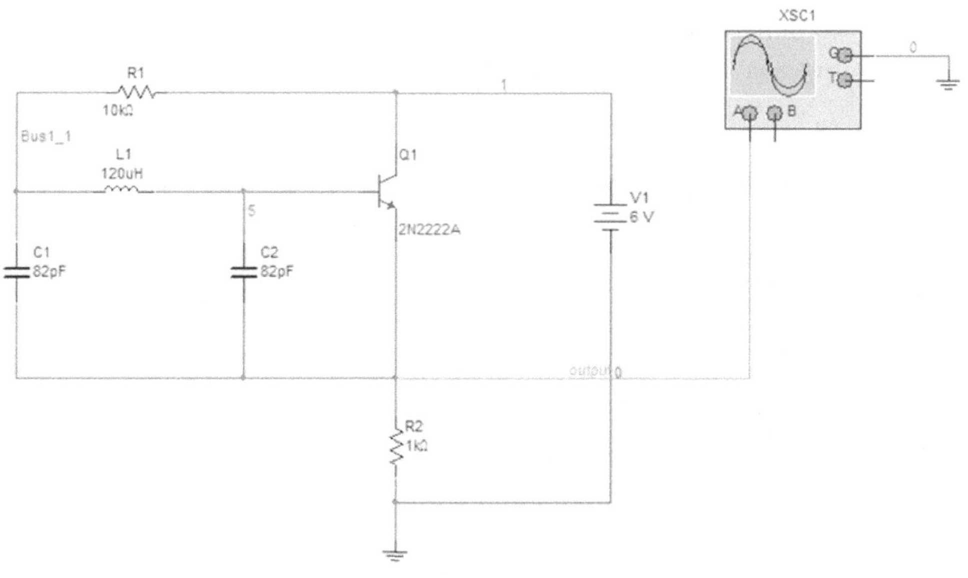

③ 회로를 시뮬레이션 하기 전에 기대되는 계산치를 먼저 구해 보자.

- 만약 L1 = 120uH라면, 회로의 출력 주파수는 다음과 같다.

$$fr = \frac{1}{2\pi\sqrt{LC_T}},\quad C_T = \frac{C_1C_2}{C_1 + C_2} = \frac{(82pF \times 82pF)}{(82pF + 82pF)} = 41\,pF$$

$$fr = \frac{1}{2\pi\sqrt{(120uH)(41pF)}} = 2.2\,MHz$$

- 만약 L1 = 500uH라면, 회로의 출력 주파수는 다음과 같다.

$$fr = \frac{1}{2\pi\sqrt{500uH)(41pF)}} = 1.1\,MHz$$

- 만약 L1=900uH라면, 회로의 출력 주파수는 다음과 같다.

$$fr = \frac{1}{2\pi\sqrt{(900uH)(41pF)}} = 828\,kHz$$

④ 회로를 시뮬레이션하여 계산치와 비교 평가하여 보자.
메인 메뉴의 [Simulate] ➡ [Analyses] ➡ [Parameter Sweep]을 선택하고, Analysis Parameters 탭에서 각종 파라미터를 넣는다.

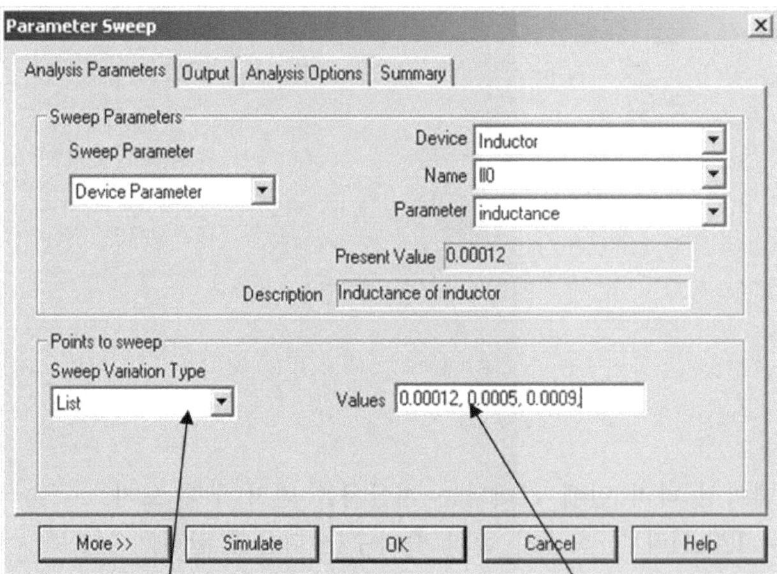

만약 시작값과 끝값만을 입력하고 그 사이의 몇 점만을 변화시키려면 Lenear 선택

L1 값을 120, 500, 900uH로 각각 변화시킨다.

Sweep Parameters란의 Sweep Parameter는 "Device Parameter"를 선택하고 Device에서는 Inductor를 선택한다. Point to Sweep란의 Sweep Variation Type 창은 "List"를 선택하고, L은 120uH, 500uH, 900uH의 3개의 값으로 변화시키면서 출력을 살펴보는 것으로 설정한다. More>> 버튼을 클릭하여 아래와 같이 시뮬레이션 시간과 조건을 설정한다.

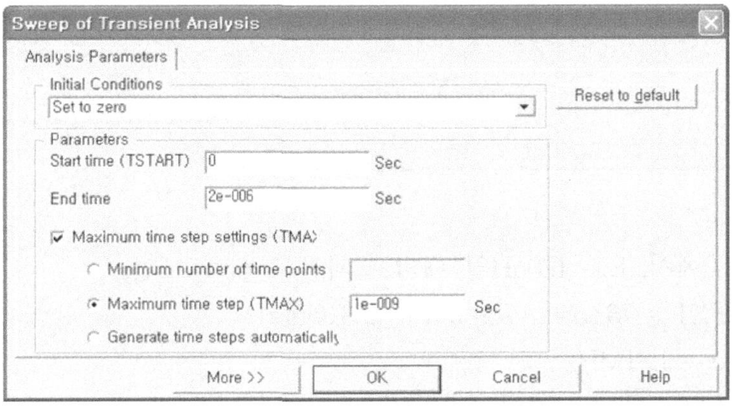

⑤ 출력 노드는 $output 노드를 선택하고, Simulate 버튼을 클릭한다.

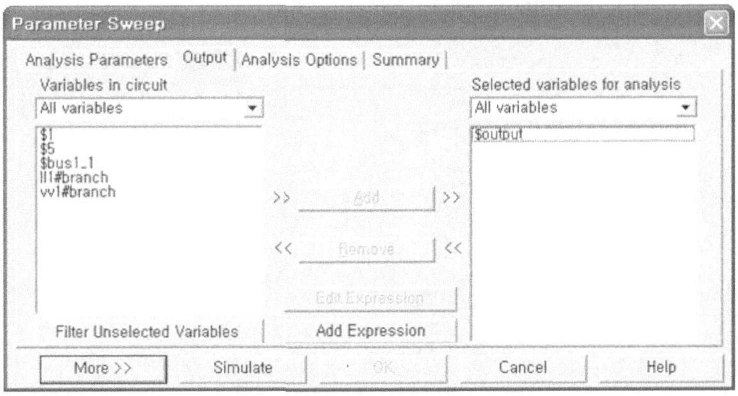

⑥ 시뮬레이션 결과는 다음과 같다. (빨강 : 120uH, 파랑 : 500uH, 녹색 : 900uH)

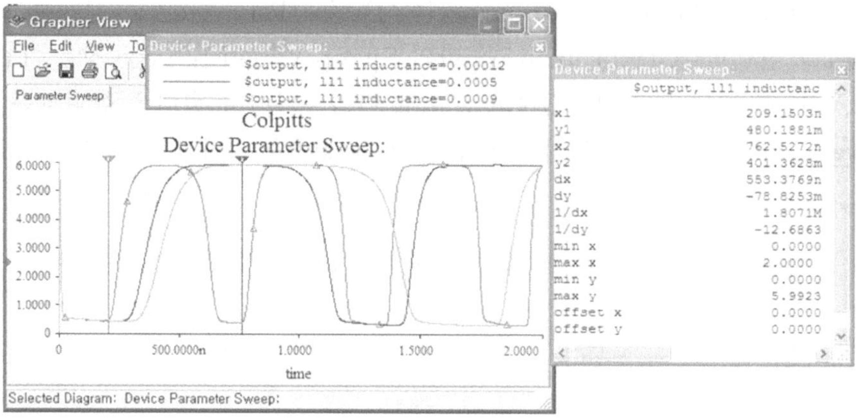

⑦ 위의 결과 중에서, L = 120uH일 때의 결과를 분석해 보면,

Time = X2-X1 = 762.53n - 209.15n = 553.38n[s]

fr = 1 / time = 1.81MHz

계산치인 2.2MHz와 결과값이 유사하다.

⑧ L=500uH일 때의 결과를 분석하여 보자.

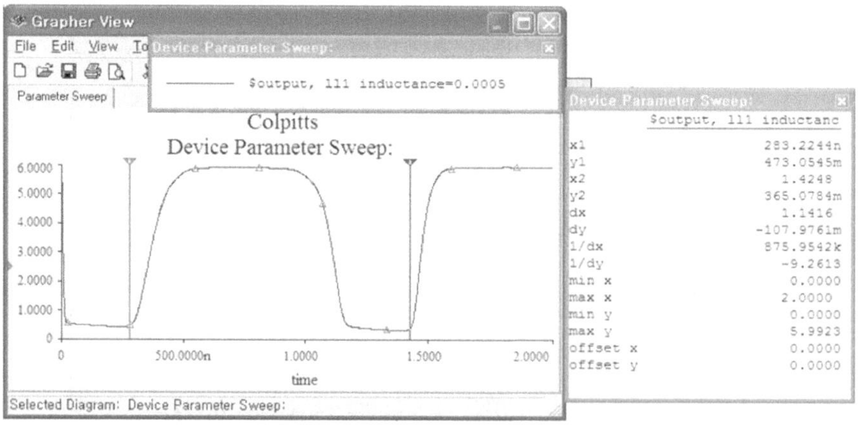

Time = X2 - X1 = 1.43u - 283.22n = 1.15μs

fr = 1 / time = 872kHz

계산치인 987kHz와 결과값이 유사하다.

⑨ L = 900uH일 때의 결과를 분석하여 보자.

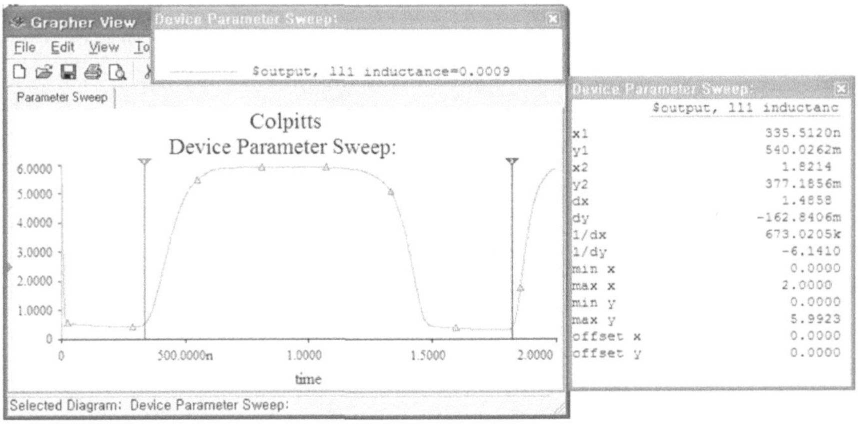

Time = X2 - X1 = 1.82u - 335.51n = 1.49 μs
fr = 1 / time = 674kHz
계산치인 737kHz와 결과 값이 유사하다.

6-10 온도 스위프(Temperature Sweep Analysis)

① 온도 스위프 해석은 주위의 온도에 대한 회로의 특성을 분석하는 방식이다. 생산한 제품이 어떤 환경(주위의 온도)에서 사용되는가에 따라 그 성능이 달라지기 때문에 주위 온도에 대한 특성도 고려해 제작해야 한다.

② 아래의 회로도는 Op-amp를 이용한 비교기 회로이다. 온도의 변화에 따른 출력의 변화를 분석하여 보자.

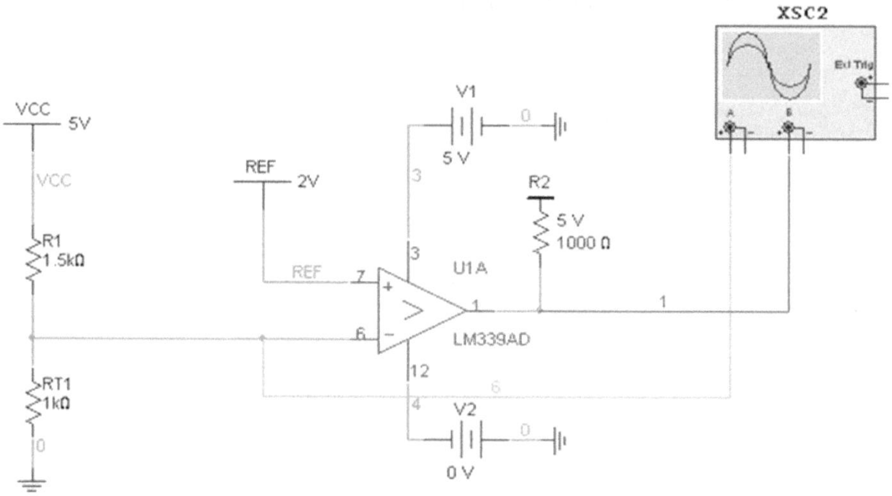

③ 메인 메뉴의 [Simulate] ➡ [Analyses] ➡ [Temperature Sweep]을 클릭한다.

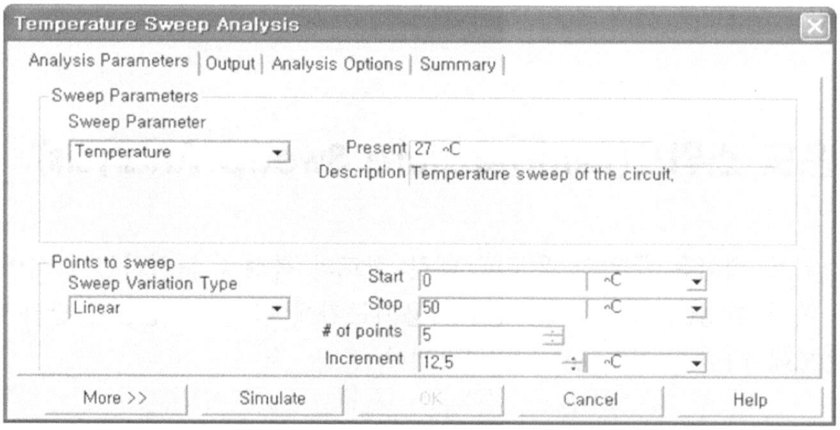

④ "Analysis Parameters" 탭에서 "Sweep Variation Type"을 "Linear"를 선택하고 시작 온도는 0°, 종료 온도는 50°를 설정하고 12.5V씩 증가하면서, 5개의 각각의 점에서 시뮬레이션을 수행하기로 한다.

⑤ 출력 노드는 "Output" 탭에서 $1번 노드를 선택하고 [Simulate] 버튼을 클릭한다.

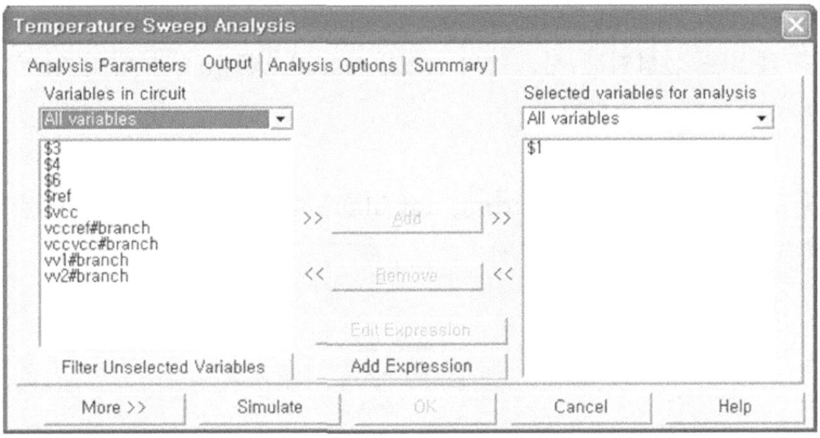

⑥ 아래 그림은 온도의 변화에 따른 출력 결과를 나타낸 것이다. 마우스로 임의의 영역을 드래그하면 그 영역을 확대하여 볼 수 있다.

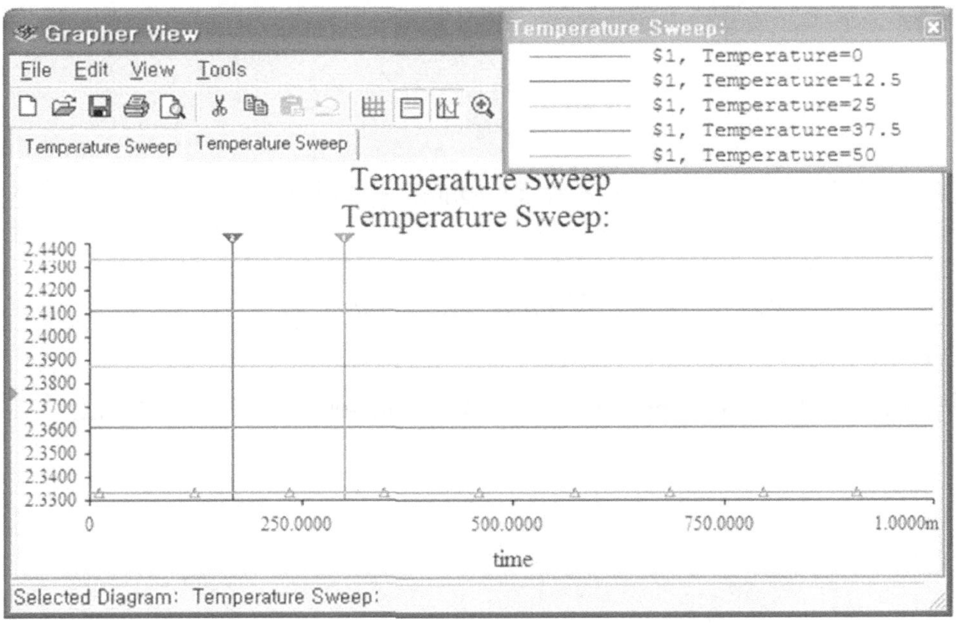

6-11 전달 함수 해석(Transfer Function Analysis)

① 전달 함수 해석은 선형화된 시스템의 small-signal DC gain과 입력 임피던스 및 출력 임피던스의 계산이 가능하다.

② 아래의 회로는 반전 증폭기(inverting amplifier) 회로이다. 이 회로의 전달 함수와 입력 및 출력 임피던스를 구해 보자.

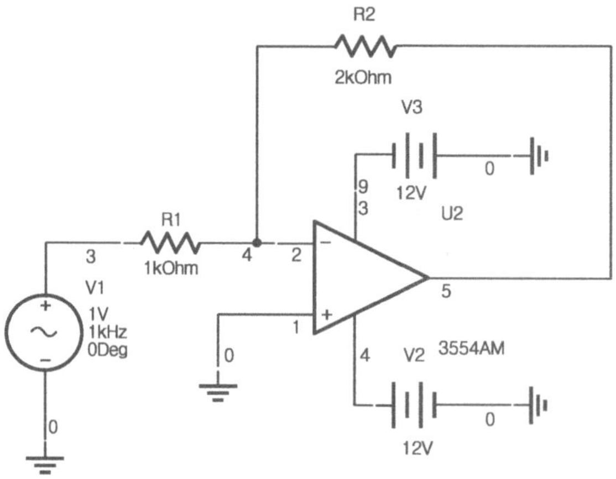

③ 이 회로에서 수학적으로 계산한 증폭도(gain)는 -2이다.

$$V_{out} = -2V_{in},\ \ Transfer\ function = \frac{V_{out}}{V_{in}} = -2$$

④ 메인 메뉴의 [Simulate] ➡ [Analyses] ➡ [Transfer Function]을 클릭한다.

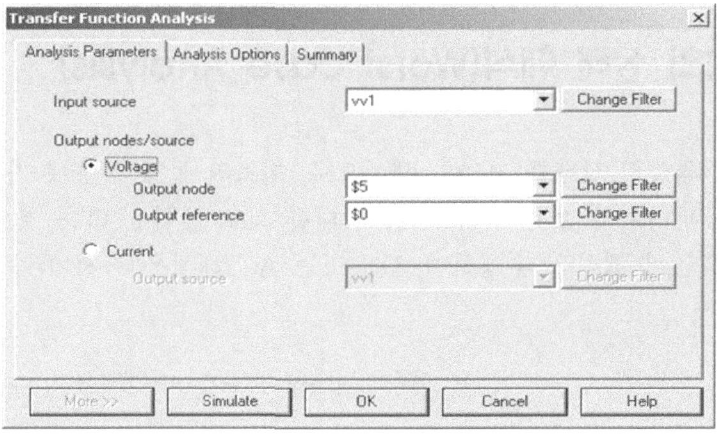

⑤ **Simulation** 버튼을 클릭하면 다음과 같은 해석 값을 얻을 수 있다.

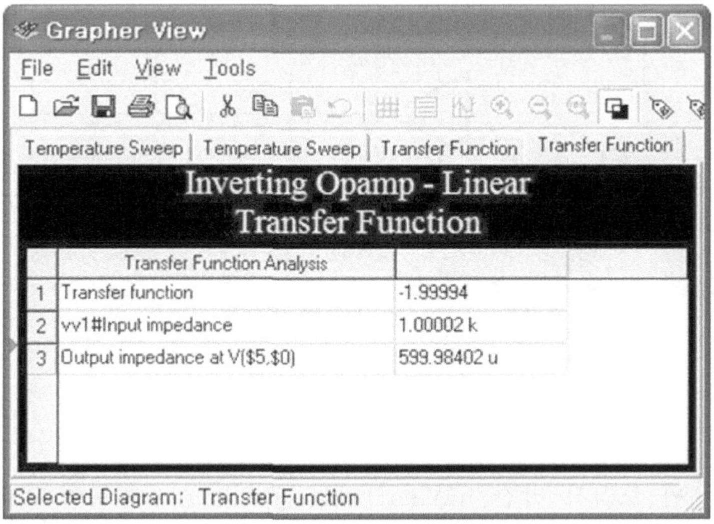

6-12 최악의 상태 해석(Worst case Analysis)

① 회로 동작의 최악의 상태를 고려한 해석으로, 회로의 동작 성능에 가장 좋지 않은 영향을 미치는 파라미터 값을 구하고, 이에 대한 회로 해석을 하는 것으로, Multisim은 선형 회로에서 이 해석을 수행하며, DC 또는 AC 해석을 동시에 수행한다.

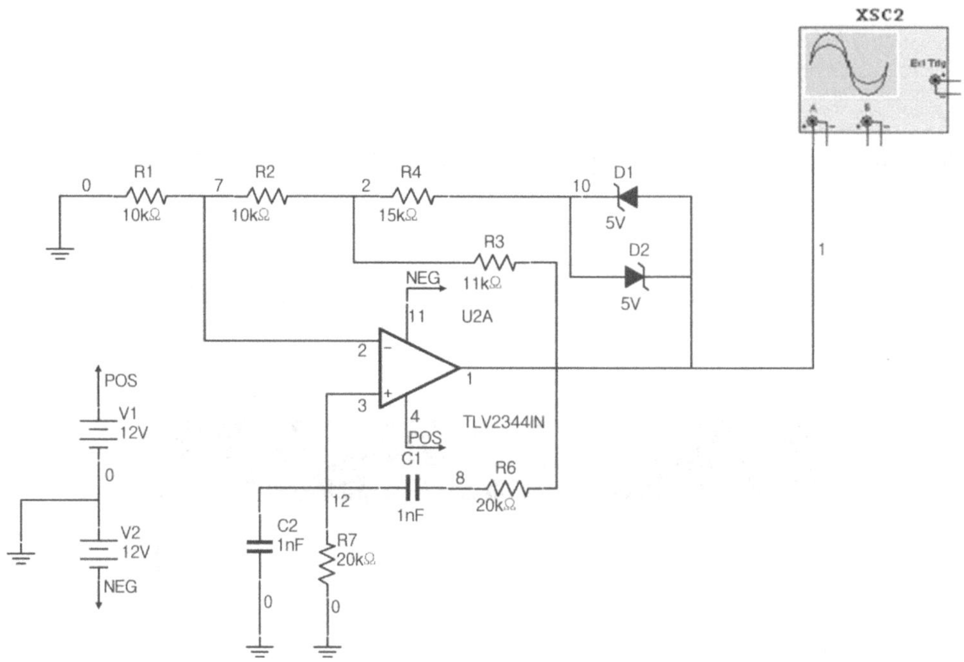

② 위의 회로는 윈-브리지 발진기(Wien-bridge oscillator) 회로이다. 발진기의 진폭을 안정화시키기 위해서 비반전 핀(pin)으로 피드백되어 있다. 이 회로에서 R1-R4는 회로의 정상 발진을 위해서 신중히 선택되어야 하는데, 위 회로가 정상 발진을 하기 위해서는 다음 조건을 만족해야 한다.

$$\frac{R_2 + R_3}{R_1} > 2 \text{ and } \frac{R_2 + (R_3 // R_4)}{R_1} < 2$$

③ 정상 상태에서 오실로스코프로 본 출력 파형은 아래와 같다.

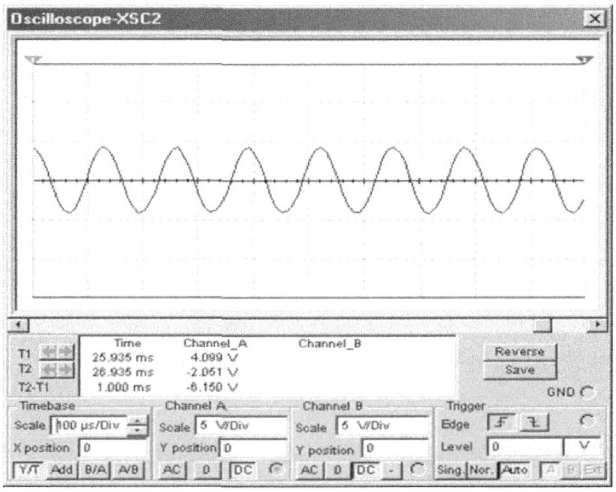

④ 메인 메뉴의 [Simulate] ➡ [Analyses] ➡ [Worst Case]를 클릭하여 "Worst Case Analysis" 대화 상자를 열고 **Add a new tolerance** 를 클릭하여 아래 화면과 같은 파라미터를 넣는다.

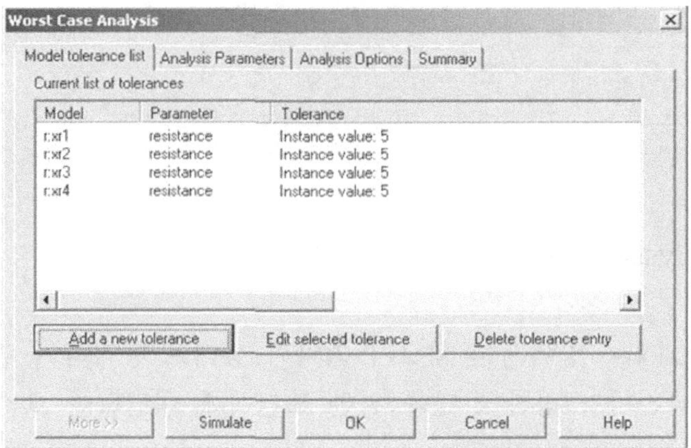

⑤ "Analysis Parameters" 탭에서 그림과 같이 세팅한다.

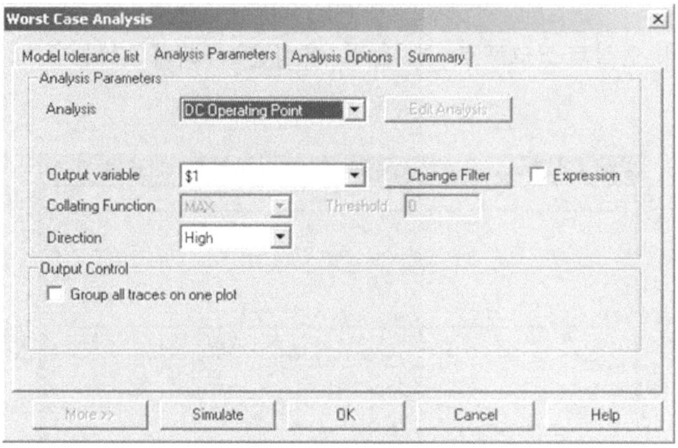

⑥ Simulate 버튼을 클릭하면 다음과 같은 결과를 얻는다.

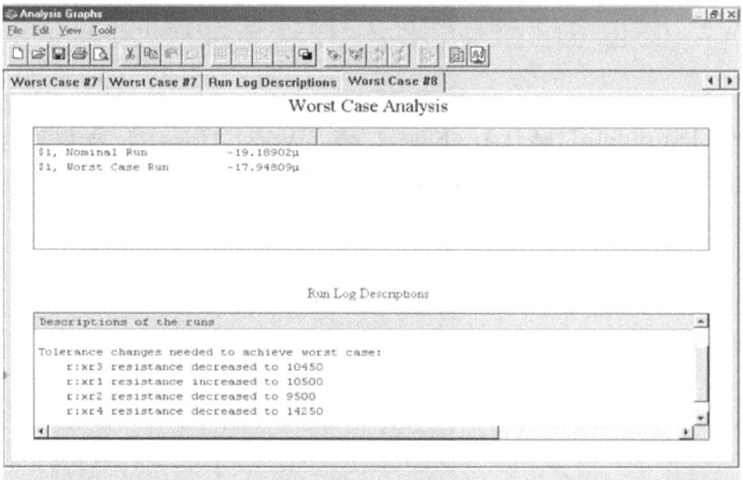

"Worst Case Analysis" 창에서는 정상 조건과 최악의 조건에서 각각 노드 1의 DC 동작점을 보여준다.

"Run Log Descriptions" 창에서는 회로가 최악의 상태로 동작하기 위한 저항값을 보여준다. 이 저항값을 발진기가 정상 발진을 위한 조건식에 대입하여 보자.

$$\frac{R_2+R_3}{R_1}=\frac{9.5+10.45}{10.5}=1.9$$

이 식으로부터 부품의 공차가 신중히 선정되지 않으면 정상적인 발진이 이루어 지지 않음을 알 수 있다.

6-13 극점 영점 해석(Pole Zero Analysis)

① 극점 영점 해석은 회로 전달 함수의 극점(poles)과 영점(zeros)을 계산하여 전자 회로의 안정도를 결정하는데 사용된다.

② 전달 함수는 주파수 영역에서 아날로그 회로의 동작을 해석하기 위하여 사용되며, 일반적으로 크기와 위상 응답에 의한 복소수 형식으로 나타내는데, 회로의 전달함수 G(s)는 아래와 같이 주어진다. 여기서 Vi(s) 와 Vo(s)는 각각 회로의 입력 출력 신호의 라플라스 변환된 s 영역의 함수이다.

$$G(s)=\frac{V_o(s)}{V_1(s)}=\frac{K(s+z_1)(s+z_2)(s+z_3)(s+z_4)\cdots}{(s+p_1)(s+p_2)(s+p_3)(s+p_4)\cdots}$$

전달 함수식에서 분자를 0으로 만드는 s의 값을 영점(zero), 분모를 0으로 만드는 s의 값을 극점(pole)이라고 한다.

③ 전달 함수의 극점과 영점은 시스템의 특성을 나타내는 중요한 역할을 하는데, s 평면상의 영점 및 극점의 위치에 따라 시스템의 안정도(stability)가 결정된다. 다음에 s 평면상의 극점 및 영점의 위치에 따른 시스템의 안정도를 보였다.

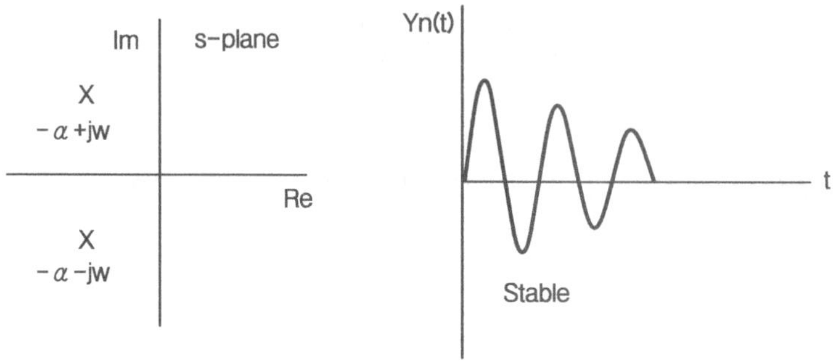

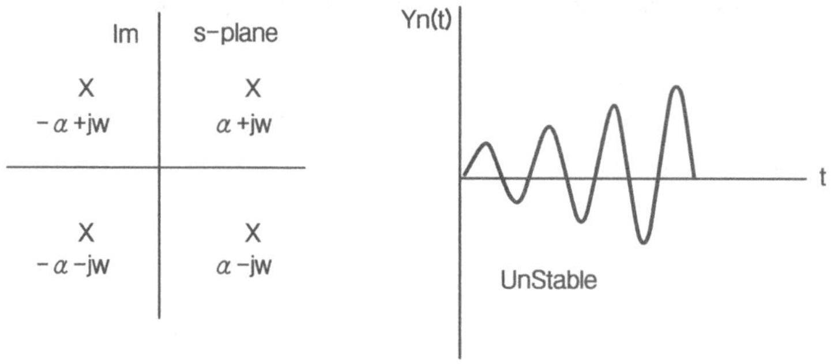

④ 다음 회로는 수동 필터(LR Passive filter) 회로이다. 이 회로의 안정도를 분석하여 보자.

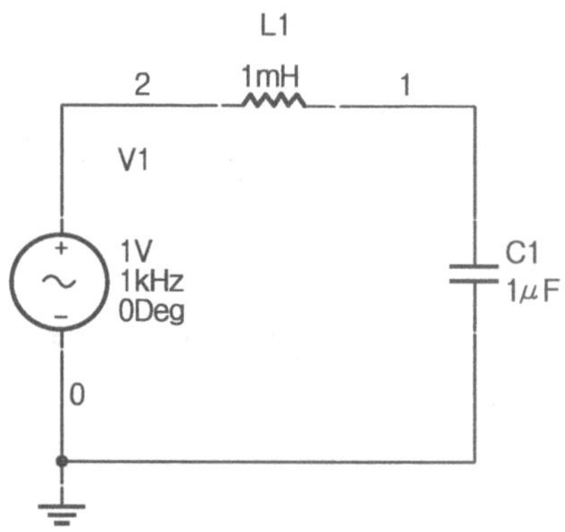

⑤ [Simulate] ➡ [Analyses] ➡ [Pole Zero]를 클릭하고, 활성화된 창에서 "Analysis Parameters" 탭을 선택하여 아래와 같이 세팅한다.

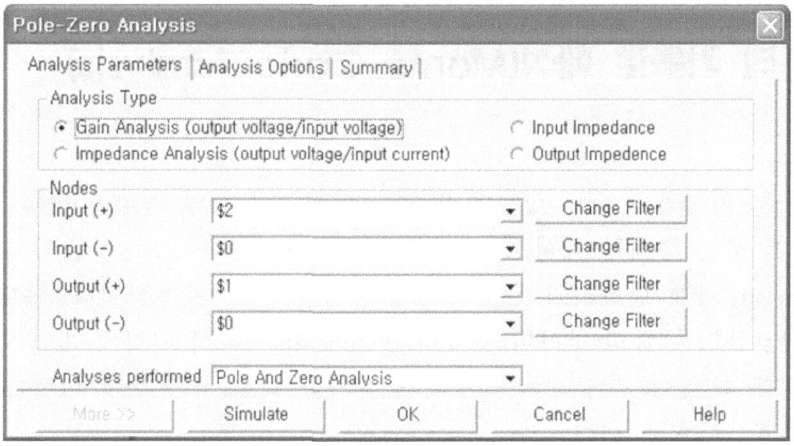

⑥ **Simulate** 버튼을 클릭하면 다음과 같은 결과를 얻는다.

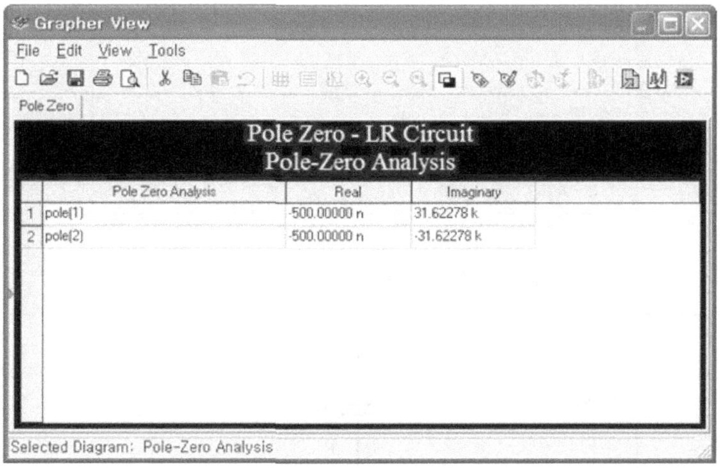

이 결과에 의하면 극점이 s 평면상의 제2 분면과 3분면에 있으므로, 모두 좌반구에 위치해 있다. 따라서 이 시스템은 안정(Stable)함을 알 수 있다.

6-14 몬테 카를로 해석(Monte Carlo Analysis)

① 몬테 카를로 해석법은 회로 성능에 영향을 미치는 부품의 특성을 어떻게 변경할지를 알 수 있게 하는 통계적 해석으로, 허용 범위 안에 있는 모든 부품의 파라미터 값을 랜덤(Random)하게 변화시키면서 회로의 응답을 구하는 해석이다. 몬테카를로 해석법의 결과로부터 부품의 파라미터 값의 변동에 따른 특성 변화에 대한 통계적인 데이터를 구하게 되고, 회로가 실제 현장에서 동작할 때 어떠한 특성 변화가 존재할 것인가를 예측할 수 있게 된다.

② 아래의 RLC 회로를 몬테 카를로 해석법으로, 부품 R1을 통해서 저항의 통계적 변화에 따른 회로의 출력 특성을 구해 보자.

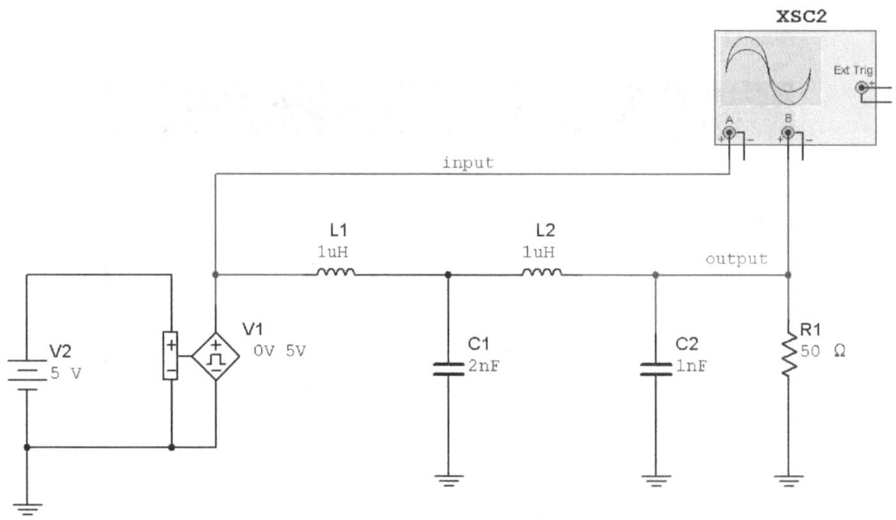

③ 위의 회로를 작성한 후 [Simulate] ➡ [Analyses] ➡ [Monte Carlo]를 클릭하여 나타나는 창에서 "Model tolerance list" 탭을 클릭한다. Add a new tolerance 버튼을 클릭하여 다음의 그림과 같이 설정하고 Accept 버튼을 클릭한다.

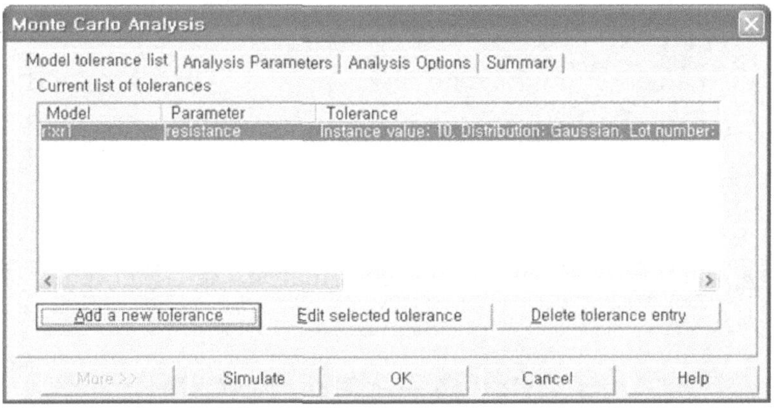

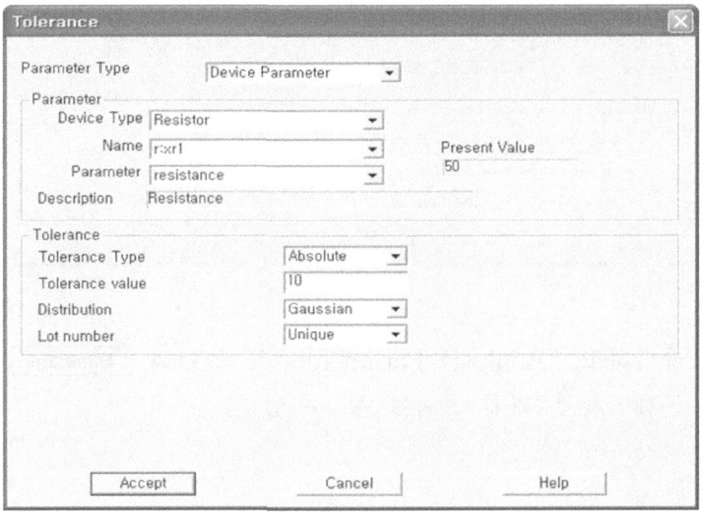

④ "Analysis Parameters" 탭을 클릭하여 아래와 같이 설정한다.

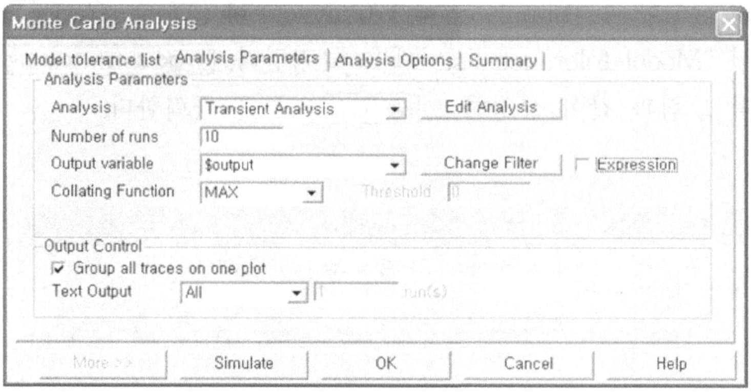

⑤ **Edit Analysis** 버튼을 클릭하여 "Transient Analysis"을 위한 환경을 설정한다.

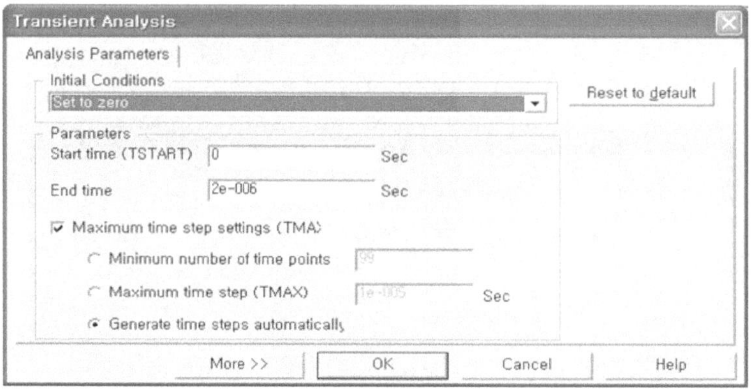

⑥ **OK** 버튼을 클릭하고, "Analysis Parameters"로 돌아와 **Simulate** 버튼을 클릭하면 아래와 같이 몬테카를로 해석 결과를 볼 수 있다.

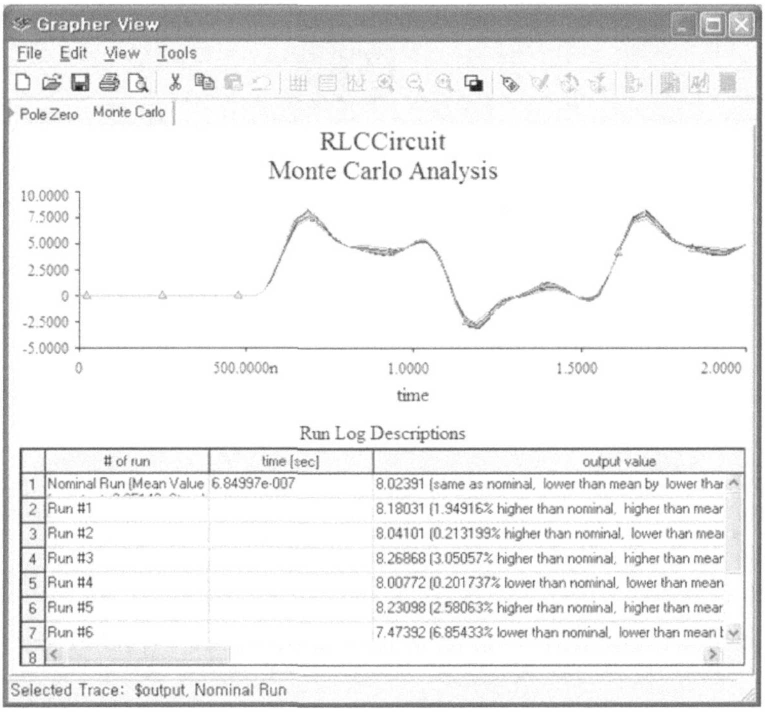

위의 결과를 Excel로 출력할 수 있다. 위의 그래프 메뉴에서 [Tools] ➡ [Export to Excel]을 클릭하면 엑셀에서 출력 데이터값을 수치로 확인할 수 있다.

6-15 패턴-폭 해석(Trace-width Analysis)

① 패턴-폭 해석법은 회로를 작성 시에 신호선(패턴)의 폭을 계산한다. 일반적으로 PCB Layout을 위한 경우에 PCB의 패턴 계산을 이곳에서 미리 계산을 수행하여 PCB Layout을 보다 수월하게 작업을 할 수 있도록 지원한다.

② 아래 회로는 Power Supply 회로이다. 이 회로에 RMS 전류가 원활히 흐를 수 있도록 하는 신호선의 폭을 계산하여 보자.

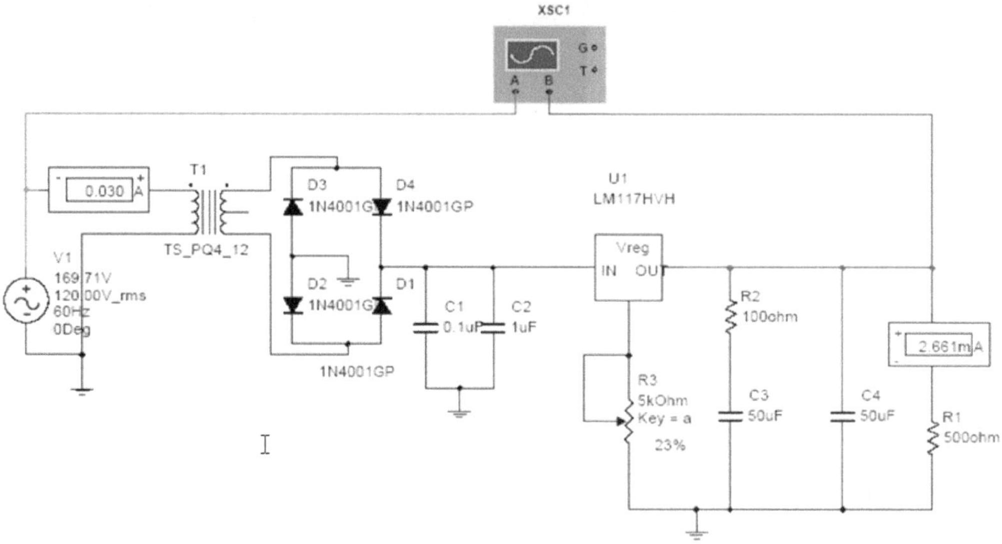

③ 입력 신호는 120V AC(RMS), 입력 신호와 출력 신호는 다음의 파형과 같다.

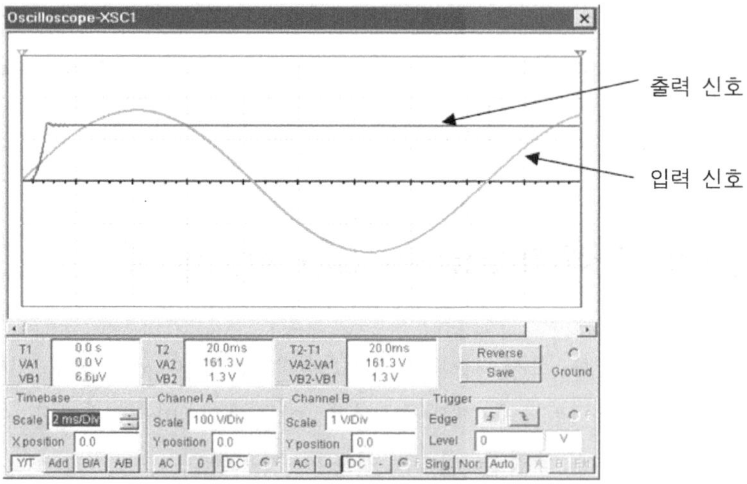

④ 메인 메뉴의 [Simulate] ➡ [Analyses] ➡ [Trace-width Analysis]을 클릭한다. "Trace width analysis" 탭에서 다음 그림과 같이 변화되는 최대 주위 온도를 설정하고, 기판 도금의 무게를 설정한다.

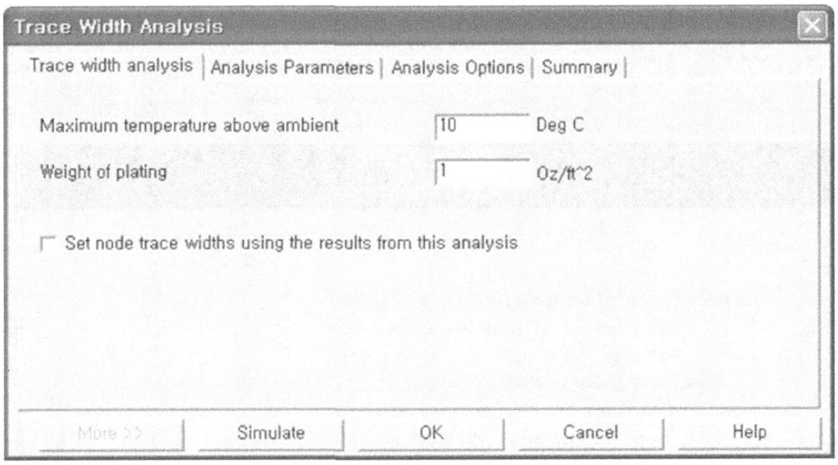

⑤ "Analysis Parameters" 탭에서 초기 조건(Initial Conditions)으로 "Set To Zero"를 선택한다.

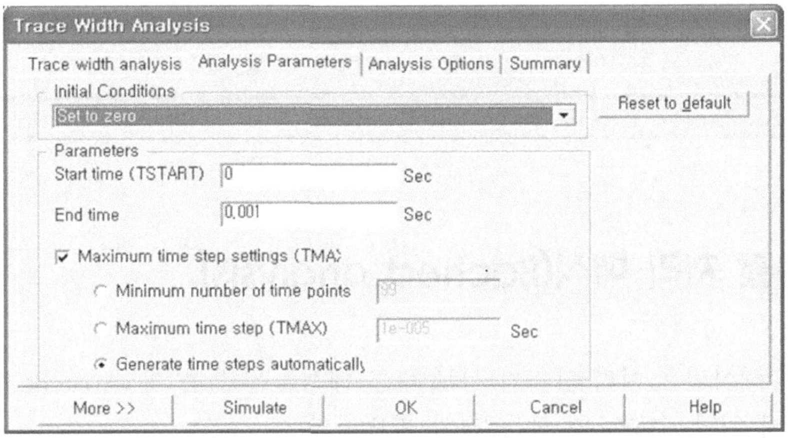

Simulate 버튼을 클릭하면, 각 소자에 연결된 패턴 폭의 크기가 정확한 수치로 계산되어 다음과 같이 출력 결과로 나타난다.

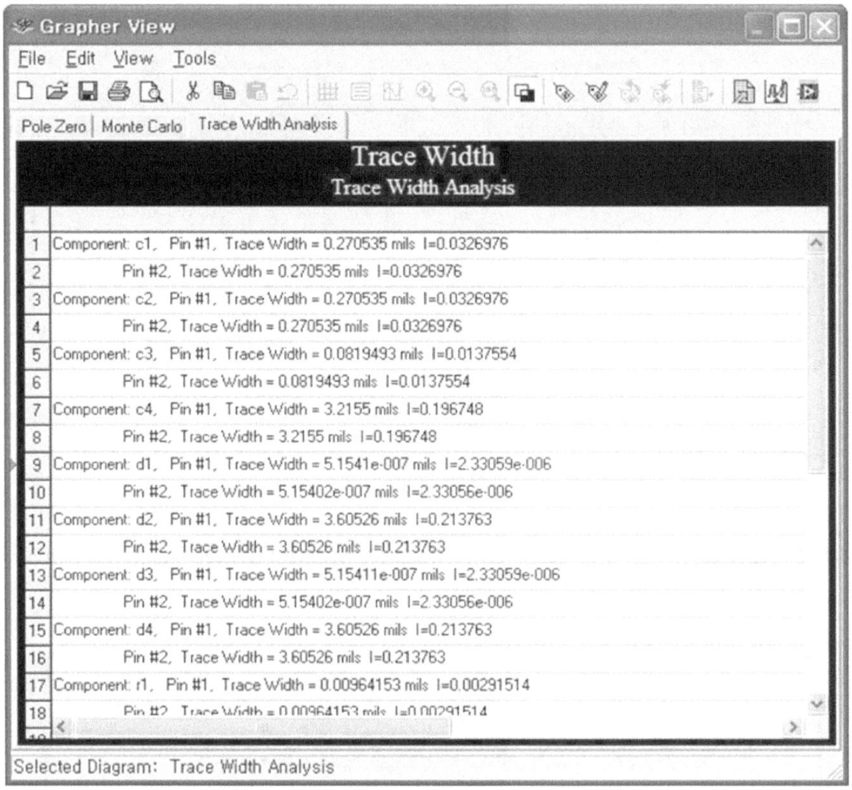

6-16 일괄 처리 해석(Bached analysis)

① 일괄 처리 해석법은 여러 가지의 서로 다른 해석들을 묶음 파일(batchced file)로 만들어 한 번에 일괄 수행토록 하는 해석 방법이다.

② 메인 메뉴의 [Simulate] ➡ [Analyses] ➡ [Batched Analysis]를 클릭하여 활성화되는 "Batched Analysis" 창에서 "가능한 해석들(Available analyses)" 중 원하는 해석들을 **Add Analysis** 버튼으로 오른쪽 창인 "일괄 처리 실행 창(Analyses to perform)"으로 보낸 후 **Run All Analyses** 키를 클릭하면 Analysis Graphs 창에 각각의 해석 결과가 나타난다.

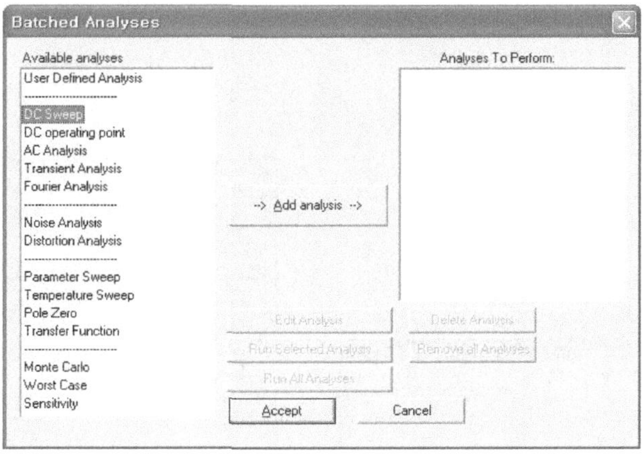

③ 아래 회로를 작성한 후 이 회로의 "과도 해석(Transient analysis)"과 "퓨리에 해석(Fourier analysis)"을 일괄 실행하여 보자.

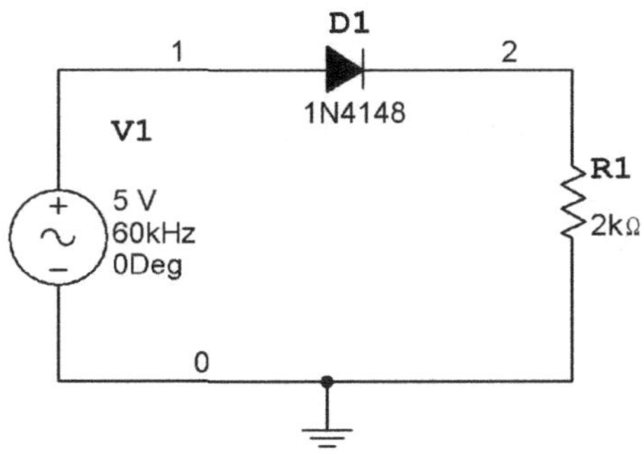

④ 메인 메뉴의 [Simulate] ➡ [Analyses] ➡ [Batched Analysis] 클릭하여 활성화되는 "Batched Analysis" 창에서 "과도 해석(Transient analysis)"을 선택하고 **Add Analysis** 버튼을 누르면 Transient analysis 설정 창이 열리는데 이곳에 원하는 세팅을 한 후 **Add to list** 버튼을 클릭하면 Batched Analysis 창의 오른쪽에 있는 일괄 처리 실행창(Analyses to perform)으로 실행하려는 해석이 추가된다.

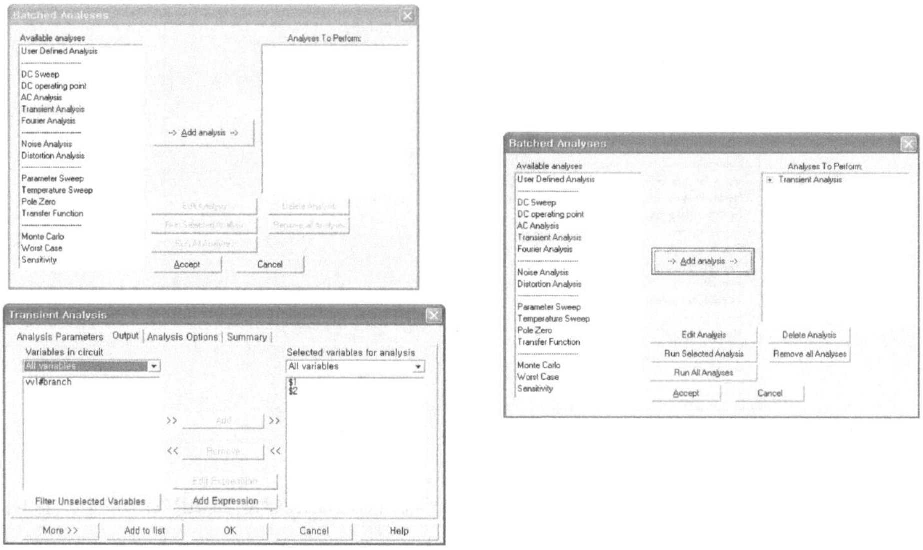

⑤ 같은 방법으로 "퓨리에 해석(Fourier analysis)"을 선택하고 **Add Analysis** 버튼을 클릭하여 활성화되는 Fourier analysis 설정 창에서 원하는 세팅을 한 후 **Add to list** 버튼을 클릭하여 "일괄 처리 실행 창(Analyses to perform)"으로 해석을 추가시킨다.

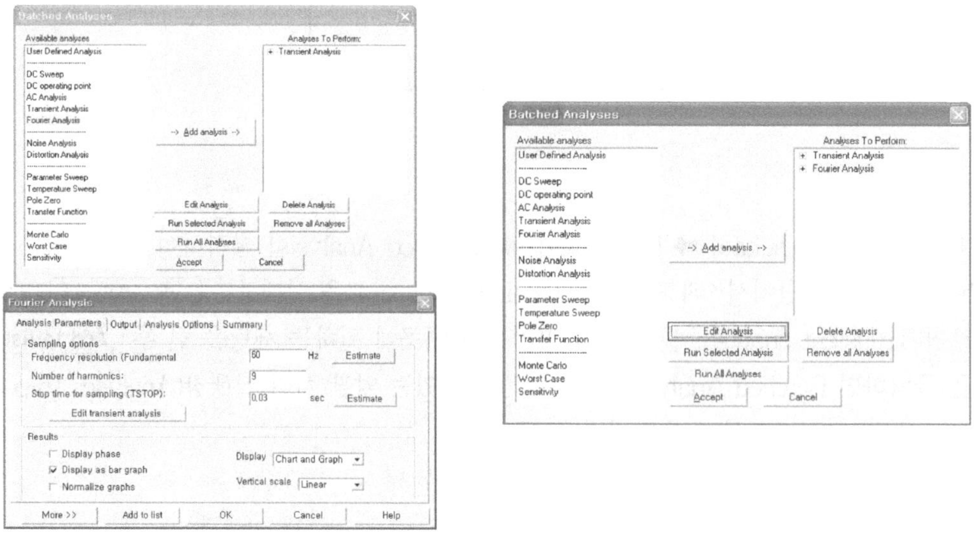

⑥ Run All Analyses 키를 클릭하면 Analysis Graphs 창에 다음 그림과 같은 각각의 해석 결과가 나타난다.

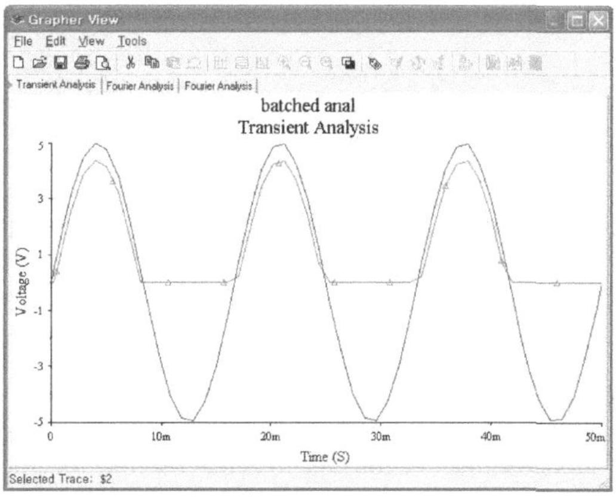

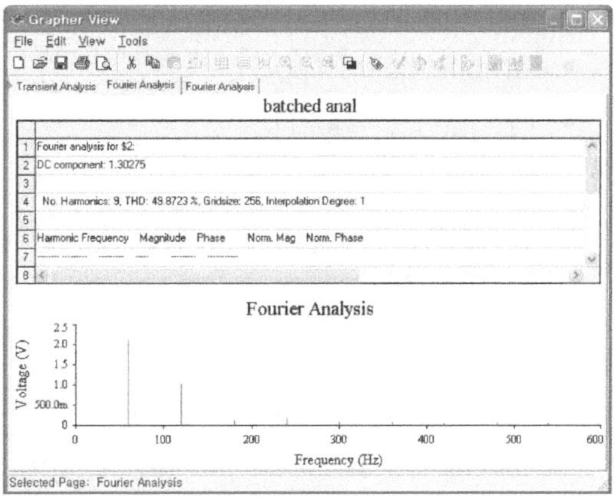

6-17 후처리 과정(Postprocessor)

후처리 과정은 회로의 동작 분석으로부터 얻은 출력이나 그래프 및 차트의 분석 결과를 원하는 데이터 형식으로 변경시켜 출력할 수 있게 해준다.

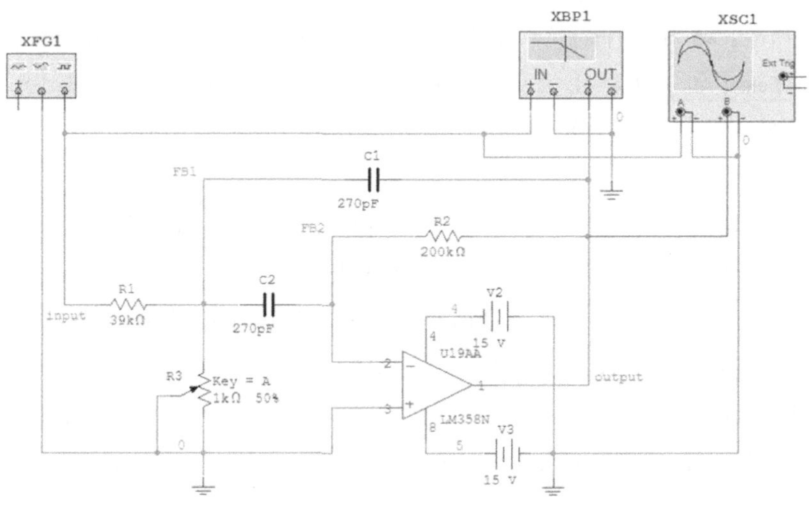

① 먼저 위와 같은 대역 필터(Bandpass filter) 회로를 디자인한다.

② "Function Generator"를 더블 클릭하여 아래와 같이 설정한다.

- Waveform=SineWave
- Amplitude=1Vpp
- Frequency=40kHz

③ Bode plotter를 input과 output 노드에 연결한다. Bode plotter 더블 클릭하여 아래와 같이 설정한다.

- Set Magnitude
- Horizontal I (Initial)=1kHz, F (Final)=1MHz
- Vertical I (Initial)=-50dB, F (Final)=10dB

④ 오실로스코프를 input과 output 노드에 연결한다. 오실로스코프를 더블 클릭하여 아래와 같이 설정한다.

- Set Timebase=20us/DIV
- Channel A=1V/DIV, Channel B=1V/DIV

⑤ 후처리 과정 방식을 설명하기 위해 먼저 Multisim의 Grapher 창에 있는 출력 파형들을 모두 삭제한다. 단 Multisim을 닫고 다시 실행할 경우에는 예외다. Multisim의 메뉴에서 [View] ➡ [Grapher]를 실행하여 Grapher 창의 메뉴 [Edit] ➡ [Clear Pages]를 클릭, **Select All** 버튼을 클릭하고 **OK** 버튼을 누르면 이전에 해석을 수행했던 출력 파형들이 모두 삭제된다.

⑥ 입력 신호에 대한 출력을 보기 위해서 "Transient Analysis"를 실행한다. R1에 흐르는 전류를 측정하기 위해 아래와 같이 설정한다.

- Transient Analysis 창의 "Output" 탭을 선택하고, **More>>** 버튼을 클릭하여 **Add Device/Model Parameter** 버튼을 클릭한다.
- Add Device/Model Parameter 창이 나타나면, 그림과 같이 "Parameter Type"은 Device Parameter를 선택, Device Type은 Resistor를, Name은 rr1, Parameter는

i(current)를 선택하고 OK 버튼을 클릭한다.

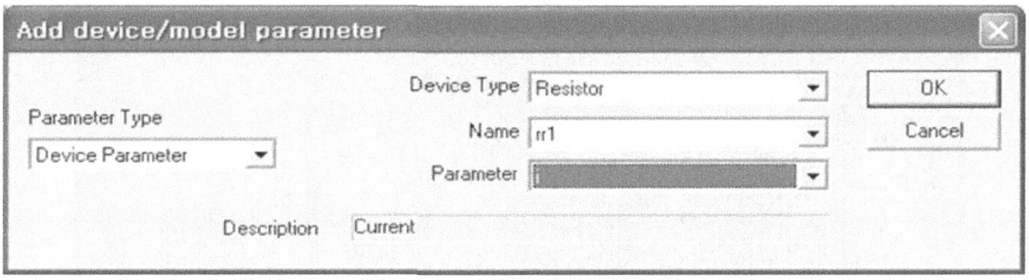

- "Variables in Circuit" 창에 새로운 변수(@rr1[i])를 볼 수 있다.
- Variables in Circuit의 "drop-down" 버튼을 이용하여 "All Variable"을 선택하면 전체의 변수 목록을 볼 수 있다.

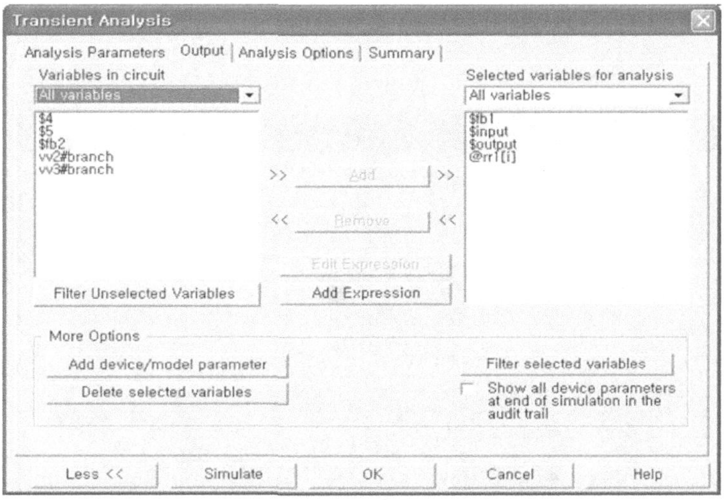

- "Variables in Circuit" 창의 리스트에서 $Input, $fb1, $output, 그리고 전류 @rr1[i]를 선택, Add 버튼을 클릭하여 우측의 Selected variable for analysis 창으로 보낸다. (다중 선택은 Ctrl 키를 이용)
- Simulate 버튼을 클릭하여 해석을 수행하면 아래와 같은 결과를 얻는다.

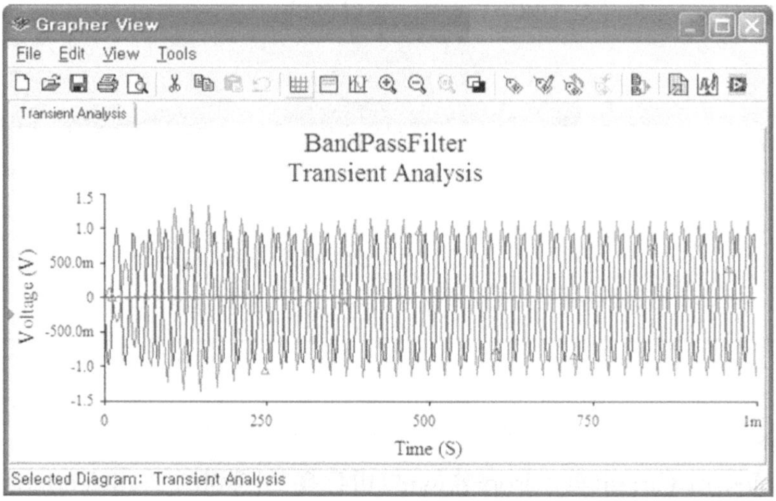

⑦ Grapher 창의 메뉴에서 [Edit] ➡ [Properties]를 클릭하여 Right Axis 탭을 아래의 그림과 같이 설정하고 적용(A) 버튼을 클릭한다.

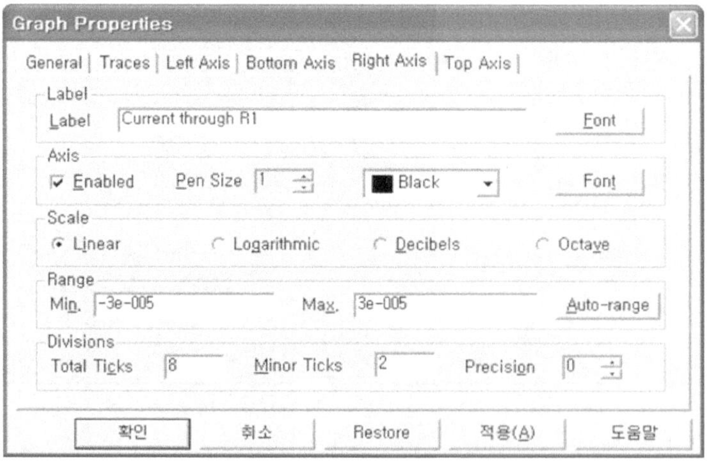

⑧ "Traces" 탭을 선택한다. Trace 상자의 drop-down 버튼을 클릭하여 "@rr1[i] Label"을 선택하고 아래의 그림과 같이 설정한다. 이것은 R1에 흐르는 전류 파형을 우측의 Y축에 스케일을 표시하기 위한 방법이다.

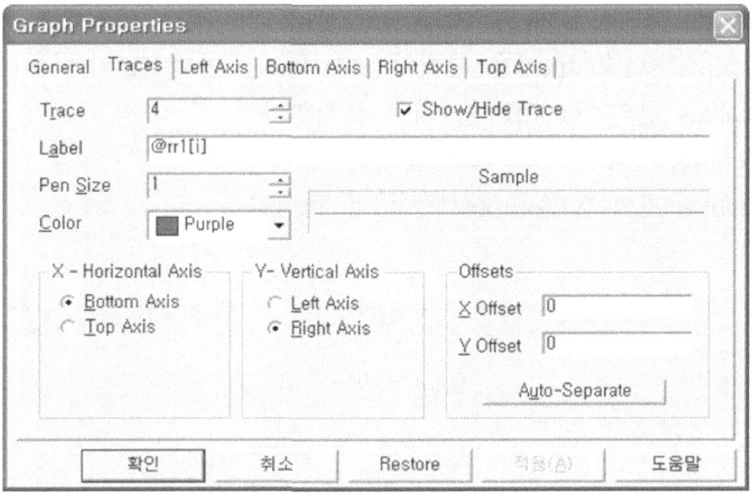

⑨ 축 서식을 적용한 그래프는 아래의 그림과 같다.

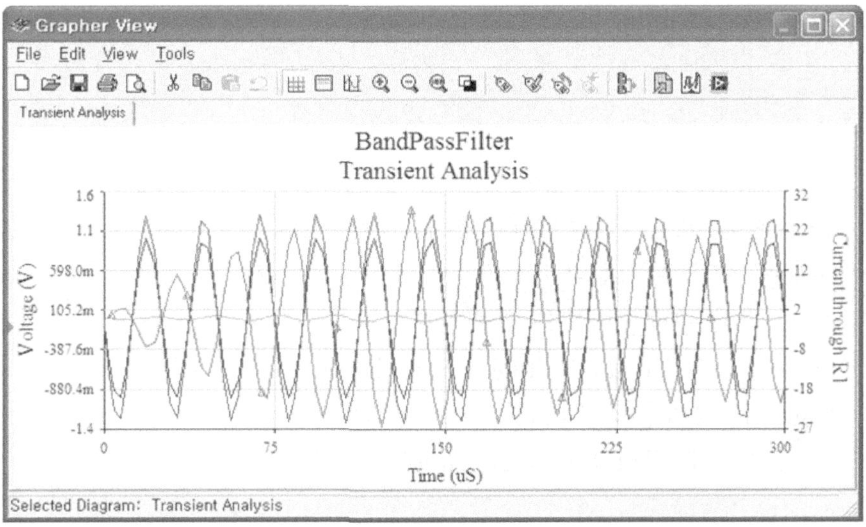

⑩ Postprocessor 함수를 이용하여 2개의 전압을 더한 출력을 살펴보자.

- [Simulate] ➡ [Postprocessor]를 선택한다.
- Select Simulation Results 창에서 Transient Analysis (tran01)을 선택한다.

- Expressions 창에서 **Add** 버튼을 클릭한다.
- 수식 v($fb1)+v($output)을 아래의 순서대로 표현해 보자.
  ① Variables 창의 "v($fb1)"을 더블 클릭한다.
  ② Functions 창의 "+"를 더블 클릭한다.
  ③ Variables 창의 "v($output)"를 더블 클릭한다.

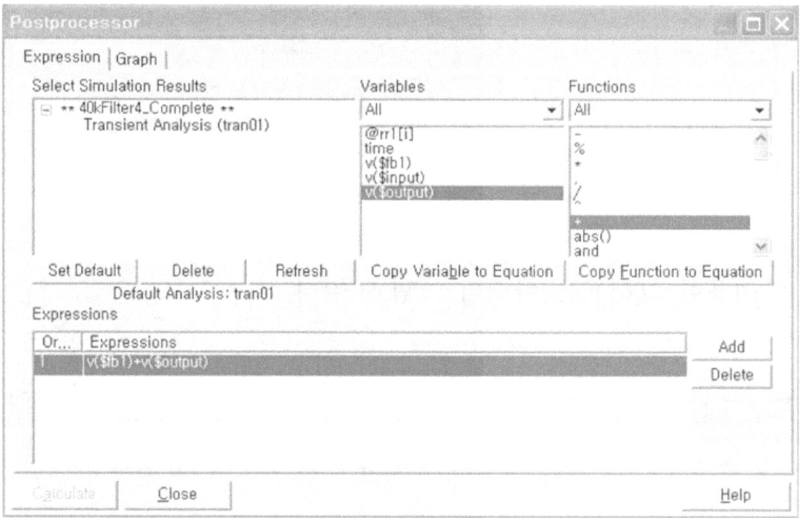

- 새로운 파형을 표현하기 아래의 순서대로 설정한다.
  ① "Graph" 탭을 클릭한다.
  ② Pages 창의 **Add** 버튼을 클릭한다.
  ③ Name 필드에 "Total Voltage"를 입력한다.
  ④ Diagrams 창의 **Add** 버튼을 클릭한다.
  ⑤ Name 필드에 "Total Voltage Graph"를 입력한다.

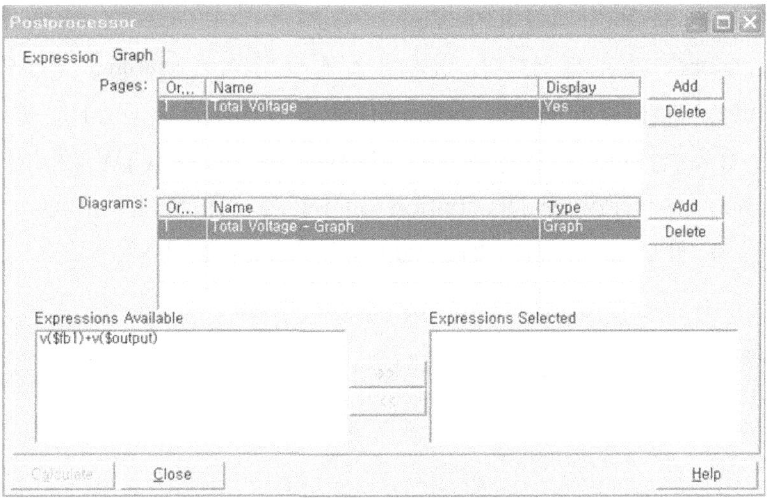

① "Expressions Available" 창의 수식을 마우스로 선택한다.
② [>>] 버튼을 클릭하여 수식을 우측의 "Expressions Selected" 창으로 보낸다.
③ [Calculate] 버튼을 클릭하여 시뮬레이션을 실행한다.
④ 출력 파형은 그림과 같다.

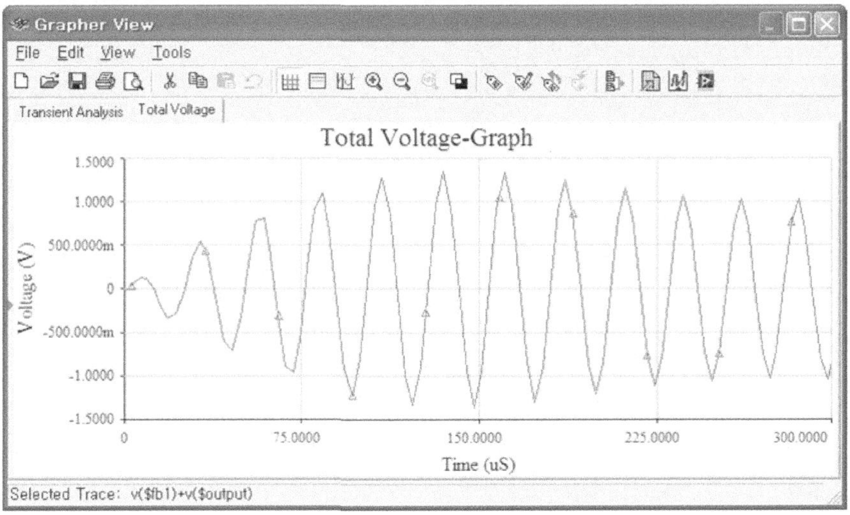

⑪ 저항 R1의 전력 손실을 계산하여 보자.

- Postprocessor를 다시 실행한다. 기존에 설정된 수식은 **Delete** 버튼으로 삭제한다.
- 위의 10번 단계와 같이 수식 "v($input) - v($output) * @rr1[i]"를 표현한다.
- "Graph" 탭을 선택하고, Pages 창에 "Power Dissipation [W]"를 입력한다.
- "Diagrams" 창에 "Power Dissipation by R1"을 입력한다.
- 수식을 우측 창으로 보내고 **Calculate** 버튼을 클릭한다.

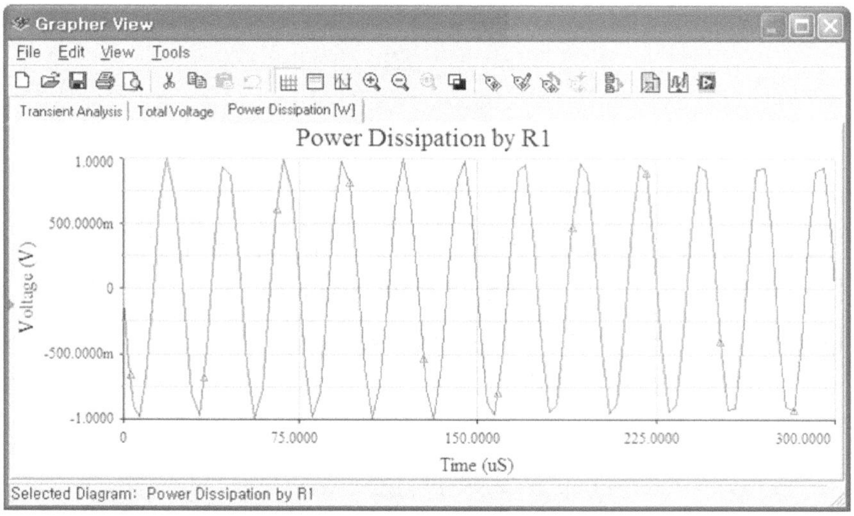

제7장

Multisim을 이용한 전자 회로 실습

실험 1. 오옴의 법칙(Ohm's Law)

전기 회로의 전류, 전압, 저항 사이에는 일정한 관계가 성립한다.

$$I = \frac{V}{R}\,[A],\quad R = \frac{V}{I}\,[\Omega],\quad V = IR\,[V]$$

저항이 일정할 경우 회로 내에 인가된 전압은 전류에 비례하며, 전압이 일정할 경우 회로 내의 저항은 전류와 반비례하게 된다.

1) 직렬 접속 회로

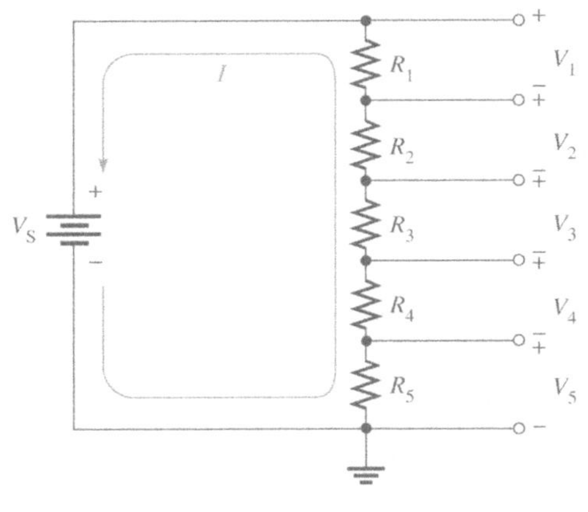

① 합성 저항

$$R_0 = R_1 + R_2 + R_3 + R_4 + R_5$$

② 임의 저항 양단에서의 전압 강하 V_x는 전체 저항에 대한 각 저항의 비에 전압원을 곱한 것과 같다.

$$V_X = \left(\frac{R_X}{R_T}\right) V_S$$

2) 병렬 접속 회로

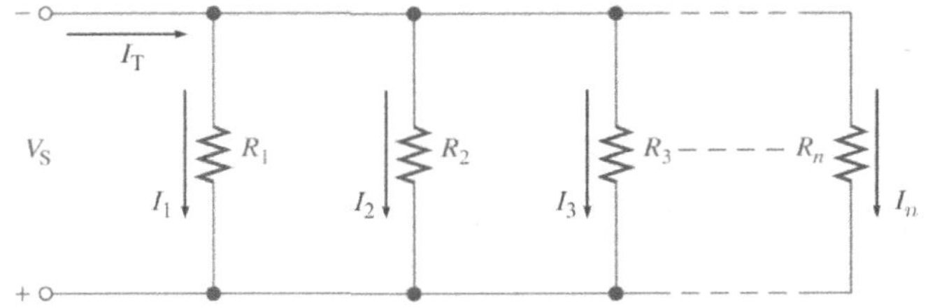

① 합성 저항

$$R_0 = \frac{1}{\frac{1}{R_1} + \frac{1}{R_2} + \frac{1}{R_3} + \cdots\cdots + \frac{1}{R_n}}$$

② 임의 저항을 흐르는 분류 전류 I_x는 각 저항에 대한 전체 저항의 비에 전류 원을 곱한 것과 같다.

$$I_X = \left(\frac{R_T}{R_X}\right) I_T$$

1-1 실험 회로 1

아래의 회로의 각 저항 사이에 걸리는 전압 강하의 이론치를 구하고 Multisim을 사용하여 시뮬레이션한 값과 비교하라.

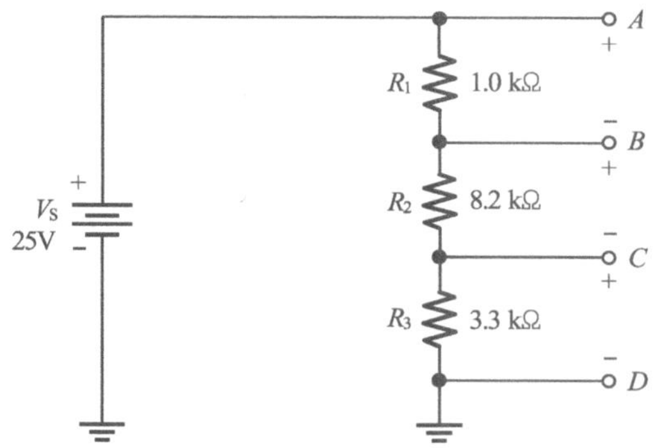

【계산값】

합성 저항 $R_0 = 1.0\,\text{k}\Omega + 8.2\,\text{k}\Omega + 3.3\,\text{k}\Omega = 12.5\,\text{k}\Omega$

$$V_{R1} = \left(\frac{R_1}{R_T}\right) V_S = \left(\frac{1\,k\Omega}{12.5\,k\Omega}\right) 25\ V = 2\ V$$

$$V_{R2} = \left(\frac{R_1}{R_T}\right)V_S = \left(\frac{8.2\,k\Omega}{12.5\,k\Omega}\right)25\ V = 16.4\ V$$

$$V_{R3} = \left(\frac{R_1}{R_T}\right)V_S = \left(\frac{3.3\,k\Omega}{12.5\,k\Omega}\right)25\ V = 6.6\ V$$

【시뮬레이션】

① 각 저항에 걸리는 전압 강하는 멀티미터의 전압계를 사용하여 측정할 수도 있고, [View] ➡ [toolbars] ➡ [Measurement Components]에 있는 전압계를 사용하여 측정할 수 있다.

② 전압 및 전류 측정 시 계측기의 연결법은 오른쪽 그림과 같이 전압 측정 시는 병렬로 연결하며, 전류 측정 시는 직렬로 연결(끊고 삽입)한다.

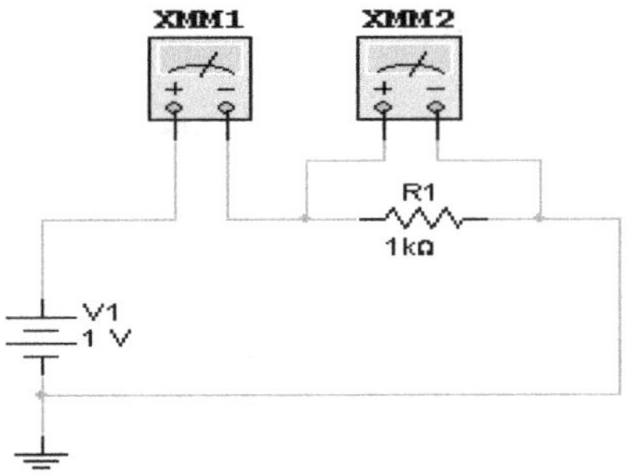

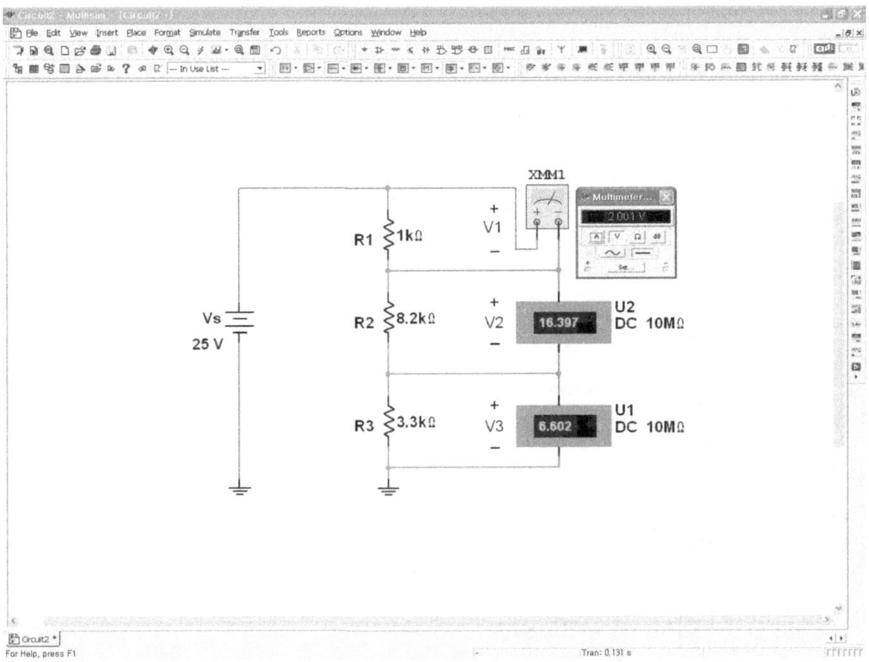

1-2 실험 회로 2

아래의 병렬 회로에서 각 저항에 흐르는 전류의 이론치를 구하고 Multisim을 사용하여 시뮬레이션한 값과 비교하라.

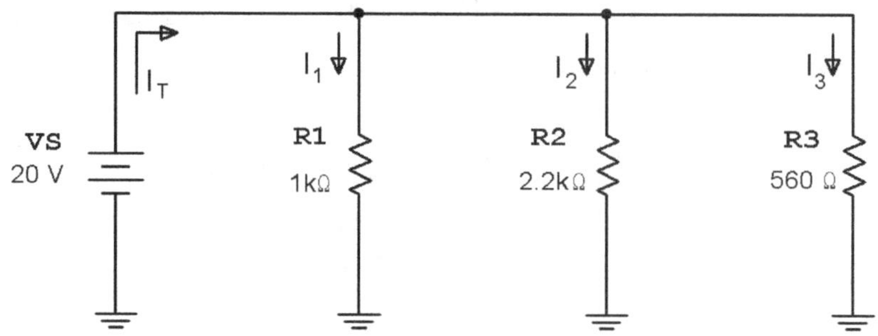

【계산값】

합성 저항 $R_0 = \dfrac{1}{\dfrac{1}{1\,k\Omega} + \dfrac{1}{2.2\,k\Omega} + \dfrac{1}{560\,\Omega}} = 309\,\Omega$

전체 전류 $I_T = \dfrac{20\ V}{309\ \Omega} = 65\,\text{mA}$

$$I_1 = \left(\frac{R_T}{R_1}\right) I_T = \left(\frac{309\,\Omega}{1\ k\Omega}\right) 65\ \text{mA} = 20\,\text{mA}$$

$$I_2 = \left(\frac{R_T}{R_2}\right) I_T = \left(\frac{309\,\Omega}{2.2\ k\Omega}\right) 65\ \text{mA} = 9.1\,\text{mA}$$

$$I_3 = \left(\frac{R_T}{R_3}\right) I_T = \left(\frac{309\,\Omega}{560\ \Omega}\right) 65\ \text{mA} = 35.8\,\text{mA}$$

【시뮬레이션】

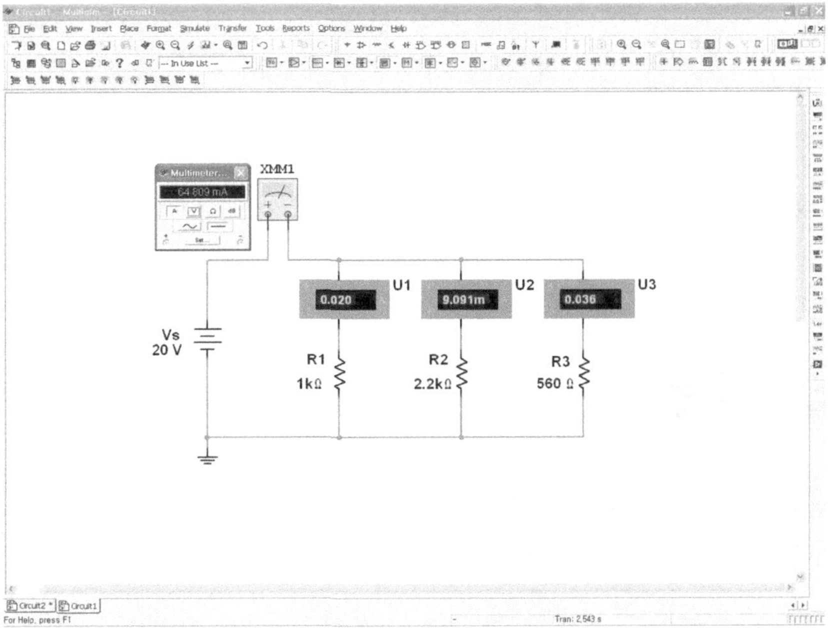

실험 2. 키르히호프의 법칙(kirchhoff's Law)

키르히호프(Kirchhoff's Law)의 법칙은 회로망 내의 시간적으로 변화하는 전류나 전압의 상관관계를 정의하여 복잡한 회로망을 해석하는데 유용한 법칙으로, 전류 법칙(Kirchhoff's Current Law : KCL)과 전압 법칙((Kirchhoff's Voltage Law : KVL)이 있다. KCL은 전류의 평형 상태에 관한 법칙이며, KVL은 전압의 평형 상태에 관한 법칙이다.

1) 전류 법칙(KCL)

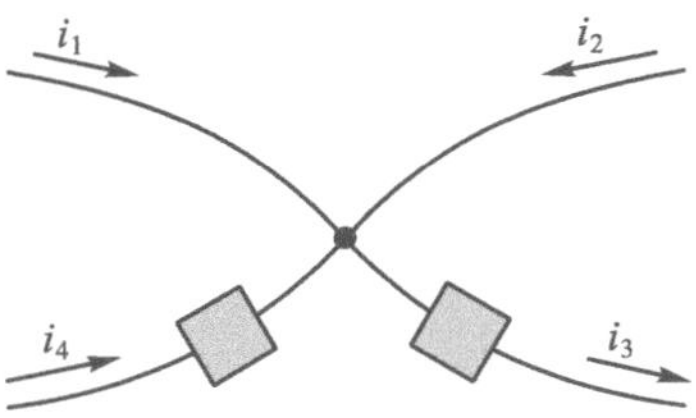

도선의 임의의 접합점(두 개 이상의 소자가 연결되는 점)에 유입되는 전류의 대수의 합은 유출되는 전류의 대수의 합과 같다.

$$i_1 + i_2 - i_3 + i_4 = 0$$

2) 전압 법칙(KVL)

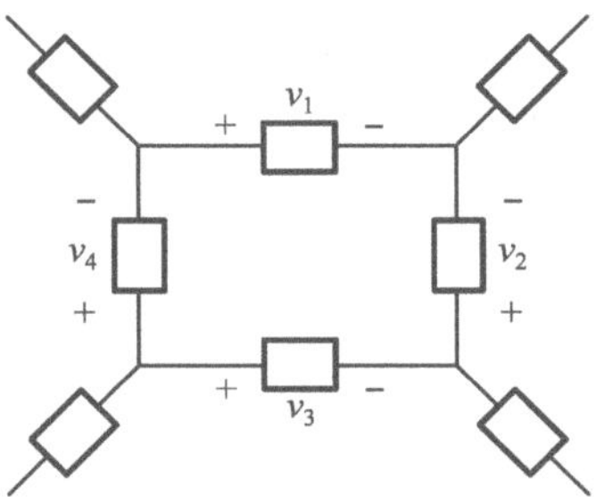

폐회로를 따라 한 방향으로 일주하면서 취한 전압 상승의 대수적 합은 전압 강하의 대수의 합과 같다.

$$v_1 + v_4 = v_2 + v_3$$

2-1 실험 회로 1

아래의 회로에서 I_1, I_2, I_3 와 I_4를 각각 구하여 키르히호프의 전류 법칙이 성립하는지 확인하고, Multisim을 사용하여 시뮬레이션한 값과도 비교하라.

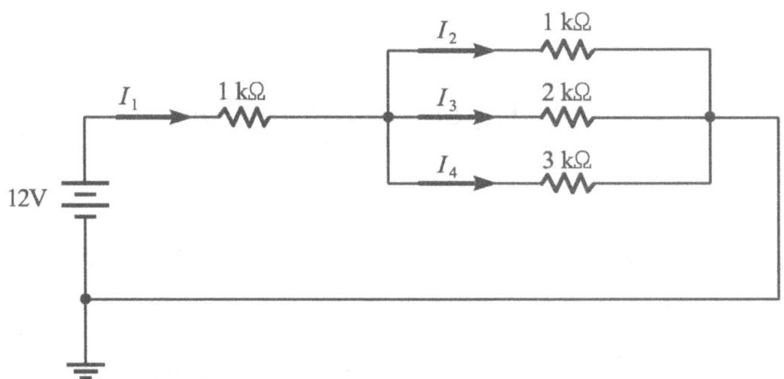

【계산값】

① 회로의 합성 저항 : $1\,k + (1\,k\,//\,2\,k\,//\,3\,k) =$ 1.54kΩ

② 전체 전류 I_1은$=\dfrac{12\,V}{1.54\,k\Omega}=$ 7.8㎃

③ $(1\,k\,//\,2\,k\,//\,3\,k) =$ 540 Ω

$$I_2 = \left(\frac{R_T}{R_1}\right) I_T = \left(\frac{540\,\Omega}{1\,k\Omega}\right) 7.8\text{mA} = 4.2\text{mA}$$

$$I_3 = \left(\frac{R_T}{R_1}\right) I_T = \left(\frac{540\,\Omega}{2\,k\Omega}\right) 7.8\text{mA} = 2.1\text{mA}$$

$$I_4 = \left(\frac{R_T}{R_1}\right) I_T = \left(\frac{540\,\Omega}{3\,k\Omega}\right) 7.8\text{mA} = 1.4\text{mA}$$

【시뮬레이션】

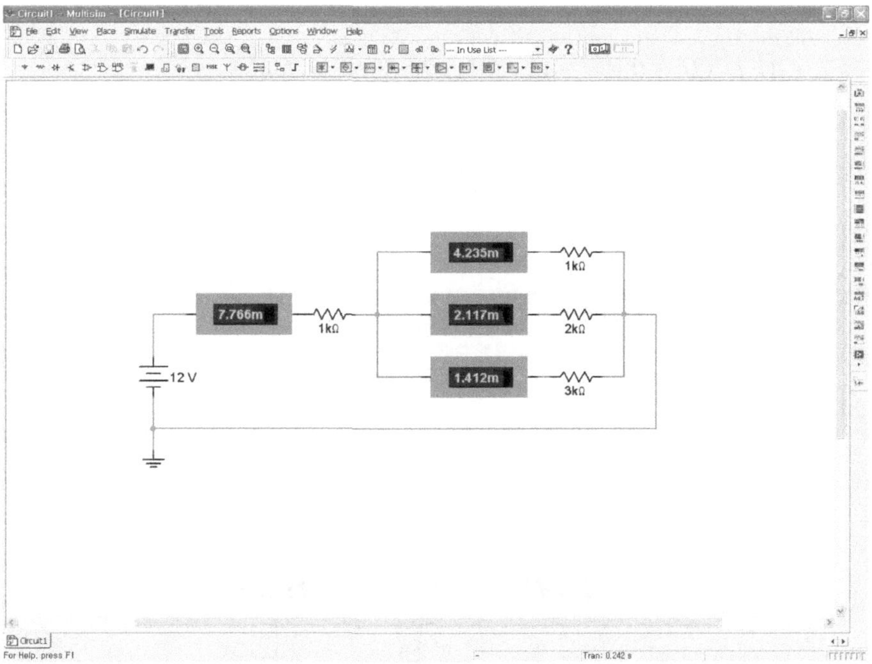

2-2 실험 회로 2

아래의 회로에서 키르히호프의 전압 법칙(KVL)을 이용해서 저항 R_1, R_2, R_3에 흐르는 전류를 각각 구하고, Multisim을 사용하여 시뮬레이션한 값과도 비교하라.

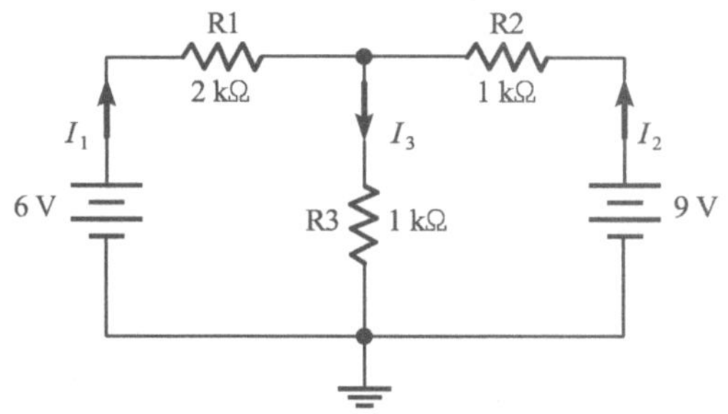

각 폐회로에서 전류의 방향을 시계 방향으로 가정하여 KVL을 적용하고, 임의의 절점에서 KCL식을 구해 이를 연립하여 각 저항에 흐르는 전류와 전압을 구한다.

【계산치】

① $6\,V = 2k\,I_1 + 1k\,I_3$ ② $-9\,V = -1k\,I_2 - 1k\,I_3$ ③ $I_3 = I_1 + I_2$

④. ① ② ③식을 연립하여 연립 방정식을 풀면,

$I_1 = 0.6\text{mA}$, $I_2 = 4.2\text{mA}$, $I_3 = 4.8\text{mA}$

【시뮬레이션】

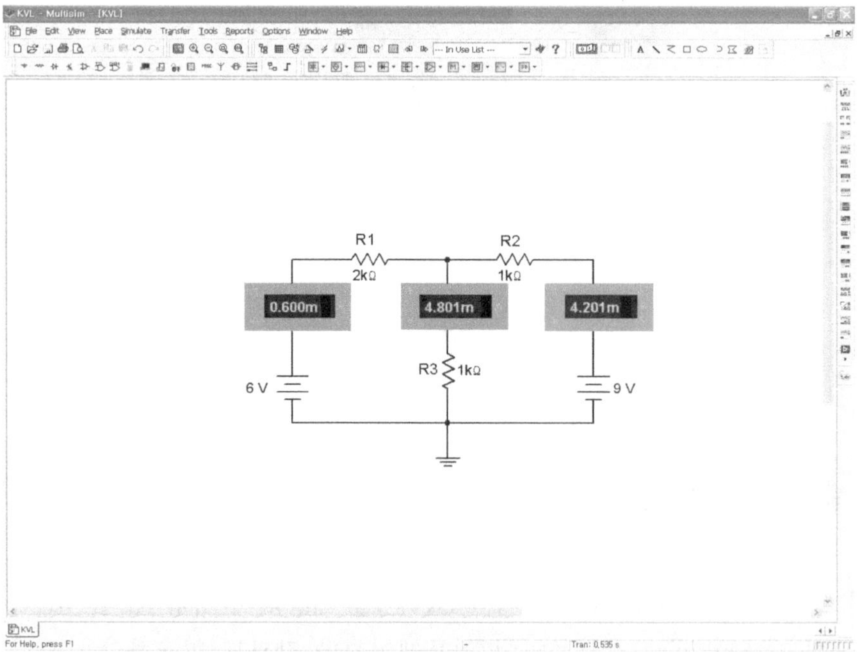

실험 3. 테브난 정리(Thevenin's theorem)

테브난 정리(Thevenin's theorem)는 회로를 표준 등가 형태로 단순화시키는 방법이다. 소자에 국한된 등가 회로가 아닌 저항과 전원을 모두 포함한 등가 회로로서, 아무리 복잡한 회로라도 하나의 저항과 전원으로 구성된 등가 회로로 간략화할 수 있다.

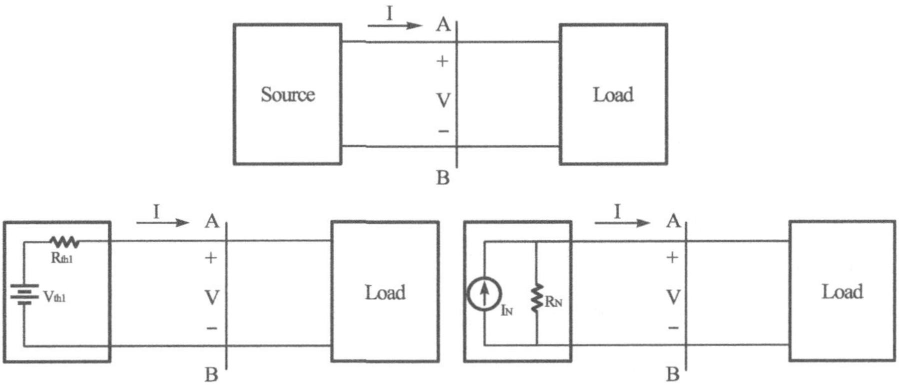

Thevenin 등가 회로 / Norton 등가 회로

- 테브난 등가 전압(V_{th})은 회로 내의 두 특정 전압점 사이의 개방 회로(무부하) 전압이다.
- 테브난 등가 저항(R_{th})은 모든 전원을 제거하고, 회로 내의 두 특정한 출력점 사이에 나타나는 전체 저항이다.

3-1 실험 회로 1

테브난 정리를 이용하여 브리지 회로의 부하 저항 R_L에 대한 전압과 전류를 구하고, Multisim을 사용하여 시뮬레이션한 값과 비교하라.

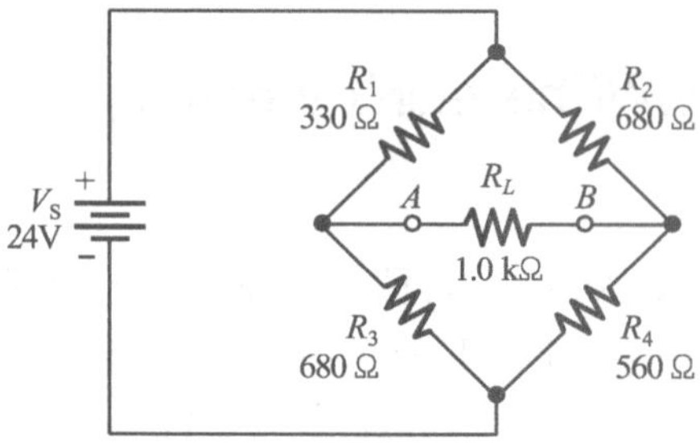

【계산치】

① R_L을 제거하여 A와 B 사이를 개방한다.

② $V_{th} = V_A - V_B = \left(\dfrac{R_3}{R_1 + R_3}\right)V_S - \left(\dfrac{R_4}{R_2 + R_4}\right)V_S = 16.2\,V - 10.8\,V = 5.4\,V$

③ $R_{th} = \dfrac{R_1 R_3}{R_1 + R_3} + \dfrac{R_2 R_4}{R_2 + R_4} = 222\,\Omega + 307\,\Omega = 529\,\Omega$

④ V_{th}와 R_{th}를 직렬로 연결하여 테브난 등가 회로를 만든다.

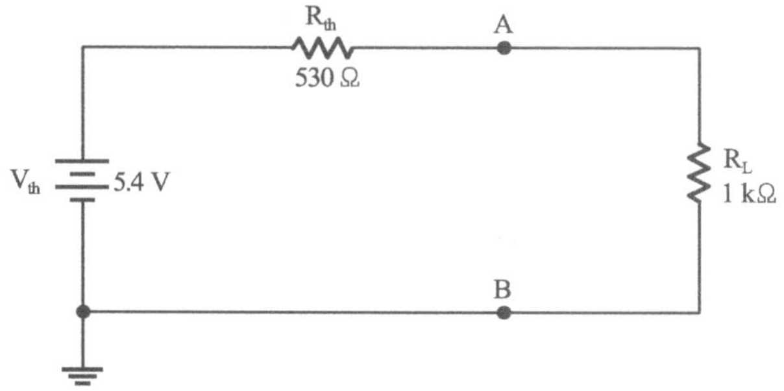

⑤ $V_L = \left(\dfrac{R_L}{R_L + R_{th}}\right)V_{th} = \left(\dfrac{1.0\,k}{1.53\,k}\right)5.4\,V = 3.53\,V$

⑥ $I_L = \dfrac{V_L}{R_L} = \dfrac{3.53\,V}{1.0\,k} = 3.53$ mA

【시뮬레이션】

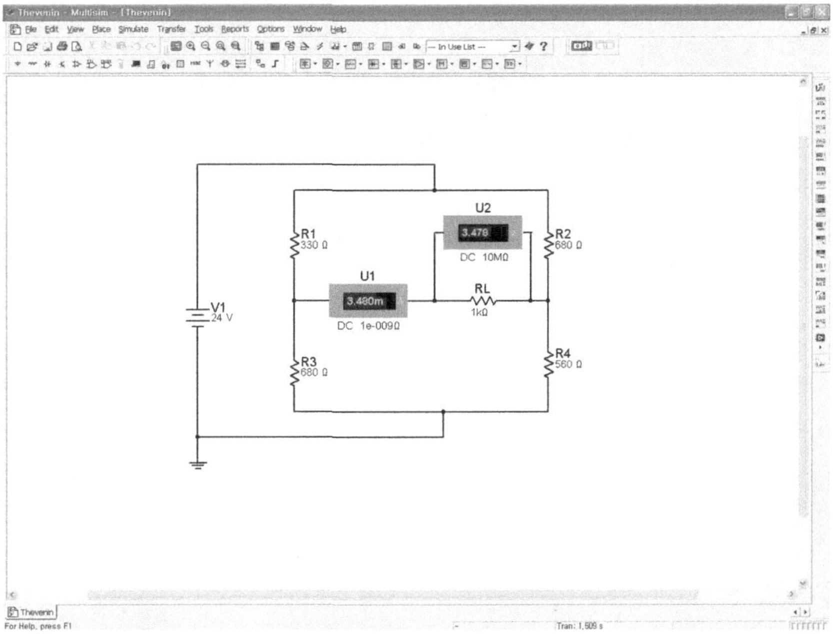

실험 4. 최대 신호(전력) 전달

희망하는 성능을 회로가 발휘하기 위해서는 접속단(부하)에 최대 신호(전력)를 보내 주어야 한다. 즉 전원에서 공급되는 전력을 최대로 하기 위한 부하의 크기를 알아야 한다.

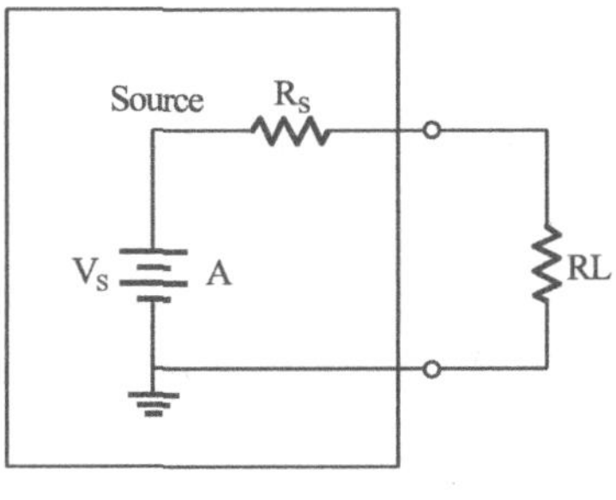

$R_S = R_L$일 때 최대 전력이 부하에 전달된다.

4-1 실험 회로 1

아래 그림의 전원은 75Ω의 내부 저항을 가지고 있다. 가변 부하 저항이 다음과 같을 때 부하 전력을 각각 구하고, Multisim을 사용하여 시뮬레이션한 값과 비교하라.

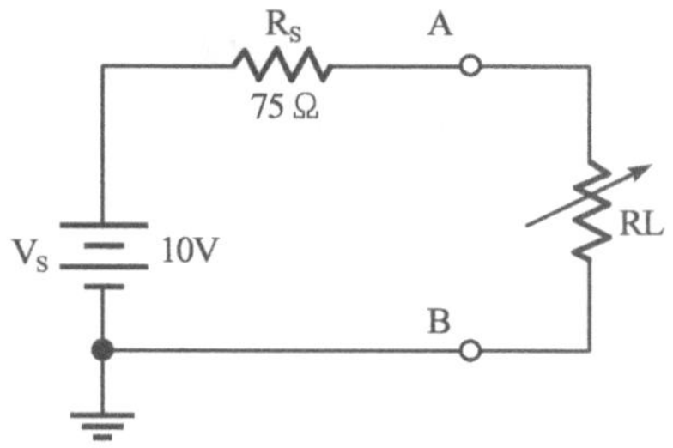

【계산치】

① $R_L = 25\,\Omega$일 때

$$I = \frac{V_S}{R_S + R_L} = \frac{10\ V}{75\ \Omega + 25\ \Omega} = 100\,\text{mA} \rightarrow P_L = I^2R = (100\,\text{mA})^2(25\,\Omega) = 250\,\text{mW}$$

② $R_L = 50\,\Omega$일 때

$$I = \frac{V_S}{R_S + R_L} = \frac{10\ V}{75\ \Omega + 50\ \Omega} = 80\,\text{mA} \rightarrow P_L = I^2R = (80\,\text{mA})^2(50\,\Omega) = 320\,\text{mW}$$

③ $R_L = 75\,\Omega$일 때

$$I = \frac{V_S}{R_S + R_L} = \frac{10\ V}{75\ \Omega + 75\ \Omega} = 66.7\,\text{mA} \rightarrow P_L = I^2R = (66.7\,\text{mA})^2(75\,\Omega) = 334\,\text{mW}$$

④ $R_L = 100\,\Omega$일 때

$$I = \frac{V_S}{R_S + R_L} = \frac{10\ V}{75\ \Omega + 100\ \Omega} = 57.1\,\text{mA} \rightarrow P_L = I^2R = (57.1\,\text{mA})^2(100\,\Omega) = 326\,\text{mW}$$

⑤ $R_L = 125\,\Omega$일 때,

$$I = \frac{V_S}{R_S + R_L} = \frac{10\ V}{75\ \Omega + 125\ \Omega} = 50\,\text{mA} \rightarrow P_L = I^2R = (50\,\text{mA})^2(125\,\Omega) = 313\,\text{mW}$$

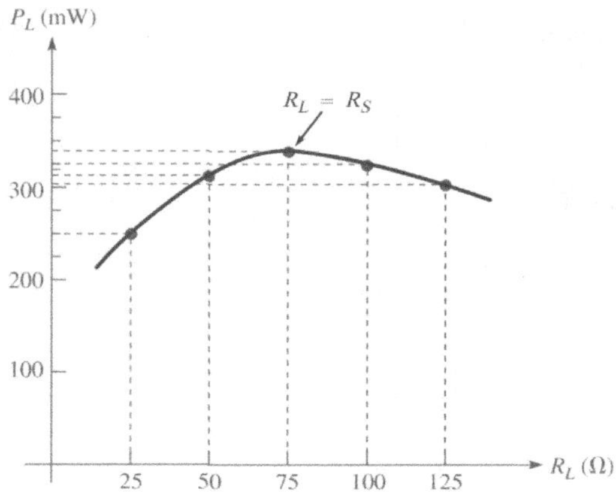
P_L (mW)
400
300
200
100
$R_L = R_S$
25
50
75
100
125
R_L (Ω)

【시뮬레이션】

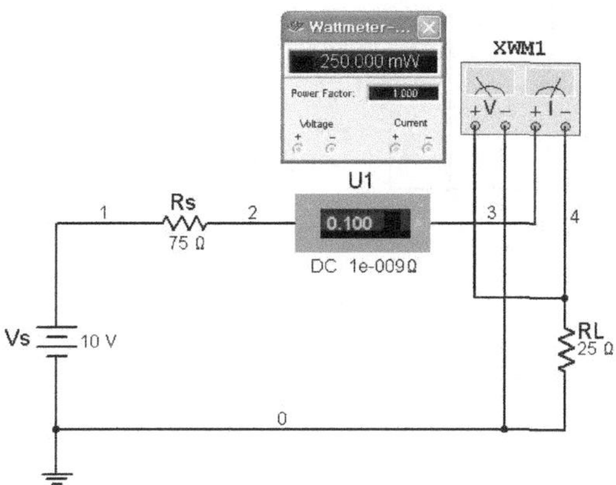
Wattmeter-...
250.000 mW
Power Factor:
1.000
Voltage
Current
XWM1
U1
0.100
DC 1e-009Ω
Rs
75 Ω
Vs
10 V
RL
25 Ω

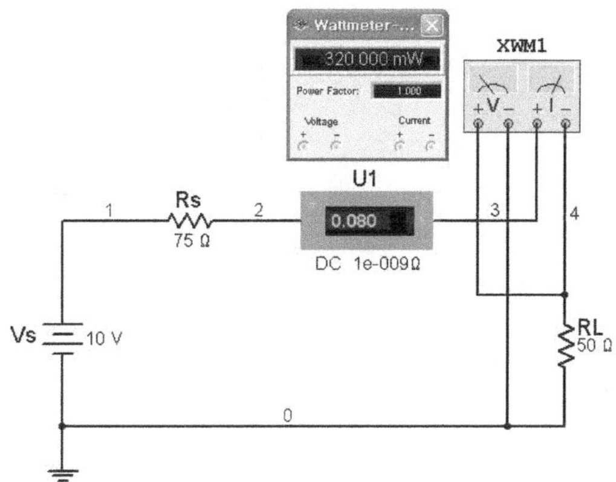
Wattmeter-...
320.000 mW
Power Factor:
1.000
Voltage
Current
XWM1
U1
0.080
DC 1e-009Ω
Rs
75 Ω
Vs
10 V
RL
50 Ω

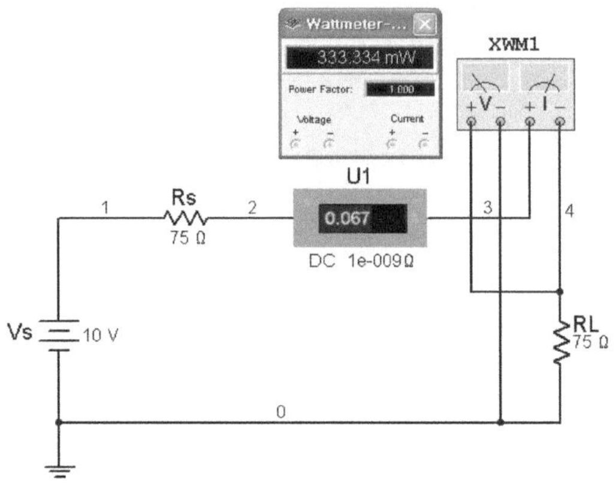
Wattmeter-...
333.334 mW
Power Factor: 1.000
Voltage
Current
XWM1
U1
Rs
75 Ω
0.067
DC 1e-009Ω
Vs
10 V
RL
75 Ω
1
2
3
4
0

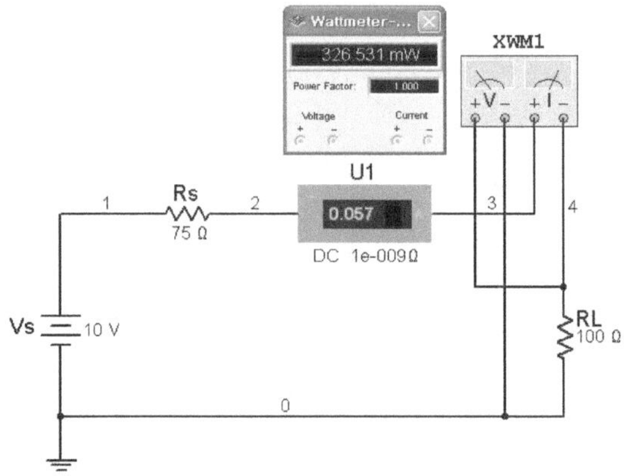
Wattmeter-...
326.531 mW
Power Factor: 1.000
Voltage
Current
XWM1
U1
Rs
75 Ω
0.057
DC 1e-009Ω
Vs
10 V
RL
100 Ω
1
2
3
4
0

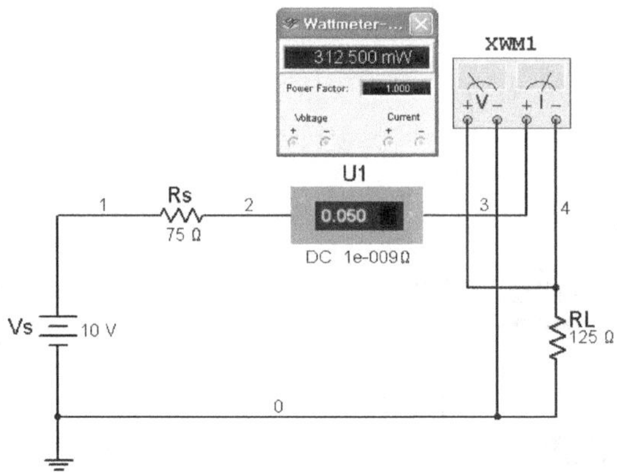
Wattmeter-...
312.500 mW
Power Factor: 1.000
Voltage
Current
XWM1
U1
Rs
75 Ω
0.050
DC 1e-009Ω
Vs
10 V
RL
125 Ω
1
2
3
4
0

실험 5. 중첩의 정리(Superposition theorem)

여러 개의 전원이 있는 선형 회로를 선형 회로의 어느 특정 가지의 전류(전압)는 개개의 전원이 개별적으로 작용할 때의 전류(전압)를 합한 것과 같다.

대상이 아닌 전압 원을 제거하는 것은 V=0 ➡ 단락(short)
대상이 아닌 전류 원을 제거하는 것은 I=0 ➡ 개방(open)

5-1 실험 회로 1

아래의 회로에서 저항 R_2에 흐르는 전류를 중첩의 원리를 이용하여 구하고, Multisim을 사용하여 시뮬레이션한 값과 비교하라.

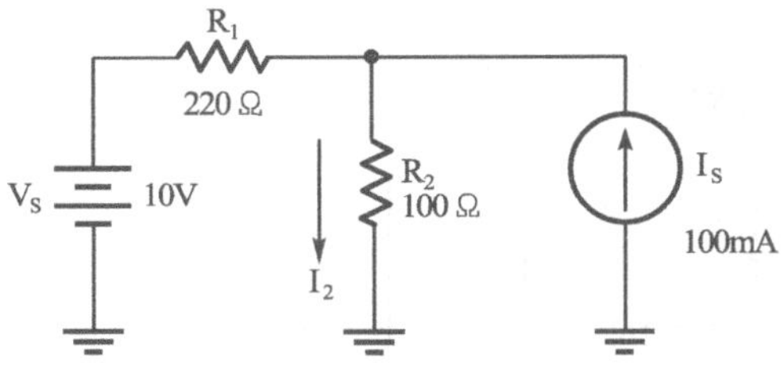

【계산치】

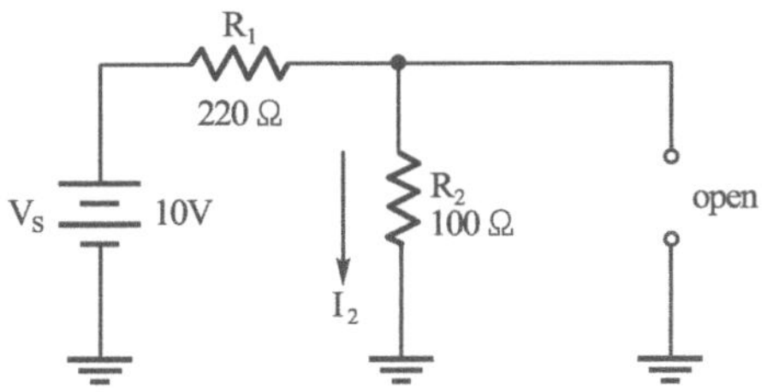

① V_S에 의해 R_2에 흐르는 전류

$$I_{2(V_S)} = \frac{V_S}{R_T} = 31.2\,\text{mA}$$

② I_S에 의해 R_2에 흐르는 전류

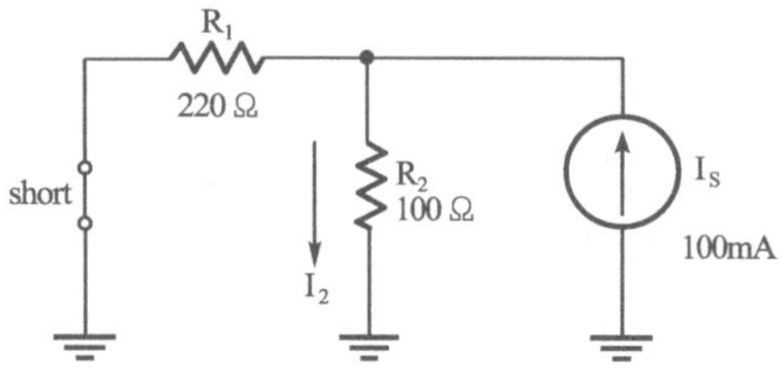

$$I_{2(I_S)} = \left(\frac{R_1}{R_1 + R_2}\right) I_S = 68.8\,\text{mA}$$

③ 두 전류 모두 R_2를 지나 같은 방향으로 흐르므로 이들을 합하여 총 전류를 구할 수 있다.

$$I_2(\text{전체}) = I_2\ (V_S) + I_2\ (I_S) = 31.2\,\text{mA} + 68.8\,\text{mA} = 100\,\text{mA}$$

【시뮬레이션】

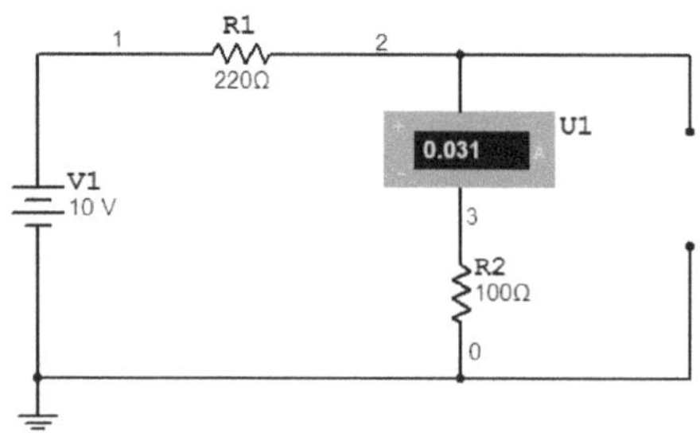

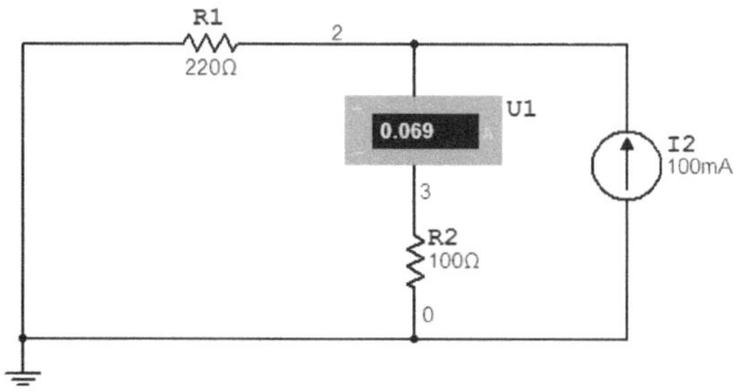

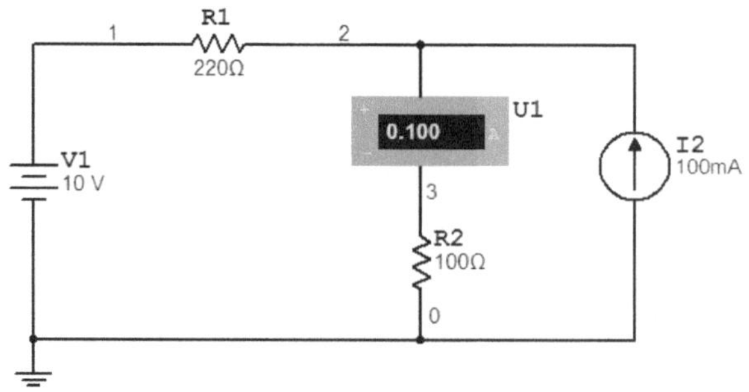

실험 6. RC 직렬 회로의 충방전 특성

RC 직렬 회로에 직류 전압 원이 연결되면 커패시터는 충전된다. 커패시턴스와 저항값을 알고 있다면, 시간에 따라 전하가 누적되는 현상을 예측할 수 있다.

① RC 시정수

커패시터가 저항을 통해서 충전되거나 방전될 때 커패시터가 완전히 충전되거나 방전되기 위해서는 어느 정도의 시간이 필요하다. 직렬 RC 회로의 시정수는 충·방전의 경과 시간으로서 그 크기는 저항과 커패시턴스의 곱과 같다.

$$\text{시정수}\ (\tau) = R \times C\ [\text{sec}]$$

② 충전과 방전 곡선

충전 및 방전 곡선은 지수 함수(exponential) 곡선으로 표시되는데, 시정수의 5배가 되는 시간이 경과하면 최종 전압의 99%에 도달하며, 커패시터가 완전히 충·방전되었다고 간주하고 이때까지를 과도 시간(transient time)이라고 한다.

증가하거나 감소하는 지수 함수 곡선의 일반식은 다음과 같다.

$$v = V_F + (V_i - V_F)e^{-t/\tau}\ [V] \quad (\text{여기서 } V_F : \text{최종값},\ \ V_i : \text{초깃값})$$

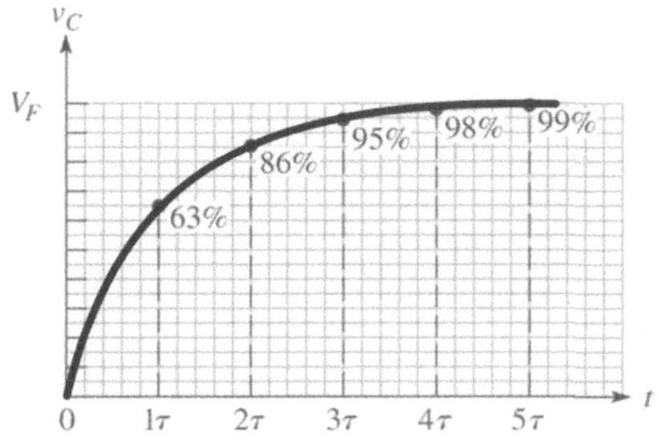

(최종 전압 V_F로 충전 곡선)

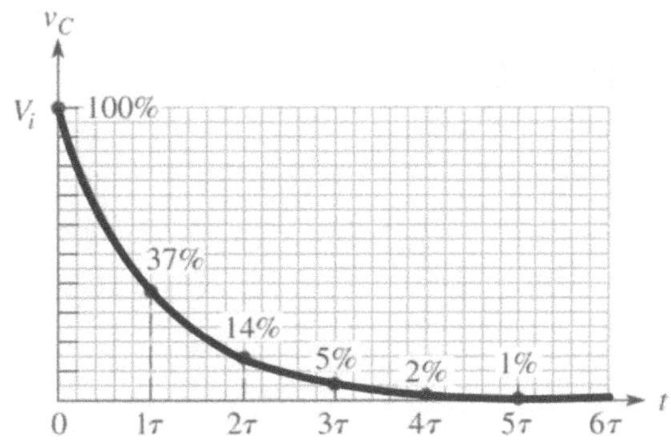

(초기 전압 V_i로부터 방전 곡선)

6-1 실험 회로 1

아래 RC 직렬 회로의 시정수 변화에 따른 충·방전 특성을 이해하고, Multisim을 이용해서 저항 R값을 1kΩ, 10kΩ, 100kΩ로 변화시키고 이에 따른 출력 파형의 변화를 시뮬레이션하라.

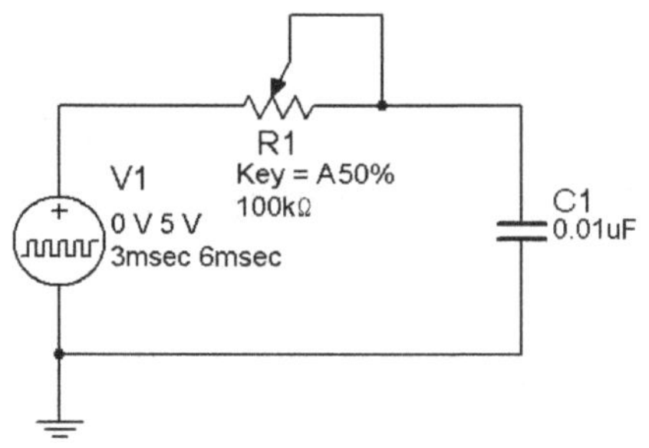

【계산치】

① $R=1\,k$ 일 때

시정수 $\tau = R\times C = 1\,k \times 0.01\,\mu\text{F} = 0.01\,\text{ms}$

② $R=10\,k$ 일 때

시정수 $\tau = R\times C = 10\,k \times 0.01\,\mu\text{F} = 0.1\,\text{ms}$

③ $R=100\,k$ 일 때

시정수 $\tau = R\times C = 100\,k \times 0.01\,\mu\text{F} = 1\,\text{ms}$

【시뮬레이션】

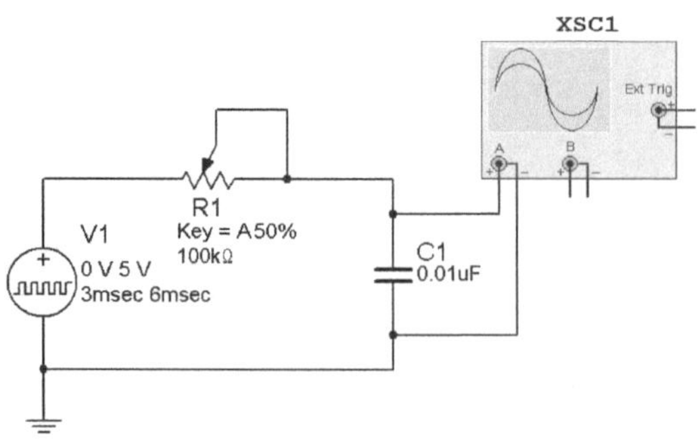

① 부품 툴바에서 "Pulse_Voltage"를 선택하여 작업 영역에 배치한다
"Pulse_Voltage" 부품을 마우스 왼쪽 버튼을 두 번 클릭하여 아래와 같이 단위에 유의하여 조건을 설정한다.

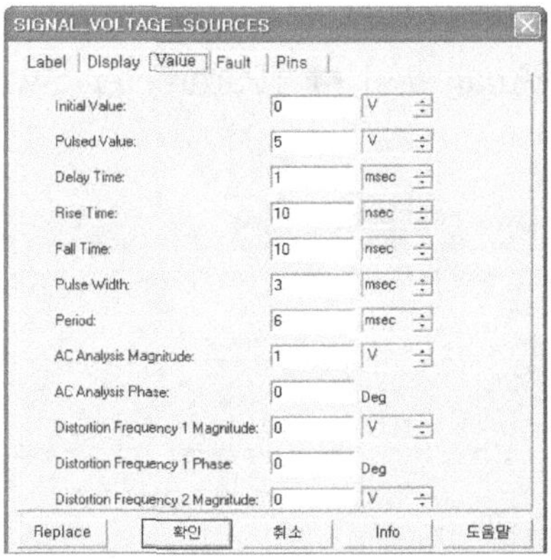

② 오실로스코프를 더블 클릭하여 아래와 같이 "Timebase"와 "Channel A, B" Scale을 조정한다.

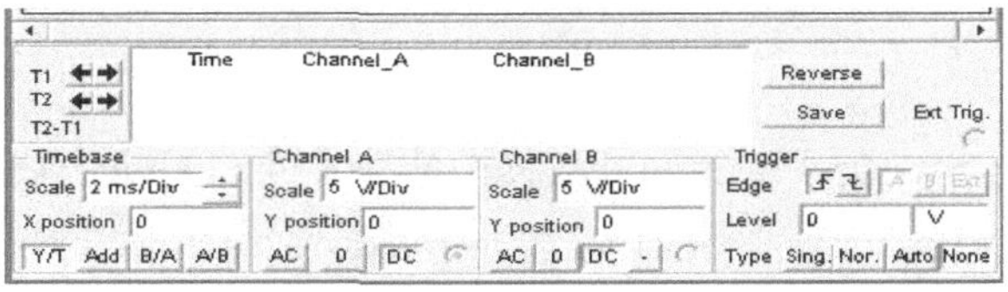

③ R값의 변화에 따른 출력 파형

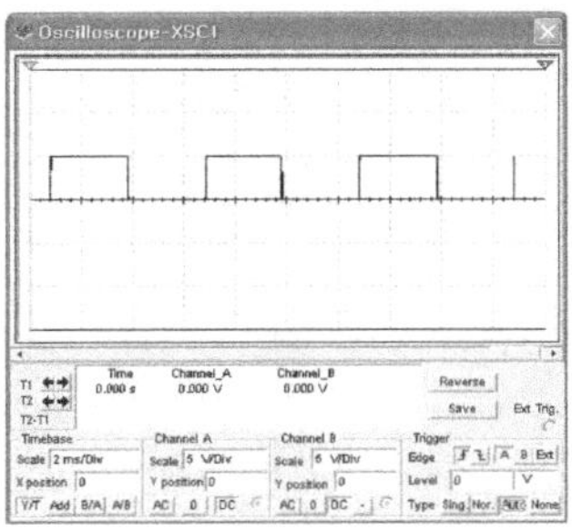

(R_1=1kΩ)

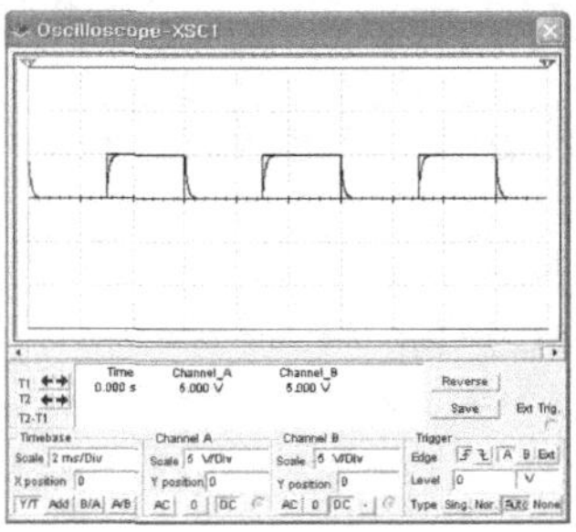

(R_1=10kΩ)

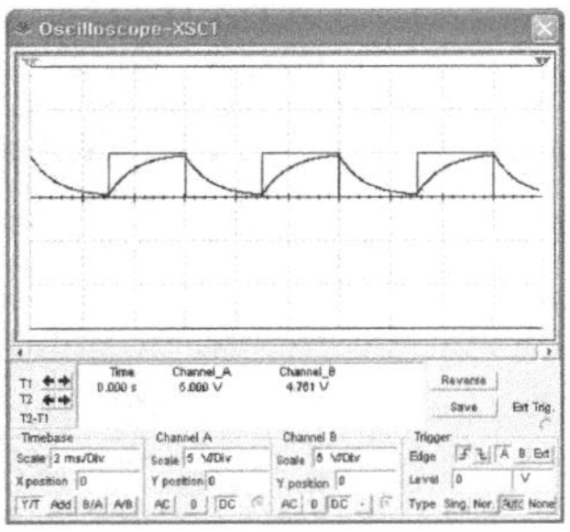

(R_1=100kΩ)

④ 지금까지 저항 R_1을 각각 1kΩ, 10kΩ, 100kΩ으로 변경하였을 때의 출력을 오실로스코프에서 측정해 보았다. 이제는 이와 유사한 해석 방법으로, 변수의 값을 스위프(sweep)하여 한 번에 결과를 확인할 수 있는 "Parameter Sweep" 해석 방식을 이용하여 측정을 해보자.

⑤ 메뉴에서 [Simulate] ➡ [Analyses] ➡ [Parameter Sweep]을 클릭한다.

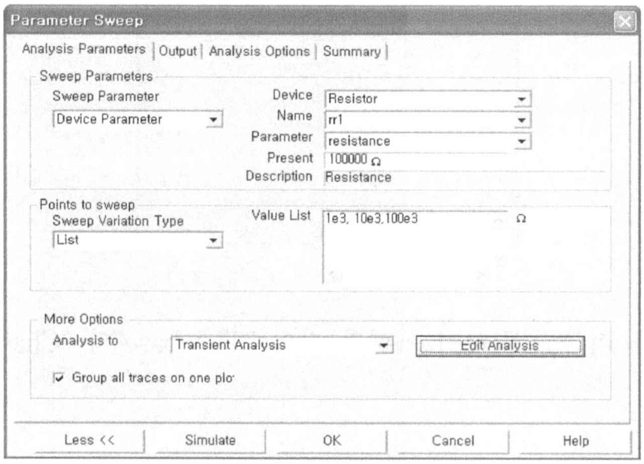

⑥ 위의 그림과 같은 Sweep Parameter 대화 상자에서 "Device Parameter"를 선택하고, 그림과 같이 세팅한 후, 창의 아래에 있는 **More>>** 버튼을 클릭하여 나타나는 "More Options" 대화 상자에서 다음의 그림과 같이 세팅 후 **OK** 버튼을 클릭한다.

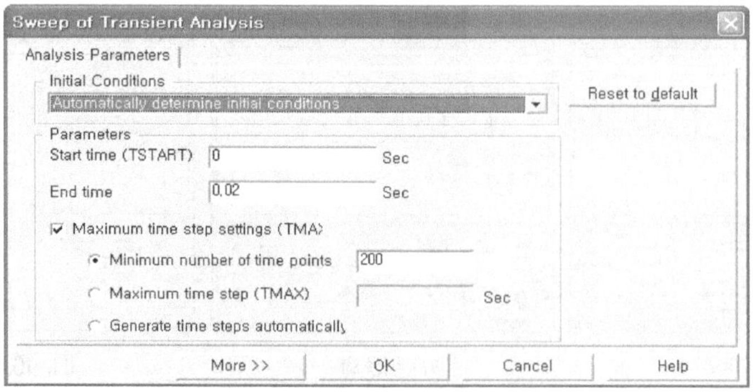

⑦ Parameter Sweep 창의 "Output" 탭을 클릭하여 "Variables in circuit" 상자에 있는 노드 번호(오실로스코프의 A, B가 연결된 노드) $1, $2를 마우스로 선택하여 **Add** 버튼을 클릭하여 우측의 "Selected variables for analysis" 상자로 보낸다.

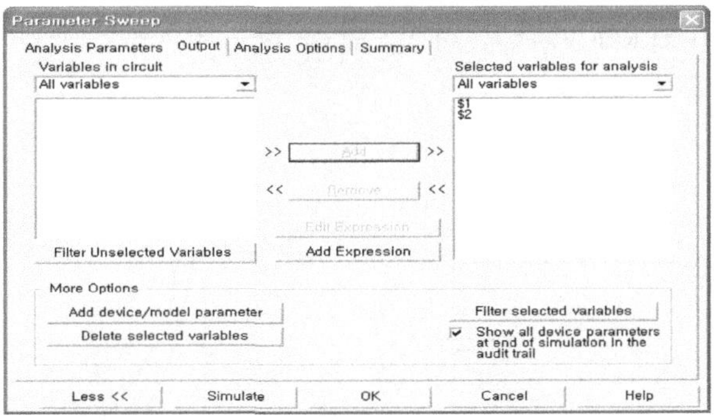

주의

노드 번호는 사용자에 따라 다르게 나타날 수 있다.

⑧ **Simulate** 버튼을 클릭하면 아래의 그림과 같이 시뮬레이션 결과 파형을 볼 수 있다.

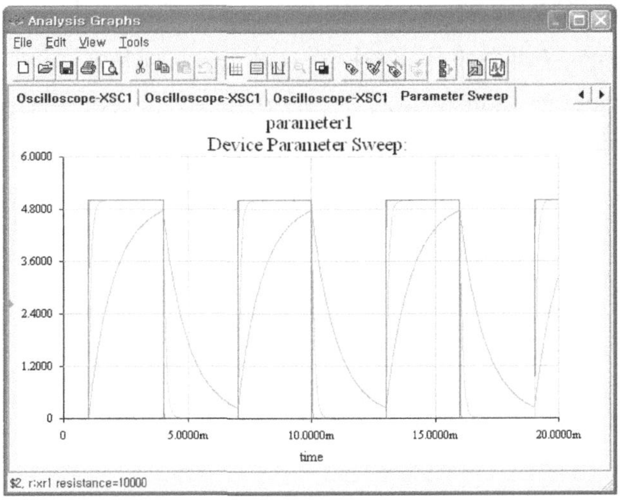

실험 7. 직렬 RLC 회로의 공진 특성

직렬 RLC 회로에서 $X_L = X_C$일 때 직렬 공진이 발생한다. 공진이 일어날 때의 주파수를 공진 주파수(resonant frequency)라고 하며, 이는 하나의 특정 주파수에서만 일어난다.

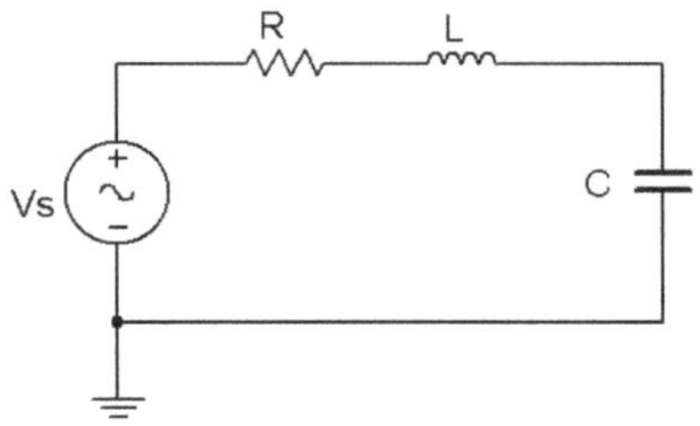

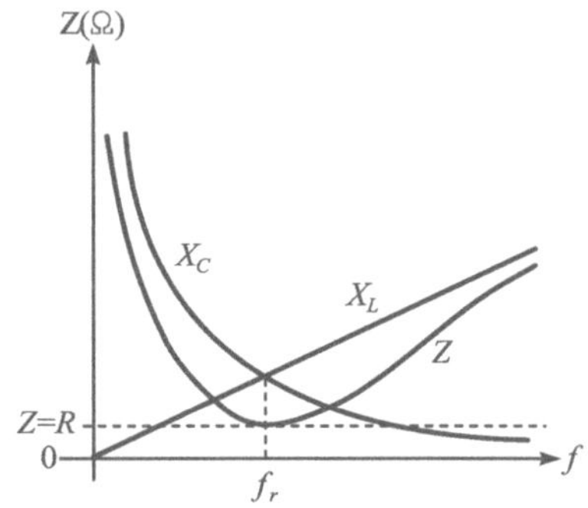

$$\text{공진 주파수 } f_r = \frac{1}{2\pi\sqrt{LC}}[\text{Hz}]$$

1) 공진 주파수일 때($X_C = X_L$)

공진 주파수보다 낮은 주파수에서 X_C가 X_L보다 크기 때문에 임피던스 Z는 X_C를 따라 감소한다. 공진 주파수에 총 임피던스 Z는 R과 같고, 총 리액턴스가 0이기 때문에 최소가 된다. 따라서 이 점에서 회로에 흐르는 전류는 최대가 되고, V_R은 전원 전압과 같으므로 최댓값이 된다. 공진 주파수보다 높은 주파수에서 X_L은 X_C보다 점점 크게 되며, 임피던스도 증가한다.

7-1 실험 회로 1

아래 직렬 RLC회로에서 공진 주파수를 구하고, 공진 시에 전류 I, V_R을 각각 구하고, Multisim을 사용하여 주파수 변화에 따른 R에서의 전압 이득을 시뮬레이션하라.

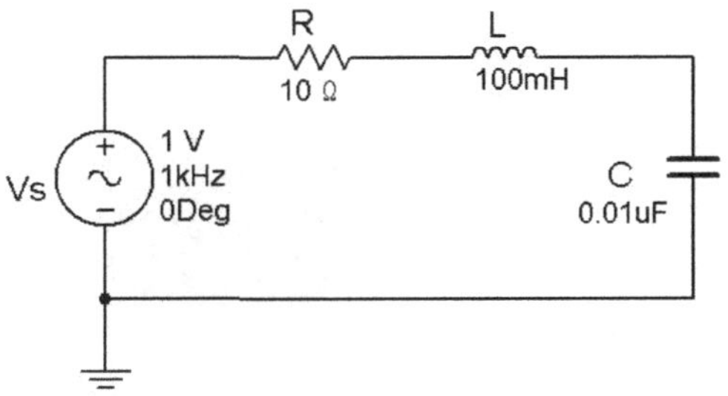

【계산치】

공진 주파수 $f_r = \dfrac{1}{2\pi\sqrt{LC}} = \dfrac{1}{2\pi\sqrt{(100\,mH)(0.01\mu F)}} = 5.03\,\text{kHz}$

공진 시, $I = \dfrac{V_S}{R} = \dfrac{1\,V}{10\,\Omega} = 100\,\text{mA}$

공진 시, $V_R = IR = (100\,\text{mA})(10\Omega) = 1\,V$

【시뮬레이션】

① 주파수 변화에 따른 저항 R에서의 전압 이득[dB]을 측정해야 하므로 보드 선도계 (Bode Plotter)를 사용한다.
보드 선도계는 두 측정점 사이의 주파수에 따른 전압 이득 및 위상 편이를 측정하는 계측기로 회로의 주파수 응답을 보여준다.
보드 선도계의 입력에 전원 전압을 인가하고, 출력으로 저항 양단에 걸리는 전압을 측정하면, 그림과 같이 공진 주파수에서 최대의 전압 이득을 보인다.

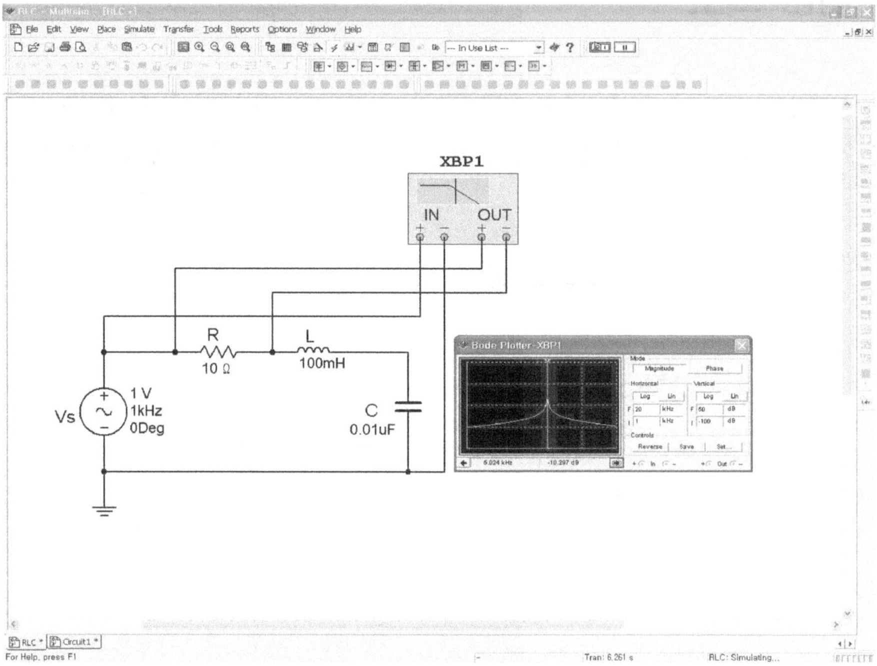

② 주파수 변화에 따른 저항 R에서의 전압 이득을 측정해야 하는 경우, 교류 해석(AC Analysis) 방법을 사용할 수 있는데, 이는 입력 주파수를 변화시켜 가면서 선형 회로의 주파수 응답을 계산하는 해석이다. 이 방법으로 저항 양단에 걸리는 전압 이득을 구하여 보자.

③ 메뉴에서 [Simulate] ➡ [Analyses] ➡ [AC Analysis]를 클릭한다.

④ "AC Analysis" 설정 창이 뜨면, 다음 그림과 같이 "Frequency Parameters" 탭의 조건을 보드 선도계와 동일하게 설정을 한다.

⑤ 출력은 저항 R사이의 전압 값이므로 노드 1과 2의 차이를 출력 변수로 정한다.

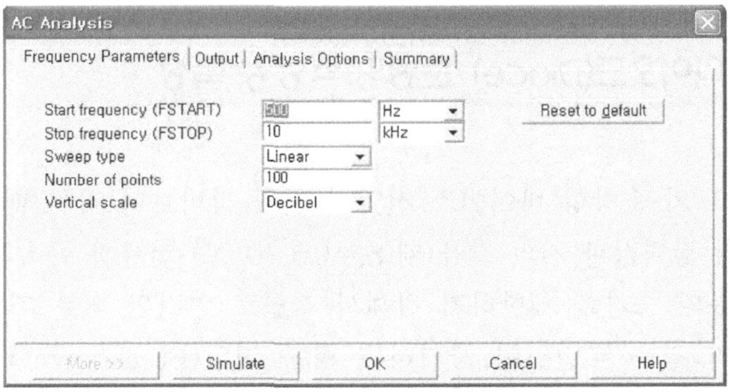

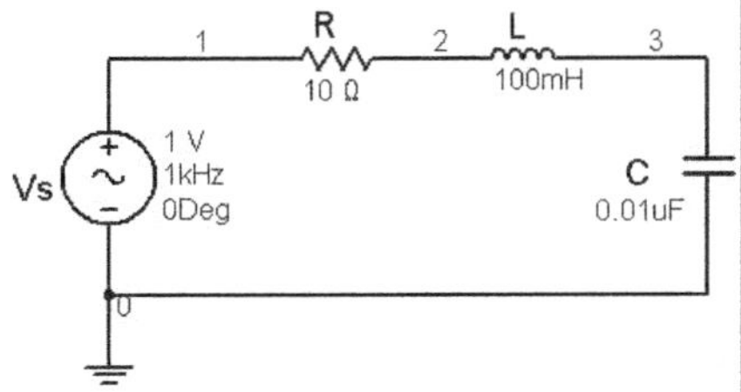

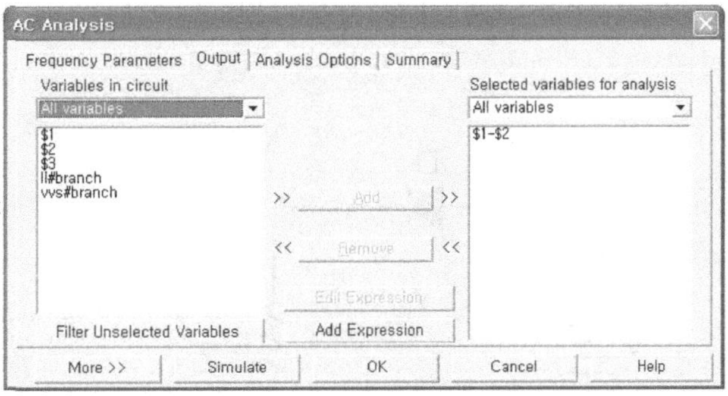

⑥ 교류 해석(AC Analysis) 결과 "보드 선도계(Bode Plotter)"로 측정한 값과 동일한 값이 나옴을 확인할 수 있다.

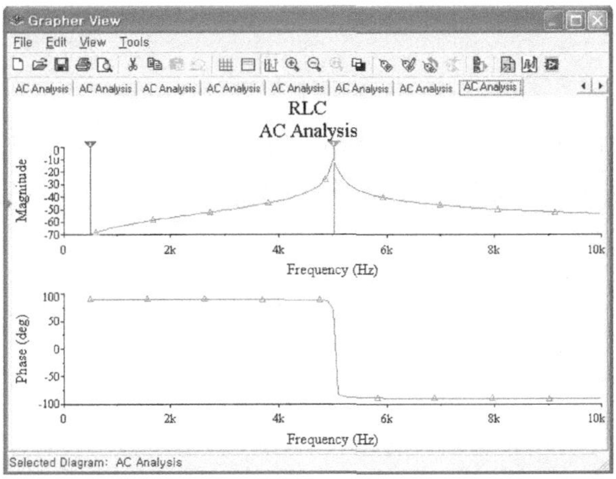

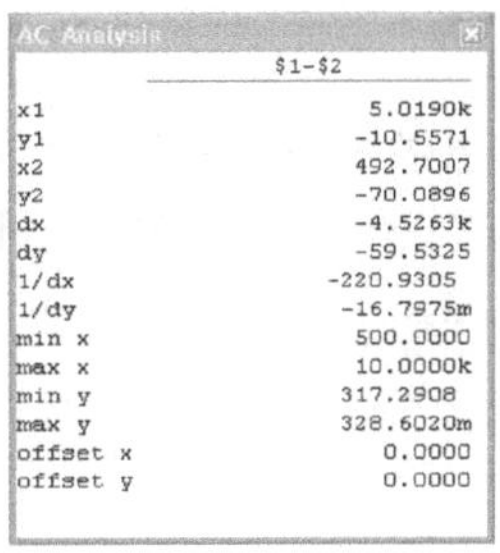

실험 8. 다이오드(Diode) 순방향/역방향 특성

실리콘(Si) 다이오드의 순방향 바이어스 전압이 전위 장벽보다 작을 때 순방향 전류는 거의 흐르지 않고, 전위 장벽값과 거의 같을 때(S_i=0.6~0.7V) 전류가 급속히 증가하기 시작한다. 이때 급속한 전류의 증가를 제한하기 위해서 직렬로 연결된 외부 저항을 달아야 한다.

역방향 바이어스의 경우 역전압이 증가하면 항복 전압(Breakdown voltage)에 이를 때까지 전류는 거의 흐르지 않다가 항복 전압에 이르면 큰 역방향 전류가 일시에 흐르게 되어 외부에서 이를 제한하지 않을 경우 다이오드는 파괴된다.

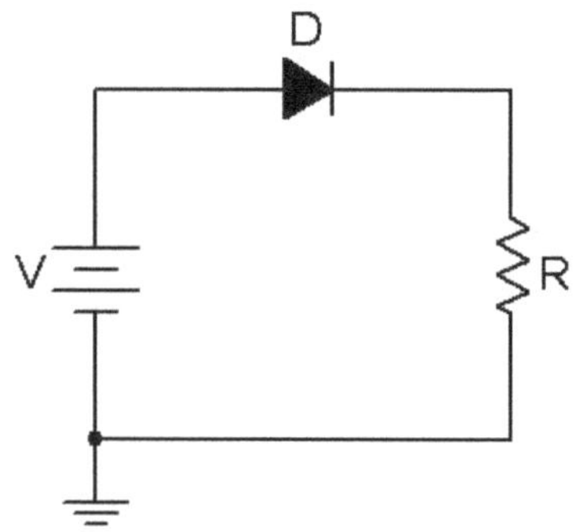

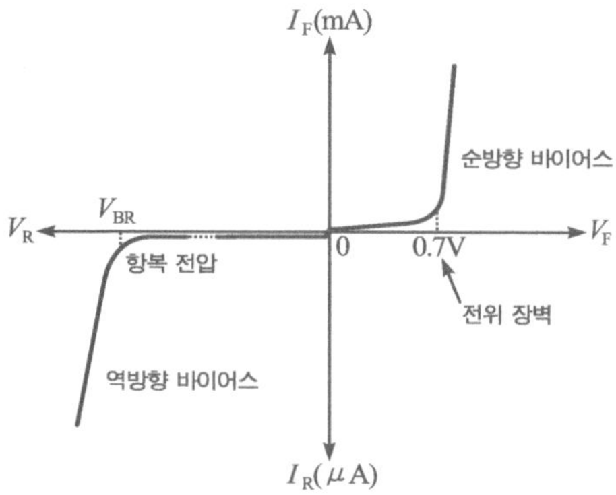

8-1 실험 회로 1

아래의 다이오드 회로에서 다이오드에 순방향 전압과 역방향 전압을 걸었을 때 다이오드의 특성 곡선을 이해하고, Multisim을 사용하여 입력 DC전압을 스위프(sweep)하여 특성 곡선을 나타내어 보아라.

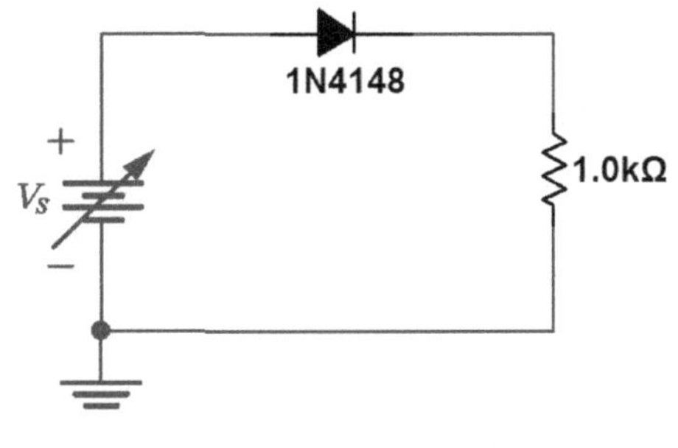

【시뮬레이션】

① IV 분석기(IV Analyzer)를 사용하여 다이오드 양단의 걸리는 전압과 전류의 특성을 측정할 수 있다.

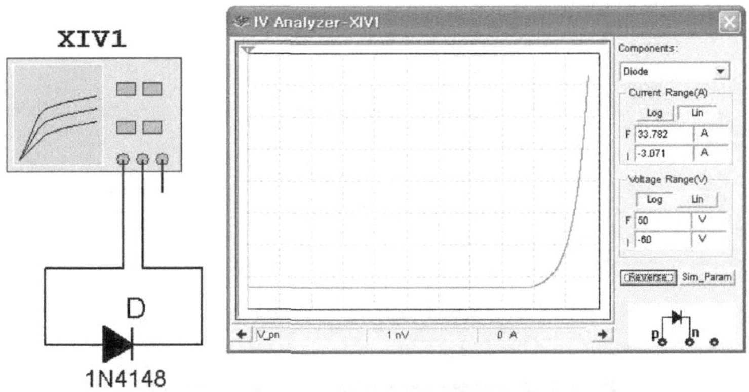

② "DC Sweep analysis"를 사용하여 역방향 전압에서부터 순방향 전압까지 DC를 변화시켜 가면서 다이오드 전류(전압)의 변화를 알아보자.

③ 메인 메뉴의 [Simulate] ➡ [Analyses] ➡ [DC Sweep]을 선택한다.

④ 'DC Sweep Analysis' 창의 [Analysis Parameters] 탭에서 전압원 V_1을 -110V에서 20V까지 1V씩 증가시키면서 시뮬레이션을 하기 위한 조건을 설정한다. 출력 탭에서 $I(D)$를 선택한다.

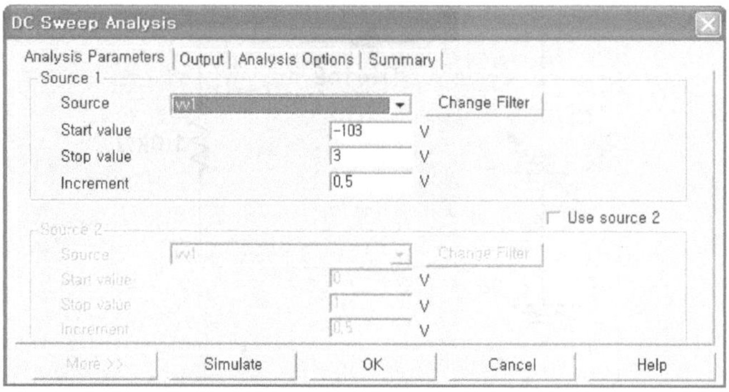

⑤ **Simulate** 를 누르면 아래와 같은 다이오드 특성 곡선을 얻을 수 있다.

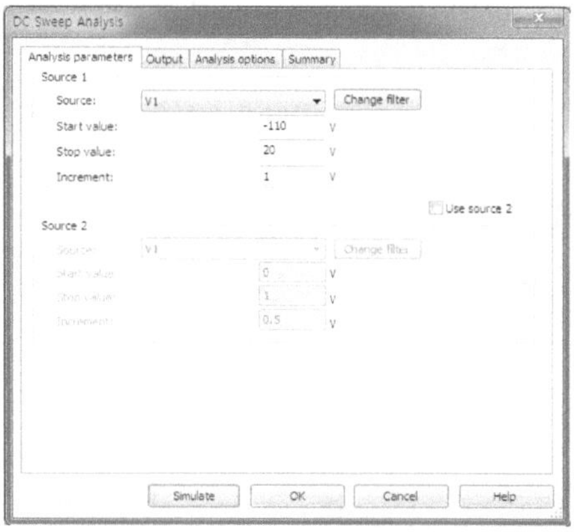

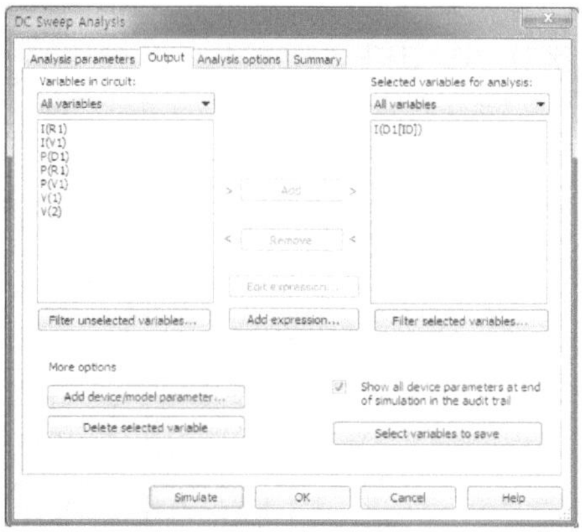

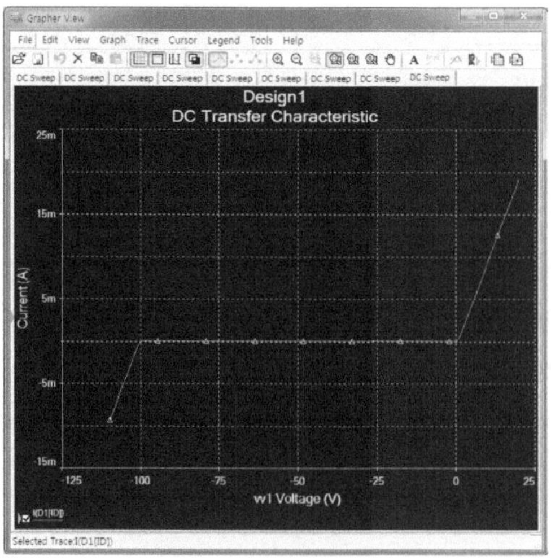

실험 9. 다이오드 클리퍼(clipper)와 클램퍼(clamp) 회로

1) 다이오드 클리퍼(clipper) 회로

신호 전송 시 기준값보다 높거나 혹은 낮은 부분 등의 원하는 부분만을 전송하기 위해 사용되는 회로를 클리핑 회로(clipping circuit 또는 clipper)라고 한다.

클리퍼는 정현파를 구형파로 바꾸거나, 교류 신호의 양이나 음의 일부 또는 전부를 잘라 내는 정류 작용을 한다.

① 직렬 클리퍼 회로

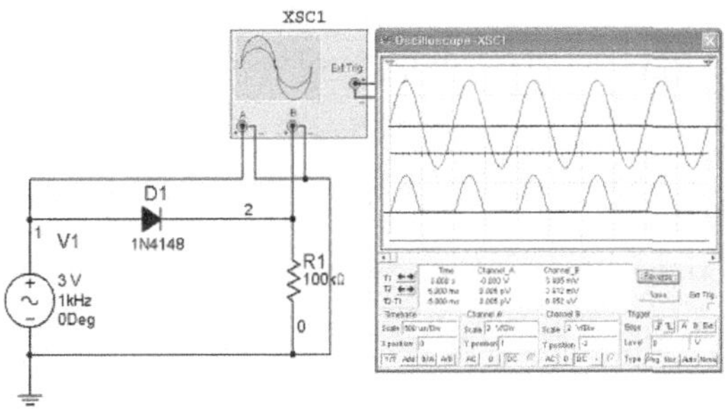

(음 클리핑 회로의 입력과 출력 파형)

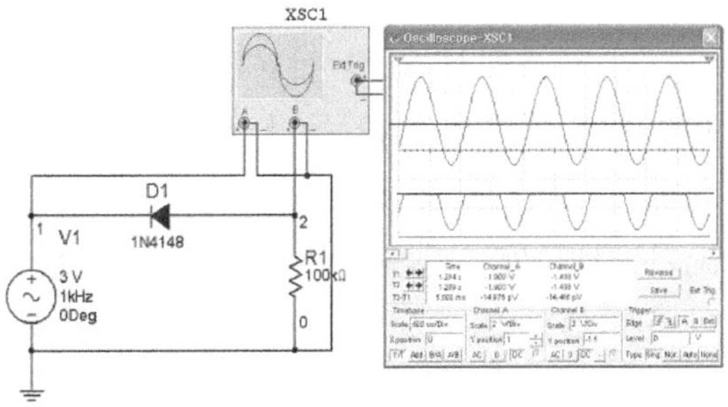

(양 클리핑 회로의 입력과 출력 파형)

② 병렬 클리퍼 회로

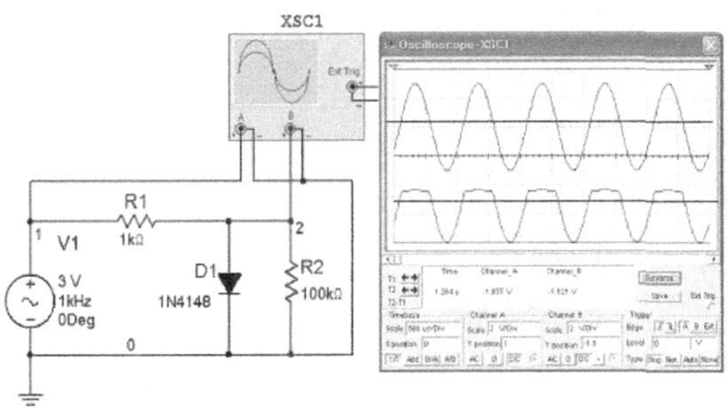

(양 클리핑 회로의 입력과 출력 파형)

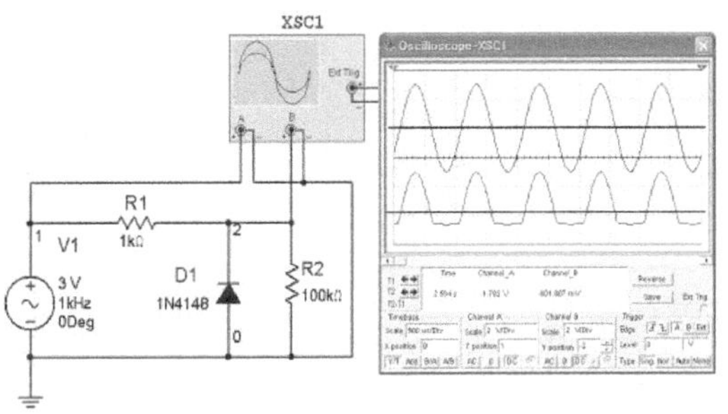

(음 클리핑 회로의 입력과 출력 파형)

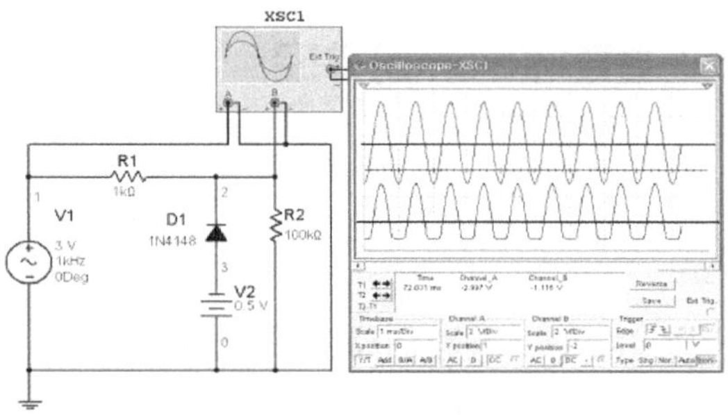

(바이어스된 부 클리핑 회로의 입출력 파형)

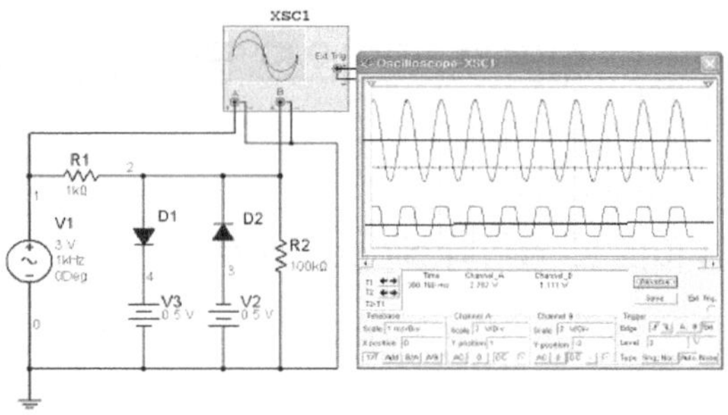

(바이어스된 이중 클리핑 회로의 입출력 파형)

2) 다이오드 클램프(clamper) 회로

입력 파형의 형태를 변형시키지 않고, 입력 파형을 일정 직류 레벨에 고정(clamp)시키는 회로이다.

아래의 회로에서 입력 신호의 주기는 1ms이며, 입력 파형의 반주기 동안(0.5ms) +5V를 유지하고 있다. 이 시간 동안 τ=RC=0ms이므로 커패시터는 급속히 5V로 충전된다. 입력이 -5V로 전환될 때 회로의 시정수 τ=RC=10ms, 커패시터가 완전히 방전하는 시간(5τ)은 50ms가 걸리므로 커패시터 양단의 전압은 별로 감소되지 않고 5V를 유지하고 있다.

따라서 출력은 -5V - 5V(전원은 전압 상승이 +임)가 되어 -10V가 된다.

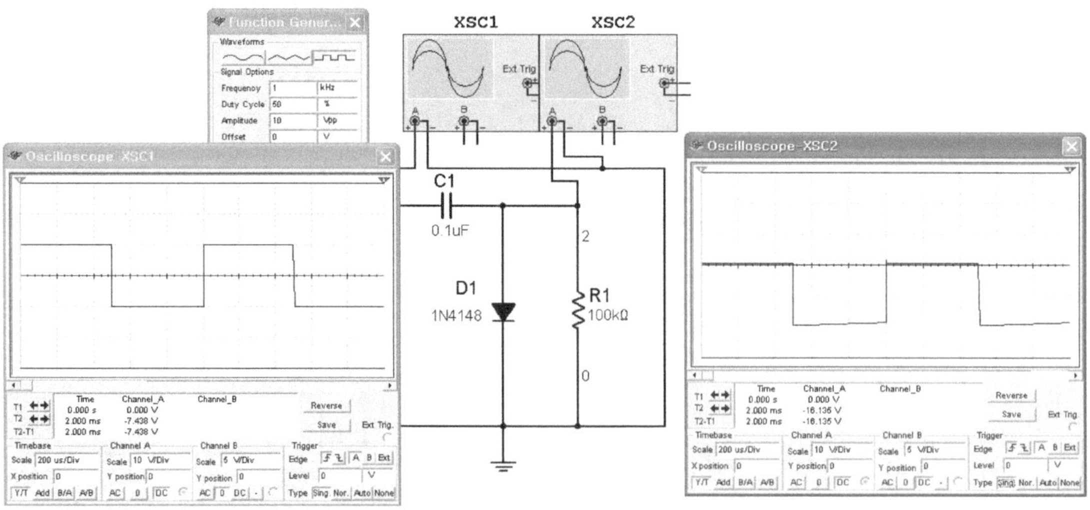

9-1 실험 회로 1

아래의 회로에서 입력에 그림과 같은 구형파를 입력하였을 경우 출력 파형은 어떻게 되는지 Multisim을 사용하여 파형을 나타내어 보아라.

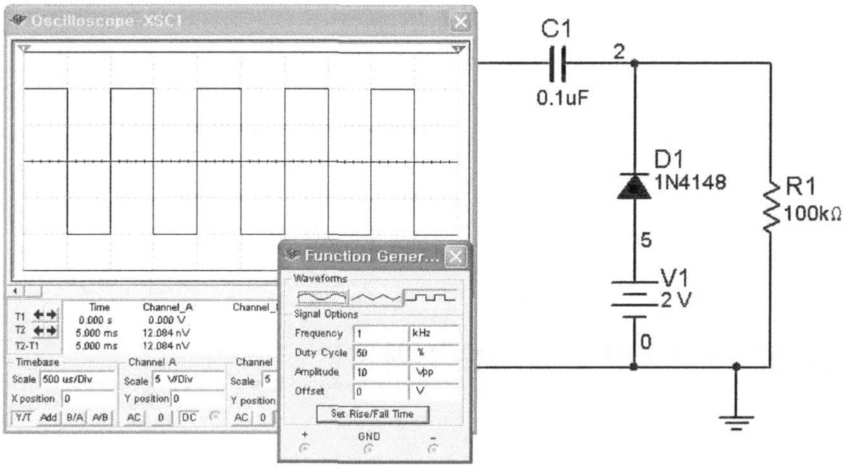

【시뮬레이션】

회로에서 입력 신호의 주기는 1ms이며, 입력 파형의 반주기 동안(0.5ms) -5V를 유지하고 있다. 이 시간 동안 τ=RC=0ms 이므로 커패시터는 급속히 -7V로 충전되며, 이때 출력은 2V가 된다. 입력이 +5V로 전환될 때 회로의 시정수 τ=RC=10ms, 커패시터가 완전히 방전하는 시간은 50ms가 걸리므로 커패시터 양단의 전압은 별로 감소되지 않고 -7V를 유지하고 있다.

따라서 출력은 +5V+7V(전원은 전압 상승이 +임)가 되어 +12V가 된다.

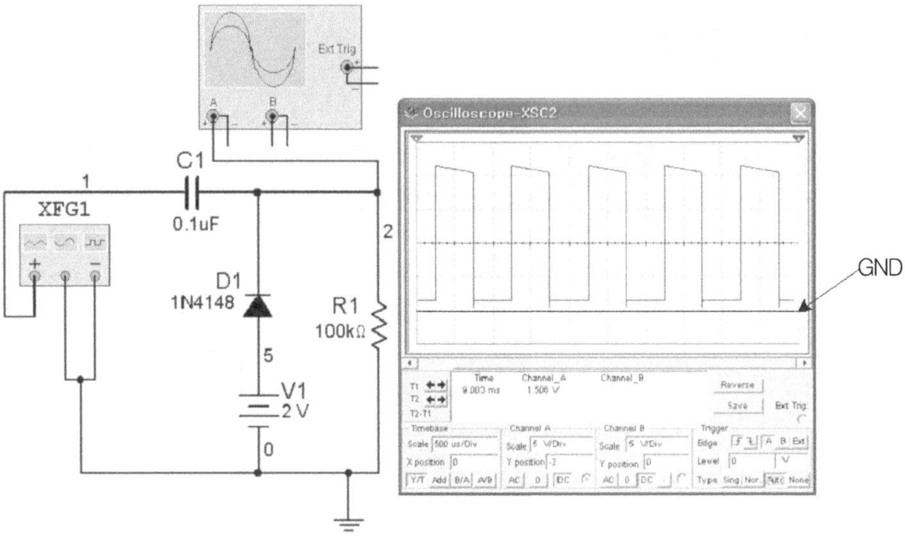

실험 10. 제너 다이오드 회로의 특성

1) 제너 다이오드

PN 접합에 역방향 전압을 가하면 전압의 크기에 따라 공핍층이 넓어진다. 이때 공핍층의 P 또는 N형 반도에의 불순물 정도에 따라 달라진다.

즉 불순물 농도가 열으면 전자나 정공의 밀도가 낮아지기 때문에 낮은 전압으로도 공핍층은 크게 넓어진다. 그러나 불순물의 농도가 짙으면 높은 밀도 때문에 넓이는 좁아지면 항복 전압도 낮아지게 된다.

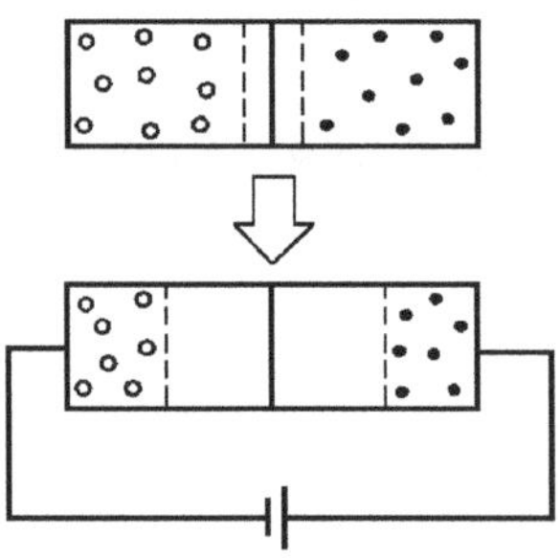

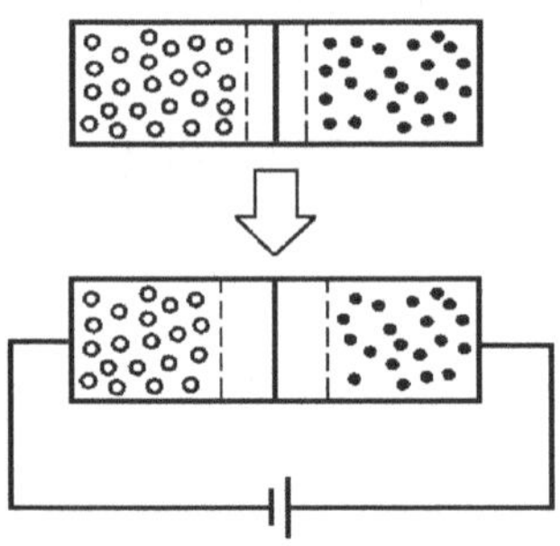

제너 다이오드는 절연 파괴에 들어가기 직전의 특성을 이용한 것으로 전류값에 관계없는 일정한 전압을 제너 전압이라 하며, 이 특성을 적극적으로 이용한 다이오드를 제너 다이오드라고 한다.

입력되는 전류(전압)에 관계없이 출력 전압이 일정하기 때문에 제너 다이오드를 전압 조정기 다이오드라고도 한다.

10-1 실험 회로 1

제너 전압 Vz=10, V_Z=10V 최대 허용 전류가 450㎃인 제너 다이오드 회로에서 부하 전류 I_L과 제너 다이오드의 전류 Iz, 그리고 전체 전류 I_T를 구한 뒤 이 제너 다이오드가 정상 작동하는지 평가하라.

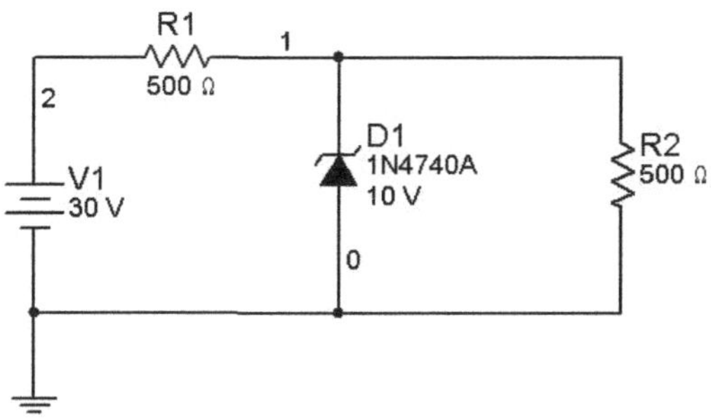

【계산치】

① $I_L = \frac{V_0}{R_L} = \frac{10\,V}{500\,\Omega} = 20\,\text{mA}$,

② $I_T = \frac{V_1 - V_Z}{R_L} = \frac{30\,V - 10\,V}{500\,\Omega} = 40\,\text{mA}$

③ $I_Z = I_T - I_L = 40\,\text{mA} - 20\,\text{mA} = 20\,\text{mA}$

④ 제너 다이오드의 최대 허용 전류 450mA다 훨씬 적으므로 파손되지 않고 정상 작동한다.

【시뮬레이션】

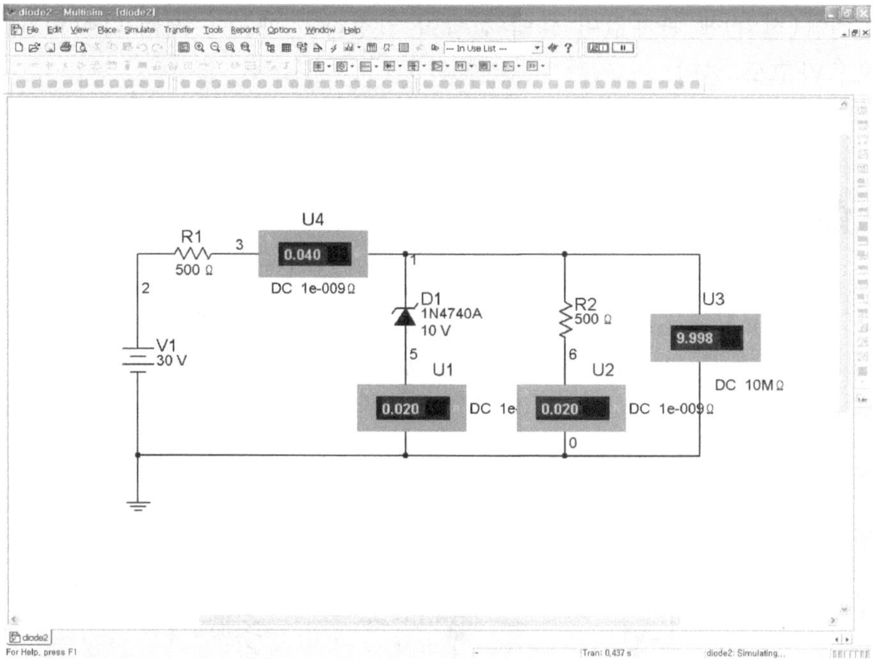

10-2 실험 회로 2

1) 진폭 제한기

아래 그림과 같이 제너 다이오드 D_1, D_2를 직렬 연결하면 양의 주기에서 D_2는 순방향 바이어스로 일반 다이오드의 기능을 하고, D_1은 역방향 바이어스로 제너 다이오드로 동작하여 $V_Z(=10V)$ 이상의 입력 파형은 잘리게 된다. 음의 주기에서는 D_2는 제너 다이오드로 D_1은 순방향 바이어스로 동작하여 음의 첨두치가 잘리게 되어 그림과 같은 출력 파형을 얻게 된다.

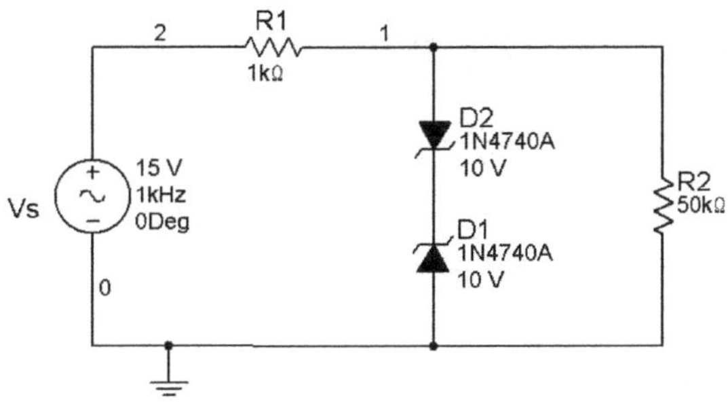
2
R1
1kΩ
1
D2
1N4740A
10 V
15 V
1kHz
0Deg
Vs
R2
50kΩ
D1
1N4740A
10 V
0

【시뮬레이션】

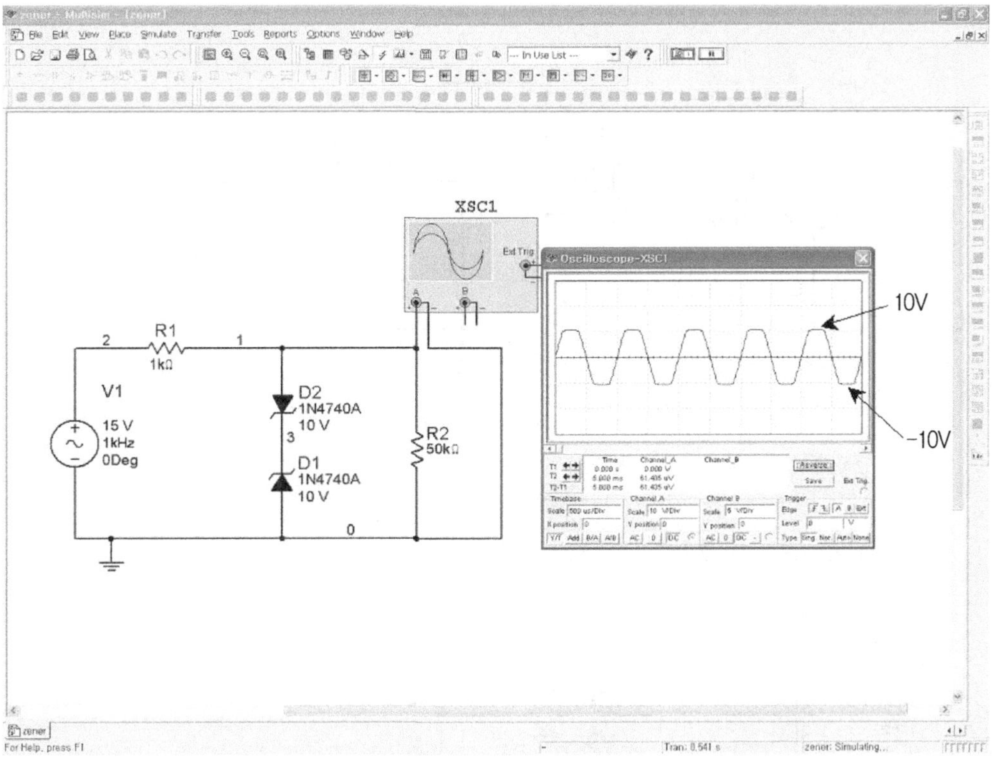
XSC1
Oscilloscope-XSC1
10V
-10V
V1
15 V
1kHz
0Deg
R1
1kΩ
D2
1N4740A
10 V
D1
1N4740A
10 V
R2
50kΩ
For Help, press F1

실험 11. 브리지 전파 정류 회로

1) 브리지 전파 정류 회로

브리지 정류기는 아래의 그림과 같이 네 개의 다이오드로 구성되어 있으며, 양의 반주기 동안 D_1과 D_2는 순방향 바이어스, D_3와 D_4는 역바이어스 상태를 유지하므로, D_1과 D_2로 전류가 흘러 부하저항에 입력과 같은 전압이 출력된다. 음의 반주기 구간은 역으로 D_1과 D_2는 역방향 바이어스, D_3와 D_4는 순방향 바이어스 상태가 되므로 D_3와 D_4로 전류가 흐르고 출력 전압은 양의 주기와 같은 위상으로 부하 R_1에 출력된다. 따라서 전파 정류가 이루어지게 된다.

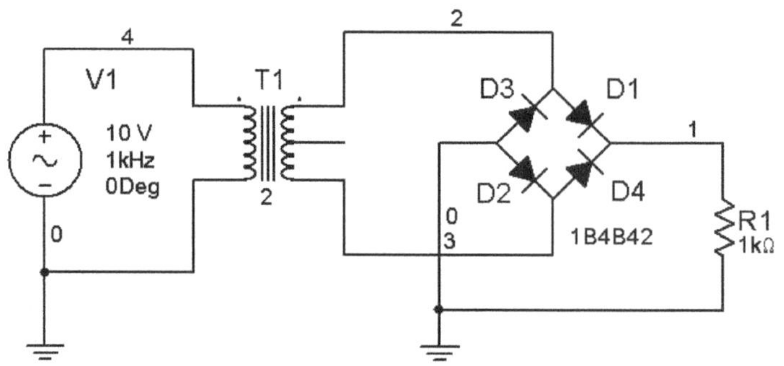

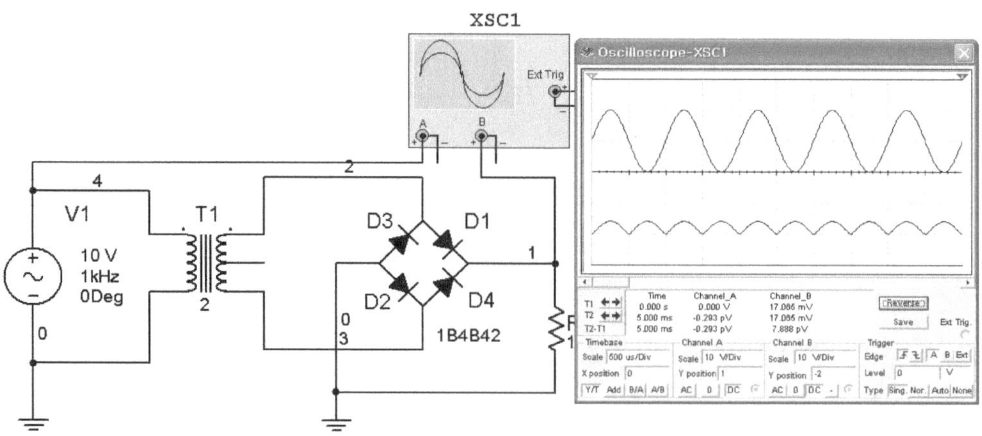

2) 필터 회로가 있는 브리지 전파 정류 회로

아래 그림은 커패시터 필터를 가진 반파 정류기를 나타낸 것이다. 우선 반파 정류기를 이용한 원리를 설명하고 개념을 확장하여 동일하게 적용한다.

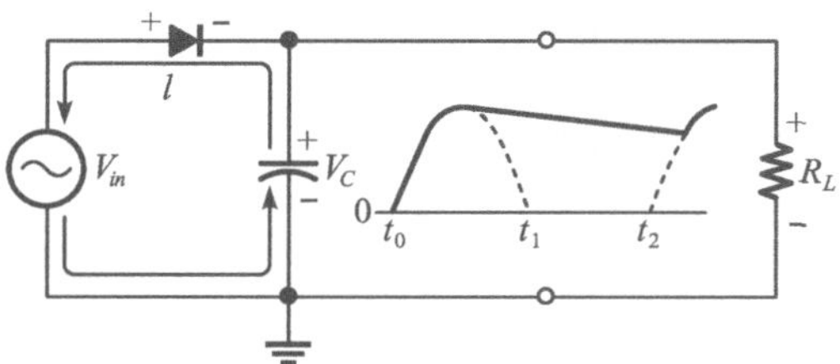

입력의 양(+)의 첫 1/4주기 동안 다이오드는 순방향 바이어스가 되어 커패시터는 입력의 첨두값보다 0.7V 낮게 충전된다. 입력이 이 충전값보다 작아지면 커패시터는 시상수 RC에 의해 정해진 비율로 부하 저항 R_L을 통해 방전한다. 이 방전 시간은 입력 주기에 비해 길며, 시정수가 클수록 방전을 적게 된다. 입력이 다시 증가하여 커패시터 전압보다 0.7V 커지게 되는 순간 다이오드는 다신 충전한다. 아래 그림에 동일한 정현파를 입력 시 동일한 커패시터와 부하를 지닌 반파와 전파 정류된 파형을 비교하였다.

(a) 반파 정류된 파형

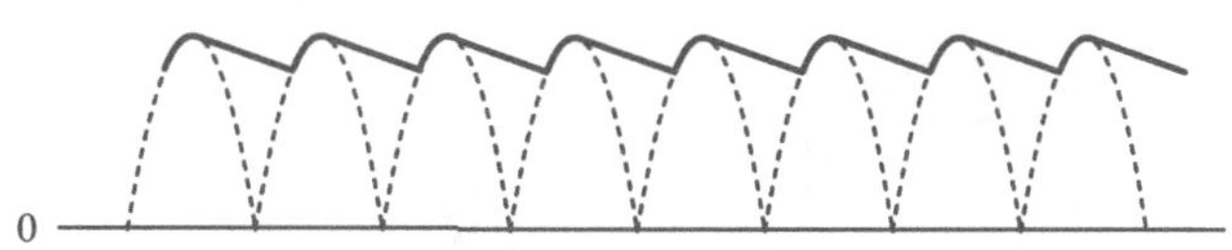

(b) 전파 정류된 파형

11-1 실험 회로 1

그림과 같은 필터 브리지 정류 회로의 출력 파형(R2 양단 전압)을 Multisim으로 시뮬레이션하라.

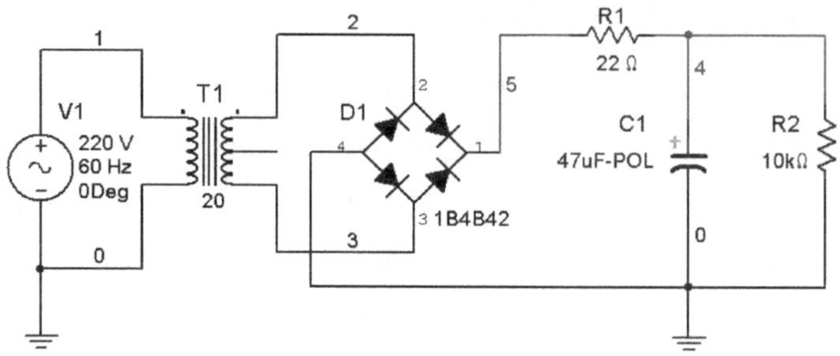
1
2
R1
22 Ω
4
5
V1
T1
D1
220 V
60 Hz
0Deg
20
C1
47uF-POL
R2
10kΩ
3 1B4B42
3
0
0

【시뮬레이션】

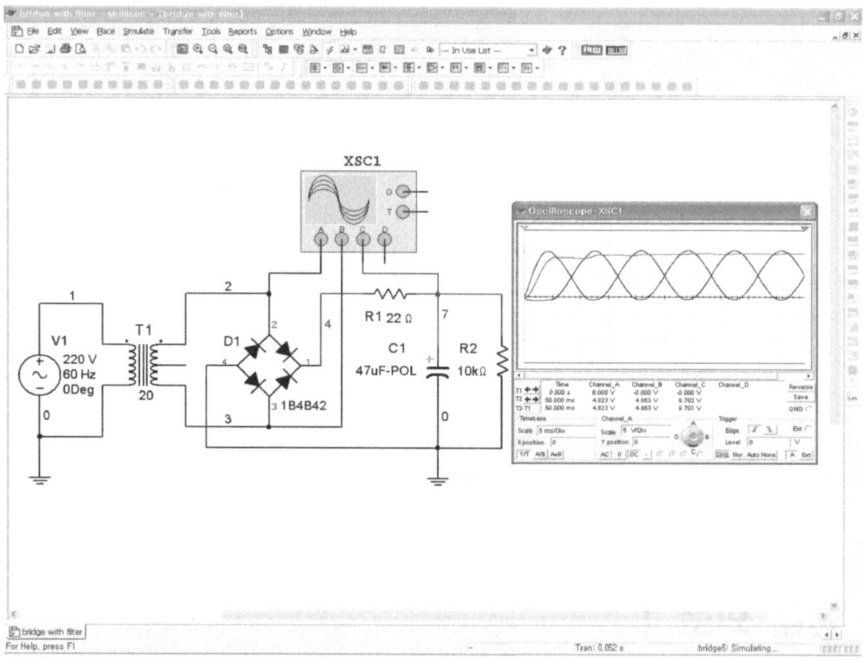
XSC1
Oscilloscope-XSC1
1
2
4
7
V1
220 V
60 Hz
0Deg
T1
20
D1
R1 22 Ω
C1
47uF-POL
R2
10kΩ
3 1B4B42
3
0
0
bridge with filter
For Help, press F1
Tran: 0.052 s

실험 12. 트랜지스터 특성 곡선

1) I_C-V_{BE} 특성(입력 특성)

트랜지스터의 베이스-에미터 전압(V_{BE})에 따른 콜렉터 전류(I_C) 변화의 특성을 나타내는 것으로 트랜지스터가 정상 작동할 경우 V_{BE}=0.6~0.7V 정도에서 $I_C(\cong I_E)$가 급격히 증가한다.

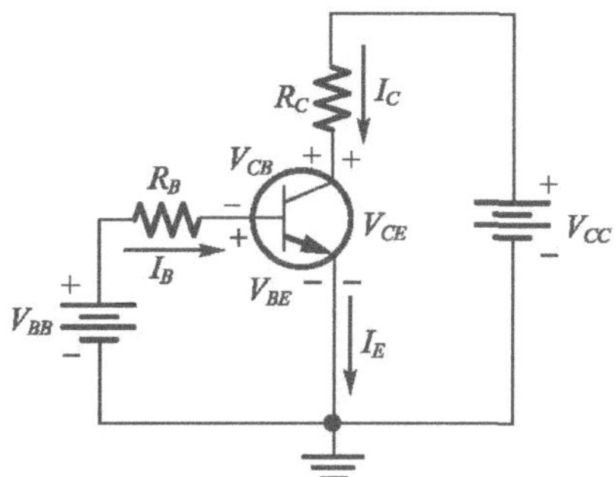

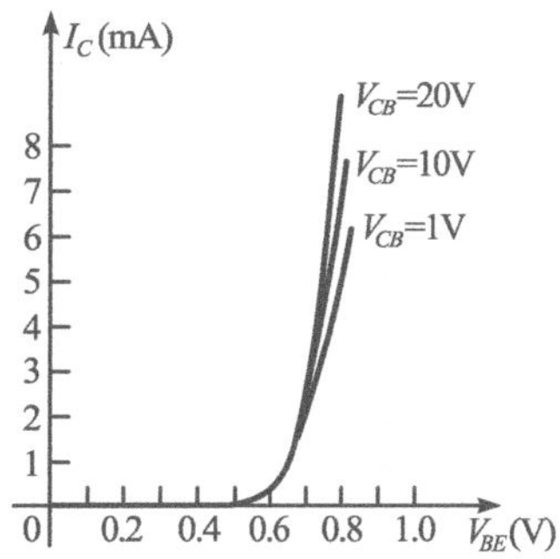

12-1 실험 회로 1

그림과 같은 회로에서 트랜지스터의 베이스-에미터 전압(V_{BE})의 변화를 위해 베이스 전원을 스위프(Sweep)하면서 콜렉터 전류의 변화를 측정한다.

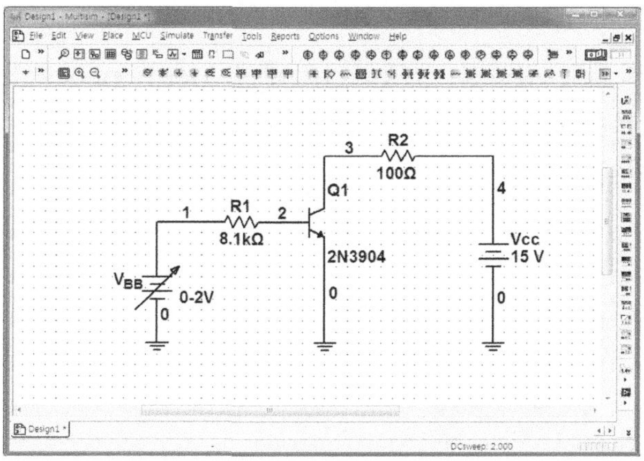

【시뮬레이션】

① 트랜지스터의 베이스-에미터 전압(V_{BE})의 변화를 위해 베이스 전원(V_{BB})를 "DC Sweep analysis"를 사용하여 0V에서 2V까지 변화시켜 가면서 콜렉터 전류의 변화를 알아보자.

② 메인 메뉴의 [Simulate] ➡ [Analyses] ➡ [DC Sweep]를 선택한다.

③ "DC Sweep Analysis" 창의 "Analysis Parameters" 탭에서 Source를 V_{BB}로 하고 0V에서 50㎷씩 증가시켜 2V까지 스위프시킨다.

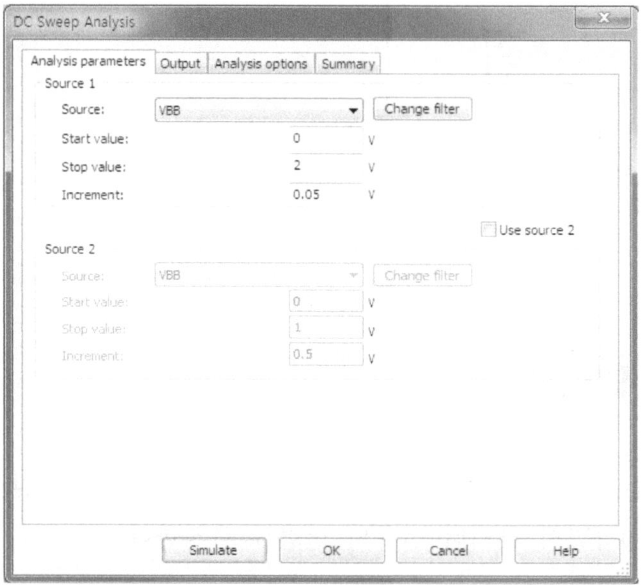

④ [Output]탭에서 콜렉터 전류를 선택하기위해서 More options 블록에서 "Add device /model parameter"를 선택한다. 창이 열리면 parameter에서 ic를 선택한 후 OK버튼을 클릭하여 빠져나온다.

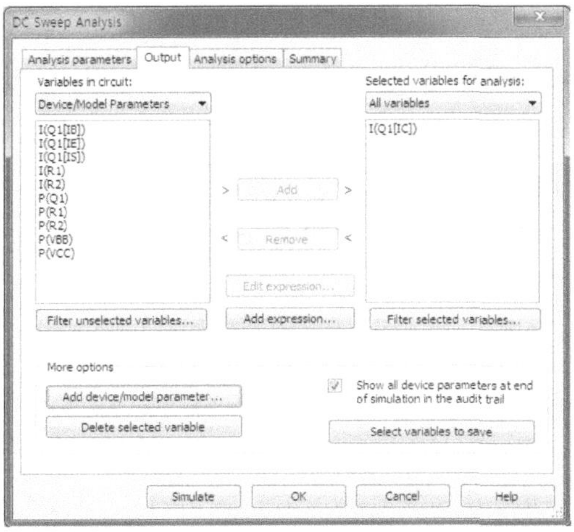
DC Sweep Analysis
Analysis parameters
Output
Analysis options
Summary
Variables in circuit:
Device/Model Parameters
I(Q1[IB])
I(Q1[IE])
I(Q1[IS])
I(R1)
I(R2)
P(Q1)
P(R1)
P(R2)
P(VBB)
P(VCC)
Selected variables for analysis:
All variables
I(Q1[IC])
Add
Remove
Edit expression...
Filter unselected variables...
Add expression...
Filter selected variables...
More options
Add device/model parameter...
Delete selected variable
Show all device parameters at end of simulation in the audit trail
Select variables to save
Simulate
OK
Cancel
Help

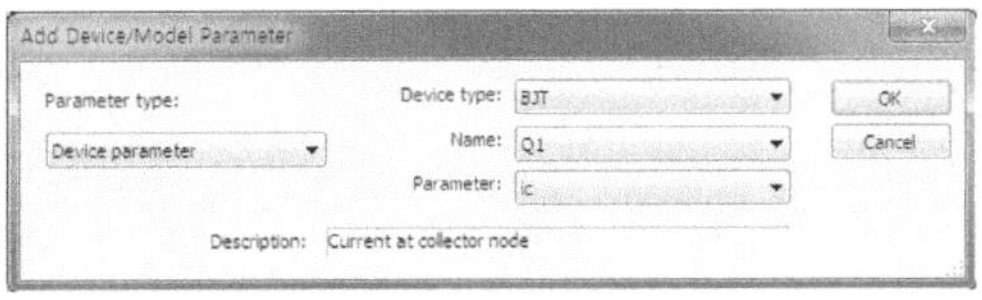
Add Device/Model Parameter
Parameter type:
Device parameter
Device type:
BJT
Name:
Q1
Parameter:
ic
OK
Cancel
Description:
Current at collector node

⑤ 시뮬레이션 결과

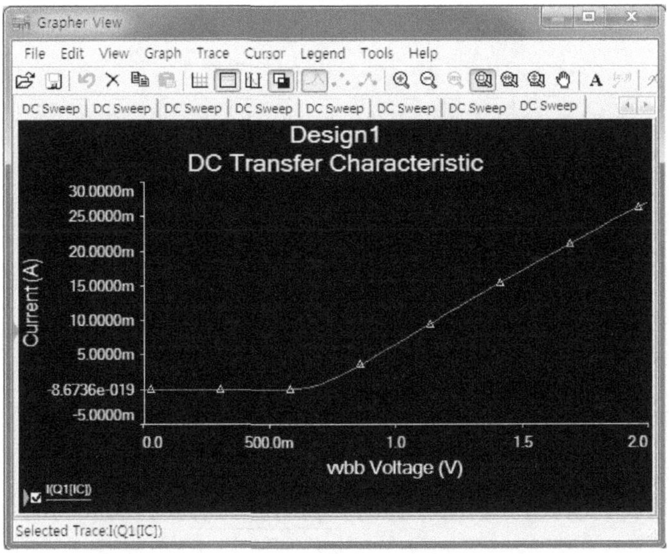
Grapher View
File Edit View Graph Trace Cursor Legend Tools Help
DC Sweep
Design1
DC Transfer Characteristic
30.0000m
25.0000m
20.0000m
15.0000m
10.0000m
5.0000m
-8.6736e-019
-5.0000m
Current (A)
0.0
500.0m
1.0
1.5
2.0
vbb Voltage (V)
I(Q1[IC])
Selected Trace:I(Q1[IC])

2) I_C-V_{CE} 특성(출력 특성)

트랜지스터의 콜렉터-에미터 전압(V_{CE})에 따른 콜렉터 전류(I_C) 변화의 특성을 나타내는 것으로, 이 곡선으로 트랜지스터의 차단 영역(cut-off), 동작 영역(Active), 포화 영역(Saturation)을 볼 수 있다. 아래 그림은 일반적인 트랜지스터의 출력 특성 곡선을 나타낸다. 트랜지스터를 스위치로 이용할 경우는 차단 영역과 포화 영역을 이용하며, 증폭기로 사용할 때는 동작 영역을 이용한다.

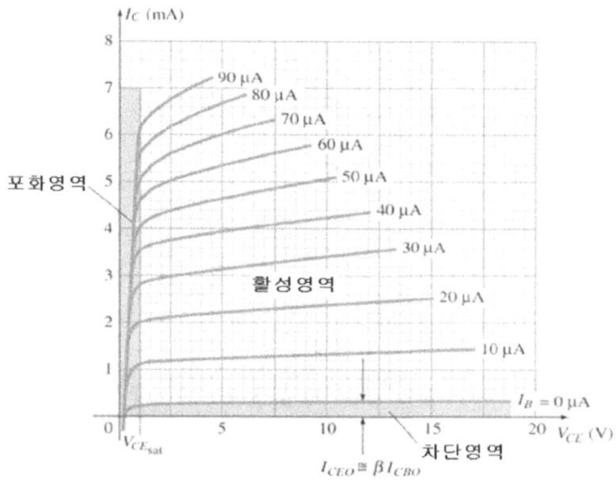

12-2 실험 회로 2

그림과 같은 회로에서 베이스 전류의 변화에 따른 V_{CE}-I_C 특성을 Multisim으로 시뮬레이션하라.

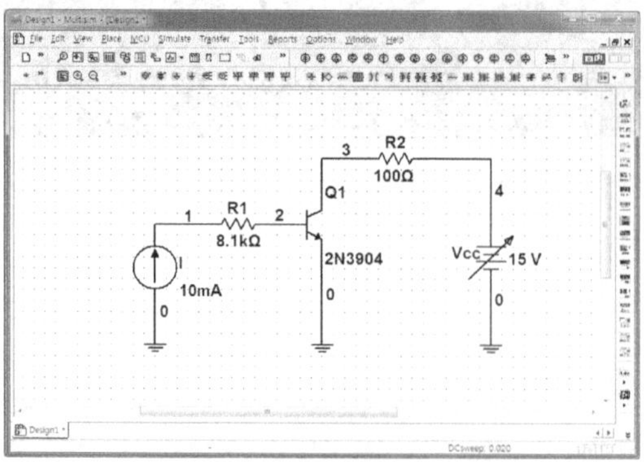

【시뮬레이션】

① 트랜지스터의 베이스-에미터 전압(V_{CE})의 변화를 위해 콜렉터 전원(Vcc)를 DC Sweep analysis를 사용하여 베이스의 전류원을 0mA에서 20mA까지 4mA씩 증가시켜 가면서 콜렉터 전류를 측정한다. 동시에 V_{CC} 전원을 0V에서 15V까지 1V씩 변화시킨다.

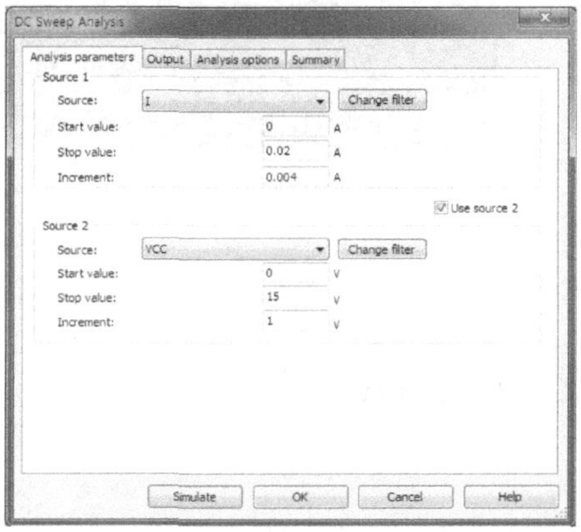

② Output탭에서 ic를 선택하고 시뮬레이션하면 결과는 아래 그림과 같다.

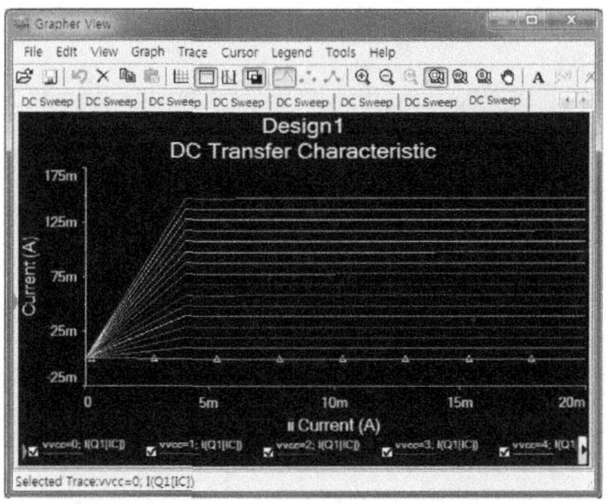

③ IV 분석기(IV Analyzer)를 사용하여도 트랜지스터의 출력 특성(V_{CE}-I_C)을 측정할 수 있다.

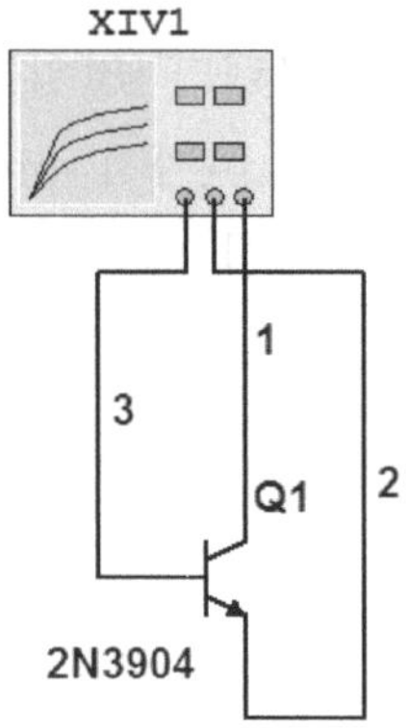

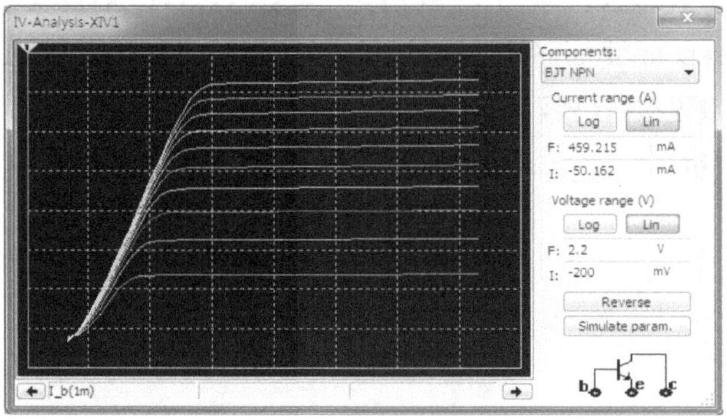

실험 13. 트랜지스터 스위칭 회로

① 스위칭 회로에서는 입력 전류 I_B를 공급하지 않아서 I_C가 흐르지 않는 상태와(스위치 OFF) I_B를 공급하여 I_C가 흐르는 상태(스위치 ON)의 2가지 상태를 이용한다. 이때 스위치 OFF 상태를 컬렉터 전류를 차단한다는 의미에서 차단 상태라고 하며, ON 상태를 최대의 Ic가 흐른다는 의미에서 포화 상태라고 한다.

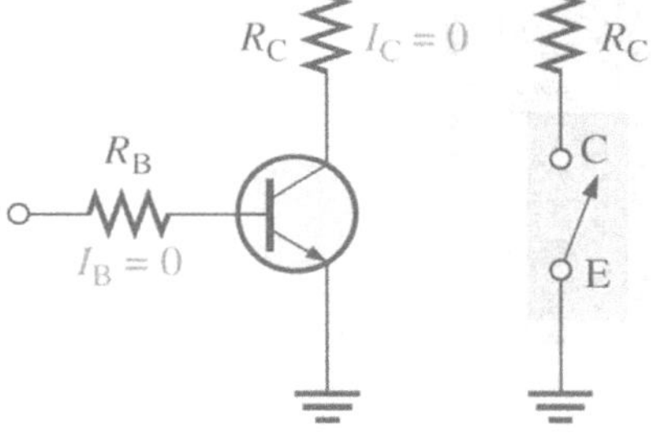

(a) 차단 상태 -스위치 OFF

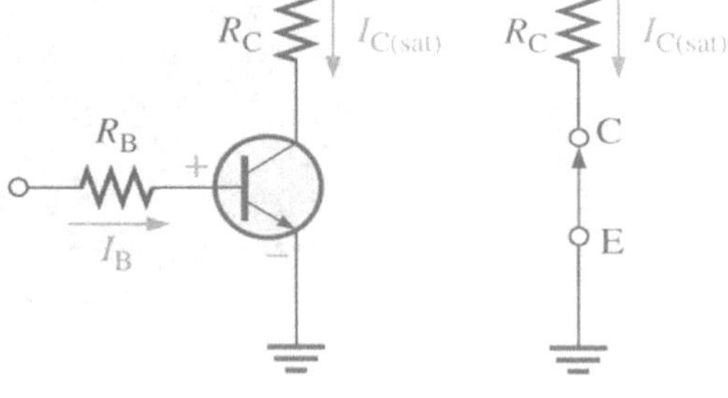

(b) 포화 상태- 스위치 ON

② 아래 그림은 스위칭 회로에서 입력 전압과 출력 전압이 위상이 바뀌어 출력되는 것을 보여주는 그림이다. 입력 전압이 5V일 때 I_B가 공급되어 I_C가 흐르고, 이때 전압 Vc는 접지와 연결되어 출력 전압은 0V가 된다. 또한, 입력 전압이 0V일 때는 I_B가 흐르지 않고 Vc는 접지와 오픈된 상태가 되어 V_{CC}의 전압이 모두 걸리게 된다.

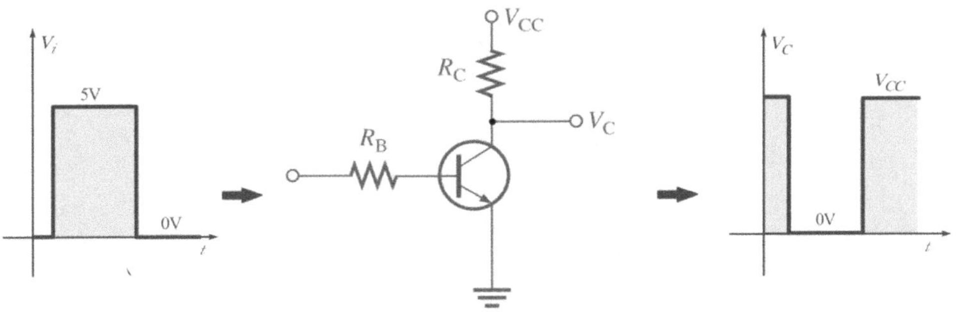

3) 저항 R_B의 삽입

1 :β_{DC}(전류 증폭률)의 비율로 흘러야할 콜렉터 전류(I_C)가 실제로는 $I_{MAX}=(Vcc-0.2)$ / R_L 이상으로 흐를 수 없기 때문에, $I_E=I_B+I_C$에서 I_E가 커지면 I_B가 커지게 된다. 이때 베이스 전류가 너무 커지면 트랜지스터가 파괴될 수 있다. 일반적으로 트랜지스터를 스위치로 동작시킬 때는 반드시 R_B를 넣어 트랜지스터를 보호한다.

실제로는 β_{DC}가 일정하지 않고, 어떤 범위를 가지므로 (예, 2SC1518의 β_{DC} : 65-330) 최소의 β_{DC} 값을 이용해서 얻은 베이스 전류에 3배를 하여 흘리고 이때 R_B를 구한다.

13-1 실험 회로 1

아래의 스위치 회로에서 LED가 발광하기 위한 R1값과 R2값을 선정하고, Multisim을 사용하여 LED가 스위칭되는지 시뮬레이션하라.

(단, LED가 충분한 레벨로 광을 발광하기 위해서는 30㎃가 필요하며, 2SC1518의 β_{DC} : 65~330이다.)

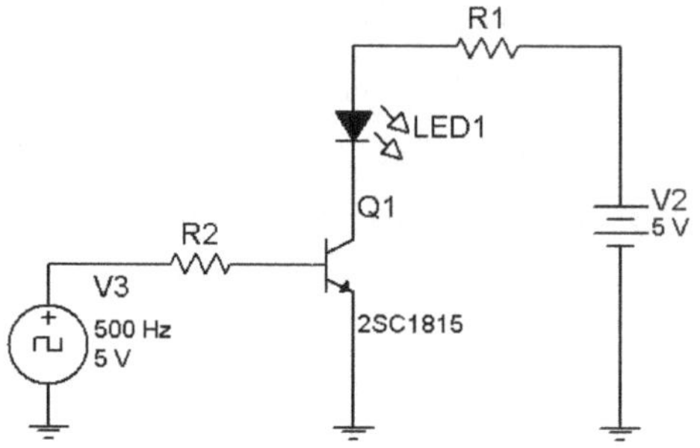

【계산치】

① $I_{C(SAT)} = \dfrac{(V_{CC} - 0.2\,V)}{R_C} = \dfrac{4.8\,V}{R_C} = 30\,\text{mA} \rightarrow R1 = 160\,\Omega$

② $I_B = \dfrac{30\,\text{mA}}{65} \times 3 = 1.4\,\text{mA}$

③ $R2 = \dfrac{5 - 0.7\,V}{1.4\,\text{mA}} = 3.071\,\text{k}\Omega$

【시뮬레이션】

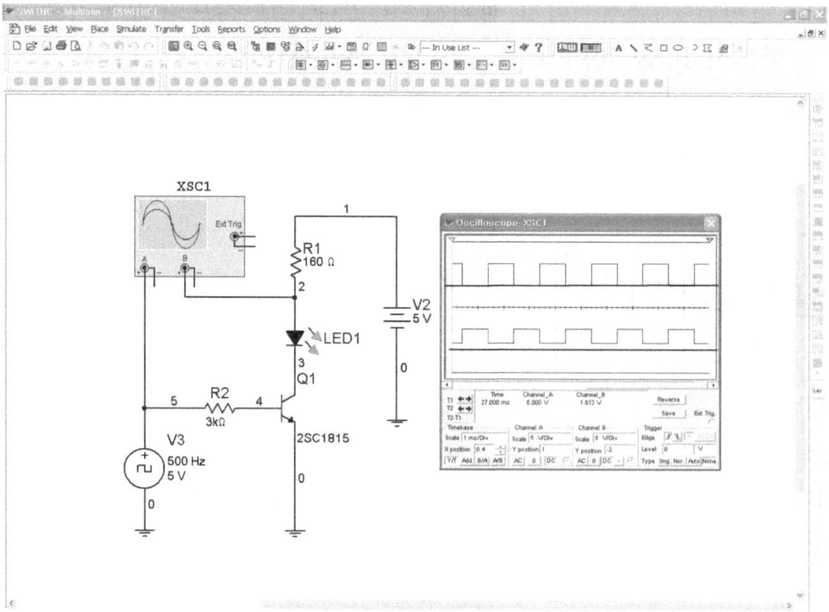

실험 14. 트랜지스터 전압 분배 바이어스 회로

트랜지스터가 증폭기로 동작하기 위해서는 베이스-이미터 간은 순방향 바이어스, 베이스-콜렉터간은 역방향 바이어스로 전압이 인가되어야 한다. 가장 많이 사용되는 바이어스 회로는 아래 그림에 나타난 전압 분배 바이어스 회로로, 바이어스 전압을 얻기 위해서 연결한 R_1와 R_2가 V_{CC}를 분할하여 적절한 바이어스 전압 V_B를 얻는다.

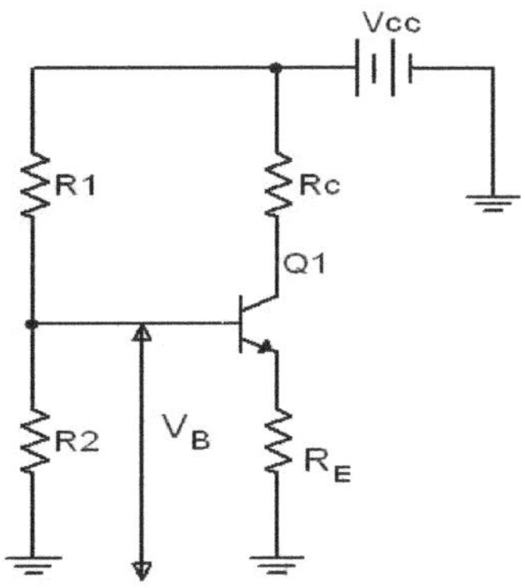

$$V_B = \left(\frac{R_2}{R_1 + R_2}\right) V_{CC}$$

$$V_B = V_{BE} + V_E,$$

$$I_E = \frac{V_E}{R_E}, \quad I_E \cong I_C$$

$$V_{CE} = V_{CC} - I_C (R_C + R_E)$$

14-1 실험 회로 1

아래의 전압 분배 바이어스 회로에서 컬렉터 전류 I_C와 컬렉터-이미터 전압 V_{CE}를 구하고, Multisim을 사용하여 시뮬레이션한 값과 비교하라. (단 V_{BE}=0.6V)

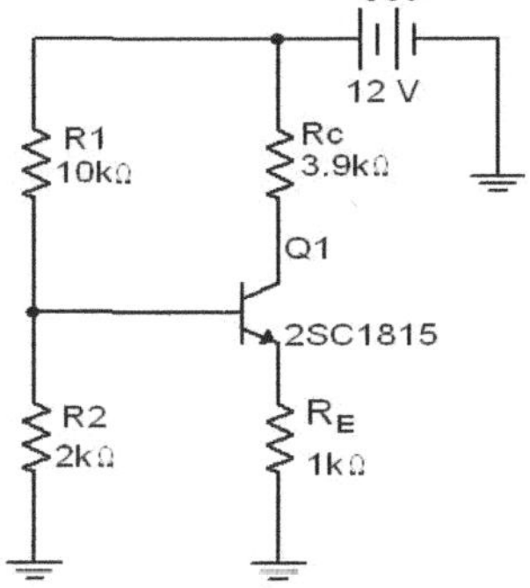

【계산치】

① $V_B = (\frac{R_2}{R_1 + R_2})\, V_{CC} = (\frac{2\,k}{10\,k + 2\,k})\, 12\ V = 2\ V$

② $I_E = \frac{V_E}{R_E} = \frac{V_B - 0.6\ V}{1\,k} = \frac{1.4\ V}{1\,k} = 1.4\ \text{mV}, \quad I_E \cong I_C = 1.4\ \text{mV}$

③ $V_{CE} = V_{CC} - I_C(\,R_C + \,R_E) = 12\ V - 1.4\ \text{mA}\,(3.9\,k + 1\,k) = 5.14\ V$

【시뮬레이션】

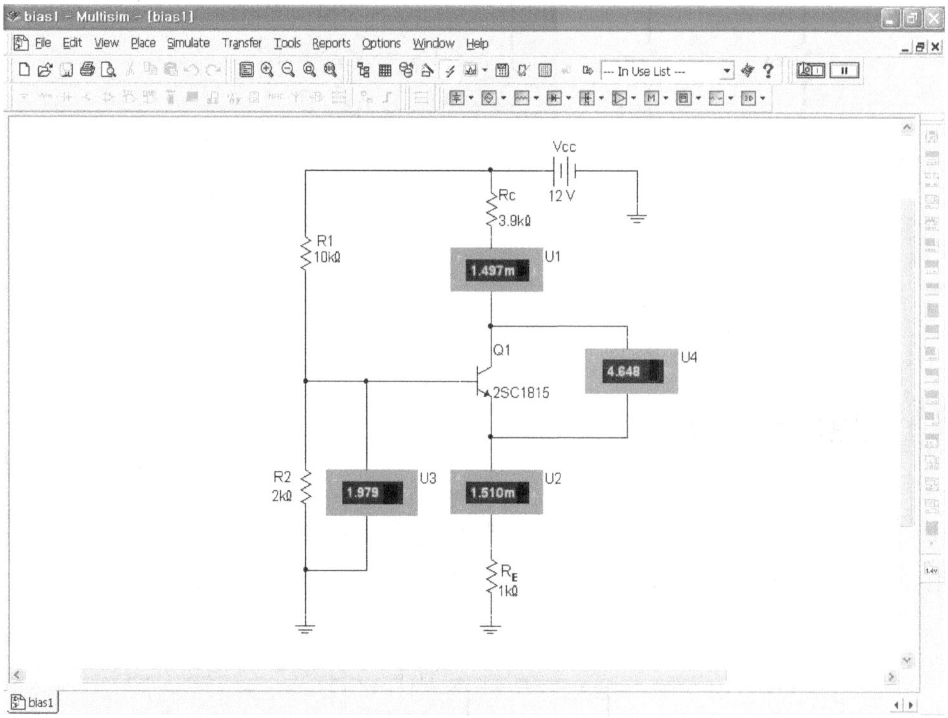

실험 15. 트랜지스터 소신호(Small signal) 증폭기

아래 그림과 같이 트랜지스터 입력에 소신호(small signal)가 입력되는 경우 회로의 동작을 특성을 바이어스(직류) 성분과 신호 성분을 나누어 생각해야 한다.

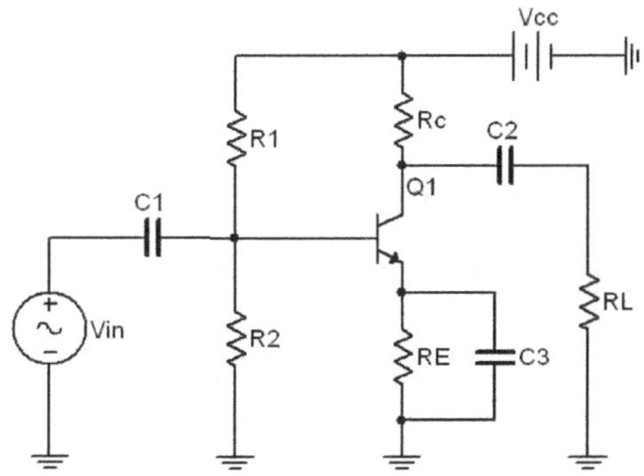

① Bias 성분 계산(교류 성분은 제거)

$$V_B \cong \frac{R_2}{R_1+R_2}V_{CC},\quad I_E = \frac{V_B - 0.6\,V}{R_E} \cong I_{CC}\ ,\quad I_B = \frac{I_E}{1+\beta_{DC}}$$

$$V_O = V_{CC} - I_C\,R_C$$

② 신호 성분 계산(직류제거 ➡ Gnd)

신호 성분에 대해서는 Emitter 부분에 신호 전압 v_i에 대한 교류 임피던스 r_e (Emitter Impedance)가 있다고 생각한다.

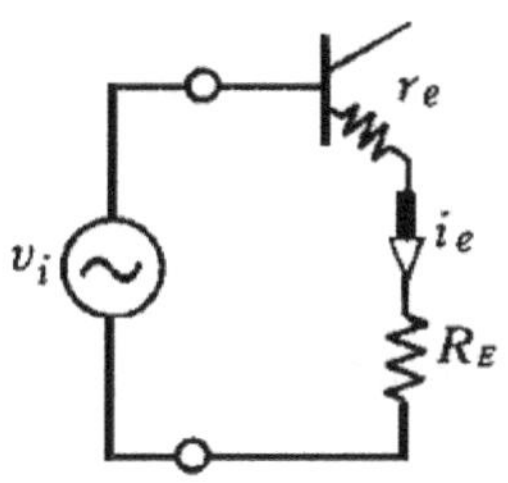

$$r'_e = \frac{26\,\text{mV}}{I_{EE}},$$

$$A_v = \frac{v_{out}}{v_{in}} = \frac{i_c(R_c//R_L)}{i_b\beta r'_e} = \frac{(R_c//R_L)}{r'_e},$$

③ 입/출력 임피던스

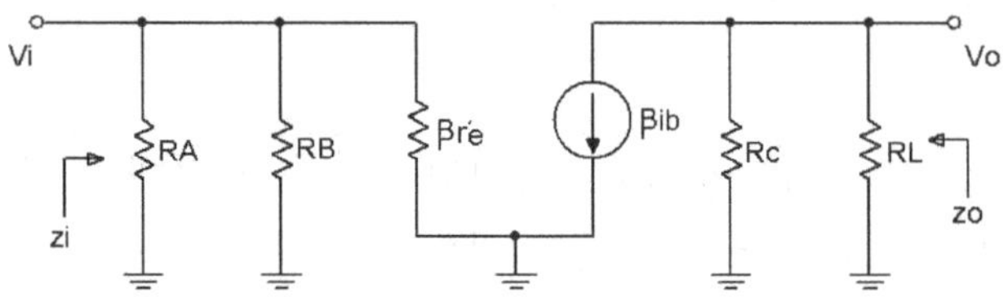

$$z_i = R_A \; // \; R_B \; // \; r'_e \beta$$

$$z_o = \infty \; // R_C \; // R_L \cong R_C \; // R_L$$

15-1 실험 회로 1

아래의 C-E 증폭기 회로에서 출력 전압과 전압 이득, 입력 임피던스, 출력 임피던스를 구하고, Multisim을 사용하여 시뮬레이션한 값과 비교하라. (단 V_{BE}=0.6V, $\beta_{DC} = \beta_{AC} = 150$)

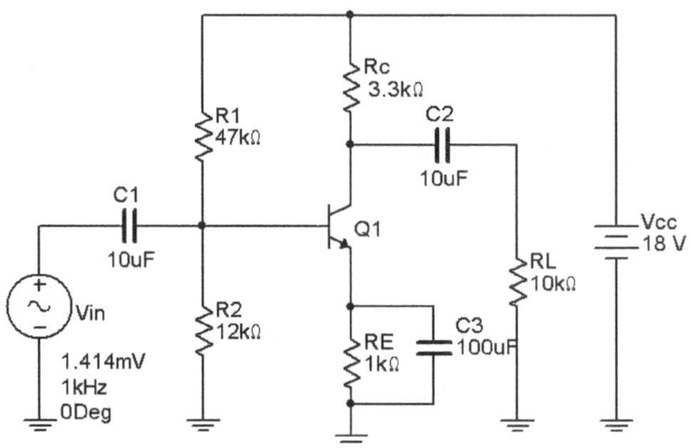

【계산치】

① $V_B \cong (\dfrac{R_2}{R_1 + R_2})\, V_{CC} = (\dfrac{12\,k}{47\,k + 12\,k})\, 18\,V = 3.6\,V$

② $I_E = \dfrac{V_E}{R_E} = \dfrac{V_B - 0.6\,V}{1\,k} = \dfrac{3\,V}{1\,k} = 3\,\text{mA}, \quad I_E \cong I_C = 3\,\text{mA}$

③ $V_{CE} = V_{CC} - I_C(R_C + R_E) = 18\,V - 3\,\text{mA}\,(3.3k + 1\,k) = 5.1\,V$

④ $r'_e = \dfrac{26\text{ mV}}{I_E} = \dfrac{26\text{ mV}}{3\text{ mA}} = 8.7\ \Omega$

⑤ $z_{in(base)} = \beta \times r'_e = 150 \times 8.7 = 1.3\ k\Omega$

⑥ $z_{in} = R_1 // R_2 // \beta r'_e = \dfrac{1}{\dfrac{1}{47k} + \dfrac{1}{12k} + \dfrac{1}{1.3k}} = 1.14\,k\Omega$

⑦ $z_o = R_C // R_L = 2.48\ k\Omega$

⑧ $A_v = \dfrac{v_{out}}{v_{in}} = \dfrac{i_c(R_c//R_L)}{i_b \beta r'_e} = \dfrac{(R_c//R_L)}{r'_e} = \dfrac{2.48\,k}{8.7} = 285$

【시뮬레이션】

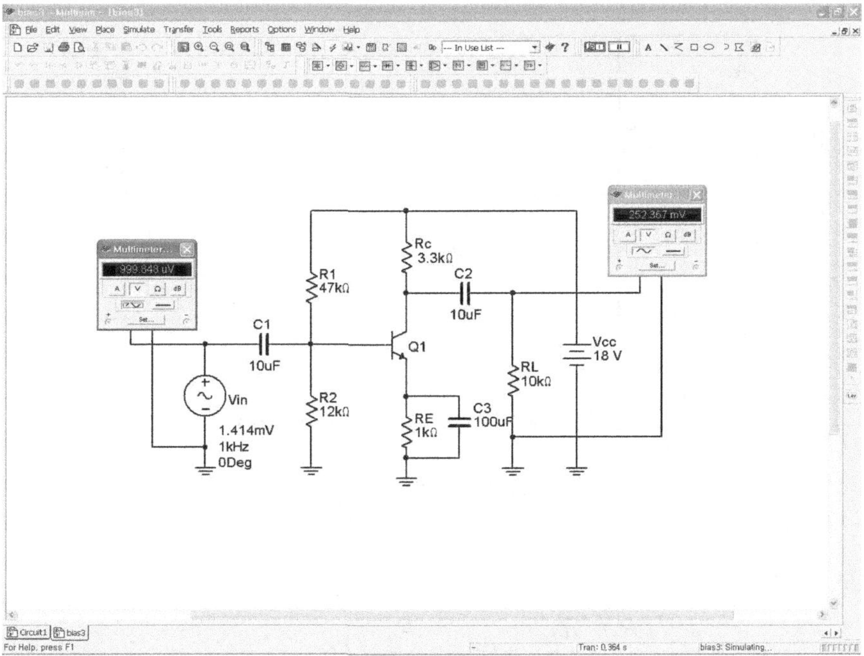

실험 16. 공통 컬렉터(common collector : CC) 증폭기

"공통 콜렉터 증폭기 회로는" 아래 그림과 같이 입력은 결합 커패시터를 통해 베이스에 인가하고 출력은 이미터에서 취하는 회로 형태를 말하며, C-C 증폭기의 전압 이득은 대략 1이고, 이 증폭기의 주요 장점은 높은 입력 임피던스와 낮은 출력 임피던스를 얻을 수 있다는 것이다. 최대 부하 전력이 필요할 때 부하 임피던스를 C-C 증폭기의 출력 임피던스에 매칭시킨다. 예로써 스피커의 낮은 임피던스는 스피커에 최대 전력을 전달하기 위해 이미터 폴로어의 출력 임피던스에 정합될 수 있다.

C-C 증폭기를 이미터 폴러어(Emitter Follower)라고 하는데, 그 이유는 이미터에서 얻은 출력 전압의 위상과 진폭이 입력 전압을 쫓아간다고(follow) 하기 때문이다.

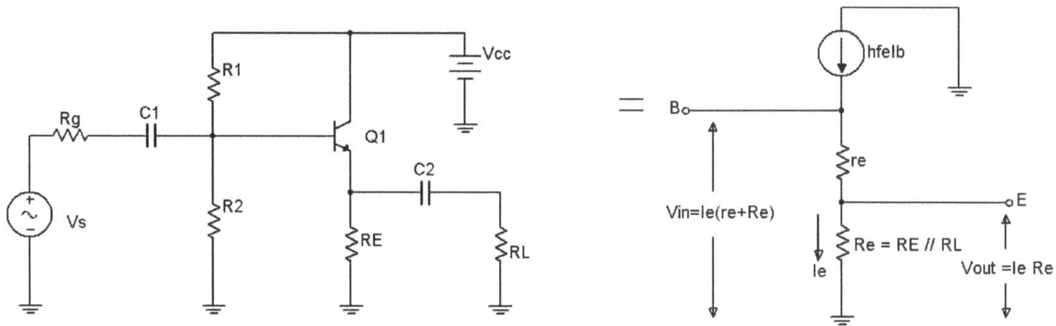

① $A_v = \dfrac{v_{out}}{v_{in}} = \dfrac{I_e R_e}{I_e(r'_e + R_e)} \cong 1 \ \ (r'_e \ll R_e,\ R_e = R_E // R_L)$

② $z_{in(base)} = \dfrac{v_b}{I_b} = \dfrac{I_e(r'_e + R_e)}{I_b} = \dfrac{\beta I_b(r'_e + R_e)}{I_b} \cong \beta R_e \ \ (r'_e \ll R_e)$

③ $z_{in} = R_1 // R_2 // z_{in(base)}$

④ $z_{out} = R_E // (r'_e + \dfrac{R_g // R_1 // R_2}{\beta}) \cong (r'_e + \dfrac{R_g}{\beta}) // R_E \cong$ 수십 Ω 정도로 매우 작다.

(여기서 R_g는 입력 신호의 저항이다. 이미터 폴러어의 출력 임피던스는 교류 원의 임피던스를 1/β 만큼 감소시킨다.)

16-1 실험 회로 1

아래의 C-C 증폭기 회로에서 전압 이득, 입력 임피던스, 출력 임피던스를 구하고 Multisim을 사용하여 시뮬레이션한 값과 비교하라. (단 V_{BE}=0.6V, $\beta_{DC} = \beta_{AC}$ =200)

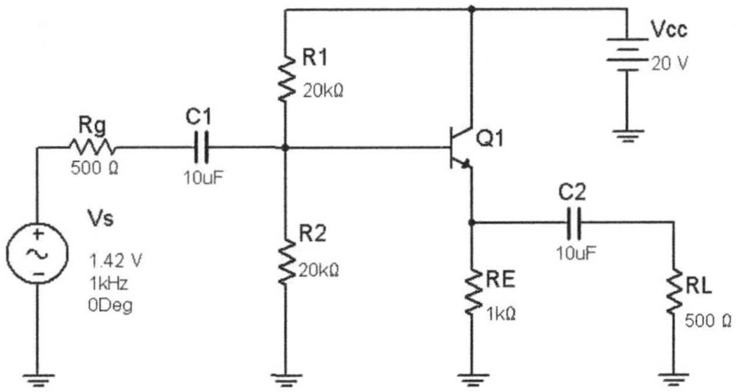

【계산치】

① $V_B \cong (\frac{R_2}{R_1+R_2})\, V_{CC} = (\frac{20\,k}{20\,k+20\,k})20\ V = 10\ V$

② $I_E = \frac{V_E}{R_E} = \frac{V_B - 0.6\,V}{1\,k} = \frac{9.4\,V}{1\,k} = 9.4\ \text{mV}, \quad I_E \cong I_C = 9.4\ \text{mV}$

③ $R_e = R_E // R_L = \frac{1\,k \times 500}{1\,k+500} = 330\,\Omega \quad r'_e = \frac{26\ \text{mV}}{I_E} = \frac{26\ \text{mV}}{9.4\ \text{mA}} = 2.8\,\Omega$

④ $A_v = \frac{v_{out}}{v_{in}} = \frac{I_e R_e}{I_e(r'_e + R_e)} = \frac{330\ \Omega}{332.8\ \Omega} \cong 1 \ \ (r'_e \ll R_e,\ R_e = R_E // R_L)$

⑤ $z_{in(base)} = \frac{v_b}{I_b} = \frac{I_e(r'_e+R_e)}{I_b} = \frac{\beta I_b(r'_e+R_e)}{I_b} \cong 200 \times 330 = 66\ k\Omega$

⑥ $z_{in} = R_1 // R_2 // z_{in(base)} = \frac{1}{\frac{1}{20\,k}+\frac{1}{20\,k}+\frac{1}{66\,k}} = 8.7\,k\Omega$

⑦ $z_{out} = R_E // (r'_e + \frac{R_g // R_1 // R_2}{\beta}) \cong (r'_e + \frac{R_g}{\beta}) // R_E \cong (2.8 + \frac{500}{200}) // 1\,k = 5.3\ \Omega$

【시뮬레이션】

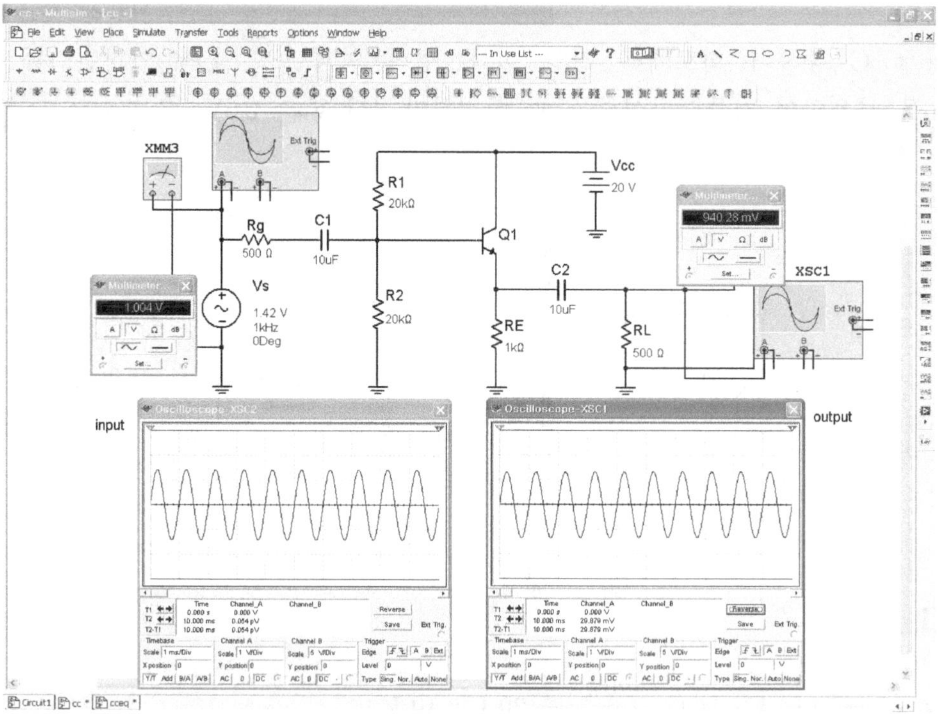
XMM3
Rg
500 Ω
C1
10uF
R1
20kΩ
R2
20kΩ
Q1
Vcc
20 V
C2
10uF
RE
1kΩ
RL
500 Ω
Vs
1.42 V
1kHz
0Deg
1.004 V
940.28 mV
XSC1
input
output

실험 17. JFET(Junction Field-Effect transistor) 전압-전류 특성

1) 드레인(drain) 특성 곡선

아래와 같은 FET 회로에 드레인(drain)과 소스(source) 간에 전압 V_{DS}를 가해주고, 상승시켜 FET가 포화 상태로 되는 전압 이상이 되면, 그 이후의 드레인 전류 I_D는 V_{DS}값에 영향을 받지 않게 되며, 역방향 바이어스 전압 V_{GS}의 값에 따라 그림과 같은 정전류 특성을 나타낸다.

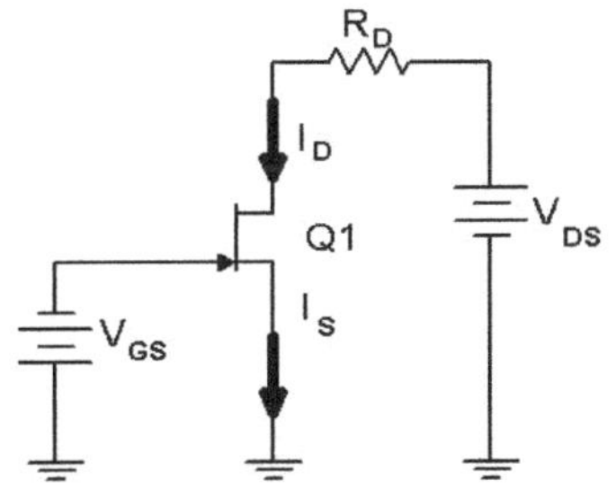

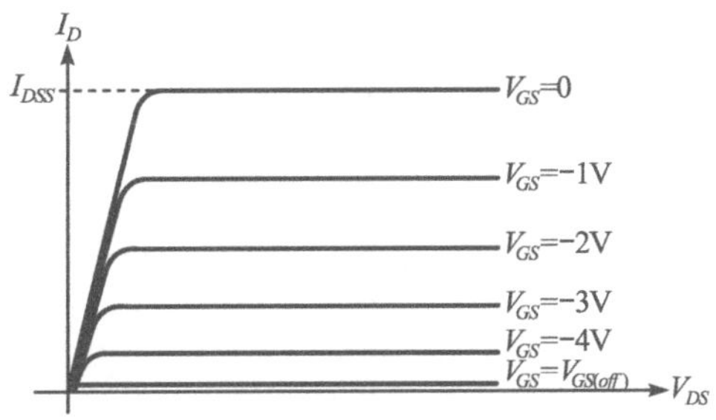

17-1 실험 회로 1

그림과 같은 회로에서 게이트(gate)-소스(source)간의 전압 V_{GS}의 변화에 따른 V_{DS}-I_D 특성을 Multisim으로 시뮬레이션 하라.

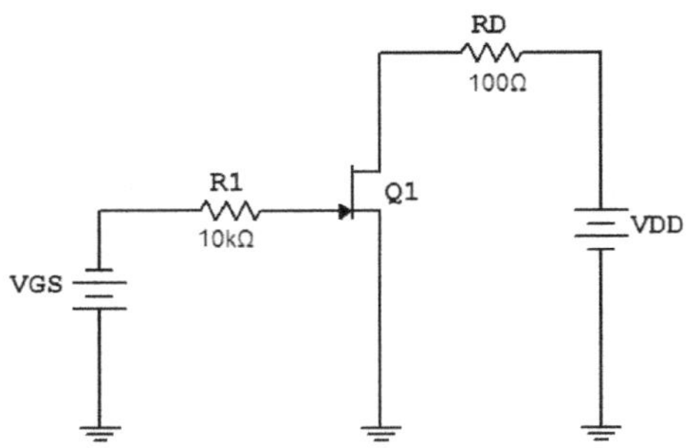

【시뮬레이션】

① FET의 드레인-소스 전압(V_{DS})의 변화를 위해 DC Sweep analysis를 사용하여 0V에서 15V까지 0.5V 씩 변화 시킨다. 동시에 게이트-소스의 전압(V_{GS})를 -5V에서 0V까지 0.5V씩 증가시켜 가면서 드레인 전류(ID)를 측정한다.

② 메인메뉴의 [Simulate] ➡ [Analyses] ➡ [DC Sweep]을 선택한다.

③ 'DC Sweep Analysis' 창의 [Analysis Parameters] 탭에서 Source를 각각 V_{DS}와 V_{GS}로 하고 아래 그림과 같이 최종 값과 증가 값을 각각 세팅한다.

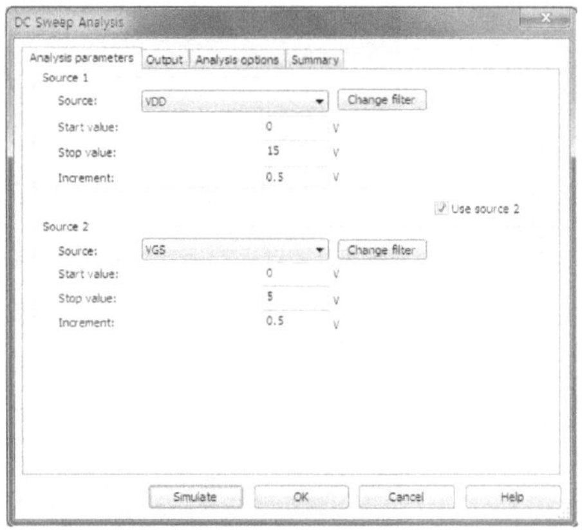

④ [Output]탭에서 콜렉터 전류를 선택하기위해서 "Add device/model parameter"를 선택한다. 창이 열리면 parameter에서 "id"를 선택한 후 OK버튼을 클릭하여 빠져나온다.

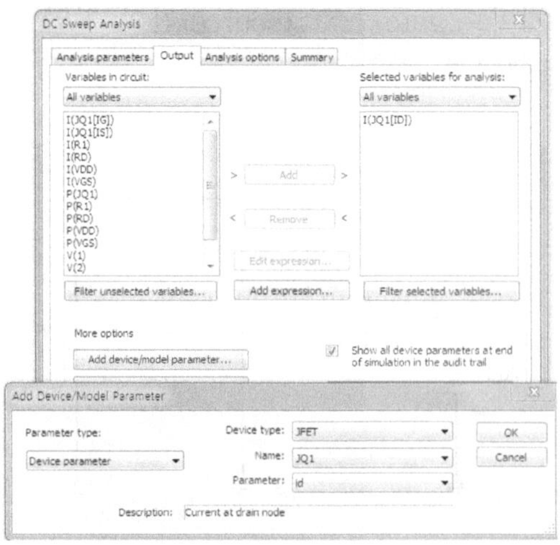

⑤ 시뮬레이션 결과는 아래 그림과 같다.

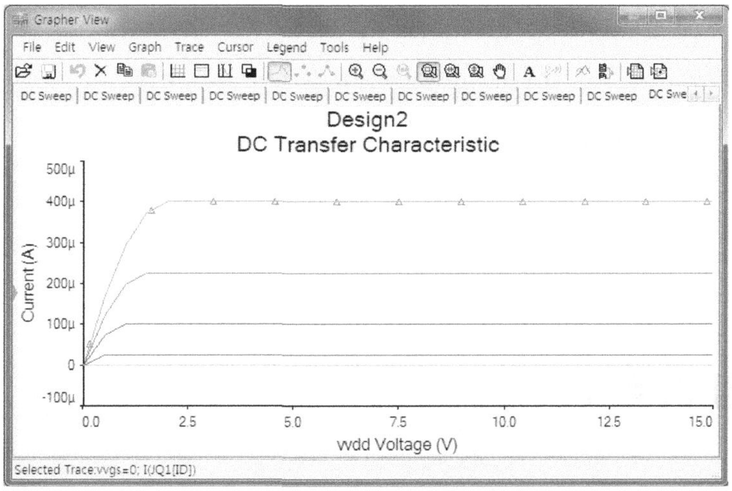

실험 18. 공통 소스(Common-Source) 증폭기

공통 소스 증폭기는 아래 그림과 같이 소스(Source)를 공통으로 한 회로를 말하며, 트랜지스터의 공통 이미터(C-E) 증폭기에 대응된다. 일반적으로 FET를 증폭기로 사용할 경우에 공통 소스 증폭기가 애용된다. 그림 (b)는 교류 동작을 해석하기 위한 교류 등가 회로이다.

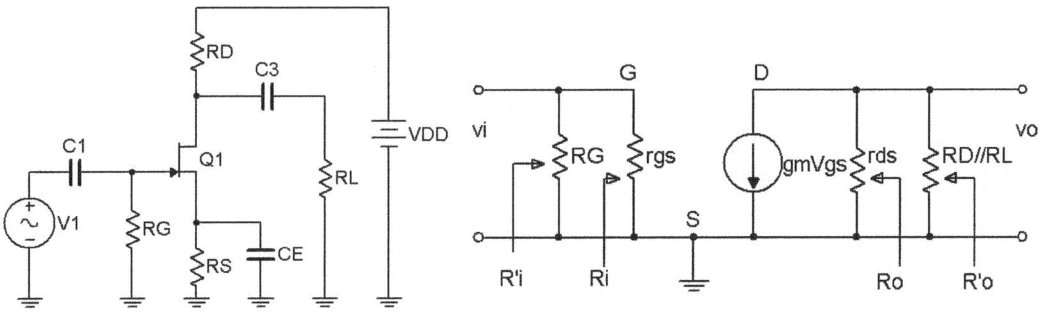

(a) 공통 소스 증폭기 (b) 교류 등가 회로

① FET 자체 입력 저항 $R_i = \infty$ (게이트-소스가 역방향 바이어스)

② $R'_i = R_G // R_i \cong R_G$

③ FET 자체 출력 저항 $R_o = r_{ds} \cong \infty$

④ $R'_o = R_o // R_D // R_L = r_{ds} // R_D // R_L \cong R_D // R_L$

⑤ 증폭기 전압 이득 $A_v = \dfrac{V_o}{V_{gs}} = -\dfrac{g_m V_{gs} R_D}{V_{gs}} = -g_m R_D$

⑥ 순방향 전달 콘덕턴스 $g_m = g_{mo}\left(1 - \dfrac{V_{GS}}{V_P}\right) = \dfrac{2I_{DSS}}{|V_P|}\left(1 - \dfrac{V_{GS}}{V_P}\right)$

18-1 실험 회로 1

그림과 같은 공통 소스 증폭기 회로에서 입력 저항(임피던스) 및 전압 이득을 구하고 Multisim으로 시뮬레이션하여 결과를 비교하라.

(단, $I_D = 0.93$ mA, $I_{DSS} = 5$ mA, $V_{GS(off)} = -4.5\ V, r_{ds} = \infty$)

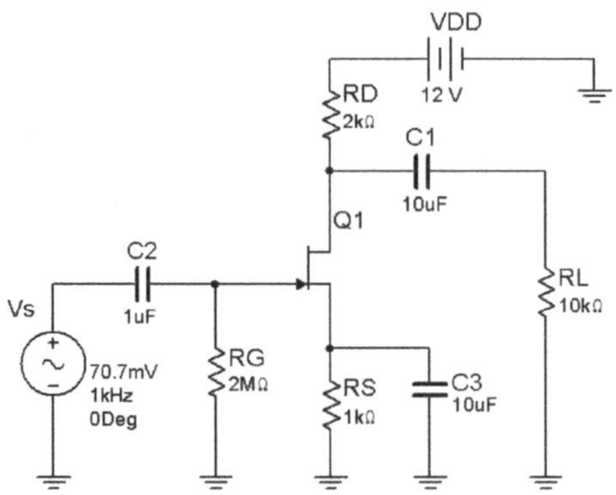

【계산치】

① $R_i = R_o = \infty$

② $R'_i = R_G // \infty_i \cong R_G = 2$ MΩ

③ $R'_o = R_o // R_D // R_L = r_{ds} // R_D // R_L \cong 2\ k // 10\ k = 1.7$kΩ

④ $V_D = V_{DD} - I_D R_D = 12\ V - (0.93\,\text{mA} * 2\,\text{k}\Omega) = 10.14\ V$

⑤ $V_S = I_D R_S = 0.93\,\text{mA} \times 1\,\text{k}\Omega = 0.93\ V$

⑥ $V_{DS} = V_D - V_S = 9.21\ V,\ \ V_{GS} = V_G - V_S = -0.93\ V$

⑦ $g_m = g_{mo}\left(1 - \dfrac{V_{GS}}{V_P}\right) = \dfrac{2I_{DSS}}{|V_P|}\left(1 - \dfrac{V_{GS}}{V_P}\right) = \dfrac{10\,\text{mA}}{4.5}\left(1 - \dfrac{-0.93}{4.5}\right) = 2.66\,mS$

⑧ $A_v = \dfrac{V_o}{V_{gs}} = -\dfrac{g_m V_{gs} R'_o}{V_{gs}} = -g_m R'_o = -2.66\,m * 1.7\,k = -4.4$

【시뮬레이션】

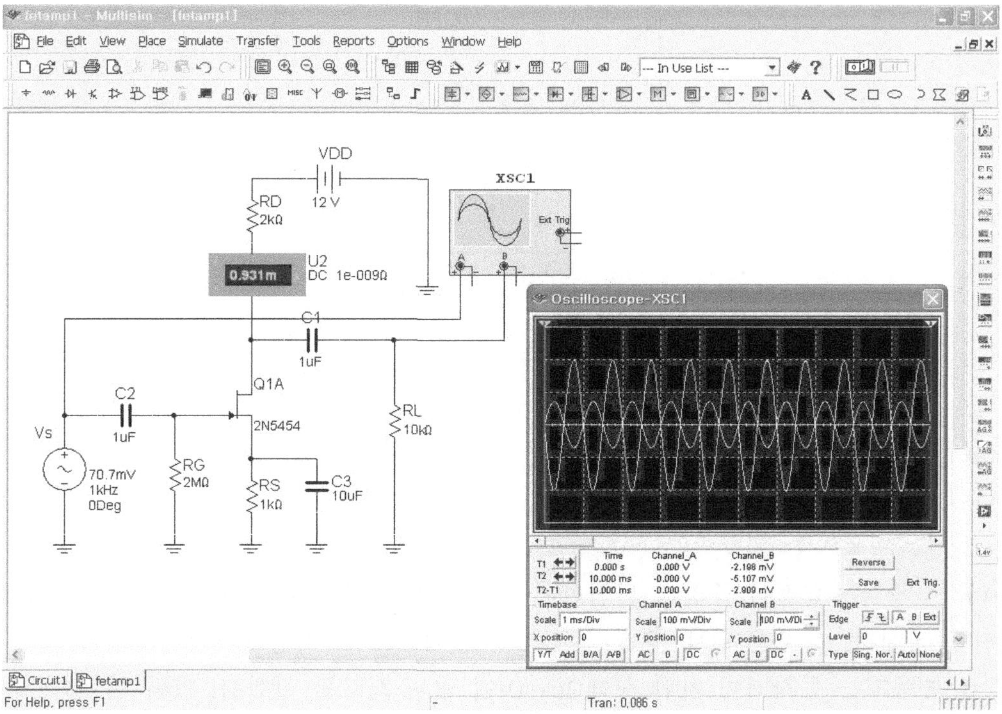

실험 19. B급 푸시풀(push-pull) 증폭기

스피커, 송신 안테나와 같은 출력 장치에 충분한 전력을 공급할 수 있도록 비교적 큰 신호를 취급하는 증폭기를 전력 증폭기라 한다. 전력 증폭기는 큰 전력을 취급하므로 전력 효율, 최대 출력, 출력 장치와의 임피던스 매칭이 중요한 요소가 된다. 증폭기는 아래의 그림과 같이 Q점의 위치에 따라 A, AB, B, C급 등으로 분류할 수 있다.

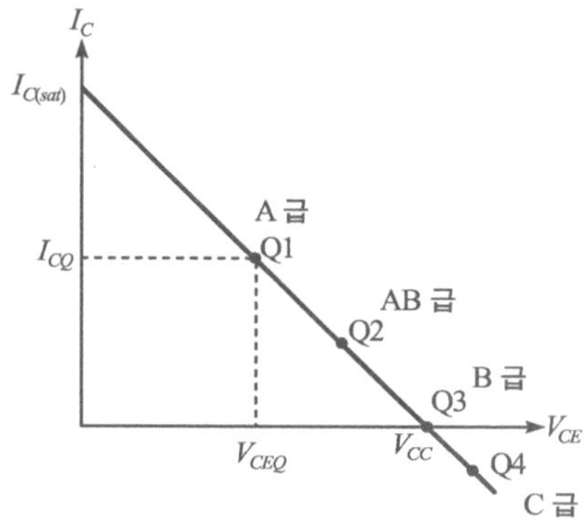

소신호 증폭기의 경우 신호의 왜곡(distortion)을 없애기 위해 가능한 Q점을 중앙값에 위치하도록 고려하였으나 대신호 증폭기의 경우 Q점에 따라 전력 손실이 매우 중요한 요소가 된다.

① A급 증폭기는 Q점이 중앙에 위치하기 때문에 입출력 신호는 360° 전 위상에 대해 직선 동작한다. 하지만 최대 효율이 25%에 불과하므로 비경제적이다.
② B급 증폭기는 동작점이 차단 상태(Ic=0)에 있는 회로를 말한다. 입력 신호의 거의 반주기(180°) 동안만 선형 영역에서 동작하게 된다. 효율이 좋으므로 이 형태가 많이 사용된다.
③ C급 증폭기는 입력 신호 주기의 일부 구간 동안만 출력 신호가 있게 된다. 효율은 매우 높으나 왜곡이 심하므로 고조파 동조 증폭기에 주로 이용된다.

B급(class B) 증폭기는 입력 주기의 180°에 대해서 동작되고 나머지 180°에 대해 차단되도록 바이어스되어 있다. 아래 그림과 같은 이미터 폴로어 회로가 B급 동작을 한다. 부(-)의 반주기 구간에서는 역바이어스가 걸려 트랜지스터는 차단되기 때문이다.

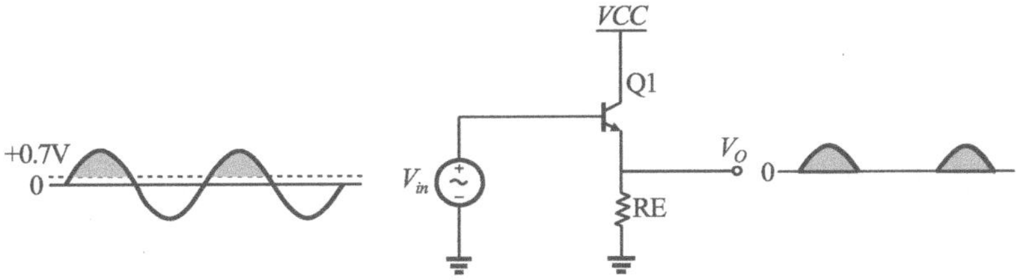

이미터 폴러어가 교류 입력의 반주기 구간에서만 동작하므로 전주기에 대해 동작할 수 있도록 푸시풀(push-pull)로 구성하여 사용하여야 한다. 이 증폭기는 효율이 A급 증폭기(25%) 보다 높으므로(최대 효율 78.5%) 전력 증폭기로 주로 쓰인다.

1) 크로스오버 왜곡(Crossover Distortion) 및 개선

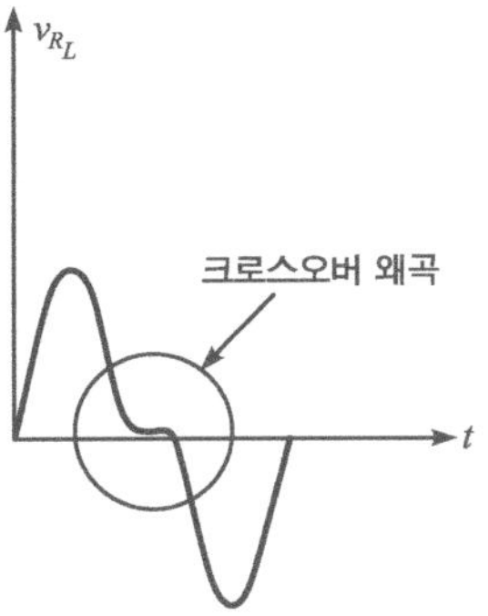

B급 증폭기는 푸시풀 형태로 사용되므로 두 개의 트랜지스터 중 Q1은 입력 교류 전압이 0.7V로 상승할 때까지 차단 상태에 머물러 있게 된다. (-) 반주기 동안에도 입력 교류 전압이 -0.7V로 하강할 때까지 Q2는 차단 상태가 된다. 따라서 출력 파형은 입력신호와 다른 왜곡이 나타나는데, 이러한 왜곡을 크로스오버 왜곡이라 한다. 이 왜곡을 없애기 위해 아래 그림과 같이 2개의 다이오드를 이용하여 B-E 간에 직류 전압(0.6~0.7V)를 인가하면 트랜지스터는 DC 바이어스 상태에 있기 때문에 왜곡이 사라진다.

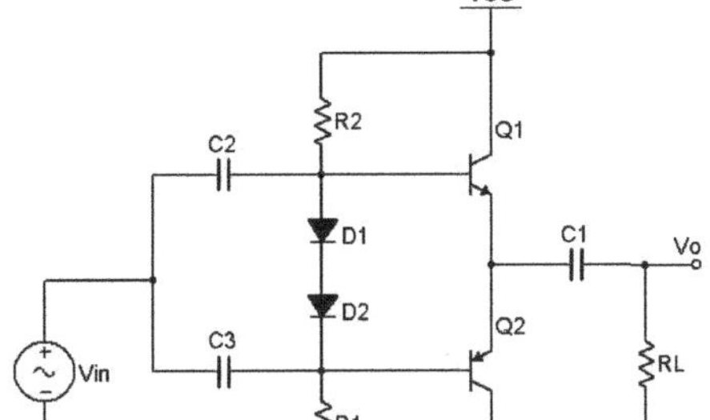

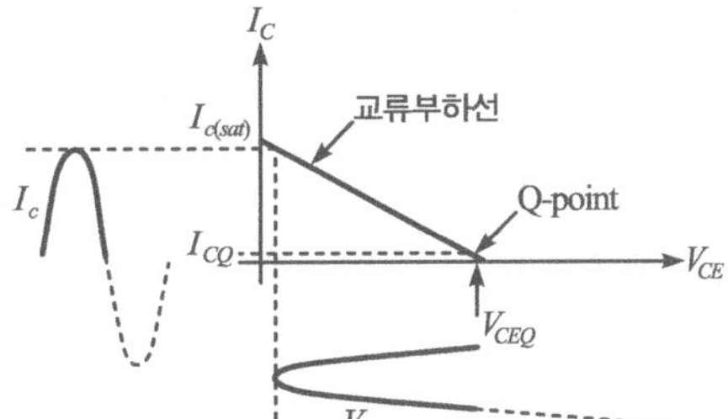

① $V_{CEQ1} = V_{CEQ2} = \frac{V_{cc}}{2}$ 이다.

② $V_o \cong V_{CEO} = \frac{V_{cc}}{2} \rightarrow V_{o(rms)} = \frac{V_{cc}}{2\sqrt{2}}$

③ $I_o \cong I_{c(sat)} = \frac{V_{CEQ}}{R_L} = \frac{V_{cc}}{2R_L} \rightarrow I_{o(rms)} = \frac{V_{cc}}{2\sqrt{2}\,R_L}$

④ 최대 출력 전력$= P_{o(\max)} = I_{o(rms)} \times V_{o(rms)} = \frac{V_{cc}}{2\sqrt{2}} \times \frac{V_{cc}}{2\sqrt{2}\,R_L} = \frac{{V_{cc}}^2}{8R_L}$

19-1 실험 회로 1

그림과 같은 B급 푸시풀 전력 증폭기의 최대 첨두 전압과 전류값, 그리고 최대 출력 전력을 구하고 Multisim으로 시뮬레이션하여 얻은 결과와 비교하라.

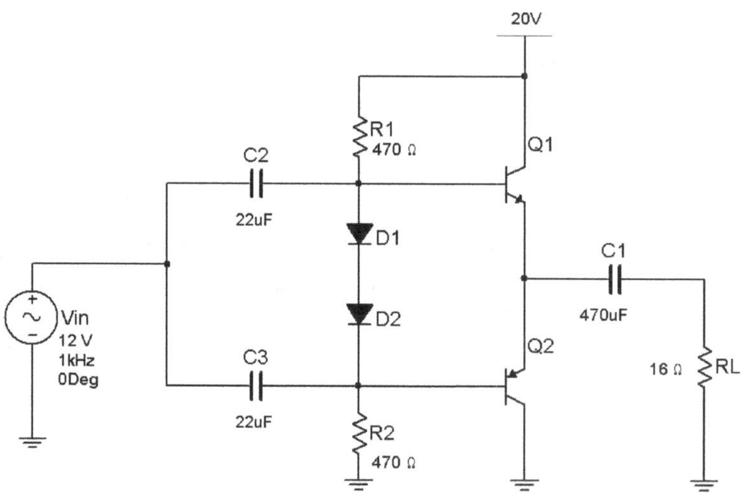

[계산치]

① $V_o \cong V_{CEO} = \frac{V_{cc}}{2} = \frac{20\ V}{2} = 10\ V$

③ $I_o \cong I_{c(sat)} = \frac{V_{CEQ}}{R_L} = \frac{V_{cc}}{2R_L} = \frac{20\,V}{32\ \Omega} = 625\ \text{mA}$

④ 최대 출력 전력$= P_{o(\max)} = I_{o(rms)} \times V_{o(rms)} = \frac{{V_{cc}}^2}{8R_L} = \frac{(20)^2}{8 \times 16} = 3.12\,W$

【시뮬레이션】

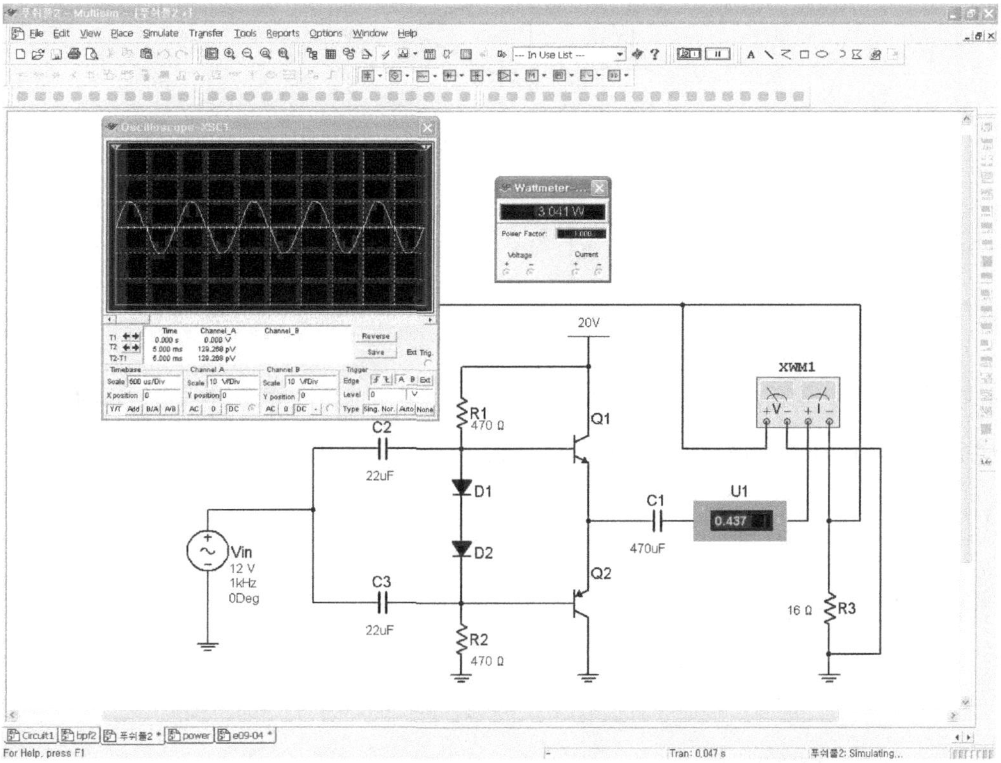

실험 20. 비반전(Non-inverting) 증폭 회로

비반전(Non-inverting) 증폭기란 입력 신호의 위상이 반전되지 않고 출력에 그대로 나타나는 증폭기로, 입력 신호는 연산 증폭기의 (+)입력 단자에 가해진다.

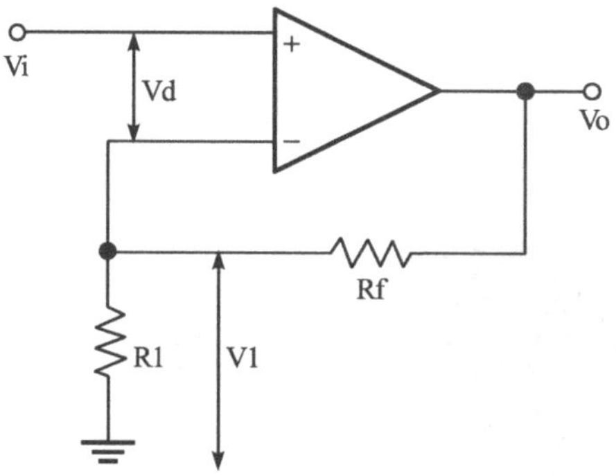

① 증폭기의 입력 전압 V_d는 $V_d = V_i - V_1$ 이며, 이 전압은 증폭되어 $V_O = A \times V_d$이다.

② 연산 증폭기 자체 이득 (Open-Loop Gain)은 ∞ 따라서 $V_d \cong 0\,V$

③ $V_i = V_1 = \dfrac{R_1}{R_f + R_1} V_O$

④ 전압 이득 $G = \dfrac{V_o}{V_1} = 1 + \dfrac{R_f}{R_1}$

20-1 실험 회로 1

아래의 회로는 비반전 증폭 회로이다. 입력 전압이 $1V_P$일 때 출력 전압은 얼마가 되는가? 계산치를 구하고 Multisim으로 시뮬레이션하여 결과를 비교하라.

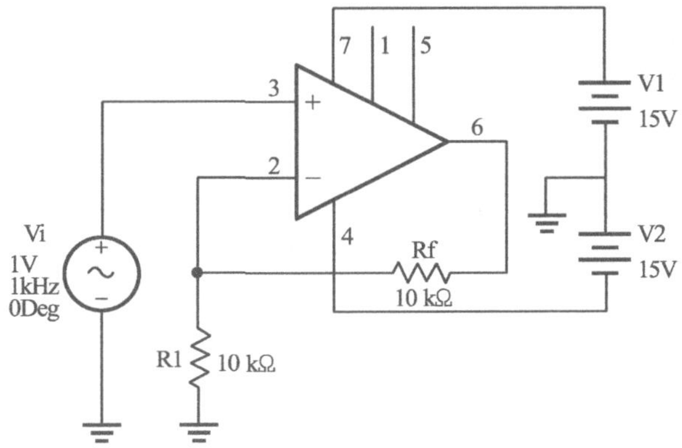

【계산치】

$G = 1 + \dfrac{R_f}{R_1} = 1 + \dfrac{10\ k}{10\ k} = 2$ 따라서 출력 전압은 $2V_P$가 된다.

【시뮬레이션】

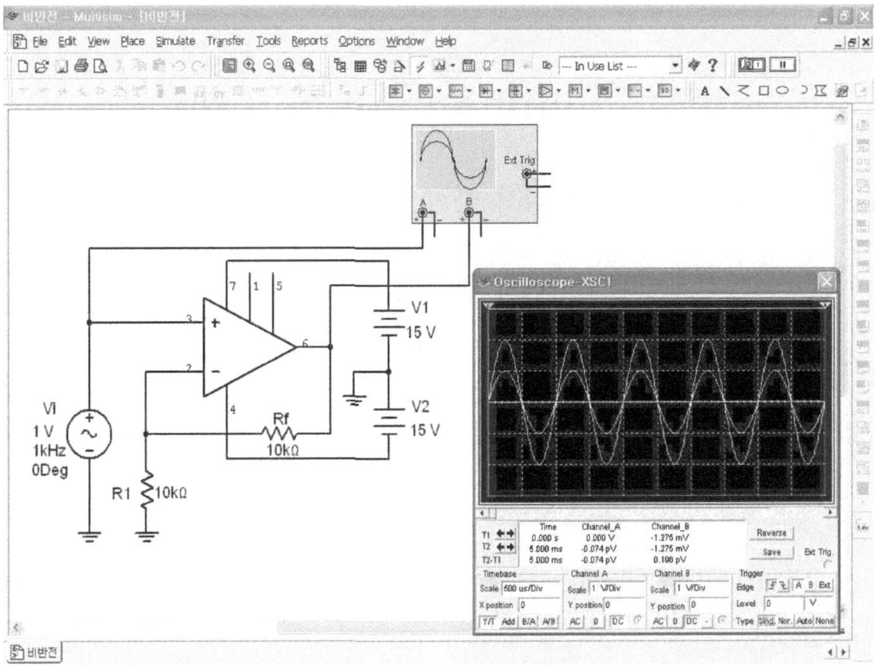

20-2 실험 회로 2

아래의 비반전 증폭기에서 R_f를 10k, 20k, 30k로 변화시킬 때 출력 파형은 어떻게 변하는가? 계산치를 구하고 Multisim으로 시뮬레이션하여 결과를 비교하라.

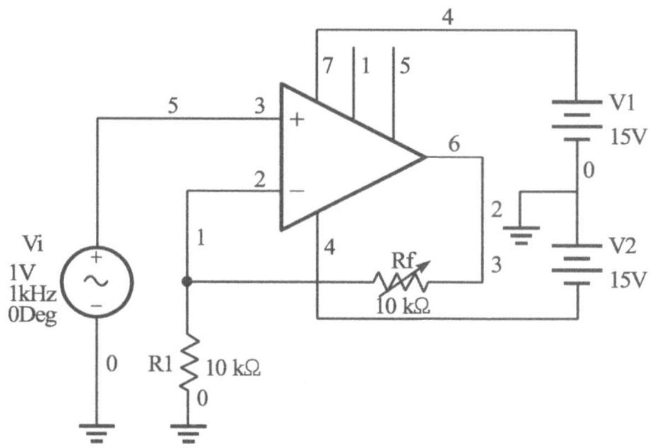

【계산치】

① $G = 1 + \dfrac{R_f}{R_1} = 1 + \dfrac{10\,k}{10\,k} = 2$ 따라서 출력 전압은 $2V_P$가 된다.

② $G = 1 + \dfrac{R_f}{R_1} = 1 + \dfrac{20\,k}{10\,k} = 3$ 따라서 출력 전압은 $3V_P$가 된다.

③ $G = 1 + \dfrac{R_f}{R_1} = 1 + \dfrac{30\,k}{10\,k} = 4$ 따라서 출력 전압은 $4V_P$가 된다.

【시뮬레이션】

"Parameter Sweep Analysis"를 이용하여 저항 R_f 값의 변동(10k, 20k, 30k)에 따른 출력 파형의 크기를 해석하여 보자.

① 메뉴에서 [Simulate] ➡ [Analyses] ➡ [Parameter Sweep]을 클릭하여 아래와 같이 설정한다.

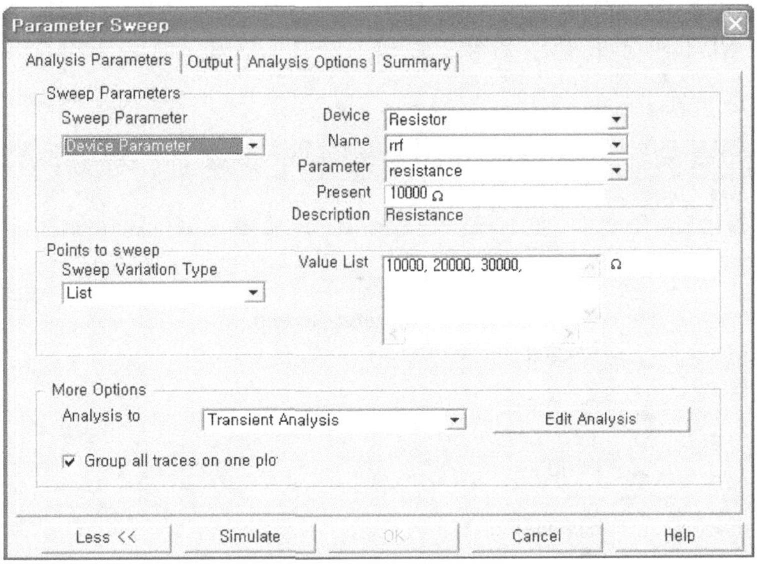

② **More>>** 버튼을 클릭하여 우측 하단에 있는 **Edit Analysis** 버튼을 클릭, 아래의 그림과 같이 Transient Analysis를 설정하고 **OK** 를 클릭한다.

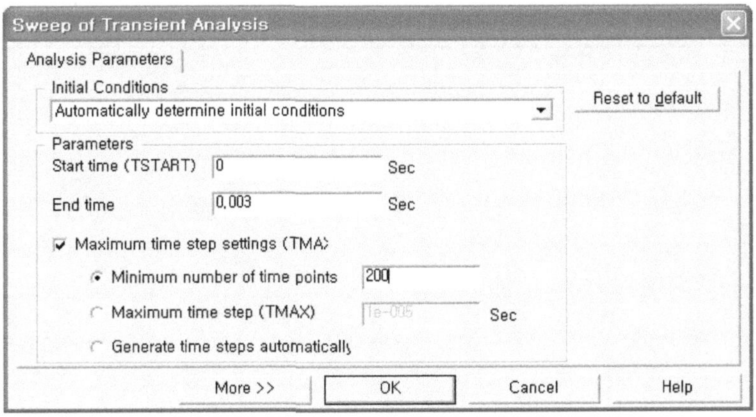

③ 측정하고자 하는 입출력 노드의 선택이 끝나면 **Simulate** 버튼을 클릭하여 해석을 수행한다.

④ 아래는 "Parameter Sweep" 해석을 수행한 결과이며, 그래프에서 R_f 저항이 10k, 20k, 30k일 경우 입력 파형과 같은 위상으로 크기가 2배, 3배, 4배로 커지는 것을 알 수 있다.

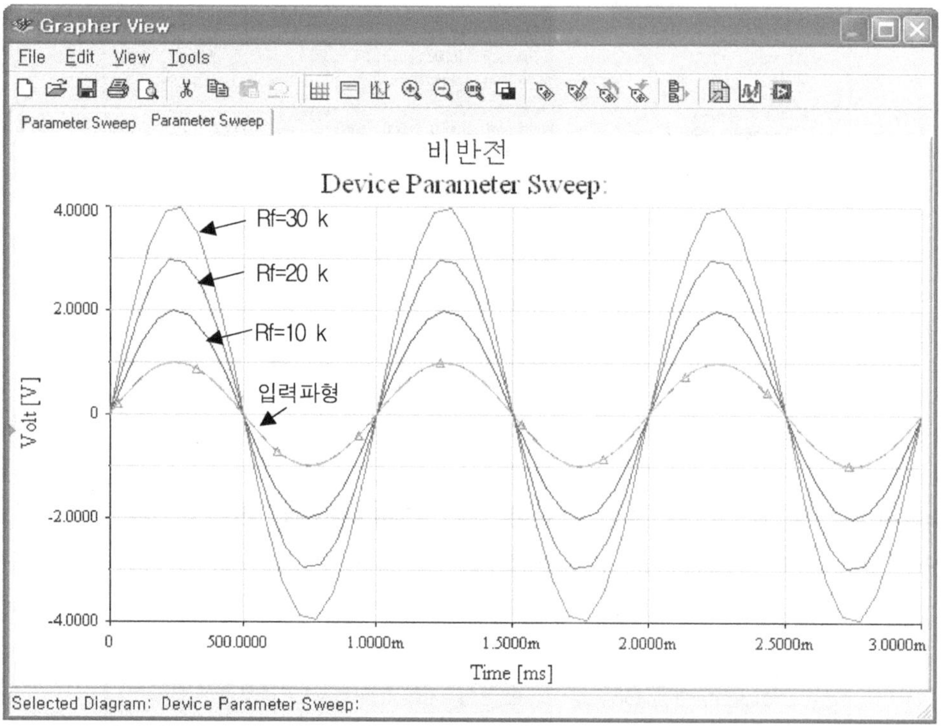

실험 21. 반전(Inverting) 증폭 회로

반전(inverting) 증폭기란 (-)입력 단자에 신호를 입력시키고 (+)단자는 접지시키는 회로를 말하며, 입력과 출력의 전압 위상이 반전(180°)되어 출력에 나타난다.

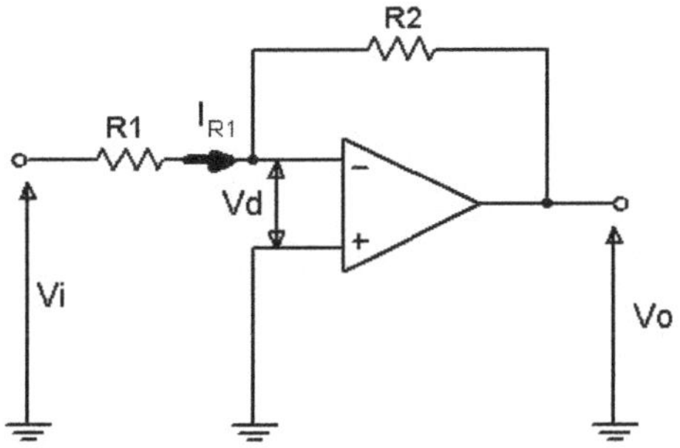

① 연산 증폭기 자체 이득 (Open-Loop Gain)은 ∞, $V_o = -A\,V_d$ 따라서 $V_d \cong 0\,V$

② 저항 R1에 흐른 전류 $I_{R1} = \dfrac{V_i}{R_1}$

③ OP-Amp 입력으로는 전류가 흐르지 않으므로 I_{R1}은 모두 R2에 흐르며, 전압 강하

$V_{R2} = I_{R1} \cdot R_2 = \dfrac{V_i}{R_1} \cdot R_2$가 발생한다.

④ 출력 전압 V_o는 V_d가 0이므로, $-V_{R2}$ 만으로 된다.

$$V_o = -V_{R2} = -\frac{R_2}{R_1} \cdot V_i \;\rightarrow G = \frac{V_o}{V_i} = -\frac{R_2}{R_1}$$

21-1 실험 회로 1

아래의 회로는 반전 증폭 회로이다. 입력 전압이 $1V_P$일 때 출력 전압은 얼마가 되는가? 계산치를 구하고 Multisim으로 시뮬레이션하여 결과를 비교하라.

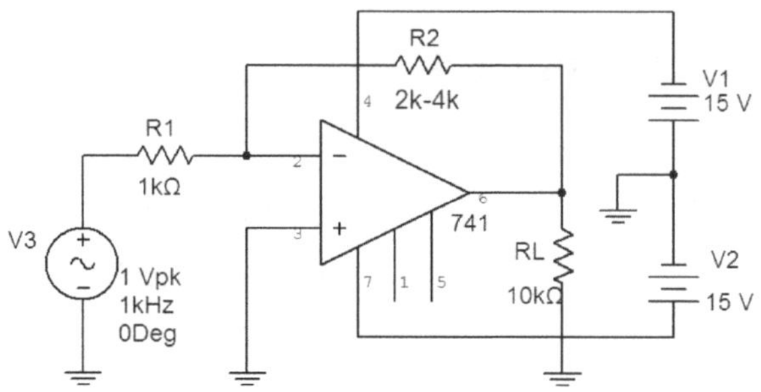

【계산치】

$$G = -\frac{R_2}{R_1} = -\frac{2k}{1k} = 2$$ 따라서 출력 전압은 $2V_P$가 된다.

【시뮬레이션】

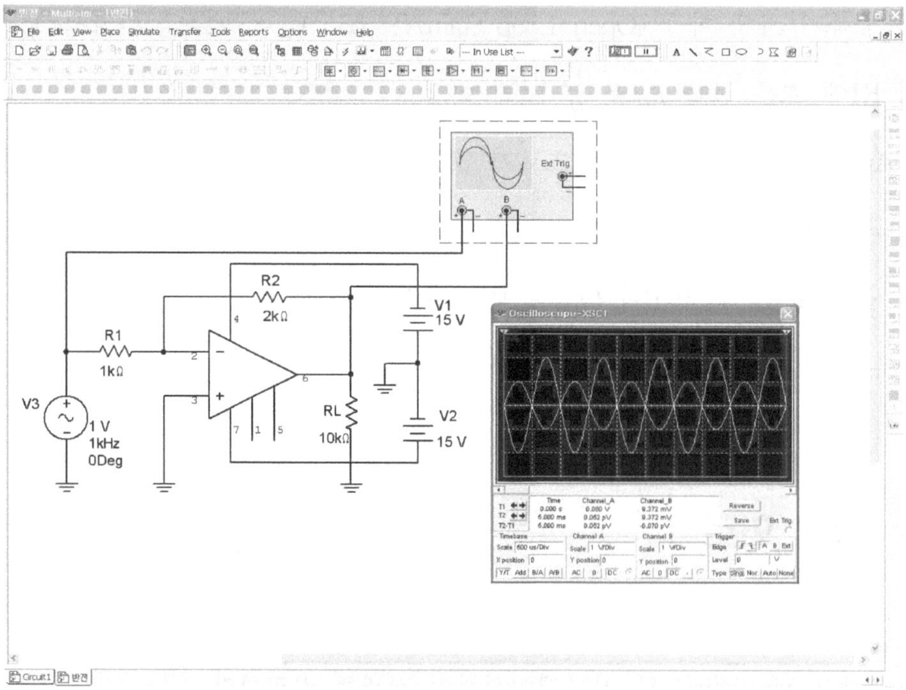

21-2 실험 회로 2

아래의 반전 증폭기에서 R_2를 2k, 3k, 4k로 변화시킬 때 출력 파형은 어떻게 변하는지 계산하고 Multisim을 이용해서 시뮬레이션한 값과 비교하라.

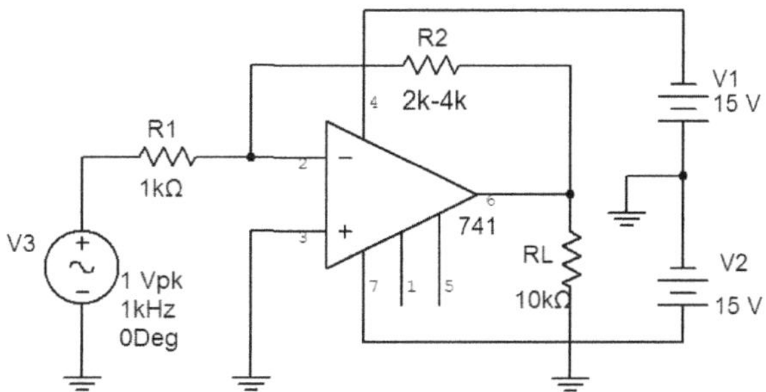

【계산치】

① $G=-\dfrac{R_2}{R_1}=\dfrac{2k}{1k}=2$ 따라서 출력 전압은 $2V_P$가 된다.

② $G=-\dfrac{R_2}{R_1}=\dfrac{3k}{1k}=3$ 따라서 출력 전압은 $3V_P$가 된다.

③ $G=-\dfrac{R_2}{R_1}=\dfrac{4k}{1k}=4$ 따라서 출력 전압은 $4V_P$가 된다.

【시뮬레이션】

Parameter Sweep Analysis를 이용하여 저항 R_2 값의 변동(2k, 3k, 4k)에 따른 출력 파형의 크기를 해석하여 보자.

① 메뉴에서 [Simulate] ➡ [Analyses] ➡ [Parameter Sweep] 을 클릭하여 아래와 같이 설정한다.

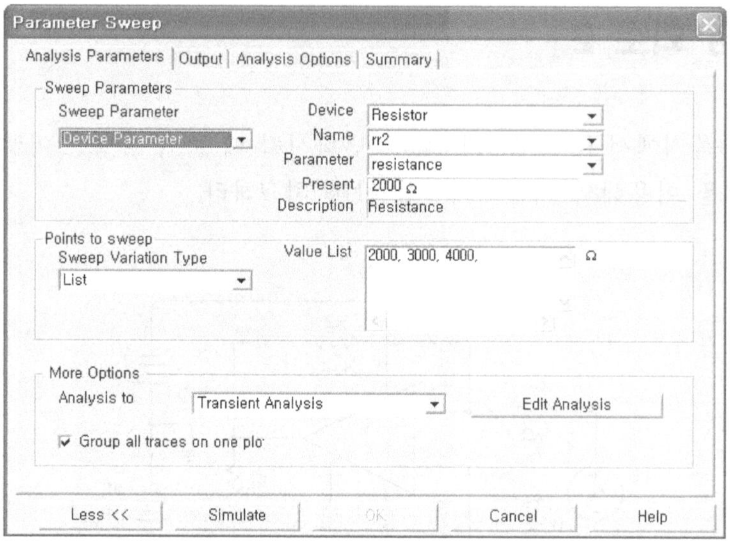

② **More>>** 버튼을 클릭하여 우측 하단에 있는 **Edit Analysis** 버튼을 클릭, 아래의 그림과 같이 Transient Analysis를 설정하고 **OK**를 클릭한다.

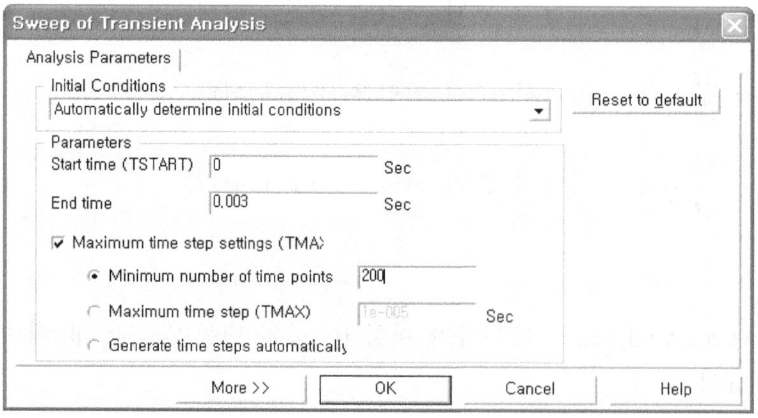

③ 측정하고자 하는 입출력 노드의 선택이 끝나면 **Simulate** 버튼을 클릭하여 해석을 수행한다.

④ 아래는 "Parameter Sweep" 해석을 수행한 결과이며, 그래프에서 R_2 저항이 2k, 3k, 4k일 경우 입력 파형과 180° 위상 차로 크기가 2배, 3배, 4배로 커지는 것을 알 수 있다.

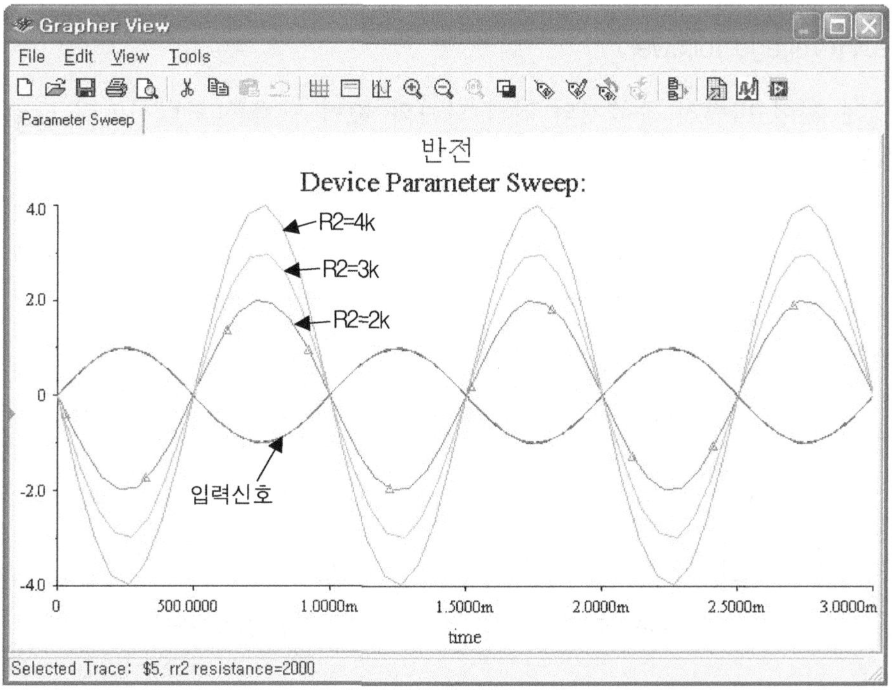

실험 22. 전압 플로어와 OP Amp의 Slew Rate(SR) 특성

1) 전압 플로어(Voltage follower)

아래 그림과 같이 비반전 증폭기의 입력 단자와 출력 단자를 단락시키면 Emitter Follower와 같은 특징을 갖게 된다.

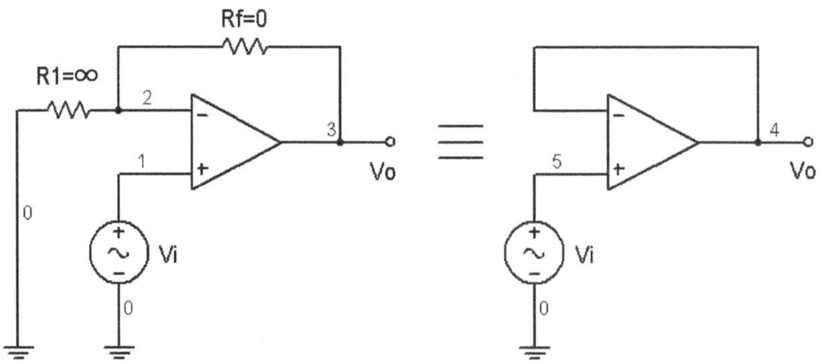

(a) 비반전 증폭기 (b) 전압 폴로어

① 그림 (a)와 같은 비반전 증폭기의 전압 이득은 다음과 같다.

$$G = 1 + \frac{R_f}{R_1} = 1 + \frac{0}{\infty} = 1$$

② 입력 저항(임피던스)$= R_i = (1+\beta A)R_i \cong \infty$, 여기서 β는 전압 귀환율

③ 출력 저항(임피던스) $R_o = \dfrac{R'_o}{(1+\beta A)} \cong 0$, 여기서 R'_o 증폭기 자체의 출력 저항으로 수 Ω Voltage Follower는 $R_i = \infty$, $R_o = 0$, $G = 1$에 근접하므로 좋은 완충 증폭기(Buffer Amplifier)로 작동한다.

【시뮬레이션】

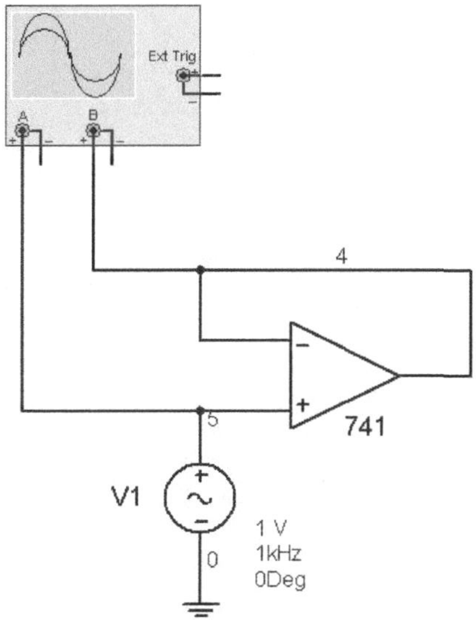

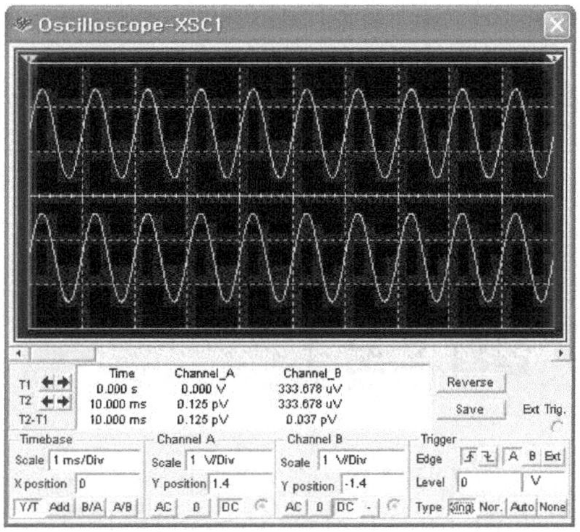

2) OP Amp의 Slew Rate(SR)

Slew-Rate는 입력 전압 단자에 펄스 전압이 인가되었을 때 출력 전압이 시간에 따라 변화하는 속도를 말하는데, 이것은 고역에서 출력 전압의 크기를 제한하기 때문에 OP Amp의 교류 동작에 영향을 미치는 사양 중에서 가장 중요한 특성 중의 하나이다.

다음의 그림 (a)에 펄스 전압 입력을 가하면 그림 (b)의 출력 전압이 실선으로 된 입력 신호에 얼마나 충실한 응답(점선)이 나오는지에 따라 OP-AMP의 특성이 좌우된다.

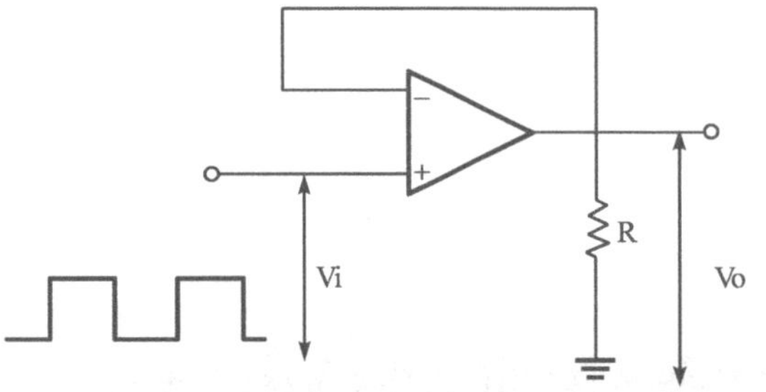

(a) 펄스 전압 입력

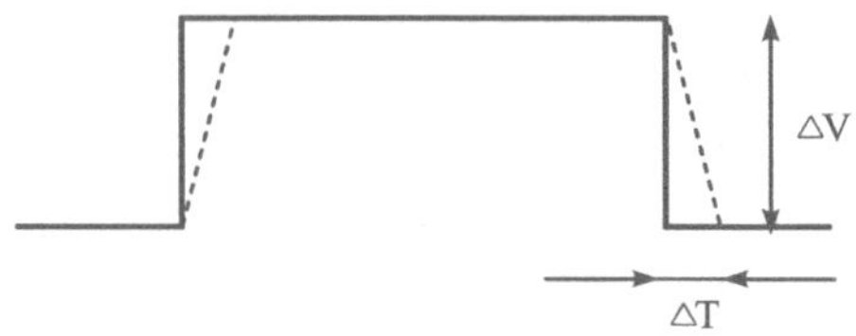

(b) 출력 전압(전선)

$$Slew\,Rate\,(SR) = \frac{\Delta V}{\Delta T}$$

22-1 실험 회로 1

아래의 회로는 OP-AMP로 구성한 버퍼 회로이다. 주파수 f=10kHz의 2Vpp의 구형파를 입력하여 출력이 얼마나 입력 신호에 근접하는지를 해석하며, Slew-Rate를 계산하는 회로이다. Multisim을 이용해서 시뮬레이션하라.

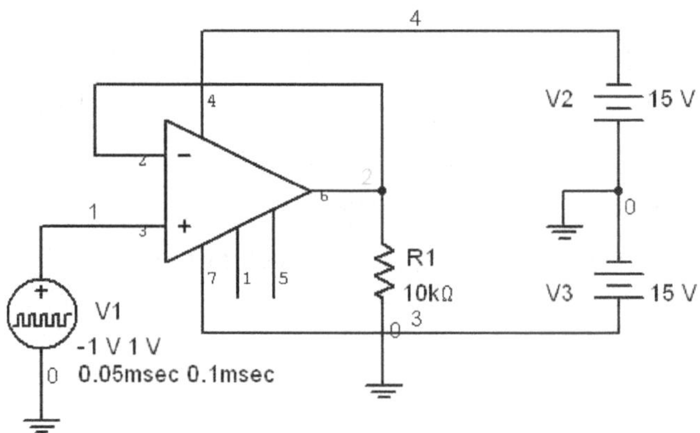

【시뮬레이션】

① 부품 Library에서 범용 OP Amp인 "741"을 선택한다.

② 양 전원 +15V, -15V를 각각 인가한다.

③ 입력 전압으로 "Pulse_voltage_source"를 선택하고, 더블 클릭하여 아래와 같이 입력한다.

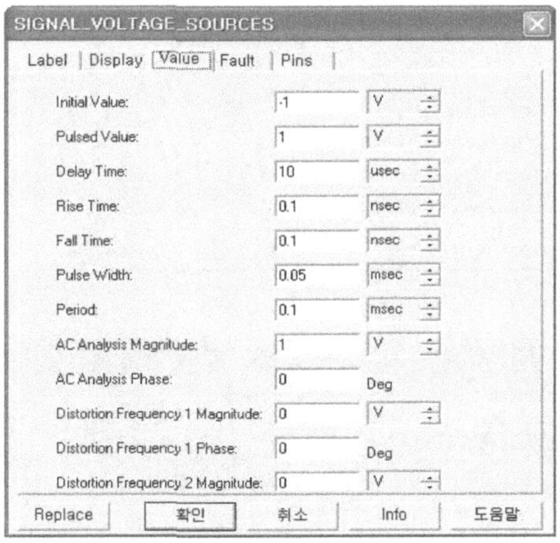

④ 오실로스코프를 이용하여 입력 전압에 대한 출력 전압을 관찰한다.

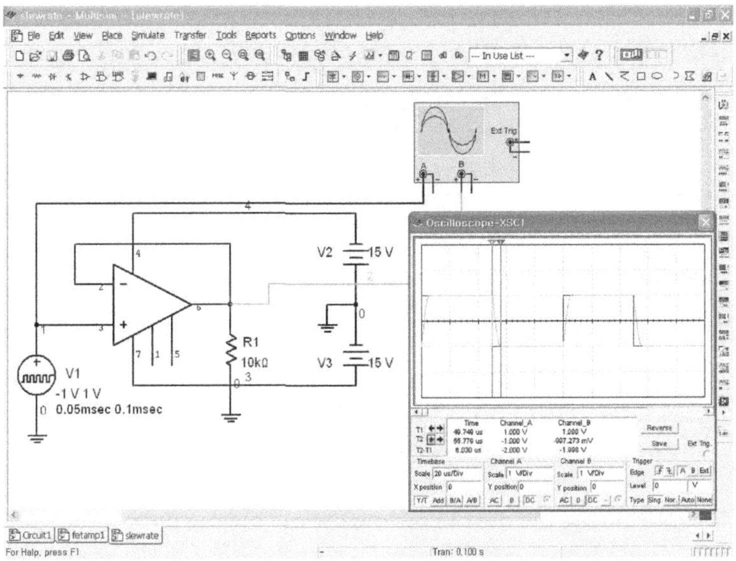

⑤ Transient Analysis를 이용하여 SR을 구하여 보자.

[Simulate] ➡ [Analyses] ➡ [Transient analysis]를 클릭하여 아래와 같이 설정한다.

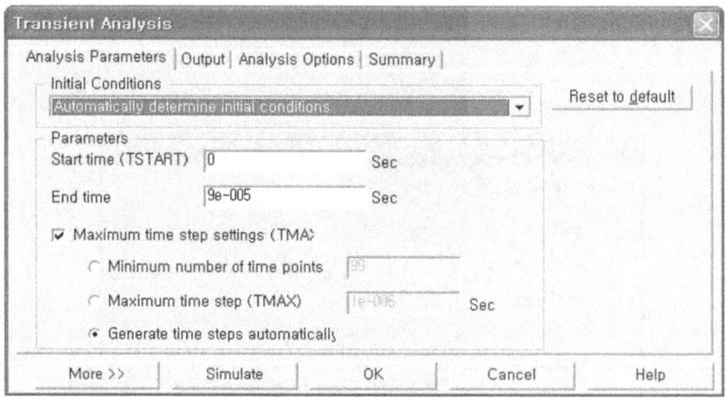

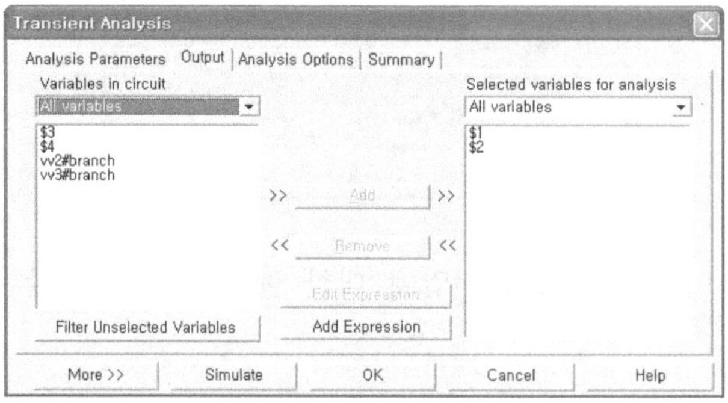

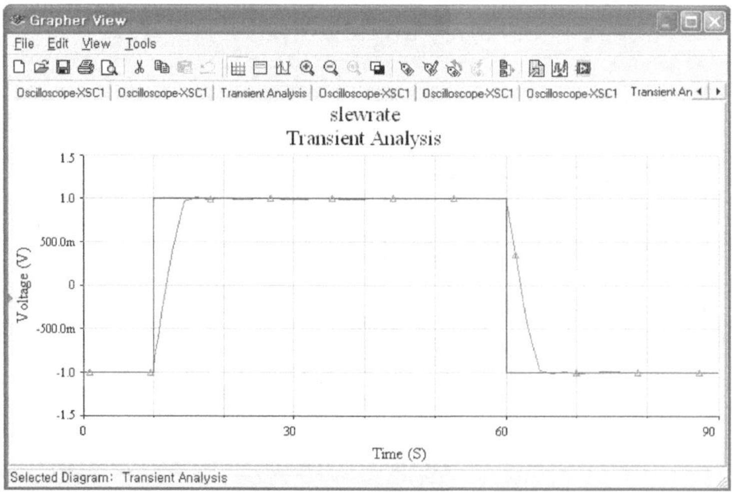

$$SR = \frac{2\,V_{pp}}{6\ \mu s} = 0.33\ V/\mu s$$

실험 23. 가산(Adder) 회로

반전 증폭기를 이용하여 아래 그림과 같이 회로를 구성하면 출력은 입력 전압의 대수합으로 나타나므로 가산기 기능을 한다.

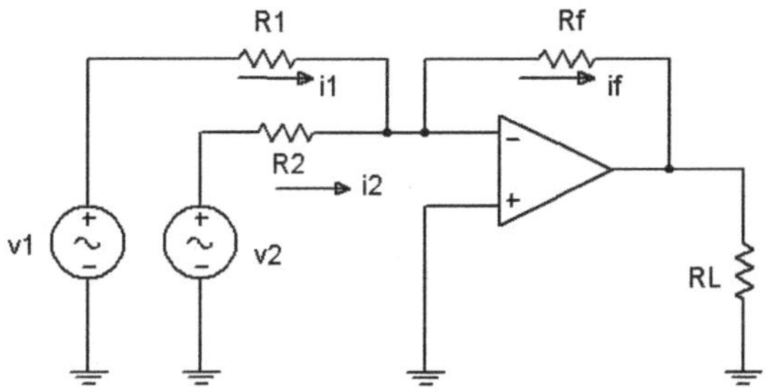

① $i_1 + i_2 = i_f$ (OP Amp 의 입력으로 전류가 흐르지 못함)

② $V_d = 0$

③ $\dfrac{v_1 - 0}{R_1} + \dfrac{v_2 - 0}{R_2} = \dfrac{0 - v_0}{R_f} \rightarrow \dfrac{v_1}{R_1} + \dfrac{v_2}{R_2} = -\dfrac{v_0}{R_f}$

④ 만약, $R_1 = R_2 = R_f$ 이면, $v_o = -(v_1 + v_2)$ 즉 v_1과 v_2의 합이 반전되어 출력된다.

23-1 실험 회로 1

아래의 회로는 OP-Amp를 이용한 가산기 회로이다. 입력 전압 (V1)으로 1V를 입력 전압 (V2)로 2V의 직류를 각각 넣었을 때 출력은 얼마가 되는가? Multisim을 이용해서 값을 구하라.

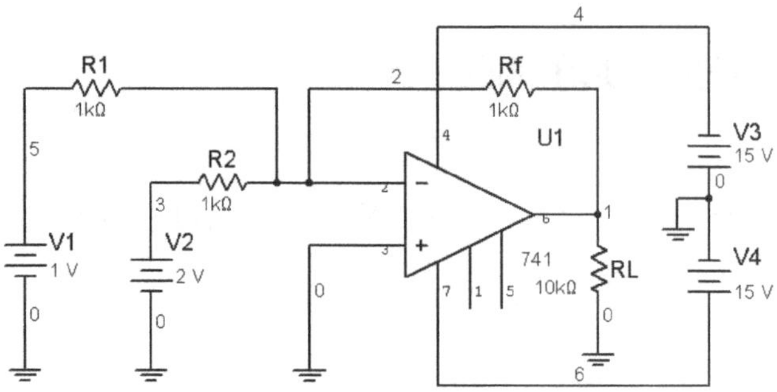

【이론치】

$R_1 = R_2 = R_f$ 이면, $v_o = -(v_1 + v_2) = -(1\,V + 2\,V) = -3\,V$

【시뮬레이션】

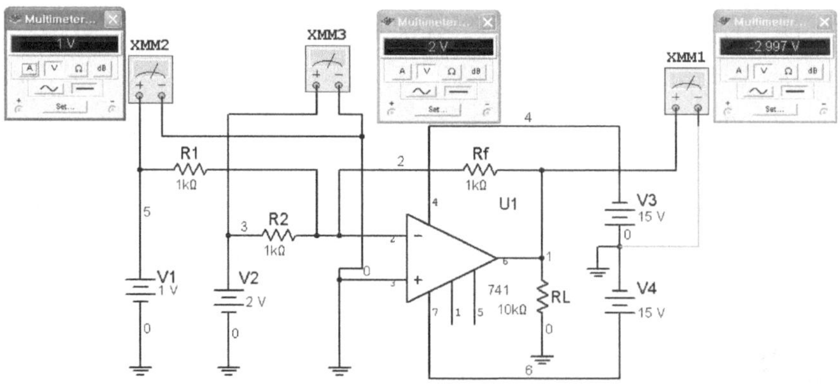

23-2 실험 회로 2

아래의 회로는 OP-Amp를 이용한 가산기 회로이다. 입력 전압 (V_1)으로 500㎷p를 넣었을 때 출력 V_L은 얼마가 되는가? 계산하고 Multisim을 이용해서 얻은 값과 비교하라.

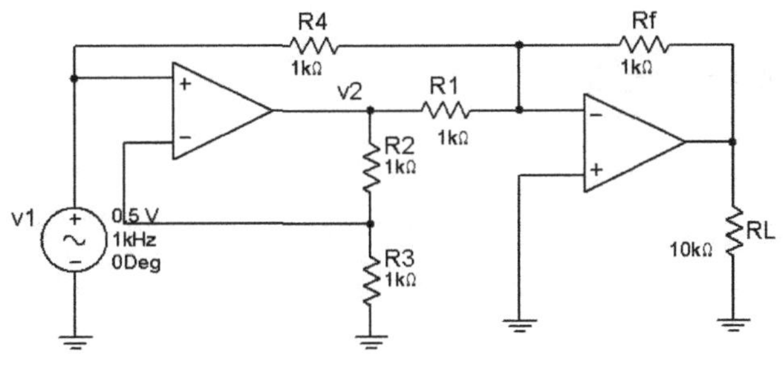

【계산치】

① $v_1 = 500\,\mathrm{mV_p}$

② $G = 1 + \dfrac{R_2}{R_3} = 2 \;\rightarrow\; v_2 = 1\,\mathrm{Vp}$

③ $v_1 + v_2 = -(0.5\,\mathrm{Vp} + 1\,\mathrm{Vp}) = 1.5\,\mathrm{Vp} = \mathrm{V_L}$

【시뮬레이션】

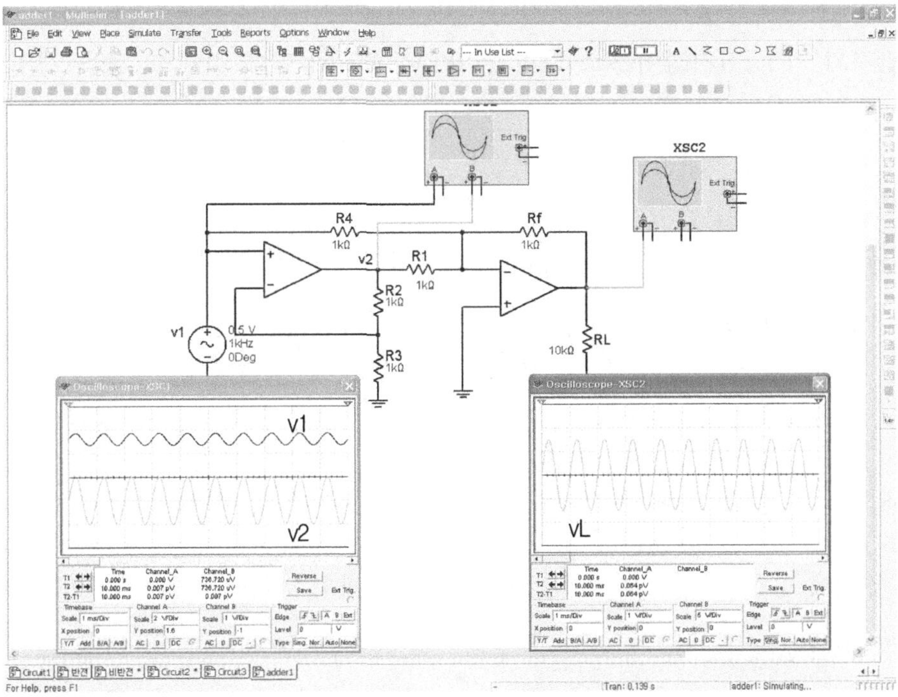

실험 24. 적분 증폭기

적분기(integrator)는 수학적인 적분 연산을 수행하는 회로로서, 아래 그림과 같이 귀환 소자로 저항 R_f 대신 커패시터 C를 사용하여 출력 전압이 입력 전압의 적분값으로 얻어지는 회로이다.

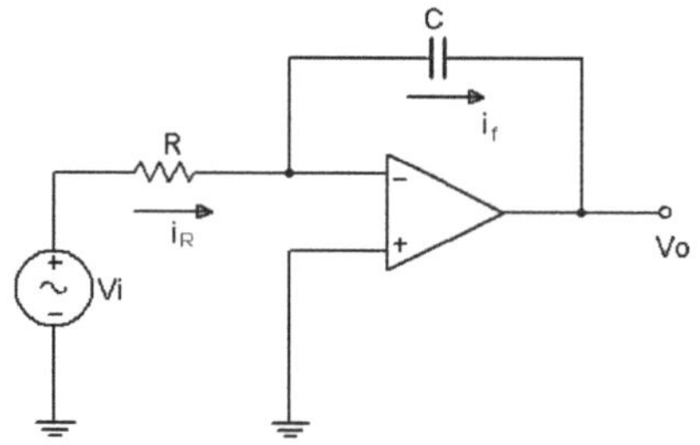

(a) 기본 적분 회로

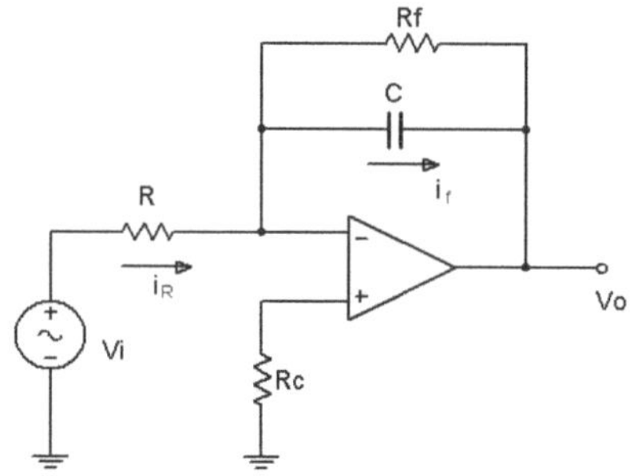

(b) 실용 적분 회로

① $v_d = 0$, $i_R = i_f = \dfrac{v_i}{R} = i$

② (−) 단자가 가성 접지점이므로 입력 전압 v_i는 R 양단에 걸리고, 출력 전압 v_o는 C 양단에 걸린다.

$i = \dfrac{v_i}{R}$, $v_o = -\dfrac{q}{C}$

③ $i = \dfrac{dq}{dt} \rightarrow q = \int i\,dt$ 여기서, q는 커패시터에 충전된 전하

④ $v_o = -\dfrac{q}{C} = -\dfrac{1}{C}\int i\ dt = -\dfrac{1}{C}\int \dfrac{v_i}{R}\ dt = -\dfrac{1}{RC}\int v_i\ dt$

⑤ 적분기는 주파수 f가 매우 낮은 경우 커패시터의 $X_c = \dfrac{1}{2\pi fc} \cong \infty\ (f \rightarrow 0)$가 되어 OP Amp의 이득 $\dfrac{X_c}{R} = \infty$ 가 되어 적분기의 기능을 할 수 없다. 따라서 실용 적분기 회로에서는 C 양단에 병렬로 저항 R_f 를 연결하여 낮은 주파수 영역에서 이득을 거의 $-\dfrac{R_f}{R}$로 제한시켜야 한다.

⑥ R_f 값은 일반적으로 R 값의 약 10배 이상을 선택하며, "$RC=\tau \gg$(입력 펄스폭)"을 만족해야 충실한 적분 회로가 된다.

⑦ (+) 단자에 연결된 저항 R_c는 직류 옵셋(offset) 보상을 위한 것으로 그 크기는 $(R_1//R_f)$이다.

24-1 실험 회로 1

아래의 회로는 OP-Amp를 이용한 적분기이다. 입력에 주파수 1kHz, 펄스폭 0.5ms, 최대치(V_p) 5V인 구형파를 인가하였을 때, 출력은 어떤 파형을 얻을 수 있는지 Multisim을 이용하여 출력 파형을 관측하라.

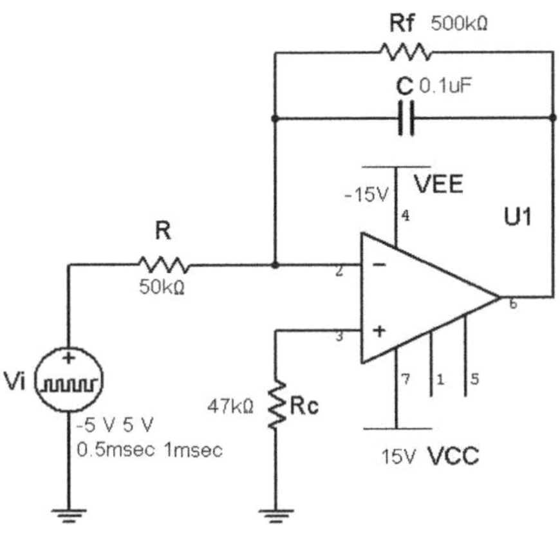

【계산치】

① $\tau = RC = 50\,\text{k}\Omega \cdot 0.1\,\mu\text{F} = 5\,\text{ms}$

② 입력 펄스의 폭 0.5ms 따라서 "$\tau = RC \gg$(입력 펄스폭)"이 성립한다.

③ 삼각파 출력 전압 $v_o = -\dfrac{1}{RC}\displaystyle\int v_i\,dt = -\dfrac{1}{50k \cdot 0.1\mu}\displaystyle\int_0^{0.5ms} 5\,V\,dt = 0.5\,v_{pp}$

【시뮬레이션】

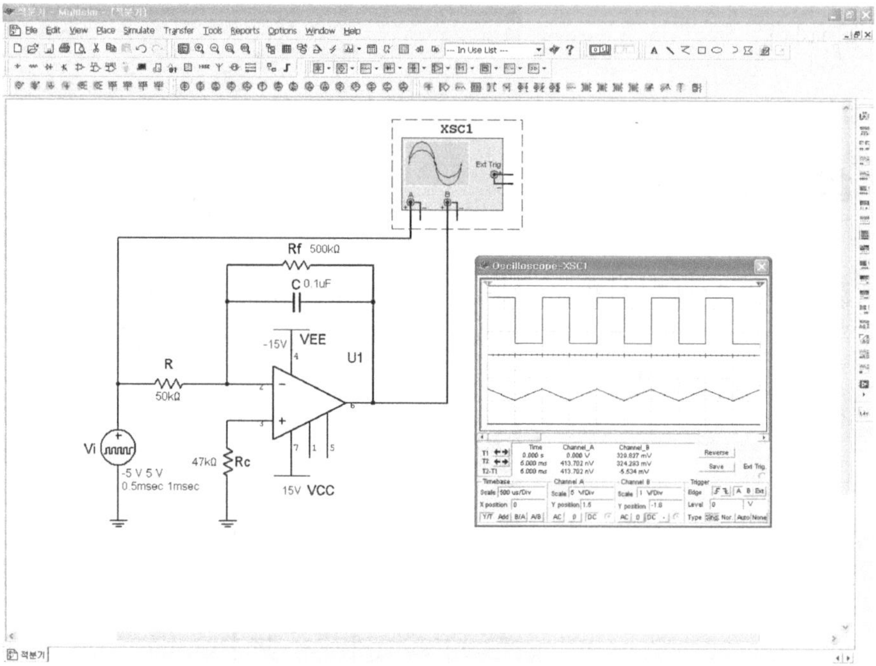
XSC1
Rf 500kΩ
C 0.1uF
-15V VEE
U1
R
50kΩ
Vi
-5 V 5 V
0.5msec 1msec
47kΩ Rc
15V VCC
Oscilloscope-XSC1

실험 25. 미분 증폭기

미분기(differentiator)는 순간 변화율을 구하는 회로로서, 아래 그림과 같이 적분기의 구성에서 R과 C의 위치가 서로 바뀌어 커패시터가 입력 소자이고 저항이 귀한 소자이이다. 미분기는 입력 전압 변화의 순시율에 비례하는 출력 전압을 발생시킨다. 미분기의 일반적인 응용은 구형파의 선단(leading edge)과 후단(trailing edge)을 검출하거나 또는 삼각파 입력으로부터 구형파 출력을 발생시키는 데 사용한다.

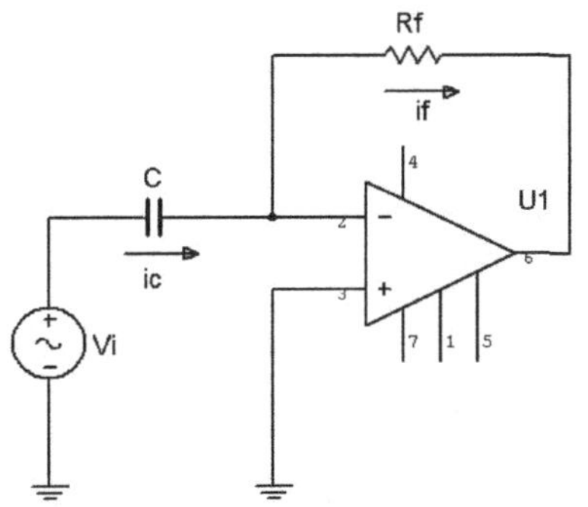

(a) 기본 미분 회로

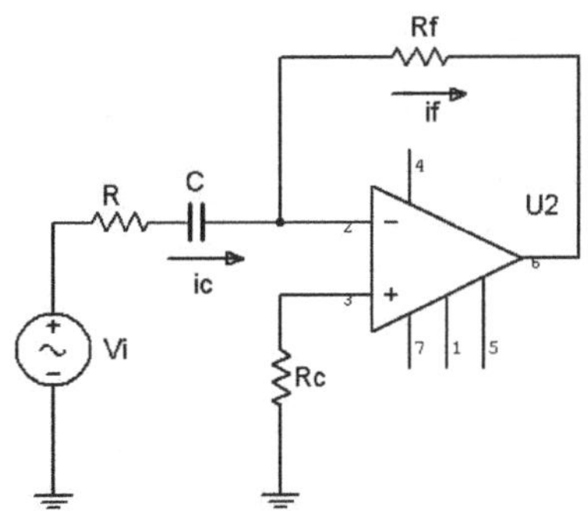

(b) 실용 미분 회로

① $v_d = 0$, $i_c = C\left(\dfrac{dv_i}{dt}\right)$, $i_f = -\dfrac{v_o}{R_f}$

② $i_c = i_f$ 에서 $C\left(\dfrac{dv_i}{dt}\right) = -\dfrac{v_o}{R_f}$

③ $v_o = -R_f\,C\left(\dfrac{dv_i}{dt}\right)$ 즉, 출력이 입력 전압의 미분치에 비례한다.

④ 미분기는 주파수 f가 매우 높은 경우 커패시터의 $X_c = \dfrac{1}{2\pi fc} \cong 0\ (f \to \infty)$가 되어 OP Amp의 이득 $\dfrac{R}{X_c} = \infty$ 가 되어 미분기의 기능을 할 수 없다. 따라서 실용 적분기회로에서는 C와 직렬로 저항 R을 삽입하여 고주파수 영역에서 이득을 거의 $\dfrac{R_f}{R}$로 제한하고 있다.

⑤ "$RC = \tau \ll (W = \frac{T}{2})$"을 만족해야 충실한 적분 회로가 된다.

⑥ (+)단자에 연결된 저항 R_c는 직류 오프셋(offset) 보상을 위한 것으로 그 크기는 $(R // R_f)$이다.

25-1 실험 회로 1

아래의 회로는 OP-Amp를 이용한 미분기이다. 입력은 주파수 400Hz, t=0에서 2.5ms 까지 -5V에서 5V로 정(+)의 기울기를 갖고, 다음 2.5ms 동안에는 5V에서 -5V로 하강하는 부(-)의 기울기를 갖는 삼각파를 인가하였을 때, 출력은 어떤 파형을 얻을 수 있는가? Multisim을 이용하여 출력 파형을 관측하라.

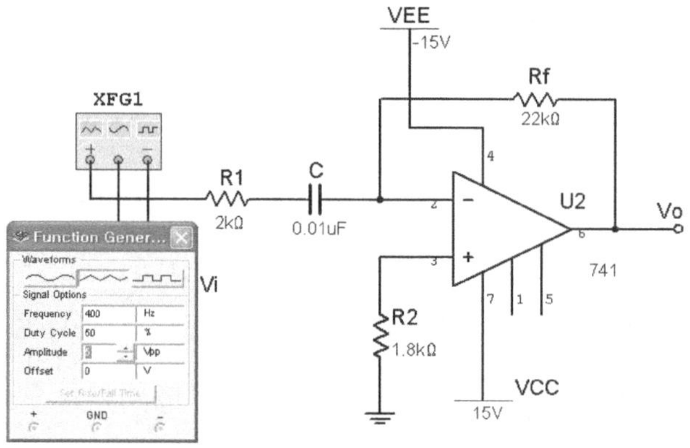

【계산치】

① $\tau = R_f C = 22\,\text{k}\Omega \cdot 0.01\,\mu\text{F} = 220\,\mu\text{s}$

② $\frac{T}{2} = 1.25$ ms 따라서 $RC = \tau \ll (W = \frac{T}{2})$이 성립한다.

③ 출력 전압 $v_o = -R_f\, C\left(\frac{dv_i}{dt}\right)$

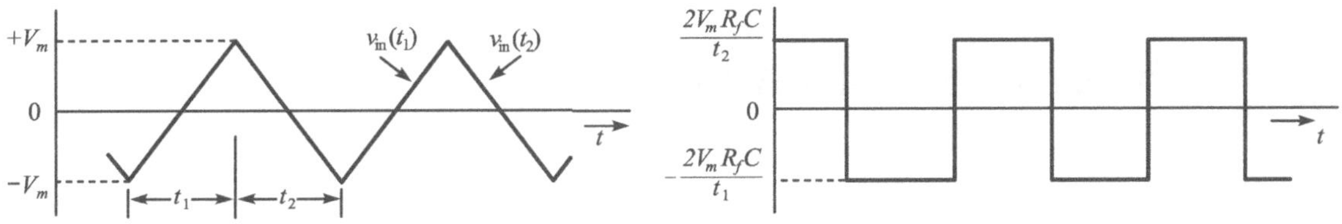

(a) 삼각파 입력　　　　(b) 구형파 출력

$$v_{in}(t_1) = \frac{2V_m}{t_1} - V_m,\ v_{in}(t_2) = -\frac{2V_m}{t_1} + V_m$$

$$v_o(t_1) = -R_f C \frac{d}{dt}\left(\frac{2V_m}{t_1} - V_m\right) = -\frac{2V_m R_f C}{t_1},$$

$$v_o(t_2) = -R_f C \frac{d}{dt}\left(-\frac{2V_m}{t_2} + V_m\right) = \frac{2V_m R_f C}{t_2}$$

$$v_o(t_1) = -\frac{2V_m R_f C}{t_1} = \frac{2 \cdot 5 \cdot 220\ \mu s}{1.25\ ms} = -1.76\ V_p,$$

$$v_o(t_1) = \frac{2V_m R_f C}{t_1} = \frac{2 \cdot 5 \cdot 220\ \mu s}{1.25\ ms} = 1.76\ V_p$$

【시뮬레이션】

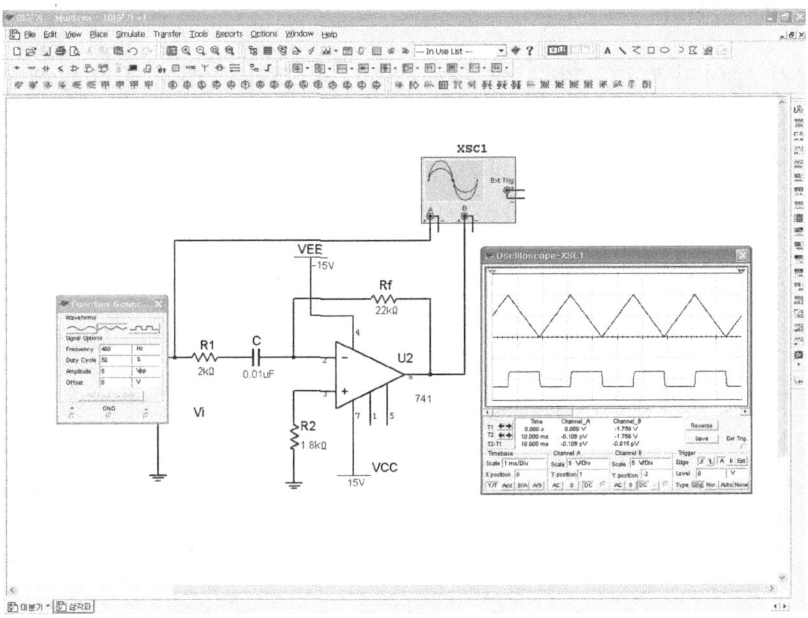

실험 26. RC 윈-브리지 발진기

발진(Oscillation)이란 외부로부터 입력 신호가 없이 회로 자신이 연속적으로 교류의 전기 신호를 발생하는 것을 말한다. 기본적인 발진기는 아래의 그림과 같이 연산 증폭기와 귀환 회로로 구성된다. 증폭기에 쓰인 귀환 회로는 귀환 신호의 위상과 입력 신호의 위상이 다른 부(-)귀한 형태를 이용했으나 발진 회로의 경우는 정(+)귀환 회로를 사용하고 발진 조건을 만족하면 연속적인 교류 출력 신호를 얻을 수 있다.

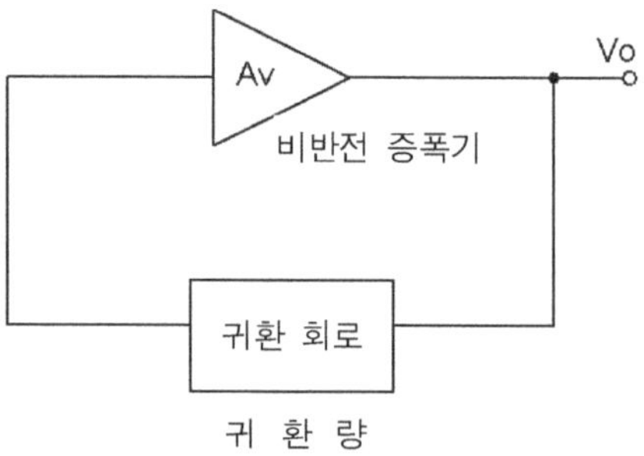

발진 조건

① 귀환 루프의 위상 지연이 0°이어야 한다.

② 폐 루프의 전압 이득이 $A_c = A_v \cdot \beta = 1$ 이어야 한다.

1) R-C 윈-브리지 발진기

발진 주파수가 낮아지면 LC 발진 회로는 L과 C의 크기가 커져서 비경제적이며 불편하므로 R과 C를 이용하는 경우가 많다. RC 윈-브리지 발진기(Wien-bridge oscillator)는 약 5 ㎐에서 1 ㎒ 범위 내의 적당한 저주파를 얻기 위한 대표적인 발진기 이다. 이것은 상업용 오디오 발생기 등 저주파의 응용에 많이 사용된다. 아래 그림은 OP-Amp를 사용한 윈-브리지 발진기의 구조이다.

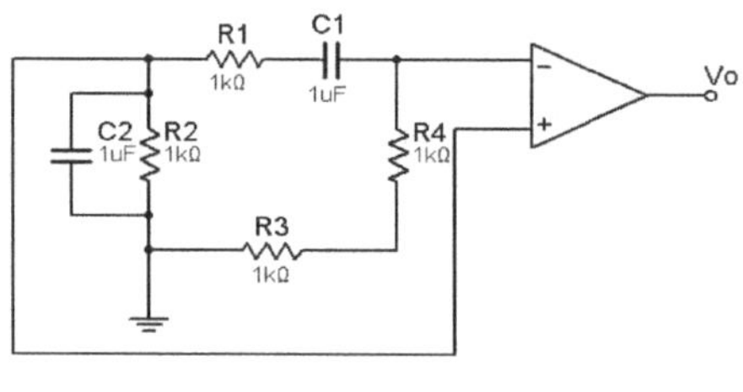

(a) OP-Amp를 사용한 Wien Bridge 발진기

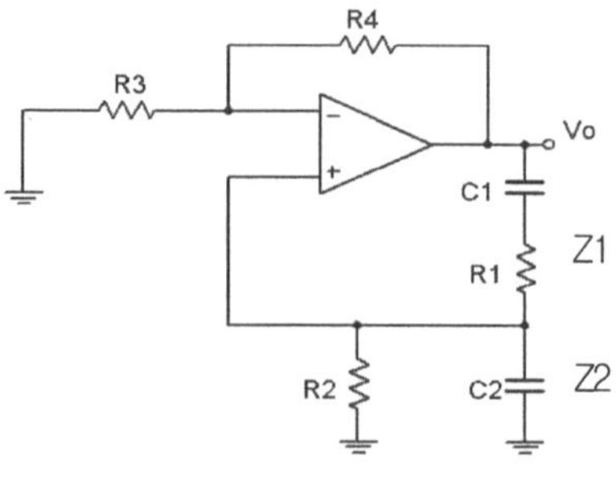

(b) (a)회로와 등가 회로

(b)의 귀환 회로의 C1과 R2에 의한 전압 위상이 지상이고, R1과 C2에 의한 전압 위상이 진상이므로 허수분(j)이 상쇄되어 귀한 신호는 출력 신호와 동 위상이 되어 발진 조건을 만족한다. 전압 직렬 귀환 회로이므로 귀환량 β는 아래와 같다. 편의상 R1=R2=R, C1=C2=C로 두자.

① $\beta = \dfrac{V_f}{V_o} = \dfrac{Z_2}{Z_1 + Z_2} = \dfrac{RX_c}{3RX_c + j(R^2 - X_c^2)}$

② 위상 조건으로부터 $R^2 - X_c^2 = 0 \rightarrow R^2 = X_c^2 \rightarrow R = X_c = \dfrac{1}{\omega C} = \dfrac{1}{2\pi f C}$

발진 주파수 $f = \dfrac{1}{2\pi RC}$

③ $\beta = \dfrac{RX_c}{3RX_c} = \dfrac{1}{3}$: 일정 진폭으로 발진 조건, $\beta < \dfrac{1}{3}$: 발진은 발산, $\beta > \dfrac{1}{3}$: 발진은 수렴

④ 귀환 회로가 발진하기 위해서는 $\beta A_v = 1$인 발진 조건을 만족해야 한다.

$\beta A_v = \dfrac{1}{3} A_v = 1 \rightarrow A_v = 3$ (일반적으로 회로의 손실을 고려해서 3보다 크게 한다.)

⑤ 비반전 증폭기이므로, 전압 이득 $A_v = 1 + \dfrac{R_4}{R_3} \geq 3 \rightarrow \dfrac{R_4}{R_3} \geq 2$

26-1 실험 회로 1

아래의 회로는 OP-Amp를 이용한 RC 윈-브리지 발진기이다. 발진을 일으키기 위한 R_f의 값과 발진 주파수 f를 구하고, Multisim을 사용하여 시뮬레이션한 후 값을 비교하라.

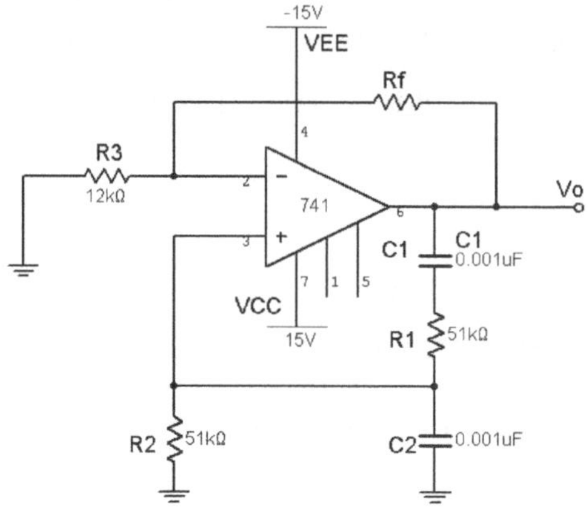

【계산치】

① 발진 조건 $A_v = 1 + \dfrac{R_f}{R_3} \geq 3 \rightarrow \dfrac{R_f}{12\,k} \geq 2 \rightarrow R_f \geq 24\,\text{k}\Omega$

② 발진 주파수 : $f = \dfrac{1}{2\pi RC} = \dfrac{1}{2\pi(51k)(0.001\mu)} = 3.12\,\text{kHz}$

【시뮬레이션】

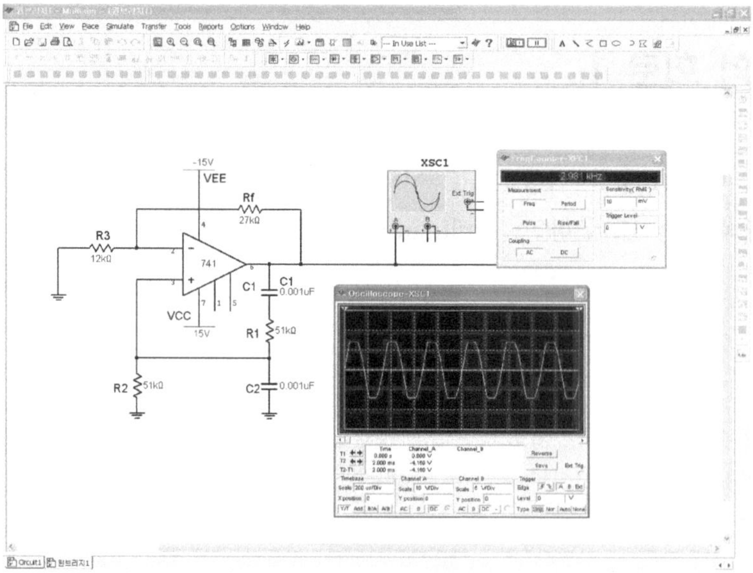

실험 27. 콜피츠 발진기

윈-브리지와 같은 RC 발진기는 저주파에서는 특성이 좋으나, 1㎒ 이상의 고주파 범위에서는 적합하지 않다. 고주파 발진(1～500㎒)을 발생시키는 한 방법으로 LC 발진기가 있으며, 이 발진기는 증폭기와 LC 탱크 회로를 조합하여 발진을 유지하기 위한 진폭과 위상을 가지는 신호를 귀환시킨다. 이 주파수 범위는 대부분 연산 증폭기의 대역폭보다 넓기 때문에 이 발진기의 증폭부에는 트랜지스터나 FET를 사용한다. 콜피츠(Colpitts) 발진기는 공진 회로 발진기로서 아래의 회로에 나타낸 것처럼 귀환 루프에 위상 지연을 시키거나 특정 주파수만을 통과시키는 공진 필터처럼 동작하기 위해 LC 회로를 사용한다.

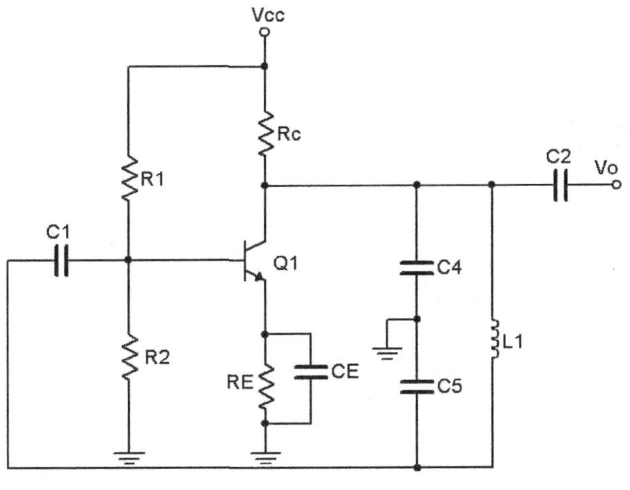

① 대부분의 LC 발진기는 Q가 10 이상인 탱크 회로를 사용하는데 근사적인 발진 주파수는 LC 공진 주파수이고 C_4, C_5와 L1값에 따라 다음 식과 같다. 이는 Q가 10 이상일 때 1 % 미만의 오차를 갖는다. 탱크 회로 내에서 순환 전류는 두 커패시터의 C_4과 C_5의 직렬결합을 통해 흐르므로 전체 커패시터는 직렬 결합으로 다음과 같이 주어진다.

$$f_r \cong \frac{1}{2\pi\sqrt{LC_T}}\ , \qquad C_T = \frac{C_4 C_5}{C_4 + C_5}$$

② 위의 회로에서 출력 전압 V_o는 C_4 양단에 나타나고, 귀환 전압 V_f는 C_5 양단에 나타난다.

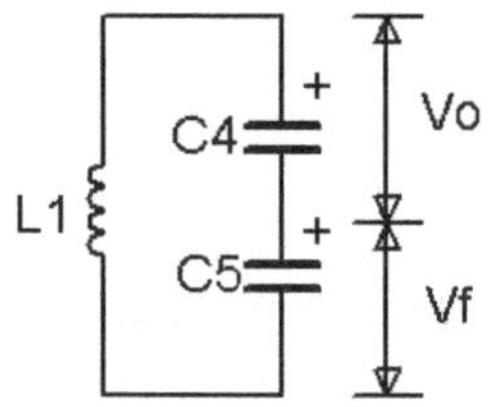

따라서 귀환율 β는,

$$\beta = \frac{V_f}{V_o} \simeq \frac{IX_{c5}}{IX_{c4}} = \frac{X_{c5}}{X_{c4}} = \frac{1/(2\pi f C_5)}{1/(2\pi f C_4)} = \frac{C_4}{C_5}$$

③ 발진 조건에 따라 $A_v \cdot \beta = 1 = A_v \cdot \frac{C_4}{C_5} \rightarrow A_v = \frac{C_5}{C_4}$이 되지만, 실제로 발진기가 자기 시동을 위해서는 $A_v \cdot \beta > 1$이어야 한다. 따라서 발진기가 시동되기 위한 전압 이득은 $A_v > \frac{C_5}{C_4}$ 가 된다.

④ 실용 회로에서는 콜렉터 저항 R_C 대신에 RFC(Radio Frequency Coil : 고주파용 코일)을 사용하여 출력 교류 신호가 전원 V_{CC}로 유입되는 것을 차단하고 있다.

27-1 실험 회로 1

아래의 회로는 트랜지스터를 이용한 콜피츠 발진기이다. 발진 주파수 f를 구하고, 발진을 일으키기 위한 전압 이득은 얼마인가? Multisim을 사용하여 시뮬레이션한 후 출력 파형과 주파수를 계산치와 비교하라.

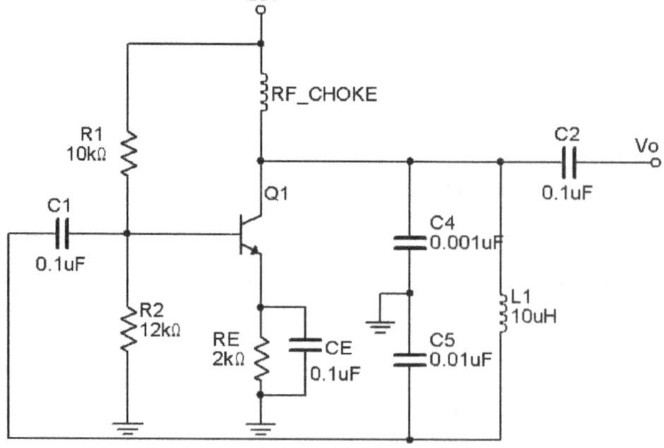

【계산치】

① 탱크 회로의 두 개의 커패시터가 C_4와 C_5가 직렬 연결이므로 합성 등가 용량은

$$C_T = \frac{C_4\,C_5}{C_4 + C_5} = \frac{(0.001\,\mu\mathrm{F})(0.01\,\mu\mathrm{F})}{0.001\,\mu\mathrm{F} + 0.01\,\mu\mathrm{F}} = 910\ \mathrm{pF}$$

② 발진 주파수는

$$f_r \cong \frac{1}{2\pi\sqrt{L\,C_T}} = \frac{1}{2\pi\sqrt{(10\,\mu\mathrm{H})(910\,\mathrm{pF})}} = 1.67\ \mathrm{MHz}$$

③ 귀환율 β는

$$\beta = \frac{C_4}{C_5} = \frac{0.001\,\mu\mathrm{F}}{0.01\,\mu\mathrm{F}} = 0.1$$

④ 발진기가 시동되기 위한 전압 이득은 $A_v > \dfrac{C_5}{C_4} = 10$

【시뮬레이션】

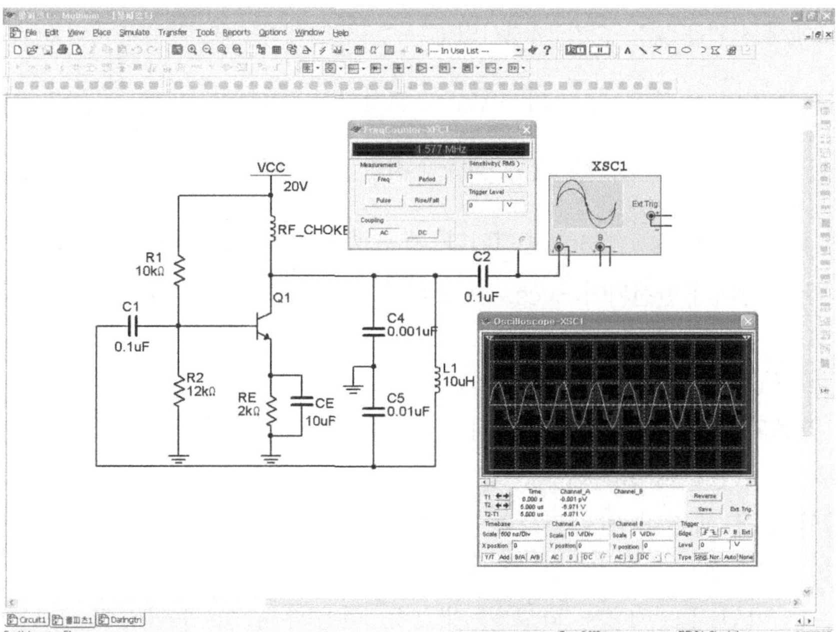

실험 28. 비안정 멀티바이브레이터

아래의 회로는 펄스파를 발생시키는 연산 증폭기를 이용한 비안정 멀티바이브레이터(Astable Multivibrator) 회로이다. 펄스파를 퓨리에 급수(Fourier series)로 파형 분석하면 그 주파수와 동일한 주파수의 기본 정현파와 그 주파수를 정수배한 주파수가 모두 포함되어 있다. 따라서 멀티바이브레이터라고 불린다.

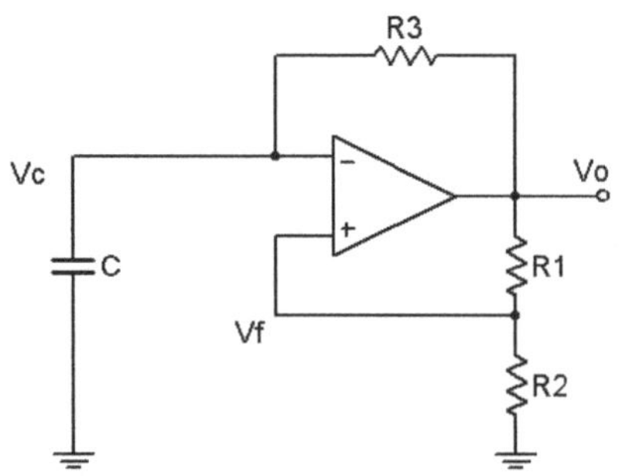

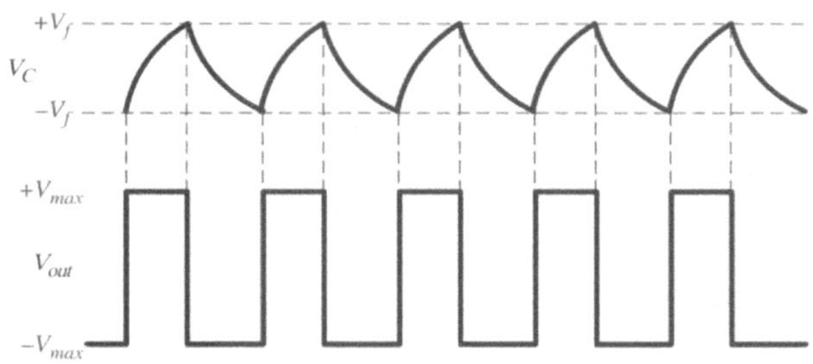

① 위의 회로에서 전원을 넣는 순간 커패시터 C는 단락 상태가 되므로 증폭기의 (+)단자의 전위가 높다고 볼 수 있다. 출력 Vo는 거의 +Vcc로 포화되며, 이때 $V_f = \frac{R_2}{R_1 + R_2} V_o$이고 C 양단은 Vo가 R-C를 통해 충전을 시작한다. C 양단의 전압은 시정수 $\tau = RC$ 에 따라 지수 함수적으로 증가하여 $V_c = V_o(1 - e^{-\frac{t}{RC}})$로 충전된다. 계속 충전되다가 V_c가 V_f보다 커지는 순간 증폭기의 출력 Vo는 상태가 반전되어 -Vcc로 포화된다. 이때부터는 Vc가 출력 단자로 방전을 시작하며, $V_f = -\frac{R_2}{R_1 + R_2} V_o$가 된다.

② 방전이 완료되고 다시 $V_c \le V_f$ 가 되면 증폭기의 (+)단지 전위가 높아지므로 출력은 -Vcc에서 +Vcc로 반전된다.

③ 이후 이와 같은 과정이 반복되므로 출력 Vo는 거의 Vcc에서 -Vcc로 교번되는 구형파 출력을 발생한다.

④ $V_f = |-V_f|$이면 T1=T2가 되고 주기 T는 다음과 같이 주어진다.

$$T = T_1 + T_2 = 2RC\ln\left(1+\frac{2R_2}{R_1}\right)\sec$$

$$f = \frac{1}{T} = \frac{1}{2RC\ln\left(1+\frac{2R_2}{R_1}\right)}\ Hz$$

⑤ 만약 "$R_1 = 1.16\ R_2$"가 된다면, 발진 주파수는 다음과 같이 간략할 수 있다.

$$f = \frac{1}{T} = \frac{1}{2RC\ln 2.72} = \frac{1}{2RC}\ Hz$$

28-1 실험 회로 1

아래의 회로는 연산 증폭기를 이용한 비안정 멀티바이브레이터 펄스파 발진기이다. 발진 주파수 f를 구하고 Multisim을 사용하여 시뮬레이션한 후 출력 파형과 주파수를 계산치와 비교하라.

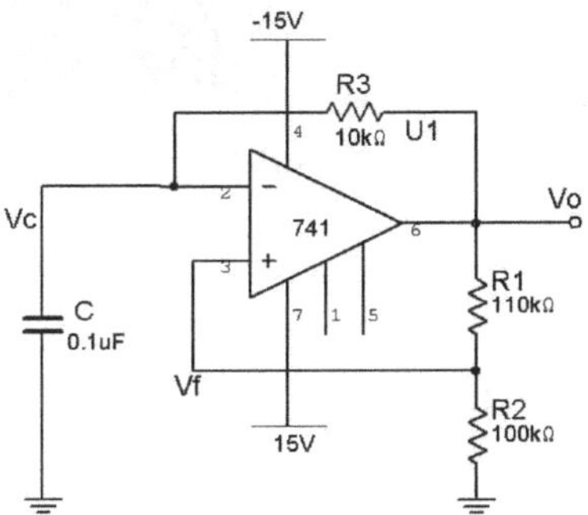

【계산치】

$$f = \frac{1}{2R_3C\ln\left(1+\frac{2R_2}{R_1}\right)} = \frac{1}{2\times 10k\times 0.1\mu\times\ln\left(1+\frac{100k}{110k}\right)} = 483\text{Hz}$$

$$\frac{R_2}{R_1} = \frac{110\,k}{100\,k} = 1.1 \rightarrow f = \frac{1}{2RC\ln 2.72} = \frac{1}{2RC} = 500\ Hz$$

【시뮬레이션】

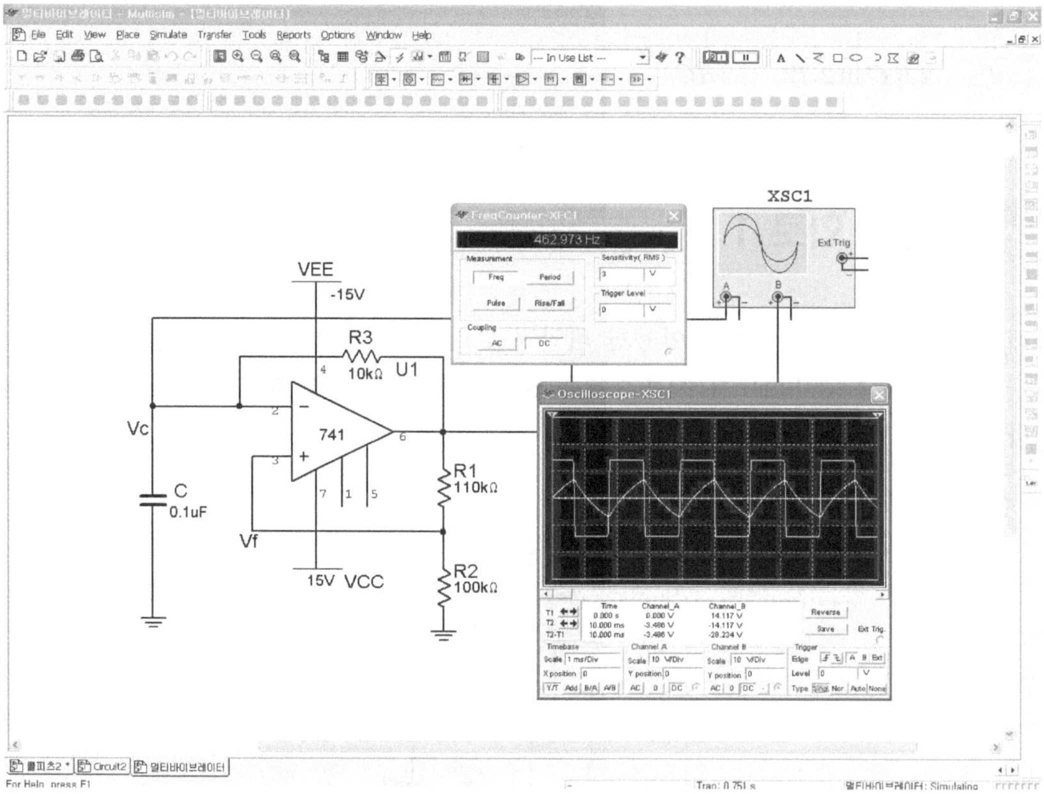

실험 29. 저역 통과 필터

필터(Filter)란 특정 대역 내의 주파수만 통과시키고 그 대역 외의 다른 주파수는 감쇄시키는 회로를 말한다. R, L, C 의 수동 소자만으로 구성된 필터를 수동 필터(Passive Filter)라고 하며, 트랜지스터나 OP-Amp 등과 같은 능동 소자가 사용되면 능동 필터(Active filter)라고 한다.

높은 주파수에 대해 필터링을 갖는 필터를 저역 통과 필터(Low Pass Filter : LPF)이다. LPF는 기본적으로 적분기와 같은 구조로 되어 있다. 높은 주파수에 대해 커패시터 C에 의한 Xc가 작아지므로 이 성분의 입력 신호는 접지 쪽으로 흘러 버리는 원리를 이용한다.

가장 간단한 필터는 1개 저항과 커패시터만으로 된 1차 필터이다. 하지만 1차 필터는 고역에서의 감쇠 특성이 너무 완만하므로 좀 더 가파른 감쇠를 얻기 위해 2차 필터가 사용된다. 1차 필터는 차단 주파수 이상에서 감쇠 레벨이 주파수에 반비례해서 감쇠하지만, 2차 필터는 주파수의 제곱에 비례하므로 보다 예민한 감쇠 특성을 갖는다(-40dB/decade). 아래 그림에 1차 수동 저역 필터와 2차 VCVS(Voltage Controlled Voltage Source) 저역 능동 필터를 나타내었다.

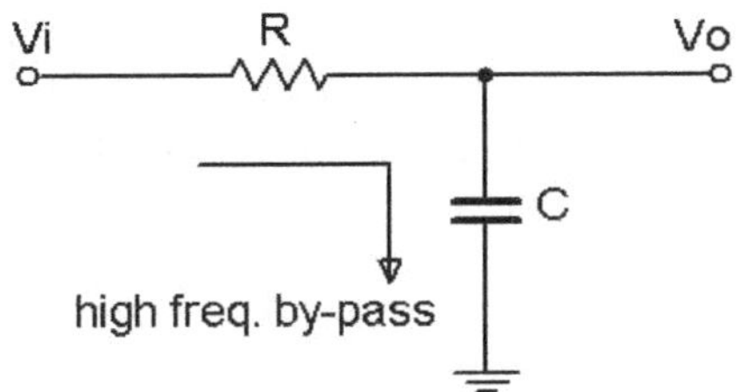

(1차 수동 저역 필터)

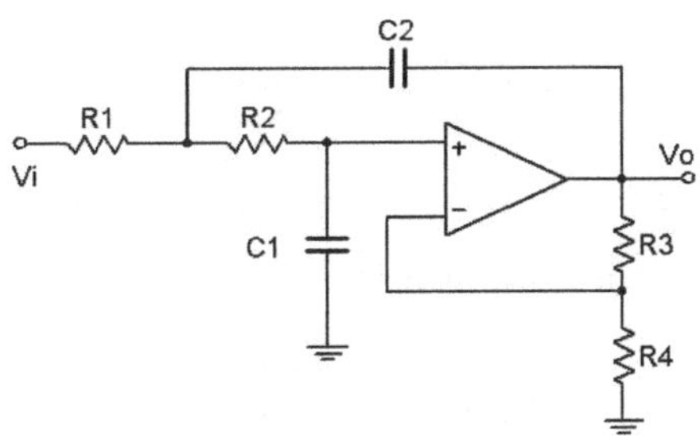

(2차 능동 VCVS 저역 필터)

1) 버터워스(Butterworth) 응답 특성

통과 대역에서 매우 평탄한 특성을 가지며, 통과 대역의 가장자리에서부터 극점당 -20 dB/decade의 감쇠 특성을 갖는다. 따라서 2차 저역 필터의 경우 -40 dB/decade의 비율로 감쇠한다. 아래 그림에 2차 저역 필터의 버터워스 응답 곡선과 버터워스 응답을 위한 여러 값들을 나타내었다.

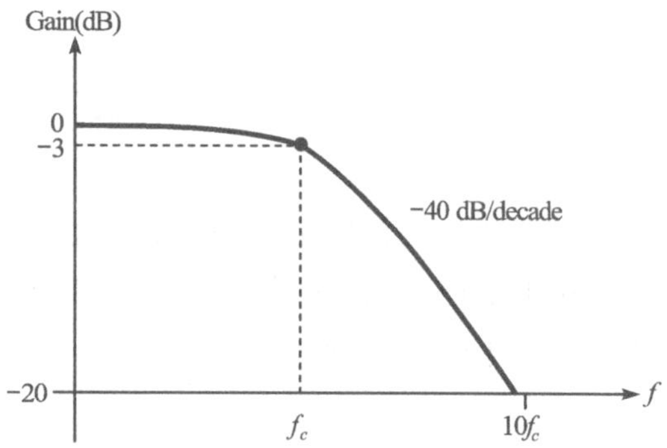

차수	dB/decade	감쇠 지수(DF)	R3/R4
1	-20		
2	-40	1.414	0.568
3	-60	1	1
4	-80	1.848	0.152

① 감쇠 지수(Damping Factor : DF)는 부귀환 회로에 의해 결정되며 아래의 식으로 정의되며, 위의 표를 참조하면 2차의 버터워스 응답을 구현하기 위한 감쇠 지수는 반드시 1.414이어야 한다.

$$DF = 2 - \frac{R_3}{R_4} = 1.414$$

② 이 감쇠 지수를 실현하기 위해서는 귀환 저항비가 다음과 같이 되어야 한다.

$$\frac{R_3}{R_4} = 2 - DF = 2 - 1.414 = 0.586$$

③ 위의 저항비는 비반전 증폭기의 페루프 이득 A_{cl} 값이 1.586이 됨을 의미한다.

$$A_{cl} = 1 + \frac{R_3}{R_4} = 1 + 0.586 = 1.586$$

④ 2차 VCVS 저역 필터는 두 개의 RC회로(R1-C2, R2-C1)의 구조로서 이 필터의 임계 주파수는 다음과 같다.

$$f_c = \frac{1}{2\pi\sqrt{R_1 R_2 C_1 C_2}}$$

만약, $R_1 = R_2 = R$, $C_1 = C_2 = C$ 이면, $f_c = \dfrac{1}{2\pi RC}$

29-1 실험 회로 1

아래의 회로는 2차 VCVS 저역 필터이다. 필터의 임계 주파수를 구하고, 버터워스 응답을 갖기 위한 저항 R3값을 구하고, Multisim을 사용하여 시뮬레이션한 후 출력 파형과 주파수를 계산치와 비교하라.

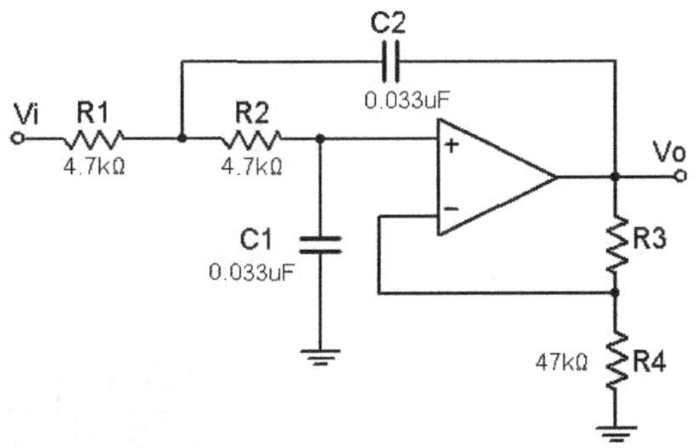

【계산치】

① 2차 VCVS 저역 필터 임계 주파수는 다음과 같다.

$$f_c = \frac{1}{2\pi\sqrt{R_1 R_2 C_1 C_2}}$$ 에서 $R_1 = R_2 = 4.7\text{k}\Omega$, $C_1 = C_2 = 0.033\mu\text{F}$ 이므로,

$$f_c = \frac{1}{2\pi RC} = \frac{1}{2\pi(4.7k)(0.033\mu)} = 1.26\text{k}\Omega$$

② 버터워스 응답을 실현하기 위한 2차 저역 필터의 귀환 저항 비는 0.568 이고, $R_4 = 47\text{k}\Omega$ 이므로

$$\frac{R_3}{R_4} = 0.586 = \frac{R_3}{47k} \rightarrow R_3 = 0.586 \times 47k \cong 27\text{ k}\Omega$$

【시뮬레이션】

① 주파수 특성을 분석하기 위해서 Bode plotter를 선택하여 입력 신호와 출력 신호에 각각 연결한 후 더블 클릭하여 활성화시킨 후 스위프(sweep)할 주파수 범위와 관측할 레벨크기를 세팅하면 아래 그림과 같은 결과를 얻을 수 있다.

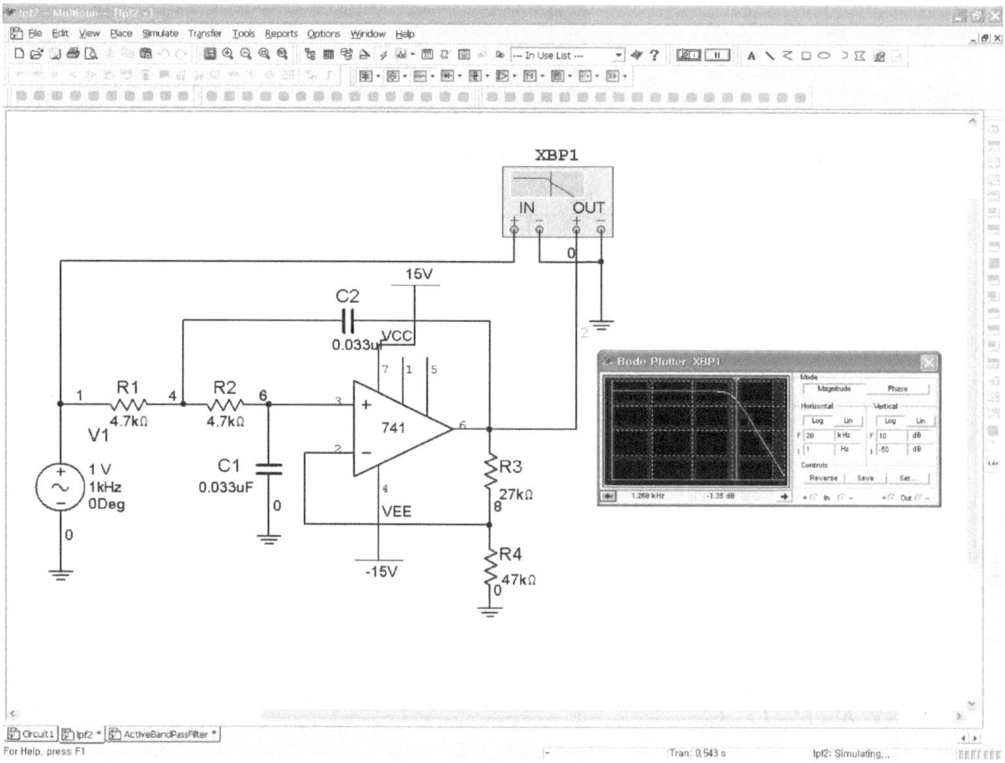

② AC Analysis를 이용하여 필터의 응답 특성을 구하여 보자.
[Simulate] ➡ [Analyses] ➡ [AC analysis]를 클릭하여 아래의 창에 보드 선도계(Bode plotter)에서 한 세팅과 같이 설정한다.

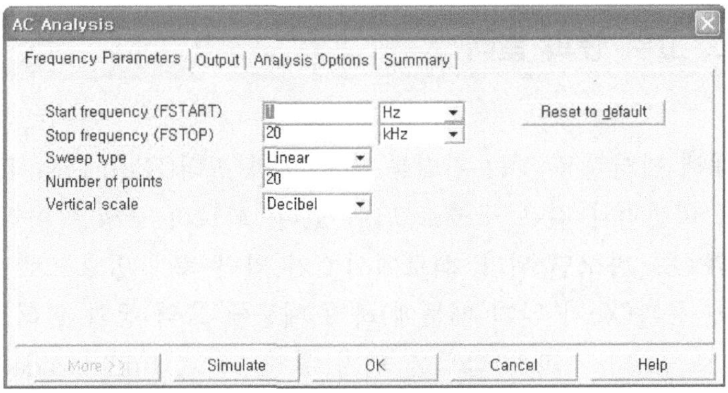

③ Output을 OP-Amp의 출력인 6번으로 잡고, **Simulate** 버튼을 클릭하면 주파수대 진폭 특성 곡선과 주파수대 위상 특성 곡선 2가지가 출력된다. 만약 아래 그림과 같이 주파수대 진폭 특성만을 보이길 원한다면, 위상 특성 곡선 위에 마우스를 위치시키고, 오른쪽 버튼을 누른 후 "Cut"을 선택하면 위상 특성이 제거되어 진폭 특성만의 그래프만 남게 된다. 출력 결과는 "Bode plotter"의 측정 결과와 거의 같은 값을 얻음을 알 수 있다.

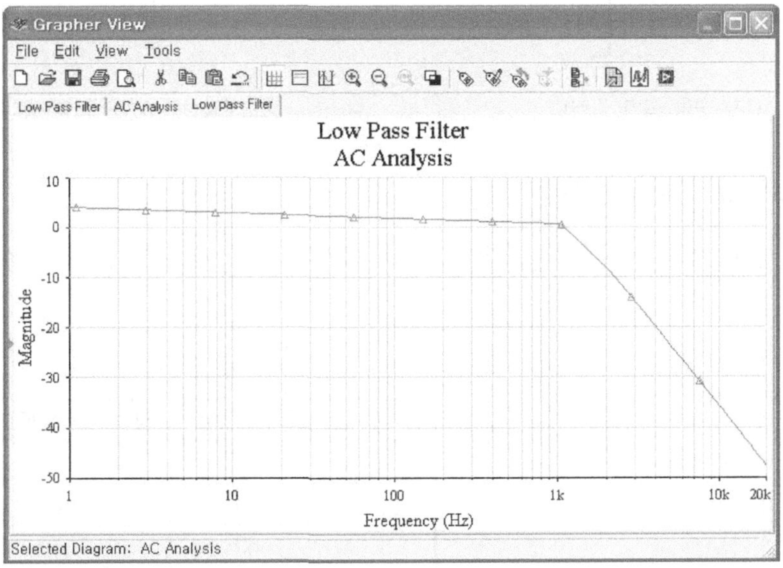

실험 30. 고역 통과 필터

낮은 주파수에 대해 필터링을 갖는 필터를 고역 통과 필터(High Pass Filter : HPF)이다. HPF는 기본적으로 미분기와 같은 구조로 되어 있다. 회로의 구성은 아래 그림과 같이 저역 통과 필터의 R과 C를 바꾸면 된다. 회로에서 C가 입력 측에 있으므로 입력의 높은 주파수 성분은 C를 쉽게 통과(Xc가 낮기 때문에)하기 때문에 고역 통과 필터로 작동하게 된다.

LPF와 마찬가지로 좀 더 가파른 감쇠를 얻기 위해, 즉 -20 dB/decade의 이상의 응답은 능동 고차 필터로 가능하다. 아래 그림에 1차 수동 고역 필터와 2차 VCVS(Voltage Controlled Voltage Source) 고역 능동 필터를 나타내었다.

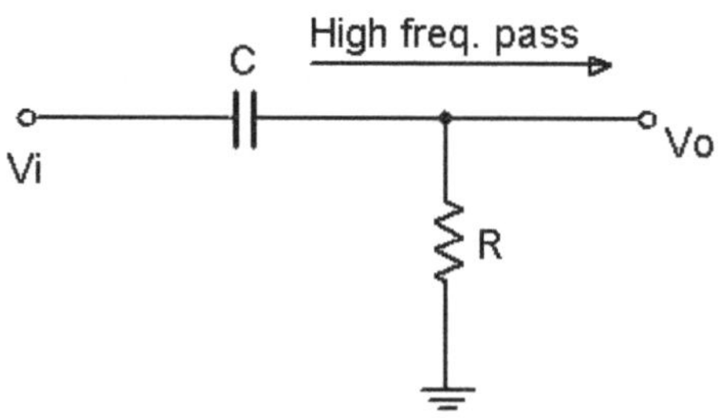

(1차 수동 고역 필터)

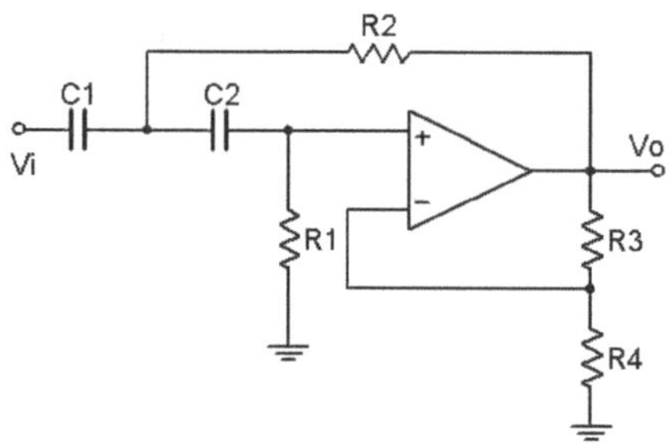

(2차 능동 VCVS 고역 필터)

1) 버터워스(Butterworth) 응답 특성

아래 그림에 2차 고역 필터의 버터워스 응답 곡선과 버터워스 응답을 위한 여러 값들을 나타내었다.

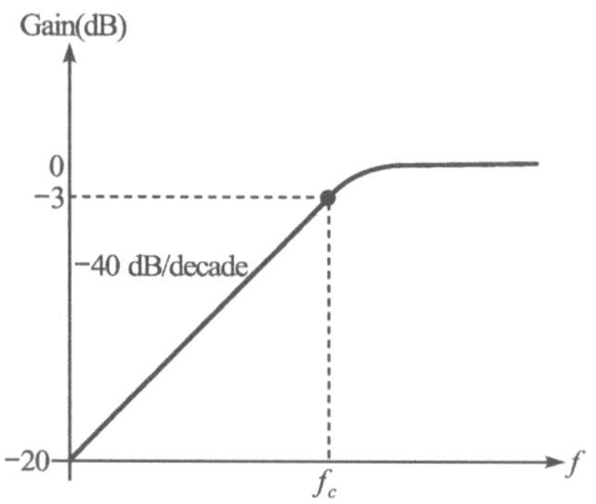

차수	dB/decade	감쇠지수(DF)	R3/R4
1	-20		
2	-40	1.414	0.568
3	-60	1	1
4	-80	1.848	0.152

① LPF와 같이 2차의 버터워스 응답을 구현하기위한 감쇠지수(Damping Factor; DF)는 부귀환 회로에 의해 결정되며 아래의 식으로 정의되며, 앞의 버터워스 응답 특성표를 참조하면 2차의 버터워스 응답을 구현하기위한 감쇠지수는 반드시 1.414 이어야한다.

$$DF = 2 - \frac{R_3}{R_4} = 1.414$$

② 이 감쇠지수를 실현하기 위해서는 귀환 저항비가 다음과 같이 되어야한다.

$$\frac{R_3}{R_4} = 2 - DF = 2 - 1.414 = 0.586$$

③ 위의 저항비는 비반전 증폭기의 페루프 이득 A_{cl} 값이 1.586이 됨을 의미한다.

$$A_{cl} = 1 + \frac{R_3}{R_4} = 1 + 0.586 = 1.586$$

④ 2차 VCVS 고역 필터는 두 개의 CR회로($C_1 - R_2$, $C_2 - R_1$)의 구조로서 이 필터의 임계주파수는 다음과 같다.

$$f_c = \frac{1}{2\pi\sqrt{C_1 C_2 R_1 R_2}}$$

만약, $R_1 = R_2 = R$, $C_1 = C_2 = C$ 이면, $f_c = \frac{1}{2\pi RC}$

30-1 실험 회로 1

아래의 회로는 2차 VCVS 고역 통과 필터이다. 필터의 임계 주파수를 구하고, 버터워스 응답을 갖기 위한 저항 R3값을 구하고 Multisim을 사용하여 시뮬레이션한 후 출력 파형과 주파수를 계산치와 비교하라.

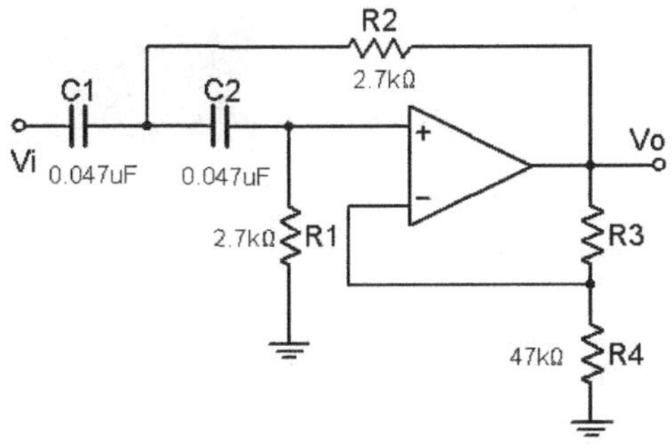

【계산치】

① 2차 VCVS 고역 필터 임계 주파수는 다음과 같다.

$f_c = \dfrac{1}{2\pi\sqrt{R_1 R_2 C_1 C_2}}$ 에서 $R_1 = R_2 = 2.7\text{k}\Omega$, $C_1 = C_2 = 0.047\mu\text{F}$ 이므로,

$$f_c = \frac{1}{2\pi RC} = \frac{1}{2\pi(2.7k)(0.047\mu)} = 1.47\ \text{k}\Omega$$

② 버터워스 응답을 실현하기 위한 2차 저역 필터의 귀환 저항 비는 0.568이고, $R_4 = 47\text{k}\Omega$ 이므로 $\dfrac{R_3}{R_4} = 0.586 = \dfrac{R_3}{47k} \rightarrow R_3 = 0.586 \times 47k \cong 27\ \text{k}\Omega$

【시뮬레이션】

① 주파수 특성을 분석하기 위해서 보드 선도계(Bode plotter)를 선택하여 입력 신호와 출력 신호에 각각 연결한 후 더블 클릭하여 활성화시킨 후 스위프(sweep)할 주파수 범위와 관측할 레벨크기를 세팅하면 아래 그림과 같은 결과를 얻을 수 있다.

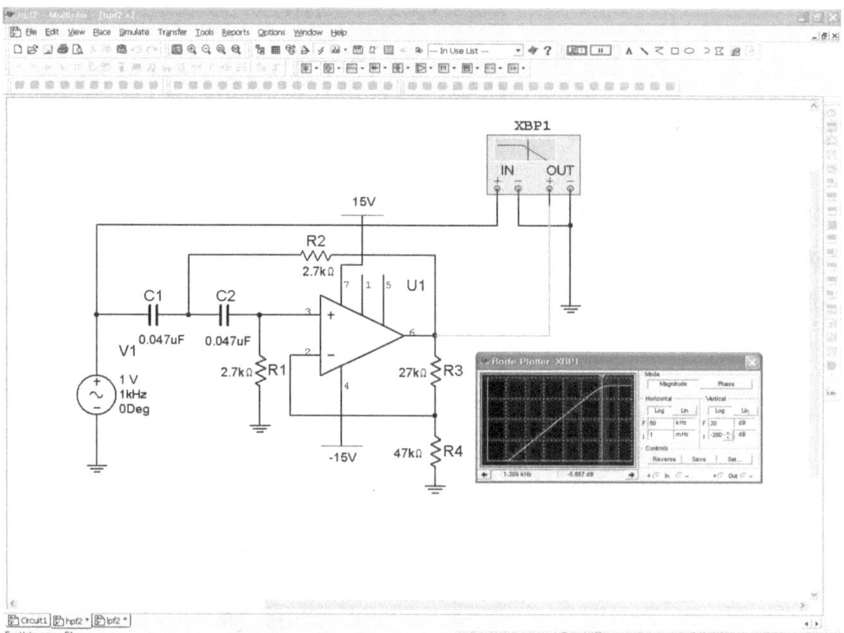

② AC Analysis를 이용하여 필터의 응답 특성을 구하여 보자.
[Simulate] ➡ [Analyses] ➡ [AC analysis]를 클릭하여 아래의 창에 Bode plotter에서 한 세팅과 같이 설정한다.

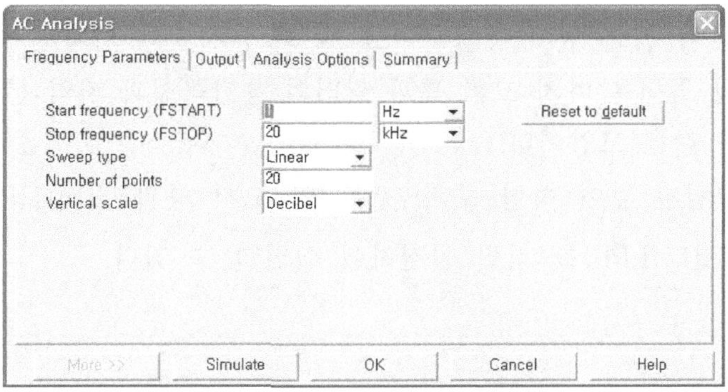

③ Output을 OP-Amp의 출력인 6번으로 잡고, **Simulate** 버튼을 클릭하면 주파수대 진폭 특성 곡선과 주파수대 위상 특성 곡선 2가지가 출력된다. 만약 아래 그림과 같이 주파수대 진폭 특성만을 보이길 원한다면 위상 특성 곡선 위에 마우스를 위치시키고, 오른쪽 버튼을 누른 후 "Cut"을 선택하면 위상 특성이 제거되어 진폭 특성만의 그래프만 남게 된다. 출력 결과는 "Bode plotter"의 측정 결과와 거의 같은 값을 얻음을 알 수 있다.

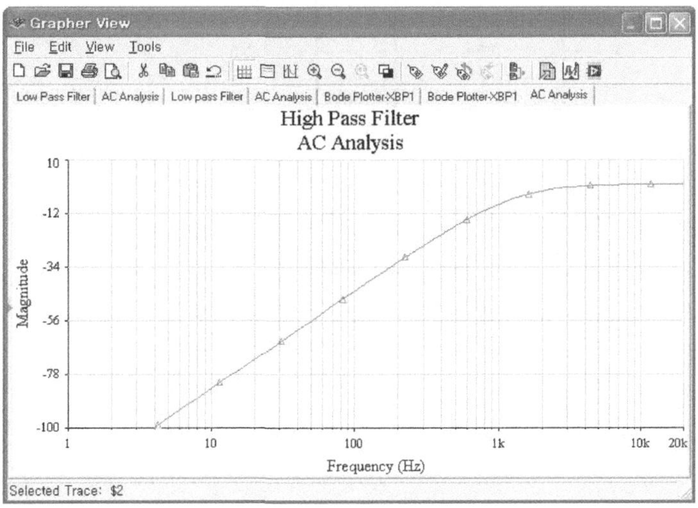

실험 31. 대역 통과 필터

대역 통과 필터(Band Pass Filter : BPF)는 하한 주파수(f_L)와 상한 주파수(f_H) 사이의 모든 주파수 신호는 감쇄 없이 통과시키고 그 외의 신호는 저지하거나 약화시킨다. 대역 통과 필터의 응답 곡선은 마치 고역 통과 필터의 응답곡선과 저역 통과 필터의 응답 곡선을 중첩시킨 것과 같은 모양이다.

따라서 아래의 그림과 같이 하한 주파수(f_L)인 고역 통과 필터(HPF)와 상한 주파수(f_H)인 저역 통과 필터(LPF)를 직렬 연결하여 실현할 수 있다.

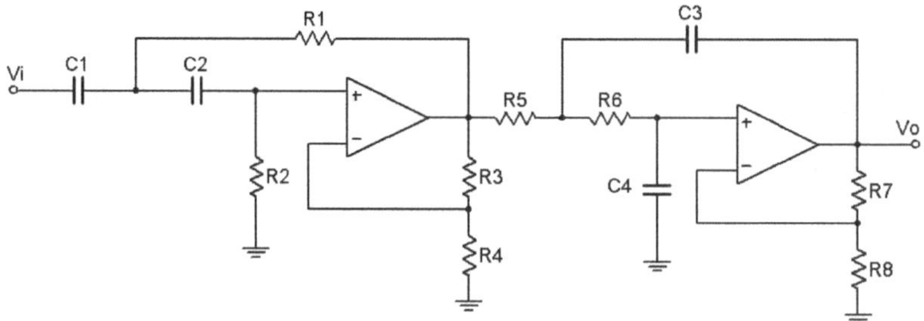

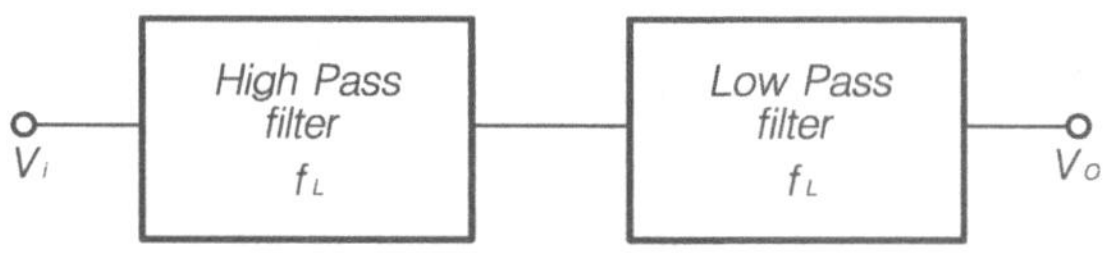

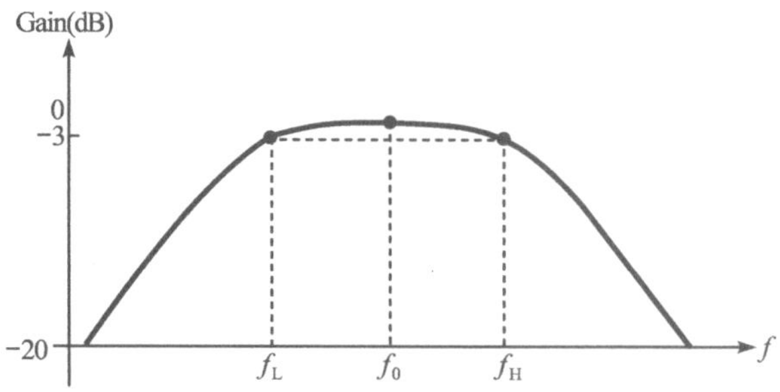

① 통과 대역의 하한 주파수 f_L은 고역 통과 필터의 임계 주파수이고, 상한 주파수 f_H는 저역 통과 필터의 임계 주파수이다. 중심(공진) 주파수 f_o는 f_L과 f_H의 기하학적 평균이다.

$$f_L = \frac{1}{2\pi\sqrt{R_1 R_2 C_1 C_2}} \qquad f_H = \frac{1}{2\pi\sqrt{R_5 R_6 C_3 C_4}}$$

$$f_o = \sqrt{f_L \cdot f_H}$$

② 대역폭(BandWidth : BW)은 위의 그림에서 보는 것과 같이 "$f_H - f_L$"이 된다.

31-1 실험 회로 1

아래의 회로는 2차 대역 통과 필터이다. 필터의 중심 주파수와 대역폭 BW를 구하고, Multisim을 사용하여 시뮬레이션한 후 출력 파형과 주파수를 계산치와 비교하라.

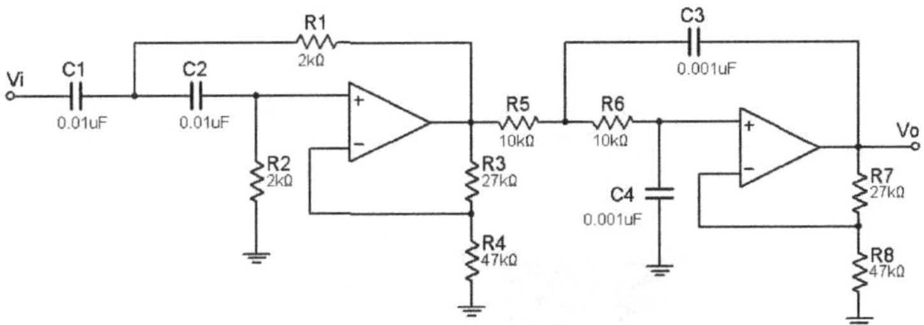

【계산치】

① 하한 주파수 f_L은 다음과 같다.

$$f_L = \frac{1}{2\pi\sqrt{R_1 R_2 C_1 C_2}}$$ 에서 $R_1 = R_2 = 2\,\text{k}\Omega$, $C_1 = C_2 = 0.01\,\mu\text{F}$ 이므로,

$$f_L = \frac{1}{2\pi RC} = \frac{1}{2\pi(2k)(0.01\mu)} = 7.96\ \text{k}\Omega$$

② 상한 주파수 f_H은 다음과 같다.

$$f_H = \frac{1}{2\pi\sqrt{R_5 R_6 C_3 C_4}}$$ 에서 $R_5 = R_6 = 10\,\text{k}\Omega$, $C_3 = C_4 = 0.001\,\mu\text{F}$ 이므로,

$$f_H = \frac{1}{2\pi RC} = \frac{1}{2\pi(10k)(0.001\mu)} = 15.9\ \text{k}\Omega$$

③ 중심 주파수 f_o는 다음과 같다.

$$f_o = \sqrt{f_L \times f_H} = \sqrt{7.96k \times 15.9k} = 11.3\,\text{kHz}$$

④ 대역폭(BW)은 다음과 같다.

$$BW = f_H - f_L = 15.9k - 7.96k = 7.94\,\text{kHz}$$

【시뮬레이션】

① 주파수 특성을 분석하기 위해서 보드 선도계(Bode plotter)를 선택하여 입력 신호와 출력 신호에 각각 연결한 후 더블 클릭하여 활성화 시킨 후 스위프(sweep)할 주파수 범위와 관측할 레벨크기를 세팅하면 아래 그림과 같은 결과를 얻을 수 있다.

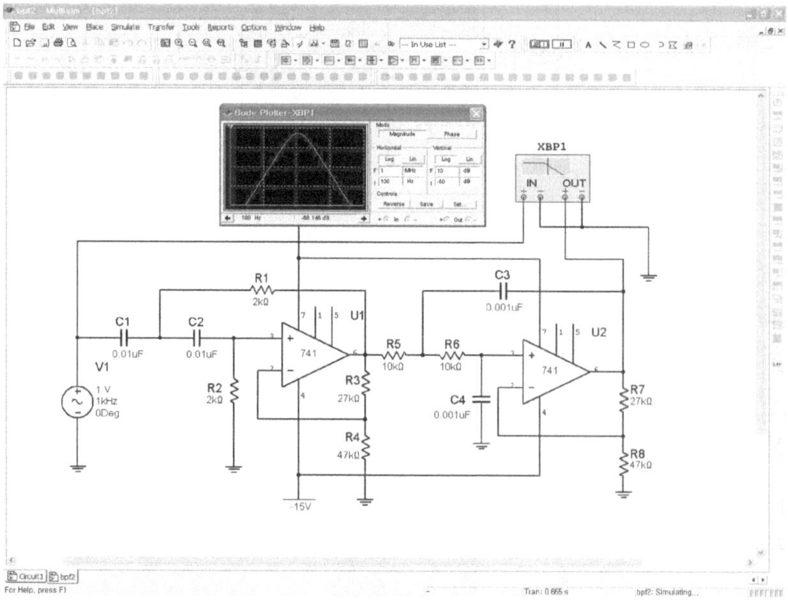

② AC Analysis를 이용하여 필터의 응답 특성을 구하여 보자.
[Simulate] ➡ [Analyses] ➡ [AC analysis]를 클릭하여 아래의 창에 Bode plotter에서 한 세팅과 같이 설정한다.

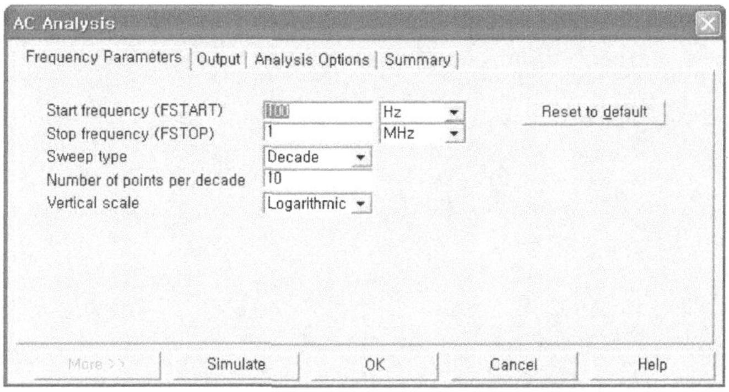

③ Output을 OP-Amp의 출력인 6번으로 잡고, **Simulate** 버튼을 클릭하면 주파수대 진폭 특성 곡선과 주파수대 위상 특성 곡선 2가지가 출력된다. 만약 아래 그림과 같이 주파수대 진폭 특성만을 보이길 원한다면, 위상 특성 곡선 위에 마우스를 위치시키고, 오른쪽 버튼을 누른 후 "Cut"을 선택하면 위상 특성이 제거되어 진폭 특성만의 그래프만 남게 된다. 출력 결과는 "Bode plotter"의 측정 결과와 거의 같은 값을 얻음을 알 수 있다.

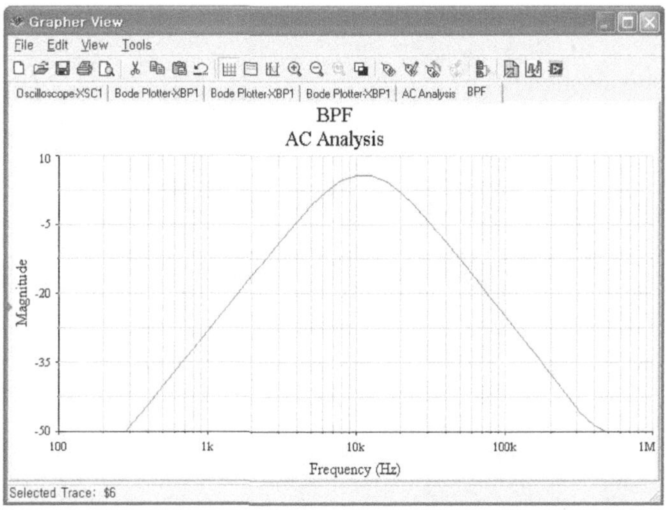

제8장

Multisim을 이용한 디지털 회로 실습

실험 1. 기본 논리 회로

논리 회로란 논리 함수를 수행하는 데 사용되는 디지털 회로이며, 가장 기본적인 논리 소자로는 AND, OR, NOT, NAND, NOR, XOR, XNOR 게이트와 플립 플롭(Flip flop) 등이 있다.

1) AND 게이트

모든 입력이 '1'일 경우에만 출력이 '1'이 되는 논리 게이트

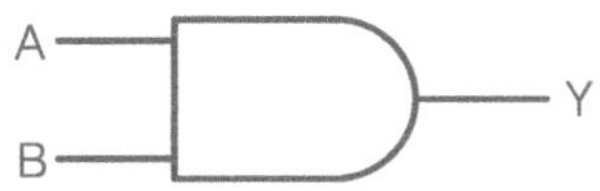

A	B	Y=A · B
0	0	0
0	1	0
1	0	0
1	1	1

2) OR 게이트

여러 개의 입력 중에서 한 개 이상의 입력이 '1'이 될 경우 출력이 '1'이 되는 논리 게이트

A	B	Y=A+B
0	0	0
0	1	1
1	0	1
1	1	1

3) NOT 게이트

입력과 출력이 서로 반대가 되는 논리 게이트

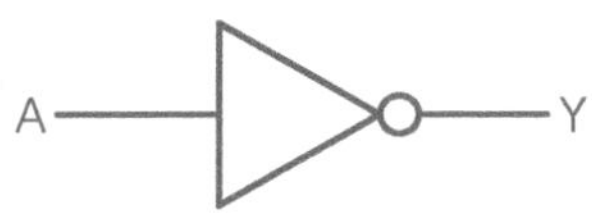

A	$Y=\overline{A}$
0	1
1	0

4) NAND 게이트

출력이 반전되는 AND 게이트, 즉 AND의 NOT을 의미

A	B	$Y=\overline{A\cdot B}$
0	0	1
0	1	1
1	0	1
1	1	0

5) NOR 게이트

출력이 반전되는 OR 게이트, 즉 OR의 NOT을 의미

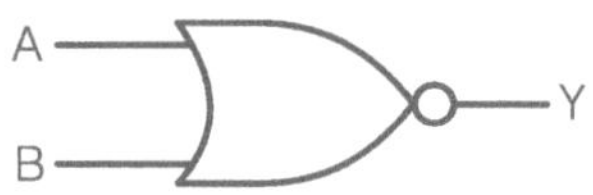

A	B	$Y=\overline{A+B}$
0	0	1
0	1	0
1	0	0
1	1	0

6) XOR 게이트

2개의 입력값이 서로 다를 때에만 출력이 '1'이 된다는 의미에서 배타적(Exclusive) OR 게이트라 명칭

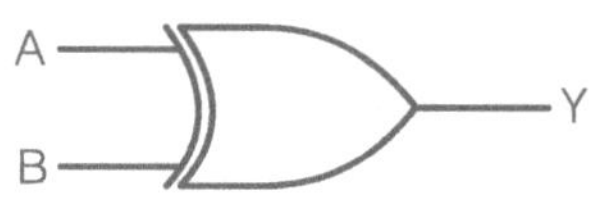

A	B	$Y=A\oplus B=\overline{A}B+A\overline{B}$
0	0	0
0	1	1
1	0	1
1	1	0

7) XNOR 게이트

2개의 입력값이 서로 같을 때에만 출력이 '1'이 되는 배타적 NOR 게이트

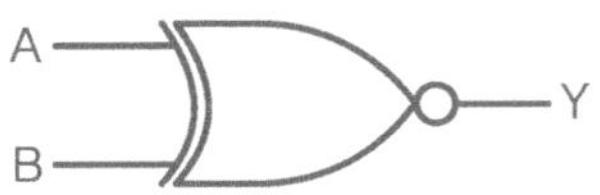

A	B	$Y = A \odot B = AB + \overline{AB}$
0	0	0
0	1	1
1	0	1
1	1	0

1-1 실험 회로 1. AND 게이트 실험

AND 게이트 회로를 구성하고, 동작을 Multisim으로 시뮬레이션하여 보자.

① Multisim으로 AND 게이트(7408) 회로를 아래의 그림과 같이 작성한다.

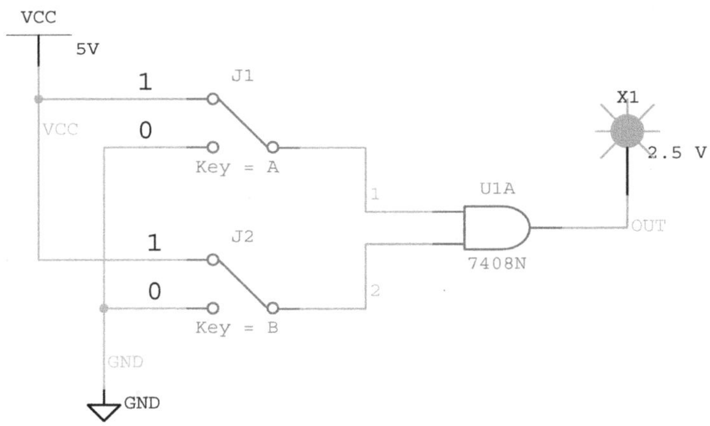

② 스위치 "J1(A)", "J2(B)"를 각각 더블 클릭하여 "Key for Switch=A", "Key for Switch=B"로 설정한 후 시뮬레이션을 실행한다.

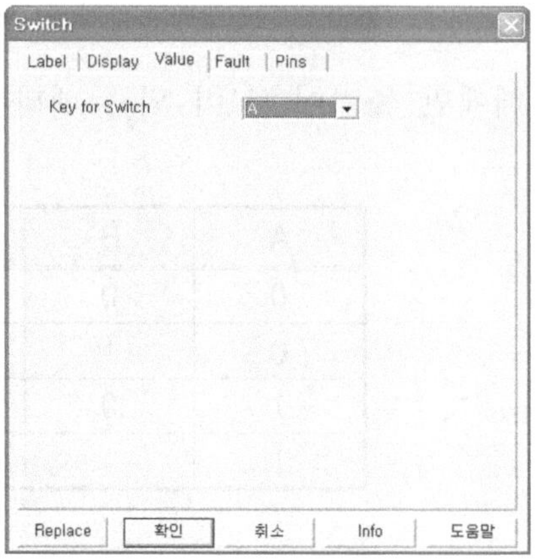

③ 시뮬레이션 실행 도중 "A", "B" 스위치를 각각 조작을 하면서 조건에 따른 출력 Probe의 점등을 확인하면서 위의 진리표를 확인한다. 출력 Probe가 점등된 상태를 논리 "1", 소등된 상태를 논리 "0"으로 한다.

④ 회로도로부터 진리표 및 논리식을 생성해 주는 로직 변환기(Logic Converter) 계측기를 아래와 같이 연결하고 7408 AND 게이트의 진리표와 논리식을 구한다.

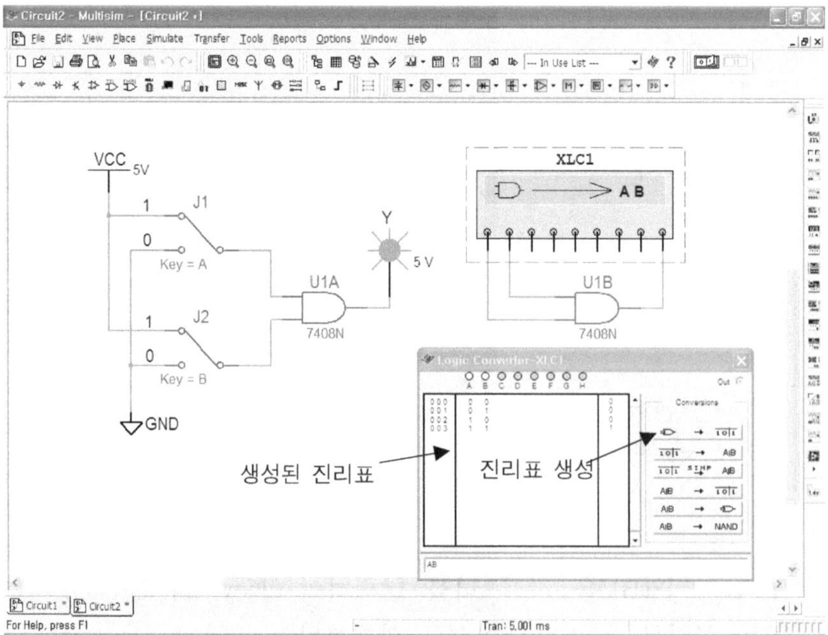

1-2 실험 회로 2. AND-OR-AND 게이트 실험

아래의 그림과 같이 4개의 입력과 하나의 출력으로 구성된 AND-OR-AND 게이트 회로를 Multisim을 이용하여 시뮬레이션한 후 진리표를 만들고, 이 값과 로직 변환기(Logic Converter)를 사용하여 만들어진 진리표와 비교하라.

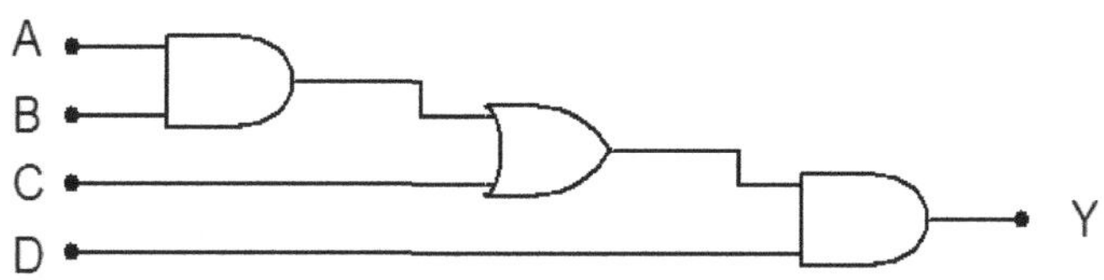

① Multisim으로 아래와 같이 회로를 구성한다.

② 스위치 "J1", "J2", "J3", "J4"를 각각 더블 클릭하여 "Key for Switch=A"와 "Key for Switch=B", "Key for Switch=C", "Key for Switch=D"로 설정한다. 이것은 스위치 J1, J2, J3, J4를 각각 독립적으로 제어를 하기 위한 것이다.

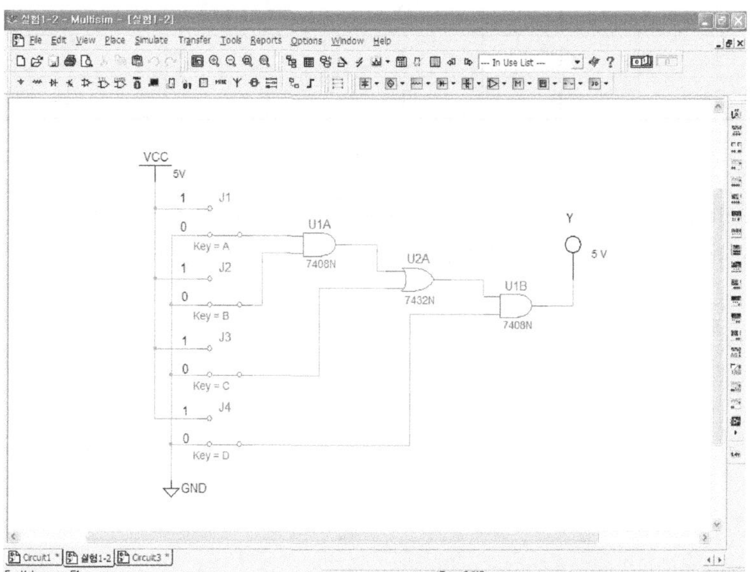

③ 시뮬레이션을 실행하고, 키보드를 사용하여 입력 스위치 A, B, C, D 키를 클릭하여 아래와 같이 입력 조건에 따른 출력의 값을 작성한다.
출력의 Probe가 점등된 상태를 논리 "1", 소등된 상태를 논리 "0"으로 한다.

입 력				출 력
A	B	C	D	Y
0	0	0	0	0
0	0	0	1	0
0	0	1	0	0
0	0	1	1	1
0	1	0	0	0
0	1	0	1	0
0	1	1	0	0
0	1	1	1	1
1	0	0	0	0
1	0	0	1	0
1	0	1	0	0
1	0	1	1	1
1	1	0	0	0
1	1	0	1	1
1	1	1	0	0
1	1	1	1	1

④ Logic Converter 계측기를 사용하여 해석한 출력 Y의 진리표와 논리식은 아래와 같다. 위의 실험으로부터 얻은 결과와 동일함을 알 수 있다.

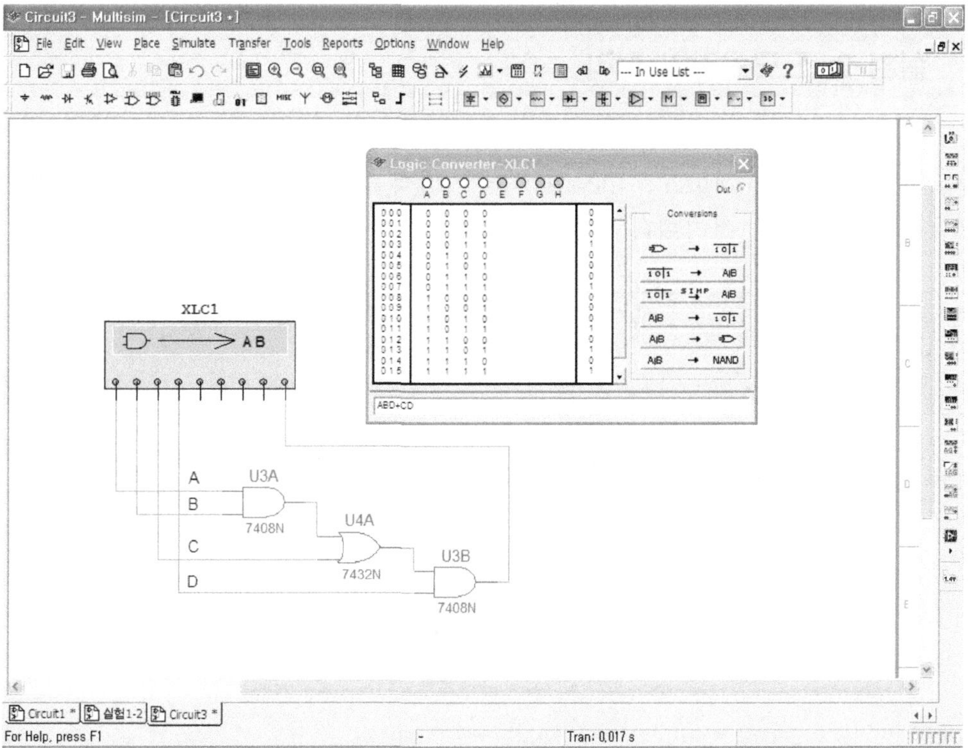
Circuit3 - Multisim - [Circuit3 *]
Logic Converter-XLC1
Conversions
ABD+CD
XLC1
A
B
C
D
U3A
7408N
U4A
7432N
U3B
7408N
For Help, press F1
Tran: 0.017 s

실험 2. 드모르강의 정리

드모르강의 정리(De Morgan's theorem)는 논리식을 간단히 하거나 여러 가지 연산을 하는데 사용되는 중요한 정리이다.

$\overline{A+B}=\overline{A}\cdot\overline{B}$: 제1정리 (논리화 ➡ 논리적으로 변환)
$\overline{A\cdot B}=\overline{A}+\overline{B}$: 제2정리 (논리적 ➡ 논리화로 변환)

이 식을 3개의 변수로 확정하면 다음과 같다.

$$\overline{A+B+C}=\overline{A}\cdot\overline{B}\cdot\overline{C}$$

$$\overline{A\cdot B\cdot C}=\overline{A}+\overline{B}+\overline{C}$$

2-1 실험 회로 1.

다음 논리식을 드모르강의 정리를 이용하여 간단히 한 후 논리 등가 회로를 그리고, Multisim을 이용하여 시뮬레이션한 값과 비교하시오.

$$Y=ABC+A\overline{B}(\overline{\overline{A}\,\overline{C}})$$

【계산식】

$$Y=ABC+A\overline{B}(\overline{\overline{A}\,\overline{C}})=ABC+A\overline{B}(\overline{\overline{A}}+\overline{\overline{C}})$$

$$=ABC+A\overline{B}(A+C)=ABC+A\overline{B}A+A\overline{B}C$$

$$=ABC+A\overline{B}+A\overline{B}C=AC(B+\overline{B})+A\overline{B}=AC+A\overline{B}=A(\overline{B}+C)$$

③ 간략화된 논리식을 사용하여 아래와 같은 논리 회로도를 만든다.

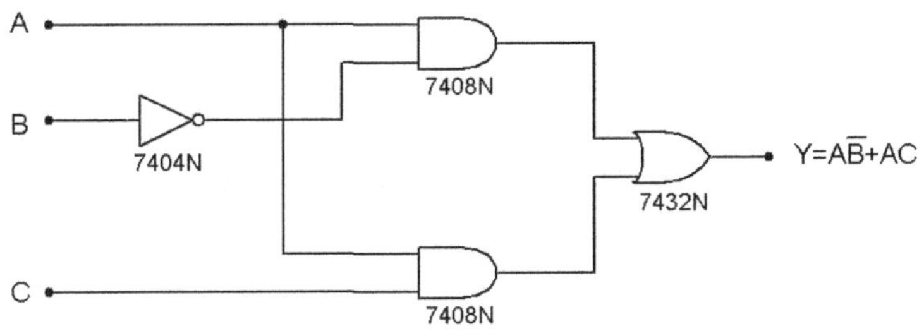

④ Multisim의 "Logic Converter" 계측기를 사용하여 주어진 논리식의 진리표를 만들고, 이 진리표로부터 간략화된 논리식을 얻은 후 논리 회로를 생성시킨다.

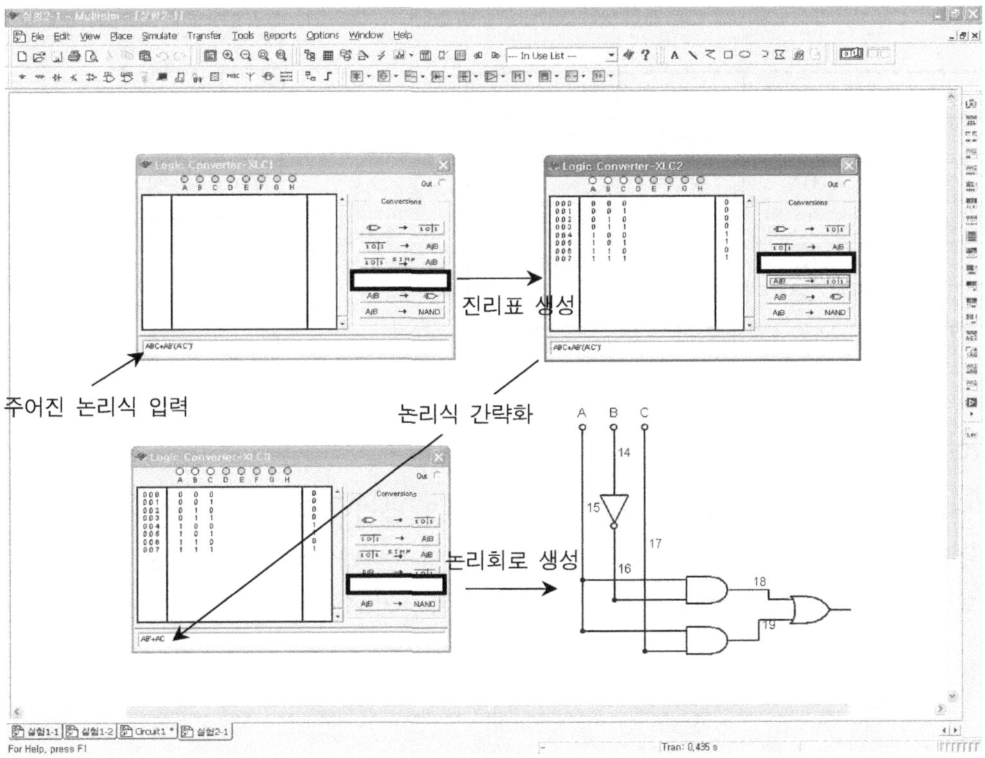

⑤ 계산치와 모의실험 결과가 같음을 확인할 수 있다.

실험 3. 가산기

디지털 컴퓨터는 다양한 정보 처리 작업을 수행하며, 기본 기능으로는 산술 연산이 있다. 산술 연산 중에서 가장 기본적인 연산은 2진수 사이의 덧셈으로, 이를 수행하는 가산기(Adder)는 반가산기(Half adder)와 전가산기(Full adder)로 구성된다. 반가산기는 2비트만의 합산을 수행하는 조합 회로이며, 전가산기는 3비트의 덧셈을 수행하는 조합 회로이다.

1) 반가산기

반가산기는 2개의 입력에 대한 합(sum)과 자리올림수(carry)로 출력이 나타나며, 반가산기의 입출력에 대한 논리식과 진리표는 다음과 같다.

입력		출력	
A	*B*	Sum(*S*)	Carry(*C*)
0	0	0	0
0	1	1	0
1	0	1	0
1	1	0	1

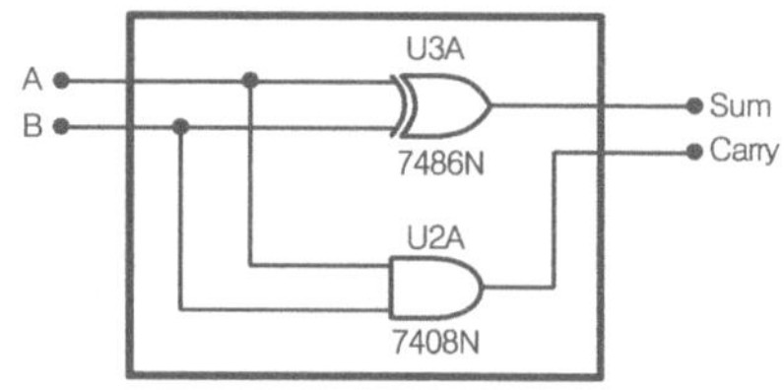

$$S = A \oplus B = A\overline{B} + \overline{A}B$$

$$C = A \cdot B$$

2) 전가산기

전가산기는 3개의 입력에 대한 합과 자리올림수로 출력이 나타난다. 또한, 3개의 입력 중에서 하나는 하위 자리에서 올라온 자리올림수를 의미한다. 여기서 전가산기는 두 개의 반가산기와 한 개의 OR 게이트로 구성하였으며, 전가산기의 입출력에 대한 진리표는 아래와 같다.

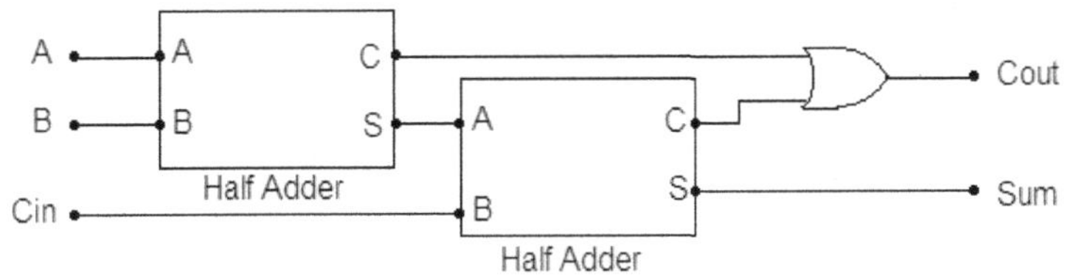

$$C_{out} = B\,C_{in} + A\,C_{in} + A\,B$$

$$S = A \oplus (B \oplus C_{in})$$

입력			출력	
C_{in}	A	B	sum(S)	carry(C_{out})
0	0	0	0	0
0	0	1	1	0
0	1	0	1	0
0	1	1	0	1
1	0	0	1	0
1	0	1	0	1
1	1	0	0	1
1	1	1	1	1

3-1 실험 회로 1. 반가산기

반가산기 회로를 구성하고, 동작을 Multisim으로 시뮬레이션하여 보자.

① 반가산기의 회로도를 아래의 그림과 같이 작성한다.

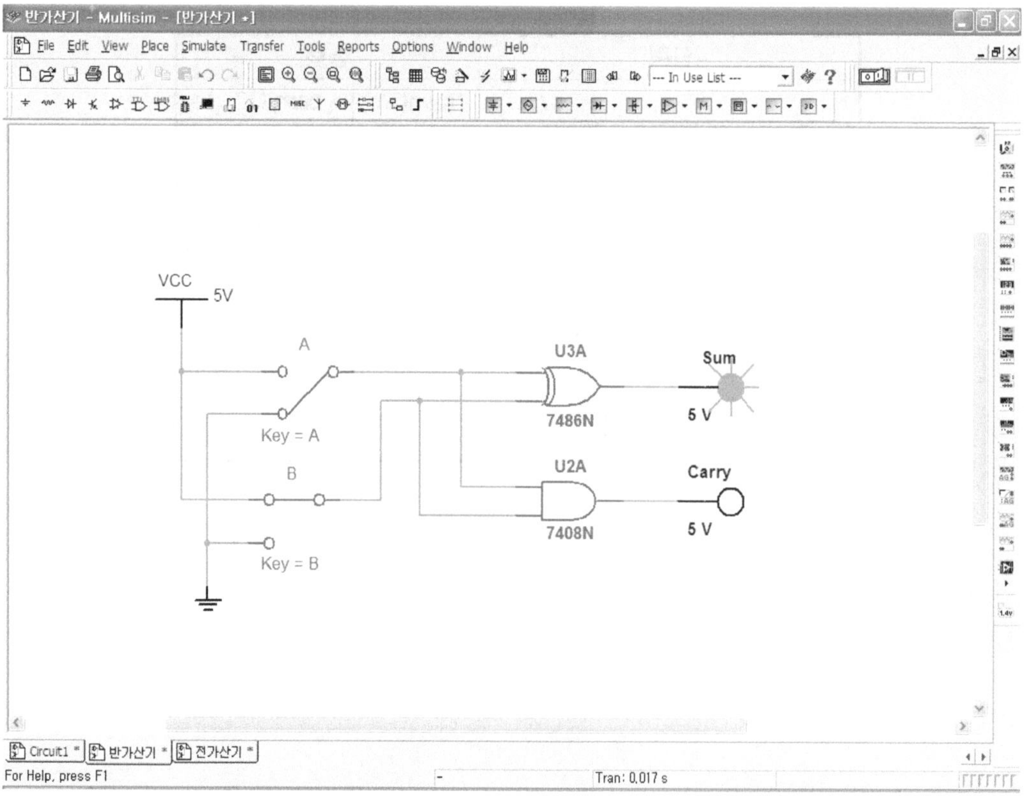

② 스위치 "J1(A)"과 "J2(B)"를 각각 더블 클릭하여 "Key for Switch=A"와 "Key for Switch=B"로 설정한 후 시뮬레이션을 실행한다.

③ 시뮬레이션 실행 도중 "A"와 "B" 스위치를 각각 조작을 하면서 조건에 따른 출력 Probe의 점등을 확인하면서 위의 진리표를 확인한다. 출력 Probe는 점등 시 "1", 그렇지 않으면 "0"으로 처리한다.

3-2 실험 회로 2. 전가산기

전가산기 회로를 구성하고, 동작을 Multisim으로 시뮬레이션하여 보자.

① Multisim으로 전가산기의 회로도를 아래의 그림과 같이 작성한다.

② 스위치를 각각 더블 클릭하여 "Key for Switch=A", "Key for Switch=B", "Key for Switch=C"로 설정한 후 시뮬레이션을 실행한다.

③ 시뮬레이션 실행 도중 "A", "B", "C" 스위치를 각각 조작을 하면서 조건에 따른 출력 Probe의 점등을 확인하면서 위의 진리표를 확인한다. 출력 Probe가 점등된 상태를 논리 "1", 소등된 상태를 논리 "0"으로 한다.

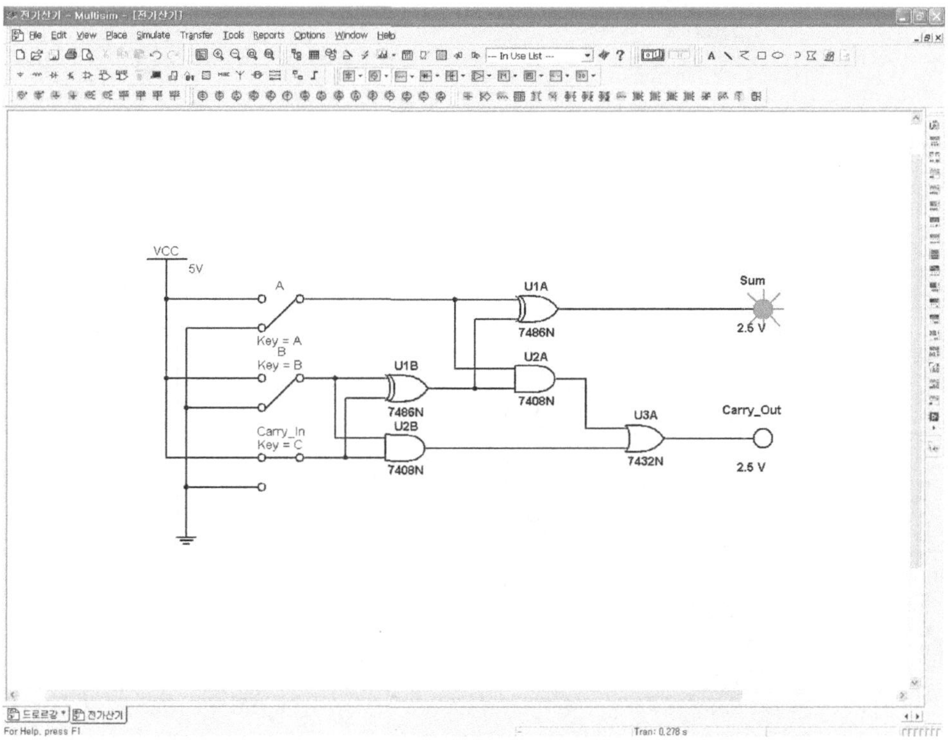

④ 로직 컨버터(Logic Converter)를 이용하여 합(S)과 자리올림(C)의 진리표 및 논리식을 각각 구한다.

- 합(Sum)의 진리표와 논리식

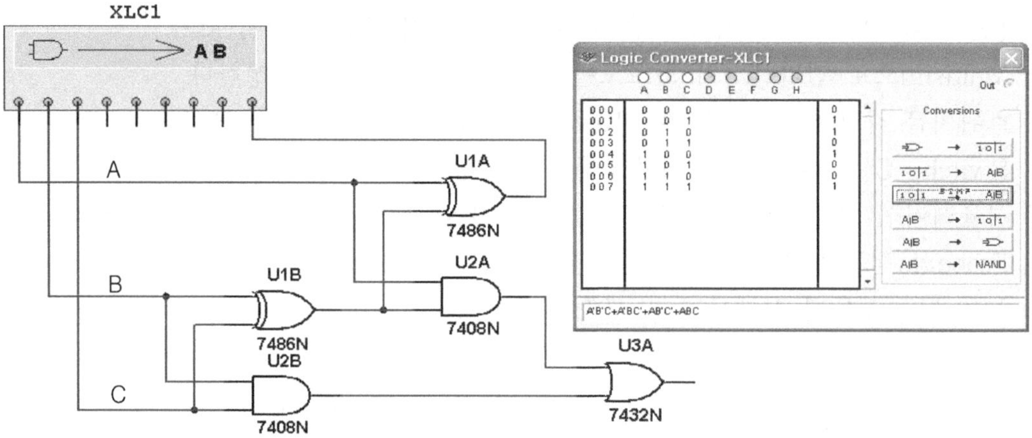

- 자리올림(Carry)의 진리표와 논리식

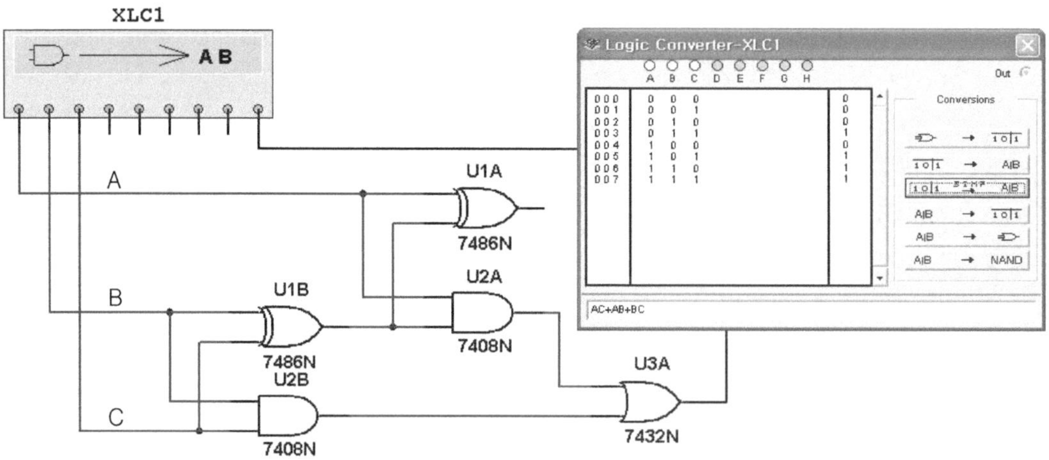

실험 4. 감산기

1) 반감산기

2진수로 표시된 두 수의 차로 얻어진 감산기를 반감산기라 하며 두 개의 출력을 필요로 한다. 2개의 출력 중 하나는 두 개의 감산에 의해 얻어진 차(Difference)이고, 다른 하나는 자리 내림(Borrow)이다.

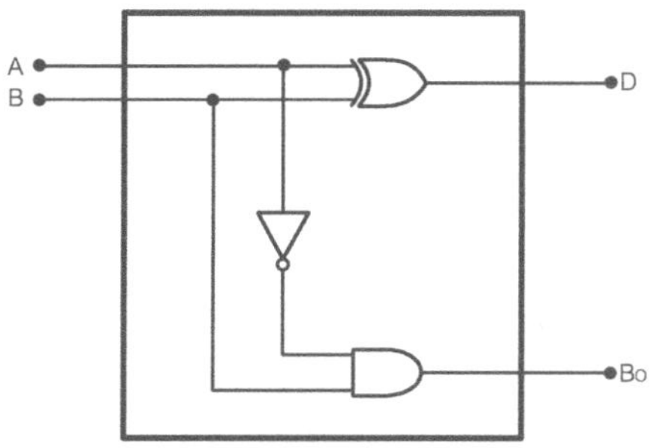

Half Subtracter

$$D = \overline{A}B + A\overline{B} = A \oplus B$$

$$B_o = \overline{A}\,B$$

A	B	B_o	D
0	0	0	0
0	1	1	1
1	0	0	1
1	1	0	0

2) 전감산기

감산기에는 입력되는 두 개의 변수가 2bit 이상일 때 아랫자리로 빌려준 빌림 수(Borrow)까지 고려하여 3개의 입력 변수를 가지게 되며, 이러한 감산기를 전감산기(Full Subtracter)라 한다.

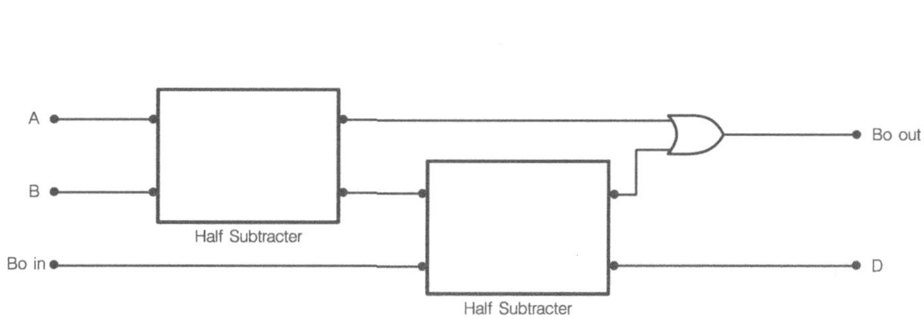

A	B	$B_{o\,in}$	$B_{o\,out}$	D
0	0	0	0	0
0	0	1	1	1
0	1	0	1	1
0	1	1	1	0
1	0	0	0	1
1	0	1	0	0
1	1	0	0	0
1	1	1	1	1

$$D = A \oplus B \oplus B_{o\,in}$$

$$B_{o\,out} = \overline{A}B + \overline{A}B_{o\,in} + B\,B_{o\,in}$$

4-1 실험 회로 1. 반감산기

반감산기 회로를 구성하고, 동작을 Multisim으로 시뮬레이션하여 보자.

① Multisim으로 반감산기의 회로도를 아래의 그림과 같이 작성한다.

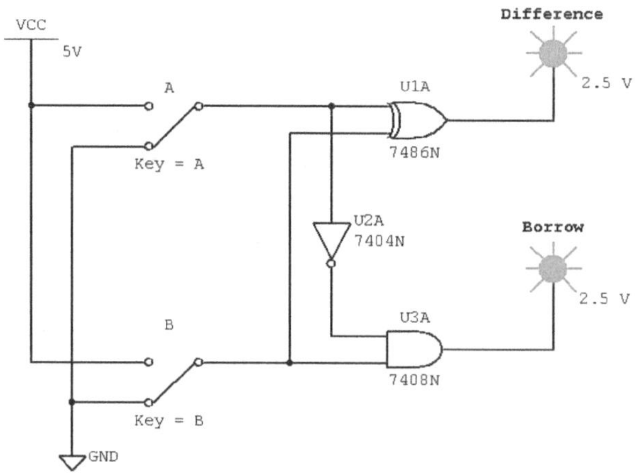

② 스위치를 각각 더블 클릭하여 "Key for Switch=A", "Key for Switch=B"로 설정한 후 시뮬레이션을 실행한다.

③ 시뮬레이션 실행 도중 "A", "B" 스위치를 각각 조작을 하면서 조건에 따른 출력

Probe의 점등을 확인하면서 위의 진리표를 확인한다. 출력 Probe가 점등된 상태를 논리 "1", 소등된 상태를 논리 "0"으로 한다.

④ Logic Converter 계측기를 이용하여 진리표와 논리식을 구하여 실험치와 비교하자.

- 차(Difference)의 진리표

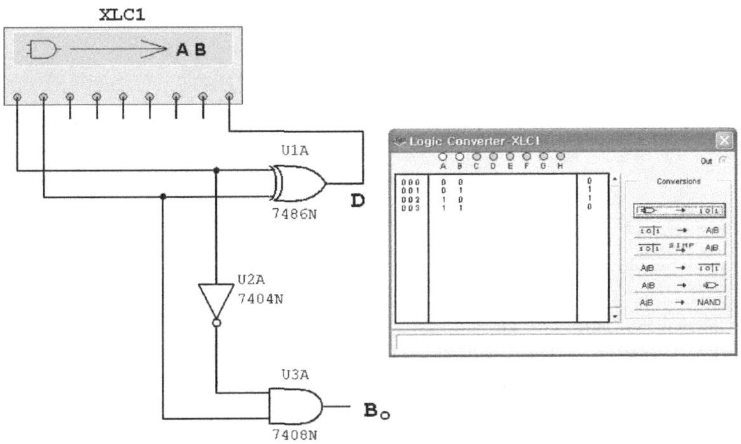

- 자리빌림수(Borrow)의 진리표

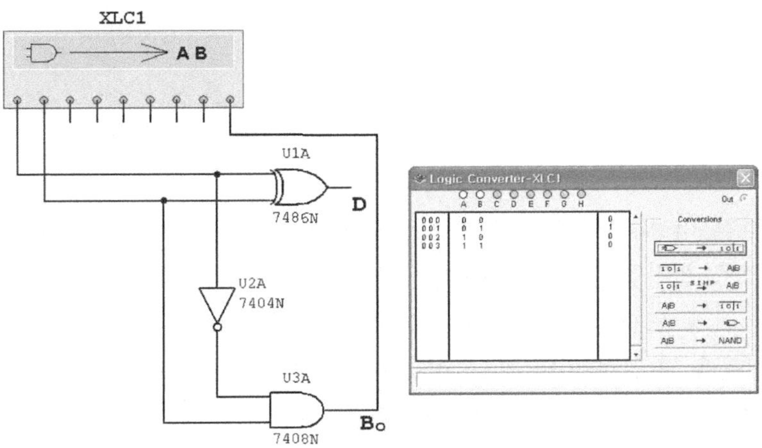

4-2 실험 회로 2. 전감산기

전감산기 회로를 구성하고, 동작을 Multisim으로 시뮬레이션하여 보자.

① Multisim으로 반감산기의 회로도를 아래의 그림과 같이 작성한다.

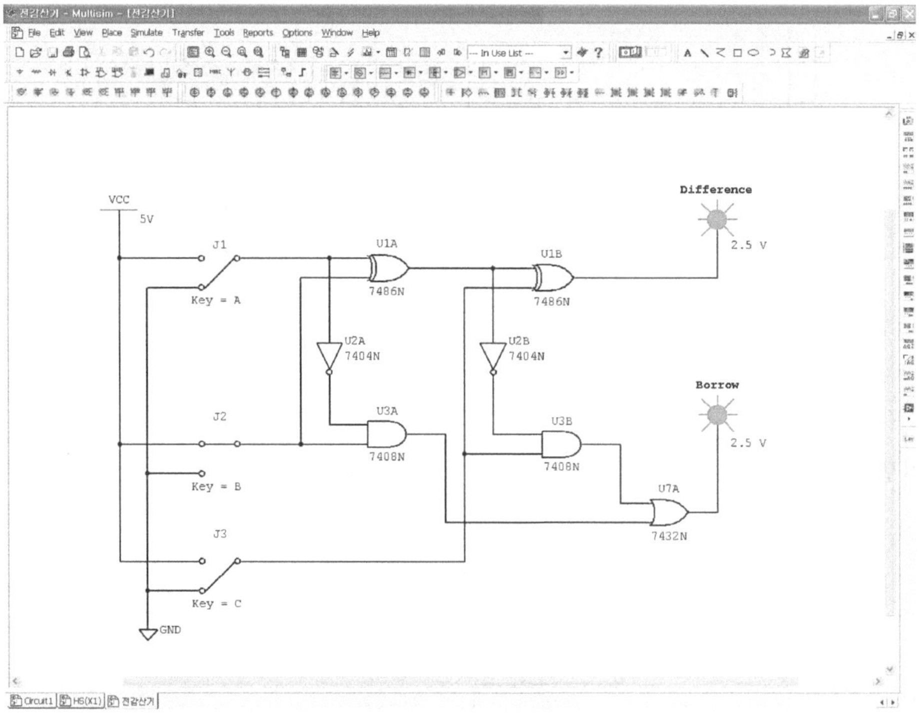

② 스위치를 각각 더블 클릭하여 "Key for Switch=A", "Key for Switch=B", "Key for Switch=C"로 설정한 후 시뮬레이션을 실행한다.

③ 시뮬레이션 실행 도중 "A", "B", "C" 스위치를 각각 조작을 하면서 조건에 따른 출력 Probe의 점등을 확인하면서 위의 진리표를 확인한다. 출력 Probe가 점등된 상태를 논리 "1", 소등된 상태를 논리 "0"으로 한다.

④ Logic Converter 계측기를 이용하여 진리표와 논리식을 구하여 실험 치와 비교하자.

- 차(Difference)의 진리표

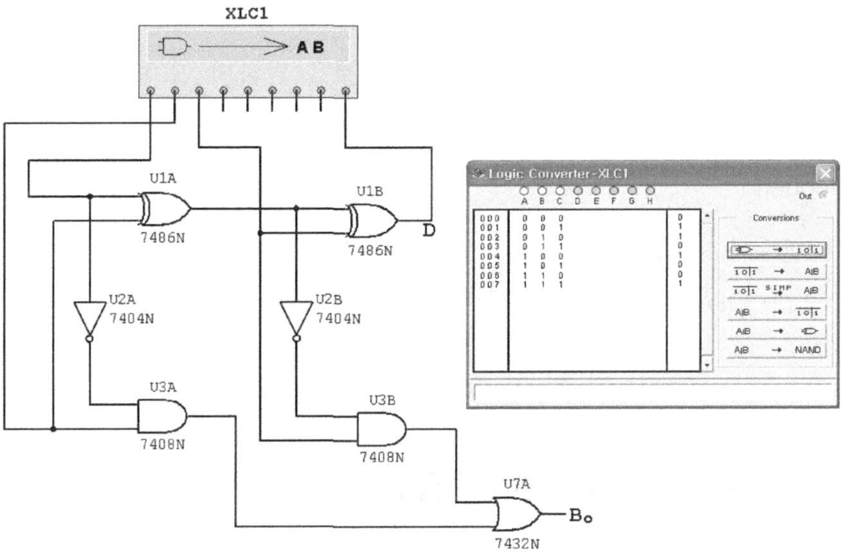

- 자리빌림수(Borrow)의 진리표

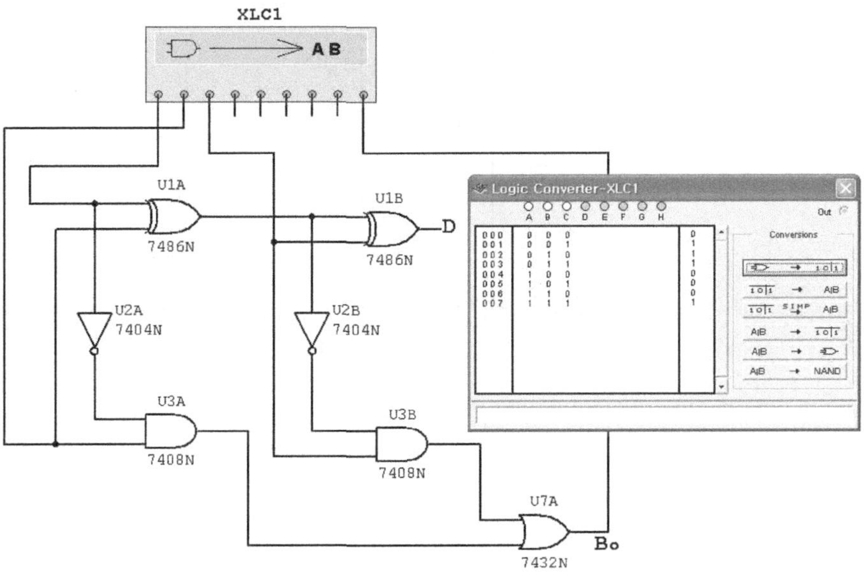

실험 5. 인코더(Encoder)와 디코더(Decoder)

인코더란 디지털 회로의 각 입력을 부호화하는 것을 말하며, 또한 디코더는 한 번 부호화한 것을 원래 상태로 되돌리는 것을 말한다.

1) 인코더(Encoder)

인코더는 10진수나 8진수를 입력으로 받아들여 2진수나 BCD와 같은 코드로 변환해 주는 장치로 부호기라고도 하며, 2^n개의 입력선에 대하여 n개의 출력선을 갖는 조합 논리 회로이다.

5-1 실험 회로 1. 8×3 인코더

8진 입력 2진 출력 인코더(octal-to-binary encoder)를 설계하라.

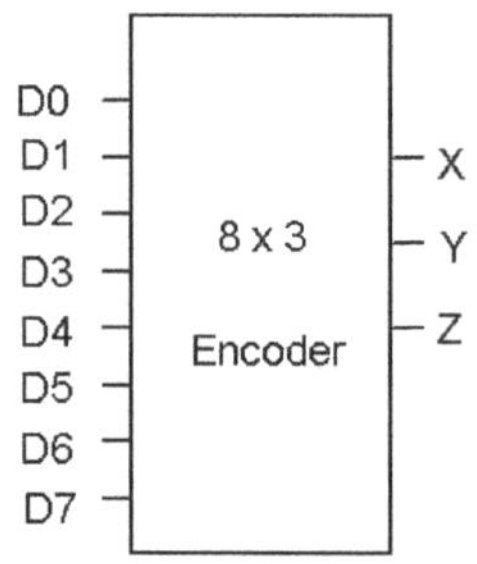

① 이 인코더는 한 번에 하나의 입력만 1인 값을 갖는다. 진리표는 다음과 같다.

입력									출력		
8진	D7	D6	D5	D4	D3	D2	D1	D0	X	Y	Z
0	0	0	0	0	0	0	0	1	0	0	0
1	0	0	0	0	0	0	1	0	0	0	1
2	0	0	0	0	0	1	0	0	0	1	0
3	0	0	0	0	1	0	0	0	0	1	1
4	0	0	0	1	0	0	0	0	1	0	0
5	0	0	1	0	0	0	0	0	1	0	1
6	0	1	0	0	0	0	0	0	1	1	0
7	1	0	0	0	0	0	0	0	1	1	1

② 진리표에서 출력에 대한 부울식을 구하면 다음과 같다.

$$X=D_4+D_5+D_6+D_7$$
$$Y=D_2+D_3+D_6+D_7$$
$$Z=D_1+D_3+D_5+D_7$$

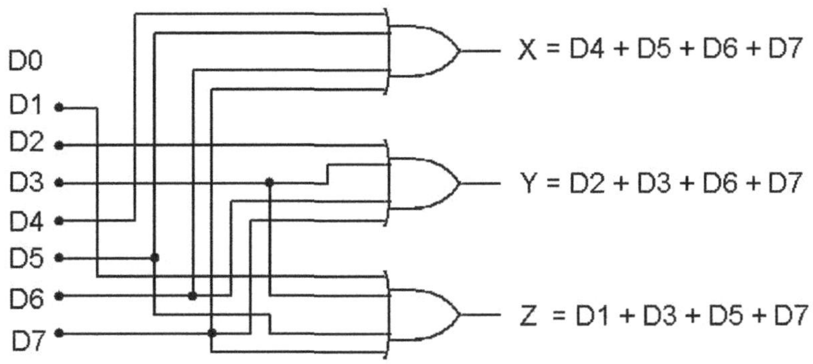

③ Multisim으로 아래 그림과 같은 8×3 인코더 회로를 작성한다.

④ 스위치를 각각 더블 클릭하여 "Key for Switch=A", "Key for Switch=B" 등과 같이 8개를 모두 설정한 후 시뮬레이션을 실행한다.

⑤ 시뮬레이션 실행 도중 8개의 스위치를 각각 조작을 하면서 조건에 따른 출력 Probe의 점등을 확인하면서 위의 진리표를 확인한다. 출력 Probe가 점등된 상태를 논리 "1", 소등된 상태를 논리 "0"으로 한다.

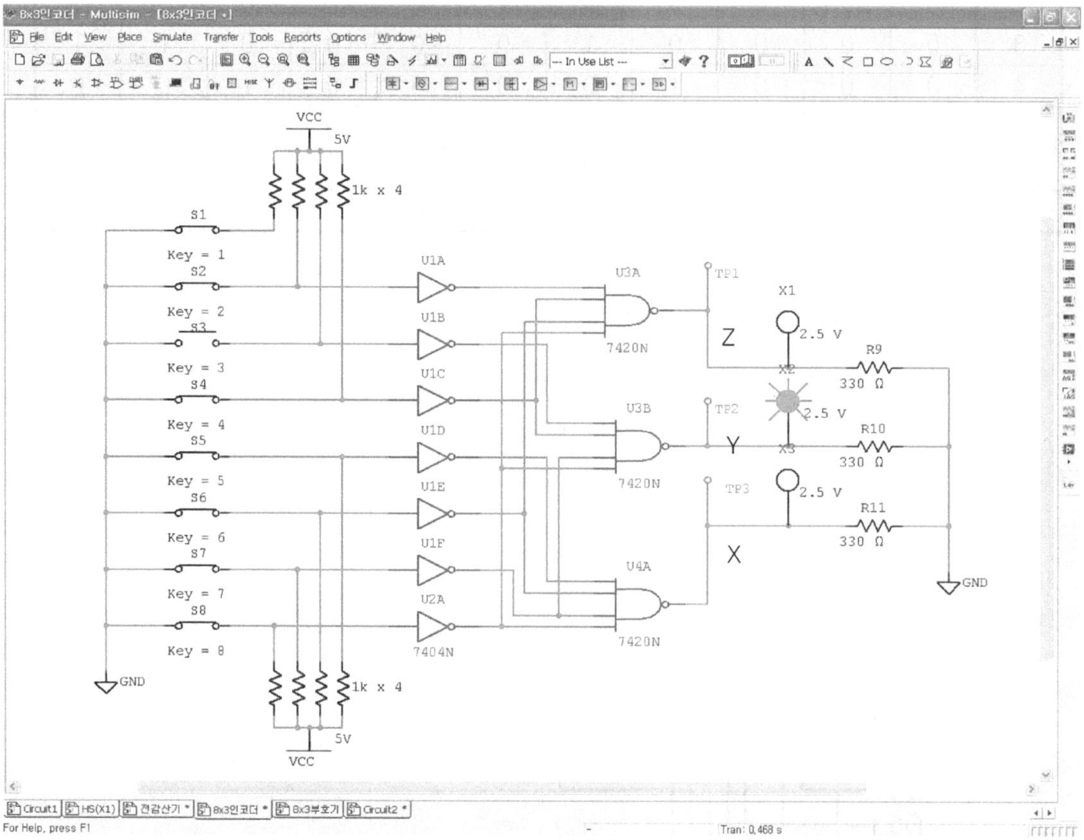

2) 디코더(Ddcoder)

인코더는 2진 코드나 BCD 코드를 입력으로 받아들여 10진수로 변환해 주는 장치로 해독기라도 한다. 이는 n개의 2진 코드로 받아 최대 2^n개의 선로 다른 정보로 바꾸어주는 조합 논리 회로이다.

5-2 실험 회로 2. 3×8 디코더

2진 입력 대 8진 출력 디코더(binary-to-octal decoder)를 설계하라.

① 이 디코더의 진리표와 회로 및 부울 대수식은 아래와 같다.

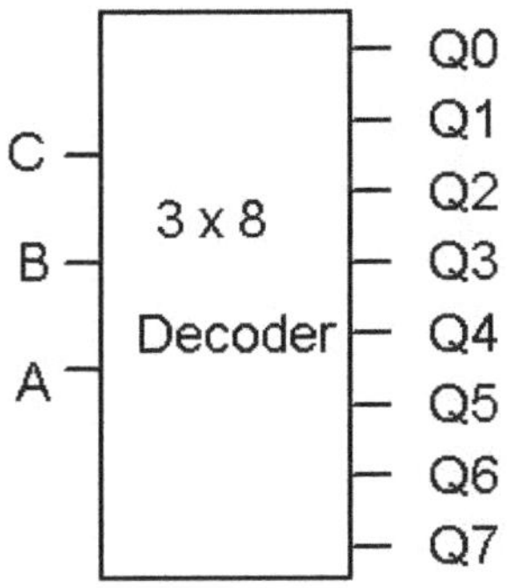

입력			출력							
A	B	C	Q_0	Q_1	Q_2	Q_3	Q_4	Q_5	Q_6	Q_7
0	0	0	1	0	0	0	0	0	0	0
0	0	1	0	1	0	0	0	0	0	0
0	1	0	0	0	1	0	0	0	0	0
0	1	1	0	0	0	1	0	0	0	0
1	0	0	0	0	0	0	1	0	0	0
1	0	1	0	0	0	0	0	1	0	0
1	1	0	0	0	0	0	0	0	1	0
1	1	1	0	0	0	0	0	0	0	1

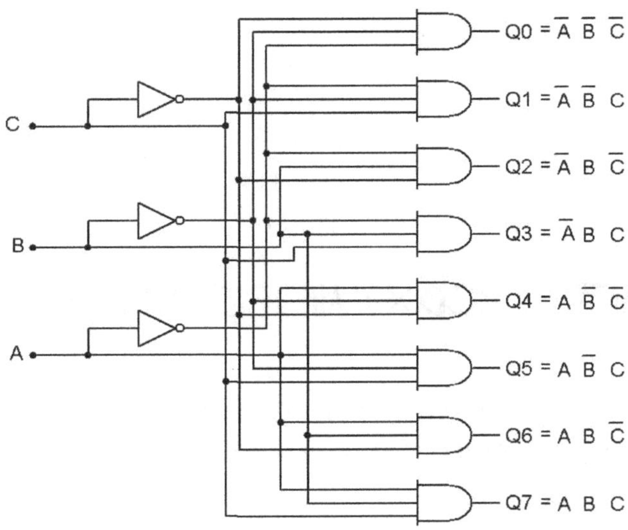

② Multisim으로 아래 그림과 같은 3×8 디코더 회로를 작성한다.

③ 스위치를 각각 더블 클릭하여 "Key for Switch=A", "Key for Switch=B" 등과 같이 3개를 모두 설정한 후 시뮬레이션을 실행한다.

④ 시뮬레이션 실행 도중 3개의 스위치를 각각 조작을 하면서 조건에 따른 출력 Probe의 점등을 확인하면서 위의 진리표를 확인한다. 출력의 Probe가 점등된 상태를 논리 "1", 소등된 상태를 논리 "0"으로 한다.

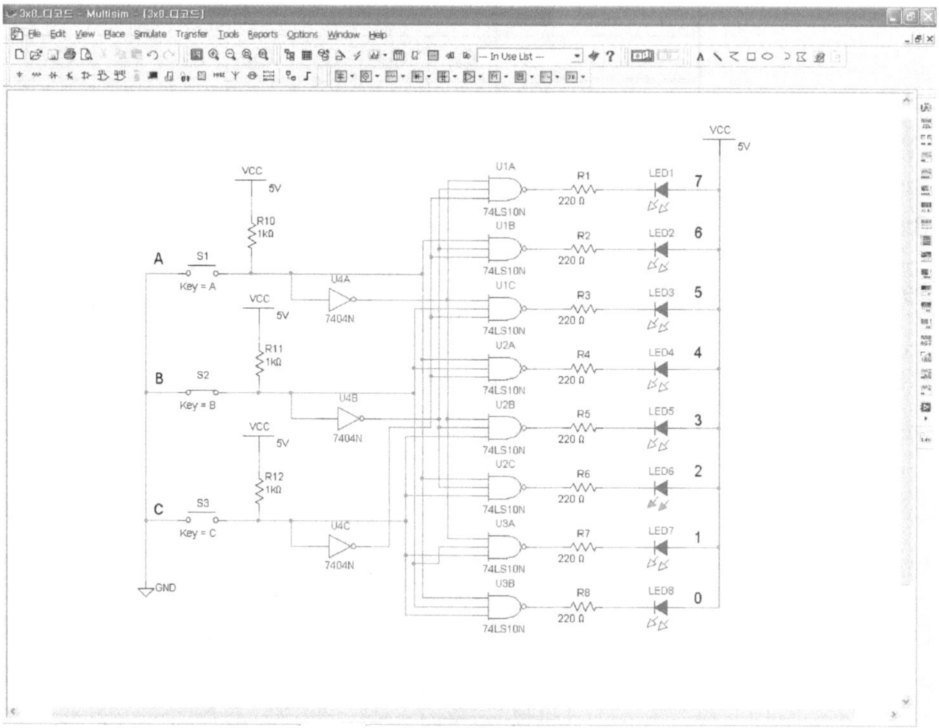

5-3 실험 회로 3. BCD×7 세그먼트 디코더

BCD 코드 입력 7세그먼트 출력(BCD-to-7 Segment decoder) 디코더를 설계하라.

① 이 디코더는 BCD코드를 입력으로 하고 출력으로는 하나의 10진 숫자를 표시하기 위해 7개의 출력을 갖는 회로이다.

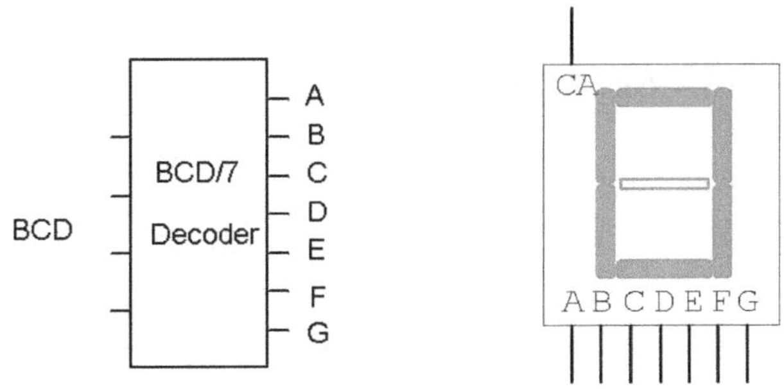

② Multisim으로 아래 그림과 같은 BCD×7 Segment 디코더 회로를 작성한다.

③ 스위치를 각각 더블 클릭하여 "Key for Switch=A", "Key for Switch=B" 등과 같이 4개를 모두 설정한 후 시뮬레이션을 실행한다.

④ 시뮬레이션 실행 도중 4개의 스위치를 각각 조작을 하면서 조건에 따른 출력 7 Segment에 원하는 숫자가 제대로 표시되는지 확인한다.

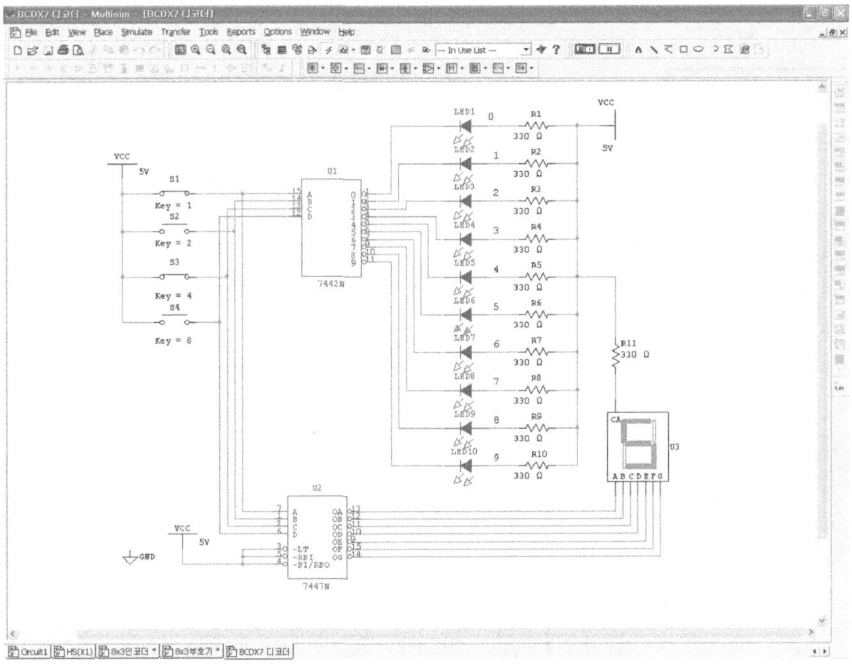

실험 6. 멀티플렉서(Multiplexer)

멀티플렉서는 다수의 정보 장치를 적은 수의 전송 채널이나 선들을 통해 전송하는 것으로 많은 입력 신호 중 특정 조건에 의해 단지 하나의 출력 신호를 선택하여 출력하는 조합회로이다. 멀티플렉서는 많은 입력으로부터 하나를 선택하는 것에서 데이터 셀렉터(Data Selector)라고도 부른다.

6-1 실험 회로 1. 4×1 멀티플렉서

4×1 멀티플렉서를 설계하고 Multisim을 사용하여 시뮬레이션한 값과 비교하라.

① 아래 그림은 4×1 멀티플렉서를 보인 것으로 4개의 입력 선들은 각각 AND 게이트에 입력이 된다. 선택 선 S0와 S1은 특별한 AND 게이트를 선택하기 위해 사용된다.

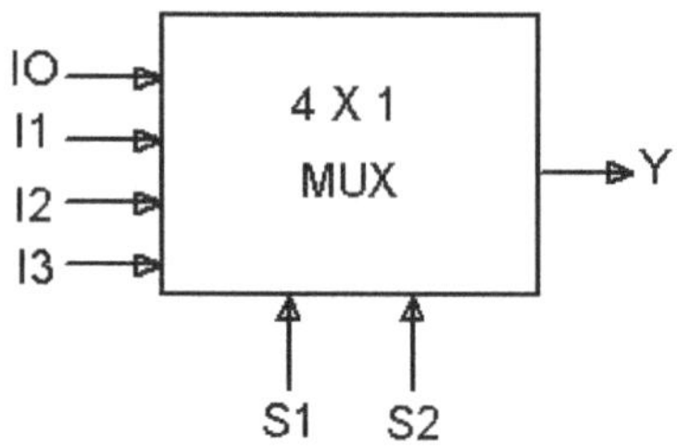

S_1	S_2	Y
0	0	I0
0	1	I1
1	0	I2
1	1	I3

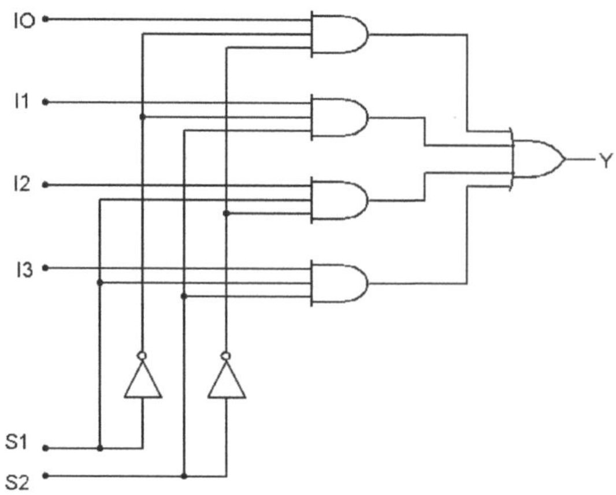

② Multisim으로 아래 그림과 같은 4×1 멀티플렉서 회로를 작성한다.

③ 스위치를 각각 더블 클릭하여 "Key for Switch=A", "Key for Switch=B" 등과 같이 6개를 모두 설정한 후 시뮬레이션을 실행한다.

④ 먼저 스위치 S1,과 S2를 진리표에 의해 조작하면서 각각의 입력을 ON, OFF 하여 LED의 상태가 변하는 입력을 찾아 한다.

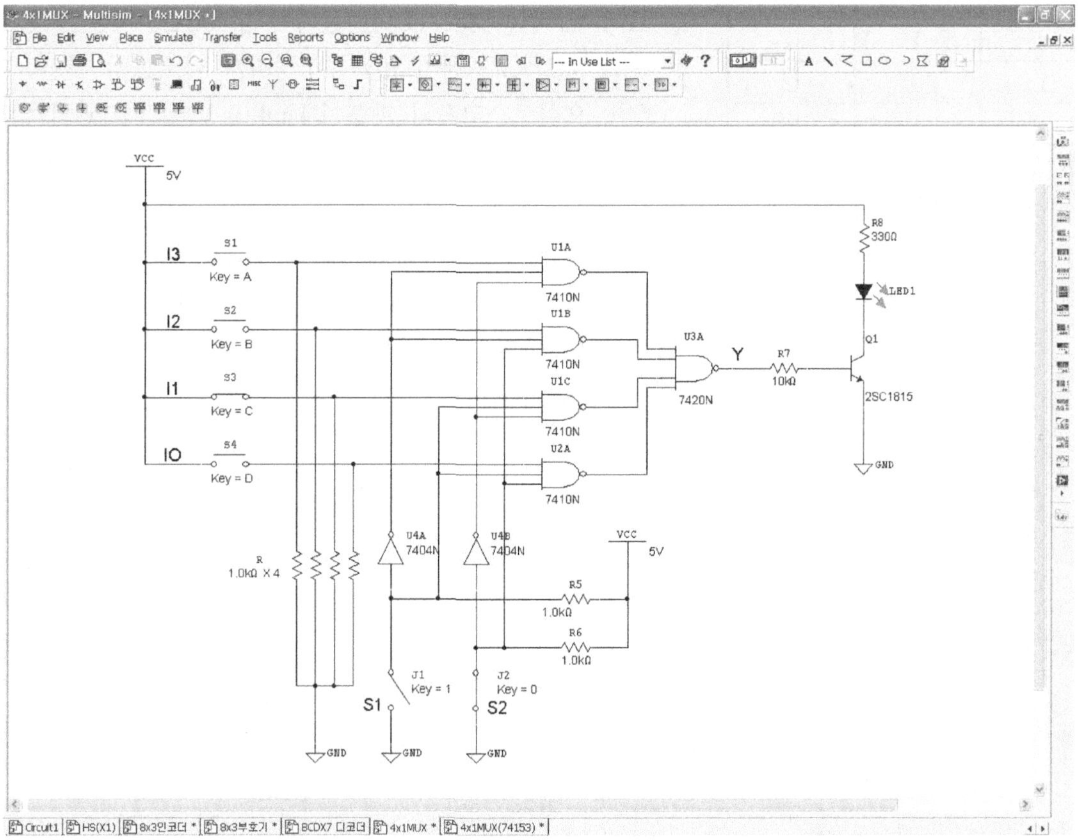

6-2 실험 회로 2. IC(74153)를 이용한 4×1 멀티플렉서 회로

4×1 멀티플렉서를 설계하고 Multisim을 사용하여 시뮬레이션한 값과 비교하라.

S1	S2	Y
0	0	I0
0	1	I1
1	0	I2
1	1	I3

① Multisim으로 아래 그림과 같이 74153 IC를 사용한 4×1 멀티플렉서 회로를 설계한다.

② S1과 S2키를 각각 ON한 상태에서, I0(Key=A)를 ON할 때 오실로스코프에서 1㎑의 구형파가 나오는지 확인한다. 또한, 오실로스코프의 파형이 High(5 V)일 때 PC의 내장 스피커에서 200㎐의 스피커 음이 들리는지 확인한다.

③ S1과 S2의 스위치 상태에 따라 I0 스위치에 1㎑, I1에 2㎑, I3에 3㎑, I4에 4㎑를 입력할 때 오실로스코프의 출력 파형과 이에 따른 버저(buzzer) 음의 변화를 확인한다.

④ 버저 부품을 더블 클릭하여 주파수를 200㎐에서 1㎑로 변경하고 시뮬레이션을 수행하여 버저 음의 톤을 확인한다. 버저의 주파수가 낮을수록 굵고 저음의 소리가 나며, 주파수가 높을수록 가늘고 고음의 소리가 난다.

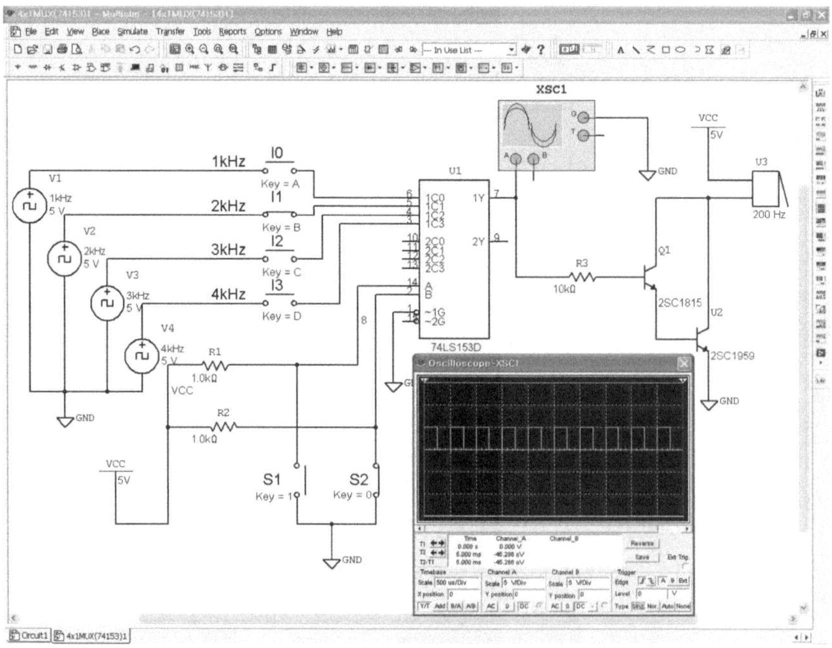

실험 7. 크기 비교기

크기 비교기(magnitude comparator)는 2개의 2진 입력 크기를 비교하여 A=B, A>B, A<B의 3 경우를 판별하는 조합 논리 회로이다.

① 아래에 2진 크기 비교기의 진리표를 나타내었다.

입력		출력		
A	B	A>B	A=B	A<B
0	0	0	1	0
0	1	0	0	1
1	0	1	0	0
1	1	0	1	0

② 위의 진리표에서 출력식을 구하면,

출력	출력 논리식
A > B	$A\overline{B}$
A = B	$\overline{A}\,\overline{B}+A\,B=\overline{A\oplus B}=A\odot B$
A < B	$\overline{A}B$

③ 출력 식으로부터 1비트 2진 비교기 회로를 디자인하면 다음과 같다.

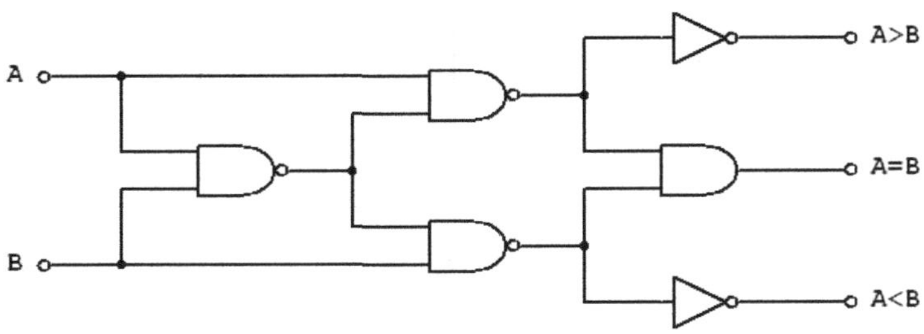

7-1 실험 회로 1. 1비트 크기 비교기

2진 1비트 크기 비교기를 설계하고 Multisim을 사용하여 시뮬레이션한 값과 비교하라.

① 위의 1비트 크기 비교기 회로의 출력 A>B, A=B, A<B의 진리표와 논리식을 구하여 보자. Multisim으로 아래와 같은 회로를 디자인한 후 A>B의 진리표와 논리식을 구하기 위해 아래의 그림과 같이 로직 변환기(Logic Converter)를 연결한다.

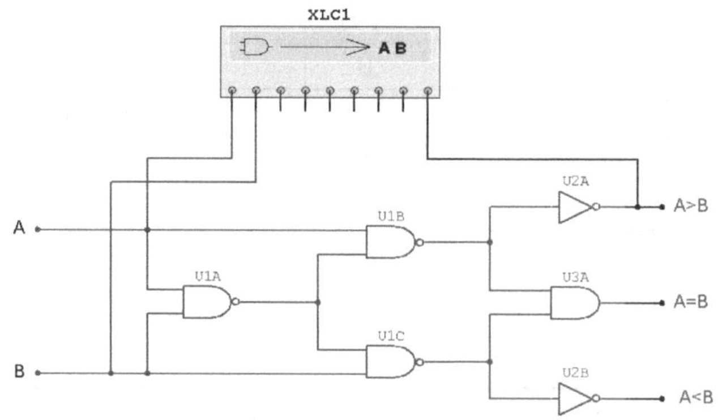

② 로직 변환기를 더블 클릭하고 버튼 과 을 차례로 클릭하면 아래의 그림과 같이 A>B의 진리표를 및 간소화된 논리식을 확인할 수 있다. 위의 "1비트 비교기 진리표"와 같은지 비교한다.

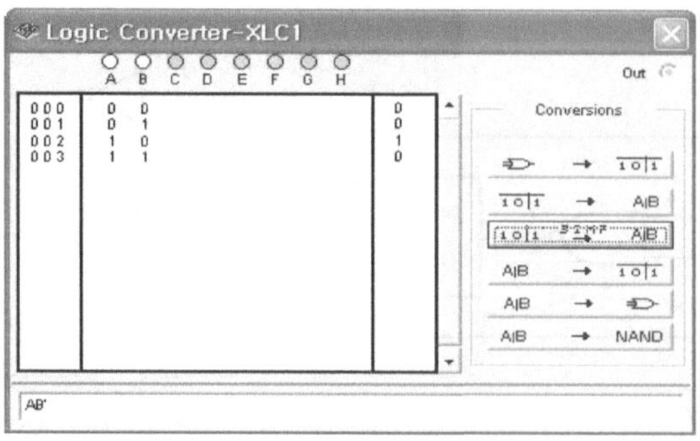

③ 같은 방식으로 A=B의 진리표를 및 간소화된 논리식을 아래 그림과 같이 확인할 수 있다

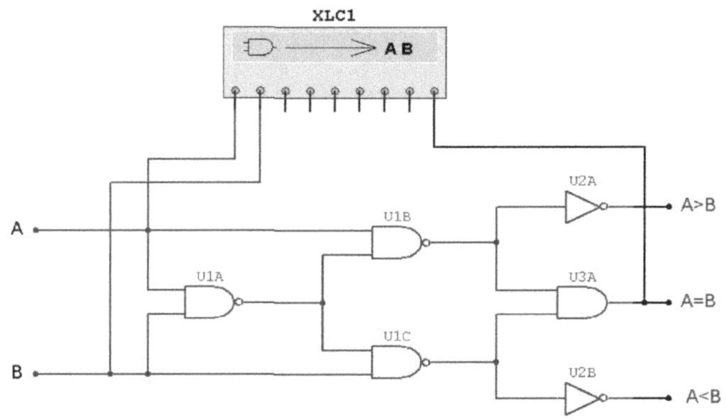

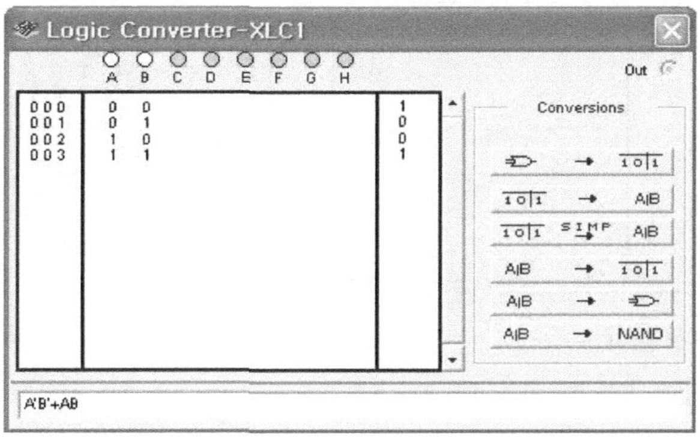

④ 같은 방식으로 A=B의 진리표를 및 간소화된 논리식을 다음 그림과 같이 확인할 수 있다.

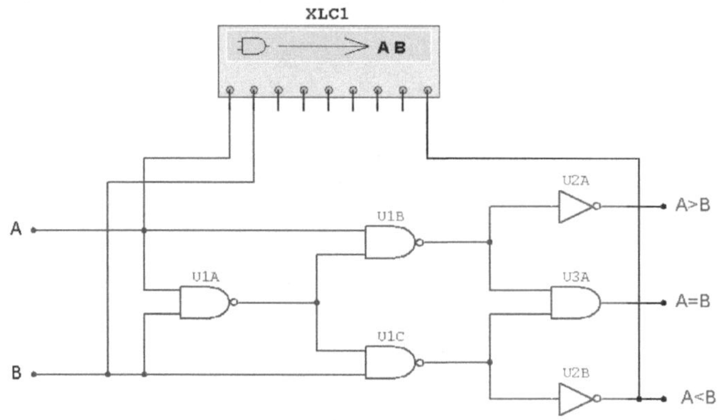

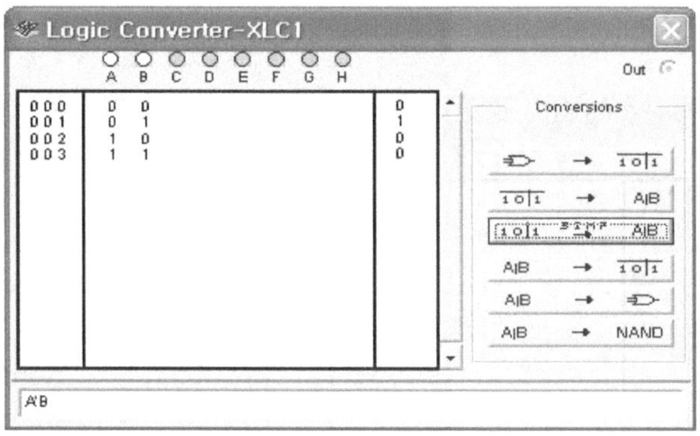

⑤ 앞에서 시뮬레이션을 통해 얻은 논리식을 정리하여 보면 다음과 같다.

출력	간소화된 논리식
A＞B	$A\overline{B}$
A＝B	$\overline{A}\,\overline{B}+A\,B$
A＜B	$\overline{A}B$

⑥ 다음은 비교기 회로가 진리표와 같이 동작하는지 시뮬레이션을 통해 확인해 보자. 아

래와 같은 비교기 회로를 작성하고 시뮬레이션한다.

⑦ J1, J2 스위치가 'VCC'에 연결되면 논리 신호 "1", 디지털 그라운드 'GND'에 연결되면 논리 신호 "0"으로 본다. 그리고 출력 X, Y, Z Probe에 불이 들어오면 출력은 "1"로 인식한다.

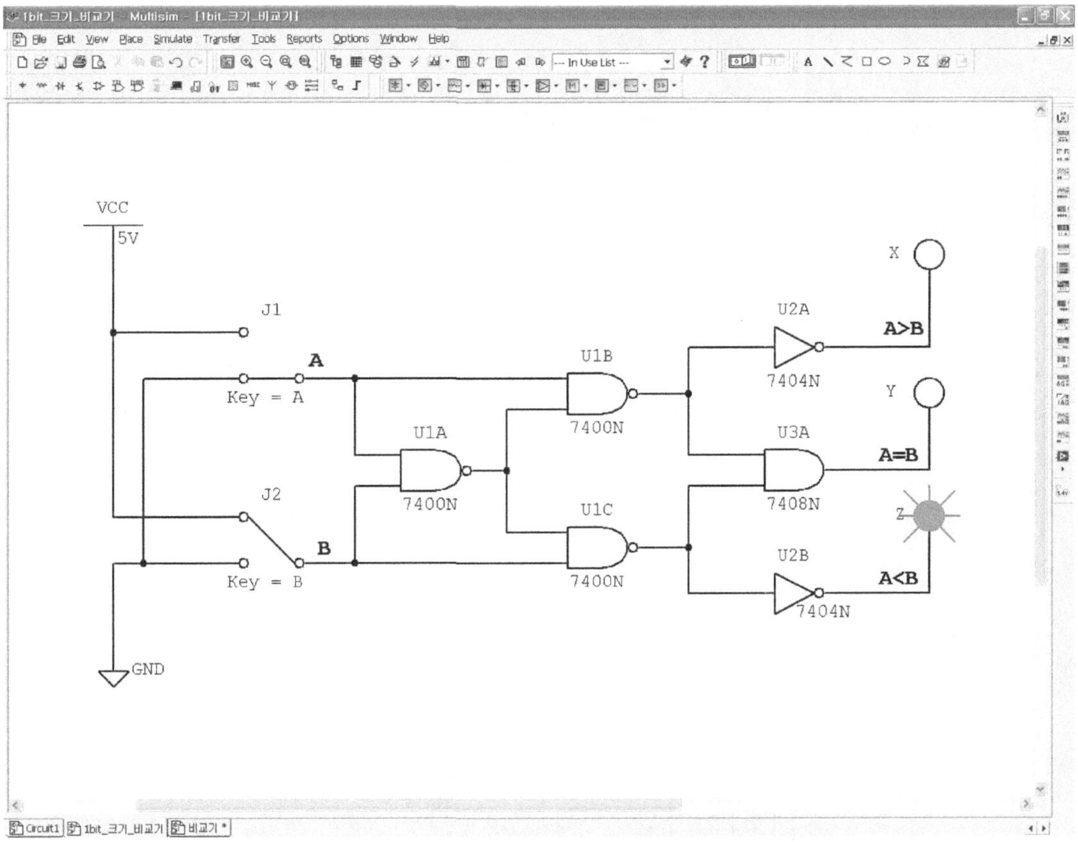

⑧ 시뮬레이션 결과로부터 얻은 진리표는 아래와 같으므로 예상한 이론치와 일치됨을 알 수 있다.

입력		출력		
A	B	A>B	A=B	A<B
0	0	0	1	0
0	1	0	0	1
1	0	1	0	0
1	1	0	1	0

7-2 실험 회로 2. 2비트 크기 비교기

4비트 2진 비교기 IC(74LS85)를 사용하여 2비트 크기 비교기를 설계하고 Multisim을 사용하여 회로의 출력 A>B, A=B, A<B의 진리표와 논리식을 구하여 보자.

① Multisim으로 아래와 같은 2비트 비교기 회로를 디자인한 후 A>B, A=B, A<B의 진리표와 논리식을 구하기 위해 아래의 그림과 같이 로직 변환기를 연결한다.

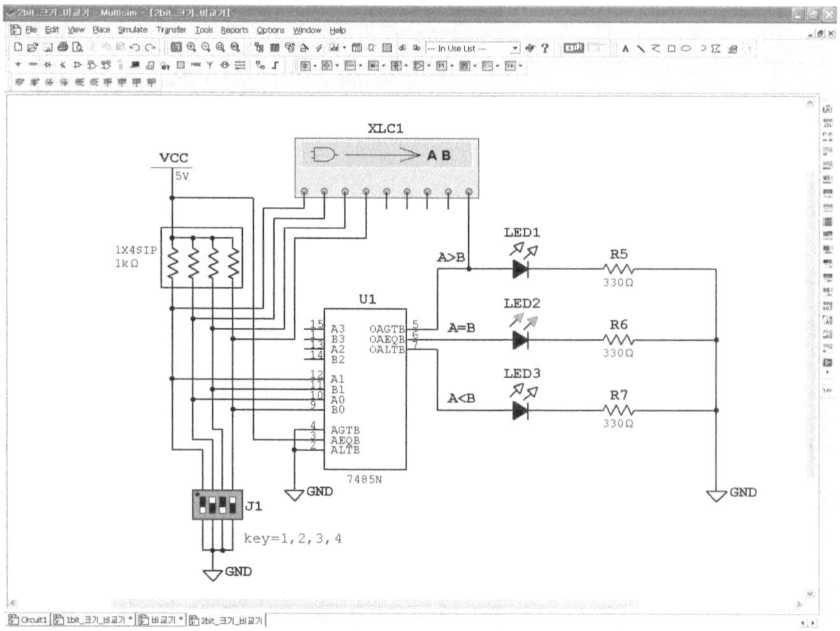

② 로직 변환기를 더블 클릭하고 버튼 과 을 차례로 클릭하면 아래의 그림과 같이 A>B의 진리표를 및 간소화된 논리식을 확인할 수 있다.

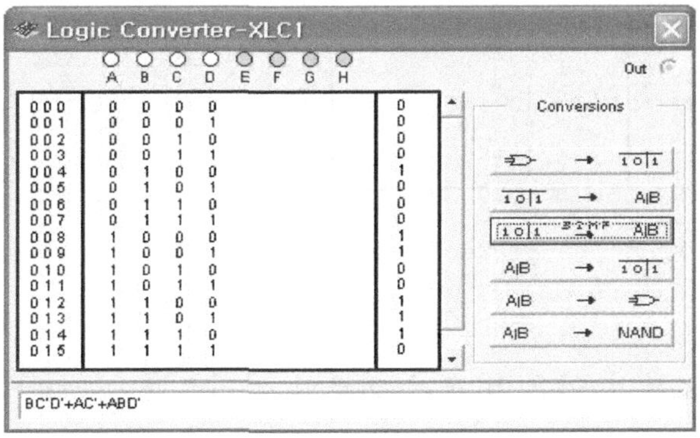

③ 같은 방식으로 A=B의 진리표를 및 간소화된 논리식을 아래 그림과 같이 확인할 수 있다

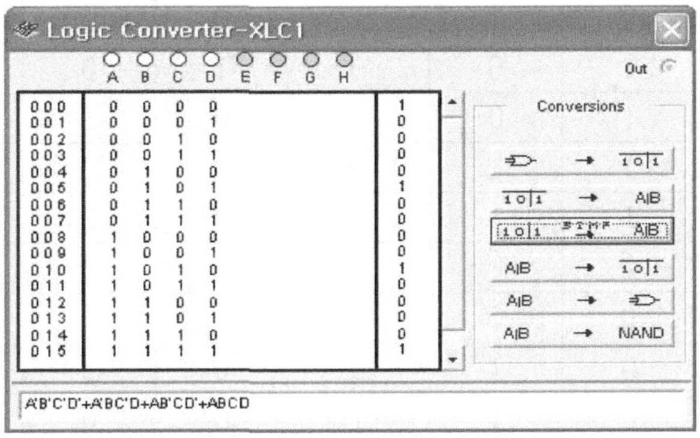

④ A<B의 진리표를 및 간소화된 논리식을 아래 그림과 같이 확인할 수 있다.

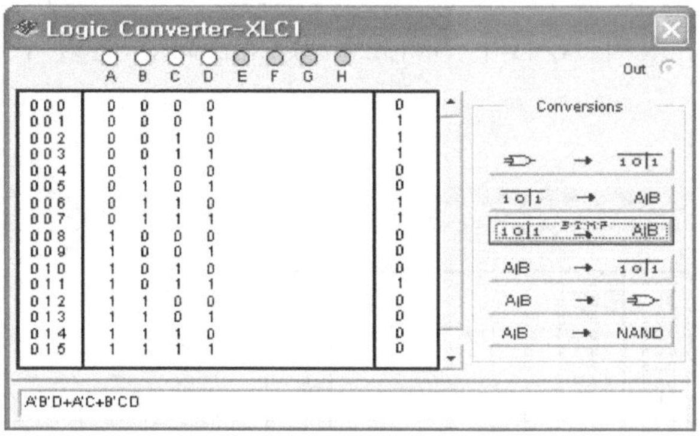

⑤ 시뮬레이션 결과로부터 얻은 비교기 회로의 진리표는 아래와 같다.

입력				출력		
A1	A0	B1	B0	A>B	A=B	A<B
0	0	0	0	0	1	0
0	0	0	1	0	0	1
0	0	1	0	0	0	1
0	0	1	1	0	0	1
0	1	0	0	1	0	0
0	1	0	1	0	1	0
0	1	1	0	0	0	1
0	1	1	1	0	0	1
1	0	0	0	1	0	0
1	0	0	1	1	0	0
1	0	1	0	0	1	0
1	0	1	1	0	0	1
1	1	0	0	1	0	0
1	1	0	1	1	0	0
1	1	1	0	1	0	0
1	1	1	1	0	1	0

실험 8. 플립플롭(Flip-Flop, FF)

조합 논리 회로는 단지 입력값에 의해 출력이 나오나 순서 논리 회로는 입력과 회로 내부의 상태에 의해 출력이 나오는 회로이다. 일반적으로 순서 논리 회로는 플립플롭으로 된 메모리 회로를 가지고 있으면서 출력에 영향을 준다. 플립플롭은 2개의 안정 상태를 가진 기억 소자로 1 bit의 정보를 기억할 수 있다. 플립플롭은 NAND 게이트 또는 NOR 게이트 등으로 구성할 수 있으며, 입력 회로의 구성에 따라 RS, D, T, JK 플립플롭 등이 있다.

1) RS 플립플롭(RS Flip-Flop)

RS 플립플롭은 두 개의 입력 R(reset), S(set)와 두 개의 출력 Q와 $\overline{Q}$를 가지며, NOR 게이트와 AND 게이트로 구성할 수 있다.

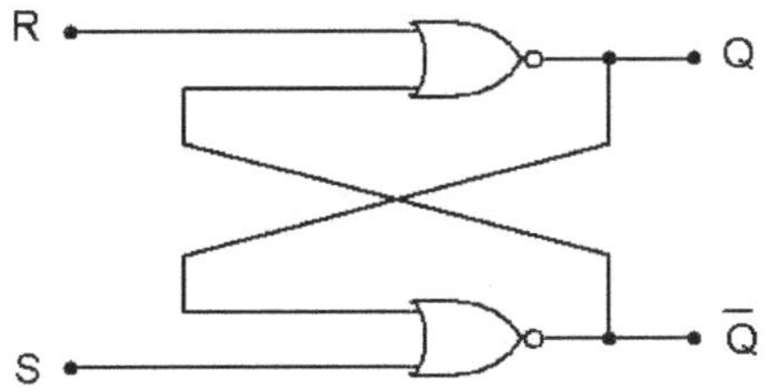

R	S	$Q(n+1)$	동작
0	0	$Q(n)$	불변
0	1	1	set
1	0	0	reset
1	1	?	부정(금지)

8-1 실험 회로 1. 동기식 RS 플립플롭

클럭 펄스에 의해 동작하지 않고 입력을 가했을 때 곧바로 출력이 변하는 플립플롭을 비동기식이라 하고, 이와는 반대로 입력이 가해지더라도 클록펄스(Clock Pulse, CP)가 없으면 동작하지 않는, 즉 클록펄스가 있어야만 동작하는 플립플롭을 동기식 RS 플립플롭이라고 한다.

동기식 RS 플립플롭 회로를 설계하고 그 동작을 시뮬레이션하라.

① Multisim으로 아래 그림과 RS 플립플롭 회로를 디자인한다.

② 대각선 처리는 아래 그림과 같이 마우스로 선택 점을 이동하여 디자인할 수 있다.

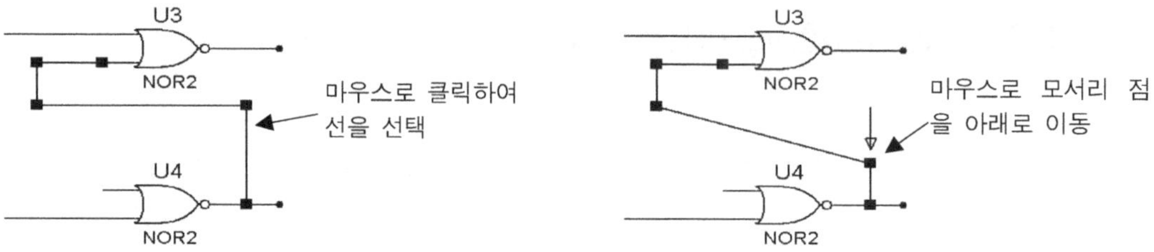

③ 스위치를 각각 더블 클릭하여 "Key for Switch=R", "Key for Switch=S"로 설정한 후 시뮬레이션을 실행한다.

④ 시뮬레이션 실행 도중 2개의 R, S 스위치를 각각 조작을 하면서 조건에 따른 출력이 진리표의 것과 일치하는지 확인한다.

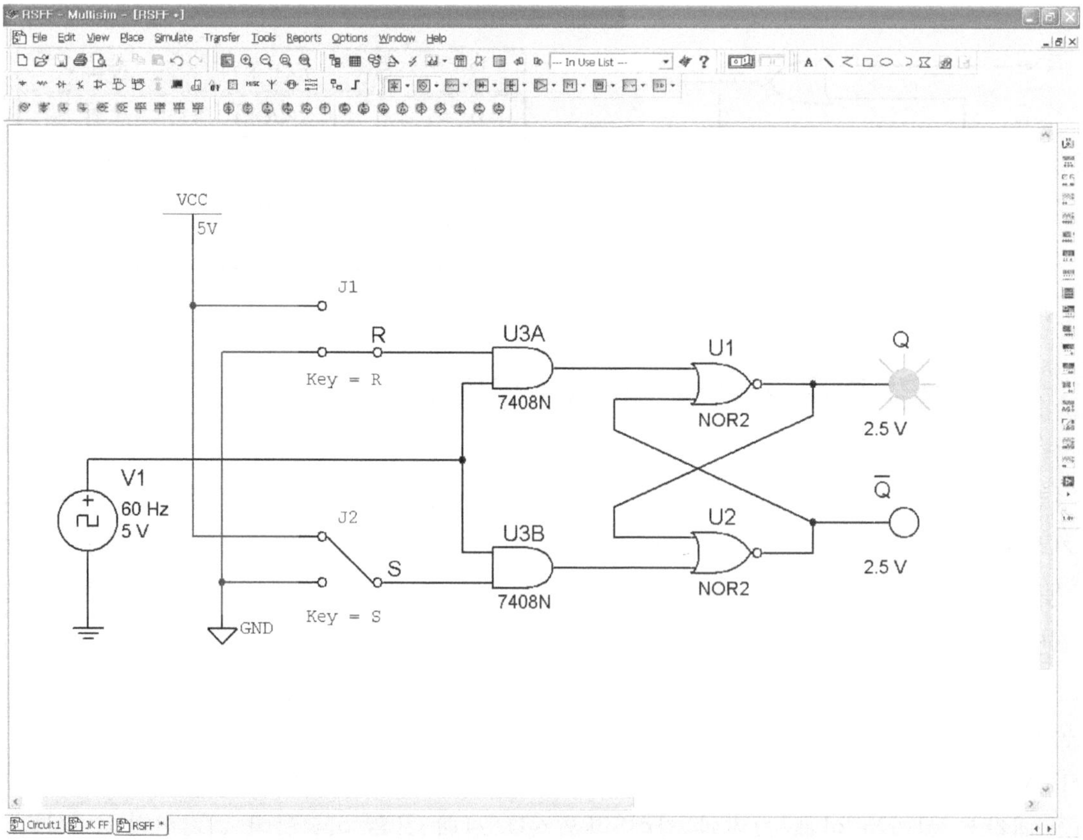

2) JK 플립플롭(JK Flip-Flop)

RS 플립플롭에서는 RS가 각각 11일 경우에는 불확실한 상태로 입력을 금하고 있어 응용에 불편하므로 입력의 모든 조합에 대해 출력이 정의되는 플립플롭이 요구된다. JK 플립플롭은 동기식 RS 플립플롭과 AND 게이트로 구성되며, RS 플립플롭에서 불확정 상태가 해결된다. 즉 입력이 J=K=1이라도 확실한 출력 상태를 얻을 수 있다. 아래는 JK 플립플롭의 논리 회로도이다.

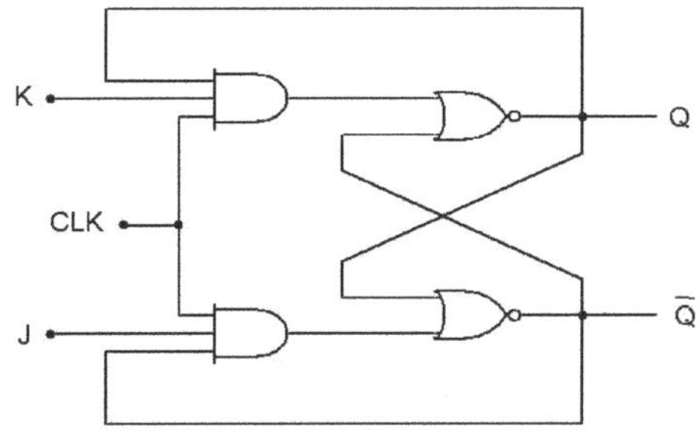

CLK	J	K	$Q(n+1)$	동작
0	X	X	$Q(n)$	불변(유지)
1	0	0	$Q(n)$	불변(유지)
1	0	1	0	reset
1	1	0	1	set
1	1	1	$\overline{Q(n)}$	반전(토글링)

8-2 실험 회로 2. JK 플립플롭

JK 플립플롭 IC(7430)를 사용하여 아래 회로를 설계하고 그 동작을 시뮬레이션하라.

① 7473N JK 플립플롭의 입・출력 타이밍도는 아래와 같다.

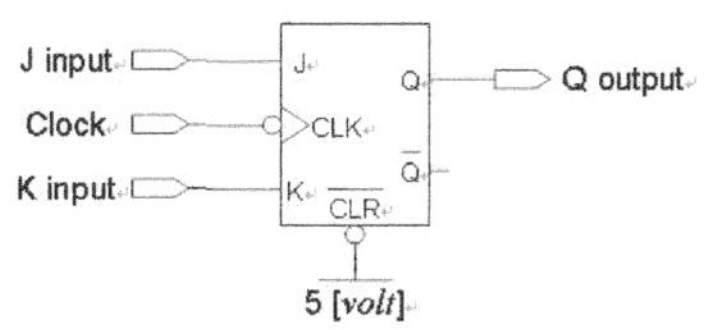

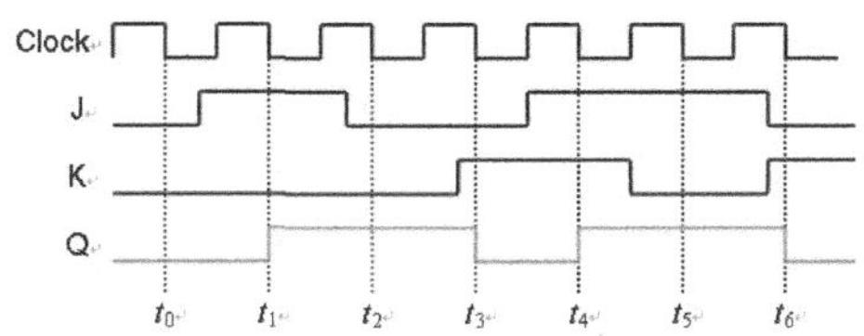

② Multisim으로 아래 그림과 같은 7430 JK 플립플롭 회로를 디자인한다.

③ 7473N 플립플롭 IC의 $\overline{CLR}$ 단자에 5 V를 가한다.($\overline{CLR}$가 LOW가 되면, 출력 Q는 CLK, J, K와 관계없이 무조건 LOW가 된다.)

④ 시뮬레이션 실행 도중 2개의 J, K 스위치를 각각 조작을 하면서 조건에 따른 출력이 진리표의 것과 일치하는지 확인한다.

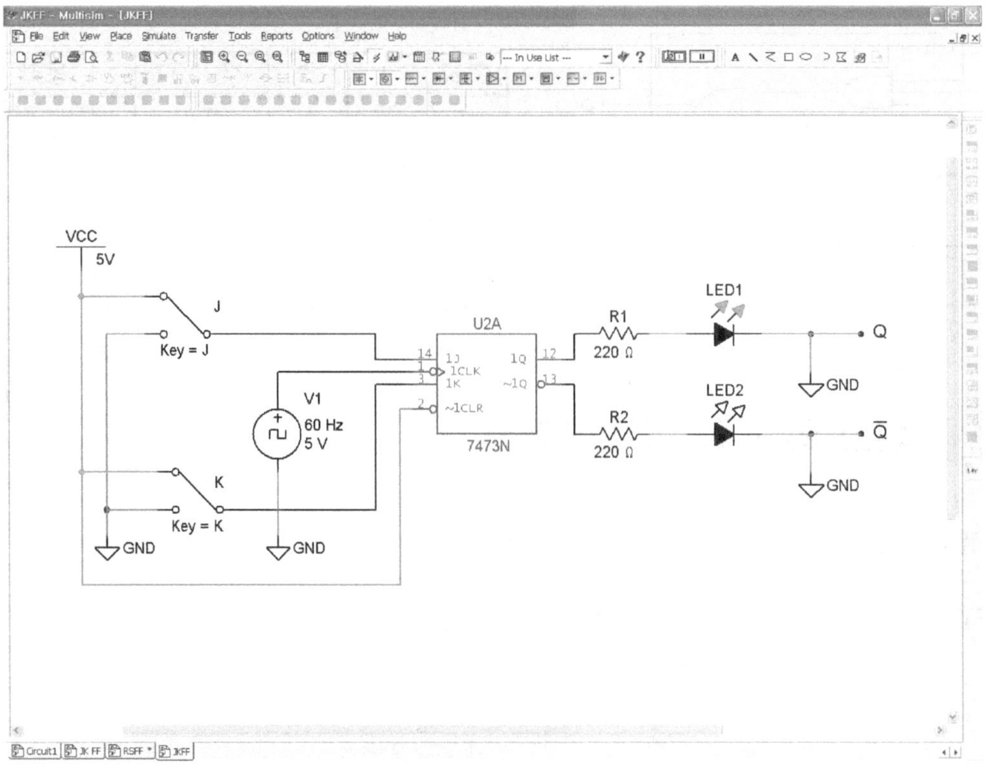

실험 9. 카운터(Counter)

카운터란 입력 펄스를 받아서 정해진 순서의 상태를 반복하는 순차 회로로서 보통 입력을 계수하는 목적으로 쓰이거나 원하는 주파수의 시간 간격을 갖는 타이머로 사용할 수 있다. 카운터는 가해지는 펄스의 동작에 따라 비동기식(Asynchronous)과 동기식(Synchronous) 카운터로 구분할 수 있다.

1) 비동기식 카운터

비동기식 카운터는 각 단의 플립플롭이 입력 클록 펄스에 동기되지 않는 방식으로 첫 번째 플립플롭만 입력 클록을 받아 동작하고 뒷단의 플립플롭은 앞단 플립플롭의 영향을 받아 상태가 변화한다. 모든 플립플롭의 출력 상태가 물결(ripple)이 일어나듯 차례대로 변화하므로 리플 카운터라고도 한다. 비동기식 카운터는 플립플롭을 통과할 때마다 지연 시간이 누적되기 때문에 고속 카운터에는 적합하지 않다.

9-1 실험 회로 1. 비동기식 10진 카운터

① 10진 카운터는 0에서 9까지 10개의 상태를 카운트하는 것으로 10진수를 2진 코드로 표현하는 데는 적어도 4비트가 필요하므로 10진 카운터의 대표적인 것은 BCD 카운터이다.

② 아래 그림에 10진(BCD) 카운터의 상태도를 보였다.

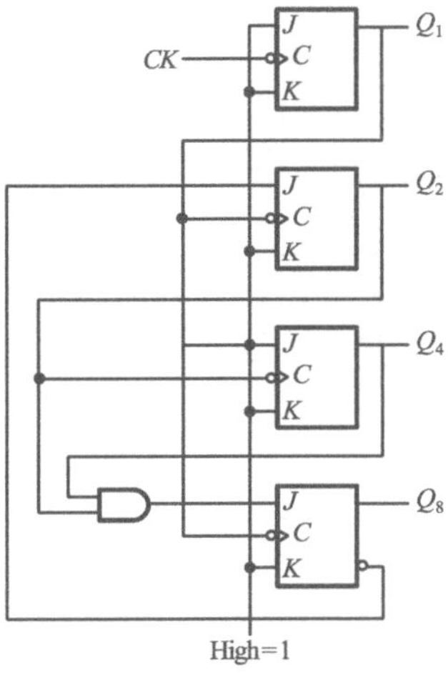

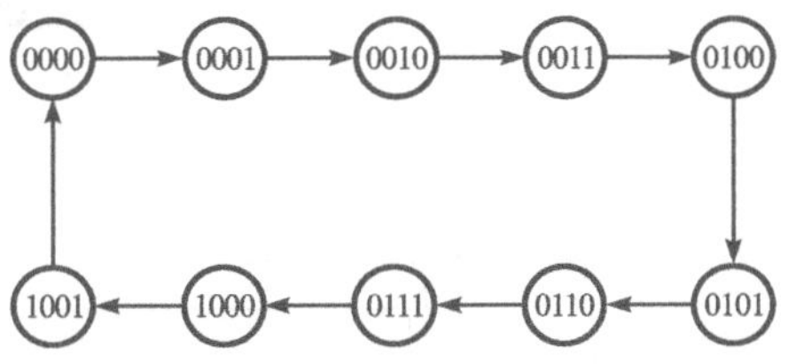

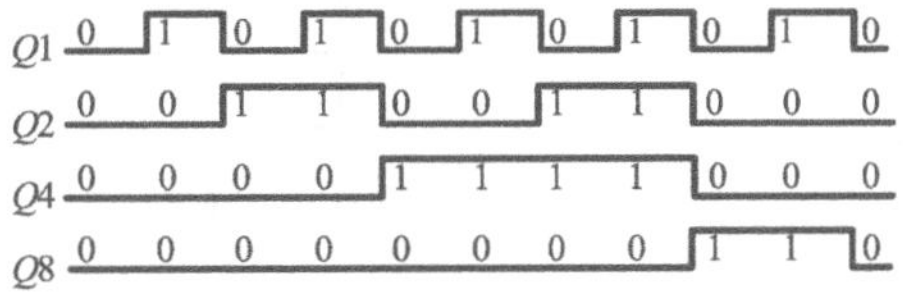

③ 카운트 순서는 다음과 같다.

㉠ Q1 플립플롭의 출력은 매 클록 펄스 때마다 상태를 바꾸므로 J와 K를 1로 하여 토글될 수 있도록 한다.

㉡ Q2 플립플롭의 출력은 Q8 플립플롭의 출력이 0이고 Q1 플립플롭의 출력이 1에서 0으로 바뀌면 상태를 바꾸며, Q8출력이 1이고 Q1출력이 1이면 Q2 플립플롭의 출력이 0이 된다.

㉢ Q4 플립플롭의 출력은 Q2 플립플롭의 출력이 1에서 0으로 변할 때 상태를 바꾼다.

㉣ Q8 플립플롭의 출력은 Q2와 Q4가 1이고 Q1이 1에서 0으로 변할 때 상태를 1로 바꾸고 Q2, Q4가 0이고 Q1이 1에서 0으로 변하면 Q8 플립플롭의 출력이 0이 됨을 알 수 있다.

④ 아래 그림과 같은 10진 카운터 회로를 디자인한다. 이 회로는 0에서 9(1001 : DCBA)까지 계수한 후 리셋 상태로 되돌아가며, 다시 계수를 시작하는 회로이다.

⑤ J-k Flip-Flop으로 Preset과 Clear 단자를 가진 "7476N"을 사용한다.

⑥ Indicators 라이브러리에 있는 "FND"를 연결하여 Probe의 점등 결과에 따라 FND에 숫자가 카운터되도록 한다.

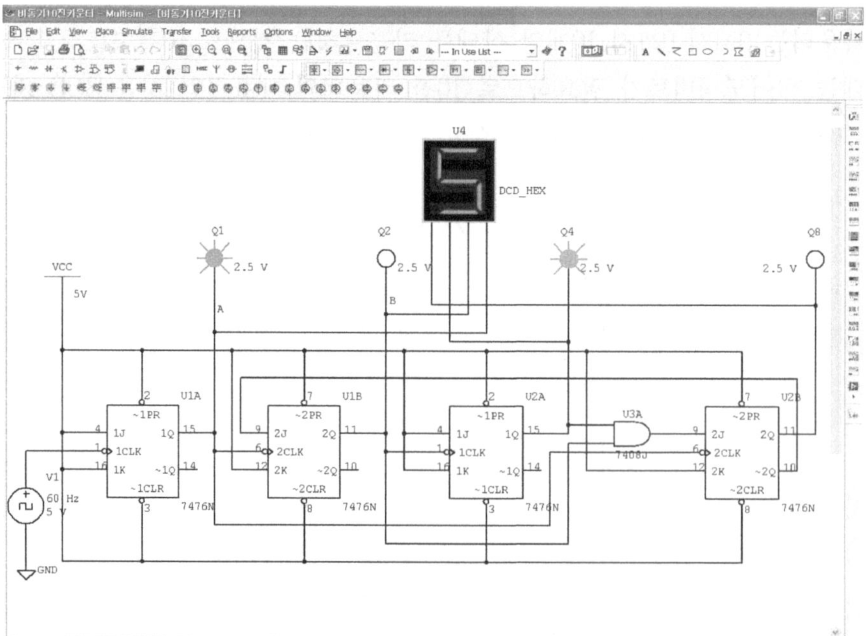

⑦ 로직 분석기(Logic Analyzer) 계측기를 사용하여 출력 타이밍도를 확인한다. 로직 분석기를 더블 클릭하여 "Clock" 박스의 **Set** 버튼을 클릭하여, "Clock rate=60Hz"로 변경한 후 확인하라.

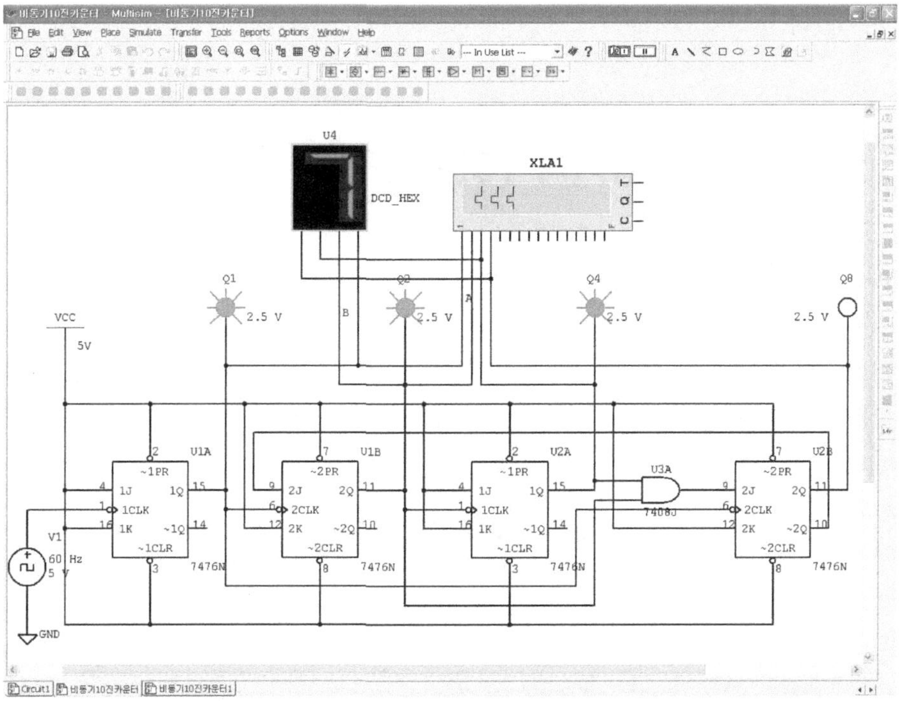

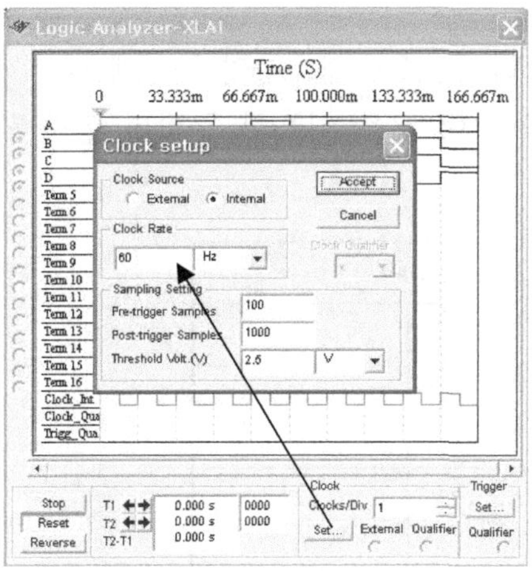

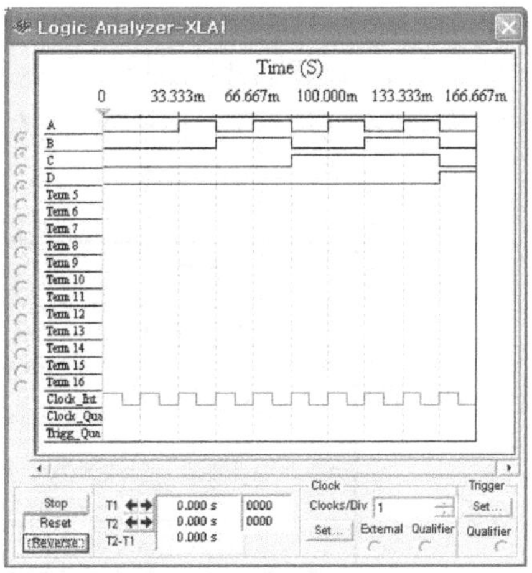

2) 동기식 카운터

동기식 카운터는 카운터를 구성하는 모든 플립플롭에 동시에 클록 펄스가 가해지고, 클록 펄스가 인가되면 모든 플립플롭이 동시에 작동하므로 리플 카운터보다 동작 속도의 향상을 기할 수 있으며, 같은 수의 플립플롭을 갖는 비동기식 카운터보다 더 높은 주파수에서 사용할 수 있다.

9-2 실험 회로 2. 동기식 10진 카운터

동기식 10진 카운터를 설계하시오.

① 동기식 10진 카운터도 전술한 비동기식 10진 카운터와 마찬가지로 0에서 9까지 10개의 상태를 카운트하는 것으로 4단의 플립플롭($2^n \geq 10$, n=플립플롭 수)이 필요하다.

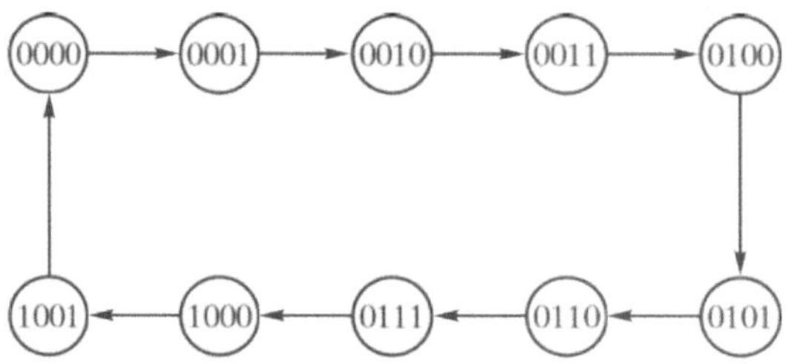

② JK 플립플롭의 출력에 따른 입력 조건을 구하면 JK 플립플롭의 특성에 따라 아래의 표와 같이 구할 수 있다. 여기서 "X"는 0 또는 1이 모두 가능한 무정의 상태를 말한다.

출력	입력	
Q의 변화	J	K
0 → 0	0	X
0 → 1	1	X
1 → 0	X	1
1 → 1	X	0

현재 상태(Qn)				다음 상태(Q_n+1)				플립플롭 입력(Qn)							
A	B	C	D	A	B	C	D	J_A	K_A	J_B	K_B	J_C	K_C	J_D	K_D
0	0	0	0	0	0	0	1	0	X	0	X	0	X	1	X
0	0	0	1	0	0	1	0	0	X	0	X	1	X	X	1
0	0	1	0	0	0	1	1	0	X	0	X	X	0	1	X
0	0	1	1	0	1	0	0	0	X	1	X	X	1	X	1
0	1	0	0	0	1	0	1	0	X	X	0	0	X	1	X
0	1	0	1	0	1	1	0	0	X	X	0	1	X	X	1
0	1	1	0	0	1	1	1	0	X	X	0	X	0	1	X
0	1	1	1	1	0	0	0	1	X	X	1	X	1	X	1
1	0	0	0	1	0	0	1	X	0	0	X	0	X	1	X
1	0	0	1	0	0	0	0	X	1	0	X	0	X	X	1

③ ②에서 구한 여기표의 결과를 카르노 맵 상에서 표현하여 간략화하여 보자.

AB \ CD	00	01	11	10
00				
01			1	
11	X	X	X	X
10	X	X	X	X

J_A=BCD

AB \ CD	00	01	11	10
00	X	X	X	X
01	X	X	X	X
11	X	X	X	X
10		1	X	X

K_A=D

AB \ CD	00	01	11	10
00			1	
01	X	X	X	X
11	X	X	X	X
10			X	X

J_B=CD

AB \ CD	00	01	11	10
00	X	X	X	X
01			1	
11	X	X	X	X
10	X	X	X	X

K_B=CD

AB \ CD	00	01	11	10
00		1	X	X
01		1	X	X
11	X	X	X	X
10			X	X

J_C=A' D

AB \ CD	00	01	11	10
00	X	X	1	
01	X	X	1	
11	X	X	X	X
10	X	X	X	X

K_C=D

AB \ CD	00	01	11	10
00	1	X	X	1
01	1	X	X	1
11	X	X	X	X
10	1	X	X	X

$J_D=1$

AB \ CD	00	01	11	10
00	X	1	1	X
01	X	1	1	X
11	X	X	X	X
10	X	1	X	X

$K_D=1$

④ 위의 결과로부터 동기형 10진 카운터를 구현하면 아래 회로와 같다.

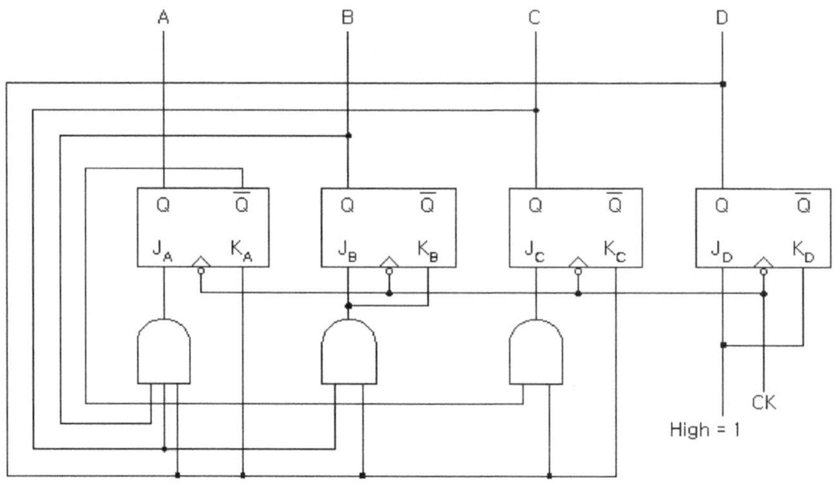

⑤ 아래 그림과 같은 10진 카운터 회로를 디자인한다.

⑥ J-K Flip-Flop으로 Preset과 Clear 단자를 가진 "7476N"을 사용한다.

⑦ Indicators 라이브러리에 있는 FND를 연결하여 Probe의 점등 결과에 따라 FND에 숫자가 카운터 되도록 한다.

⑧ 로직 분석기(Logic Analyzer) 계측기를 사용하여 출력 타이밍도를 확인한다. 로직 분석기를 더블 클릭하여 "Clock" 박스의 Set 버튼을 클릭하여, "Clock rate=60Hz"로 변경한 후 확인하라.

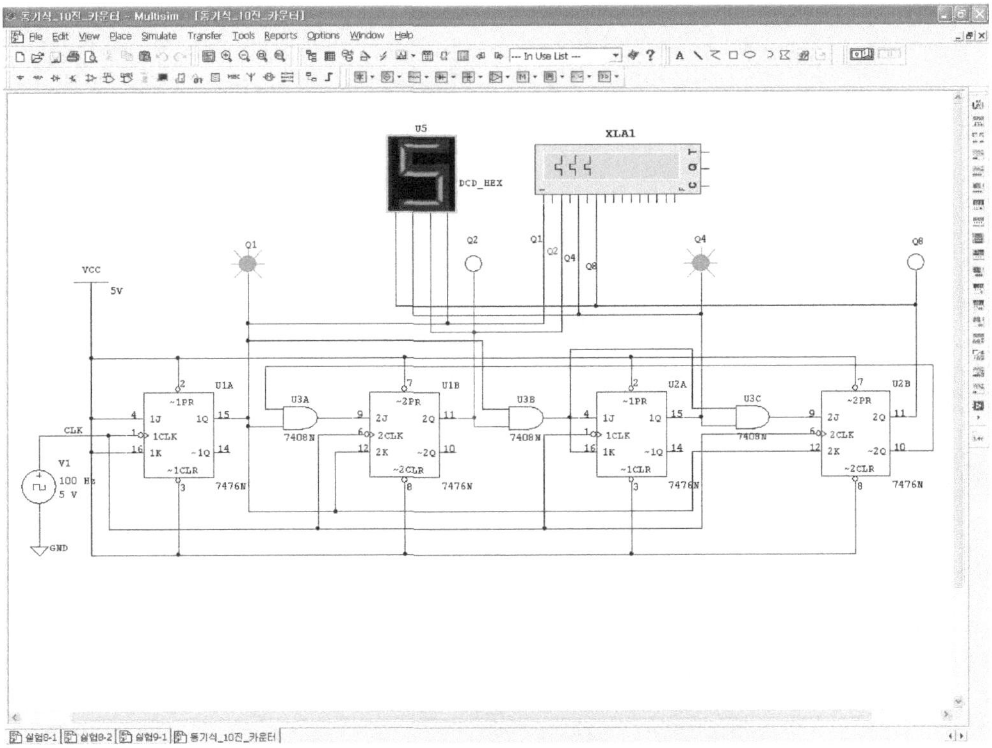
U5
XLA1
DCD_HEX
VCC
5V
U1A
U3A
U1B
U3B
U2A
U3C
U2B
7476N
7408N
CLK
V1
100 Hz
5 V
GND

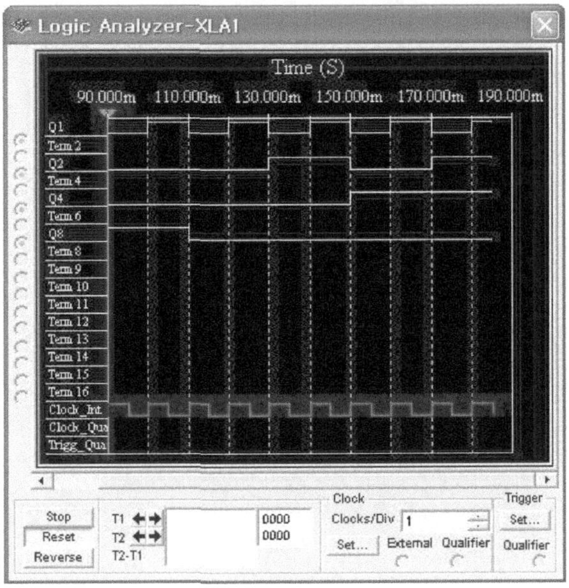
Logic Analyzer-XLA1
Time (S)
90.000m 110.000m 130.000m 150.000m 170.000m 190.000m
Q1
Q2
Q4
Q8
Clock
Clocks/Div
Trigger
Stop
Reset
Reverse
Set...
External
Qualifier

제9장

Multisim을 이용한 응용 회로

이 장에서는 Multisim을 이용한 응용 회로들을 시뮬레이션한다. 이곳에서 다루는 예제들은 대부분 Electronics Workbench사에서 사용자들을 위해 예제용으로 제작한 것으로 Multisim을 설치하면 자동으로 여러분의 컴퓨터 하드 속의 National instruments\Circuit Design Suite 11.0\Samples 디렉토리 속에 저장되어 진다.

이러한 예제들을 보다 쉽게 검색하기 위해서는 Multisim의 메뉴 중 [File] ➡ [Open Samples…]를 마우스로 선택하면 아래 그림과 같은 예제가 들어 있는 창이 오픈되며, 이곳에서 필요한 예제를 선택할 수 있다.

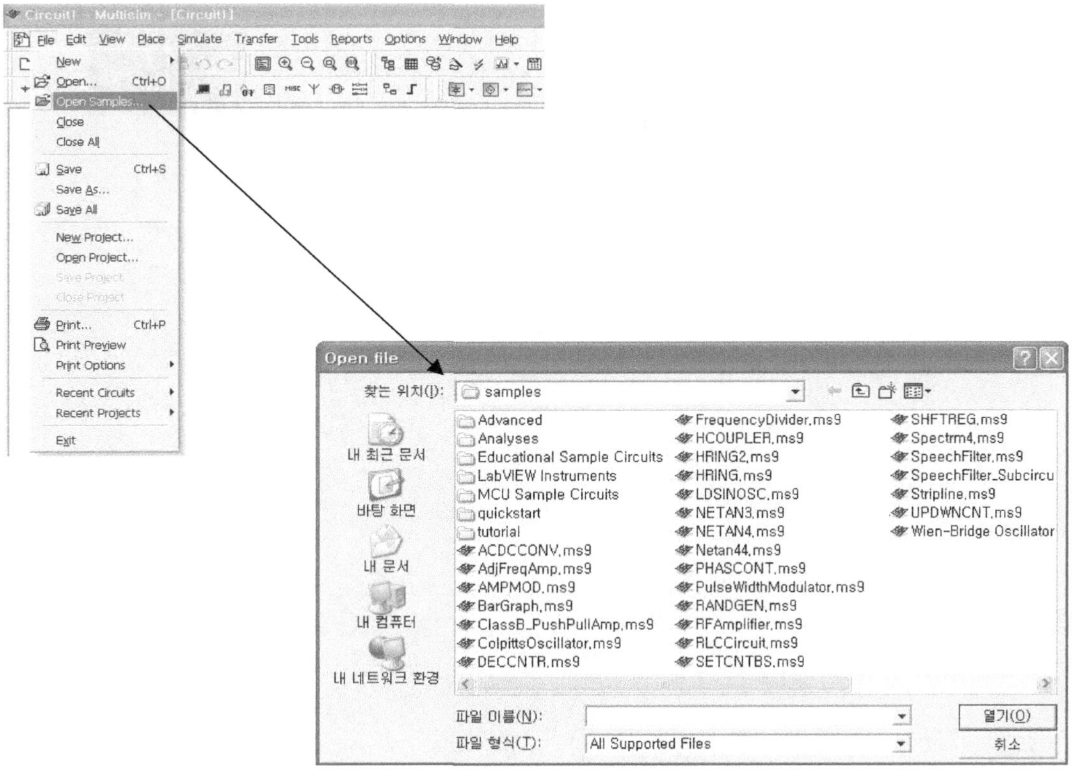

응용 회로 1. Analog to Digital 컨버터 회로

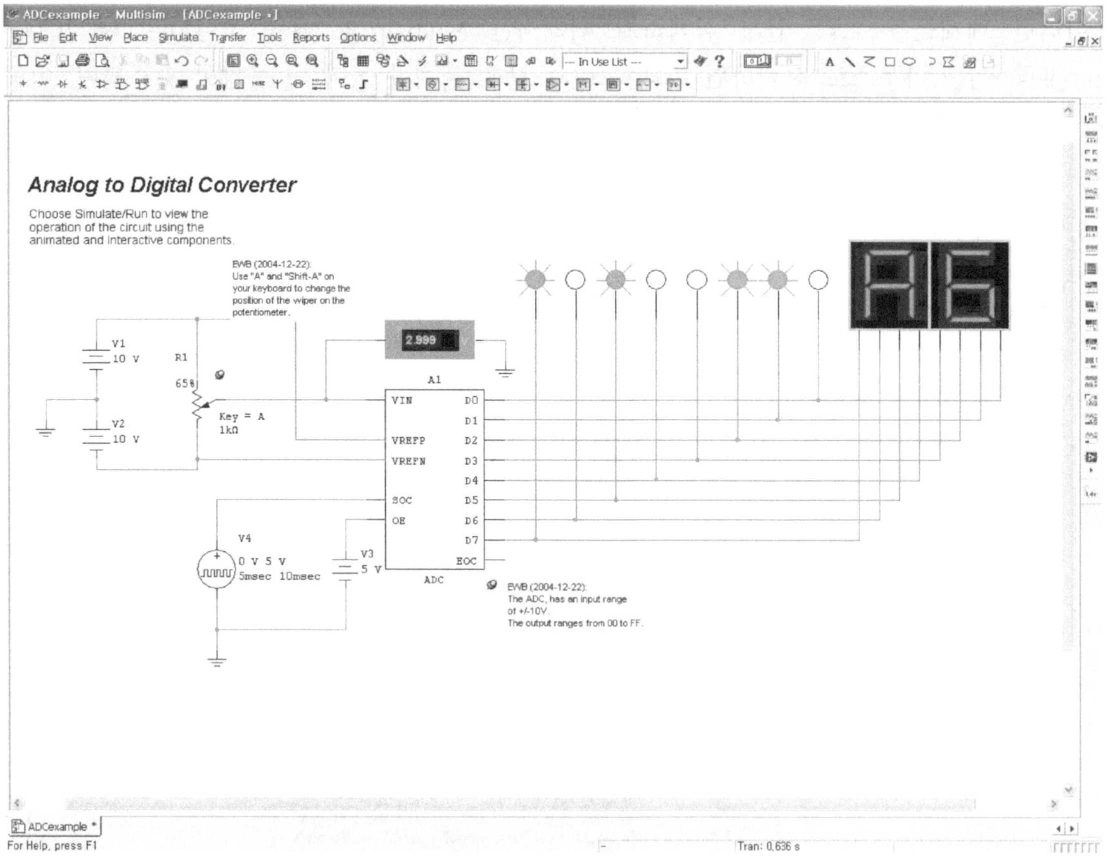

응용 회로 2. 필터를 가진 브리지 정류 회로

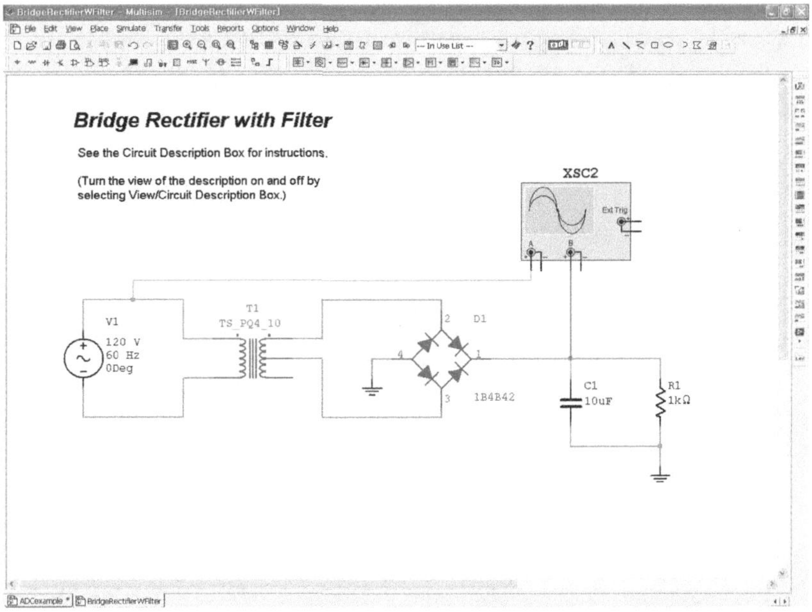

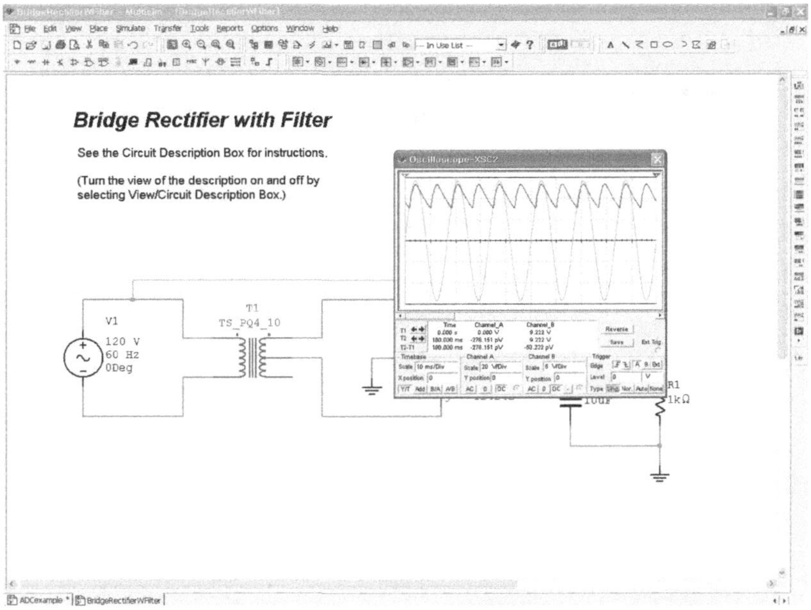

응용 회로 3. 펄스폭 변조 회로

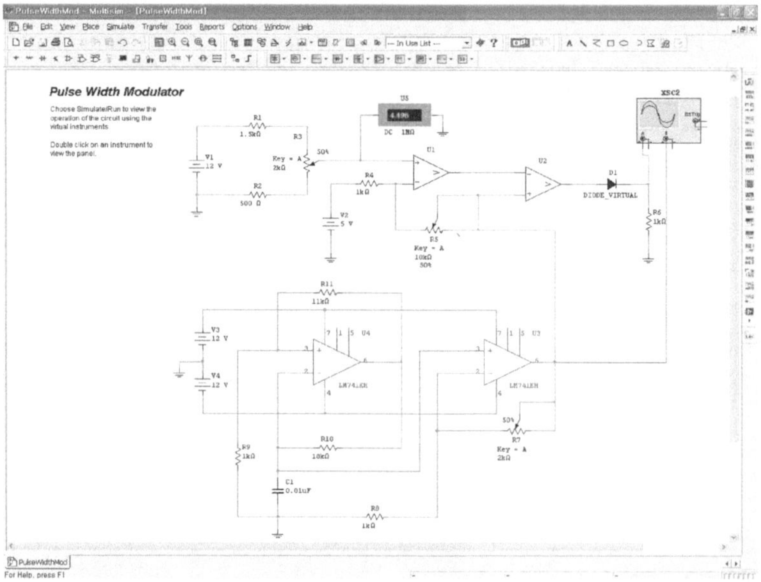

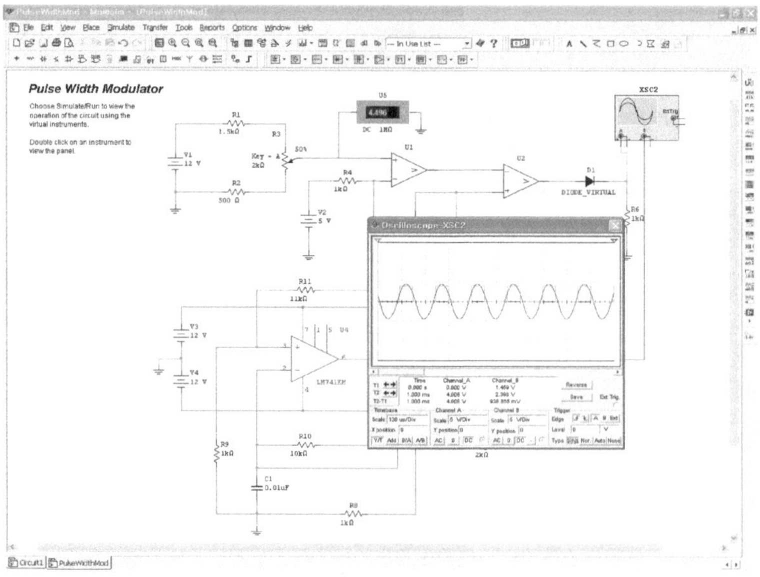

응용 회로 4. 스피치 필터 회로

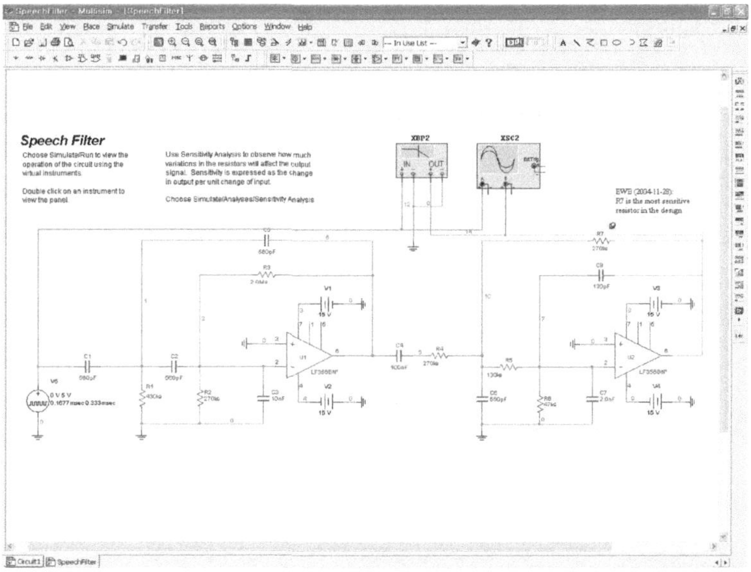

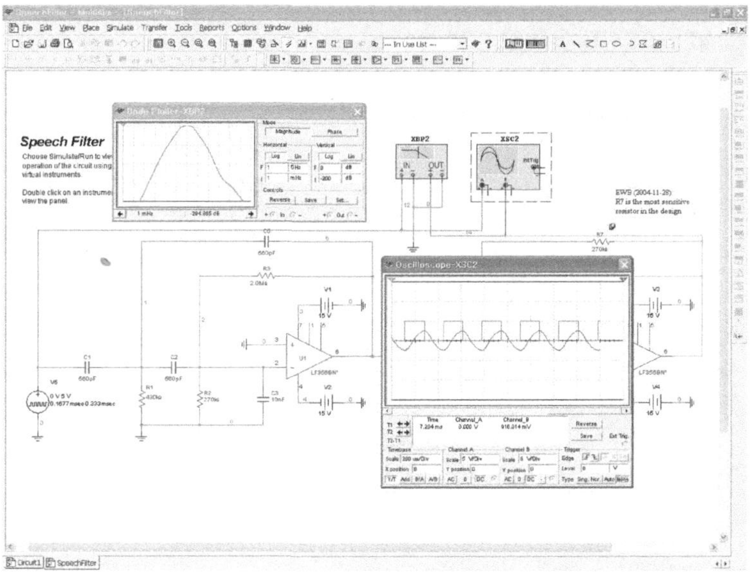

응용 회로 5. 저 왜곡 정현파 발진기 회로

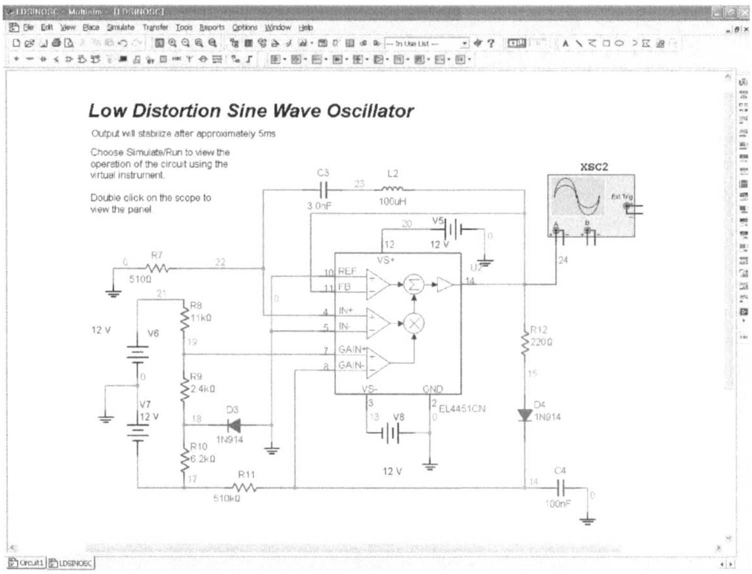

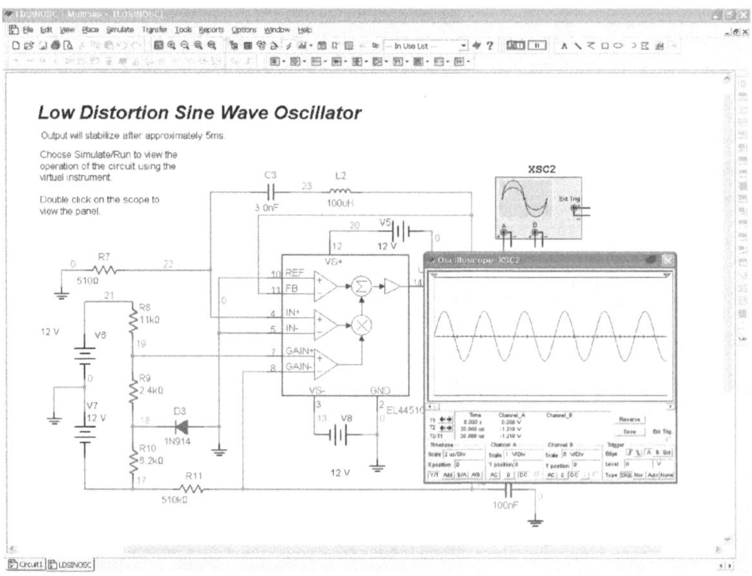

응용 회로 6. 능동 가변 주파수 분배기 회로

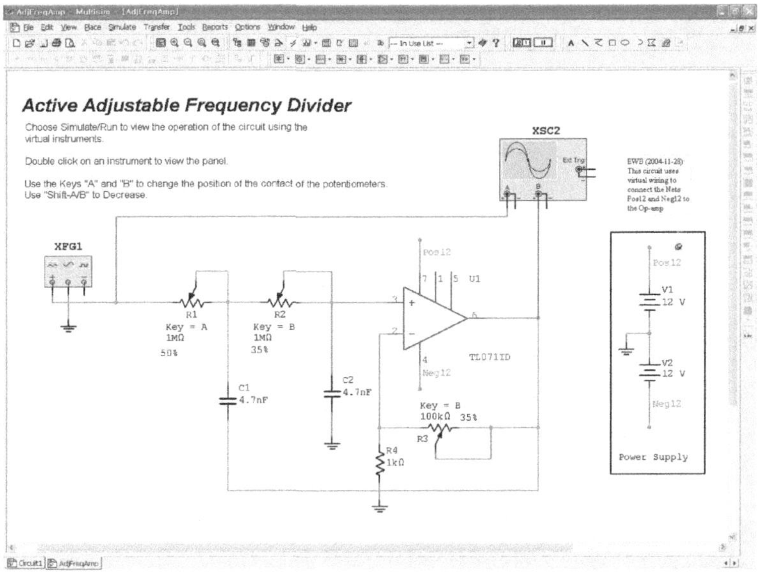

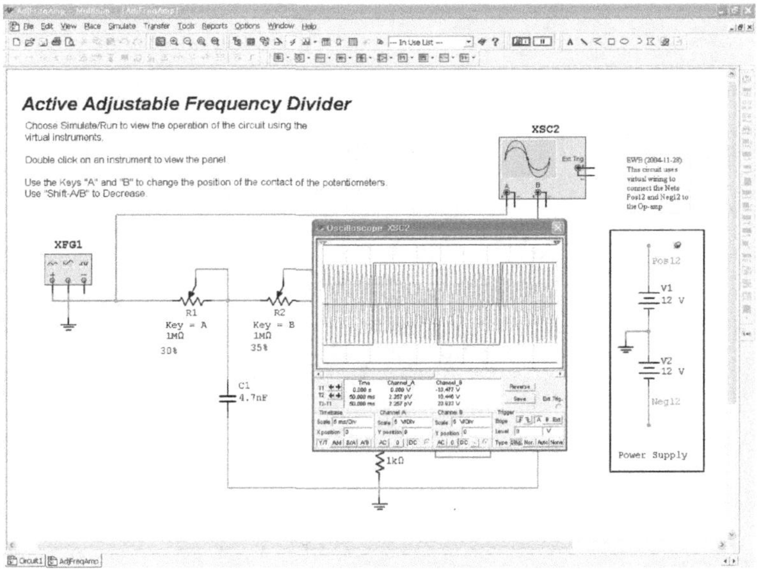

응용 회로 7. 진폭 변조 회로

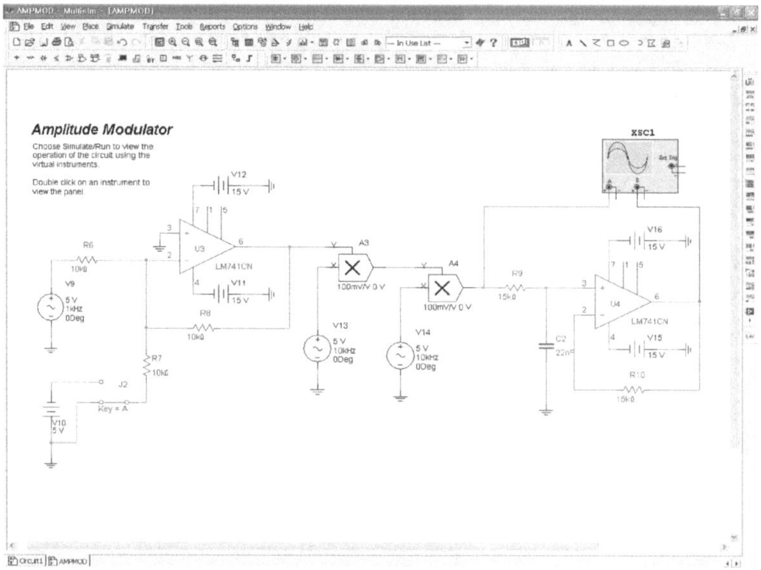

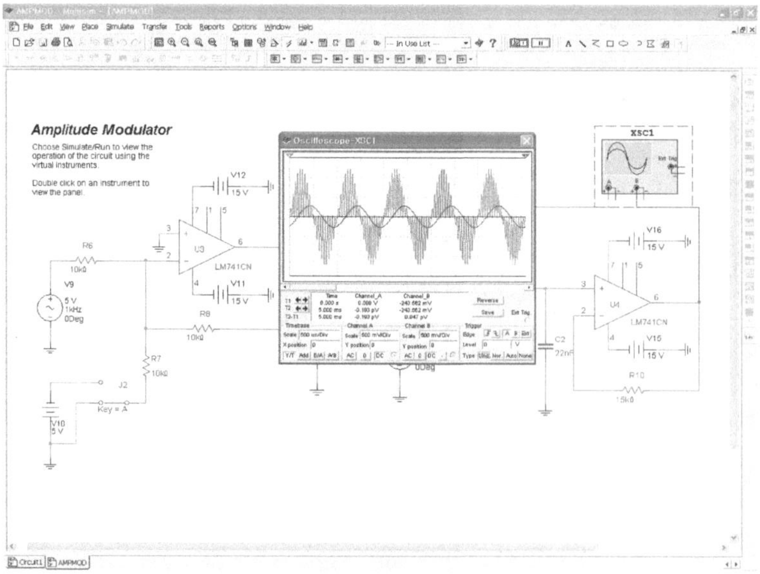

응용 회로 8. 가중 평균 D/A 컨버터 회로

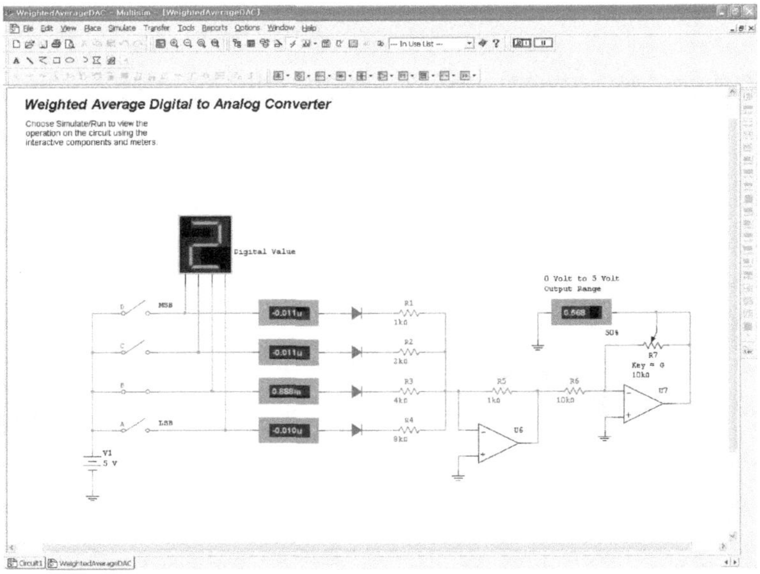

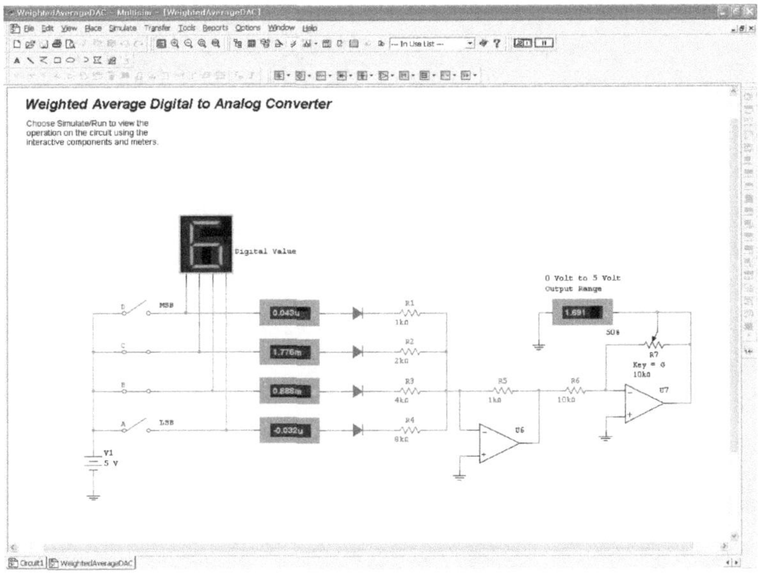

응용 회로 9. 시프트 레지스터 회로

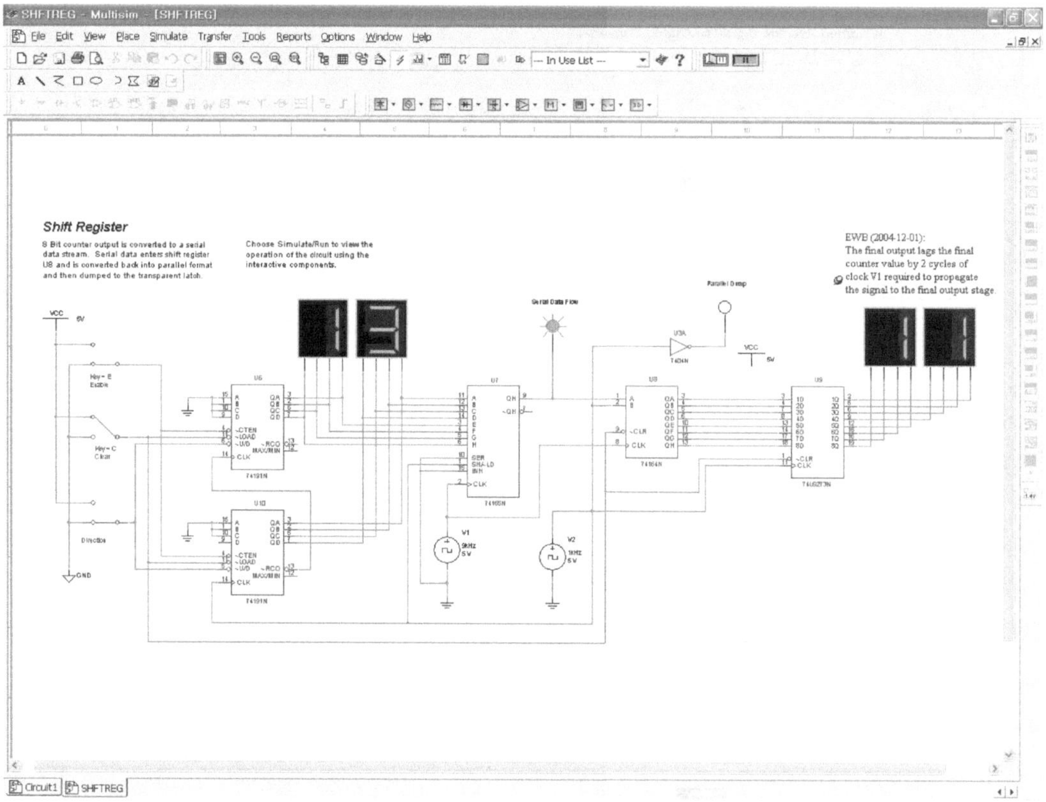

응용 회로 10. Stop_Watch 회로

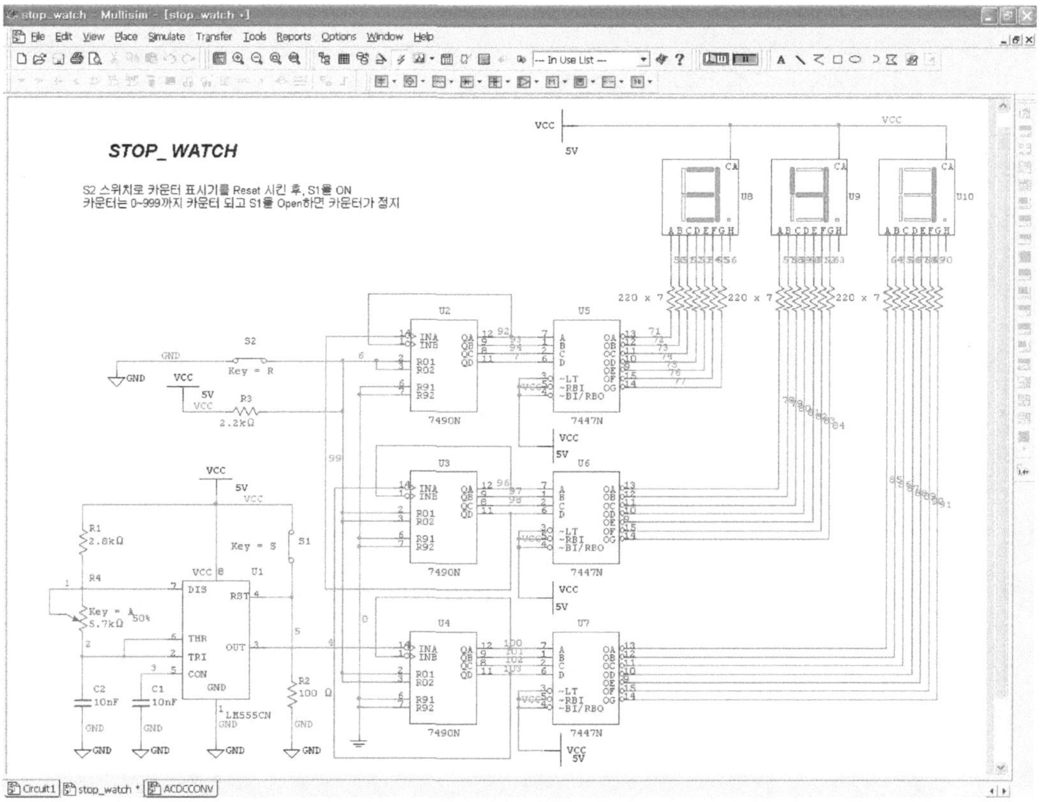

응용 회로 11. 자동 점멸 회로

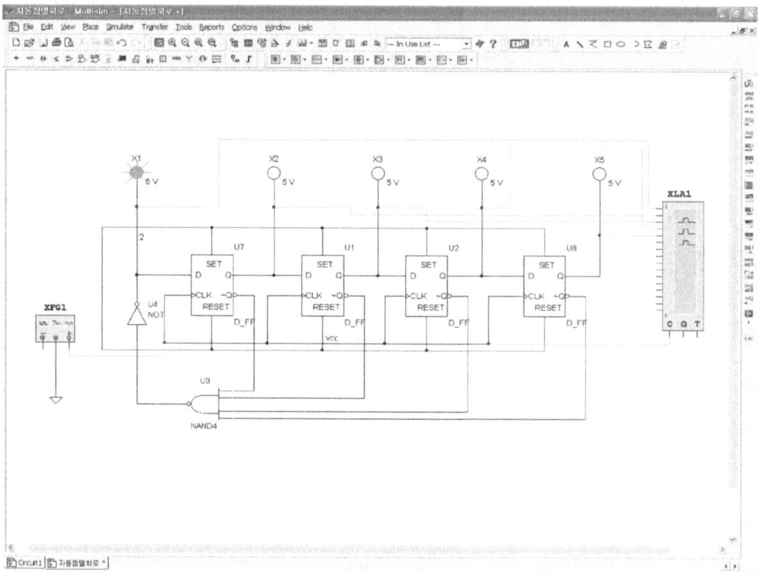

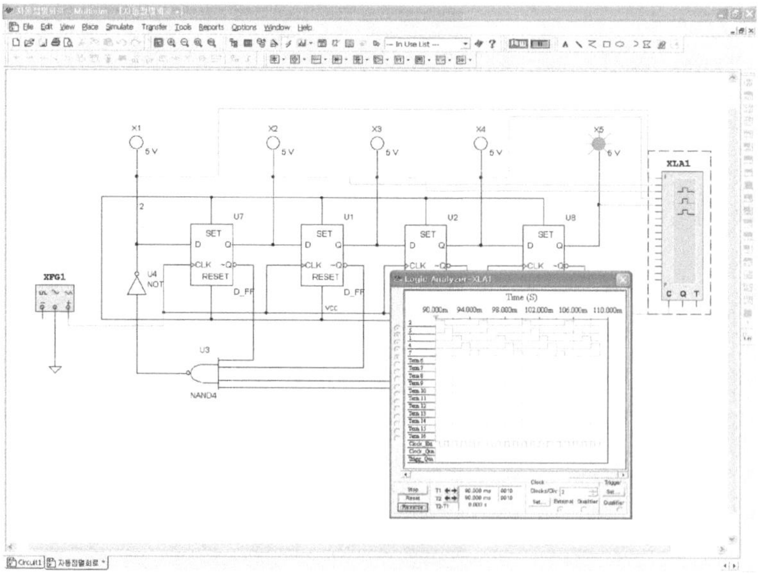

응용 회로 12. 우선순위 판별 회로

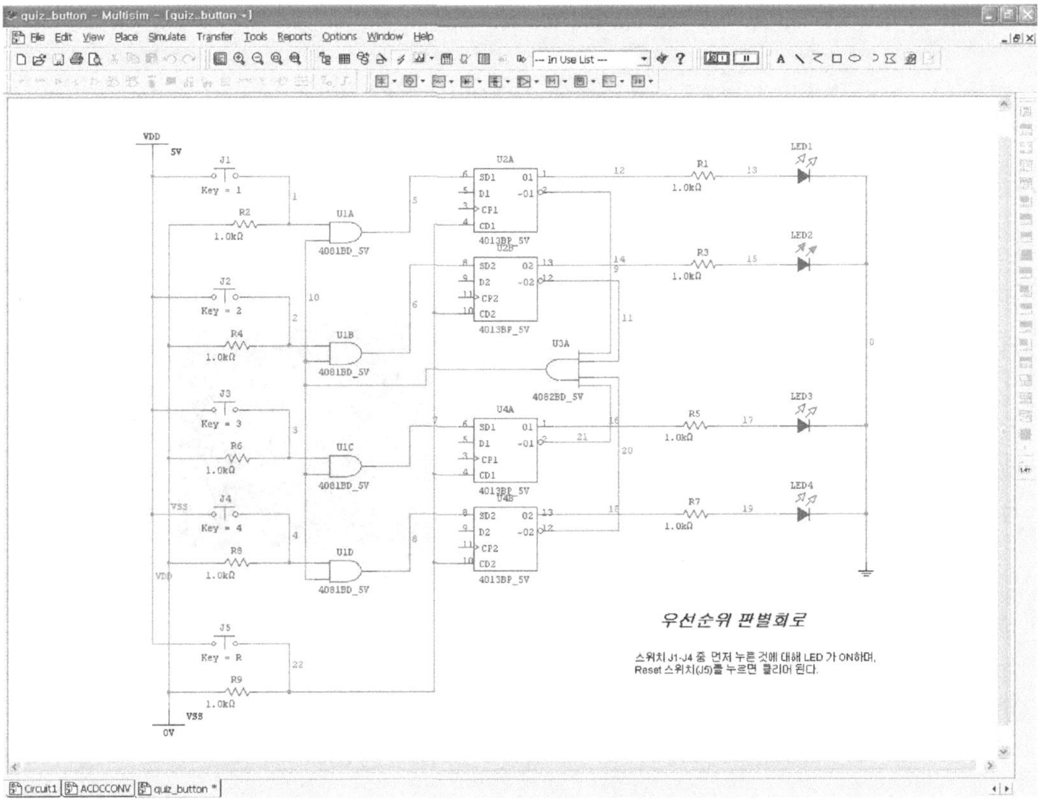

응용 회로 13. RF 증폭기 회로

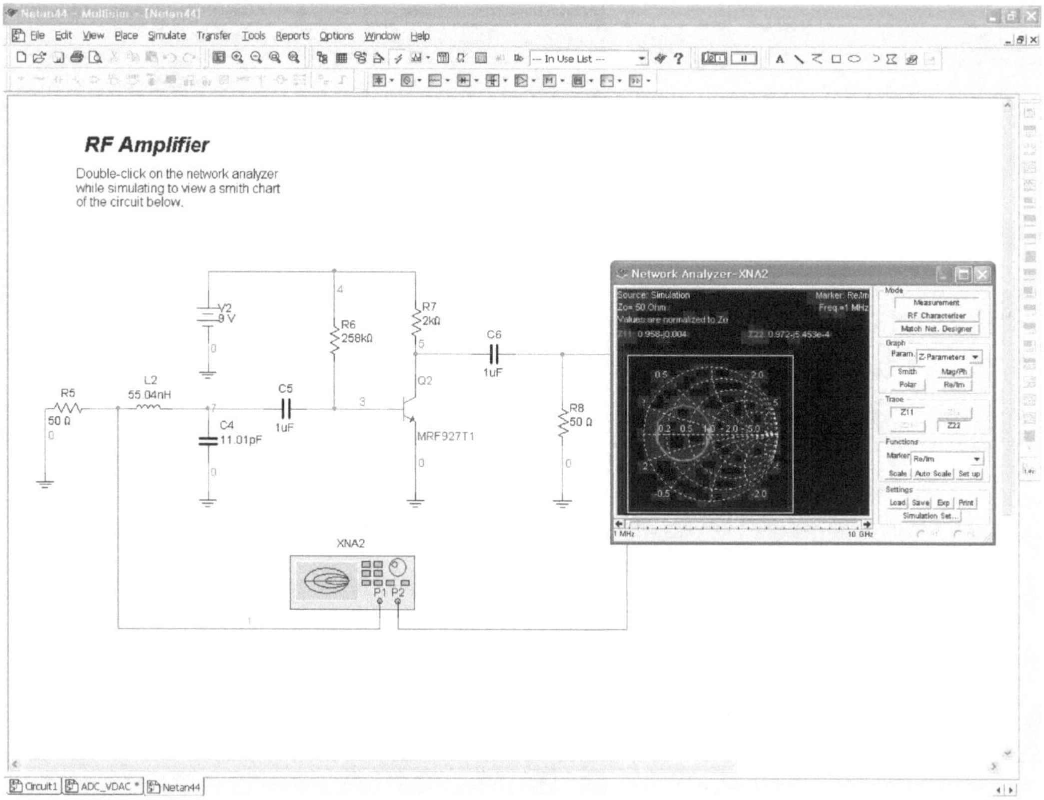

응용 회로 14. A/D와 D/A 컨버터 회로

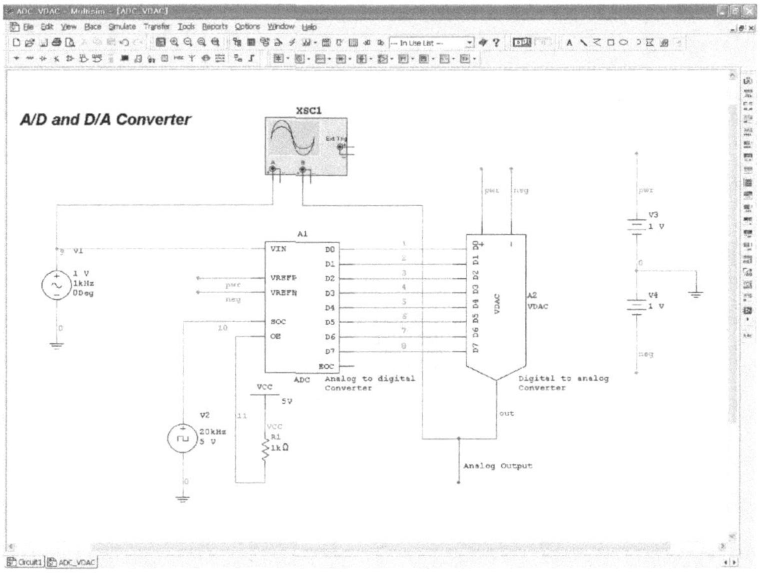

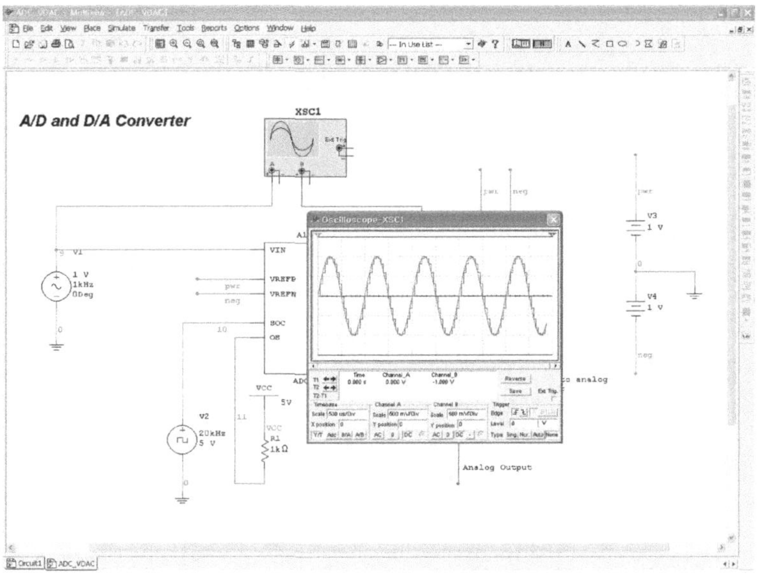

응용 회로 15. 디멀티플렉서 회로

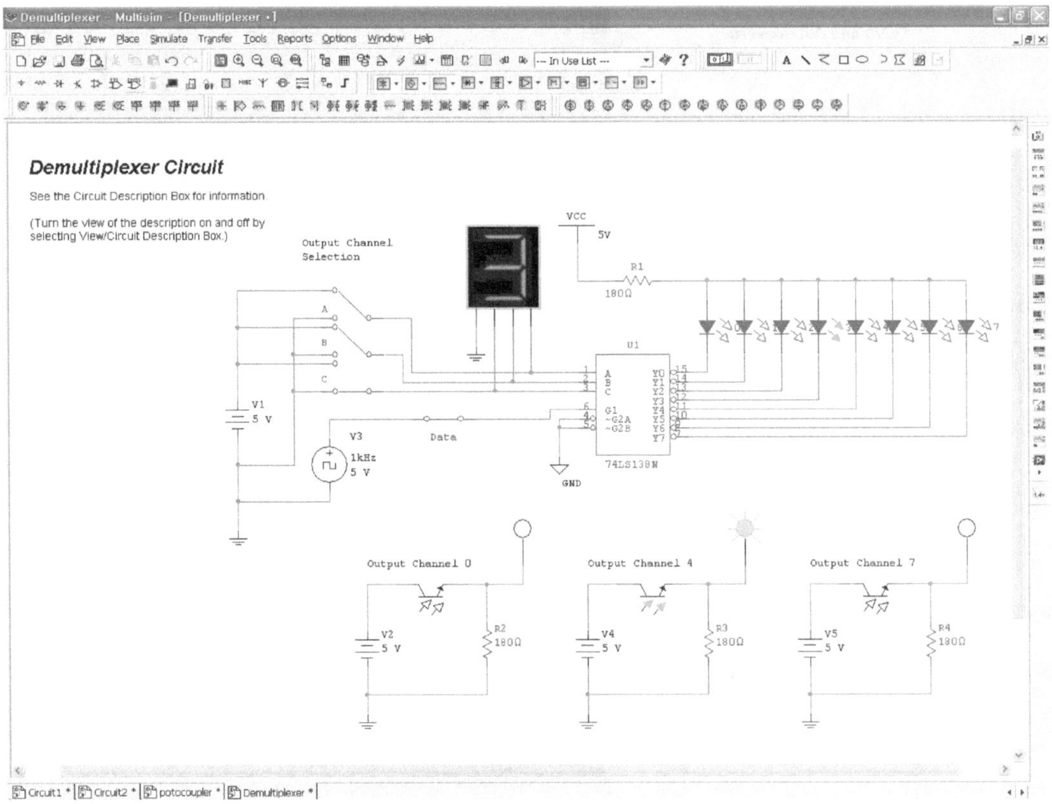

응용 회로 16. 포토커플러 회로

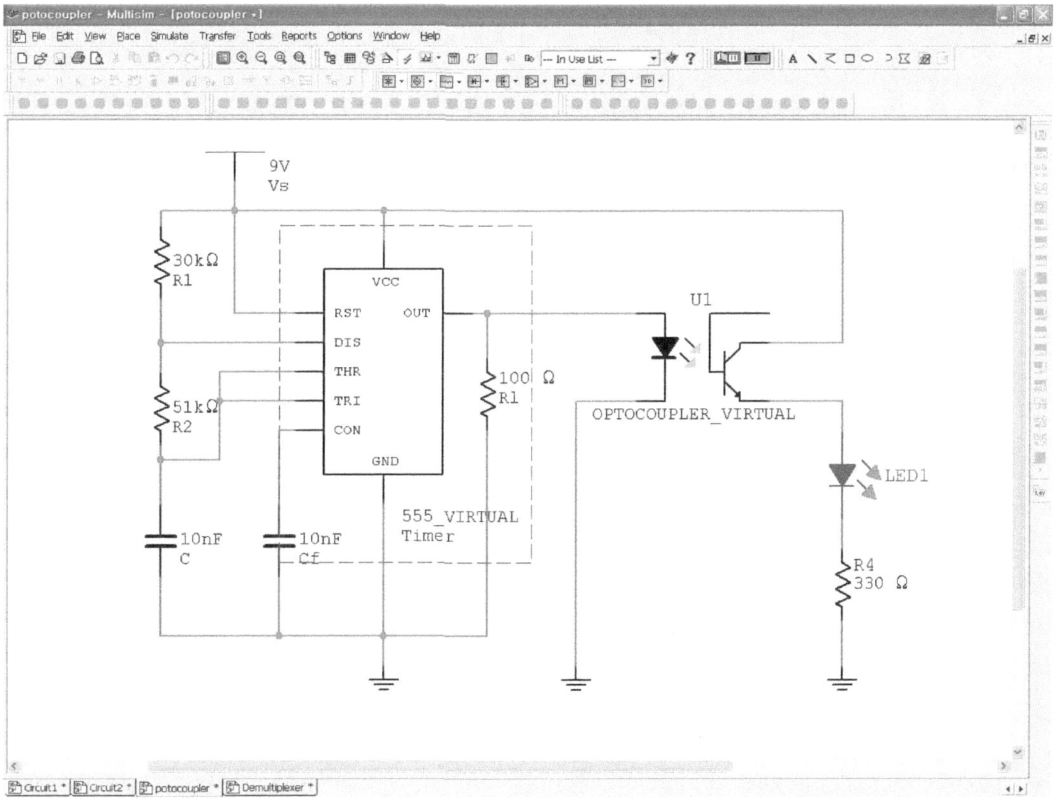

제10장

Ultiboard를 이용한 PCB Layout 실습

Ultiboard는 National instuments의 PCB(Printed Circuit Board) Artwork용 CAD 프로그램으로 Multisim으로 원하는 회로를 설계한 후 이를 실시간 모드로 시뮬레이션하여 회로의 동작 여부 및 상태를 확인 수정한 후 이 데이터를 PCB 데이터로 변환하여(Netlist), Ultiboard에서 쉽고 짧은 시간에 PCB 기판을 설계할 수 있다.

이번 장에서는 Multisim을 사용해서 설계한 회로를 PCB 제작용 프로그램인 Ultiboard로 데이터 변환 전송하는 방법과 변환된 데이터를 이용하여 PCB를 제작을 위한 거버(Gerber) 파일을 생성하는 방법을 간단한 예제회로를 이용하여 실습한다.

실습예제

링 카운터(Ring Counter) 회로를 Multisim을 이용하여 설계한 후 시뮬레이션을 통해 동작 상태를 확인하고 Ultiboard를 이용하여 PCB 제작을 위한 거버(Gerber) 파일을 제작하라.

① 아래 그림과 같이 링 카운터 회로를 Multisim을 이용하여 설계한다.

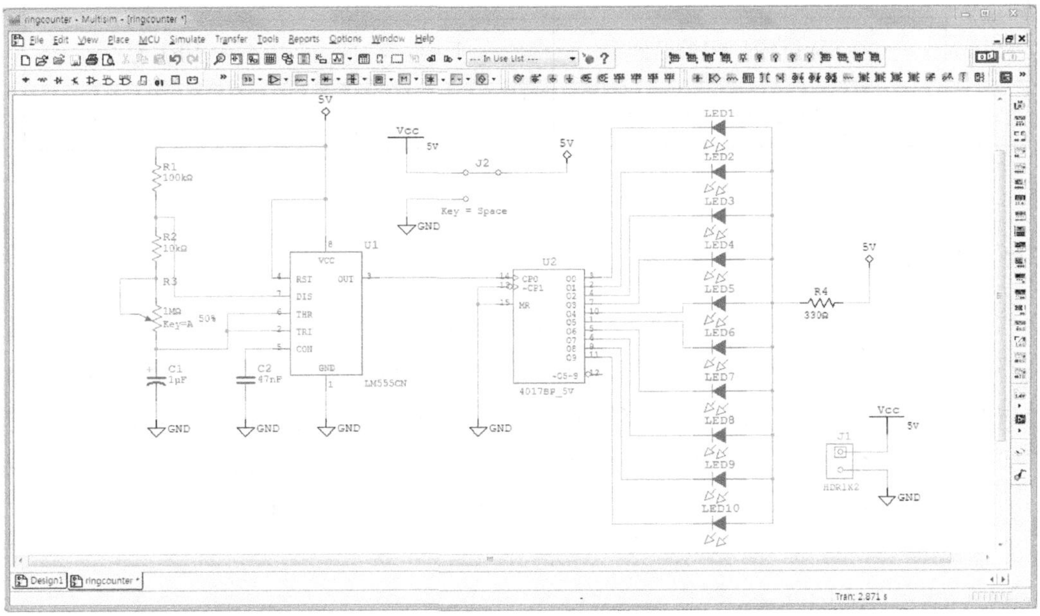

회로에 적용될 부품에 대한 Footprint 정보는 아래의 표를 참고하도록 한다.

수량	Description	RefDes	Footprint
1	TIMER, LM555CN	U1	N08E
1	CMOS_5V, 4017BP_5V	U2	SOT-38Z
1	RESISTOR, 100kOhm	R1	RES900-300X200
1	RESISTOR, 10kOhm	R2	RES900-300X200
1	Potentiometer, 1MΩ	R3	SPITRI64W
1	CAP_ELECTROLIT,1uF-POL	C1	ELKO5R5
1	CAPACITOR, 47nF	C2	KERKO5X4R5
1	RESISTOR, 330Ω	R4	RES900-300X200
10	LED_red	LED1~LED10	LED9R2_5V
1	SWITCH, SPDT	J2	SW_SE1PC
1	CONNECTORS, HDR1X2	J1	HDR1X2

2. 회로 시뮬레이션

① 배선을 모두 연결한 후, CMOS 4017 부품을 더블 클릭하여 Pins 탭에서 전원(VDD)과 그라운드(VSS)의 네트(Net)를 각각 5V와 GND로 변경한다. 이것은 Ultiboard로 전환 시 2개의 전원(VDD와 VCC)과 두 개의 그라운드(VSS, GND)로 분리되는 것을 막기 위해서이다. 변경하는 방법은 그림과 같이 On-page connectors 탭에서 변경하고자 하는 이름에 해당하는 셀을 더블 클릭한 후 직접 변경한다.

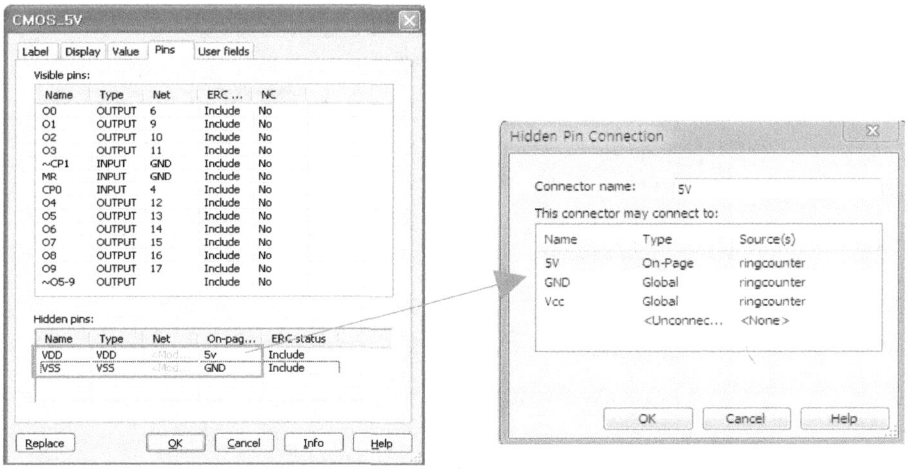

LED는 아래와 같이 "On Current(Ion)를 1㎃"로 10개 모두를 변경한다.

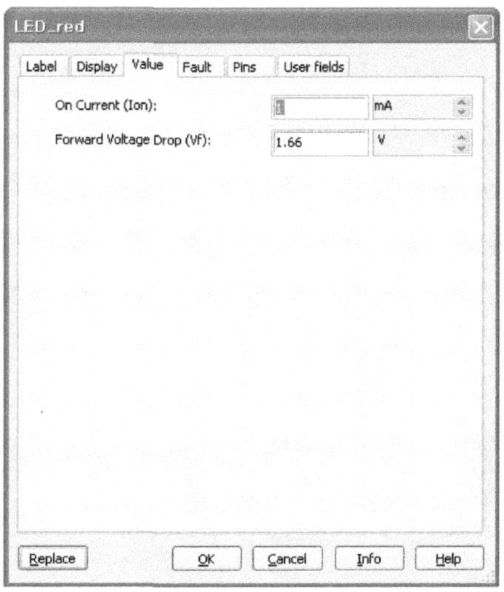

② 이제 회로의 정상 동작 여부를 시뮬레이션을 실행하여 점검하여 보도록 한다. 회로의 시뮬레이션을 속도 조절을 위해서 메인 메뉴에서 [Simulate] ➡ [Interactive Simulation Settings] ➡ [Defaults for Transient Analysis]을 클릭하여 아래의 그림과 같이 "End time"과 "TMAX"를 각각 설정하고 OK 버튼을 클릭한다.

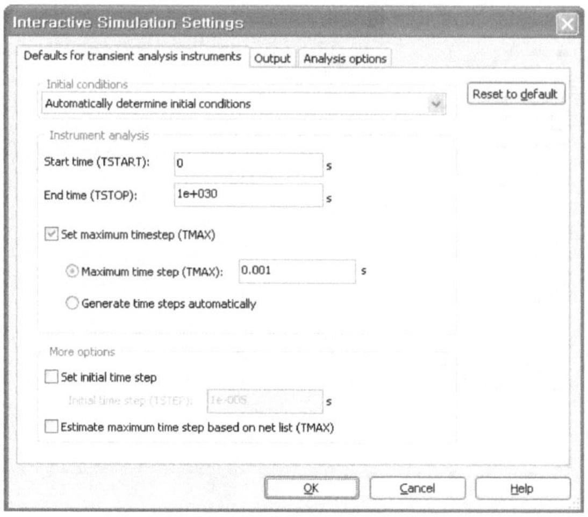

설정이 완료되면, 메인 메뉴의 [simulate] ➡ [Run]을 클릭하거나 우측 상단의 스위치 버튼을 클릭하여 LED의 점등 여부를 눈으로 확인한다. 만약 LED가 점등이 되지 않으면 회로에 이상이 있는 것이다. 회로의 배선과 각 부품들의 Value 값을 다시 확인하여 수정한다.

③ 부품 번호(레퍼런스 번호)를 재정렬한다.

메인 메뉴의 [Tools] ➡ [Rename/Renumber Components]를 클릭하면 아래 그림과 같은 "Rename Component Reference Designators" 창이 활성화된다. 우측의 "Renumber" 버튼을 클릭하면 부품 번호가 좌측 상단에서 우측 하단으로(대각선 방향) 부품 번호가 자동으로 재부여된다.

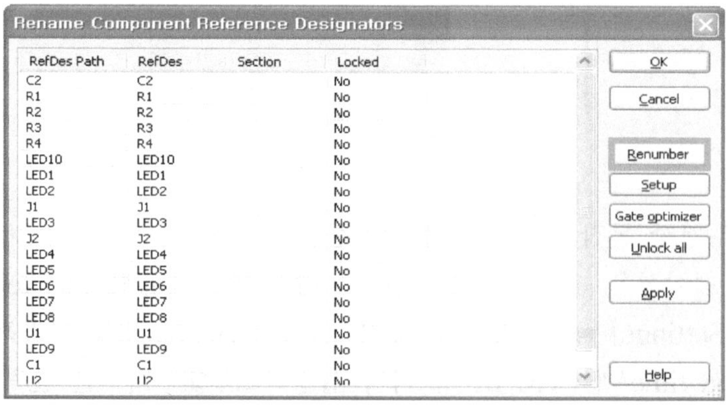

3. Footprint 설정

회로 도면을 완성하고 동작에 이상이 없을 경우에는 PCB Layout을 위해 아래와 같이 Footprint를 설정한다. Multisim에는 'Real 부품'과 'Virtual 부품'이 있는데, 'Real 부품'에는 Footprint가 이미 설정되어 있어 별도로 Footprint를 설정하지 않아도 되어 번거로움을 덜 수 있다. 다만, 다른 Footprint를 사용하고자 할 경우에는 Footprint를 변경할 수 있다.

'Real 부품'을 사용하지 않고 'Virtual 부품'을 사용했을 경우에는 부품 속성 창에서 직접 Footprint를 설정할 수가 없다. 이 경우에는 Spreadsheet View 창의 Components 탭에서 Footprint를 설정하면 된다.

부품을 작업 영역으로 가져왔을 때, Real 부품은 파란색으로 표시되고, Virtual 부품은 검정색, 그리고 시뮬레이션 용도가 아닌 기구 부품(커넥터 등)은 초록색으로 표시된다. 검정색의 Virtual 부품에 Footprint를 설정하면 파란색으로 변한다.

메인 메뉴의 [View] ➡ [Spreadsheet View] ➡ [Components]를 클릭하면 위의 그림과 같이 스프레드시트 창에서 회로에 사용된 각 부품의 Footprint를 확인할 수 있다. 이곳에서 회로상의 모든 부품에 대한 Footprint의 변경이 가능하다.

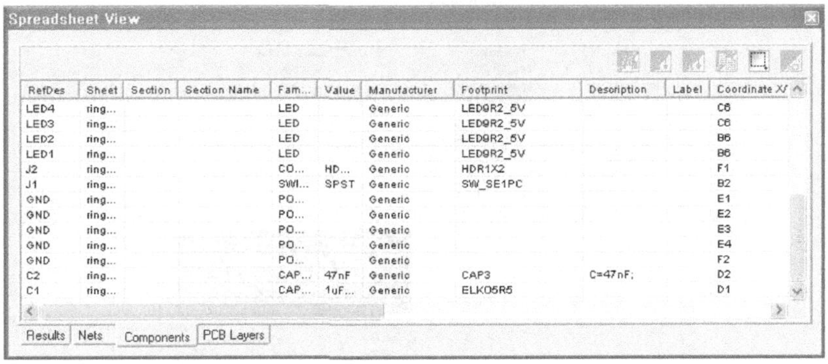

① 현재의 Footprint를 다른 Footprint로 변경하기 위해 스프레드시트 창에서 해당 부품의 Footprint 셀을 클릭하면 아래와 같은 Footprint를 선택하는 창이 나타난다.

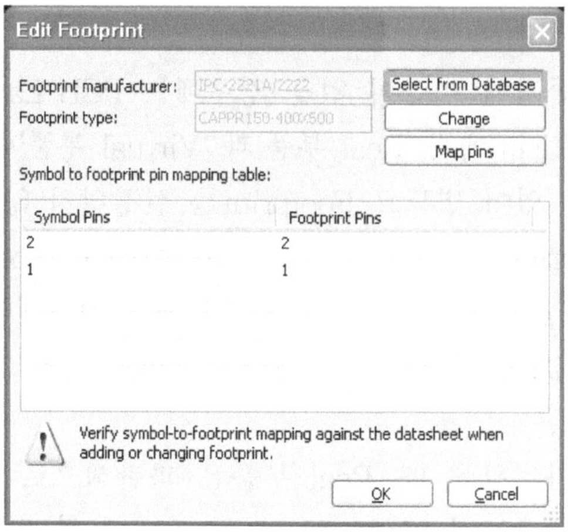

[Select From Database] 버튼을 클릭하여, 아래 그림과 같이 해당 Footprint를 선택하고, [Select] 버튼을 클릭한다.

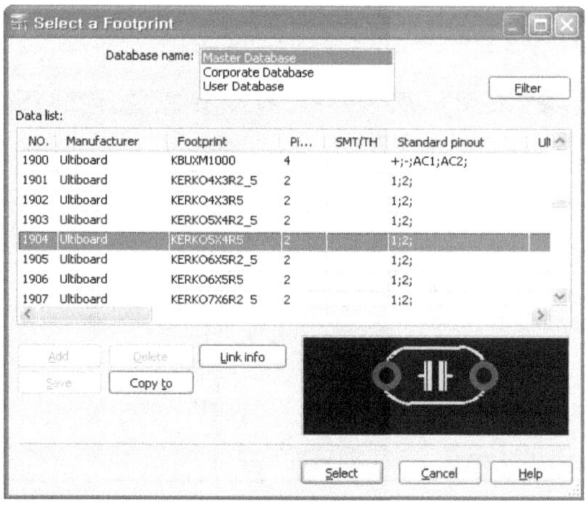

② 부품의 핀 번호와 Footprint의 심볼 번호를 동일하게 연결해야 된다. 대부분 자동으로 핀 번호가 매칭이 되어 있으므로 핀 매칭을 별도로 하지 않아도 된다. 만일 핀 번호가 다를 경우에는 아래와 같이 매칭을 수행한다.

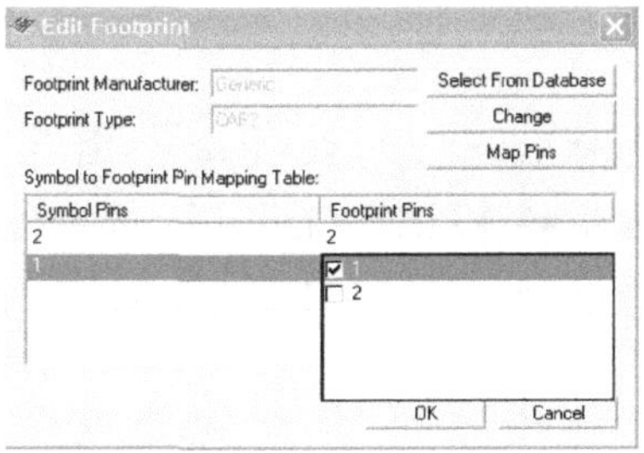

③ R4 Potentiometer는 "SPITRI64W" Footprint를 선택하여 교체한다.

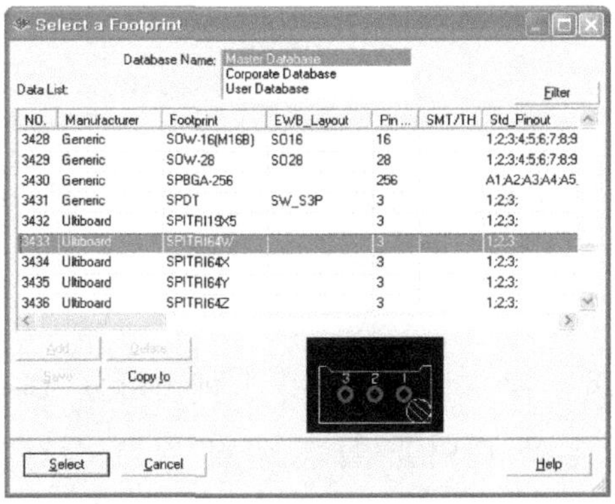

④ 전원 차단을 위한 J2 스위치는 3핀 slide 스위치로 "SW_SE1PC" Footprint를 선택하고 아래와 같이 Symbol Pins과 Footprint Pins을 매칭한다.

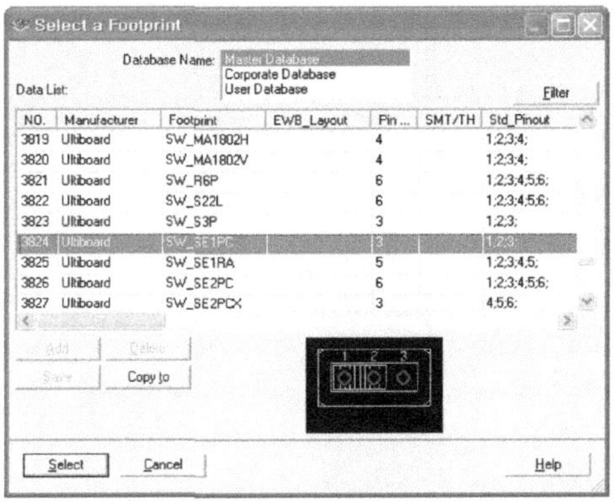

4. 타이틀 블록(Title Block)

회로가 완성되었으면, 회로에 대한 기본적인 정보를 입력하는 타이틀 블록(Title Block)을 작성한다. 메인 메뉴의 [Place] ➡ [Title Block]을 클릭하면 Multisim에서 제공한 여러 가지의 기본 Title Block이 나오는데 이중에서 "example1.tb7"를 가져온다.

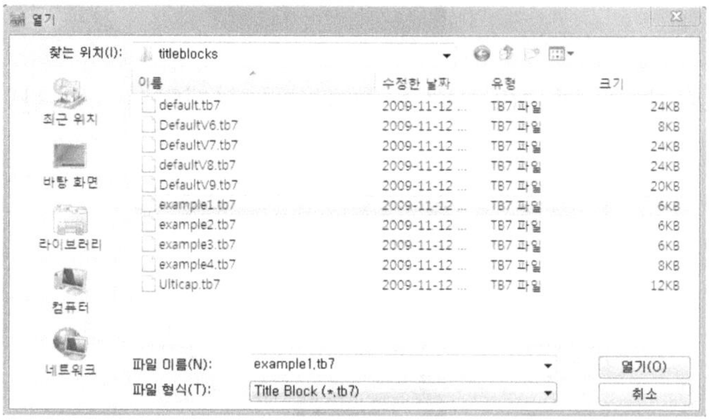

타이틀 블록을 작업 영역의 우측 하단 모서리에 배치하고, 타이틀 블록 위에서 마우스를 더블 클릭하면 아래 그림과 같은 타이틀 블록 입력 창이 생긴다.

타이틀 블록 입력 창에서 "Title"에는 회로도명을 기입하고, "Document No"와 "Date"에는 각각 정보와 날짜를 기입하고 **OK** 버튼을 클릭하여 완료한다.

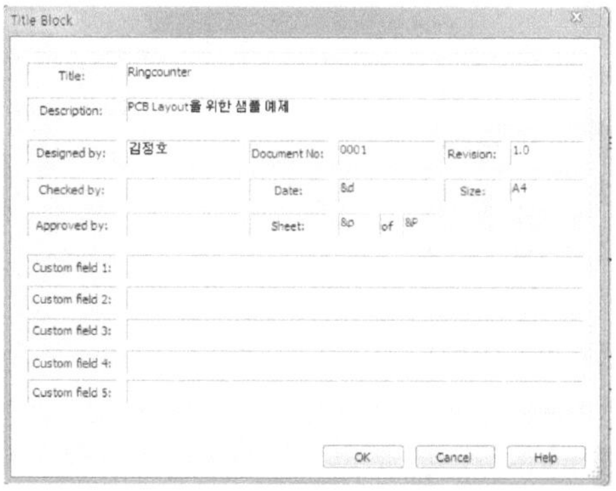

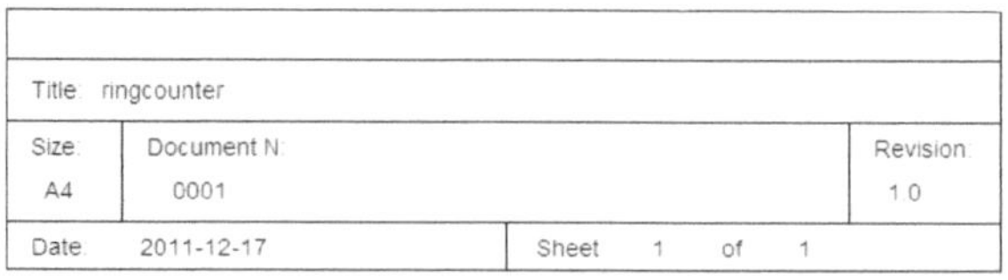

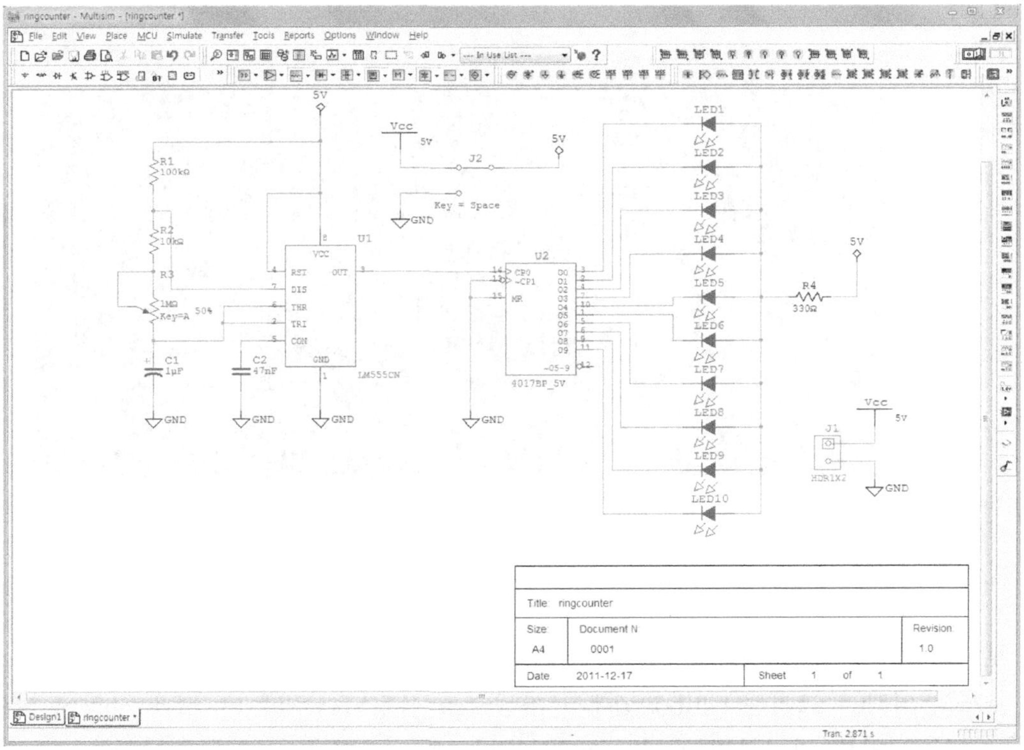

4. PCB Netlist 출력 및 보드의 외곽선 설정하기

회로도에서 footprint를 설정하는 것은 PCB Layout에 사용할 부품 패키지를 선택하는 것으로 Multisim에서 Footprint 설정이 모두 완료되면, 설정된 부품 정보 및 연결선 정보 데이터들을 Ultiboard에 적합하게 변환 전송해야 하는데 이것이 Netlist 파일이다.

Netlist 파일을 Ultiboard로 전송하기 위해 Multisim의 메뉴에서 [Transfer] ➡ [Transfer to Ultiboard] ➡ [Transfer to Ultiboard 11.0]를 클릭하여, 전송될 Netlist 파일을 임의의 폴더를 만들어 파일명을 "ringcounter"로 저장한다. 단 파일명은 영문만 사용해야 한다. (Netlist 파일은 *.ewnet 형식의 파일 포맷을 갖는다.)

OK 버튼을 클릭하면, 파일 변환 및 전송에 문제가 없다면 Ultiboard가 자동으로 실행되며, Netlist 정보 창이 나타난다. OK 버튼을 누르면 부품들이 배치된다.

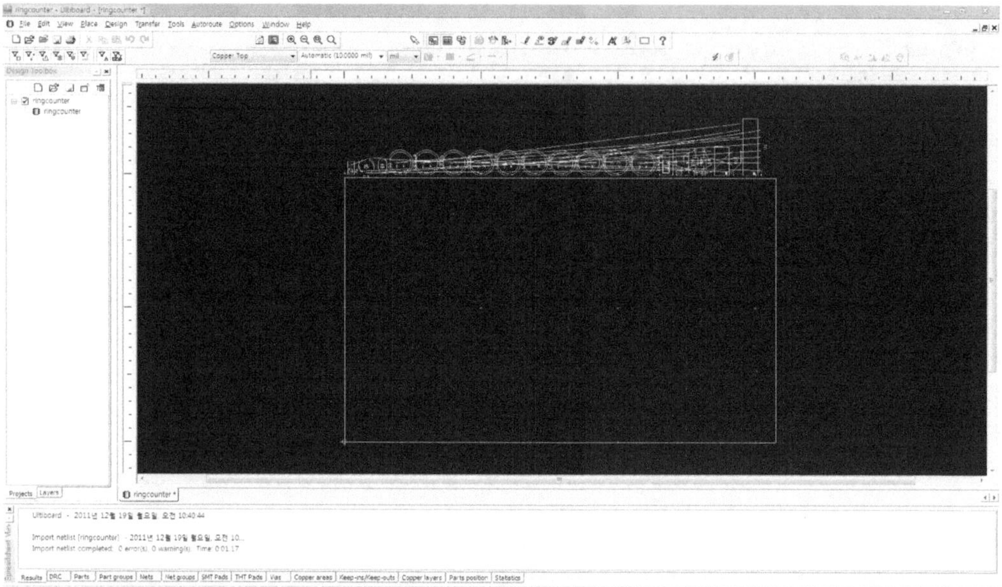

① 보드의 외곽선 크기설정

보드의 외곽선 크기는 Ultiboard에서 자동으로 설정되어 있는데, 설계 사양에 맞도록 보드의 크기를 변경하여 보자. Ultiboard의 메인 화면에서 좌측의 Design Toolbox "Layers" 탭에 있는 "Board Outline" 레이어를 마우스로 더블 클릭한다. 해당 레이어를 더블 클릭하면 레이어가 붉은색으로 둘러싸이며 작업 영역에는 그 레이어만 활성화 된다. 작업 영역에서 보드 외각선을 마우스로 선택하여 삭제(delete)한다.

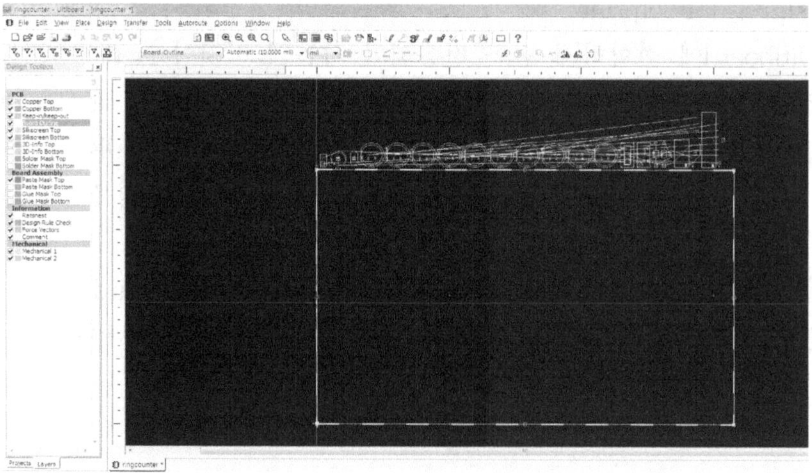

[Tools] ➡ [Board Wizard]를 클릭하여 PCB 설계 환경(단면, 양면 또는 다층 기판)과 보드 크기를 설정할 수 있다.

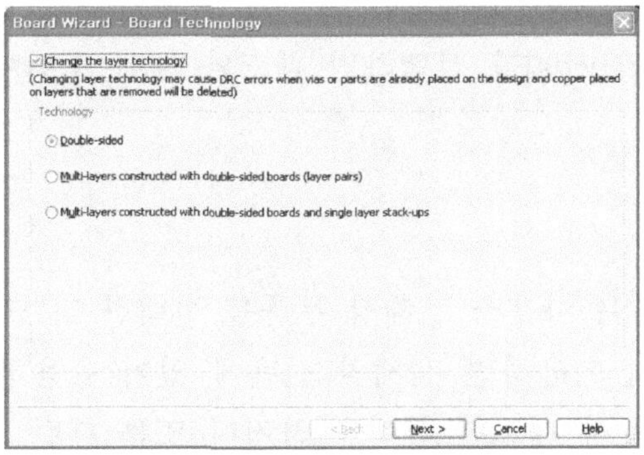

"Change the layer technology"의 체크 박스에 체크하여 "Technology" 창을 활성화시킨다. 양면 기판으로 설계하기 위해 "Double Sided"를 선택하고 "Next" 버튼을 클릭한다.

"Board Wizard... Shape of Board" 창이 나타나는데, 단위(Units)는 "mil", 기준점은 "Center"로 설정하고 지름(Diameter)이 2,500mil] 크기의 원형 기판을 만들기 위해서 "Board Shape and Size"에서 "Circular"를 선택하고 "Diameter : 2,500"을 입력한다. 부품 배치의 한계(최소 인접 거리)를 정의하는 "Clearance : 10"으로 설정한다. "Finish" 버튼을 클릭하여 보드 크기 및 양면 보드 설정을 완료한다.

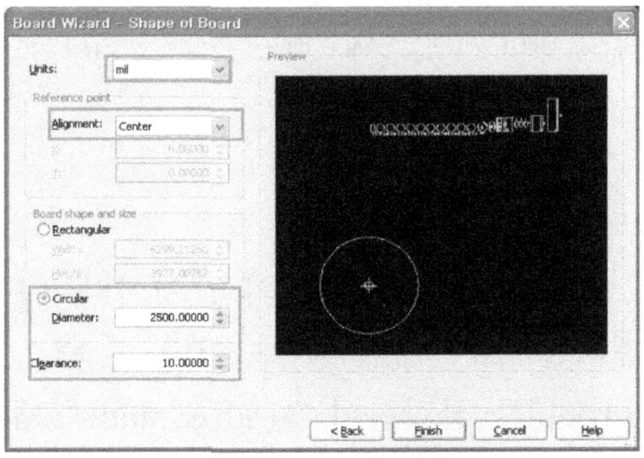

【참고 1】

100mil = 2.54㎜로, 만능 기판에서 핀과 핀의 간격이 100mil로 규격화되어 있으며, DIP 타입의 IC 핀 간의 간격도 100mil로 규격화되어 있다.

1inch= 1000mil =25.4mm

【참고 2】

- 클리어런스(Clearance) : 패드 또는 패턴과 보드 외각선 사이의 최소 인접 영역으로 이 영역서 배선이나 부품이 배치되면 에러가 발생된다.
- [View] 메뉴의 [Clearances]를 선택하면 패드와 패턴 주위에 여유 공간을 파란 라인으로 보여준다.

② 부품의 배치

부품의 배치를 위한 이동은 마우스로 해당 부품을 선택한 뒤 드래그하여 배치할 수 있는데, "Select" 툴바를 적절히 이용하면 객체의 선택에 있어 유용하다.

Select 툴바는 PCB 작업 시 패드만 선택을 하거나 또는 패턴, 부품을 선택할 필요가 있을 해당 기능을 On/Off 하여 이용하면 필요한 객체만 선택을 할 수 있다.

예를 들어 부품만을 선택하여 이동을 하고자 하는 경우에는 "Select" 툴바에서 "부품 선택(Enable Selecting Parts" 버튼만을 활성화시키고 나머지 버튼은 한 번씩 클릭하여 비활성화시키고 부품을 선택하면 쉽게 부품을 이동할 수 있다.

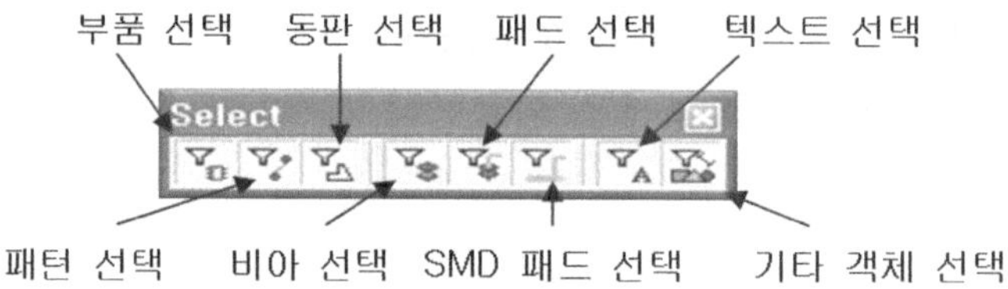

먼저 개수가 많은 LED부터 배치하도록 하자.

보드가 원형 타입이므로, LED도 원형으로 배치할 것이다. LED를 배치하기 전에 먼저 그리드(Grid)를 설정하면 배치를 보다 쉽게 할 수 있다.

[Options] ➡ [PCB Properties]를 클릭하여 "Grid & units" 탭을 활성화시킨 후 그림과 같이 설정한다. "Degree Step"은 LED가 총 10개이므로, 360°를 10으로 나누어 10개의 각도로 나누어지도록 36°로 설정한 것이다. **OK** 버튼을 클릭한다.

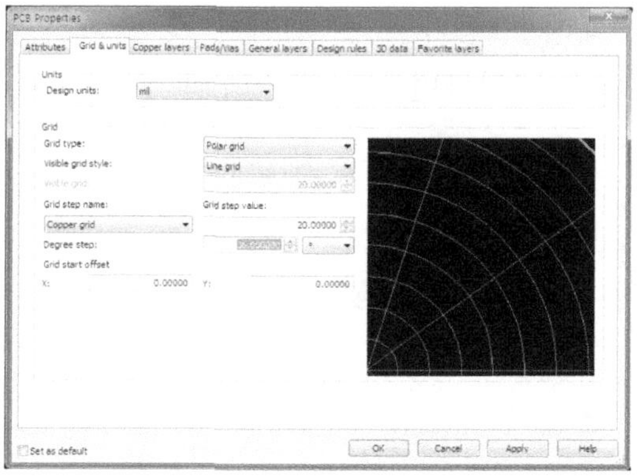

【참고 3】

Grid step name : 그리드 요소마다 서로 다른 이름의 그리드 간격 이름을 부여할 수 있고 각각의 그리드 간격 이름은 서로 다른 "Grid step value"값을 지정하여 이 간격으로 각 요소를 이동할 수 있다. (Part grid, Copper grid, Via grid,...)

그런데 설정된 LED가 다소 큰 부품이므로, LED 전체를 비교적 작은 다른 Footprint로 변경하도록 하자. 마우스로 LED 하나를 선택하고, [Tools] ➡ [Replace part]를 클릭하여 아래의 그림과 같은 "Get a part from the database" 창을 열고, Database 영역에서 "Ultiboard Master ➡ Through Hole Technology Parts ➡ Led Display ➡ Leds"에서 "LED5"를 선택한다.

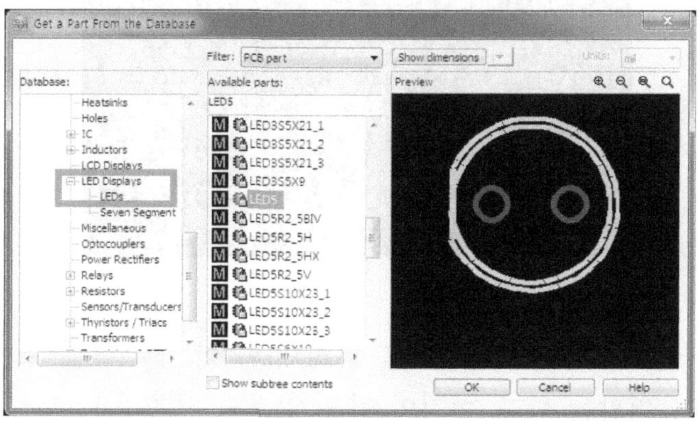

Footprint를 교체하면 아래의 그림과 같은 메시지 창이 나타나는데, Yes 를 클릭하면 모든 LED가 교체되고, No 를 클릭하면 선택된 LED만 교체된다. 여기서는 Yes 를 클릭한다.

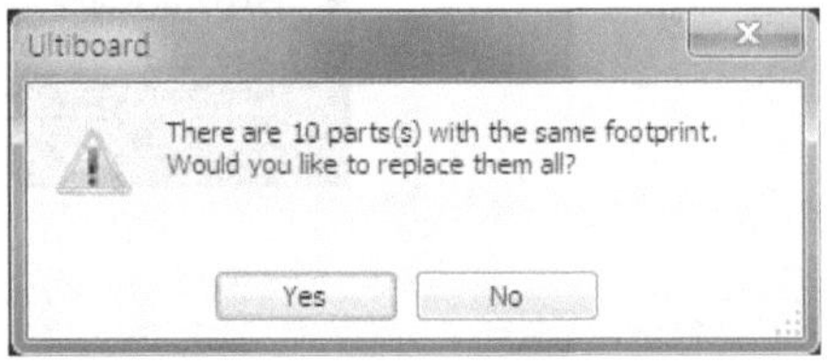

모든 LED가 모두 교체된 것을 확인한다. 이제는 부품들을 배치하여 보자.
마우스를 이용하여 LED를 아래와 같이 배치한다. 부품의 회전은

- 시계 방향 회전 : Ctrl + R
- 반시계 방향 회전 : Ctrl + Shift + R

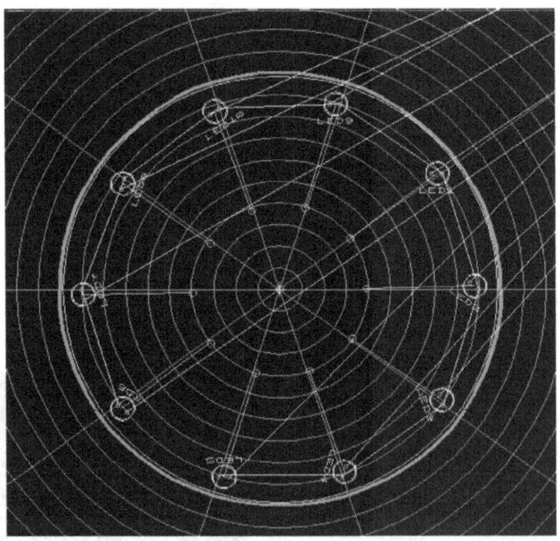

- 황토색의 작은 원은 "Force Vector"를 나타내며, 이는 부품을 수동으로 배치시킬 때 배치를 도와주는 역할을 한다. 이것이 필요 없으면 왼쪽의 Layer 탭에서 체크를 없애면 된다.

- 배선이 완료되기 이전의 노란색 선은 “래츠네스트(Ratsnest)”를 나타내며, 이는 배선이 되기 이전의 선, 즉 부품의 핀간에 연결된 정보를 표시해 준다. 이 Ratsnest가 배선을 완료하면 트래이스(Trace 또는 Patten : 하나의 Pad에서 다른 하나의 Pad로의 연결선)이 된다.
- Net란 부품 간의 연결 정보로 이 정보에 의해서 실제 연결된 것이 Trace 또는 Patten 이다.

LED의 배치가 완료되면, 다른 부품을 배치하자.

[Options] ➡ [PCB Properties]를 클릭하여 "Grid & units" 탭의 Grid 속성을 아래와 같이 재설정한다.

- Grid type : Standard Grid
- Visible grid style : Dot grid
- Visible grid : 100mil
- Grid step name : part grid
- Grid step value : 50mil

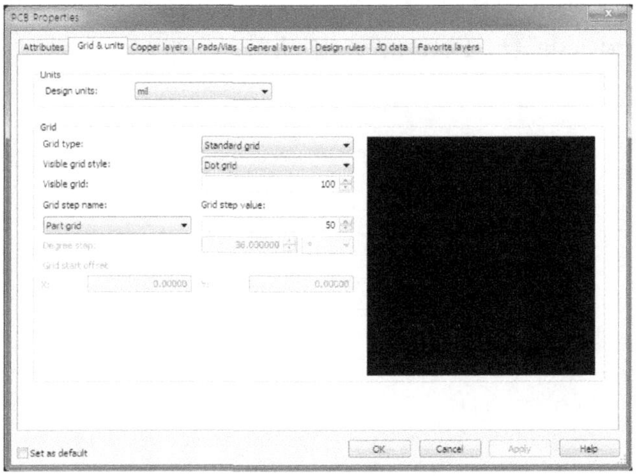

나머지 부품들은 아래와 같이 배치한다.

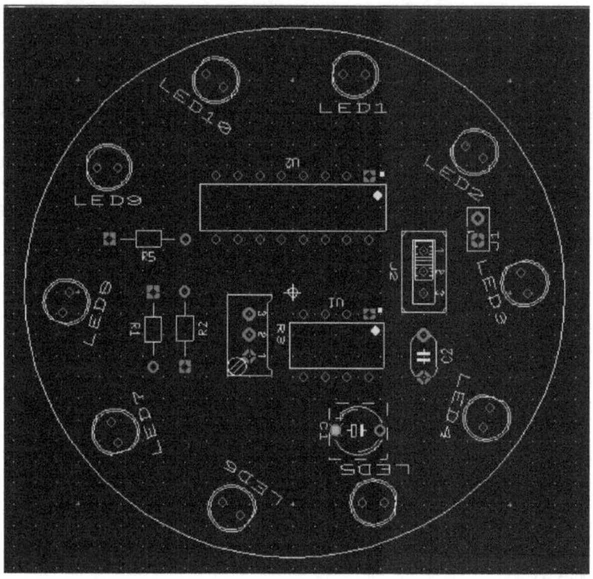

LED를 제외한 모든 부품들은 Top면에 배치를 하지 않고 Bottom면에 배치하려고 한다. 'Shift' 버튼을 누른 상태에서 J1, J2, C1, C2, R1, R2, R3, R4, U1 그리고 U2를 선택한다. 선택된 부품들 중 하나의 부품을 마우스로 더블 클릭하여 "Part Properties" 창을 열고 "Position" 탭의 "Board side"를 "Bottom"을 선택하고 OK 를 눌러 설정을 마친다.

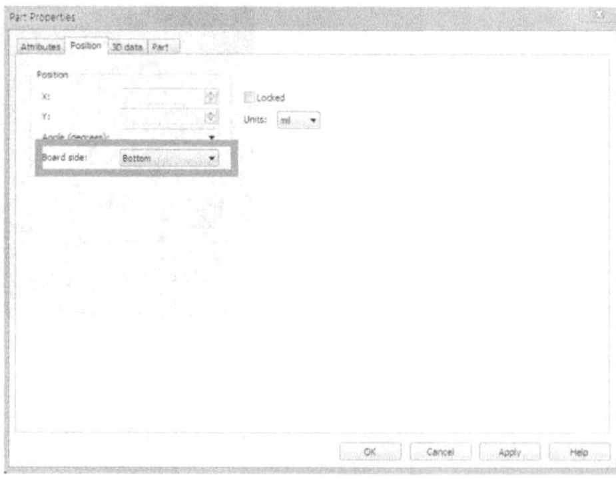

아래의 그림과 같이 Bottom면에 배치된 부품들은 Top면에 배치된 부품들과 색상이 다른 것을 볼 수 있다. 부품들의 배치가 완료되었다.

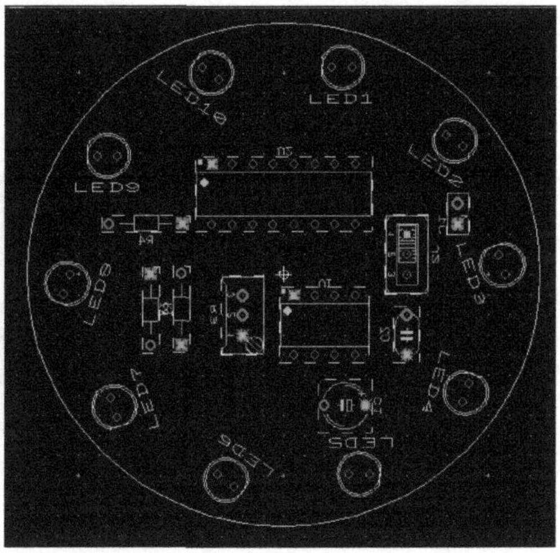

③ 패턴의 크기 설정

[View] ➡ [Spreadsheet View]를 클릭하여 Spreadsheet 창의 "Nets" 탭을 클릭한다.

아래의 그림과 같이 "Trace Width"가 모두 "10mil"로 설정이 되어 있는 것을 볼 수 있다. 이것은 Multisim에서 Ultiboard로 Netlist를 출력하면서 일률적으로 모든 패턴의 폭(Trace Width)을 10mil 설정하였기 때문이다.

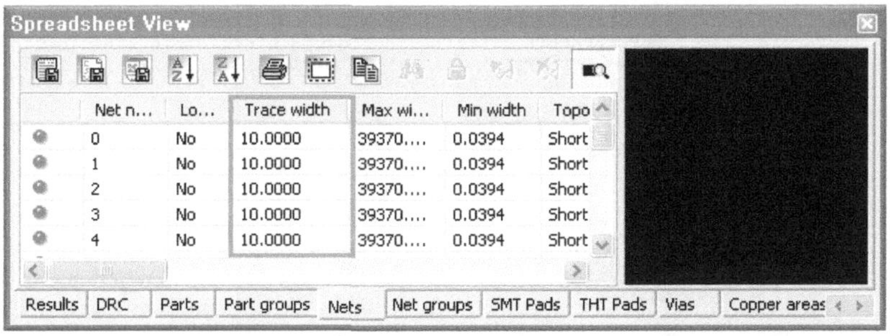

전원에 해당하는 VCC, 0(GND), 5V 네트는 전원이 흐르는 패턴이기에 다른 일반 신호선들과는 달리 패턴 폭을 굵게 설정(여기서는 24mil) 한다. "Spreadsheet" 창의 Nets 탭에서 Ctrl 키를 누른 상태에서 열 이름(Net name)을 0(GND), 5V, VCC로 선택하고 마우스로 "Trace Width" 셀을 클릭하여 24mil을 입력하고 엔터키를 클릭하면 VCC와 GND, 5V의

패턴 폭이 24mil로 동시에 변경된다.

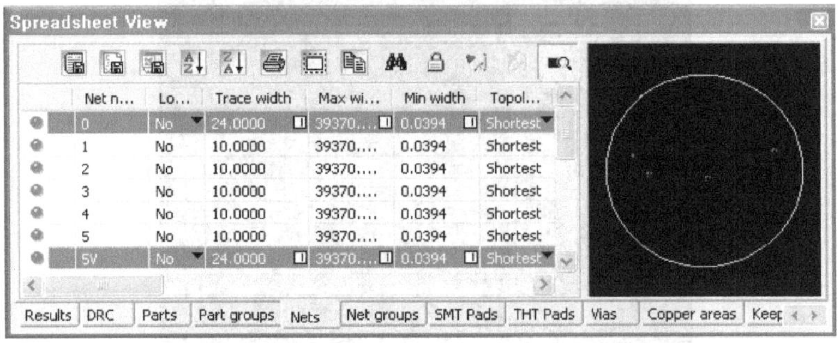

④ 배선(Routing)할 레이어 설정하기

Spreadsheet 창의 "Nets" 탭의 열 이름이 'Routing Layer'에서 배선할 레이어를 선택적으로 설정할 수 있는데, 여기서는 배선에 Top, Bottom 레이어를 모두 사용한다. 열 이름 'Routing Layer'를 눌러 모든 열을 선택하고 임의의 한 셀을 클릭하여 아래와 같은 창에서 'Check All' 버튼을 클릭한다.

'Routing Layer' 열이 모두 '11'로 설정된 상태에서 배선 작업을 한다.

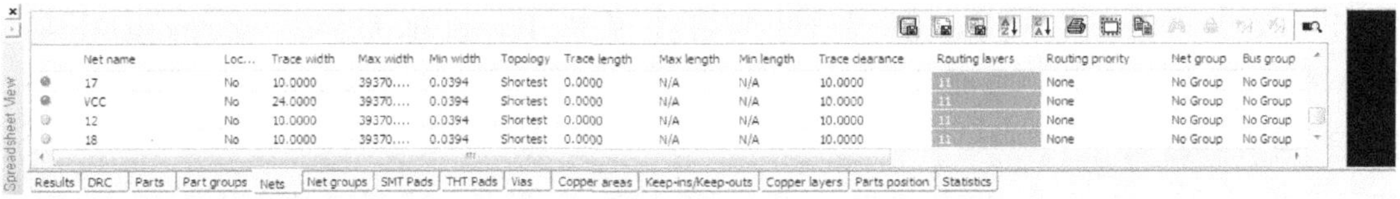

⑤ Routing(배선)

Ultiboard는 배선을 위해여 3가지의 방법을 제공한다.

- 수동 배선 : 사용자가 직접 패드나 비아의 연결을 위한 trace 경로를 직접 지정하여 배선한다.
- Follow-me 배선 : 마우스의 움직임에 따라 같이 이동하는 trace를 이용하여 패드나 비아의 경로를 지정하여 배선한다. 다른 배선이나 구조물은 자동으로 피해갈 수 있다.
- 자동 배선 : Ultiboard가 자동으로 패드나 비아의 경로를 지정하여 배선한다.

이번 과제에서는 Follow-me 배선 방법을 이용하여 배선하기로 한다.

[Place] ➡ [Follow-me]를 선택한다. 배선할 레이어는 양면이기 때문에 "Copper Top"과 "Copper Bottom" 레이어만을 이용하여 배선한다. 즉 배선 전에 반드시 "Copper Top"이나 "Copper Bottom" 레이어가 활성화(빨간색 테두리)되어 있어야 한다.

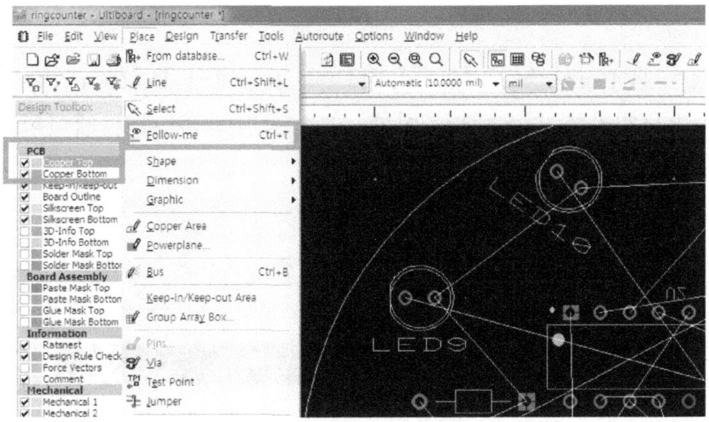

[Place] ➡ [Follow-me] 또는 단축키 [Ctrl-T]를 선택하고 패드에서 클릭을 하면, 그 패드와 연결될 패드에 각각 X 마크가 생기고 이 두 패드 간에 마우스의 움직임에 따라 움직

이는 Trace가 나타난다. 마우스를 클릭할 때마다 부분 Trace(세그먼트 : segment)가 완성된다. 계속된 세그먼트가 합해져 전체 Trace를 이룬다. 마지막 Trace에서는 Esc키를 눌러 명령을 빠져나온다.

배선 시 마우스 휠을 돌리면 화면이 확대/축소되어 배선이 용이해진다.

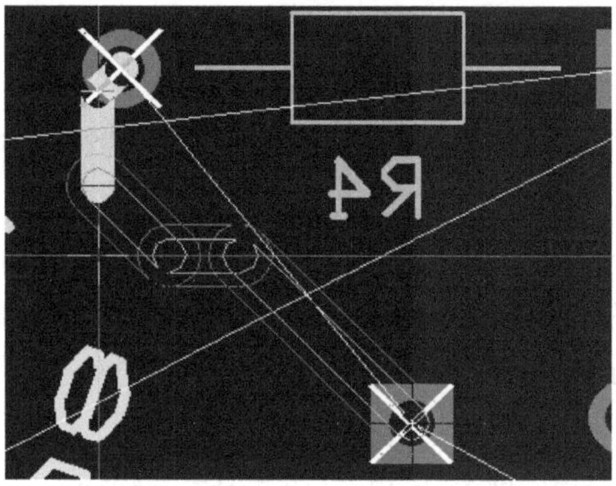

Trace의 특정 부위를 삭제할 때는 마우스로 Trace의 부위를 선택하여 세그먼트 단위로 "Delete"키로 삭제할 수 있다. 또는 명령 취소(: Undo, 단축키 Ctrl-Z)로 조금 전 실행했던 세그먼트를 취소할 수 있다.

(Ctrl-Shift-W/N)키를 사용하여 Trace를 현재보다 10% 넓게(widen) 하거나 10% 좁게(narrow) 할 수 있다.

배선 시 양면(Top, Bottom)을 모두 사용하므로 Top에서 Bottom으로 혹은 Bottom에서 Top면으로 바꾸려면 [F2]키를 사용한다. 이때 화면 상단에 현재의 레이어 상태가 표시된다.

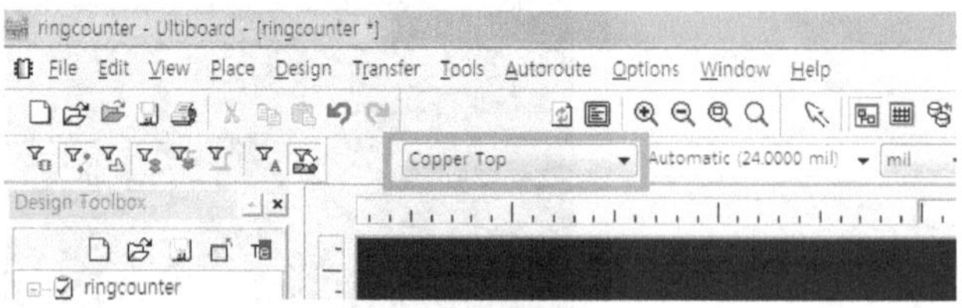

- 양면 기판 이상의 설계에서는 비아(via)를 사용하게 된다. Top면에서 배선 중에 패턴을 Bottom면으로 레이어를 바꿔 배선을 하거나 반대로, Bottom면에서 Top면으로 배선 도중 레이어를 변경하면 자동으로 비아가 생성된다. Top면과 Bottom면을 선택할

수 있는 단축키는 배선 도중에 F2 키를 클릭하면 Copper Top에서 Copper Bottom으로 또는 그 반대의 레이어가 선택되며 레이어가 변경되는 지점에 비아가 자동으로 생성된다.

- 배선을 완료한 후 부품 번호를 더블 클릭하여 나타나는 속성 창의 "Position" 탭에서 "Angle (degrees)" 값을 변화시켜 부품 번호를 정렬시킬 수 있다. 이때 select 툴바에 텍스트 선택이 활성화되어 있어야 한다.

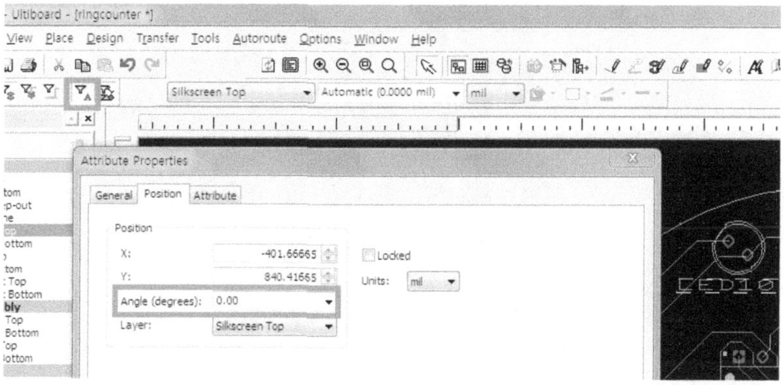

- 아래 그림은 배선을 완료하고 부품 번호를 정렬한 결과이다.

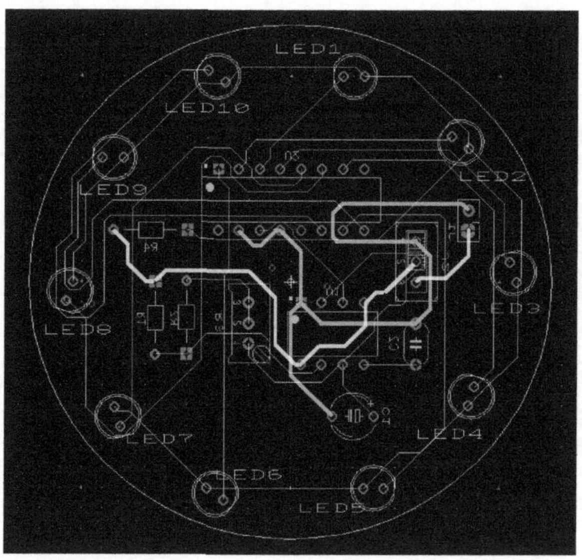

Ultiboard에서는 PCB Layout을 수행한 이후에 3D로 가상의 PCB를 볼 수 있다.
[Tools] ➡ [3D Viewer]를 클릭하면 아래의 그림과 같이 눈으로 확인할 수 있다.
View 3D에서 [Tools] ➡ [Show or Hide Height]를 이용하여 부품의 높이를 측정할 수 있다.

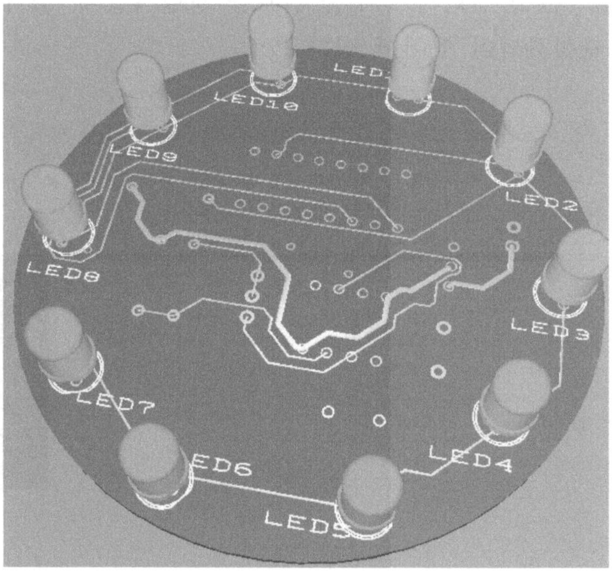

<Top면>

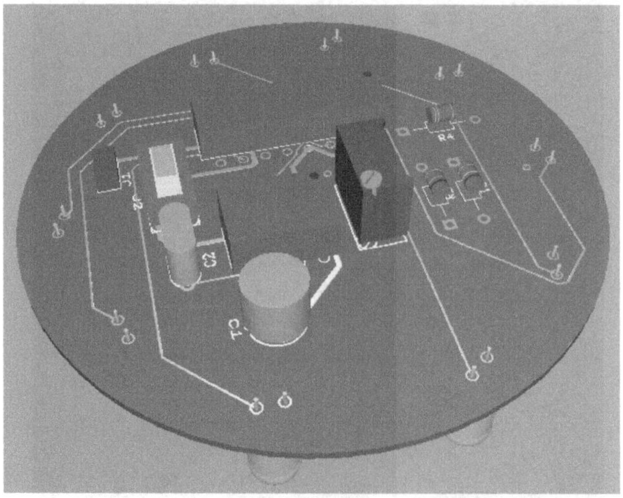

<Bottom면>

⑥ DRC 체크(Design Rules Checks)

설계된 PCB의 에러 유무를 체크해 보도록 하자. 먼저, [View] ➡ [Spreadsheet View]를 클릭하여 Spreadsheet 창을 보이게 한 후, 메인 메뉴의 [Design] ➡ [DRC and Netlist Check]를 클릭한다. DRC의 결과가 Spreadsheet 창의 "Results" 탭에서 보이며, 에러가 있을 경우에는 "DRC" 탭에서 에러를 보여준다.

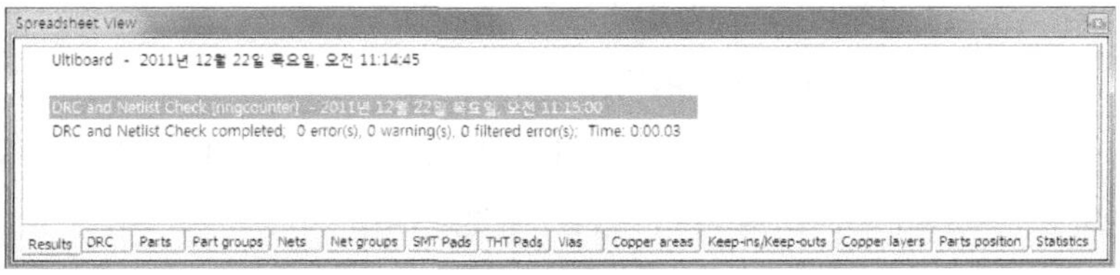

DRC 결과 에러가 있을 경우에는 에러를 수정하고 다음 단계로 넘어가야 한다. 이번에는 배선을 하지 않은 네트가 있는지도 체크를 해보자. [Design] ➡ [Connectivity Check]를 클릭한다.

"#All Net#"을 선택하고 **OK** 버튼을 클릭한다.

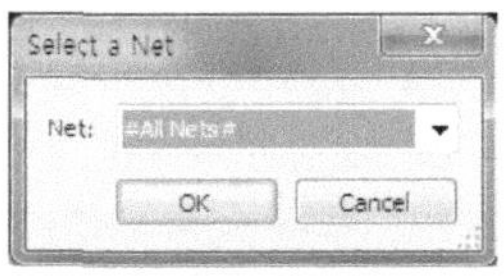

결과는 DRC와 동일한 Spreadsheet 창의 "Results" 탭에서 확인할 수 있다. 만일 배선되지 않은 네트가 있을 경우에는 네트 이름이 나타난다.

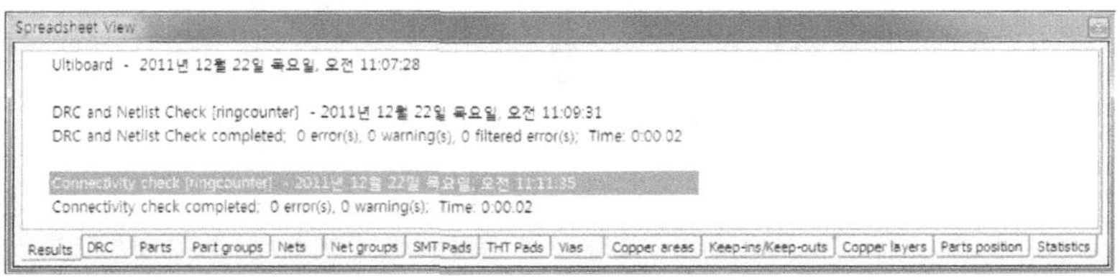

⑦ 거버(Gerber) 파일의 출력

거버 파일은 PCB 제작용 필름(Film)을 만들기 위한 데이터 파일로 필름은 한 장이 필요한 것이 아니라 단면이냐, 양면이냐, 다층이냐에 따라 필요한 장수가 다르다. 따라서 거버 파일 숫자만큼 필름이 만들어진다.

투명필름에는 검은색 잉크로만 그려지기 때문에 PCB 설계 시 설정된 컬러는 무시되며 필름에 그림이 그려지기 위해서는 Pad나 패턴의 모양과 크기에 해당하는 Aperture와 이 Aperture의 위치를 지정한 D-code, 그리고 위치를 알려주는 X, Y 좌표가 있는 데이터가 필요하며 이런 정보 파일이 거버 파일이다.

거버 파일은 여러 가지의 형식이 있는데, 최근 많이 사용되는 RS-274X 형식의 경우 한 개의 데이터에 모든 정보가 다 포함되어 있는 유형이다.

【참고】

Gerber RS-274D : 거버 파일과 아파쳐 파일이 별도로 분리되어 출력
Gerber RS-274X : 거버 파일과 아파쳐 파일이 하나의 데이터로 출력

[File] ➡ [Export]를 클릭하고 "Gerber RS-274X" 유형을 선택하고 'Properties' 버튼을 클릭한다.

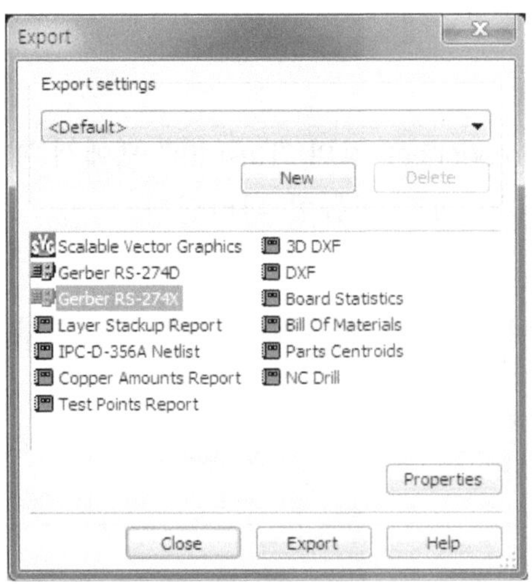

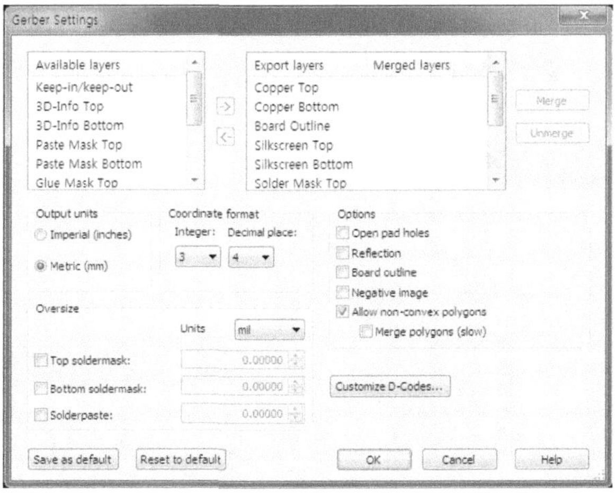

좌측의 레이어 목록에서 거버 파일 출력 시 필요한 레이어들(Copper Top, Copper Bottom, Board Outline, Silkscreen Top, Silkscreen Bottom, Solder Mask Top, Solder Mask Bottom, Drill, Drill symbol)을 선택하여 우측 창으로 보낸다. **OK** 버튼을 클릭하여 'Export' 버튼을 클릭하고, 거버를 저장할 폴더를 지정하여 각각의 거버 파일을 출력하면 모든 과정이 완료된다.

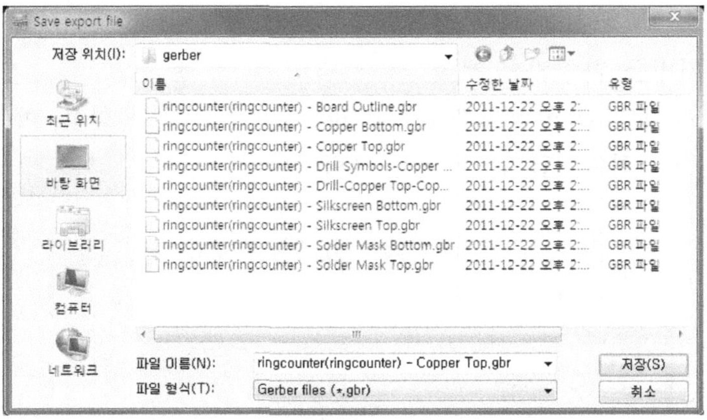

⑧ PCB 기판에서는 많은 홀(Hole)이 있으며, 이를 가공하기 위해서 기준 위치에서의 정확한 종, 횡, 높이(X, Y, Z) 방향의 수치가 데이터가 필요한데, 이을 NC Drill이라 한다.

NC Drill 데이터의 출력을 위해 [File] ➡ [Export]를 클릭하여 "NC Drill"을 선택하고 "Properties" 버튼을 클릭한다.

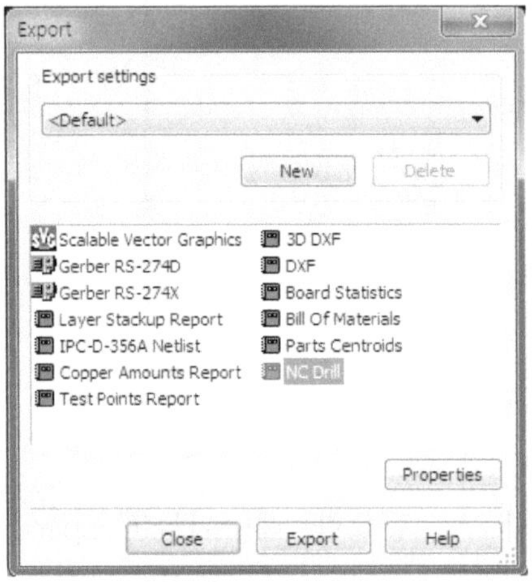

NC Drill 속성을 설정한다. mil 단위를 m 단위로 바꾸기 위해 정수값과 소수점 자리를 정해준다.

OK 버튼을 클릭한 후 "Export" 버튼을 클릭하여 거버를 저장한 폴더에 같이 저장하면 PCB 기판을 제작하기 위한 거버 파일 및 NC Drill 데이터의 출력이 모두 끝난다.

이제는 출력한 거버를 확인하여 보자.

[File] ➡ [Open]에서 파일 형식을 "Gerber file(*.g)"로 선택한 다음, 마우스로 저장한 거버 파일들을 모두 선택하여 "열기" 버튼을 클릭한다.

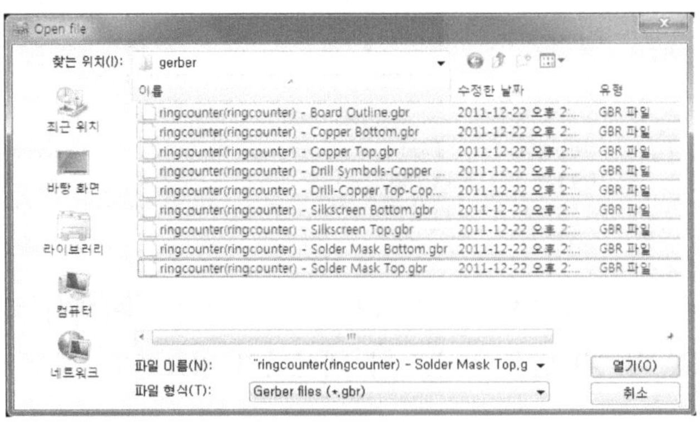

다음 그림은 거버 파일을 Ultiboard에서 불러들인 그림이다.

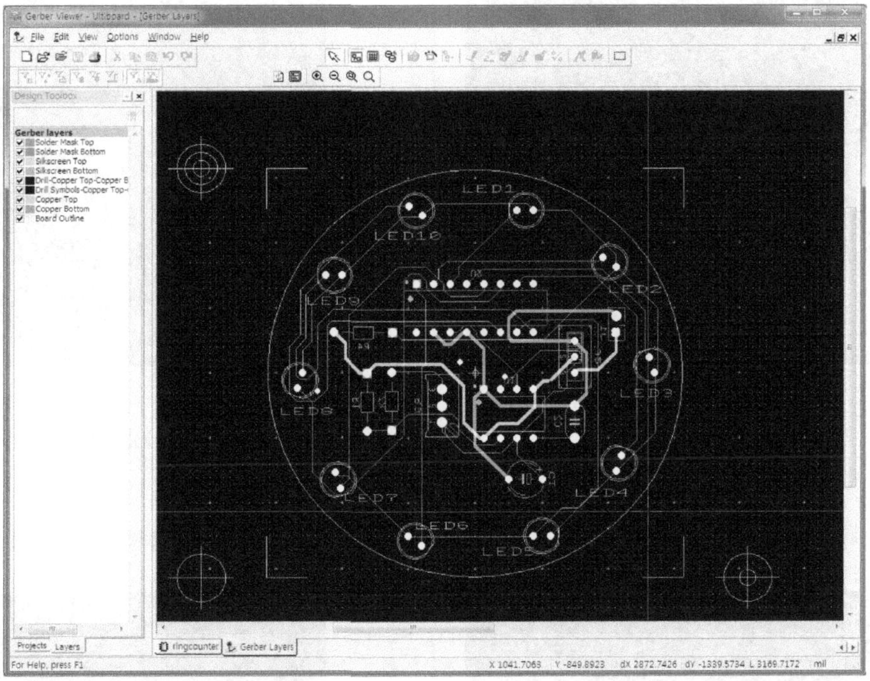

다음 그림은 거버 출력 파일의 형상이다.

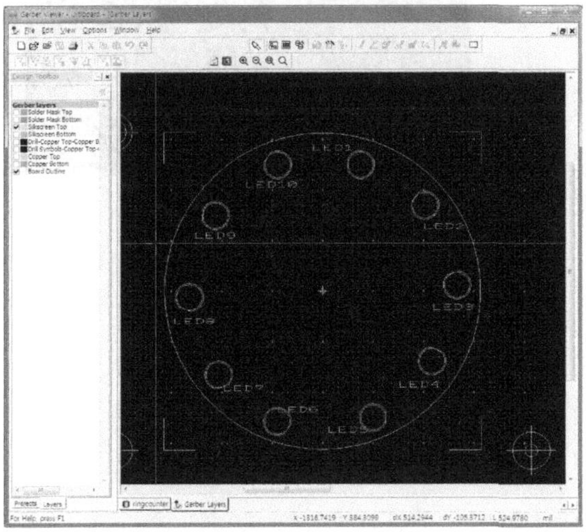

<Silkscreen Top>

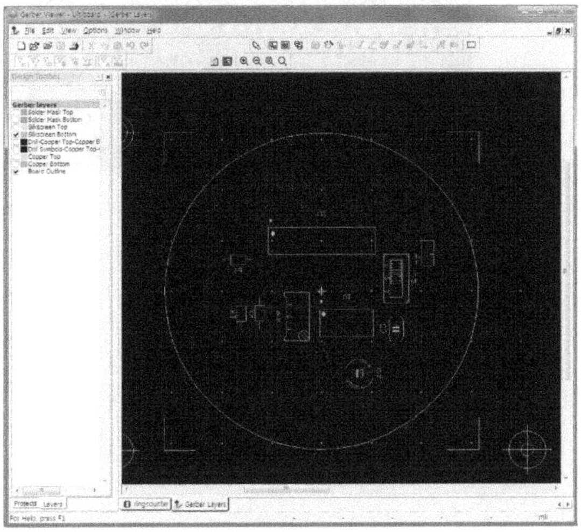

<Silkscreen Bottom>

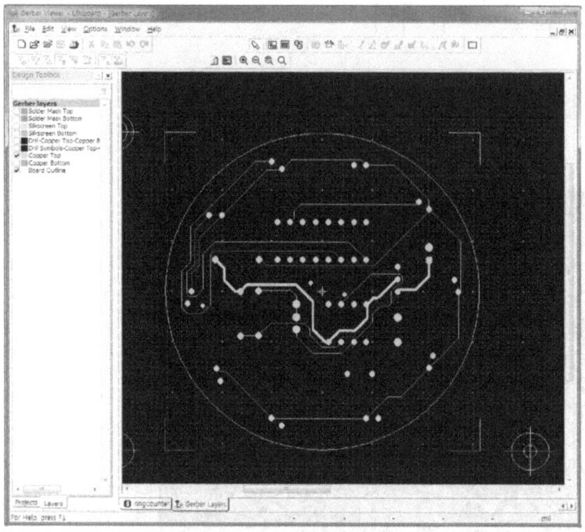

<Copper Top>

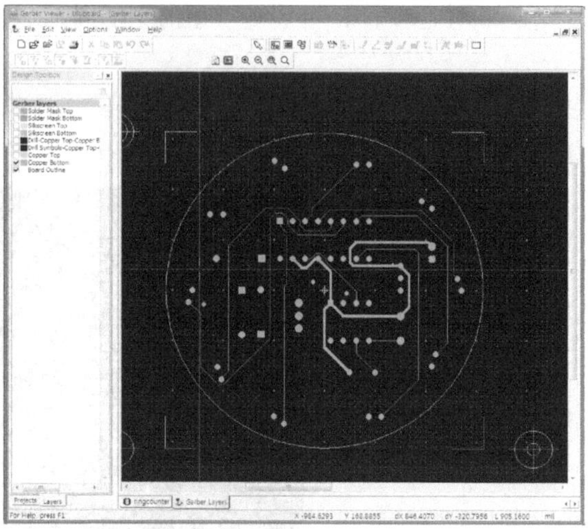

<Copper Bottom>

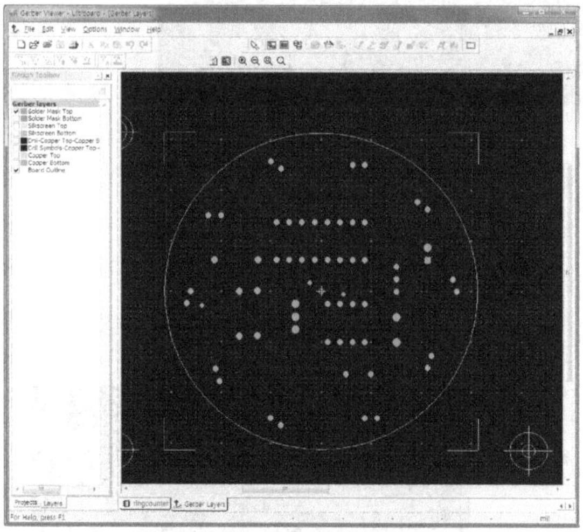

<Solder mask Top>

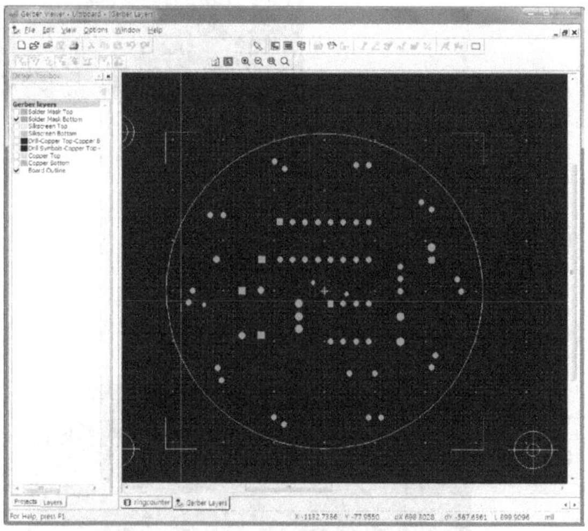

<Solder mask Bottom>

회로 설계를 위한

Multisim의 활용

2012년 2월 27일 1판 1쇄 발 행
2016년 3월 7일 1판 2쇄 발 행

지은이 : 김 정 호

펴낸이 : 박 정 태

펴낸곳 : **광 문 각**

10881
파주시 파주출판문화도시 광인사길 161
광문각 B/D 4층
등 록 : 1991. 5. 31 제12-484호
전화(代) : 031) 955-8787
팩 스 : 031) 955-3730
E-mail : kwangmk7@hanmail.net
홈페이지 : www.kwangmoonkag.co.kr

• ISBN : 978-89-7093-664-2 93560

값 27,000원

한국과학기술출판협회회원
KSPA

※ Multisim 소프트웨어 및 예제 프로그램은 광문각 홈페이지(http://www.kwangmoonkag.co.kr) 자료실에서 다운로드 가능합니다.